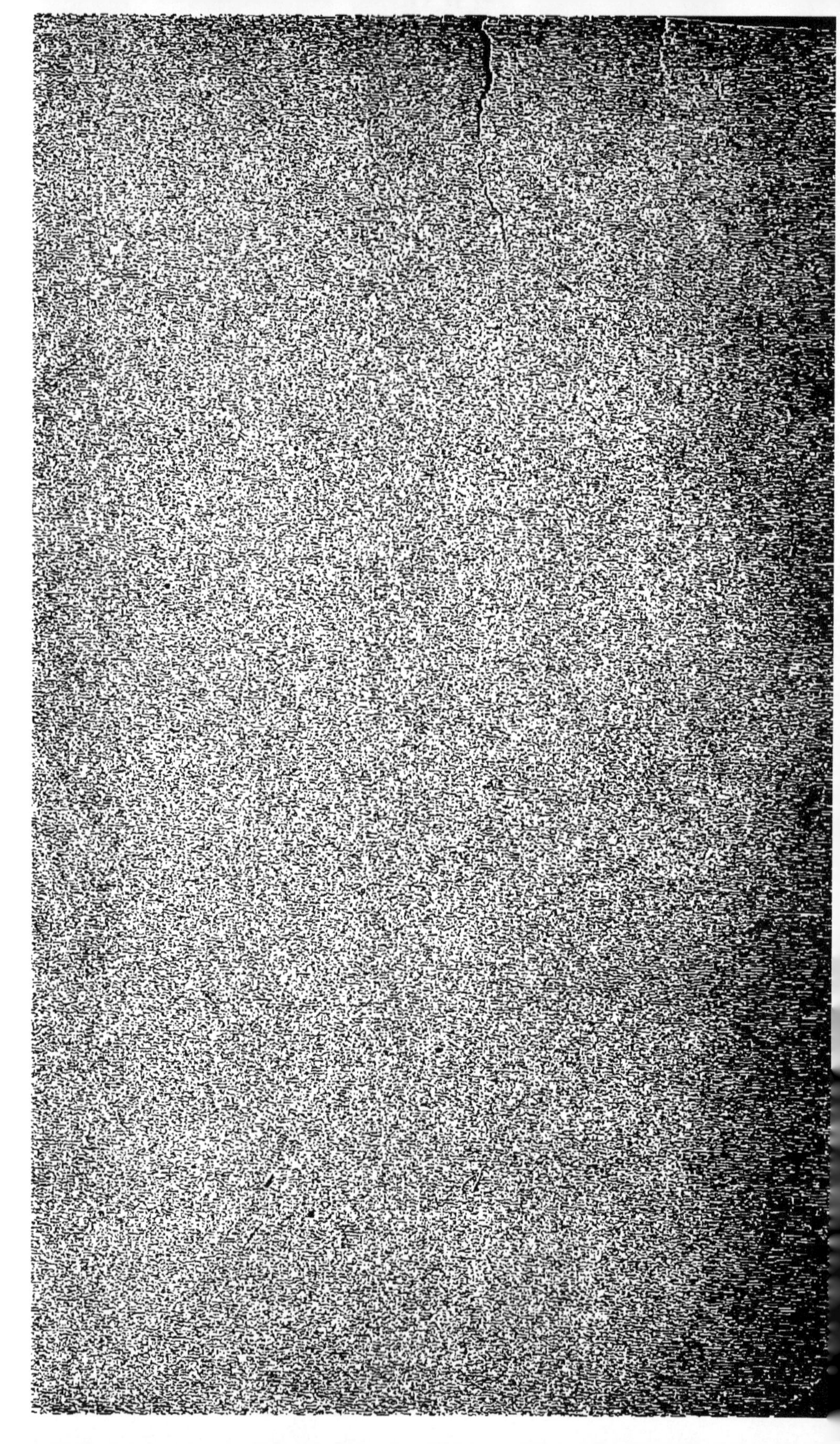

SCIENCES PHYSIQUES ET NATURELLES

NOTIONS

D'HISTOIRE NATURELLE

Le Cours de Mathématiques élémentaires comprend les ouvrages
suivants :

ÉLÉMENTS D'ARITHMÉTIQUE.	EXERCICES D'ARITHMÉTIQUE.
» D'ALGÈBRE.	» D'ALGÈBRE.
» DE GÉOMÉTRIE.	» DE GÉOMÉTRIE.
» DE GÉOMÉTRIE DESCRIPTIVE.	» DE GÉOMÉTRIE DESCRIPTIVE.
» DE TRIGONOMÉTRIE.	COMPLÉMENTS DE TRIGONOMÉTRIE.
» DE MÉCANIQUE.	PROBLÈMES DE MÉCANIQUE.
» DE COSMOGRAPHIE.	— —

ARPENTAGE, LEVÉ DES PLANS ET NIVELLEMENT.

SCIENCES PHYSIQUES ET NATURELLES : *Notions de Physique.* — *Notions
d'Histoire naturelle.* — *Notions de Chimie.* — *Éléments d'Histoire
naturelle : Zoologie, Botanique, Géologie.* — *Notions de Sciences
physiques et naturelles.*

ENSEIGNEMENT PRIMAIRE

SCIENCES PHYSIQUES ET NATURELLES

NOTIONS

D'HISTOIRE NATURELLE

AVEC 500 FIGURES

PAR

LES FRÈRES DES ÉCOLES CHRÉTIENNES

TROISIÈME ÉDITION

CHEZ LES ÉDITEURS

TOURS	PARIS
ALFRED MAME ET FILS	CHARLES POUSSIELGUE
Imprimeurs-Libraires.	Rue Cassette, 15.

1893

PRÉFACE

Dans la rédaction de ces *Notions d'Histoire naturelle,* notre but a été de donner à l'élève une idée générale et aussi claire que possible des principales questions qui se rattachent à cette science, en nous bornant aux matières exigées pour les différents examens de l'enseignement primaire.

Dans l'étude des fonctions, nous avons soigneusement séparé les parties anatomique et physiologique, et nous avons fait suivre l'étude de chacune des fonctions principales de notions particulières d'hygiène et de remarques physiologiques, qui forment l'une des parties les plus intéressantes et les plus pratiques de l'Histoire naturelle.

Une troisième partie, comprenant des notions élémentaires sur le bétail, l'élevage, les produits alimentaires et industriels tirés du règne animal, etc., a été ajoutée à la Zoologie, et contribue à mettre en évidence le caractèré d'utilité pratique que nous avons voulu donner à cet ouvrage.

La Botanique et la Géologie ont été résumées en quelques pages. Dans l'étude des familles végétales, nous nous sommes borné à l'énumération des plus importantes, au point de vue du nombre d'espèces qu'elles renferment ou des produits qu'elles fournissent, et nous n'avons indiqué, pour chacune d'elles, que les caractères les plus saillants et les plus faciles à retenir.

Quelques généralités sur la culture du sol complètent la Géologie et donnent une idée des rapports qui existent entre la Botanique et la Géologie au point de vue de l'industrie agricole.

Nous avons mis en gros caractères les questions qui correspondent au programme du brevet de capacité de l'enseignement primaire. Les candidats à ce diplôme y trouveront les réponses aux questions qui peuvent leur être posées en Histoire naturelle. Nous les engageons cependant à lire attentivement la partie de l'ouvrage imprimée en texte plus fin, laquelle renferme des développements très utiles à consulter. Ces développements permettront aux élèves de compléter les notions acquises dans une première étude, et pourront au besoin servir d'excellent résumé pour les candidats aux diplômes de l'enseignement secondaire.

L'ensemble de ces deux textes comprend à peu près le programme détaillé correspondant à l'examen du brevet supérieur.

Puisse ce modeste travail être de quelque utilité aux

élèves des écoles chrétiennes, à qui nous sommes heureux de l'offrir; ils pourront y trouver de nombreux sujets d'admiration pour l'œuvre de Dieu, dont le nom est aujourd'hui malheureusement banni de la plupart des ouvrages classiques élémentaires.

ERRATA

———

Page 39, 40e ligne, *au lieu de* la mésentère, *lisez* le mésentère.
Page 67, 24e ligne, *au lieu de* os plats, *lisez* os courts.
Page 67, 28e ligne, *au lieu de* os courts, *lisez* os plats.

HISTOIRE NATURELLE

1. Définition. L'*Histoire naturelle* est la science qui a pour objet l'étude des corps répandus à la surface de la terre ou qui en constituent la masse. Elle recherche leur origine, examine leur mode de formation et de développement; elle étudie leur organisation, leur distribution géographique et les caractères qui peuvent servir à les distinguer et à les classer.

2. Corps bruts et corps vivants. — Les corps se subdivisent en deux classes, les corps bruts et les corps vivants.

Les *corps bruts* ou *inorganiques* sont ceux qui sont dépourvus de la vie, comme, par exemple, la craie, les métaux. Les *corps vivants* ou *organisés* sont ceux qui sont pourvus d'organes propres à l'accomplissement de certains actes dont l'ensemble constitue ce qu'on appelle la vie.

Les *végétaux* sont des êtres qui se *nourrissent* et se *reproduisent;* les *animaux* sont, en outre, doués de *sensibilité* et de *mouvement volontaire.*

3. Les grands règnes de la nature. — Tous les corps, organiques et inorganiques, ont été répartis en trois grands groupes qu'on appelle règnes ; ce sont le *règne minéral,* le *règne végétal* et le *règne animal.*

Le règne minéral comprend tous les corps bruts; le règne végétal, tous les végétaux, et le règne animal, tous les animaux.

Les corps vivants comprennent les végétaux et les animaux.

L'*Homme,* composé d'un corps et d'une âme immortelle créée à l'image de Dieu, forme un règne à part, le **règne hominal.** A la sensibilité et au mouvement volontaire, il ajoute la faculté de *penser* et de se savoir *libre* et *responsable.* Seul il possède la *parole,* expression de la pensée, qui lui permet de communiquer avec ses semblables.

4. Subdivision de l'Histoire naturelle. — Les différentes parties de l'*Histoire naturelle* sont : la Géologie et la Minéralogie, la Botanique et la Zoologie.

La *Géologie* et la *Minéralogie* comprennent l'étude des corps bruts; la Géologie étudie la structure du globe terrestre, et la Minéralogie sa constitution chimique. La *Botanique* s'occupe de la description, de la classification et des propriétés des *végétaux*. La *Zoologie* comprend l'étude des *animaux*, au point de vue de leur organisation, de leurs mœurs, de leurs instincts, des services qu'ils peuvent rendre à l'homme et des torts qu'ils peuvent lui causer.

L'*anthropologie* étudie l'*homme* au point de vue de son organisation personnelle et de ses rapports avec les êtres qui l'entourent.

5. Caractères différentiels des corps bruts et des corps vivants. — *Origine.* Le corps brut remonte à la création, ou résulte de la combinaison de plusieurs corps simples préexistants; le chimiste peut en produire. Le corps vivant provient de corps vivants semblables à lui; le chimiste ne peut en produire.

Existence. — Les corps bruts sont inertes; ils existent sans que leurs molécules se renouvellent. Les corps vivants sont le siège d'un mouvement incessant de destruction et de reconstitution de leur substance.

Accroissement. — L'accroissement des corps bruts se fait extérieurement, par *juxtaposition*, tandis que celui des corps vivants se fait par *intussusception*, c'est-à-dire intérieurement par assimilation de molécules inertes, transformées par la force vitale en éléments identiques à leur propre substance.

Forme. — Chez les corps bruts la forme est *accidentelle;* chez les corps vivants elle est *spécifique*, c'est-à-dire variable d'une espèce à l'autre, mais constante pour une même espèce.

Structure. — Les corps bruts sont formés de molécules homogènes et peuvent être divisés mécaniquement en échantillons de même nature. Dans les corps vivants, l'individu n'est pas divisible, et la partie n'est pas semblable au tout.

Durée. — La durée des corps bruts est *illimitée*, à moins qu'une cause extérieure ne vienne en disperser les molécules ou les engager dans de nouvelles combinaisons. La *mort* vient fatalement terminer l'existence des corps vivants et faire rentrer leur substance dans le monde minéral.

Composition chimique. — Toutes les substances chimiques, simples ou combinées, peuvent entrer dans la composition des corps bruts et y sont ordinairement associées dans des rapports simples, tandis que les corps organisés ne renferment que trois ou quatre éléments, qui sont l'oxygène, l'hydrogène, le carbone et l'azote, ordinairement combinés dans des rapports très complexes. Quelques autres substances minérales qu'on y rencontre ne s'y trouvent qu'accidentellement.

6. Caractères différentiels des végétaux et des animaux. — *Mouvement.* Le mouvement est *automatique* chez les végétaux, c'est-à-dire s'exécute toujours de la même manière sous l'influence d'une même cause extérieure. Chez les animaux, il est *autonomique*, c'est-à-dire volontaire : l'animal peut, selon ses besoins ou ses caprices, se déplacer à son gré.

Nutrition. — Le végétal se nourrit en général de *substances inorganiques*, absorbées directement par des organes *extérieurs*. L'animal vit de *substances organiques*, élaborées *intérieurement* par un appareil spécial.

Composition chimique. — Les végétaux sont composés presque exclusivement d'oxygène, d'hydrogène et de carbone ; l'*azote* ne s'y rencontre généralement qu'en assez faible proportion, tandis que ce même corps se trouve en abondance dans la constitution des organismes animaux. Au point de vue de la composition chimique, les végétaux se distinguent surtout des animaux par la présence de la *cellulose*, substance ternaire, exclusivement formée de carbone, d'hydrogène et d'oxygène.

7. Harmonie des trois règnes. — Entre ces trois règnes, il existe un parfait accord, une mutuelle dépendance, un échange de services réciproques. L'un de ces règnes produit ce que l'autre consomme, et l'autre finit par restituer au premier ce qu'il lui avait emprunté ; par exemple, les plantes s'approprient le carbone et exhalent l'oxygène ; les animaux absorbent l'oxygène et dégagent de l'acide carbonique ; le règne animal donne au règne végétal une partie des engrais dont il a besoin, et le règne végétal fournit en grande partie la nourriture aux animaux. « Des faits si généraux prouvent, plus directement qu'une masse de faits particuliers et sans liaison, un ordre de chose parfaitement réglé, dont toutes les dispositions ont été prévues et combinées à l'avance, des conditions d'existence savamment équilibrées et préparées de longue main. »

« La combinaison dans le temps et dans l'espace de toutes ces conceptions profondes non seulement manifeste l'intelligence, mais elle prouve la préméditation, la sagesse, la grandeur, l'omniscience, la Providence. Tous ces faits et leur enchaînement naturel proclament le seul Dieu que l'homme puisse connaître, adorer, aimer. » (AGASSIZ.)

8. Origine des êtres vivants. — Quand Dieu eut créé notre globe, il s'occupa de le peupler, et la Genèse nous apprend que par un acte de sa toute-puissance il tira du néant les plantes et les animaux. « Dieu dit : Que la terre produise l'herbe verte qui porte de la graine, et les arbres fruitiers qui produisent du fruit selon leur espèce, et qui renferment leur semence en eux-mêmes pour se reproduire sur la terre... Que les eaux produisent des animaux vivants qui nagent dans l'eau, et des oiseaux qui volent sur la terre sous le firmament du ciel... Que la terre produise les animaux domestiques, les reptiles et les bêtes de la terre selon leurs espèces... Dieu dit ensuite : Faisons l'homme à notre image et à notre ressemblance, et qu'il commande aux poissons de la mer, aux oiseaux du ciel, aux bêtes, à toute la terre et à tous les reptiles qui rampent sur la terre. »

De ces textes bibliques, il résulte clairement que non seulement les végétaux et les animaux d'aujourd'hui descendent de ceux que Dieu tira du néant à l'origine, mais qu'ils en descendent identiques dans leurs espèces, bien que pouvant présenter quelques différences dans leurs variétés. Cet enseignement si clair de nos saintes Écritures nous apprend que l'homme est sorti directement des mains de Dieu par voie de création, qu'il diffère essentiellement des animaux et ne tire point d'eux son origine, et que son apparition sur la terre a sa date marquée dans l'histoire à une époque postérieure à la création des autres êtres.

Tel est l'enseignement de la foi, l'énoncé du dogme catholique au sujet de l'origine des êtres vivants, dogme que des théories toutes basées sur des hypothèses (*darwinisme* ou *transformisme*) essayent vainement de battre en brèche, malgré l'éclatante confirmation que lui apportent à chaque pas les découvertes de la science.

ZOOLOGIE

NOTIONS PRÉLIMINAIRES

9. Définitions. — Les *organes* sont les différentes parties qui constituent un être vivant (l'estomac, l'œil).

On donne le nom *d'organisme* à l'ensemble des organes d'un même individu.

Les *tissus* sont les différentes substances qui, par la réunion de leurs éléments, forment les organes (tissu osseux).

On appelle *fonctions* les actes exécutés par les organes (la digestion, la vision).

Un *appareil* est un ensemble d'organes concourant à l'accomplissement d'une même fonction (app. digestif, app. de la vision).

Un *système* est une réunion d'organes formés des mêmes éléments et destinés à accomplir des fonctions analogues (syst. nerveux, musculaire).

L'*anatomie* est une science qui a pour objet la description des organes.

L'*anatomie comparée* est la partie de l'anatomie qui étudie les rapports, les ressemblances et les dissemblances qui existent entre les organes de l'Homme et ceux des animaux.

La *physiologie* étudie les fonctions, c'est-à-dire le jeu des organes.

I. Fonctions.

10. Subdivision des fonctions. — Les *fonctions* se subdivisent en deux classes : les *fonctions de nutrition* et les *fonctions de relation*.

Les fonctions de nutrition sont celles qui servent à entretenir la vie de l'individu. On les appelle encore fonctions de la *vie végétative*, parce qu'elles sont communes aux végétaux et aux animaux.

Les fonctions de relation sont celles qui mettent l'individu en rapport avec le monde extérieur. On les appelle encore fonctions de la *vie animale*, parce qu'elles sont propres aux animaux.

Parmi les fonctions de nutrition, les unes concourent à un travail de composition par lequel elles apportent à l'organisme les éléments nécessaires à son existence et à son développement; les autres effectuent un travail de décomposition qui le débarrasse des éléments devenus inutiles ou nuisibles.

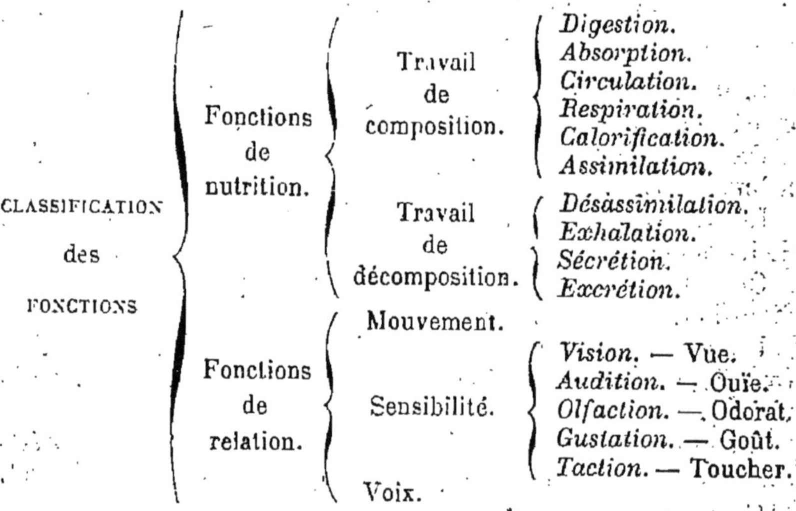

11. Digestion. — La *digestion* rend liquides et ensuite absorbables les aliments qui ne le sont pas.

12. Absorption. — L'*absorption* fait passer dans le sang des produits liquides ou gazeux venant de l'extérieur.

13. Circulation. — La *circulation* transporte à tous les organes les éléments dont ils ont besoin et reprend en même temps les matériaux usés pour les rejeter à l'extérieur.

14. Respiration. — La *respiration* est l'absorption d'un gaz de l'atmosphère en échange d'un autre, produit dans l'organisme.

15. Calorification. — La *calorification* est la fonction qui a pour but de produire et d'entretenir la chaleur nécessaire à l'accomplissement des autres fonctions.

16. Assimilation. — L'*assimilation* transforme les aliments absorbés en la substance même des organes.

17. Désassimilation. — La *désassimilation* sépare de l'organisme les produits devenus inutiles ou nuisibles.

18. Exhalation. — L'*exhalation* est une fonction par laquelle certaines parties du sang filtrent à travers des membranes.

19. Sécrétion. — La *sécrétion* sépare de la masse du sang certains produits destinés à des fonctions spéciales.

20. Excrétion. — L'*excrétion* débarrasse l'organisme des produits éliminés par la désassimilation.

21. Mouvement. — Le *mouvement* permet à l'animal de se déplacer (*marche, vol,* etc.), ou d'effectuer des changements de position des diverses parties de son corps les unes par rapport aux autres.

22. Sensibilité. — Les fonctions de *sensibilité,* par les organes des *sens,* mettent l'animal en rapport avec les objets qui l'entourent.

23. Voix. — La *voix* est pour les animaux supérieurs un moyen de communiquer entre eux. Il ne faut pas la confondre avec la *parole,* qui est la voix articulée.

II. La cellule.

24. Organisation. — La *cellule* est le point de départ, l'élément fondamental de tout organisme végétal ou animal. La cellule animale se présente tout d'abord sous la forme d'un petit corps mou, à peu près sphérique (fig. 1). Elle est formée d'une sorte de gelée, le *protoplasma,* partie essentiellement vivante de la cellule, dans lequel se trouve une vésicule plus ferme, le *noyau* ou *nucleus,* renfermant lui-même quelques granulations ou *nucléoles;* le tout enveloppé d'une *membrane* particulière.

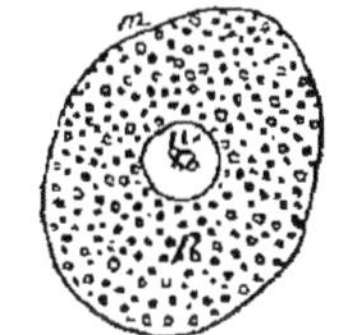

Fig. 1.

Cellule animale. *m*, membrane cellulaire; *p*, protoplasma renfermant une matière granuleuse; *n*, noyau.

Les cellules ne conservent généralement pas leur forme sphérique; elles se déforment, s'allongent (fig. 2) et deviennent cylindriques, polyédriques, rameuses, étoilées, etc. (fig. 3). De plus, elles se multiplient et donnent naissance à d'autres cellules. Cette multiplication se fait par bourgeonnement ou par segmentation. Dans le premier cas, la cellule émet un prolongement qui finit par se détacher sous forme de cellule complète (fig. 4); dans le second cas, elle se rétrécit dans sa partie moyenne et finit par se fractionner en deux, puis en quatre, etc. (fig. 5).

Tous les organismes, quelle que soit la complexité de leur struc-

ture, proviennent toujours, à l'origine, d'une cellule unique issue
d'organismes semblables à eux. Jamais on n'a vu la matière inerte
s'organiser directement sous l'action des forces extérieures, chaleur,

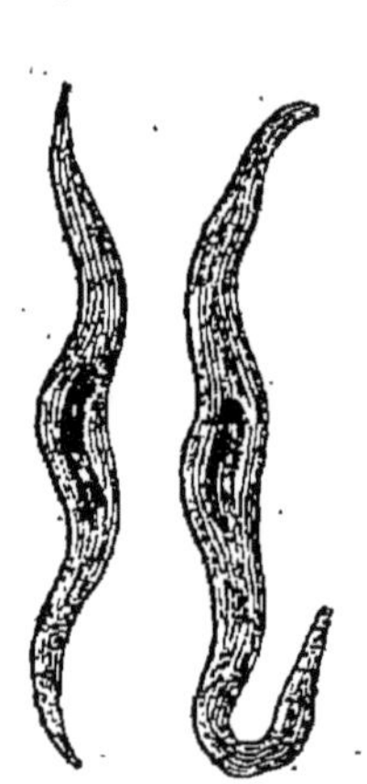

Fig. 2. — Cellules allongées.

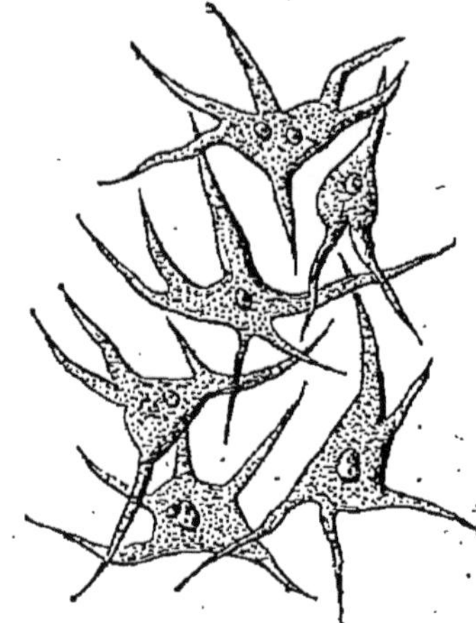

Fig. 3. — Cellules étoilées.

lumière, etc. de manière à présenter les phénomènes d'assimilation
et de désassimilation qui constituent la vie.

Fig. 4. — Multiplication
des cellules par bourgeonnement
(globules sanguins).

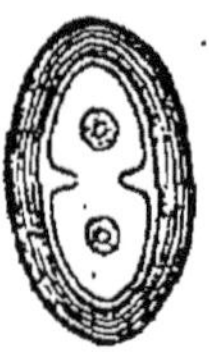

Fig. 5. — Multiplication
des cellules par segmentation
(cellules de cartilage).

25. Vitalité des cellules. — Les *cellules* vivent d'une vie indépen-
-dante, et c'est le concours de toutes ces vies individuelles qui constitue la vie de l'organisme. Cependant la cellule animale est essentiellement éphémère; bientôt son activité s'épuise, se ralentit, et finit
par cesser complètement.

Le plus souvent les cellules s'infiltrent de *graisse* ou de substances
particulières, puis se liquéfient et donnent naissance aux différents
liquides de l'organisme; dans d'autres cas, elles se modifient, se soudent,
se confondent les unes avec les autres pour constituer des *fibres*, des
lames, des *canaux*, etc.

La nutrition générale n'est donc, par conséquent, que la résultante
de la nutrition particulière des cellules, et les produits d'élimination

sous toutes leurs formes, *bile, sueur, urine,* etc., ne sont autre chose que les matériaux usés des cellules mortes.

26. Constitution des tissus. — Tous les tissus résultent d'une agglomération de cellules, modifiées ou transformées d'une façon particulière.

On admet généralement comme principaux tissus animaux : le tissu *épithélial* ou *épidermique*, le tissu *connectif* ou *conjonctif*, le tissu *osseux*, le tissu *musculaire* et le tissu *nerveux*.

27. Tissu épithélial ou épidermique (du gr. *épi*, sur; *derma*, la peau). — Le *tissu épithélial* est constitué par des cellules de formes diverses, juxtaposées et disposées par couches plus ou moins épaisses

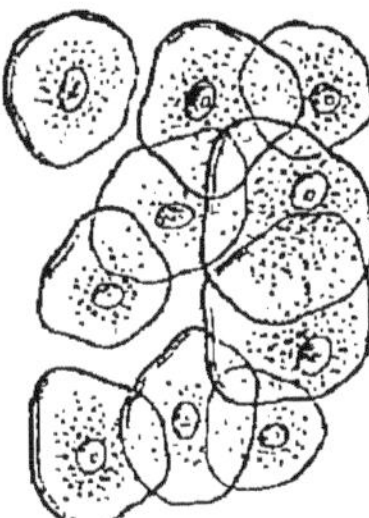

Fig. 6. — Cellules
épithéliales aplaties
(cell. de la cavité buccale).

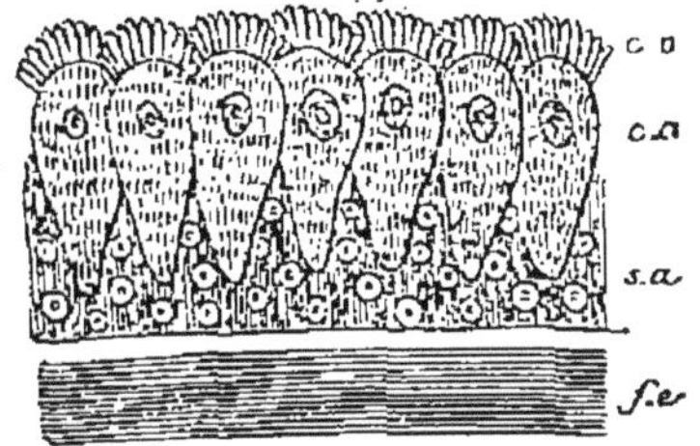

Fig. 7. — Épithélium. *f, e,* fibres élastiques;
s, a, substance amorphe renfermant des cellules;
c, a, cellules épithéliales allongées;
c, r, cils vibratiles.

(fig. 6), tapissant les surfaces extérieures et intérieures du corps. Quelquefois les cellules superficielles sont munies de petits prolongements mobiles nommés *cils vibratiles.*

L'ensemble de ces cellules forme ce qu'on appelle un *épithélium* (fig. 7); les épithéliums se renouvellent sans cesse par leurs cellules profondes à mesure que les cellules superficielles disparaissent. Ils jouent un très grand rôle dans les fonctions de la vie végétative.

Quand l'épithélium n'est formé que d'une seule assise de cellules, il est dit *simple* (estomac, intestins); s'il en comprend plusieurs, il est dit *stratifié* (peau, bouche). Quand les cellules superficielles sont polyédriques, l'épithélium est dit *pavimenteux.*

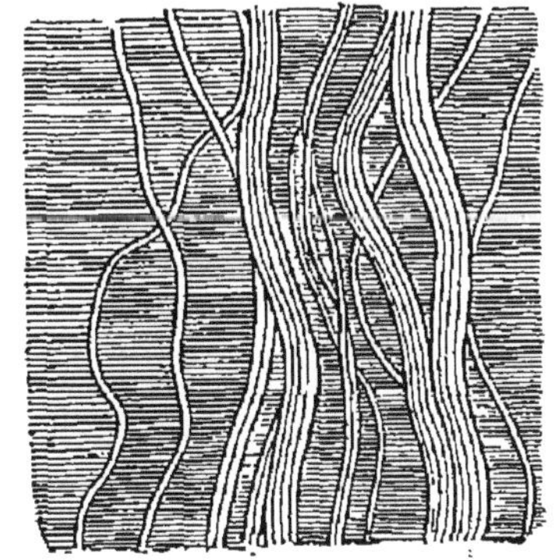

Fig. 8. — Faisceaux de tissu conjonctif disséminés dans une masse de substance fondamentale.

28. Tissu connectif ou conjonctif. — Le *tissu connectif* ou *conjonctif* est un tissu essentiellement formé par une substance intercellulaire sécrétée par la surface des cellules, et qui, s'organisant en fibres, lamelles, etc. (fig. 8), donne naissance à des variétés particulières de tissus connectifs, dont les principales sont le tissu *adipeux*, le tissu *conjonctif aréolaire* et le tissu *fibreux*.

29. Tissu adipeux. — Le *tissu adipeux* (de *adeps*, graisse) consiste en un ensemble de lamelles entre-croisées circonscrivant des lacunes dans lesquelles s'accumulent ordinairement des cellules remplies de graisse.

Toutes ces lacunes communiquent entre elles ; c'est pourquoi les bouchers, afin de faciliter le dépeçage des animaux, introduisent de l'air au moyen d'un soufflet dans la couche de ce tissu située sous la peau ; toutes les lacunes se gonflent, et la peau se détache facilement.

Le tissu adipeux constitue le lard chez les Porcs ; il est mauvais conducteur de la chaleur, ce qui explique pourquoi certains animaux aquatiques des pays froids ont le corps recouvert d'une épaisse couche de graisse.

C'est surtout à ses dépens que l'organisme continue de vivre pendant quelque temps quand on ne lui fournit plus les aliments nécessaires à sa subsistance ; c'est pourquoi la maigreur succède à l'embonpoint après quelques jours de diète.

30. Tissu conjonctif aréolaire. — Ordinairement désigné sous le nom de *tissu cellulaire*, le tissu conjonctif aréolaire résulte de la disposition des cellules et de la matière extracellulaire en fibres et en fibrilles distinctes, remarquables par leur grande résistance. Il est très répandu dans l'organisme et remplit les intervalles que les organes laissent entre eux.

31. Tissu conjonctif fibreux. — Le *tissu conjonctif fibreux* est formé comme le précédent de fibres blanches très résistantes, mais disposées en rubans, cordons, membranes, etc. Il forme les *muqueuses* et les *séreuses*.

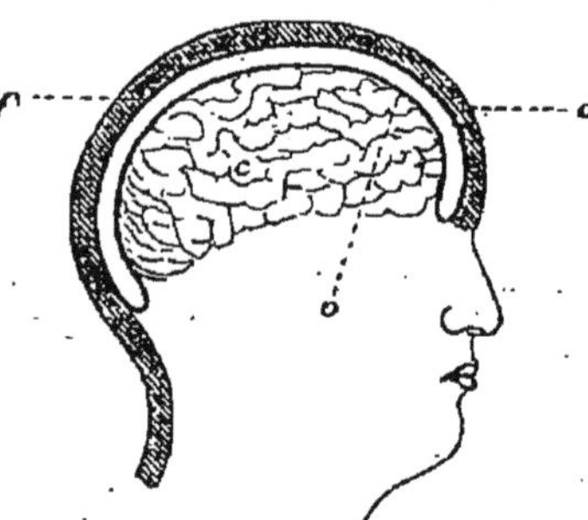

Fig. 9. — Disposition théorique de la séreuse du cerveau.

c, cerveau ; *o*, os du crâne ;
p, feuillet pariétal de la séreuse ;
v, feuillet viscéral.

32. Muqueuses. — Les *muqueuses* sont les membranes qui tapissent les cavités de l'organisme communiquant avec l'extérieur (muqueuse de la bouche, des paupières).

On appelle *mucosités* ou simplement *mucus* les produits liquides ou semi-liquides qu'elles sécrètent.

33. Séreuses. — Les *séreuses* sont les membranes qui tapissent les cavités closes de l'organisme (séreuse du cerveau, fig. 9). Elles sont formées de deux feuillets contigus : le feuillet *pariétal*, s'appliquant contre les parois de la cavité; le feuillet *viscéral*, recouvrant les organes contenus dans cette cavité.

Les liquides qu'elles produisent sont appelés *sérosités*.

34. Parenchyme. — On désigne sous le nom général de *parenchyme* les tissus particuliers qui constituent les organes glanduleux (foie, glandes salivaires).

35. Tissu osseux. — Le *tissu osseux* est regardé comme du tissu conjonctif dans les cellules duquel se sont déposées des matières calcaires (phosphate et carbonate de chaux) qui lui donnent une grande consistance.

36. Tissu cartilagineux. — Le *tissu cartilagineux* a sensiblement la même constitution que le tissu osseux avant l'incrustation minérale.

Le tissu cartilagineux est constitué par des *cellules cartilagineuses* formées d'un protoplasma abondant et pourvues d'un noyau; elles sont arrondies ou ovales et nettement séparées les unes des autres par une matière intersticielle homogène qui forme autour de chaque cellule une *capsule cartilagineuse*.

Par une ébullition prolongée dans l'eau, la matière intersticielle se transforme en *chondrine*, substance albuminoïde renfermant environ 3 p. % de sels minéraux.

37. Tissu musculaire. — Le *tissu musculaire* est formé de *fibres musculaires*. Ces fibres sont des filaments très fins, accolés les uns aux autres, et dont l'ensemble constitue ce qu'on appelle vulgairement la viande.

La propriété essentielle du muscle est d'être *contractile*, c'est-à-dire de pouvoir se raccourcir dans le sens de ses fibres; aussi les muscles sont, pour cette raison, les organes essentiels des *mouvements*.

38. Tissu nerveux. — Le *tissu nerveux* est formé d'éléments complexes, *cellules nerveuses*, *tubes nerveux*, etc., et sert d'agent aux phénomènes de *sensibilité*, d'*intelligence* et de *volonté*.

L'étude des tissus osseux, musculaire et nerveux, sera complétée dans les chapitres qui traitent des os, des muscles et du système nerveux.

39. Inflammation. — L'*inflammation* est une maladie très fréquente pouvant attaquer tous les tissus. Elle est ordinairement caractérisée par la douleur, la chaleur, la rougeur des parties affectées, et prend différents noms suivant les organes qu'elle atteint.

L'*enflure* est le gonflement d'une partie de l'organisme provenant de l'inflammation du tissu cellulaire ou d'un épanchement de sérosité dans les cellules. On appelle *fluxion* l'enflure du tissu cellulaire des joues.

III. Structure générale du corps humain.

40. Forme générale. — Le corps humain est limité extérieurement par la *peau*. Un système osseux ou *squelette* en forme la charpente et lui donne sa forme générale; sur les os viennent se fixer des *muscles* destinés à produire les mouvements.

Le squelette est constitué par la réunion d'un grand nombre de pièces dont la forme et l'assemblage sont très variés; les muscles, en se fixant sur les os, les recouvrent, et par leur disposition, leurs saillies plus ou moins prononcées, arrondissent les contours et donnent au corps sa forme extérieure.

41. Grandes cavités de l'organisme. — Les organes principaux sont renfermés dans trois grandes cavités qui sont :

Fig. 10.
Cavités thoracique
et abdominale.
d, diaphragme.

1º La cavité *cérébro-spinale*, renfermant le *cerveau* et la *moelle épinière;*

2º La cavité *thoracique*, renfermant les organes de la *respiration* et les principaux organes de la *circulation;*

3º La cavité *abdominale*, contenant l'*appareil digestif* presque en entier.

La cavité thoracique est séparée de la cavité abdominale par le *diaphragme*, sorte de plancher de forme convexe dont le contour est musculaire.

Outre ces trois grandes cavités, il en existe de plus petites, pour la plupart localisées dans la partie du squelette qui constitue la face. Ces cavités, comme du reste la cavité cérébro-spinale et la cavité thoracique, ont des parois osseuses destinées à protéger les organes qu'elles renferment. Telles sont, par exemple, les *cavités orbitaires* ou *orbites* dans lesquelles sont logés les yeux, la *bouche* ou *cavité buccale*.

Au point de vue de l'aspect général, on peut diviser le corps humain en trois parties : la *tête*, le *tronc*, et les *membres supérieurs* et *inférieurs*.

PREMIÈRE PARTIE

ANATOMIE ET PHYSIOLOGIE

FONCTIONS DE NUTRITION

CHAPITRE I

DIGESTION

1. Appareil digestif.

42. Cavité abdominale. — La *cavité abdominale*, qui contient l'appareil digestif, est tapissée par une séreuse, le péritoine, formant de nombreux replis dont les principaux sont : le *mésentère*, qui sépare et soutient les différentes parties de l'intestin, et les *épiploons*, qui se chargent souvent de graisse.

Il arrive parfois qu'à la suite d'un effort puissant, une partie des intestins glisse hors de sa position normale et fait saillie sous la peau ; c'est ce qu'on appelle une *hernie*. Il est donc prudent de maintenir les parois de la cavité abdominale par une large ceinture quand on doit se livrer à des exercices violents, gymnastique, course, etc. Bien que ces ceintures ne préservent pas toujours des hernies, elles ont cependant l'avantage de les rendre moins fréquentes en facilitant le phénomène de l'effort (nº 153).

La *péritonite* est une maladie qui affecte le péritoine ; l'*hydropisie ordinaire* résulte d'une accumulation de sérosité entre ses deux feuillets.

43. Canal digestif. L'appareil digestif comprend le *canal digestif* et quelques organes annexes, tels que les *dents* et certaines *glandes*.

44. Structure du canal digestif. — Le canal digestif a la même structure dans toute son étendue ; il est tapissé par la *muqueuse digestive*, au-dessous de laquelle se trouve une couche de tissu musculaire. Il comprend : la *bouche*, le *pharynx*, l'œsophage, l'estomac et les *intestins*.

45. Bouche. — La *bouche* renferme les organes de la mastication (les *dents*) et celui du goût (la *langue*). Elle est incomplètement séparée du pharynx par le *voile du palais*, sorte de membrane, pendant comme un rideau au fond de la bouche, et qui présente, au milieu de son bord flottant, un petit prolongement, la *luette*.

46. Pharynx. — Le *pharynx* ou *arrière-bouche* (fig. 11) est une sorte de carrefour communiquant avec l'*estomac* par l'œsophage, avec les *poumons* par la trachée-artère, avec l'*oreille* par la trompe d'Eustache, et enfin avec les *fosses nasales*.

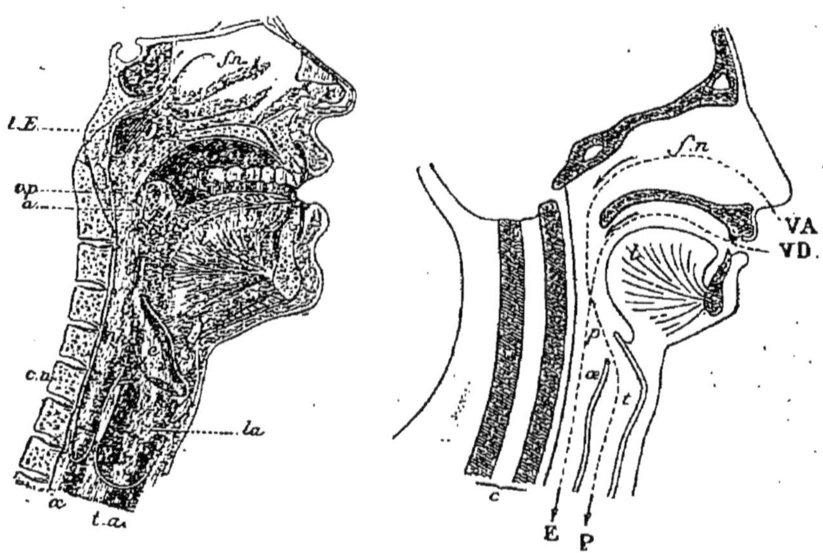

Fig. 11. — *ph*, pharynx; *œ*, œsophage; *f, n*, fosses nasales; *l*, langue; *l, E*, orifice de la trompe d'Eustache; *v, p*, voile du palais; *a*, amygdales; *c, v*, colonne vertébrale; *e*, épiglotte; *la*, larynx; *t, a*, trachée-artère.

Fig. 12. — V, D, voie digestive; *l*, langue; *œ*, œsophage; —➤ E, estomac; V, A, voie aérienne ou respiratoire; *f, n*, fosses nasales; *p*, pharynx; *t*, trachée-artère; —➤ P, poumons.

C'est dans le pharynx que s'entre-croisent les voies *digestive* et *respiratoire* (fig. 12).

La première, conduisant les aliments dans l'estomac, comprend la *bouche*, le *pharynx* et l'*œsophage*; la deuxième, destinée à introduire l'air atmosphérique dans les poumons, se compose des *fosses nasales*, du *pharynx* et de la *trachée-artère*.

47. Glotte. — La *glotte* est la partie supérieure de la trachée-artère ; elle est surmontée d'une petite membrane fibro-cartilagineuse, l'*épiglotte*, qui peut se rabattre sur la glotte et en fermer l'entrée.

48. Œsophage. — L'*œsophage* est un simple canal descendant devant la colonne vertébrale et débouchant dans l'estomac après avoir traversé le diaphragme.

49. Estomac. — L'*estomac* (fig. 13) est un des organes les plus importants du canal digestif. C'est une poche membraneuse ayant la forme d'une cornemuse et placée horizontalement au-dessous du diaphragme. Sa partie gauche, plus renflée que la partie droite, communique avec l'œsophage par une ouverture, le *cardia* ; sa partie droite, moins volumineuse, communique avec l'intestin par le *pylore*.

50. Structure de l'estomac. — La paroi stomacale comprend : 1° une tunique *séreuse*, externe, dépendant du péritoine ; 2° une tunique *musculaire* composée de fibres, les unes longitudinales continuant celles de l'œsophage, les autres transversales, croisant les premières à angle droit ; d'autres fibres, obliques, occupent la région interne de la grande tubérosité. Ces fibres s'enchevêtrent comme les fils d'une étoffe ; 3° une tunique *muqueuse*, comprenant une couche épaisse de tissu conjonctif, une couche de fibres lisses, et enfin la muqueuse stomacale proprement dite, tapissée d'un épithélium cylindrique.

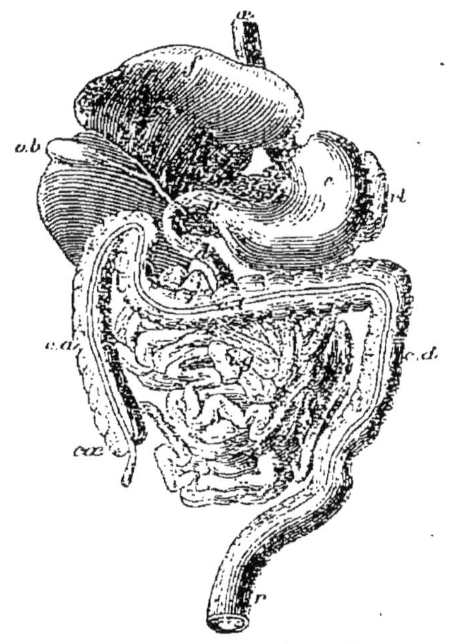

Fig. 13. — Canal digestif.

œ, œsophage ; *c*, cardia ; *e*, estomac ; *p*, pylore ; *d*, duodénum ; *i*, *g*, intestin grêle ; *cœ*, cœcum ; *c*, *a*, côlon ascendant ; *c*, *t*, côlon transverse ; *c*, *d*, côlon descendant ; *r*, rectum ; *f*, foie ; *v*, *b*, vésicule biliaire ; *rt*, rate.

51. Intestins. — Les *intestins* (fig. 13) comprennent les $^4/_5$ environ de la longueur du canal digestif, et sont d'autant plus développés que la nourriture de l'animal est plus végétale (3 à

4 fois la longueur du corps chez les carnivores, 20 à 25 fois chez les herbivores). Ils présentent intérieurement de nombreux replis semi-lunaires (*valvules conniventes*) qui en augmentent la surface d'absorption.

On subdivise les intestins en deux parties : l'*intestin grêle* et le *gros intestin*.

52. Intestin grêle. — L'intestin grêle comprend : le *duodénum*, le *jéjunum* et l'*iléon*.

Le *duodénum* (longueur : 12 travers de doigt) se distingue du reste de l'intestin en ce qu'il n'est pas enroulé dans la masse intestinale.

53. Gros intestin. — Le *gros intestin*, d'un diamètre plus gros que l'intestin grêle, a un aspect bouillonné; il commence par un cul-de-sac très développé chez les herbivores, le *cœcum*, dans lequel l'iléon débouche latéralement par la valvule *iléo-cœcale*.

A partir du *cœcum*, le gros intestin monte le long du flanc droit (*côlon ascendant*), traverse la cavité abdominale au-dessous de l'estomac (*côlon transverse*), redescend en S le long du flanc gauche (*côlon descendant*), puis perd ses boursouflures et sous le nom de *rectum* se termine à l'*anus*.

II. Organes annexes de l'appareil digestif.

DENTS

54. Nature des dents. — Les *dents* sont de petits organes analogues aux os, mais qui en diffèrent par la structure, le mode de développement et le rôle physiologique. Elles sont implantées dans des cavités de l'os de la mâchoire qu'on appelle *alvéoles dentaires*.

Une dent comprend (fig. 14) la racine, la couronne et le collet.

La *racine* est la partie renfermée dans l'alvéole. La *couronne* est la partie visible de la dent. Le *collet* est la limite de séparation de la racine et de la couronne.

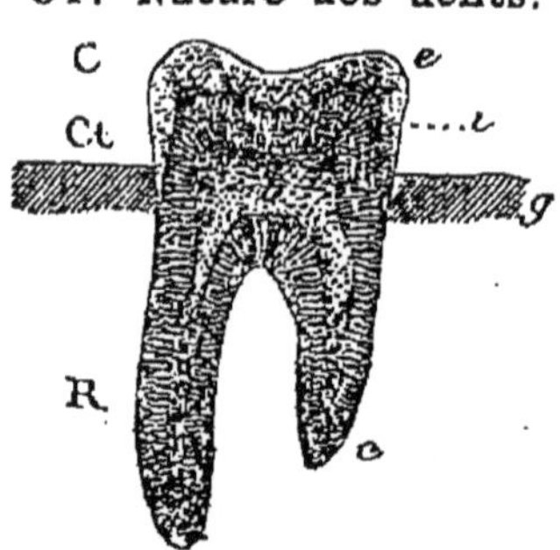

Fig. 14. — Structure d'une dent. C, couronne; Ct, collet; R, racine; g, gencive; e, émail; i, ivoire ou dentine; c, cément; b, bulbe dentaire.

55. Structure. — Au point de vue de la structure, on distingue, dans une dent (fig. 14) : le *bulbe*, l'*ivoire*, l'*émail* et le *cément*.

Le *bulbe* est une petite masse charnue, recevant des nerfs et des vaisseaux sanguins et occupant la partie centrale de la dent. L'*ivoire* forme la plus grande partie du tissu de la dent. L'*émail* est une sorte de vernis très dur recouvrant la couronne. L'épaisseur de la couche d'émail qui recouvre l'ivoire diminue régulièrement depuis le sommet de la couronne jusqu'au collet.

L'émail est une substance excessivement dure, formée de prismes légèrement obliques par rapport à la surface. Celle-ci est limitée par un revêtement mince, appelé *cuticule*, ayant la propriété de résister énergiquement aux agents chimiques.

Le *cément* est une matière analogue à l'émail, et recouvre la racine.

56. Formes des dents. — Relativement à leur forme, les dents se subdivisent en *incisives*, *canines* et *molaires*.

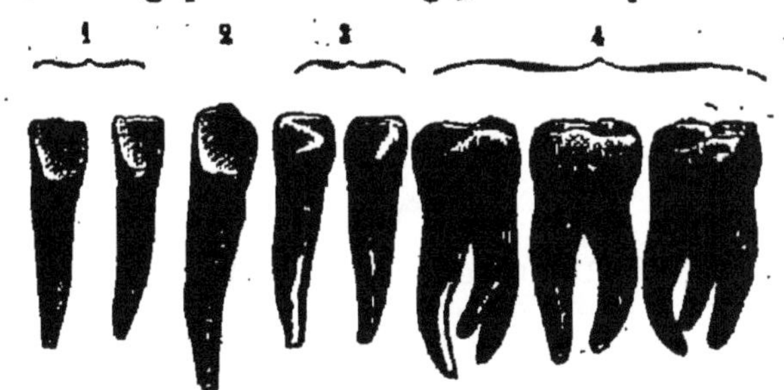

Fig. 15. — Dents de la moitié de la mâchoire supérieure de l'homme.

1, incisives; 2, canine; 3, fausses molaires (*une seule racine*); 4, vraies molaires (*racines multiples*).

57. Incisives. — Les *incisives* sont aplaties, tranchantes sur les bords et servent à couper les aliments. Elles sont très développées chez les animaux rongeurs (Lapin, Écureuil, Rat) (fig. 16).

Fig. 16. — Dentition de rongeur.   Fig. 17. — Dentition de carnivore.

58. Canines. — Les *canines* ont une forme conoïde; elles sont fortement implantées dans les mâchoires et servent à déchirer la chair; elles sont remarquablement développées chez les carnivores (Chien, Chat, Tigre) (fig. 17).

59. Molaires. — Les *molaires* (du latin *mola*, meule) sont aiguës et tranchantes chez les carnivores, cylindriques et à surface mamelonnée ou présentant des replis d'émail chez les herbivores (Cheval, Bœuf, Castor).

Chez l'homme, on appelle *fausses molaires* celles qui n'ont qu'une racine, et *vraies molaires* celles qui en ont plusieurs (fig. 15).

60. Développement des dents. — A l'origine, les dents sont complètement renfermées dans les alvéoles (fig. 18). Le bulbe

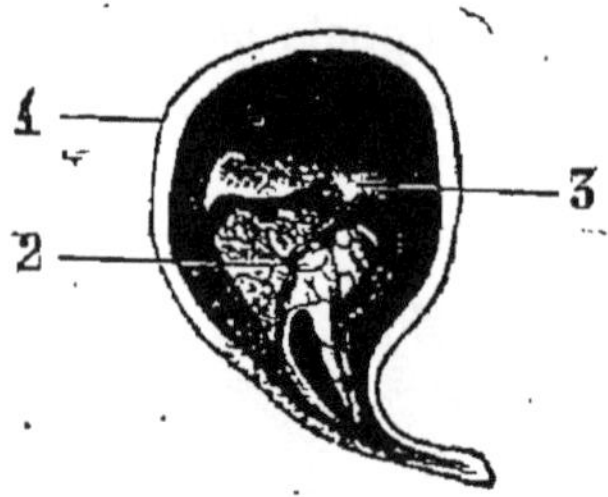

Fig. 18. — Développement d'une molaire.
1, capsule dentaire; 2, bulbe;
3, émail en formation.

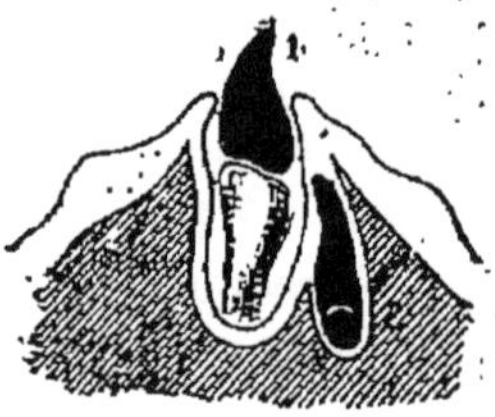

Fig. 19. — 1, incisive de 1ʳᵉ dentition;
2, incisive de 2ᵉ dentition
encore cachée dans la gencive.

croît peu à peu, sa partie périphérique se transforme progressivement en ivoire, tandis que sa partie supérieure se recouvre d'émail. Bientôt la dent, pressant sur la muqueuse de la gencive, y produit une inflammation qui facilite la perforation et fait saillir la couronne dans la bouche.

Les incisives médianes apparaissent d'abord, puis successivement les autres dents. A deux ans, l'enfant possède ordinairement vingt dents; c'est la *première dentition* ou *dentition de lait*. Ces

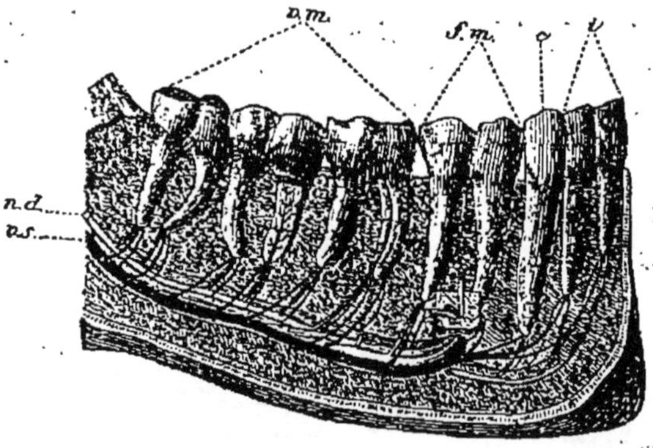

Fig. 20. — Dentition de l'homme (la moitié d'une mâchoire).
i, incisives; *c*, canine; *fm*, fausses molaires;
v, *m*, vraies molaires; *n*, *d*, nerf dentaire;
v, *s*, vaisseaux sanguins.

dents tombent vers l'âge de sept ans et sont remplacées par une *seconde dentition*, qui doit durer toute la vie (fig. 20). Les quatre dernières molaires (*dents de sagesse*) ne paraissent ordinairement qu'à vingt ou vingt-cinq ans.

La dentition complète comprend alors chez l'homme trente-deux dents, savoir : pour la moitié de chaque mâchoire, deux incisives, une canine et cinq molaires (fig. 22), tandis que la première dentition comprenait le même nombre d'incisives et de canines, mais deux molaires seulement à chaque moitié de mâchoire.

61. Maladies des dents. — La plus commune de toutes les *maladies des dents* est la *carie*.

L'émail, qui est beaucoup plus dur que l'ivoire, est, par contre, beaucoup plus fragile et peut se fendiller sous l'influence d'une variation trop brusque de température. Lorsque la cuticule vient à être entamée en un de ses points, les prismes s'altèrent peu à peu sous l'action d'organismes microscopiques (*Bactéries*), la décomposition gagne bientôt l'ivoire, et la carie commence.

Tant qu'aucune des fibrilles nerveuses qui sillonnent l'ivoire n'est atteinte, on ne ressent aucune douleur; mais dès que la carie attaque un de ces filets nerveux, elle détermine des douleurs souvent intolérables.

On peut arrêter la carie par un *plombage*. Cette opération consiste à introduire dans la cavité résultant de la carie une substance dure, qui soustrait la surface attaquée à l'action des aliments et de la salive.

Il arrive parfois qu'une dent malade occasionne des abcès. Si ces abcès se répètent plusieurs fois, il peut arriver qu'il se forme sur la gencive, au niveau de la dent malade, une plaie qui ne se ferme pas; c'est ce qu'on appelle une *fistule dentaire*. L'extraction de la dent est alors nécessaire.

Une dent arrachée de l'alvéole peut y être replacée et reprendre parfaitement s'il ne s'est pas écoulé un temps trop considérable entre son extraction et sa remise en place.

La mauvaise disposition des dents provient généralement de ce que les dents de la deuxième dentition percent avant la chute des dents de lait.

62. Hygiène des dents. — L'*hygiène des dents* consiste presque exclusivement à les maintenir dans un grand état de propreté. On doit donc se laver les dents tous les matins et les frotter avec une brosse dure. La poudre de charbon, le meilleur de tous les dentifrices, est préférable à toutes les compositions, plus ou moins complexes, préconisées comme hygiéniques.

Il faut éviter de se nettoyer les dents avec des cure-dents métalliques; de s'en servir, comme le font trop souvent les enfants, pour briser, tordre des corps durs. Cette imprudence peut déterminer la carie en dégradant une partie de l'émail qui recouvre et protège l'ivoire.

GLANDES DIGESTIVES

63. Glandes annexées à l'appareil digestif. — Les glandes annexées à l'appareil digestif sont des organes charnus sécrétant les liquides destinés à rendre absorbables les aliments ingérés. Ce sont : les *glandes salivaires*, les *follicules gastriques*, le *foie*, le *pancréas* et les *glandes intestinales*.

64. Glandes salivaires. — Il existe trois paires de *glandes salivaires* :

Fig. 21. — Glande parotide.

1° Les *parotides*, situées entre l'oreille et l'articulation des mâchoires ; leur inflammation constitue les *ourles* ou *oreillons ;* elles conduisent leur salive dans la bouche par le *canal de Sténon ;*

2° Les *sub-maxillaires*, situées sous les mâchoires (*canal de Warthon*) ;

3° Les *sub-linguales*, placées sous la langue (*canaux de Rivinus*).

Ces glandes sécrètent des liquides qui, en se mêlant dans la bouche au mucus buccal, forment la *salive mixte*.

A l'entrée du pharynx se trouvent deux glandes en forme d'amandes, les *amygdales* (du g. *amygdalè*, amande), qui paraissent destinées à favoriser la déglutition.

65. Sécrétion salivaire. — Ce n'est pas le mouvement des mâchoires, mais la présence même de l'aliment qui, par l'intermédiaire du système nerveux, excite la sécrétion salivaire. D'ailleurs la vue, ou simplement la pensée d'un aliment acide, suffit pour la déterminer, et, comme on dit vulgairement, « faire venir l'eau à la bouche, » tout comme une émotion vive peut la suspendre au point de rendre difficile l'articulation de la parole, et justifier ainsi, pour les orateurs, l'utilité du classique verre d'eau sucrée.

66. Follicules gastriques. — La surface de la muqueuse stomacale présente un nombre considérable de petites glandes, qui sont les *follicules gastriques*.

Ces glandes sont de deux sortes : 1° les *glandes à pepsine* sécrétant le suc gastrique, localisées dans la région cardiaque (environ cinq millions) ; 2° les *glandes muqueuses*, en plus grand nombre, localisées dans la région pylorique, et sécrétant un mucus sans pepsine (*mucus stomacal*).

67. Pancréas. — Le *pancréas* est une glande en forme de languette adossée à la courbure de l'estomac (fig. 22), et sécré-

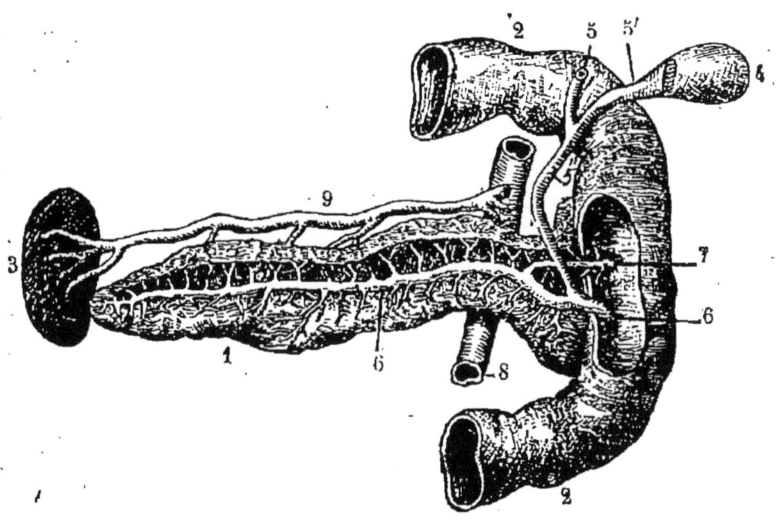

Fig. 22. — Pancréas.

1, Pancréas; 2, duodénum; 3, rate; 4, vésicule biliaire; 5, canal hépatique; 5', canal cystique; 5'', canal cholédoque; 6, canal pancréatique: 7, branche azygos du gros canal pancréatique; 8, artère aorte; 9, artère splénique.

tant le *suc pancréatique,* qui se déverse dans le *duodénum* par le *canal pancréatique* ou de *Wirsung.*

68. Foie. — Le *foie* est la plus volumineuse des glandes de l'organisme. C'est une masse charnue, d'un rouge plus ou moins brun, occupant toute la partie droite et supérieure de l'abdomen et maintenue par les organes qui l'entourent, ainsi que par des replis du péritoine (*ligaments du foie*). La gêne que l'on éprouve quand on se couche sur le côté gauche pendant la digestion vient de la pression exercée par le foie sur l'estomac rempli d'aliments non encore digérés.

69. Structure du foie. — Le foie est recouvert de deux enveloppes : l'une externe, dépendant du péritoine; l'autre interne, de nature fibreuse, formant la surface de l'organe. Cette dernière enveloppe (*Capsule de Glisson*) pénètre dans le foie avec les vaisseaux qui viennent s'y distribuer, et les accompagne en formant autour d'eux une gaine qui les isole de la substance propre de la glande, et se prolonge ensuite à l'intérieur sous forme de minces cloisons qui décomposent le foie en petits éléments (*lobules hépatiques*) de la grosseur d'un grain de mil. Le nombre de ces lobules est d'environ 500 par centim. carré.

Chaque lobule comprend : 1° Une masse de cellules arrondies, ovales ou polyédriques, sans membrane, et pourvues d'un ou deux noyaux (*cellules hépatiques*) 2° Des *canalicules biliaires* rampant à la surface des lobules et formant par leur ensemble un réseau capillaire à mailles polygonales dont les éléments se réunissent successivement les uns aux autres pour former un canal unique appelé *canal hépatique*. 3° Des vaisseaux provenant de l'*artère hépatique* et de la *veine-porte*; leurs ramifications forment aussi un réseau interlobulaire, mais qui ne communique pas avec les capillaires biliaires. Les capillaires de la veine hépatique font suite aux capillaires de l'artère hépatique. 4° Des *filets nerveux* qui paraissent se terminer dans la paroi des vaisseaux lobulaires superficiels.

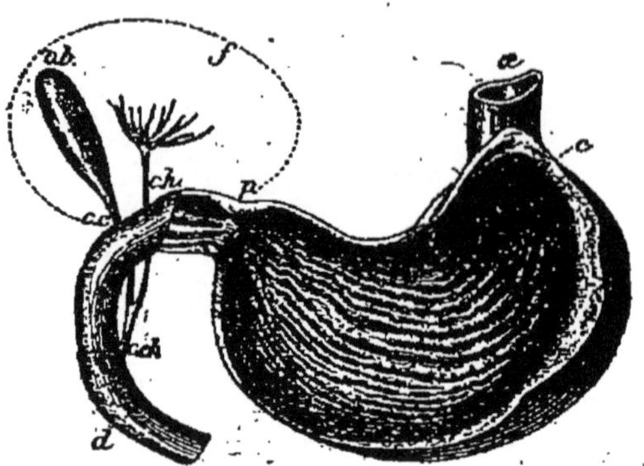

Fig. 23. — Canaux excréteurs de la bile.

œ, œsophage; *c*, cardia; *p*, pylore; *d*, duodénum;
f, foie; *ch*, canal hépatique;
v, *b*, vésicule biliaire; *c*, *c*, canal cystique;
c, *ch*, canal cholédoque.

70. Fonctions du foie. — La principale fonction du foie est de sécréter la *bile*, liquide savonneux, qui s'accumule peu à peu dans la *vésicule biliaire* ou *vésicule du fiel* (fig. 23), réservoir piriforme situé à la face inférieure du foie. Elle se déverse en temps utile dans le duodénum par le *canal cholédoque*, formé de la réunion du *canal hépatique*, venant directement du foie, et du *canal cystique*, qui est le col de la vésicule biliaire.

La bile est jaune d'or au moment où elle sort du foie par le canal hépatique, vert foncé et filante lorsqu'elle a séjourné dans la vésicule biliaire.

Remarque. Il arrive quelquefois que la bile sécrétée par le foie n'est plus excrétée; ses éléments résorbés passent dans le sang, et celui-ci prend une teinte jaunâtre qu'il communique aux tissus. C'est l'affection connue sous le nom d'*ictère* ou *jaunisse*.

L'expression *mélancolique* vient d'une fausse idée que l'on se faisait de l'influence de la bile sur l'état moral de l'organisme. Cette expression dérive, en effet, de deux mots grecs : *mélas*, noir, et *cholé*, bile (qui a la bile noire). On dit aussi d'une manière peu élégante : « se faire de la bile, » pour se « donner de la peine ».

Fonction glycogénique du foie. Le foie a encore pour fonction de fournir du *sucre* qui disparaît dans le travail de la digestion; lorsque la production du sucre est trop active, l'excès passe dans les urines; c'est l'affection connue sous le nom de *diabète.*

71. Glandes intestinales. — Les *glandes intestinales* ou de *Lieberkühn* sont de petites glandes logées dans la muqueuse et qui sécrètent le *suc intestinal.* Près de ces glandes on remarque des *follicules clos,* dont l'agglomération en certains points constitue les *plaques de Peyer.*

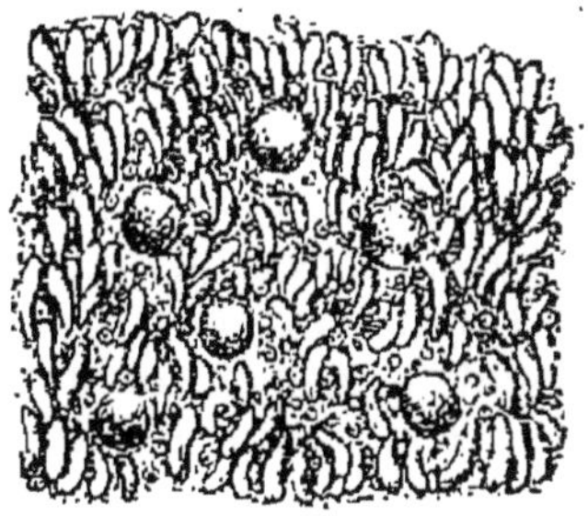

La fièvre typhoïde consiste dans une altération des plaques de Peyer, altération qui peut aller jusqu'à déterminer la perforation de la paroi intestinale.

La muqueuse du duodénum est tapissée par des glandes particulières (*glandes de Brünner*), dont le rôle n'est pas bien connu.

Fig. 24. — Muqueuse intestinale, montrant les follicules clos et les villosités intestinales entre lesquelles on aperçoit les orifices des glandes de Lieberkühn.

III. Aliments.

72. Définition. — Les *aliments* sont les substances qui, introduites dans le canal digestif, peuvent servir à entretenir la vie.

73. Aliments proprement dits. — On peut subdiviser les aliments proprement dits en trois classes : 1° les *aliments azotés, albuminoïdes* ou *plastiques;* 2° les aliments *hydrocarbonés;* 3° les *graisses.*

74. Aliments azotés, albuminoïdes ou plastiques. — Les éléments constitutifs des aliments azotés sont : l'*azote,* le *carbone,* l'*hydrogène* et l'*oxygène.* Ils servent surtout à la réparation des tissus, et sont fournis en grande partie par le règne animal; ce sont, par exemple, la *chair* des animaux, l'*albumine* ou *blanc d'œuf;* la *gélatine,* qu'on trouve dans les os; la *caséine,* dans le fromage; la *légumine,* dans les haricots, les lentilles, etc.

75. Aliments hydrocarbonés. — Les aliments hydrocarbonés sont constitués par le *carbone,* l'*hydrogène* et l'*oxygène;* ces deux derniers éléments étant combinés dans les proportions de l'eau. Ils sont presque tous empruntés au règne végétal et comprennent des aliments *féculents* (fécule), *amylacés* (amidon), *saccharoïdes* (sucres).

76. Graisses. — Les corps gras sont plus riches en carbone et en hydrogène que les précédents; ce sont les *graisses*, les *huiles* végétales et animales, le *beurre*, etc.

77. Aliments respiratoires. — Les aliments hydrocarbonés et les graisses sont parfois désignés sous le nom d'*aliments respiratoires;* car, ainsi que nous le verrons plus loin, ils servent en grande partie à l'entretien de la chaleur animale; mais cette dénomination n'a pas grande valeur au point de vue physiologique, car, dans bien des cas, les aliments azotés eux-mêmes peuvent servir de matériaux aux combustions internes.

Cependant, quel que soit le rôle encore peu connu des aliments azotés et non azotés, ce que l'on peut affirmer, c'est que leur concours simultané est indispensable à l'entretien de la vie.

78. Sels minéraux. — Les *sels minéraux*, dont les éléments (*phosphore, calcium, fer*, etc.) doivent entrer dans la composition des tissus, se trouvent en combinaisons dans les autres aliments et dans les boissons.

Le *sel marin* (chlorure de sodium) doit être rangé parmi les aliments; il est aussi nécessaire à l'alimentation que les épices le sont peu. L'absence des chlorures alcalins dans l'organisme peut aller jusqu'à produire un véritable appauvrissement du sang.

79. Condiments. — Les *condiments* sont des substances que l'on ajoute aux aliments pour leur donner du goût ou en faciliter la digestion.

Il existe des condiments acides (*vinaigre, citron*), âcres (*poivre, piment*), sulfurés (*ail, moutarde*), aromatiques (*girofle, vanille*).

L'abus des condiments rend les digestions pénibles et amène des maux d'estomac.

80. Boissons. — Les *boissons* sont des liquides renfermant une forte proportion d'eau et aussi des principes qui les font entrer dans les différentes catégories d'aliments.

L'*eau* est la meilleure et la plus nécessaire de toutes les boissons; les animaux n'en connaissent point d'autre. Elle doit être aérée et renfermer une certaine proportion de sels calcaires.

Le *vin* est une boisson tonique et fortifiante; il faut rarement le boire pur.

La *bière* est nourrissante, et convient surtout aux personnes nerveuses.

Le *café*, dont l'abus énerve et produit l'insomnie, peut, lorsqu'il est pris modérément, favoriser la digestion, calmer les maux de tête et exciter les facultés de l'entendement.

Les *eaux-de-vie*, et les spiritueux en général, sont des boissons dangereuses, surtout à jeun. On croyait autrefois que l'alcool était brûlé dans l'organisme et servait ainsi à entretenir la chaleur animale.

De nouvelles recherches ont montré qu'il se retrouvait intact dans les tissus, et surtout dans le tissu nerveux. S'il paraît suppléer l'alimentation, c'est qu'il détermine un arrêt dans la nutrition; ce n'est donc qu'un excitant cérébral dont il faut se défier.

IV. Actes mécaniques de la digestion.

81. Préhension. — On appelle *préhension* l'acte par lequel l'animal saisit l'aliment pour le porter à sa bouche. Elle se fait par la main (*Homme, Singe*), par les lèvres seules (*Cheval*), ou par les lèvres aidées de la langue (*Bœuf*), par une trompe (*Éléphant*), par des tentacules (*Hydre, Poulpe*), par les mâchoires (*Insectes, Écrevisse*).

82. Mastication. — La *mastication* est l'acte par lequel les aliments solides introduits dans la bouche sont broyés par les dents, afin de les rendre plus facilement attaquables par les liquides digestifs. Cette trituration est aidée par les joues et la langue, qui ramènent les matières sous les dents, et favorisée par la salive, qui les transforme en une masse pâteuse, le *bol alimentaire*.

Les viandes et les matières azotées ont moins besoin de subir cette trituration que les matières végétales; aussi les animaux exclusivement carnivores n'ont que des dents propres à diviser la viande en bouchées et non à la broyer (*Chiens, Chats*); certains même, tels que les serpents, les poissons, n'ont que de simples crochets destinés à retenir la proie qu'ils avalent sans la diviser. Chez les carnivores, les mâchoires n'ont pas, comme chez les herbivores et les omnivores, de mouvement latéral.

Quand la mastication est incomplète, toute la digestion s'en ressent et devient pénible, car le surcroît de travail ainsi imposé à l'estomac finit par le fatiguer.

83. Déglutition. — La *déglutition* est le phénomène par lequel le bol alimentaire franchit le pharynx et tombe dans l'œsophage. La présence d'un corps quelconque, ne fût-ce qu'un peu de salive à l'entrée du pharynx, suffit pour la provoquer, et le mouvement, une fois commencé, s'accomplit nécessairement en dehors de toute intervention de la volonté.

84. Mécanisme. — Dans ce mouvement très compliqué, le pharynx remonte tout entier, de manière que la glotte vienne se cacher sous la base de la langue (fig. 25). Celle-ci, refoulant l'épiglotte, la recourbe en arrière et la rabat sur la glotte à la manière d'un couvercle. Pendant ce temps, le voile du palais se relève et vient fermer l'orifice postérieur des fosses nasales. Le bol alimentaire, pressé contre le palais par la langue, chemine vers l'arrière-bouche, puis, culbutant par-dessus l'épiglotte, tombe dans l'œsophage, seul canal dont l'ouverture soit libre à ce moment.

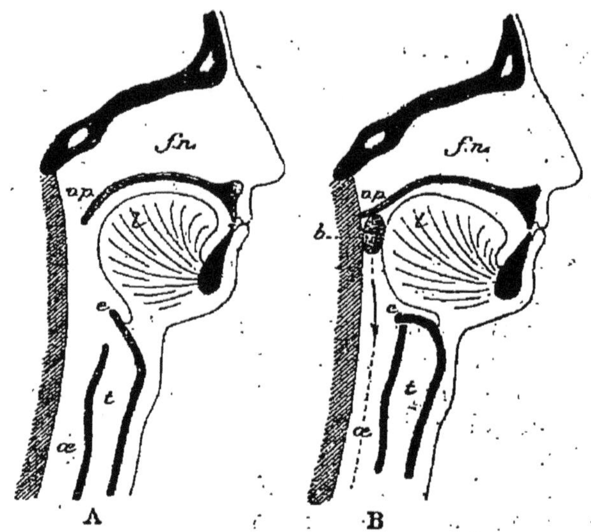

Fig. 25 et 26. — Mouvement de déglutition.

A. Disposition théorique des organes avant la déglutition. — B. Disposition de ces organes pendant le mouvement de déglutition.

l, langue; f, n, fosses nasales; v, p, voile du palais; e, épiglotte; œ, œsophage; t, trachée-artère; b, bol alimentaire.

Pendant que ce mouvement s'accomplit, il faut que l'entrée de la trachée-artère soit parfaitement close, sans quoi l'introduction de la moindre parcelle solide ou liquide dans le canal respiratoire suffirait pour déterminer une toux violente, qui ne cesserait qu'après l'expulsion complète des substances ainsi fourvoyées. C'est ce qu'on appelle vulgairement « avaler de travers ».

85. Mouvements digestifs proprement dits. — Les aliments traversent l'œsophage sans y séjourner et arrivent dans l'estomac, qui, par ses contractions, les mélange et les imprègne de suc gastrique. Ces mouvements, se continuant tout le long de l'intestin, font ainsi cheminer les matières alimentaires, de proche en proche, jusque dans le rectum.

86. Vomissement. — Le *vomissement* est l'expulsion par l'œsophage des substances renfermées dans l'estomac. Il peut se faire par simple contraction de l'estomac et de l'œsophage en sens inverse du mouvement habituel. Le plus souvent il est aidé par la contraction de tous les muscles abdominaux, y compris le diaphragme.

Presque toutes les causes qui peuvent le déterminer agissent sur le système nerveux; ce sont, par exemple, la fumée du tabac, le roulis du navire, le tournoiement, l'odeur ou simplement la pensée d'un mets répugnant. Il peut être provoqué par le chatouillement de l'arrière-bouche, l'ingestion de substances particulières, l'émétique, par exemple.

87. Régurgitation. — La *régurgitation* est le phénomène par lequel une petite portion des matières déjà transformées dans l'estomac remonte jusque dans la bouche.

88. Éructation. — L'*éructation* est l'expulsion par l'œsophage des gaz développés dans l'estomac par le travail de la digestion.

V. Phénomènes chimiques de la digestion.

89. But de la digestion. — *La digestion est une fonction qui a pour but de rendre absorbables les aliments introduits dans l'estomac.*

Cette transformation, préparée par l'action des dents, qui divisent les aliments solides, s'effectue sous l'influence des liquides fournis par les glandes digestives.

90. Digestion buccale ou insalivation. — Outre son rôle mécanique, la salive, par son principe actif, la *ptyaline*, contribue à transformer les matières féculentes (n° 75) en *dextrine*, puis en *glucose*, matière sucrée parfaitement absorbable. Cette action, commencée dans la bouche, se continue tout le long du canal digestif.

91. Digestion stomacale ou chymification. — Le suc gastrique (n° 66) renferme une substance particulière, la *pepsine*, qui, agissant sur les matières azotées (n° 74), telles que les viandes, les transforme en un liquide absorbable, l'*albuminose* ou *peptone*.

La salive continuant aussi son action, les aliments présentent bientôt dans l'estomac l'aspect d'une substance grisâtre semi-fluide appelée *chyme*.

Le chyme est donc formé :

1° Des *féculents*, dont une partie est déjà transformée en *glucose* par la *salive;*

2° Des *produits azotés*, transformés en *albuminose* par le *suc gastrique;*

3° Des *graisses* encore intactes, mais isolées de leurs enveloppes.

92. Digestion intestinale ou chylification. — En arrivant dans le duodénum, le chyme se trouve en contact avec le *suc pancréatique* (n° 67), liquide analogue à la salive par sa composition et son rôle physiologique. Ce liquide agit sur les féculents comme la salive et sur les produits azotés comme le suc gastrique; mais son rôle principal est d'*émulsionner les matières grasses* et de les transformer ainsi en un liquide laiteux, le *chyle*, qui pourra être absorbé en grande partie dans l'intestin grêle.

93. Rôle de la bile. — La *bile* n'est déversée dans le duodénum qu'après le passage des aliments. Elle paraît être étrangère à l'élaboration chimique des aliments, et ne jouer, par conséquent, qu'un rôle accessoire dans la digestion. On admet qu'elle favorise l'absorption des graisses à la surface de l'intestin, car elle jouit, comme le suc pancréatique, mais à un degré beaucoup moindre, de la propriété d'émulsionner les graisses. C'est cette propriété que les teinturiers mettent à profit dans l'emploi du fiel de bœuf pour le dégraissage des étoffes de prix.

VI. Alimentation.

94. Besoin d'aliments. — Le *besoin d'aliments* se traduit par la *faim* et la *soif*.

La *faim* se fait sentir à des intervalles d'autant plus rapprochés, que l'absorption est plus rapide et la circulation plus active.

La *soif* semble avoir un certain rapport avec l'état particulier du sang; aussi tout ce qui peut contribuer à diminuer sa partie aqueuse peut exciter la soif (élévation de température, hémorragie, transpiration, ingestion de substances salées, etc.), comme l'introduction d'une certaine quantité d'eau dans le sang suffit pour l'apaiser.

Il est à remarquer que, contrairement à l'opinion commune, les boissons chaudes désaltèrent mieux que les boissons froides, et que l'on apaise plus facilement la soif en buvant par petites portions qu'en absorbant d'un seul coup une grande quantité de liquide.

On doit bien se garder de boire très froid quand on a chaud; les accidents les plus graves pourraient résulter de cette imprudence; le lait froid est, dans ce cas, plus dangereux que tout autre liquide.

La sensation de la soif, comme celle de la faim, est due à un sentiment instinctif de conservation qui doit, comme le besoin de respirer, être placé dans le système nerveux.

95. Inanition. — L'*inanition* est l'état de faiblesse dans lequel tombe l'organisme par la suppression plus ou moins complète d'aliments. L'animal vit d'abord aux dépens de son tissu adipeux (n° 29), puis de son tissu musculaire; la maigreur survient, et la mort arrive quand l'organisme a perdu environ les $2/5$ de son poids. Pendant ce temps, la quantité et la composition du sang sont sensiblement restées les mêmes.

Complètement privé d'aliments, l'homme périt généralement au bout de 8 à 10 jours; il peut vivre plus longtemps s'il continue à boire de l'eau.

L'homme qui a été soumis à un jeûne absolu pendant quelque temps ne doit revenir qu'avec précaution à l'alimentation normale.

Les animaux à sang froid résistent assez longtemps à la privation d'aliments. Cl. Bernard a vu des Crapauds survivre près de 3 ans au jeûne le plus rigoureux.

96. Conditions générales de l'alimentation. — Une bonne alimentation doit être complète, simple et suffisante.

97. *L'alimentation doit être complète.* — Toute alimentation qui n'apporte pas à l'organisme les éléments nécessaires à l'assimilation et aux combustions conduit plus ou moins rapidement à l'inanition. Elle devra donc comprendre les trois sortes d'aliments : *azotés, hydrocarbonés et corps gras.*

98. *Aliments complets.* — Certaines substances, provenant directement du règne animal, peuvent servir exclusivement à l'alimentation; ce sont, par exemple, les œufs et le lait.

Le *lait* est le type de l'aliment complet; il renferme, en effet, les trois ordres d'aliments : un aliment azoté, la *caséine;* un aliment hydrocarboné, l'*acide lactique* ou *sucre de lait,* et un corps gras, le *beurre;* il contient en outre de l'eau et des sels minéraux.

Sous toutes ses formes, le lait nourrit beaucoup et se digère très facilement; aussi son usage exclusif est-il ordonné aux personnes qui ont l'estomac débilité et chez lesquelles les organes digestifs fonctionnent difficilement.

99. *L'alimentation doit être simple, mais variée.* — Relativement au choix de ses aliments, l'homme est soumis surtout à l'influence du climat qu'il habite. Plus on avance vers le nord, plus la nourriture est animale, tandis que dans les régions équatoriales elle est presque entièrement végétale.

Dans nos régions, une nourriture trop exclusivement animale détermine des inflammations, fait disparaître l'embonpoint et donne naissance au dépôt de la goutte. Une nourriture trop végétale rend les digestions pénibles; l'embonpoint augmente, mais les forces diminuent.

100. *L'alimentation doit être suffisante, mais sobre.* — Un régime surabondant produit l'embonpoint, mais rend les digestions difficiles et occasionne des congestions.

101. Influence d'un régime surabondant. — L'excédent d'aliments trop riches en *carbone* se traduit par l'*engraissement,* c'est-à-dire par la mise en réserve, sous forme de graisse, des éléments dont l'organisme n'a pu trouver l'emploi.

Quand cet excédent n'est pas trop considérable, c'est une garantie de sécurité, car il pourra servir à compenser la privation d'aliments dans un cas donné, par exemple dans une maladie; mais si cet excédent prend de trop grandes proportions, les éléments anatomiques des tissus, surtout des muscles, éprouvent une transformation graisseuse qui affaiblit l'organisme et peut avoir des inconvénients graves.

L'accumulation de l'*azote* peut avoir des conséquences plus dangereuses encore; car, ne pouvant être éliminé à la manière ordinaire sous forme d'urée, il se dépose à l'état d'acide urique dans les tissus, surtout dans les articulations, et occasionne la *goutte.*

La *pierre* est souvent due à de l'acide urique qui se dépose dans la vessie sous forme de cailloux très durs (*calculs*).

Ces maladies ont donc pour cause principale la surabondance d'une nourriture trop succulente jointe à l'insuffisance des exercices physiques.

102. Origine de la graisse. — La graisse provient uniquement de la transformation des aliments respiratoires. Elle se forme, d'ailleurs, même lorsque l'aliment n'en renferme pas. Ainsi, une Oie maigre, nourrie exclusivement avec de la farine de maïs, augmente de cinq livres au bout de cinq semaines. Les carnivores, au contraire, dont le régime est exclusivement animal, n'ont que peu de graisse.

On ne connaît rien des transformations chimiques très complexes par lesquelles les principes des aliments passent à l'état de principes gras.

103. Bilan organique. — Faire le bilan de l'organisme, c'est chercher la quantité d'aliments qu'il faut absorber pour équilibrer ses pertes; c'est une véritable balance d'inventaire.

En tenant compte de tout ce qui est éliminé par les glandes, les poumons, la transpiration, etc., on trouve qu'un homme adulte dépense en vingt-quatre heures :

Carbone,   310 grammes,
Azote,   21   —
Eau,   2000   —

Le calcul montre que, pour compenser la perte en carbone et en azote, il faut 286 gr. de viande et 1000 gr. de pain. Il serait illusoire de faire entrer la quantité d'eau en ligne de compte, car cette quantité varie considérablement avec la température extérieure. D'ailleurs ces chiffres sont purement théoriques et ne suffisent plus, par exemple, quand le corps fatigue; en effet, la ration d'un ouvrier doit renfermer

130 gr. de substances azotées et 448 gr. d'hydrocarbures (dont 84 gr. de graisse).

Il faut ajouter que dans la période de *croissance,* alors que les organes se développent, il est nécessaire que les éléments apportés à l'organisme surpassent les pertes de chaque jour. C'est pourquoi les enfants ont besoin, à cette époque, d'une nourriture saine et fortifiante.

104. Hygiène. — Quand l'estomac est en activité, la vitalité s'y concentre, ce qui se traduit parfois par un irrésistible besoin de dormir. On doit donc éviter, pendant la digestion, tout ce qui pourrait faire refluer le sang vers les extrémités (bains froids, travaux de tête, émotion vive et soudaine).

Rien n'est plus contraire aux règles de l'hygiène que de faire empiéter une digestion sur une autre ; en général, il faut 3 heures pour digérer un repas ordinaire ; il faudra donc mettre au moins 3 ou 4 heures d'intervalle entre deux repas consécutifs.

Tous les aliments ne sont pas également digestibles ; le laitage, le bouillon, les œufs peu ou point cuits, se digèrent très facilement ; les viandes dégraissées, les fruits mûrs sont également de digestion facile ; viennent ensuite, et par ordre, les légumes herbacés, le pain, les pâtisseries, et enfin les graisses.

Les aliments féculents, haricots, pois, lentilles, sont très nourrissants et facilement digérés.

L'abus des liqueurs alcooliques est, dans la classe populaire, ce qui contribue le plus à détériorer les organes digestifs ; dans les classes aisées, c'est la bonne chère, et l'abus des friandises chez les enfants.

Toutes les règles d'hygiène relatives à l'alimentation peuvent donc se résumer en deux mots : *simplicité* et *tempérance.* Ce sont là, en effet, des sources abondantes de santé et de vie, et par conséquent de vrais plaisirs. Il serait facile de prouver, par une multitude de faits, que la plupart des hommes périssent avant l'âge ou traînent péniblement leur vie sous le poids de la douleur et de la maladie, pour s'être livrés habituellement et avec excès aux plaisirs de la table.

Remarque. — Les lois ecclésiastiques, imposant l'abstinence et le jeûne à certaines époques et à certains jours de l'année, n'ont pas seulement un but moral et spirituel ; mais, de l'aveu même des médecins les plus autorisés, elles ont une utilité hygiénique incontestable. En réglant la nature et la quantité des aliments permis en ces circonstances, ces lois ont rendu les plus grands services à la santé publique, et, de même que le travail du dimanche n'a jamais enrichi personne, on peut dire que l'abstinence et le jeûne n'ont jamais ruiné la santé de ceux qui les ont fidèlement observés, bien au contraire.

CHAPITRE II

ABSORPTION

105. Idée générale. — L'*absorption* est la fonction la plus générale des corps vivants. On dit qu'une substance est absorbée quand elle est passée dans le sang.

La condition indispensable à l'accomplissement de cette fonction est que les substances qui doivent être absorbées soient liquides ou gazeuses.

Les cellules épithéliales, qui sont les agents essentiels de l'absorption, s'usent rapidement par suite du travail qu'elles effectuent. Au bout d'un certain temps de fonctionnement, leur contenu s'appauvrit, et bientôt elles se détachent pour faire place à des cellules plus jeunes qui se comportent de la même façon. En un mot, la fonction tue l'organe.

106. Osmose. — On démontre en physique que lorsque deux liquides de densités différentes et miscibles, c'est-à-dire pouvant se mélanger, sont séparés par une membrane qu'ils peuvent mouiller, il s'établit à travers cette membrane deux courants : l'un, qui porte le liquide moins dense vers le plus dense ; l'autre, moins considérable, s'effectue en sens inverse, c'est-à-dire du liquide plus dense vers le moins dense. Ces phénomènes physiques, par lesquels des liquides peuvent se mélanger en traversant des membranes, ont été successivement désignés sous les noms d'*osmose* et de *dialyse* ; ils s'appliquent également aux gaz.

On considère alors l'absorption comme un phénomène d'osmose ; il faut cependant bien remarquer que cette fonction résulte d'une propriété toute spéciale

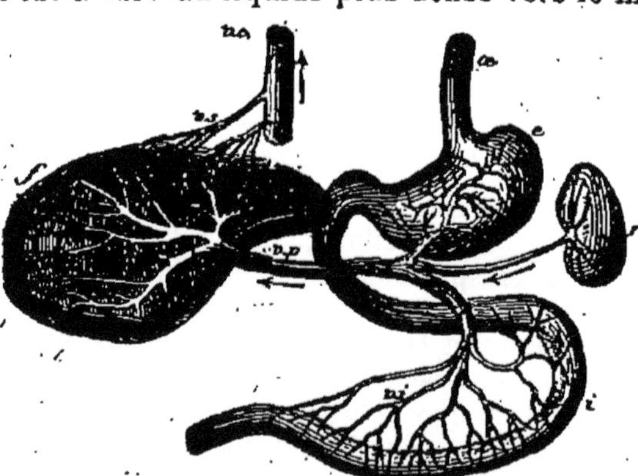

Fig. 27. — Système de la veine-porte.

œ, œsophage ; *e*, estomac ; *i*, intestin grêle ; *r*, rate ; *v*, *i*, veines intestinales ; *v*, *p*, veine porte ; *f*, foie ; *v*, *s*, veines sus-hépatiques ; *v*, *c*, veine cave inférieure.

aux tissus vivants, et que par conséquent le mécanisme en est dû à une cause physiologique plutôt qu'à une action physique.

Les *graisses*, qui ne subissent presque aucune modification chimique de la part des liquides digestifs, sont absorbées en nature; on sait, en effet, que par des frictions on peut les faire pénétrer dans l'organisme à travers la peau.

107. ABSORPTION DIGESTIVE. — On a cru assez longtemps que la muqueuse stomacale n'absorbait presque rien des liquides contenus dans l'estomac. Des recherches récentes sont venues remettre en doute cette question. Quoi qu'il en soit, l'absorption digestive se fait surtout dans l'intestin grêle, et comprend deux voies différentes : les *veines stomacales* et *intestinales* et les *vaisseaux chylifères*.

108. Absorption par les veines. — La muqueuse intestinale est tapissée par un double réseau de canaux d'absorption. Ce sont d'abord les *veines intestinales*, petits vaisseaux sanguins qui ont la propriété d'absorber les liquides contenus dans l'intestin, à l'exception des graisses émulsionnées; ces veines, se réunissant aux veines stomacales, vont verser leur contenu dans le foie, et constituent ainsi le *système de la veine porte* (fig. 27); puis de là, par les *veines hépatiques* et la *veine cave inférieure*, jettent leur produit dans le cœur.

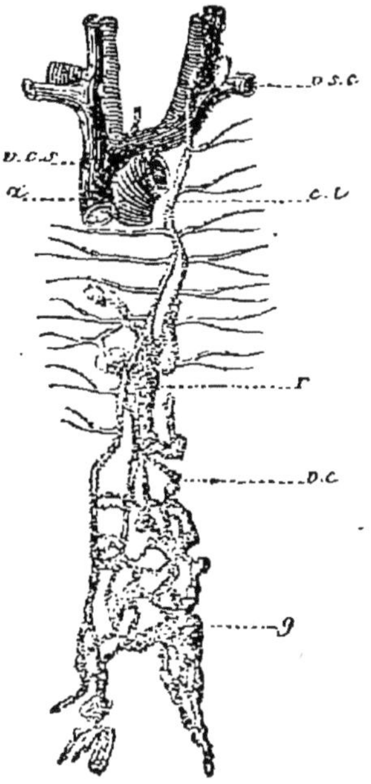

109. Absorption par les vaisseaux chylifères. — Les autres canaux sont les *vaisseaux chylifères* (fig. 28), dont les extrémités aboutissent à de petits cônes faisant saillie à l'intérieur de l'intestin (*villosités intestinales*).

Ces vaisseaux, à parois transparentes, absorbent surtout l'émulsion des matières grasses, c'est-à-dire le chyle, ce qui leur donne un aspect laiteux.

Après avoir formé de nombreux ganglions (*ganglions chylifères*) disséminés dans les replis du mésentère, ils se réunissent à un ganglion plus volumineux, le *réservoir de Pecquet;* puis,

Fig. 28.
Vaisseaux chylifères.

g, ganglions chylifères;
v, *c*, vaisseau chylifère;
r, réservoir de Pecquet;
c, *t*, canal thoracique;
v, *s*, *c*, veine sous-clavière gauche;
v, *c*, *s*, veine cave supérieure;
a, aorte.

par le *canal thoracique*, qui monte à gauche de la colonne vertébrale, versent leur contenu dans la *veine sous-clavière gauche*, laquelle, par la *veine cave supérieure*, le conduit dans l'oreillette droite du cœur.

Tous les produits absorbés dans la digestion sont ainsi versés dans le sang (fig. 29).

110. ABSORPTION CUTANÉE. — Dans les conditions ordinaires, la peau n'absorbe pas. Cette imperméabilité est due, d'une part à la nature de l'épiderme dont elle est revêtue, et d'autre part à la couche huileuse qui la recouvre constamment. Cette couche s'oppose à l'absorption cutanée des dissolutions aqueuses, en empêchant l'eau de mouiller la peau; on remarque, en effet, qu'au sortir d'un bain, l'eau ruisselle en gouttelettes sur le corps.

Mais si l'on frictionne la peau avec une substance grasse quelconque, celle-ci, traversant l'épiderme, est bientôt absorbée par les nombreux canaux d'absorption contenus dans le derme; de là l'emploi des pommades, huiles, onguents médicamenteux.

On favorise l'absorption cutanée de certaines substances en enlevant l'épiderme au moyen d'un vésicatoire; ces substances, appliquées directement sur le derme ainsi dénudé, sont rapidement absorbées.

On se contente souvent d'introduire sous l'épiderme quelques gouttes d'une dissolution de la substance que l'on veut

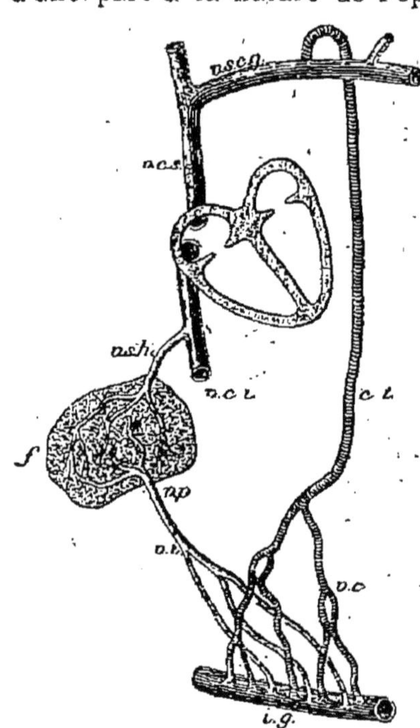

Fig. 29. — Figure théorique résumant les voies de l'absorption digestive.

i, g, portion de l'intestin grêle; *v, c,* vaisseaux chylifères; *c, t,* canal thoracique; *v, s, c, g,* veine sous-clavière gauche; *v, c, s,* veine cave supérieure; *v, i,* veines intestinales; *v, p,* veine porte; *v, s, h,* veines sus-hépathiques; *v, c, i,* veine cave inférieure; *f,* foie.

faire pénétrer dans le sang; c'est ainsi qu'on emploie journellement, mais bien à tort cependant, les piqûres de morphine pour calmer ou du moins atténuer la douleur.

CHAPITRE III

CIRCULATION

111. Définition. — *La circulation est une fonction par laquelle le sang transporte à tous les organes les éléments dont ils ont besoin et reprend en même temps les matériaux usés pour les rejeter à l'extérieur.*

I. Le sang.

112. Liquide nourricier. — Le *sang* est le liquide nourricier qui doit distribuer à tous les organes les éléments dont ils ont besoin, et reprendre en même temps les produits usés pour les rejeter à l'extérieur; sa composition varie donc à chaque instant.

La quantité de sang contenue dans l'organisme est assez difficile à préciser; on admet qu'en moyenne le poids du sang est la 13ᵉ partie du poids du corps, ce qui ferait environ 5 à 6 litres de sang en circulation dans l'organisme humain.

113. Constitution physique du sang. — Le sang des animaux supérieurs est un liquide rouge, un peu plus dense que l'eau, légèrement salé. Au microscope, il se présente sous l'aspect d'un liquide jaunâtre, le *plasma*, tenant en suspension de petits corpuscules, qui sont les *globules du sang.* Ces globules sont de deux sortes, les globules *rouges* et les *globules blancs* (fig. 30).

Les *globules rouges* ou *hématies* (du gr. *héma*, sang), de beaucoup les plus nombreux (300 rouges pour 1 blanc), ont une forme constante chez une même espèce animale. Chez l'homme, ils ont la forme d'un disque plus épais sur les bords qu'au centre; il en fau-

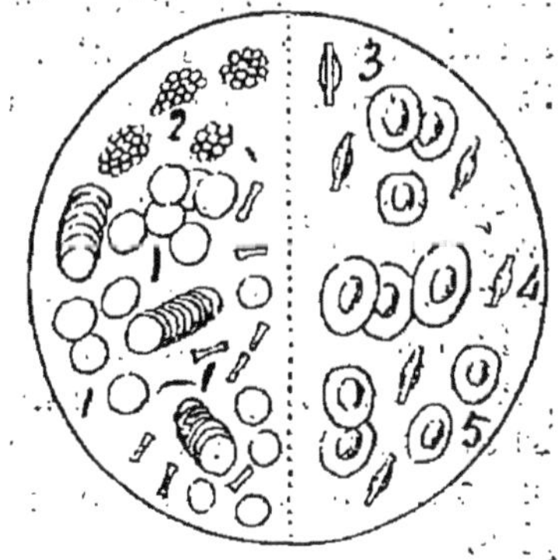

Fig. 30. — Globules du sang.
1, hématies; 2, leucocytes; 3, hématies d'oiseau; 4, id. de reptile; 5, id. de poisson.

drait ranger 150 à la file les uns des autres pour faire une longueur de 1 millim., et en empiler 600 pour faire une épaisseur de 1 millim. Un millim. cube en contient environ 5 000 000. Ces globules sont colorés par l'*hémoglobine*.

Les *globules blancs* ou *leucocytes* sont sphériques et un peu plus gros que les globules rouges; 125 rangés en ligne à côté les uns des autres feraient à peu près une longueur de 1 millim.

L'origine des globules rouges n'est pas bien connue, on les croit produits par la transformation des globules blancs.

114. Constitution chimique du sang. — L'*hémoglobine*, matière colorante des globules rouges, est une matière albuminoïde qui contient un peu de *soufre* et de *fer*; l'existence de ce métal justifie l'emploi des médicaments ferrugineux comme toniques et fortifiants. Le plasma contient environ les $7/8$ de son poids d'*eau*, des substances albuminoïdes (*fibrine, albumine, sérine*, etc.), des *matières grasses*, des dérivés azotés (*acide urique, urée*, etc.); 6 à 8 pour 1 000 de sels minéraux qui sont, dans l'ordre d'importance : le *chlorure de sodium*, le *carbonate de soude*, le *phosphate de soude*.

Le sang contient, en volume, 45 pour 100 de gaz; ces gaz sont en grande partie de l'*oxygène* ou de l'*acide carbonique*, suivant que le sang a subi ou non le contact de l'air atmosphérique.

115. Coagulation du sang. — Le sang, sorti des vaisseaux qui le renfermaient, ne tarde pas à se coaguler. Il se divise alors en deux couches, l'une qui tombe au fond en masse rouge, gélatineuse, renfermant tous les globules : c'est le *caillot*; l'autre, qui surnage, est jaunâtre, transparente : c'est le *sérum*.

Le sérum contient une proportion assez considérable de substances albuminoïdes, dont la principale est la *sérine*. On y trouve également, outre des sels minéraux, un grand nombre de composés organiques (*cholestérine, créatine*, etc.)

La coagulation du sang est due à la présence d'un principe particulier, la *fibrine*. En effet, quand on bat avec un petit balai le sang qui sort d'un vaisseau, la fibrine s'attache aux brindilles de bois, et le sang, ainsi défibriné, ne se coagule plus.

L'eau salée retarde cette coagulation; c'est pourquoi une blessure saigne plus longtemps dans l'eau de mer que dans l'eau douce. La coagulation du sang est également retardée par le froid, les acides; elle est favorisée par le contact de l'oxygène de l'air.

On admet aujourd'hui que la fibrine n'existe pas toute formée
dans le sang tant qu'il est dans les vaisseaux, mais qu'elle
prend naissance au contact d'un ferment qui provient des globules blancs, et qui s'en sépare quand le sang se trouve en
contact avec des corps étrangers autres que la séreuse intacte
des vaisseaux.

II. Appareil circulatoire.

L'appareil circulatoire comprend le *cœur*, centre d'impulsion,
et des canaux de circulation, qui sont les *veines* et les *artères*.

116. Cœur. — Le *cœur* est un organe musculaire de la grosseur du poing, enveloppé d'une séreuse, le *péricarde*, et logé

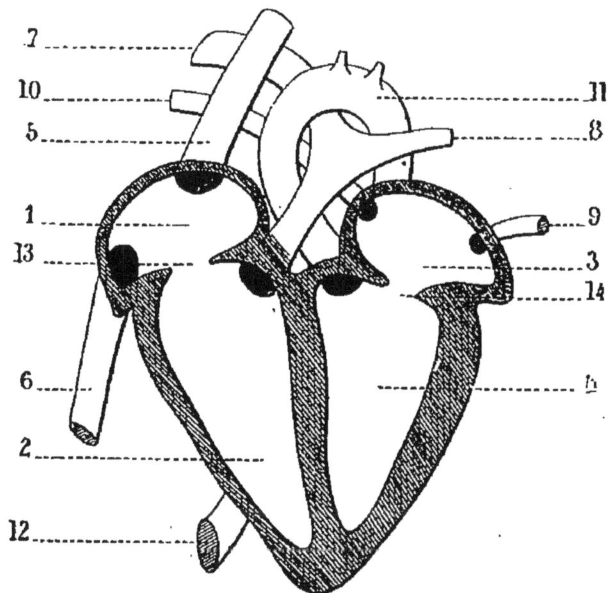

Fig. 31. — Figure théorique de la structure du cœur.

1, oreillette droite ; 2, ventricule droit ; 3, oreillette gauche ; 4, ventricule gauche ;
5, veine cave supérieure ; 6, veine cave inférieure ; 7, artère pulmonaire droite ;
8, artère pulmonaire gauche ; 9, veine pulmonaire gauche ; 10, veine pulmonaire
droite ; 11, 12, artère aorte ; 13, valvule tricuspide ; 14, valvule mitrale.

dans la cage thoracique entre les deux poumons. Il a la forme
d'un cône renversé, placé un peu à gauche de la ligne médiane,
et incliné de droite à gauche et d'arrière en avant.

Le cœur (fig. 31) est divisé par une cloison longitudinale en
deux moitiés ne communiquant pas entre elles directement, le

cœur droit et le *cœur gauche*. Chaque moitié est elle-même partagée en deux cavités, une *oreillette* et un *ventricule*; l'oreillette droite communique avec le ventricule droit par la *valvule tricuspide*, et l'oreillette gauche avec le ventricule gauche par la *valvule mitrale*.

Ces valvules, encore appelées *auriculo-ventriculaires*, sont formées par une sorte de boyau membraneux ouvert à ses deux extrémités et dont le bord supérieur est fixé sur le pourtour de l'orifice auriculo-ventriculaire, tandis que le bord inférieur flotte dans le ventricule, où il est maintenu par des fibres tendineuses fixées aux parois ventriculaires et qui empêchent la valvule de remonter dans l'oreillette. Leur rôle est analogue à celui des soupapes dans le jeu des pompes à eau.

Les parois internes des cavités du cœur sont tapissées par une séreuse, l'*endocarde*.

117. Artères. — Les *artères* sont des vaisseaux qui naissent du cœur, reçoivent le sang qui en est expulsé, et par conséquent l'éloignent du cœur. Elles partent d'un ventricule et vont toujours en se subdivisant; leurs parois sont élastiques et conservent leur forme cylindrique même quand elles sont vides.

La paroi des artères est formée de trois enveloppes concentriques : 1º Une tunique externe, formée de tissu conjonctif et d'un tissu élastique; elle possède seule des capillaires sanguins. 2º Une tunique moyenne, plus épaisse et plus importante, constituée par des fibres élastiques et des fibres musculaires lisses à direction transversale; elle reçoit des filets nerveux. 3º Une tunique interne, essentiellement formée de cellules épithéliales aplaties (*endothélium*).

Les principales artères sont situées dans les parties profondes de l'organisme; celles qui naissent directement du cœur sont les *artères pulmonaires* droite et gauche et l'*artère aorte* (fig. 31).

118. Veines. — Les *veines* sont des vaisseaux qui aboutissent au cœur et y ramènent le sang. Elles vont toujours en se réunissant (il n'y a exception que pour le système de la veine porte, nº 108) et débouchent dans une oreillette.

Comme les artères, les veines ont des parois formées de trois enveloppes concentriques : 1º une tunique externe, renfermant des vaisseaux nourriciers; 2º une tunique moyenne, formée surtout de fibres musculaires lisses; 3º une tunique interne (*endothélium*). Ces parois sont flasques et complètement dépourvues d'élasticité.

Les veines sont distribuées, les unes dans les parties superficielles de l'organisme, et les autres dans les parties profondes, où elles accompagnent les artères. Celles qui aboutissent directement au cœur sont les *veines pulmonaires* et les *veines caves* inférieure et supérieure (fig. 31). Le nombre des veines est bien plus considérable que celui des artères.

119. Capillaires. — Les dernières ramifications des artères sont réunies aux premières racines des veines par un système de canaux dont le diamètre ne dépasse guère celui des globules du sang (fig. 32). C'est dans ce réseau que s'accomplissent les phénomènes si mystérieux de la nutrition.

En passant des grosses artères aux petites artères ou artérioles, le nombre des fibres élastiques de la paroi diminue peu à peu, de sorte que la tunique moyenne devient uniquement musculaire; dans les capillaires, la paroi est réduite à l'endothélium composé de cellules à noyau.

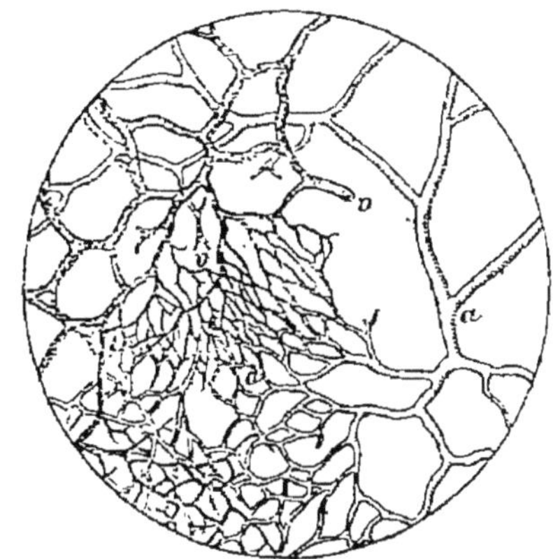

Fig. 32. — Vaisseaux sanguins.

a, artères; *v*, veines; *c*, vaisseaux capillaires.

120. Distribution des artères. — L'*aorte* part du ventricule gauche, forme, en se recourbant, la *crosse de l'aorte*, et redescend derrière le cœur sous le nom d'*aorte descendante*.

A son origine, elle fournit les *artères coronaires*, qui servent à la nutrition du cœur. De la crosse de l'aorte, se détache le *tronc brachio-céphalique*, qui donne naissance aux *artères carotides droite* et *gauche* et aux *artères sous-clavières droite* et *gauche*. Chacune des artères carotides fournit deux rameaux qui se rendent, l'un à la face (*A. carotide externe*), et l'autre au cerveau (*A. carotide interne*). Les artères sous-clavières desservent les membres supérieurs.

L'aorte envoie des ramifications dans le thorax et les poumons (*A. bronchiques, intercostales*). Le *tronc cœliaque* dessert, par ses ramifications, le foie (*A. hépatique*), l'estomac (*A. stomachique*), la rate (*A. splénique*). D'autre part, les *artères mésentériques* se ramifient dans la mésentère, et les *artères rénales* dans les reins.

L'aorte se subdivise ensuite en trois branches, dont les deux principales se rendent dans le bassin et les membres inférieurs, où elles prennent successivement les noms d'*artères iliaques, crurales, fémorales, tibiales, péronières* et *pédieuses.*

III. Mécanisme de la circulation.

121. Action du cœur. — Le cœur, comme tout organe musculaire, a la propriété de se contracter et d'expulser ainsi le sang contenu dans ses cavités.

On appelle *systole* le mouvement de contraction des cavités du cœur, et *diastole* leur mouvement de dilatation.

La contraction des oreillettes alterne avec celle des ventricules, de sorte que la systole des oreillettes correspond à la diastole des ventricules.

Les deux oreillettes, se contractant en même temps, chassent le sang dans les ventricules, et la contraction de ceux-ci, succédant immédiatement à celle des oreillettes, le lance dans les artères. Les valvules mitrale et tricuspide s'opposent à son retour dans les oreillettes pendant que d'autres valvules empêchent son retour des artères dans les ventricules (*valv. sygmoïdes*).

L'orifice de la veine cave inférieure est muni d'une valvule (*valv. d'Eustache*); la veine cave supérieure ainsi que les veines pulmonaires en sont dépourvues.

122. Circulation artérielle. — La principale cause de la circulation du sang dans les artères est le mouvement rythmique du cœur, qui fonctionne comme une pompe aspirante et foulante. Chaque ondée de sang, pénétrant brusquement dans l'aorte, pousse devant elle le liquide qui s'y trouve déjà. Sous l'influence de cette pression, les parois artérielles se distendent un peu; mais, en vertu de leur élasticité, elles reprennent aussitôt leur calibre et forcent le sang à se diriger vers les capillaires.

Outre leur élasticité, les parois artérielles ont encore la propriété de pouvoir se contracter; cette contractilité est due à la présence de fibres circulaires faisant partie de leur tissu. La contraction de ces fibres, nombreuses dans les petites artères, pouvant modifier le calibre des vaisseaux, favorise le mouvement circulatoire.

Le froid, certaines substances. le perchlorure de fer, par exemple, ont la propriété de provoquer la contraction des parois artérielles. La rougeur de la face, sous l'influence de l'émotion, et quelquefois sa pâleur, sont dues à l'action du système nerveux sur la contraction des artérioles du visage.

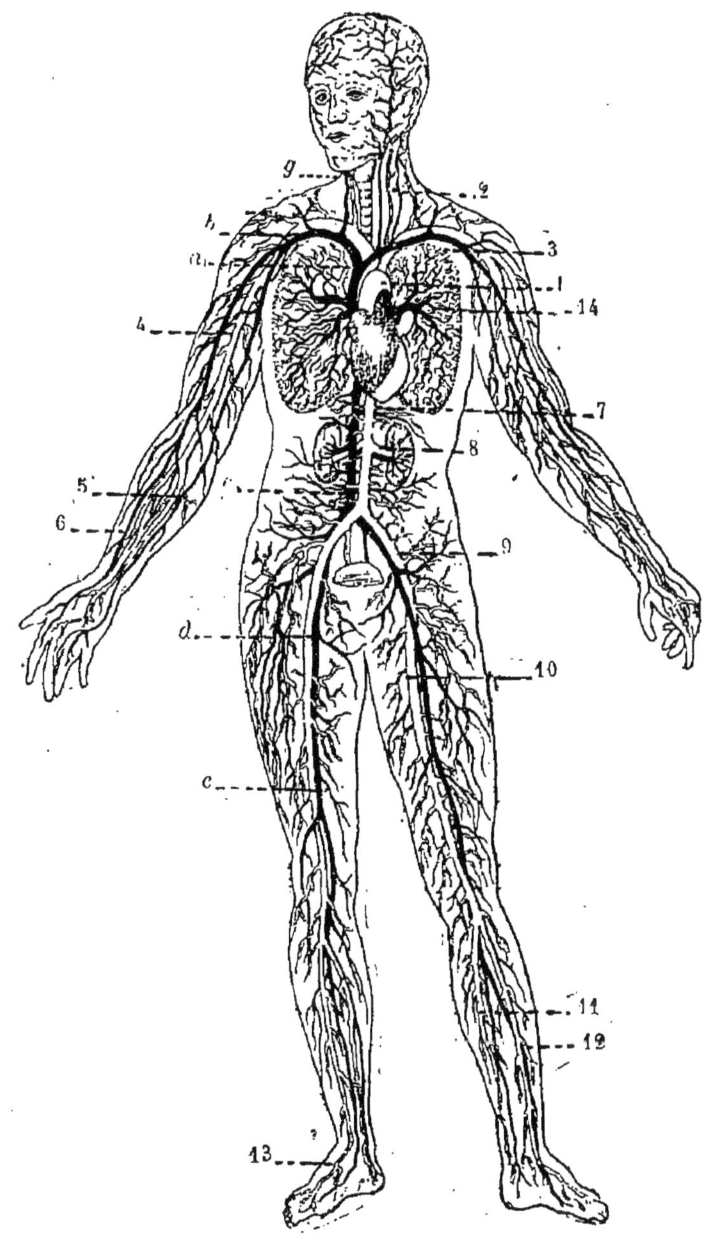

Fig. 33. — Appareil de la circulation.

Les vaisseaux blancs représentent les artères, les vaisseaux noirs les veines.

a, veine cave supérieure; *b*, veine sous-clavière; *c*, veine cave inférieure; *d*, v. iliaque; *e*, v. crurale; *g*, v. jugulaires; 1, a. aorte; 2, a. carotide; 3, a. sous-clavière; 4, a. brachiale; 5, a. cubitale; 6, a. radiale; 7, a. diaphragmatique; 8, a. rénale; 9, a. iliaque; 10, a. fémorale; 11, a. tibiale; 12, a. péronière; 13, a. pédieuse; 14, a. pulmonaires.

123. Circulation capillaire. — Le sang traverse les capillaires en vertu de l'impulsion qu'il reçoit sans cesse par la circulation artérielle, impulsion que les physiologistes nomment le *vis a tergo* (poussée par derrière). Ces vaisseaux ont d'ailleurs, comme les artères, une contractilité propre qui favorise le mouvement circulatoire.

L'étroitesse de leur calibre ralentit forcément le passage du sang dans leur réseau et donne par conséquent aux phénomènes de nutrition le temps nécessaire à leur accomplissement.

124. Circulation veineuse. — Le sang contenu dans les capillaires passe facilement dans les racines des veines, où la pression est moindre que dans les capillaires. La circulation est aidée dans les veines par le mouvement du cœur, qui aspire constamment le sang contenu dans les veines principales, et surtout par les contractions musculaires et les mouvements respiratoires.

Les muscles, en se contractant, compriment momentanément les veines et déplacent la colonne sanguine; des *valvules* empêchent son retour en arrière (fig. 34). Ces valvules sont des replis en forme de poches, dont la concavité est tournée vers le cœur; elles sont très nombreuses dans les veines importantes des membres inférieurs, où le mouvement circulatoire a de plus grandes résistances à vaincre.

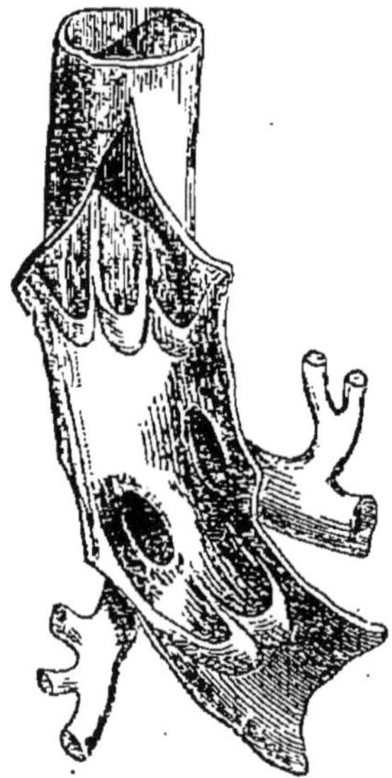

Fig. 34.
Valvules des veines.

Il arrive quelquefois que les parois des veines se relâchent à certains endroits; alors le sang s'y accumule et occasionne ce que l'on appelle des *varices*.

Les varices peuvent se rompre et occasionner alors des hémorragies à la suite desquelles il se forme des plaies. On prévient cet accident en faisant usage de bas élastiques, lesquels, serrant la jambe, exercent sur les parois veineuses une pression qui les empêche de se distendre.

125. Mouvement circulatoire (fig. 35). — Le sang qui vient des capillaires de nutrition est *noir*, chargé d'acide carbonique. Il arrive dans l'*oreillette droite* par les *veines caves* inférieure et supérieure; de là il passe dans le *ventricule droit* qui, par

les *artères pulmonaires*, le chasse dans les *poumons*. Alors, sous
l'influence de l'air, le sang abandonne son acide carbonique,
absorbe de l'oxygène et devient rouge ; il est ensuite ramené
dans l'*oreillette gauche* par les *veines pulmonaires* et passe dans

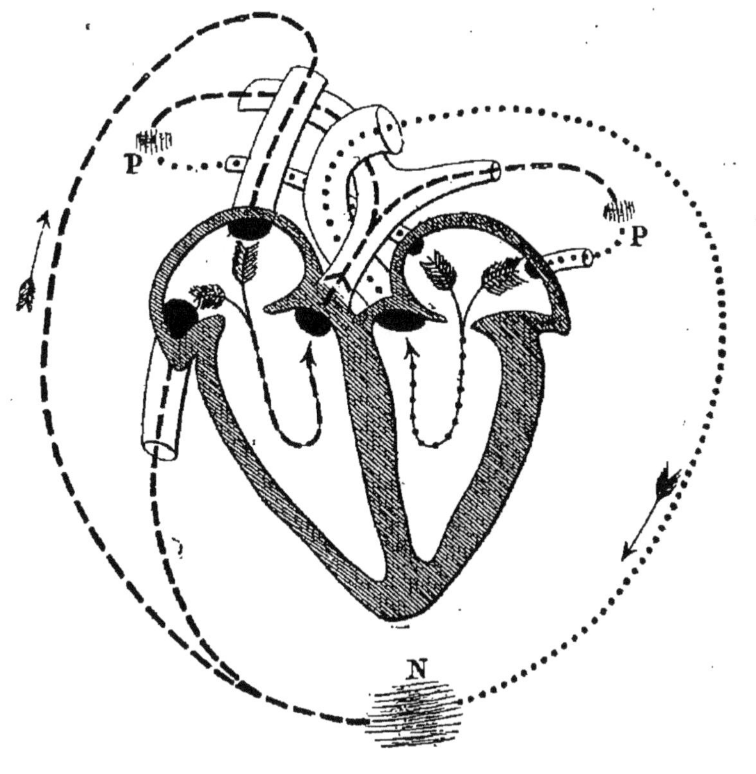

— — — — — Circulation du sang noir.

• • • • • • • • • • • • — rouge.

N....... Capillaires de nutrition.

P........ Poumons

Fig. 35. — Mouvement circulatoire.

le *ventricule gauche*, qui, par l'*artère aorte*, le distribue à tout
l'organisme.

On donne le nom d'*hématose* à la transformation du sang
noir en sang rouge.

La circulation du sang noir est donc mise en mouvement par
les cavités droites du cœur, et celle du sang rouge par les cavités
gauches. Toutes les veines, à l'exception des veines pulmonaires,

renferment du sang noir, et toutes les artères, excepté les artères pulmonaires, contiennent du sang rouge.

126. Petite et grande circulation. — On appelle *petite circulation* celle qui se fait du ventricule droit à l'oreillette gauche en passant par les poumons, et *grande circulation* celle qui se fait du ventricule gauche à l'oreillette droite à travers tous les organes. Cette dernière ayant un mouvement très étendu, les cavités du cœur gauche qui lui donnent l'impulsion ont des parois beaucoup plus épaisses que celles du cœur droit.

Il faut remarquer que ces deux circulations se font suite l'une à l'autre, et que par conséquent le mouvement circulatoire forme un cercle complet, dans lequel le sang noir et le sang rouge ne sont jamais mélangés. On dit, dans ce cas, que la circulation est *complète*.

127. Vitesse du mouvement circulatoire. — En moyenne, chacune des contractions du ventricule gauche chasse 180 gr. de sang dans l'aorte; comme la quantité de sang contenue dans l'organisme est de 5 à 6 kilogr., et que le nombre des contractions du cœur est environ de 60 par minute, il en résulte qu'il faut à peu près $\frac{1}{2}$ minute pour que tout le sang passe par le cœur, c'est-à-dire pour qu'un globule, parti de l'oreillette droite, par exemple, y revienne.

Il va sans dire que, les vaisseaux ayant des diamètres très différents les uns des autres, le sang ne circule pas dans tous avec la même vitesse.

128. Rate. — La *rate* est un organe spongieux, d'un rouge violacé, ayant la forme d'un croissant, situé à gauche de l'estomac, et dont le rôle physiologique n'est pas bien déterminé. La circulation du sang y est très active. On croit qu'il s'y produit une destruction des globules rouges en même temps que des globules blancs y prennent naissance. Sa suppression n'amène pas de changements notables dans l'économie.

Lorsque la circulation est très active, la rate se gonfle et gêne la respiration. L'expression « courir comme un dératé » repose sur cette croyance erronée que, dans l'antiquité, les coureurs se la faisaient enlever pour prévenir l'essoufflement. Les anciens ne pouvaient pratiquer cette opération, qui est une des conquêtes de la chirurgie moderne.

On attribuait autrefois à la rate une influence spéciale sur les causes de tristesse et de gaieté; ainsi le mot *spleen*, employé par les Anglais pour caractériser un état particulier d'ennui persistant, n'est autre chose que le nom anglais de la rate. D'ailleurs, on traduit quelquefois d'une façon vulgaire l'expansion d'une gaieté folle par : « se dilater la rate. »

IV. Notes physiologiques relatives à la circulation.

129. Bruits du cœur. — Les bruits du cœur sont des bruits particuliers que l'on perçoit aisément en appliquant l'oreille dans la région voisine de la pointe du cœur.

On entend d'abord un bruit sourd, profond, correspondant à la contraction des ventricules et produit en partie par le jeu des valvules auriculo-ventriculaires; puis un second bruit, sec, coïncidant avec la dilatation des ventricules et dû à la brusque fermeture des valvules sygmoïdes.

Ces deux bruits se succèdent assez rapidement et sont suivis d'une période de silence pendant laquelle les ventricules se remplissent; puis le phénomène recommence.

130. Choc du cœur. — A chaque contraction des ventricules, la pointe du cœur vient presser la paroi antérieure de la poitrine en produisant un bruit sourd. Ce choc est dû au brusque changement de consistance du ventricule, qui, de flasque qu'il était pendant sa diastole, se raidit subitement et devient ferme pendant sa contraction.

131. Pouls. — Le *pouls* est le choc intermittent produit contre les parois des artères par l'arrivée du sang dans ces vaisseaux à chaque contraction des ventricules.

Chez l'homme, le nombre des pulsations est d'environ 60 par minute; ce nombre varie avec l'âge, l'état de santé; il s'accroît par l'exercice musculaire, l'émotion, la fièvre, et diminue dans la syncope, le sommeil, la diète.

132. Syncope. — La *syncope* est la perte subite du sentiment et du mouvement, produite par la cessation momentanée ou le ralentissement de la circulation dans le cerveau.

Les causes qui la déterminent agissent donc sur le système circulatoire ou sur le cerveau (émotions vives, chaleur excessive, fatigue, douleur, hémorragie). Elle est précédée de malaise, de vertige, de bâillements, de nausées; la face pâlit, puis survient la perte du sentiment.

La première chose à faire pour dissiper la syncope est d'étendre le malade dans la position horizontale, la tête plus basse que le corps, afin de remédier à la suspension de l'arrivée du sang dans le cerveau, qui est l'effet le plus dangereux de l'arrêt du cœur. Ensuite on desserre ses vêtements et on lui donne de l'air; on lui projette de l'eau froide à la figure, ou bien on lui fait respirer avec précaution des odeurs fortes, comme celle de l'acide acétique, par exemple.

133. Saignée. — La *saignée* a pour but de diminuer la masse du sang. Elle se pratique le plus souvent en ouvrant une des veines du bras. Si l'on veut seulement extraire le sang qui s'est accumulé sur un point de l'organisme, on a recours à l'application de *sangsues* ou de *ventouses scarifiées*.

134. Hémorragie. — L'*hémorragie* est l'écoulement du sang produit par la rupture d'un vaisseau; elle peut être interne ou externe. Celle qui provient de la rupture d'une artère, ce que l'on reconnaît facilement au jet intermittent du sang qui s'en échappe, ne peut être arrêtée que par la ligature du vaisseau; en attendant l'arrivée du médecin, il faut à tout prix, ne serait-ce qu'avec le doigt, opposer un obstacle à l'écoulement du sang.

135. Congestion. — La *congestion* est l'afflux du sang dans un organe quelconque ordinairement riche en vaisseaux sanguins. Elle diffère de l'inflammation en ce que l'organe congestionné reste sain; mais, si elle se prolonge, l'inflammation lui succède (congest. pulmonaire, congest. cérébrale ou coup de sang).

136. Anévrisme. — L'*anévrisme* est la dilatation des parois artérielles due au relâchement de leur tissu; la rupture en est toujours très grave.

137. Fièvre. — La *fièvre* est un état particulier caractérisé par une augmentation de la température du corps et une accélération du pouls. Si la température s'élève à 40 ou 41 degrés, le danger est imminent; si elle atteint 43 ou 44 degrés, la vie s'arrête brusquement. La fièvre est ordinairement accompagnée de soif, de sueur, de perte d'appétit et même de délire. C'est un symptôme de maladie.

138. Anémie. — L'*anémie* est une faiblesse générale de l'organisme, *occasionnée par la diminution de la partie riche du sang*, c'est-à-dire des globules. On y remédie par le grand air, une bonne alimentation, l'emploi de toniques et de fortifiants (vin de quinquina; ferrugineux, etc.).

V. Système lymphatique.

139. Lymphe. — A côté de l'appareil circulatoire sanguin il existe tout un système de canaux particuliers dont les vaisseaux chylifères font partie (n° 109), et qu'on appelle le *système lymphatique*; c'est dans ces vaisseaux que circule la *lymphe*.

La *lymphe* est un liquide transparent, d'un jaune très pâle, tenant en suspension des globules blancs identiques à ceux du sang. La quantité de lymphe en circulation dans l'organisme varie suivant l'état de repos ou d'activité des organes.

La lymphe proprement dite et le chyle ont sensiblement la même composition; toute la différence qu'on y rencontre porte sur la quantité et non sur la nature des éléments qui les constituent.

La lymphe extraite des vaisseaux se coagule comme le sang, mais au bout d'un temps beaucoup plus long, un quart d'heure environ.

140. Vaisseaux lymphatiques. — Ces vaisseaux ont des parois minces, transparentes, bosselées. Ils forment sur leur trajet, par leur enchevêtrement réciproque, des amas nommés *ganglions lympha-tiques* (fig. 36), d'une structure très compliquée. C'est dans ces ganglions que se multiplient les globules blancs qu'on remarque dans la lymphe.

Les vaisseaux lymphatiques prennent naissance dans la peau, les muqueuses, les muscles, etc. Certains organes en sont totalement dépourvus : le système nerveux central, les os, les cartilages, par exemple.

L'origine des premières racines des capillaires lymphatiques est très controversée; en tout cas, ces racines sont immédiatement appliquées contre les capillaires sanguins, de manière à présenter une paroi commune.

Ces vaisseaux se réunissent pour former, d'une part, le *canal thoracique*, résultant de la réunion des chylifères, et, d'autre part, le *grand vaisseau lymphatique* droit, qui se jette dans la veine sous-clavière droite.

Fig. 36.
Ganglions
lymphatiques.

141. Rôle physiologique de la lymphe. — Le rôle de la lymphe n'est pas bien déterminé; tout ce qu'on peut dire, c'est qu'au point de vue fonctionnel les vaisseaux lymphatiques font suite aux artères au même titre que les veines, car la lymphe a de très grands rapports physiologiques avec le sang veineux; ainsi, quand on gêne la circulation dans une veine, on voit l'écoulement de la lymphe augmenter dans le voisinage, puis diminuer quand on laisse le sang circuler librement. Elle semble formée par les maté-riaux usés des cellules mortes.

142. Lymphatisme. — Le *lymphatisme* est une affection produite par la prédominance dans l'organisme de la lymphe sur le sang. Elle est caractérisée par la blancheur cireuse de la peau et une grande ten-dance des tissus à la suppuration. Son traitement est analogue à celui de l'anémie (n° 138).

CHAPITRE IV

RESPIRATION

143. Définition. — *La respiration est une fonction dans laquelle l'organisme échange l'acide carbonique contenu dans le sang veineux contre l'oxygène de l'air atmosphérique.*

I. Appareil respiratoire.

144. L'*appareil respiratoire* est contenu dans la cavité thoracique et comprend les *deux poumons*, la *trachée-artère* et les *bronches*.

145. Cage thoracique. — La *cage thoracique* (fig. 37) a la forme d'un cône; elle est limitée en arrière par la *colonne verté-*

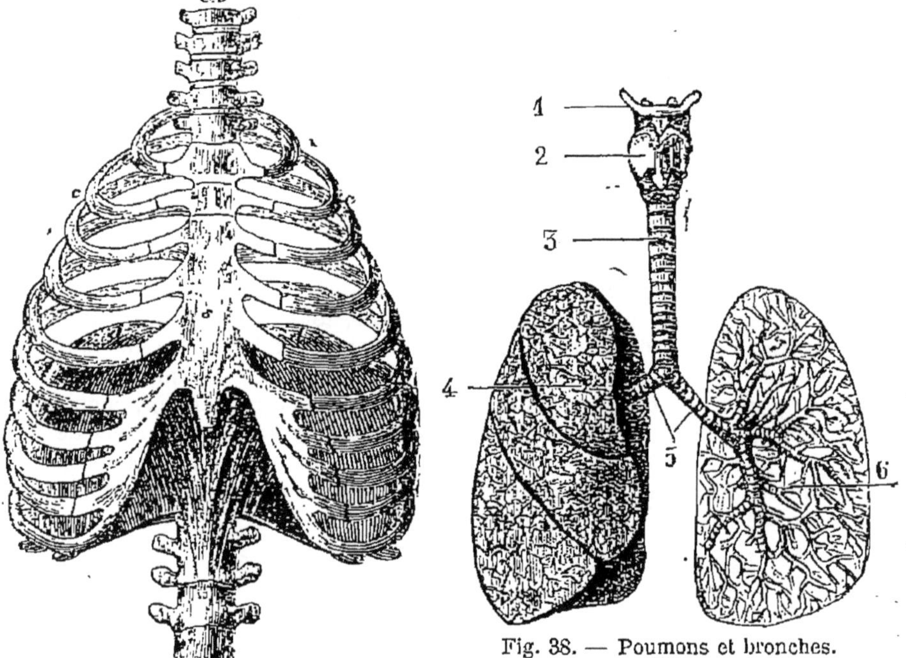

Fig. 37. — Cage thoracique.

c, v, colonne vertébrale; *c,* côtes; *s,* sternum; *d,* diaphragme.

Fig. 38. — Poumons et bronches.

1, os hyoïde; 2, larynx (appareil vocal); 3, trachée-artère; 4, poumon droit; 5, bronches; 6, ramuscules bronchiques.

brale, en avant par le *sternum,* et latéralement par les 12 *paires de côtes.* Les côtes sont des arcs osseux inclinés d'arrière en avant, s'articulant avec les vertèbres et rattachées au sternum par des ligaments; des muscles dits *intercostaux* les unissent entre elles et peuvent les rapprocher les unes des autres.

La base de la cavité thoracique est formée par le *diaphragme,* sorte de dôme musculaire qui, reposant sur le foie et l'estomac, sépare la cavité thoracique de la cavité abdominale.

Le diaphragme présente en arrière deux gros cordons mus-

-culaires (*piliers du diaphragme*) rattachés par des tendons aux vertèbres lombaires.

Les fibres musculaires du pourtour viennent, en rayonnant, se terminer au centre en une large aponévrose (*centre phrénique*) dont la forme rappelle celle d'une feuille de trèfle.

146. Poumons. — Les *poumons* (fig. 38) sont des organes spongieux, d'un aspect rosé, enveloppés d'une séreuse mince et transparente, quoique très résistante, la *plèvre*. Ils sont toujours exactement appliqués contre les parois de la cage thoracique, et leur base repose sur la surface convexe du diaphragme, ce qui fait que leur face inférieure est excavée.

Les poumons laissent entre eux un espace libre dans lequel est logé le cœur; comme celui-ci est situé un peu à gauche de la ligne médiane, il s'ensuit que le poumon gauche est moins volumineux que le poumon droit.

147. Trachée-artère. — La *trachée-artère* (fig. 38) est un conduit membraneux formé d'anneaux cartilagineux incomplets en arrière, qui maintiennent son diamètre constant. Elle part du larynx et descend devant l'œsophage; la muqueuse (*muqueuse respiratoire*) qui la tapisse intérieurement est extrêmement irritable.

Au niveau de la partie supérieure des poumons, la trachée se subdivise en deux branches, qui vont se ramifier chacune dans un poumon.

148. Bronches. — Les *bronches* (fig. 38), qui sont les ramifications de la trachée-artère dans les poumons, ont la même structure qu'elle; leurs extrémités sont formées par de petites ampoules ou *vésicules bronchiques*, qui leur donnent l'apparence d'une grappe de raisin dont les grains seraient extrêmement nombreux et très petits.

Le diamètre de ces ampoules est d'environ $1/8$ de millim., et la surface totale de leur ensemble atteint le chiffre énorme de 220 mèt. carrés environ.

II. Mécanisme de la respiration.

149. Inspiration. — Les poumons ne sont susceptibles par eux-mêmes d'aucun mouvement; c'est la cavité thoracique seule qui, pouvant augmenter sa capacité, détermine l'introduction de l'air dans les vésicules bronchiques. En effet, les poumons, étant toujours appliqués contre les parois thoraciques, suivent celles-ci dans leur mouvement, et l'air, sous l'influence de la pression atmosphérique, pénètre dans les bronches pour combler le vide qui tend à s'y produire au moment de l'expansion.

L'augmentation de volume de la cavité thoracique peut s'effectuer soit par le relèvement des côtes, ce qui porte le sternum en avant; soit par la contraction du diaphragme, qui, abaissant sa partie convexe, entraîne la base des poumons dans son mouvement (fig. 39).

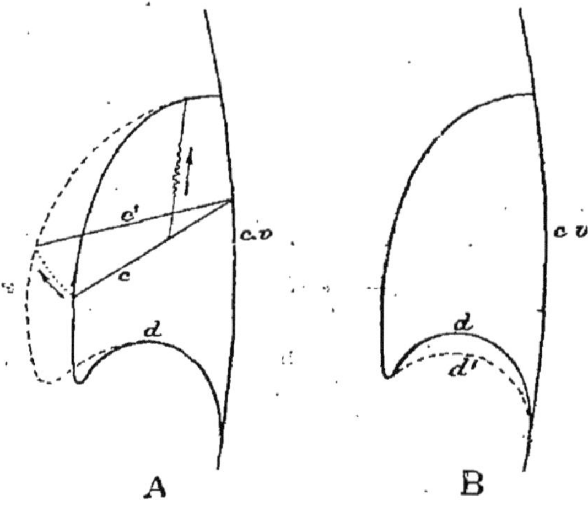

Fig. 39. — Théorie du mécanisme de la respiration.

A. Respiration costale. — c et c', positions des côtes avant et après l'inspiration; d, diaphragme; c, v, colonne vertébrale.

B. Respiration diaphragmatique. — d et d', positions du diaphragme avant et après l'inspiration; c, v, colonne vertébrale.

Dans le premier cas, la respiration est dite *costale*, car le relèvement des côtes est produit par la contraction des muscles intercostaux; dans le second cas, elle est dite *diaphragmatique*.

150. Expiration. — Le retour de la cavité thoracique à son volume primitif s'effectue par le simple relâchement des muscles contractés, et aussi en vertu de l'élasticité propre du poumon. Il existe d'ailleurs des muscles dits *expirateurs*, qui activent l'expiration dans l'acte de chanter, de jouer des instruments à vent, etc.

La capacité normale du poumon est d'environ 3 litres $\frac{1}{2}$; une inspiration forcée peut porter ce volume à 4 ou 5 litres, et, après la plus grande expiration possible, il reste encore dans les poumons 1 litre $\frac{1}{2}$ à 2 litres d'air qu'on ne peut expulser en aucune manière (*réserve pulmonaire*).

Dans la respiration ordinaire, il pénètre à peu près $^1/_2$ litre d'air dans les bronches à chaque inspiration ; l'homme respirant

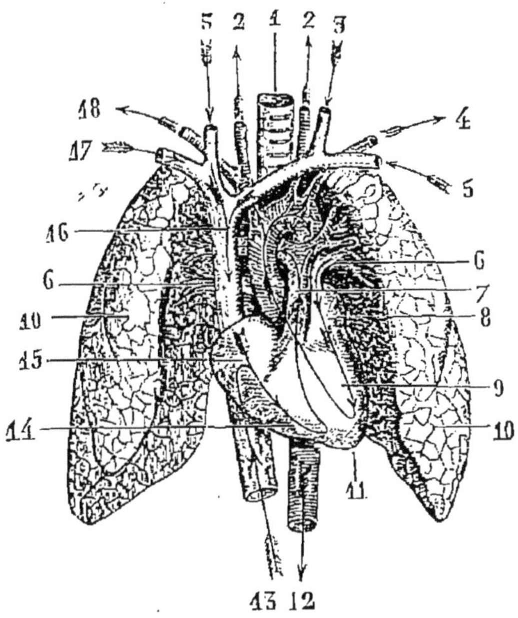

Fig. 40. — Rapports du cœur avec les poumons.

1, trachée-artère ; 2, artères carotides ; 3, veines jugulaires ; 4, artère sous-clavière gauche ; 5, veine sous-clavière gauche ; 6, veines pulmonaires ; 7, artère pulmonaire ; 8, oreillette gauche du cœur : 9, ventricule gauche ; 10, poumons ; 11, pointe du cœur dirigée à gauche et en avant ; 12, artère aorte ; 13, veine cave inférieure ; 14, ventricule droit ; 15, oreillette droite ; 16, veine cave supérieure ; 17, veine sous-clavière droite ; 18, artère sous-clavière droite.

14 à 16 fois par minute, on peut donc porter à 10 000 litres environ la quantité d'air qui passe par les poumons en 24 heures.

III. Phénomènes chimiques de la respiration.

151. Action de l'air atmosphérique. — L'air qui pénètre dans les vésicules bronchiques n'est séparé du sang que par la fine épaisseur de la paroi vésiculaire. C'est à travers cette membrane que s'effectue l'échange des gaz qui détermine le phénomène de l'hématose (n° 125). L'oxygène de l'air passe dans le sang pendant qu'une quantité à peu près équivalente d'acide carbonique passe dans la vésicule bronchique, de sorte que l'air expiré, moins riche en oxygène, est chargé d'acide carbonique ; on le constate en soufflant dans de l'eau de chaux : l'acide carbonique y détermine la formation de carbonate de chaux, qui trouble la limpidité de l'eau.

L'air expulsé est en outre chargé d'une quantité notable de vapeur d'eau, que l'on peut évaluer à 300 gr. en 24 heures.

L'azote paraît ne remplir qu'un rôle secondaire dans la respiration ; il sert à tempérer l'action trop vive qu'aurait l'oxygène pur.

Le poumon retient un peu plus du $1/5$ du volume d'oxygène contenu dans l'air inspiré, et dégage à chaque expiration environ 2 centilitres d'acide carbonique, ce qui donnerait 530 litres d'oxygène absorbé et 400 litres d'acide carbonique expulsé pendant 24 heures.

Nous avons vu que la surface totale des vésicules atteignait 200 mèt. carrés ; on peut évaluer à 150 mèt. carrés la nappe de sang constamment en contact avec la paroi vésiculaire ; et quand on songe qu'il passe environ 20 000 litres de sang par les poumons dans une journée, on peut se faire une idée de l'étendue de l'échange gazeux qui constitue la respiration.

152. Rôle de l'hémoglobine. — L'*hémoglobine*, matière colorante des globules rouges, remplit, dans la respiration, un rôle physiologique important. Cette substance albuminoïde a la propriété d'absorber l'oxygène de l'air et de servir ainsi de véhicule à ce gaz dans la circulation.

L'hémoglobine peut exister dans le sang à l'état oxydé (*oxyhémoglobine*) et à l'état réduit (*hémoglobine réduite*) ; elle se trouve dans le premier état surtout dans le sang artériel et dans le second état surtout dans le sang veineux.

C'est l'hémoglobine qui absorbe l'oxygène, le plasma n'en contient presque pas en dissolution.

L'acide carbonique provenant de la nutrition ne s'unit pas à l'hémoglobine comme l'oxygène, mais se combine aux sels du plasma, notamment au carbonate neutre de soude, qui passe ainsi à l'état de bicarbonate, lequel est dédoublé ensuite dans les poumons en carbonate neutre et acide carbonique. Cette dissociation paraît être due à l'absorption de l'oxygène de l'air par l'hémoglobine.

L'hémoglobine peut également se combiner avec le bioxyde d'azote, l'oxyde de carbone. Sa combinaison avec l'oxyde de carbone donne un composé très stable qui tue, pour ainsi dire, le globule au point de vue physiologique, en le rendant impropre à l'absorption de l'oxygène, ce qui détermine l'asphyxie (n° 172).

IV. Notes physiologiques relatives à la respiration.

153. Effort. — Le phénomène de l'*effort* est précédé d'une longue inspiration, puis la glotte se ferme, les muscles du thorax se coniraclent, et la masse d'air emprisonnée dans les bronches, fortement comprimée, maintient la poitrine immobile et fournit ainsi un point d'appui plus solide aux muscles qui doivent agir.

154. Murmure vésiculaire. — L'air, en pénétrant dans les mille bifurcations des bronches, frotte contre les parois des canaux en produisant un bruissement particulier qu'on appelle *murmure vésiculaire*. Ce bruit peut être modifié par l'état des bronches, ce qui permet au médecin d'apprécier l'état du poumon en appliquant l'oreille contre le dos ou la poitrine du malade; c'est en cela que consiste l'*auscultation*.

155. Rire. — Le *rire* est une succession de petites expirations interrompues, bruyantes, saccadées, accompagnées d'un épanouissement de la face exprimant la gaieté. Il est l'exagération du sourire, dans lequel les phénomènes respiratoires n'ont aucune part.

156. Soupir. — Le *soupir* est une longue et profonde inspiration, dont la cause est souvent morale chez l'homme. On l'observe aussi chez les animaux supérieurs.

157. Bâillement. — Le *bâillement* est un long soupir accompagné d'un écartement convulsif des mâchoires. C'est un signe d'ennui, de malaise, de besoin de sommeil; il est communicatif et peut être produit en vertu du seul instinct d'imitation.

158. Éternuement. — L'*éternuement* est une expiration brusque, involontaire, accompagnée de la contraction des muscles de la face, dans laquelle l'air est expulsé bruyamment par le nez et la bouche. Il est déterminé par l'irritation de la muqueuse des fosses nasales ou du voile du palais.

159. Hoquet. — Le *hoquet* résulte de la contraction brusque du diaphragme, coïncidant avec la fermeture de la glotte. L'émotion ou la surprise suffit le plus souvent pour le faire passer.

Le *sanglot* se rapproche du hoquet par son mécanisme.

160. Toux. — La *toux* est une expiration involontaire causée par l'irritation de la muqueuse respiratoire. Cette irritation peut être produite par la présence de corps étrangers, mucosités, poussières, par une inflammation de l'organe ou même par une action nerveuse.

161. Bronchite. — La *bronchite* est l'inflammation de la muqueuse des bronches, due le plus souvent au brusque passage du chaud au froid sans précautions suffisantes.

On donne le nom de *rhume* à l'inflammation de la muqueuse des voies respiratoires lorsqu'elle est déterminée par le froid. Le rhume peut occuper les fosses nasales (*coryza* ou *rhume de cerveau*), le pharynx (*pharyngite*), la trachée ou les bronches (*bronchite*).

162. Pneumonie ou fluxion de poitrine. — La *pneumonie* est une inflammation spécifique des alvéoles pulmonaires. Elle est due au développement d'un microbe particulier et débute ordinairement par un violent point de côté.

163. Pleurésie. — La *pleurésie* est une inflammation de la plèvre, qui donne lieu à un épanchement abondant de sérosité entre ses deux feuillets et rend la respiration douloureuse.

164. Phtisie. — Affection déterminée par la présence de tubercules dans les poumons; ces tubercules, produisant une inflammation du tissu, déterminent la suppuration et la formation de cavernes sur les parois desquelles se développent d'autres tubercules.

L'expression « cracher ses poumons », que l'on emploie quelquefois, est très impropre. Les cavernes n'ont jamais de dimensions considérables, et le malade meurt avant que le quart du poumon soit ulcéré.

Moins souvent, l'infiltration tuberculeuse existe dans la totalité des poumons sans qu'il y ait de cavernes notables; c'est la *phtisie galopante*.

Les principales causes déterminantes de la phtisie sont les affections de poitrine négligées, les convalescences mal soignées, l'insuffisance de la nourriture, l'habitude de vivre dans un air vicié, et surtout l'inconduite et l'irrégularité de la vie. Toutes ces causes peuvent se résumer en deux mots : excès de misère ou excès de plaisir.

V. Hygiène de la respiration.

165. L'air pur est pour l'organisme le premier élément de vie et de bien-être; tout ce qui peut l'altérer est plus ou moins défavorable à la santé.

166. Influence de l'humidité. — Un air trop chargé d'humidité, surtout s'il est froid, peut déterminer des affections de poitrine. Un air trop sec est également nuisible en exagérant outre mesure l'évaporation pulmonaire; c'est pourquoi il est utile de mettre de l'eau sur les poêles destinés à chauffer les appartements en hiver.

167. Influence de la pression. — Une augmentation de pression favorise les mouvements respiratoires en facilitant le jeu des muscles; aussi les personnes asthmatiques, chez lesquelles les muscles inspirateurs sont paresseux, éprouvent un bien-être très sensible lorsqu'elles se trouvent dans une enceinte où la pression est augmentée d'une $1/2$ atmosphère environ. L'augmentation de pression poussée à plus d'une $1/2$ atmosphère (scaphandrier travaillant sous l'eau) produit une surdité passagère, quelquefois permanente, et occasionne des douleurs articulaires, des congestions.

L'oxygène pur sous la pression d'une atmosphère, ou l'air ordinaire sous la pression de 5 atmosphères, peuvent être respirés impunément; mais si la pression devient trois ou quatre fois plus forte, ces gaz agissent sur l'organisme comme de véritables poisons.

Quand l'organisme a respiré de l'air comprimé, on ne doit ramener la pression à sa valeur normale qu'avec précaution, car les gaz en dissolution dans le sang s'en dégagent comme les bulles d'acide car-

bonique se dégagent des boissons gazeuses quand on débouche le vase
qui les contient, et forment, dans les capillaires, des bulles qui arrêtent
la circulation et peuvent ainsi amener rapidement l'asphyxie.

Une diminution de pression amène rapidement la fatigue; l'abatte-
ment que l'on éprouve quand le baromètre baisse est dû en partie à
la diminution de la pression atmosphérique. Quand cette diminution
devient notable (ascensions aérostatiques), à l'accélération du pouls et
de la respiration s'ajoutent une soif ardente et la brisure des membres;
puis surviennent des maux de tête, des vertiges, des tintements
d'oreilles, en un mot, tous les phénomènes de l'asphyxie.

Lorsqu'on gravit une haute montagne, les effets résultant de la
diminution de pression, s'ajoutant à la fatigue des muscles, amènent
une sorte de paralysie des jambes qui fait que la marche devient
d'une difficulté croissante et nécessite des haltes fréquentes. La som-
nolence, le découragement, viennent quelquefois se joindre à l'épuisement des forces. Ce malaise particulier a reçu le nom de *mal des
montagnes*.

168. Matières en suspension dans l'air. — Outre les poussières
de toutes sortes qui sont répandues dans l'air, on y rencontre en quantité des germes animaux et végétaux qui le vicient. Parmi ces germes,
il en est qu'on n'a pas encore pu isoler et qui sont connus seulement
par leurs effets; ce sont les *miasmes* et les *effluves*.

Les *miasmes* sont des émanations des corps vivants (éman. pulmon.
cutanée); ce sont eux qui donnent aux salles encombrées et mal aérées
leur odeur particulière.

Les *effluves* sont des sortes de miasmes qui s'échappent des maré-
cages et des végétaux en décomposition.

Toutes ces matières, plus lourdes que l'air, s'accumulent dans les
bas-fonds; de là les inconvénients qui résultent du séjour habituel
dans les lieux bas, surtout au milieu des grandes villes, où l'air se
renouvelle difficilement.

169. Air confiné. — L'air *confiné*, c'est-à-dire renfermé dans un
milieu où il ne se renouvelle pas, ne tarde pas à se vicier. Les principales causes d'altération sont les produits de la respiration et des
combustions, les émanations diverses résultant de l'exhalation, de la
transpiration, etc.

Il est donc très important de renouveler l'air des appartements dans
lesquels on séjourne.

D'après les chiffres que nous connaissons relativement à la quantité
d'air qui doit passer par les poumons en 24 heures, on estime à 7 ou
8 mètres cubes par heure la quantité nécessaire à chaque individu
séjournant dans un lieu clos, et cet air, qui nous est absolument indispensable, nous nous le mesurons souvent avec parcimonie, comme
si la divine Providence ne nous le dispensait pas, avec une prodigalité
admirable, toujours pur et sans cesse débarrassé des principes de
mort que nous y jetons constamment.

170. Asphyxie. — L'*asphyxie* est l'état dans lequel est jeté l'organisme par la suppression de l'hématose. Elle peut être lente ou brusque ; dans le premier cas, elle s'annonce par des bâillements, des vertiges, des tintements d'oreille, la perte de connaissance, puis la vie s'éteint au bout d'un temps plus ou moins long ; dans le second cas, la mort arrive au bout de quelques minutes.

171. Asphyxie simple. — On appelle *asphyxie simple* celle qui résulte de la suppression de l'arrivée de l'air dans les poumons ; elle peut être produite par l'engorgement des canaux aériens (*croup*), par strangulation, par submersion, par la raréfaction de l'air (*ascension aérostatique*).

Elle peut également résulter de l'introduction dans les poumons de gaz irrespirables, comme l'azote, l'hydrogène pur. L'acide carbonique, qui se dégage abondamment des cuves renfermant des liquides en fermentation et de fours à chaux, agit de la même façon. Dans ce cas, c'est uniquement le défaut d'oxygène libre qui cause l'asphyxie, et non une propriété délétère des gaz respirés, car ceux-ci n'ont par eux-mêmes aucune action funeste sur l'organisme.

Certains gaz, tels que l'acide sulfureux, le chlore, le gaz ammoniac, peuvent amener l'asphyxie en provoquant une toux violente, causée par l'irritation des voies respiratoires.

172. Asphyxie toxique. — L'*asphyxie toxique* résulte de la respiration de gaz délétères, tels que l'oxyde de carbone, l'acide sulfhydrique.

Ces gaz n'agissent pas seulement en supprimant l'action de l'oxygène libre, leur influence s'exerce par absorption ; ils produisent un véritable empoisonnement.

L'asphyxie causée par la combustion du charbon de bois dans un milieu où l'air ne se renouvelle pas est due à l'oxyde de carbone qui se dégage plutôt qu'à la présence de l'acide carbonique.

L'oxyde de carbone agit d'une façon spéciale sur l'organisme ; en pénétrant lui-même dans le sang, il attaque l'hémoglobine des globules rouges et rend ceux-ci absolument impropres à l'absorption de l'oxygène, et par suite à l'entretien de la vie.

L'asphyxie occasionnée par la respiration des gaz méphitiques qui se dégagent des fosses d'aisances est une asphyxie toxique.

173. Premiers soins à donner en cas d'asphyxie. — Les premiers soins à donner en cas d'asphyxie sont les suivants :

1º Soustraire le malade aux causes qui ont amené l'asphyxie ;

2º Le débarrasser des vêtements qui peuvent gêner la circulation et la respiration : ceinture, cravate, jarretières ;

3º Exercer avec précaution sur la poitrine et l'abdomen des pressions alternatives imitant les mouvements de la respiration ;

4º Réchauffer le corps par des frictions, sans se décourager de l'insuccès apparent.

CHAPITRE V

CALORIFICATION

174. Chaleur animale. — En général, la vie languit et s'éteint quand la température du corps baisse au delà d'une certaine limite; elle s'active outre mesure quand cette température s'élève au-dessus de la moyenne.

La température moyenne du corps humain est de 37 à 38° centigrades. Les limites possibles de variation sont environ de 5 à 6° au-dessus et de 12 à 15° au-dessous.

175. Sources de chaleur vitale. — La principale source de chaleur réside dans les combustions qui ont lieu dans les tissus. Lorsque le sang arrive dans les dernières ramifications des artères, où s'effectue la nutrition, l'oxygène dont il est chargé, se combinant avec le carbone qu'il renferme, forme de l'acide carbonique que l'on retrouve dans le sang veineux et produit de la chaleur. Cette combinaison s'effectue dans tous les tissus, mais surtout dans les muscles.

On constate, en effet, que le muscle transforme constamment l'oxygène du sang en acide carbonique, c'est-à-dire qu'il est le siège d'une combustion dont le sang lui apporte les matériaux. Cette combustion permanente est bien plus active quand le muscle travaille, car le sang qui en sort renferme une bien plus grande quantité d'acide carbonique que lorsque le muscle est à l'état de repos. Le muscle est donc le récipient dans lequel s'effectue cette combustion; le sang apporte le combustible qui provient des aliments absorbés, et l'air atmosphérique, par la respiration, fournit l'oxygène nécessaire.

Les matériaux de ces combustions intra-musculaires proviennent surtout des éléments hydrocarbonés et des matières grasses apportées par le sang.

L'habitant des contrées polaires est donc obligé, pour maintenir sa température constante, de se nourrir d'aliments riches en hydrocarbures peu oxygénés, comme, par exemple, les graisses, que les Lapons absorbent en si grande abondance.

Les résultats de ces combustions sont, par conséquent, en grande partie des dérivés d'hydrocarbures, entre autres l'acide *sarcolactique;* ces produits, transformés par oxydation complète, donnent pour résultat final l'acide carbonique, et le sang, servant de véhicule à la chaleur produite, la transporte à tous les organes, ce qui fait que ceux-ci ont sensiblement la même température.

Dans l'état normal, le travail musculaire n'oxyde presque pas de substances azotées; mais, dans la fièvre, les éléments azotés sont aussi comburés sur une assez grande échelle.

Il faut remarquer que la combustion du carbone n'est pas seule à développer de la chaleur dans les êtres vivants, toutes les combinaisons chimiques qui se font dans nos organes sont une cause d'élévation de température.

176. Animaux à sang chaud, ou mieux à température constante. — Ces animaux sont ceux dont la température reste invariable, quelle que soit celle du milieu ambiant; ce sont les *Mammifères* et les *Oiseaux*.

La *transpiration cutanée* est chez nous la principale cause qui maintient la constance de cette température lorsque des circonstances particulières tendent à l'élever. Aussi tout ce qui peut contribuer à accroître la température du corps, chaleur extérieure, travail musculaire violent, détermine la transpiration.

Un homme ne peut rester dans un bain dont la température dépasse 50 degrés; car, dans ce cas, toute évaporation cutanée est supprimée; mais il peut très bien supporter une température supérieure à 100 degrés dans une atmosphère sèche et y demeurer jusqu'à ce que l'air soit saturé de vapeur d'eau, car celle-ci, en s'opposant à l'évaporation de la sueur, y rendrait alors le séjour impossible.

Chez les animaux dont la peau est recouverte de poils qui s'opposent à l'évaporation de la sueur (Chien, Bœuf), la transpiration cutanée est remplacée par une plus grande activité de la transpiration pulmonaire.

177. Animaux à sang froid, ou mieux à température variable. — Ce sont ceux dont la température suit de près les variations de la température extérieure (*poissons, insectes,* etc.); aussi la vie est d'autant plus active chez ces animaux, que la température extérieure est plus élevée (*Lézards, Serpents*).

Ces animaux peuvent résister à des variations de température plus ou moins considérables, suivant l'espèce à laquelle ils appartiennent. Les Grenouilles survivent à un froid qui fait descendre leur température à zéro. Il existe également pour ces espèces une température maxima qu'ils ne peuvent dépasser sans périr. Presque tous les poissons de mer meurent quand la température de leur corps atteint 24°; quelques organismes seulement survivent à la température de l'eau bouillante.

178. Hibernation. — Les animaux *hibernants* sont des animaux à sang chaud dont l'organisme ne peut réagir contre l'abaissement de la température extérieure et qui, pendant l'hiver, tombent dans un engourdissement qui ressemble à un profond sommeil (*Marmotte, Chauve-souris*).

179. Estivation. — L'estivation est un engourdissement analogue à l'hibernation, qu'éprouvent certains animaux des régions intertropicales sous l'influence des fortes chaleurs (*Tanrec* de Madagascar, *Échidné* d'Australie).

180. Insolation. — L'*insolation* provient de l'action directe d'un soleil ardent sur la peau; elle peut occasionner des troubles nerveux, et par conséquent avoir des inconvénients graves (méningite, érysipèle, etc.)

Ce qu'on appelle *coup de soleil* est une simple irritation de la partie superficielle de la peau analogue à la brûlure au premier degré.

181. Congélation. — Action morbide du froid sur les parties vivantes, qui les rend insensibles, inertes, dures. Les pieds, les mains, les oreilles, le nez, y sont naturellement plus exposés.

Le meilleur traitement consiste dans des frictions prolongées, avec de la neige s'il est possible; en tout cas, il faut bien se garder d'approcher du feu les parties congelées, sous peine d'y déterminer la gangrène.

CHAPITRE VI

ASSIMILATION ET DÉSASSIMILATION

182. ASSIMILATION. — Des aliments ingérés, une partie seulement est digérée et forme la partie absorbable; de la partie absorbée, une fraction est assimilée; le reste fournit les éléments des combustions et des sécrétions.

183. Condition de l'assimilation. — Les éléments constitutifs des aliments sont le *carbone*, l'*hydrogène*, l'*oxygène* et l'*azote*; mais l'organisme ne peut les absorber en nature ou préalablement combinés par voie chimique.

Pour qu'ils puissent servir à la nutrition, il faut absolument que le règne végétal, directement ou indirectement, ait effectué lui-même ces combinaisons; en dehors de cette condition indispensable, tout aliment serait impropre à la nutrition. Quant aux sels minéraux, *chlorure de sodium*, *sels calcaires*, ils peuvent être absorbés directement.

Les aliments azotés concourent seuls à l'assimilation; les autres servent presque exclusivement aux combustions.

184. Mécanisme probable de l'assimilation. — L'assimilation est un phénomène que la physiologie ne peut encore analyser et dont elle n'entrevoit pas encore le mécanisme intime. C'est avant tout un *acte vital*, que les simples lois de la physique sont impuissantes à expliquer. On constate simplement que les cellules vivantes ont la propriété de puiser dans le sang les matériaux nécessaires à leur existence propre, et par suite de donner naissance à des éléments anatomiques, identiques à ceux du tissu dont elles font partie.

185. Puissance assimilatrice. — Chez les animaux supérieurs, dont l'organisme est si compliqué, la puissance d'assimilation se borne à l'entretien des organes : une peau nouvelle recouvre la plaie qui se ferme, un nouveau tissu osseux soude les extrémités d'un os fracturé. Il peut même arriver qu'elle reconstitue toute une partie d'organe qui aurait disparu à la suite d'une opération chirurgicale ; un médecin expérimenté peut même, dans bien des cas, guider cette régénérescence des tissus suivant les besoins de l'opération.

Chez les animaux inférieurs, elle peut aller jusqu'à la formation de parties nouvelles : la queue d'un Lézard, la patte d'une Araignée, d'un Crabe, peuvent repousser ; les Hydres d'eau douce sont curieuses par la faculté que possède toute partie détachée de leur corps de se compléter de manière à reproduire une Hydre complète.

186. DÉSASSIMILATION. — Les substances assimilées qui font partie intégrante des tissus n'y restent pas indéfiniment ; elles subissent de nouvelles combinaisons qui modifient leur nature ; alors devenues inutiles ou même nuisibles aux tissus qu'elles ont constitués, elles sont reprises par le torrent circulatoire, en échange d'éléments nouveaux, de sorte qu'il se fait un remplacement continuel de cellule à cellule dans tous nos organes.

L'étendue de ce mouvement est difficile à préciser ; il est probable que la durée d'évolution n'est pas la même pour tous les tissus, mais toujours est-il qu'au bout d'un certain temps ce renouvellement s'est effectué. Le célèbre physiologiste Cl. Bernard voyait là une preuve convaincante de l'existence de l'âme ; « car, disait-il, si après 20 ou 25 ans je me rappelle un fait dont j'avais complètement perdu le souvenir, ce qui en moi en a gardé l'idée n'est pas matériel, puisque tous mes organes se sont renouvelés ; ce quelque chose qui n'a pas changé et que je sens très bien être le *moi* d'autrefois est donc immatériel : c'est mon âme. »

187. Périodes de la vie. — Pendant les premiers temps de la vie, l'assimilation l'emporte sur la désassimilation, les organes se développent ; c'est la période de *croissance*. Bientôt, à partir de 20 à 25 ans pour l'homme, l'équilibre s'établit entre le mouvement de composition et celui de décomposition ; l'assimilation se borne à l'entretien des tissus. Enfin, à partir de 50 à 55 ans, le mouvement de décomposition l'emporte à son tour ; c'est la période de *vieillesse ;* le corps commence à se flétrir, les organes ne fonctionnent plus qu'imparfaitement, puis la mort survient quand l'organisme est trop usé pour que les fonctions puissent s'accomplir suffisamment.

CHAPITRE VII

EXHALATION, SÉCRÉTION ET EXCRÉTION

188. EXHALATION. — L'exhalation est le phénomène par lequel certaines matières se séparent du sang en traversant des membranes.

189. Exhalation interne. — L'exhalation interne se fait à travers les *séreuses*. Comme les séreuses tapissent des cavités closes, les produits s'y accumuleraient si ces membranes n'étaient en même temps le siège d'une absorption correspondante. En effet, dans l'état de santé ces deux fonctions s'équilibrent ; mais s'il arrive que l'exhalation l'emporte, le liquide s'accumule dans la cavité et donne lieu aux *hydropisies*.

190. Exhalation externe. — L'exhalation externe se fait par la *peau* et les *muqueuses*. Le corps de l'homme perd environ 1 kilogr. par jour par l'exhalation cutanée. Il ne faut pas confondre cette exhalation avec la production de la sueur, qui est une véritable sécrétion.

Le passage de l'acide carbonique du sang dans les vésicules bronchiques est un phénomène d'exhalation externe.

191. SÉCRÉTION ET EXCRÉTION. — La *sécrétion* diffère de *l'exhalation* en ce que celle-ci s'effectue par toutes les membranes, tandis que les sécrétions se font par des organes spéciaux, qui sont les *glandes*.

Les follicules que l'on observe dans l'épaisseur des muqueuses sont de véritables glandes.

Les produits de sécrétion ont ordinairement un rôle à remplir dans l'organisme (*bile, suc pancréatique*), tandis que les produits d'excrétion doivent en être expulsés (sécrétion excrémentielle de *l'urine*).

La sécrétion résulte des phénomènes intimes de nutrition, dans lesquels les cellules formant la glande empruntent au sang des matières qu'elles élaborent, pour les laisser ensuite passer dans la cavité centrale qui constitue le cul-de-sac glandulaire.

2*

192. Glandes. — Une glande est un organe qui, interposé entre le sang et une cavité, ne laisse passer dans celle-ci que certains éléments déterminés, et possède même la propriété de modifier la nature chimique des substances qu'il élimine.

Ainsi, le venin des serpents, qui est un produit de sécrétion, n'existe pas tout formé dans le sang; car si on le retire des glandes qui le

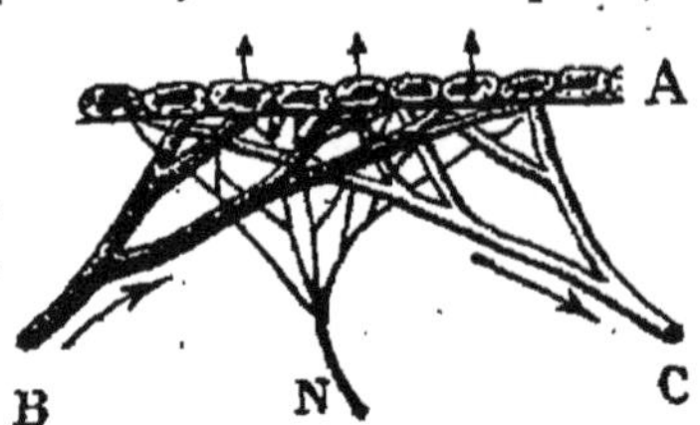

Fig. 41. — Glandes simples
(glandes intestinales).

sécrètent et qu'on l'introduise dans le sang de l'animal qui l'a produit, celui-ci en éprouve tous les dangereux effets.

Fig. 42. — Organes essentiels
d'une glande.

193. Structure des glandes. — Une glande se compose de trois organes essentiels : 1° d'une membrane propre tapissée par un *épithélium* simple (A), partie essentielle et active de la sécrétion; 2° d'un *réseau vasculaire sanguin* se ramifiant en capillaires dans la membrane, et comprenant des vaisseaux afférents ou artériels (B) et efférents ou veineux (C); 3° des *filets nerveux* (N) agents excitateurs de la sécrétion.

194. Classification des glandes. Au point de vue anatomique, on peut subdiviser les glandes en glandes *simples* et *composées*.

Les glandes simples (fig. 41) sont des organes réduits à un *tube* ou à une *vésicule* qui vient s'ouvrir à la surface des membranes par un orifice très petit; tels sont les *follicules gastriques*.

Les glandes composées sont formées de glandes simples groupées d'une façon particulière. Elles constituent les *glandes en grappes* et les *glandes en tubes*.

Les *glandes en grappes* (fig. 43) sont de petites vésicules dont les conduits, en se réunissant successivement les uns aux autres, finissent par n'avoir plus qu'un canal sécréteur commun (*glandes salivaires*).

Fig. 43.
Glandes en grappe (parotide).

Les *glandes en tubes* résultent d'une agglomération de tubes simples ou ramifiés contournés sur eux-mêmes (*rein, foie*).

Des capillaires sanguins vont se ramifier dans les parois de chacun des éléments qui constituent la glande.

195. Mécanisme des sécrétions. — Le plasma du sang artériel qui circule dans les capillaires traverse par exosmose la membrane glandulaire et pénètre à l'intérieur des cellules épithéliales où s'effectue le travail chimique de la sécrétion. Une fois le produit élaboré, il sort par exosmose et arrive dans la cavité glandulaire, puis s'échappe par le canal sécréteur.

Dans quelques cas, ce produit demeure dans les cellules, qui deviennent alors le siège de transformations complexes; leur protoplasma est peu à peu remplacé par le produit sécrété, puis les cellules se détachent, se fusionnent dans la cavité glandulaire et sont remplacées par de nouvelles cellules qui se comportent de la même manière. C'est cette fonte des cellules épithéliales qui constitue le produit de la sécrétion.

Le système nerveux est l'agent excitateur des sécrétions; la sécrétion des larmes sous l'influence d'une cause morale, celle de la sueur sous l'impression de l'épouvante, en sont des exemples.

196. Sécrétion excrémentielle de l'urine. — L'urine est un liquide jaunâtre qui renferme une forte proportion d'eau (95 p. %) et, entre autres substances, 3 p. % environ d'une matière azotée, l'*urée*, qui fait que l'urine abandonnée à elle-même éprouve la fermentation putride et donne naissance à des sels ammoniacaux.

L'urine est la principale voie d'élimination de l'organisme. Tandis que le carbone introduit dans les tissus est rejeté à l'extérieur sous forme d'acide carbonique par la peau et les poumons, l'azote, après avoir servi à l'entretien des organes, est éliminé par l'urine sous forme de composés azotés.

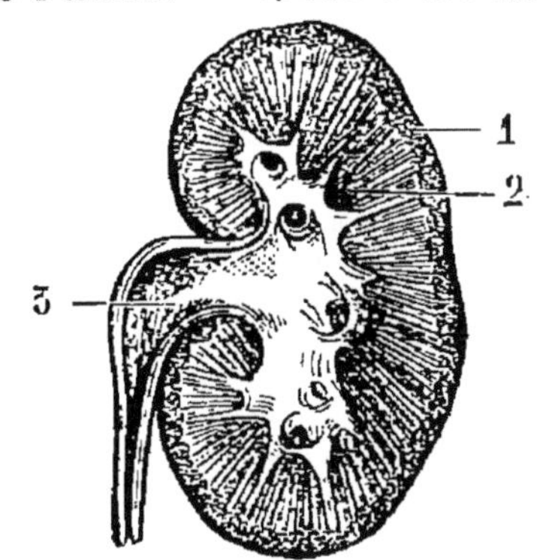

Fig. 44.
Coupe verticale du rein gauche.
1, substance corticale;
2, substance tubuleuse; 3, bassinet.

197. Les reins. — L'urine est sécrétée par les *reins* (rognons). Ce sont deux grosses glandes en forme de haricot, situées dans la cavité abdominale et placées de chaque côté de la colonne vertébrale (fig. 44).

198. Structure du rein. — Le rein est formé : 1° d'une couche externe nommée *substance corticale*, renfermant un très grand nombre de corpuscules (*glomérules de Malpighi*) qui sont les organes sécréteurs de l'urine; 2° d'une couche interne appelée *substance tubuleuse*, plus rouge, comprenant un nombre variable de pyramides (*pyramides* *de Malpighi*) dont les bases adhèrent à la substance corticale et dont les sommets sont tournés vers le centre du rein.

Ces deux substances sont essentiellement constituées par la réunion de petits tubes dits *tubes urinifères*, ayant de 3 à 4 dixièmes de millimètre de diamètre. Ces tubes (fig. 45) commencent au sommet des pyramides de Malpighi et rayonnent en se dirigeant vers la base de ces pyramides. Rectilignes dans la substance tubuleuse (*tubes de Bellini*), ils se groupent en faisceaux distincts en pénétrant dans la substance corticale (*tubes de Ferrein*), deviennent contournés et flexueux, et se terminent par une petite vésicule qui renferme un glomérule de Malpighi. Ce glomérule est formé par un plexus vasculaire dans lequel circule le sang.

Les sommets des pyramides sont terminés par de petites cavités membraneuses nommées *calices*, lesquelles, en se réunissant, forment le *bassinet*. Du bassinet partent les *uretères*, canaux qui conduisent l'urine dans la *vessie*, réservoir situé en avant du rectum, dans la partie inférieure du bassin.

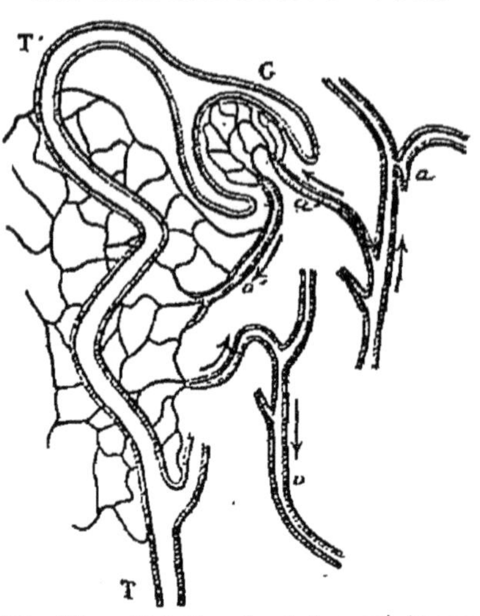

Fig. 45. — Relation des tubes uriniferes et des vaisseaux sanguins.

T, *tube u_nifère droit* (ou de *Bellini*; T' *tube contourné* ou de *Ferrein*; G, Glomérule du rein; *a*, *a'*, vaisseaux sanguins qui amènent le sang dans le plexus vasculaire du glomérule; *v*, *v'*, vaisseaux sanguins qui emmènent le sang débarrassé des éléments de l'urine.

199. Remarques physiologiques. — C'est par les reins et la peau que la plus grande partie de l'eau introduite dans l'organisme est éliminée. Aussi l'urine est-elle plus abondante quand les boissons sont prises en grande quantité ou lorsque l'humidité de l'air s'oppose à l'exhalation pulmonaire et cutanée. Lorsque l'un de ces deux organes ralentit ses fonctions, l'autre redouble d'activité pour maintenir l'équilibre.

Outre l'urée, on trouve encore dans l'urine une autre matière azotée, l'*acide urique*, qui s'accumule parfois dans les tissus et occasionne la *goutte*. Il peut aussi se déposer dans la vessie en fins graviers (*gravelle*) ou en masses dures assez volumineuses (*calculs urinaires*).

L'*albuminurie* est la présence anormale dans l'urine de l'albumine du sang.

FONCTIONS DE RELATION

CHAPITRE VIII

DES OS ET DES ARTICULATIONS

200. Tissu osseux. — Le tissu osseux provient d'une transformation du tissu conjonctif en une masse dure, résistante, formée de lamelles emboîtées les unes dans les autres, incrustées de sels calcaires, et circonscrivant de petites cavités microscopiques.

En examinant au microscope la coupe transversale d'un os, on aperçoit dans ces cavités de petits corpuscules (*cellules osseuses*) de $1/100$ de millim. de diamètre, munis de prolongements

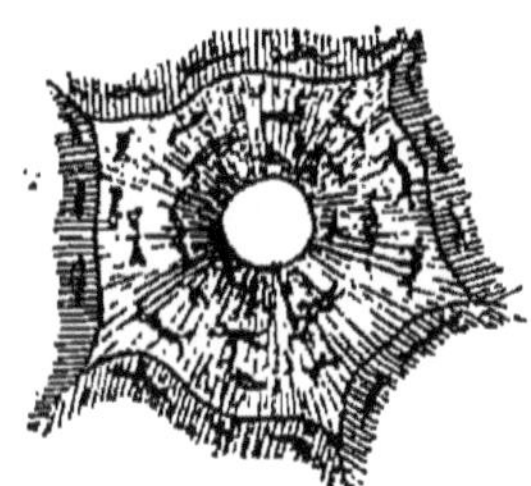

Fig. 46.
Section transversale d'un des canaux
de Havers.

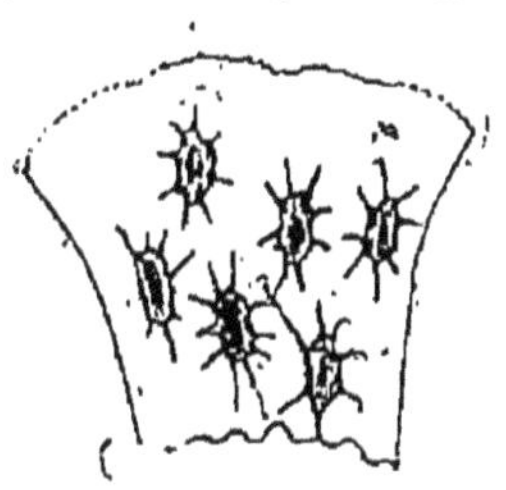

Fig. 47.
Cellules osseuses.

qui les unissent les uns aux autres (*canalicules osseux*), et rangés symétriquement autour de canaux ramifiés ayant de 1 à 2 dixièmes de millim. de diamètre (*canaux de Havers*) sillonnant toute la masse de l'os (fig. 46).

Tantôt les cellules osseuses forment un tissu très serré et très solide, le *tissu compact* ; tantôt elles laissent entre elles de nombreux interstices et constituent alors un tissu beaucoup moins dense, le *tissu spongieux*.

Le tissu compact revêt la surface des os, et le tissu spongieux en occupe les parties intérieures.

Les os sont recouverts d'une membrane fibro-vasculaire, le *périoste*, essentielle à la conservation et au renouvellement de leur tissu. Leur surface présente souvent des rugosités, des lignes saillantes qu'on appelle *apophyses*, et qui sont les points d'attache des muscles.

201. Composition chimique des os. — Les os sont formés d'une partie organique composée surtout d'*osséine* ($^1/_3$ env.), que l'on isole facilement, sous le nom de *gélatine*, par une ébullition prolongée dans l'eau, et d'une partie minérale formée presque entièrement de *phosphate* et de *carbonate de chaux*, que l'on peut séparer par calcination à l'air libre.

On peut encore se débarrasser de la partie minérale en laissant séjourner l'os dans une solution étendue d'acide chlorhydrique, qui détruit les sels calcaires et laisse intacte la substance organique.

202. Développement des os. — Les os proviennent tous de l'ossification des cellules du tissu cartilagineux. Ces cellules, ordinairement ovales, ne présentent presque jamais de prolongements (fig. 48).

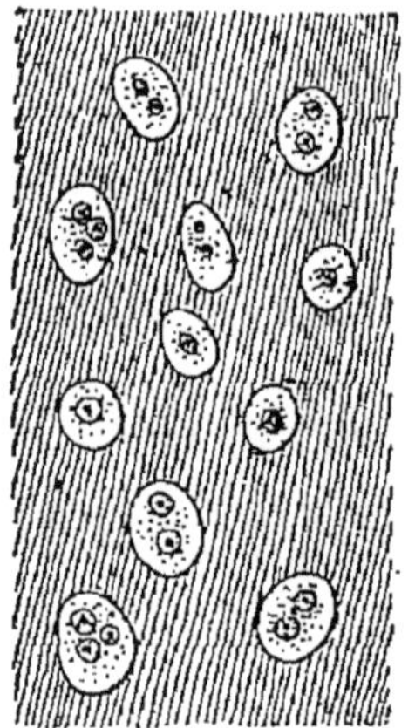

Fig. 48.
Tissu cartilagineux.

Le développement des os comprend trois phases successives : 1° l'*état muqueux*, essentiellement transitoire, dans lequel l'os est simplement constitué par un tissu cellulaire sans matière intersticielle ; 2° l'*état cartilagineux*, dans lequel la matière intersticielle cartilagineuse se développe; 3° l'*état osseux*, provenant de l'ossification du tissu cartilagineux.

Tous les os passent donc d'abord par l'état cartilagineux, et parfois le développement s'arrête à cette phase, comme cela se remarque, par exemple, pour certains poissons (Requin, Raie).

L'ossification des cartilages ne se fait pas simultanément dans toute la masse; elle commence d'abord en des points isolés, d'où elle rayonne ensuite dans toutes les directions jusqu'à ossification complète.

Dans les os longs des membres, l'ossification commence dans leur partie moyenne, et de là s'étend vers les extrémités, où apparaissent bientôt de nouveaux *points osseux*.

Les os s'accroissent en longueur par leurs extrémités, et en largeur par l'adjonction de nouvelles couches osseuses. Avant l'ossification complète, qui n'a lieu que vers l'âge de 20 ou 25 ans, les os sont presque tous formés de pièces distinctes réunies par des intervalles cartilagineux.

Les os des enfants étant plus flexibles, et par conséquent moins fragiles que ceux des vieillards, les chutes sont moins dangereuses pour eux que pour les grandes personnes.

203. Forme des os. — Relativement à leur forme, on divise les os en *os longs*, *os courts* et *os plats*.

Les *os longs* (fig. 49) se rencontrent surtout dans les membres ; leur partie moyenne porte le nom de *diaphyse*, et leurs extrémités, ordinairement renflées, celui d'*épiphyses*. La plupart des os longs sont creux, et par conséquent présentent les meilleures conditions de légèreté et de solidité ; car on sait qu'un cylindre creux est toujours plus solide qu'un cylindre plein de même longueur, formé avec la même quantité de matière.

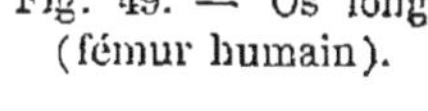

Fig. 49. — Os long (fémur humain).

La cavité des os longs (*canal médullaire*) renferme une substance grasse, la *moelle*.

Les *os plats* sont constitués en grande partie par du tissu spongieux. On les rencontre le plus souvent réunis plusieurs ensemble (*poignet, colonne vertébrale*).

Les *os courts* sont formés d'une couche de tissu spongieux comprise entre deux couches de tissu compact ; ils ont presque toujours des fonctions protectrices à remplir (*os du crâne, du bassin*).

204. Fracture. — Les os longs sont naturellement de fracture plus facile que les autres. Quand la cassure est nette, il suffit de remettre exacte-

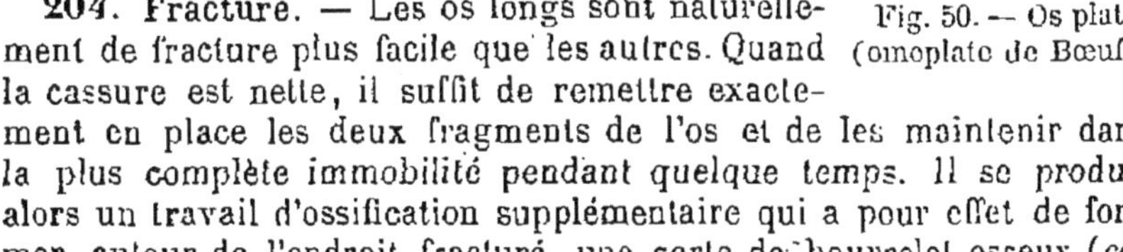

Fig. 50. — Os plat (omoplate de Bœuf).

ment en place les deux fragments de l'os et de les maintenir dans la plus complète immobilité pendant quelque temps. Il se produit alors un travail d'ossification supplémentaire qui a pour effet de former, autour de l'endroit fracturé, une sorte de bourrelet osseux (*cal provisoire*) qui rétablit peu à peu la solidité de l'os.

Au bout de 25 à 30 jours, si c'est un os de la jambe qui a été fracturé, il peut déjà supporter le poids du corps. Un second travail succède alors au premier, dans lequel le bourrelet osseux est résorbé peu à peu, de sorte qu'au bout d'un certain temps il serait bien difficile de retrouver l'endroit où s'est produite la fracture.

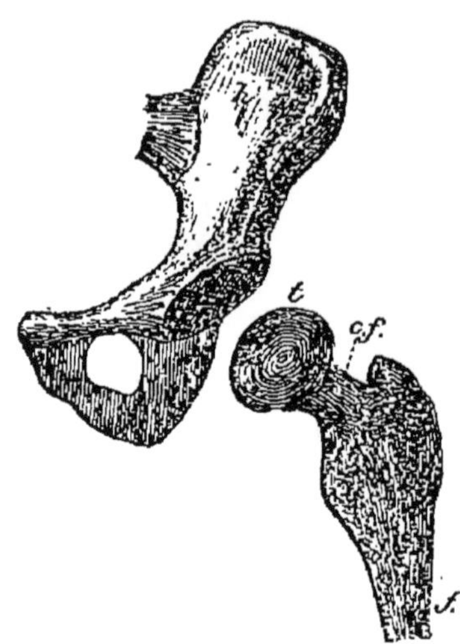

Fig. 51. — Articulation du fémur avec le bassin.

h, hanche; *c*, cavité; *t*, tête du fémur; *c*, *f*, col du fémur; *f*, fémur.

205. Carie. On appelle *carie* la destruction partielle et progressive d'un os; si la carie s'étend à une portion considérable de l'os, elle prend le nom de *nécrose* (du gr. *nécros*, mort).

206. Déviations, gibbosités. — Quand les os de l'enfant tardent à s'ossifier, il peut arriver que, à la suite d'efforts musculaires exagérés ou simplement par le poids même du corps, les os fléchissent et amènent des déformations des membres, des déviations de la colonne vertébrale; on donne à cette affection le nom de *rachitisme*.

207. Articulations. — Ordinairement les os s'articulent entre eux par des surfaces réciproquement concaves et convexes; des *ligaments* maintiennent les pièces en place et servent à limiter les mouvements.

Suivant l'étendue du mouvement qu'elles permettent, on subdivise les articulations en trois classes : 1° les articulations *mobiles*, dans lesquelles les os jouissent d'une indépendance considérable; 2° les articulations *fixes*, dans lesquelles les os sont invariablement rivés; 3° les articulations *mixtes*, qui laissent aux os une mobilité restreinte.

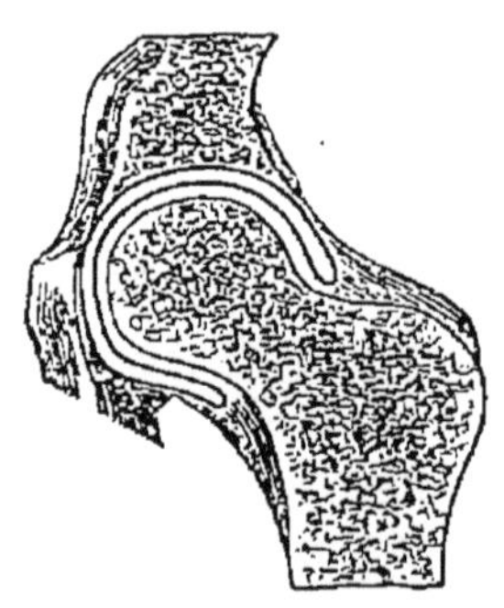

Fig. 52. — Figure théorique montrant la disposition des séreuses synoviales.

208. Les *articulations mobiles* ou *diarthroses* sont les plus nombreuses; ce sont surtout celles des membres. Les surfaces en contact sont revêtues d'une couche cartilagineuse extrêmement lisse, et glissent avec la plus grande facilité les unes sur les autres, grâce à la présence d'un liquide onctueux, la *synovie*, fournie par des séreuses particulières qu'on appelle, pour cette raison, *séreuses synoviales* ou *articulaires*.

Dans ces articulations, c'est surtout la pression atmosphérique qui maintient le contact des surfaces ; aussi sa diminution est une des causes qui occasionnent la brisure des membres que l'on éprouve quand le baromètre baisse. En tirant fortement sur les doigts, on parvient à écarter un peu les os des phalanges, et les parties molles voisines des articulations, se précipitant pour remplir le vide produit, occasionnent le bruit sec que l'on connaît.

209. Les *articulations fixes* ou *synarthroses* sont celles des os qui sont juxtaposés ou qui s'engrènent mutuellement (*sutures*) de manière à ne permettre que des déplacements extrêmement faibles (*os du crâne*).

210. Les *articulations mixtes* ou *amphiarthroses* sont les articulations des os courts entre eux ; leurs surfaces de contact sont généralement planes (*artic. du poignet, de la colonne vertébrale*).

211. *Remarques.* — Il peut arriver qu'à la suite d'une inflammation des surfaces articulaires, la tête des os se carie, ce qui nécessite l'amputation. Cette opération peut cependant être conjurée par une immobilité complète des parties malades, qui permet aux os de *s'ankyloser* (du gr. *ankylé*, frein), c'est-à-dire de se souder l'un à l'autre. La guérison est complète, mais l'articulation ne fonctionne plus.

Parfois un faux mouvement, une torsion anormale, une chute, peuvent forcer une articulation et tirailler violemment les ligaments qui la maintiennent ou les tendons qui la font mouvoir ; on donne à cet accident le nom d'*entorse* quand il s'agit de l'articulation du pied, et celui de *foulure* dans le cas général.

DESCRIPTION DU SQUELETTE

212. Squelette. — On désigne sous le nom de *squelette* la charpente osseuse qui donne la solidité et la forme générale au corps des animaux supérieurs.

Le squelette comprend les os de la tête, du tronc et des membres.

213. Tête. — La tête est formée du *crâne* et de la *face*.

Les os du **crâne** circonscrivent la cavité cérébrale destinée à loger le cerveau et le cervelet ; ce sont : le *frontal* ou *os du front;* les deux *pariétaux,* occupant la partie supérieure du crâne ; l'*occipital,* en arrière ; le *sphénoïde,* en avant du trou vertébral ; l'*ethmoïde* ou *os criblé,* formant le plancher de la cavité cérébrale au-dessus des fosses nasales ; et enfin les deux *temporaux,* appliqués latéralement contre les pariétaux.

Le conduit auditif externe est logé dans la partie la plus dure du temporal (le *rocher*).

Tous ces os, dont les bords s'engrènent les uns dans les autres (*sutures du crâne*), forment une sorte de boîte résistante dont les différentes pièces ne se soudent ordinairement que lorsque la croissance est terminée.

La face comprend : les *malaires* ou *jugaux*, formant les pommettes ; ils se relient aux temporaux par un arc osseux, *l'arcade zygomatique* ; deux *maxillaires supérieures* et deux *palatins*, appartenant à la cavité buccale ; deux *lacrymaux*, à l'angle interne

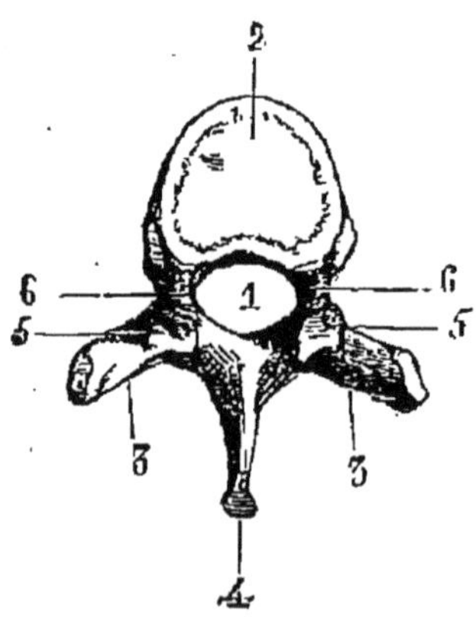

Fig. 53. — Vertèbre humaine.

1, trou médullaire dans lequel passe la moelle épinière ; 2, corps de la vertèbre ; 3,3, apophyses transverses ; 4, apophyse médiane ou épineuse ; 5, 5, apophyses articulaires ; 6, 6, trous de conjugaison.

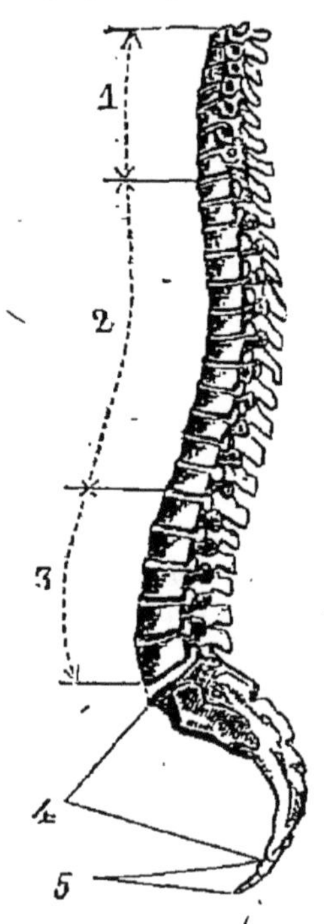

Fig. 54.
Colonne vertébrale.

1, les sept vertèbres de la région cervicale ; 2, les douze vertèbres de la région dorsale ; 3, les cinq vertèbres de la région lombaire ; 4, les cinq vertèbres de la région sacrée, ou sacrum ; 5, les quatre vertèbres de la région caudale, ou coccyx.

des orbites ; deux *cornets inférieurs*, recouverts par la muqueuse nasale ; deux *nasaux*, formant la racine du nez ; l'os *vomer*, cloison médiane séparant les fosses nasales, et enfin le *maxillaire inférieur*, s'articulant aux temporaux ; c'est le seul os de la face qui soit mobile.

214. Colonne vertébrale. — La *colonne vertébrale* ou *rachis* constitue l'axe du squelette. Elle est composée d'environ 33 vertèbres (du l. *verterc*, tourner), empilées les unes sur les autres et formant une colonne creuse dans laquelle est logée la moelle épinière.

Les *vertèbres* (fig. 53) présentent des épines ou *apophyses* qui servent de points d'attache à des muscles ; elles ne sont pas exactement appliquées les unes sur les autres, mais laissent entre elles des ouvertures latérales (*trous de conjugaison*) donnant passage aux nerfs qui émanent de la moelle épinière.

Les 7 premières vertèbres sont les *vertèbres cervicales* ou *vertèbres du cou* (fig. 54). La première, qui supporte la tête, est l'*atlas* ; la deuxième est l'*axis*.

Ces deux vertèbres sont faiblement unies entre elles, et leur séparation, occasionnant des désordres extrêmement graves dans cette région de la moelle épinière, peut entraîner la mort instantanée. Il serait donc très imprudent de soulever des enfants en les prenant par la tête.

Les *vertèbres* dorsales comprennent les 12 vertèbres suivantes ; viennent ensuite les 5 *vertèbres lombaires*, et enfin le *sacrum* et le *coccyx*, formés de quelques vertèbres qui se sont soudées.

215. Thorax. — Chacune des 12 paires de *côtes* qui limitent latéralement la cage thoracique s'articule avec l'une des 12 vertèbres dorsales. Ces côtes se rattachent au *sternum* formant le devant de la poitrine, soit directement par des ligaments cartilagineux (*vraies côtes :* 7 paires), soit par des ligaments qui se soudent aux précédents (*fausses côtes :* 5 paires).

216. Bassin. — Le bassin est formé de la réunion des *os iliaques* et du *sacrum*. Les os iliaques sont des os plats résultant de la soudure de l'*ilium*, du *pubis* et de l'*ischion* ; ils forment la *hanche*.

217. Membres supérieurs. — L'épaule comprend l'*omoplate* et la *clavicule*.

L'omoplate est un os plat de forme triangulaire, appliqué en arrière contre les côtes supérieures et présentant une cavité dans laquelle s'engage la tête de l'humérus. La clavicule est un os long placé horizontalement et en avant à la base du cou ; il relie l'extrémité de l'omoplate au sternum.

Le *bras* n'est formé que d'un seul os, l'*humérus*.

L'*avant-bras* comprend deux os, le *radius* et le *cubitus*.

Le cubitus s'articule seul avec l'humérus. Le radius a un mouvement indépendant qui lui permet de tourner autour du

OS DU SQUELETTE			
TÊTE	Crâne		2 pariétaux, 1 de chaque côté et en haut.
			2 temporaux, — — et latéralement
			L'os frontal, formant le front.
			L'occipital, en arrière.
	Face		2 malaires ou jugaux, formant les pommettes.
			Maxillaires supérieur et inférieur.
			Les 2 os nasaux, ou os du nez.
			L'os vomer, formant la cloison des narines.
TRONC	Colonne vertébrale (33 vertèb.)		7 cervicales : la 1re est l'atlas, la 2e l'axis.
			12 dorsales s'articulant avec les côtes.
			14 lombaires, sacrées et coccygiennes.
	Thorax		Vraies côtes : 7 paires reliées directement au sternum.
			Fausses côtes : 5 paires reliées indirectement au sternum.
			Sternum, os en avant de la poitrine.
	Bassin		Os iliaques formant les hanches.
MEMBRES	M. supérieurs	Épaule.	Omoplate, appliquée contre la cage thoracique.
			Clavicule, allant de l'omoplate au sternum.
		Bras.	Humérus.
		Avant-bras.	Cubitus, s'articulant avec l'humérus.
			Radius, pouvant tourner autour du cubitus.
		Poignet ou carpe.	Formé de 8 petits os.
		Main.	Métacarpe : 5 os portant chacun un doigt.
			Doigts : phalanges, phalangines et phalangettes.
	M. inférieurs	Cuisse.	Fémur : l'os le plus long du squelette.
		Jambe.	Tibia.
			Péroné.
			Rotule : os rond en avant du genou.
		Cou-de-pied ou tarse.	Formé de 7 os.
		Pied.	Métatarse : 5 os portant chacun un doigt.
			Doigts ou orteils.

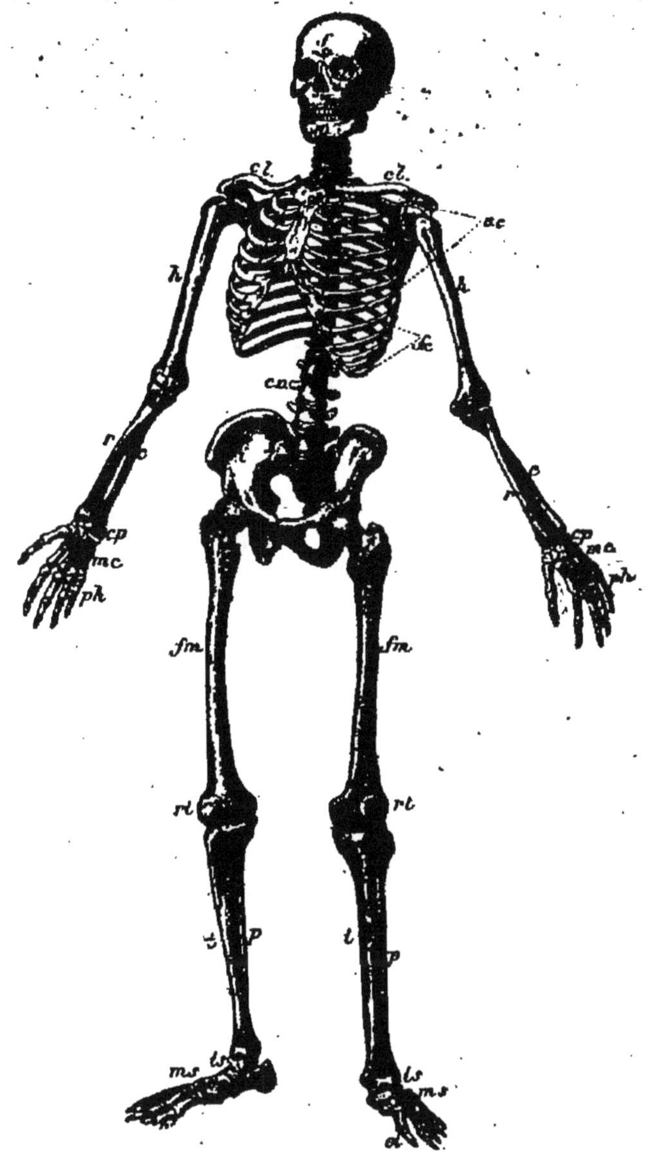

Fig. 55. — Squelette.

f, frontal; *p*, pariétal; *t*, temporal; *m*, *m*, maxillaires inférieur et supérieur; *cl*, clavicule; *o*, omoplate; *s*, sternum; *v*, *c*, vraies côtes; *f*, *c*, fausses côtes; *c*, *v*, colonne vertébrale; *i*, os iliaque.

h, humérus; *r*, radius; *c*, cubitus; *cp*, carpe; *mc*, métacarpe; *ph*, phalanges; *fm*, fémur; *rt*, rotule; *t*, tibia; *p*, péroné; *ts*, tarse; *ms*, métatarse; *ot*, orteils.

cubitus et de produire les mouvements de *pronation* et de *supi-nation* (fig. 56).

Dans le mouvement de pronation, la paume de la main est tournée en dessous ; elle est tournée en haut dans le mouvement de supination.

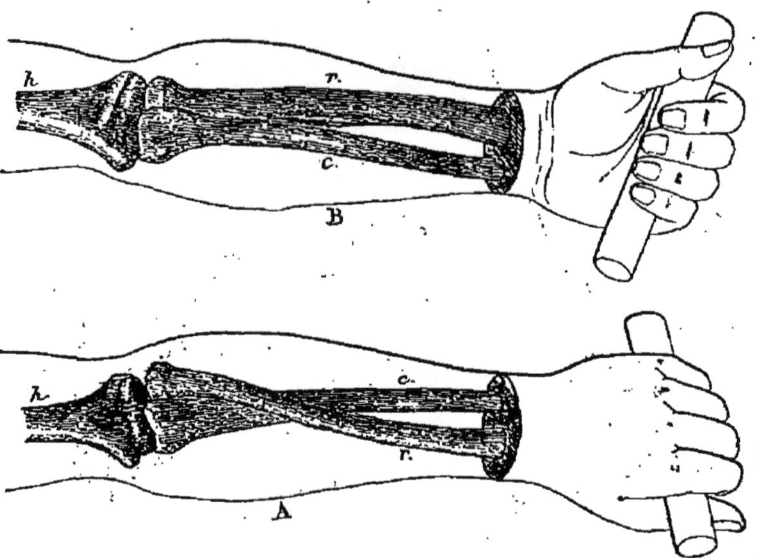

Fig. 56. — Rotation du radius autour du cubitus.
B. Mouvement de supination. — A. Mouvement de pronation.
h, humérus ; *c*, cubitus ; *r*, radius.

Le *poignet* ou *carpe* est formé de 8 petits os placés sur deux rangées et qui sont, en allant du pouce au petit doigt, pour la première rangée : le *scaphoïde*, le *semi-lunaire*, le *pyramidal* et l'os *pisiforme* ; et pour la seconde : le *trapèze*, le *trapézoïde*, le *grand os* et l'os *crochu*.

La *main* comprend le métacarpe et les doigts.

Le *métacarpe* est formé de 5 os longs, les *métacarpiens*, portant chacun un doigt.

Tous les métacarpiens, excepté celui du pouce, sont immobiles les uns par rapport aux autres.

Les *doigts* sont formés de trois segments : les *phalanges*, les *phalangines*, et les *phalangettes*, à l'exception du pouce, qui n'a pas de phalangine.

218. Membres inférieurs. — La *cuisse* ne comprend qu'un seul os, le *fémur* ; c'est l'os le plus long du squelette.

La *jambe* est formée de deux os comme l'avant-bras, le *tibia* et le *péroné*. La *rotule* est un petit os placé en avant du genou.

Le tibia s'articule avec le fémur ; sa section est triangulaire, et l'une de ses arêtes est située en avant sous la peau.

Le péroné est plus grêle et n'a aucun mouvement propre.

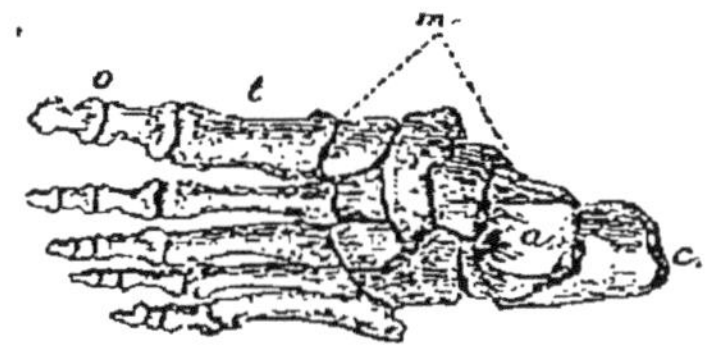

Fig. 57. — Os du pied.
c, calcanéum ; a, astragale ; t, tarse ; m, métatarse ; o, orteils.

Le *cou-de-pied* ou *tarse* (fig. 57) est formé de 7 os, dont les deux plus importants sont le *calcanéum* ou *os du talon*, et l'*astragale*, qui s'articule avec le tibia et sur lequel repose tout le poids du corps dans la station verticale.

Le *pied* ou *métatarse* se compose de 5 *métatarsiens*, portant les *doigts* ou *orteils*, qui sont formés, comme les doigts de la main, de *phalanges*, de *phalangines* et de *phalangettes*.

CHAPITRE IX

LE MOUVEMENT

I. Les muscles.

219. Tissu musculaire. — Le tissu musculaire est formé de *fibres musculaires*. Ces fibres proviennent de cellules qui se

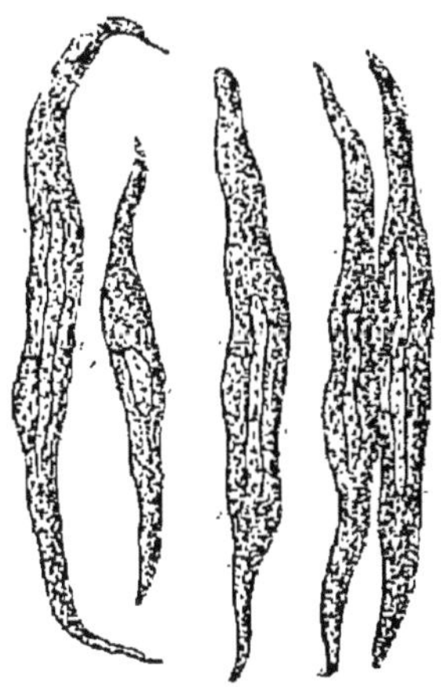

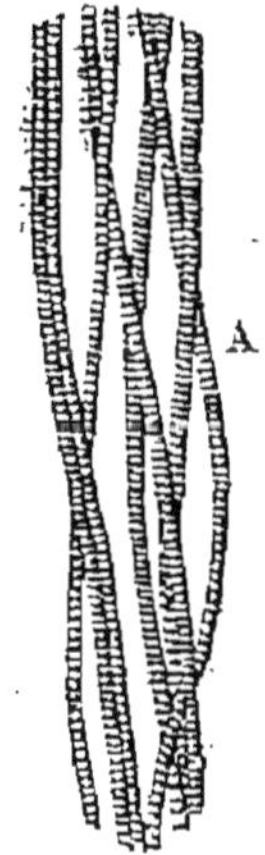

Fig. 58. — Fibres lisses.   Fig. 59. — Fibres striées.

sont considérablement allongées, et présentent une surface tantôt lisse (fig. 58), tantôt striée.

Les *fibres striées* (fig. 59) ont de 1 à 8 centièmes de millim. de diamètre sur 3 à 4 centimètres de longueur ; elles sont entourées chacune d'une gaine élastique, le *sarcolemme*, et composées elles-mêmes d'une multitude de filaments (*fibrilles muscutaires*) d'une ténuité telle, qu'il en faut plus d'un million pour constituer un cordon de 1 millim. de diamètre.

Ces fibres sont essentiellement formées par une substance particulière, la *myosine*, analogue à la fibrine du sang.

Les fibres lisses sont de simples cellules allongées en fuseau et formées d'une masse amorphe et transparente de protoplasma sans enveloppe apparente; elles sont pourvues d'un noyau. Ces fibres ont de 4 à 5 centièmes de millim. de longueur et 4 à 10 millièmes de millim. de largeur.

220. Structure des muscles. — Les muscles sont composés

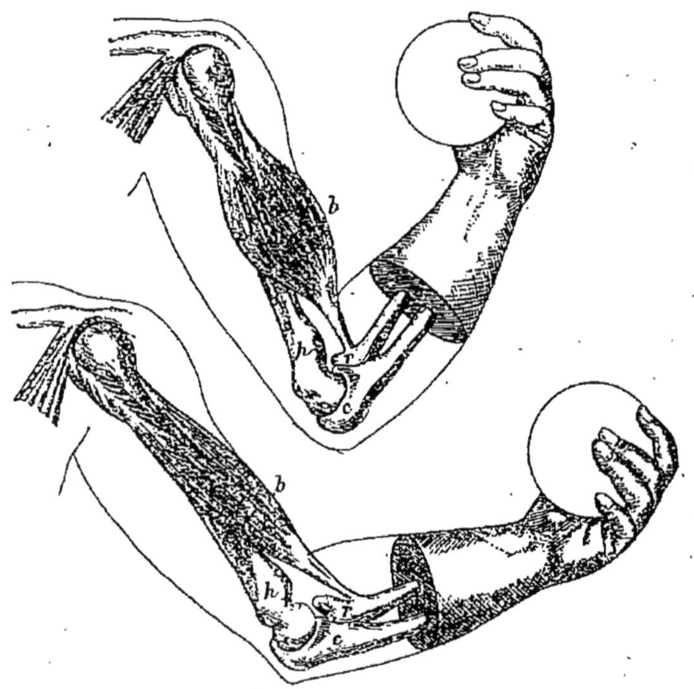

Fig. 60. — Flexion de l'avant-bras sur le bras.
b, muscle biceps; h, humérus; c, cubitus, r, radius.

de *fibres musculaires* réunies en faisceaux, et enveloppés d'une membrane celluleuse, l'*aponévrose*, qui les isole et les sépare les uns des autres. Ils constituent ce que l'on appelle vulgairement la chair des animaux.

Des vaisseaux sanguins les sillonnent en tous sens, et de nombreux filets nerveux viennent s'y perdre en élargissant leurs extrémités (*plaques terminales*).

Les muscles sont généralement renflés dans leur partie moyenne; à leurs extrémités, les aponévroses se transforment en *tendons*, cordons fibreux, inextensibles et très résistants, qui les attachent aux os.

Chez certaines espèces animales, les gallinacés par exemple, les tendons s'ossifient facilement.

221. Contractilité musculaire. — Sous l'influence de certains agents, dont le principal est le système nerveux, les muscles peuvent se contracter, c'est-à-dire rapprocher leurs extrémités. Dans cette contraction, le muscle se renfle évidemment dans sa partie moyenne, mais son volume total ne change pas. Le mécanisme de la contraction musculaire n'est pas encore bien connu.

La contraction des muscles striés dépend ordinairement de la volonté et peut être *brusque*, tandis que celle des muscles lisses, soustraite à l'influence de la volonté, est toujours *lente*.

Bien que les mouvements du cœur soient indépendants de la volonté, cet organe est constitué par des fibres striées d'une nature particulière.

La puissance musculaire dépend du volume du muscle, de l'énergie de la volonté, de la surexcitation du système nerveux, etc.

222. Action des muscles sur les os. — Les muscles qui meuvent les os sont fixés par une de leurs extrémités à un premier os, et par l'autre à un second os mobile par rapport au premier, de sorte que leur contraction aura pour effet de déplacer les différentes pièces du squelette les unes par rapport aux autres (fig. 61).

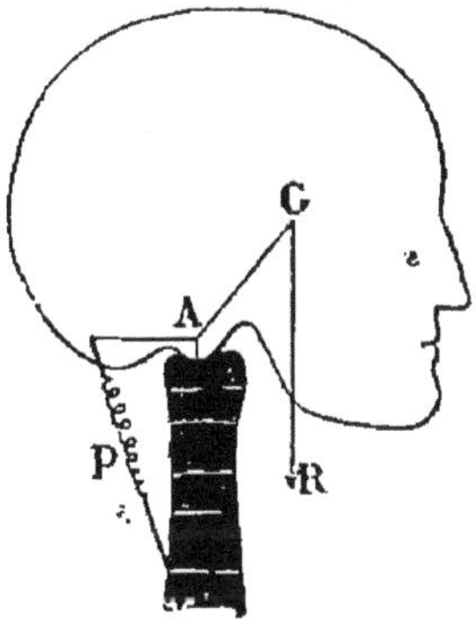

Les os peuvent alors être considérés comme des leviers, et les muscles comme des puissances. On trouve, en effet, dans le corps humain, des exemples des différentes sortes de leviers.

Fig. 61. — Articulation de la tête.

A, point d'appui; P, puissance; G, centre de gravité de la tête.

L'articulation de la tête sur la colonne vertébrale (fig. 61) est un levier du premier genre; les muscles qui la maintiennent sont fixés en arrière, tandis que son centre de gravité est en avant.

Un exemple de levier du deuxième genre nous est offert quand nous nous élevons sur la pointe du pied (fig. 62), laquelle sert de point d'appui, tandis que les muscles du mollet, fixés à l'extrémité du calcanéum (os du talon), soulèvent le corps par l'intermédiaire du tibia.

Enfin les leviers du troisième genre sont les plus nombreux : flexion de l'avant-bras sur le bras (fig. 63), de la jambe sur la cuisse, etc.

On sait que, dans les leviers, les effets des forces sont proportionnels à la longueur de leur bras de levier. Or, dans l'organisme animal, les muscles s'insèrent presque toujours très près de l'articulation des os qu'ils doivent mouvoir, ce

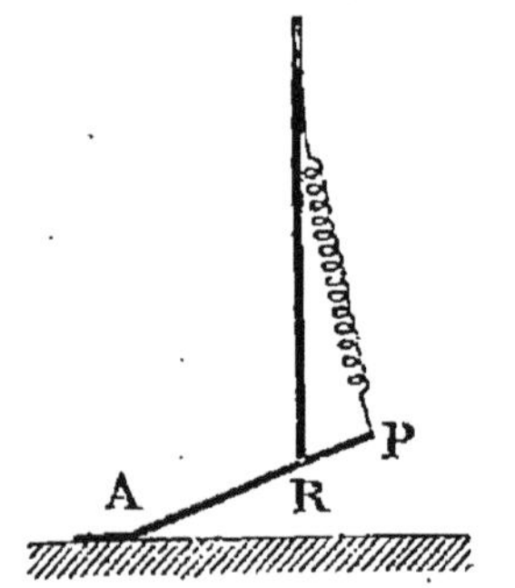

Fig. 62. — Équilibre du corps reposant sur la pointe du pied.

A, point d'appui; P, puissance; R, résistance.

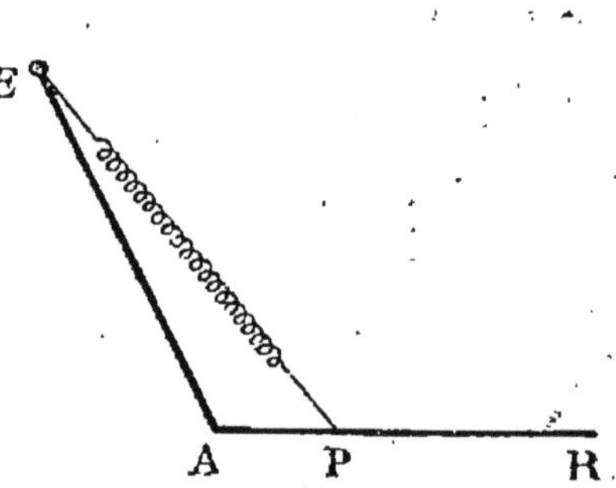

Fig. 63. — Flexion de l'avant-bras sur le bras.

E, épaule; A, point d'appui; P, puissance; R, résistance.

qui rend le bras de levier de la puissance beaucoup plus court que celui de la résistance, et entraîne comme conséquence une diminution considérable dans l'effet de la puissance. Cet inconvénient est largement compensé par l'avantage qui en résulte; car, dans ce cas, à un faible déplacement du point d'insertion correspond un mouvement bien plus étendu et beaucoup plus rapide, d'après ce principe de mécanique bien connu : ce qu'on perd en intensité, on le gagne en vitesse.

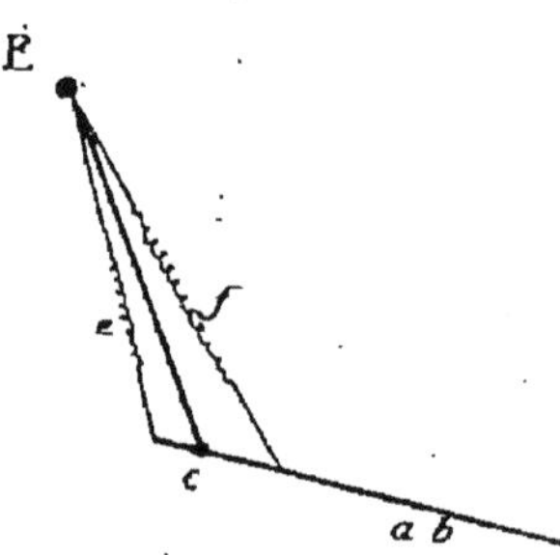

Fig. 64. — Muscles antagonistes (flexion de l'avant-bras).

E, épaule; a, b, avant-bras; c, articulation du coude; e, extenseur de l'avant-bras; f, fléchisseur de l'avant-bras.

223. Muscles antagonistes. — Un muscle n'a d'effet que dans sa contraction, et ne peut par conséquent produire deux mouvements contraires; il faut pour cela qu'un second muscle, capable d'agir en sens inverse, produise le mouvement opposé (fig. 64); ce second

muscle est dit l'*antagoniste* du premier; ainsi les fléchisseurs
ont pour antagonistes les extenseurs.

224. Remarques physiologiques. — Même quand il est inactif,
un muscle est toujours légèrement contracté. C'est cet état
permanent de légère contraction qu'on appelle la *tonicité* du
muscle.

Un muscle strié ne peut demeurer contracté durant un temps
un peu long; bientôt il se fatigue et la volonté est impuissante
à maintenir la contraction. C'est ainsi, par exemple, qu'il est
impossible de rester suspendu par les bras plus de quelques
minutes. Quelquefois cependant la contraction persiste pendant
un temps plus ou moins long, mais alors c'est en dehors de
l'action de la volonté; c'est ce qu'on observe dans les *crampes*.
Si la contraction dure assez longtemps, elle occasionne ce qu'on
appelle une *contracture;* il peut en résulter alors une déforma-
tion passagère ou permanente. La contracture des muscles du
cou occasionne le *torticolis*.

Les muscles qu'on ne fait pas travailler s'affaiblissent et
peuvent s'atrophier; les fibres diminuent de volume, souvent
perdent leurs stries et s'infiltrent de globules graisseux. Inversement, l'exercice fortifie et fait grossir les fibres musculaires,
sans toutefois en augmenter le nombre. Tout le monde sait, en
effet, que les boulangers par exemple, ont de gros bras; que
les gens habitués à la marche, comme les montagnards, les
facteurs de campagne, ont les muscles des jambes fortement
développés. Les exercices de gymnastique, fréquemment répétés,
et exécutés avec méthode, contribuent puissamment au développement du système musculaire. Les excitations électriques
ont la propriété de combattre l'atrophie des muscles; c'est un
moyen de médication fréquemment employé aujourd'hui contre
la plupart des affections musculaires.

A l'état de repos, les muscles sont le siège de phénomènes
chimiques dans lesquels ils absorbent de l'oxygène et dégagent
de l'acide carbonique; mais, à l'état actif, ces phénomènes de
combustion sont beaucoup plus énergiques.

La fatigue musculaire semble résulter, d'une part, de l'épuisement partiel des matériaux nécessaires à l'entretien de ces
combustions, et, d'autre part à la présence, dans le muscle,
des produits d'excrétion (acide lactique, etc.) qui n'ont pas
encore été enlevés par le sang.

II. Tableau des principaux muscles.

PRINCIPAUX MUSCLES			
TÊTE	Moteurs de la tête.		Grand complexus. Splénius.
	Appareil de la vision.		Frontal. Sourcilier. Orbiculaire des paupières.
	Moteurs des lèvres.		Buccinateur. Grand et petit zygomatique. Orbiculaire des lèvres ou labial. Triangulaire et carré du menton. Élévateur commun de l'aile du nez et de la lèvre supérieure.
	Appareil de la mastication.		Masséter. Temporal.
TRONC	Colonne vertébrale.		Sacro-lombaire. Long dorsal.
	Région dorsale.		Trapèze. Grand dorsal. Rhomboïde.
	Région pectorale.		Grand pectoral. Grand dentelé. Muscles intercostaux.
	Cavité abdominale.		Grand oblique. — Petit oblique.
MEMBRES	Membres supérieurs.	Épaule.	Deltoïde.
		Bras.	Biceps huméral. Brachial antérieur. Triceps brachial.
		Avᵗ-bras.	Rond pronateur. Long supinateur. Grand et petit palmaire. Radial externe. Cubital postérieur.
		Main.	Inter-osseux, dorsaux, palmaires.
	Membres inférieurs.	Cuisse.	M. fessiers (grand, moyen, petit). Biceps crural ou fémoral. Triceps crural.
		Jambe.	Tibial antérieur. Péronier antérieur. Long et court péronier latéral. Jumeaux. Soléaire.

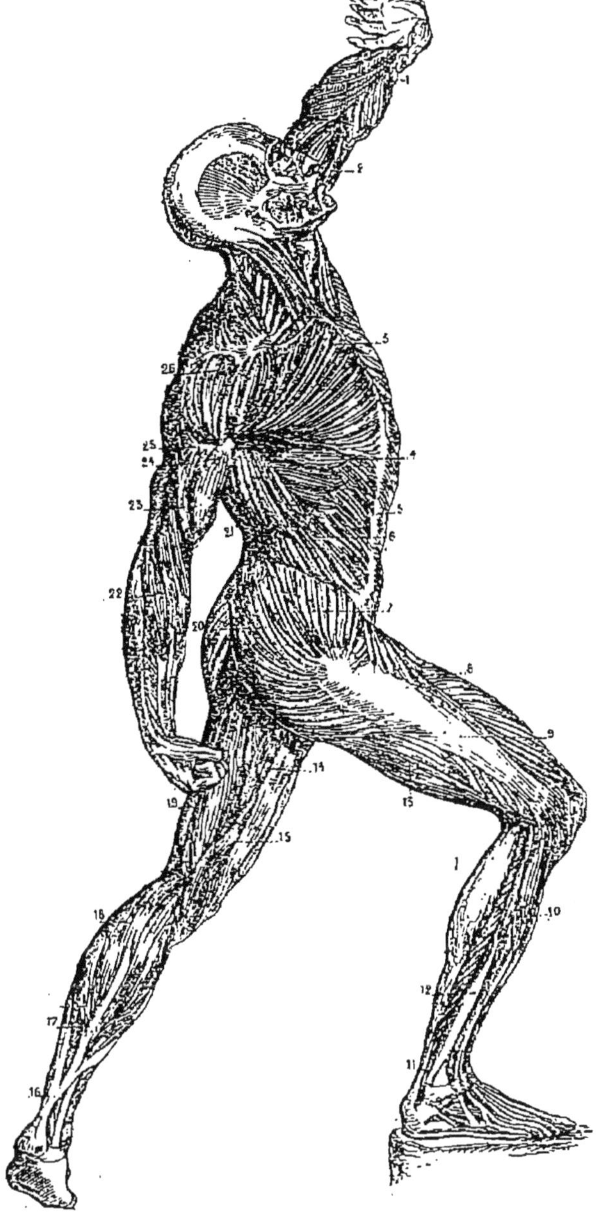

Fig. 65. — Principaux muscles de l'homme.

1, grand palmaire; 2, coraco-brachial; 3, grand pectoral; 4, grand denteté;
5, droit abdominal; 6, grand oblique; 7, moyen fessier; 8, triceps; 9, aponévrose fascia-lata; 10, jambier antérieur; 11, soléaire; 12, long péronier; 13, biceps; 14, droit antérieur; 15, couturier; 16, tendon d'Achille; 17, plantaire
grêle; 18, jumeaux; 19, droit interne; 20, grand fessier; 21, grand dorsal;
22, cubital; 23, radial; 24, biceps; 25, triceps; 26, deltoïde.

DÉTAIL DES PRINCIPAUX MUSCLES

225. Muscles de la tête (fig. 66). — Des muscles vigoureux fixés à l'occipital maintiennent la tête en équilibre sur l'atlas. Les uns partent des vertèbres cervicales, et les autres de l'omoplate. Le plus important est le *grand complexus*, qui rejette la tête en arrière. Le *splenius* incline la tête sur l'épaule.

226. Face. — Les muscles de la face (fig. 66) sont nombreux; par leur contraction, ils donnent à la physionomie son expression particulière.

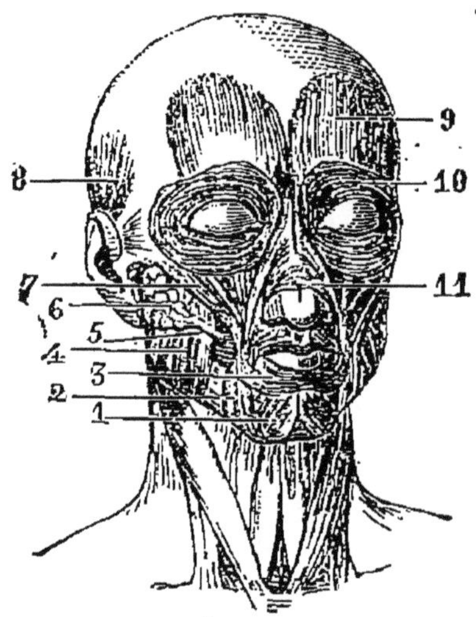

Fig. 66. — Principaux muscles de la tête.

1, carré du menton; 2, triangulaire du menton; 3, orbiculaire des lèvres; 4, masséter; 5, *canal de Sténon;* 6, *parotide;* 7, zygomatique; 8, auriculaire supérieur; 9, frontal; 10, orbiculaire des paupières; 11, triangulaire du nez.

Le *frontal* relève le front et peut mouvoir le cuir chevelu.

Le *sourcilier* abaisse les sourcils, les rapproche et les fronce; il se contracte sous l'impression de la colère.

L'*orbiculaire des paupières* rapproche fortement les paupières l'une de l'autre.

Le *buccinateur* pince les lèvres dans le jeu des instruments en cuivre; il est traversé par le canal de Sténon.

Le *grand* et le *petit zygomatique* portent en arrière les angles de la bouche et contribuent au sourire.

L'*orbiculaire des lèvres* ou *labial* entoure la bouche et fait saillir les lèvres comme pour humer.

Le *triangulaire* et le *carré du menton*, qui abaissent la lèvre inférieure, concourent, avec l'*élévateur commun de l'aile du nez et de la lèvre supérieure*, à donner à la physionomie une expression de dégoût.

Deux muscles élévateurs de la mâchoire inférieure agissent dans la mastication; ce sont le *masséter,* fixé à l'arcade zygomatique, et le *temporal,* attaché à toute l'étendue de l'os temporal.

227. Tronc. — La colonne vertébrale est maintenue par des muscles courts qui vont d'une vertèbre à la suivante, et par d'autres muscles très vigoureux, fixés d'une part au bassin et au sacrum, et d'autre part aux vertèbres dorsales et aux côtes. Les principaux sont le *sacro-lombaire* et le *long dorsal;* ces muscles sont en contraction permanente dans la station verticale.

Le *trapèze*, fixé aux vertèbres dorsales et à l'occipital par une aponévrose très élargie, est rattaché à l'omoplate et à la clavicule ; il élève
l'épaule, l'abaisse ou la porte en dehors, suivant la contraction de ses
fibres supérieures, inférieures ou moyennes.

Le *grand dorsal* unit le sacrum et les vertèbres lombaires et dorsales à l'humérus ; il abaisse le bras et le porte en arrière.

Le *rhomboïde* élève l'omoplate et la porte en arrière.

Le *grand pectoral* est un muscle puissant, qui va des premières
côtes, de la clavicule et du sternum à l'humérus ; il forme la partie
charnue de la poitrine et porte le bras en dedans et en avant.

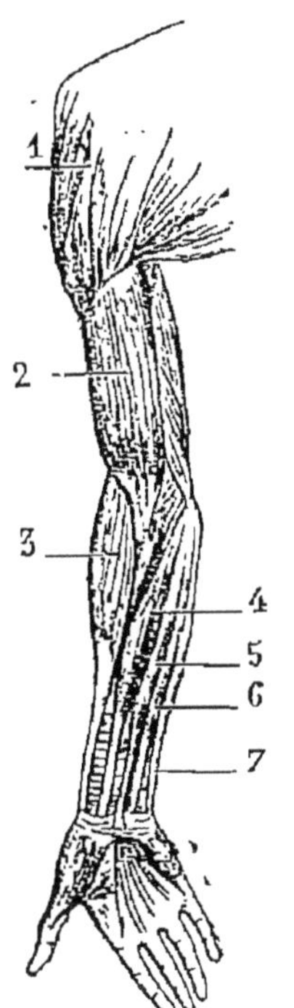

Fig. 67. — Principaux muscles
du bras.

1, deltoïde ; 2, biceps huméral ;
3, long supinateur ; 4, grand palmaire ;
5, petit palmaire ;
6, fléchisseur superficiel des doigts ;
7, cubital antérieur.

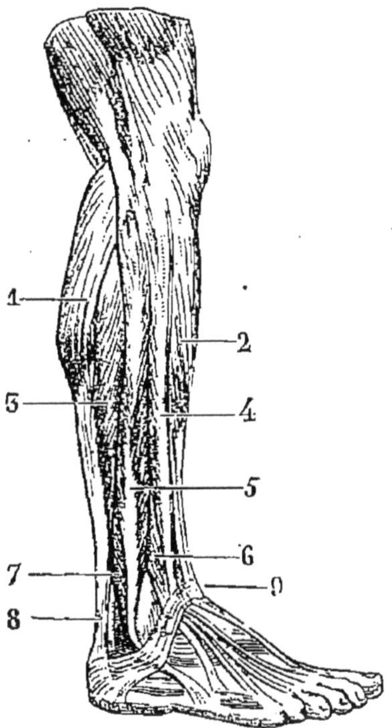

Fig. 68. — Principaux muscles
de la jambe.

1, l'un des jumeaux ; 2, jambier antérieur ; 3, soléaire ; 4, extenseur
commun des orteils ; 5, long péronier latéral ; 6, péronier antérieur ;
7, court péronier latéral ; 8, tendon
d'Achille ; 9, ligament annulaire supérieur du tarse.

Le *grand dentelé* s'insère aux neuf premières côtes par autant de
tendons, et au bord postérieur de l'omoplate ; il abaisse l'épaule.

Les muscles *intercostaux* (onze internes, onze externes) rapprochent
les côtes les unes des autres et jouent un rôle important dans l'inspiration (n° 149).

Un large tablier musculaire (*grand* et *petit oblique, grand droit*, etc.), descend des dernières côtes et se fixe sur le pourtour du bassin, limitant ainsi la cavité abdominale.

228. Membres supérieurs (fig. 67). — Le *deltoïde* va de l'omoplate et de la clavicule à l'humérus; il forme la partie arrondie de l'épaule.

Le *biceps huméral* et le *brachial antérieur*, fixés, le premier à l'omoplate et au radius, et le second à l'humérus et au cubitus, fléchissent l'avant-bras sur le bras. Ils ont pour antagoniste principal le *triceps brachial*.

Le *rond pronateur* met la main dans la position de pronation, et le *long supinateur* dans celle de la supination (fig. 56).

Le *grand* et le *petit palmaire* fléchissent la main sur l'avant-bras; ils ont pour antagonistes le *radial externe* et le *cubital postérieur*, extenseurs de la main.

Les principaux muscles de la main sont les muscles *inter-osseux, dorsaux* et *palmaires*.

229. Membres inférieurs. — Les muscles *fessiers* (*grand, moyen* et *petit*) sont fixés en arrière au bassin et au fémur; ce sont de puissants extenseurs de la cuisse.

Le *biceps crural* ou *fémoral* fléchit la jambe sur la cuisse.

Le *triceps crural*, fixé d'une part au fémur, et d'autre part à la partie supérieure de la rotule et au tibia, est un triple muscle extenseur de la jambe; il maintient la rectitude des membres inférieurs dans la station verticale et agit puissamment dans le saut.

Le *jambier* ou *tibial antérieur* et le *péronier antérieur*, fixés, le premier au tibia, et le second au péroné, fléchissent le pied sur la jambe.

Les principaux muscles du mollet (fig. 68) sont le *long* et le *court péronier latéral*, qui étendent le pied et le font tourner en dehors. Les *jumeaux*, qui partent de l'extrémité inférieure du fémur, et le *soléaire*, fixé au tibia et au péroné, se rattachent tous deux au calcanéum, par le *tendon d'Achille;* ce sont des muscles importants, qui agissent surtout dans la marche.

III. Attitudes et mouvements.

230. Station verticale. — Quand l'homme est immobile dans la station verticale, la tête repose sur l'atlas par un levier du 1er genre; le poids du corps, par l'intermédiaire de la colonne vertébrale, se transmet au bassin, puis au fémur et au tibia, lequel repose sur l'astragale. Des muscles en contraction permanente maintiennent immobiles les différentes pièces du squelette.

Position hanchée. — Lorsqu'il reste longtemps debout, l'homme prend instinctivement la position hanchée, c'est-à-dire porte tout le poids du corps sur un seul membre, et les parties du squelette qui transmettent ce poids au sol sont situées sur la même verticale; il en résulte une fatigue moins grande des muscles, et d'ailleurs, en se servant alternativement de l'une et de l'autre jambe, un seul membre fonctionne pendant que l'autre se repose.

Les muscles qui agissent dans la station verticale sont : le *sacro-lombaire*, le *sacro-spinal* ou *long dorsal*, les muscles *fessiers*, le *triceps crural*, le *tibial antérieur* et le *péronier antérieur*.

231. Position à genoux. — Dans cette position, presque tout le poids du corps repose sur deux points seulement, les rotules ; aussi cette situation est-elle extrêmement pénible. On la rend moins fatigante en faisant usage d'agenouilloirs et de coussins, lesquels augmentent la surface de contact, ou en s'affaissant sur les talons, ce qui répartit le poids du corps sur quatre points, les rotules et les extrémités des pieds.

232. Situation couchée. — Dans la situation couchée, le corps, reposant sur une très grande surface, fatigue peu ; on augmente encore les points de contact en se servant de matelas, dans lesquels le corps se moule exactement.

233. Marche. — Dans la marche, le centre de gravité du corps est constamment porté en avant, et le corps progresse par le mouvement des deux jambes, qui se placent alternativement en avant pour empêcher la chute. Dans cette translation, la jambe qui se déplace se fléchit à demi pour se raccourcir et ne pas butter contre le sol.

Pendant la marche, le corps, portant successivement sur les deux jambes, prend en outre un mouvement de balancement à droite et à gauche, ce qui explique l'avantage d'aller au pas quand on marche serrés les uns contre les autres; car le balancement ayant lieu en même temps et du même côté pour chacun, on ne se heurte pas mutuellement.

Pendant les mouvements des jambes, les bras oscillent en sens inverse de la jambe qui est du même côté, et servent ainsi de balancier pour régulariser le déplacement du corps.

Les principaux muscles de la marche sont : les muscles *fessiers*, le *biceps fémoral*, le *triceps crural*, le *soléaire* et les *jumeaux*.

234. Saut. — Dans le saut, les membres inférieurs, d'abord fléchis, se détendent subitement et projettent le corps dans l'espace. L'étendue du saut dépend du poids du corps, de la rapidité du redressement, de l'énergie des extenseurs, et surtout de la longueur des membres inférieurs; aussi ces membres sont-ils très développés chez les animaux sauteurs (*Sauterelles*).

Comme l'effort musculaire se transmet en partie au sol, un sol résistant, et à plus forte raison élastique (*tremplin*), favorise le saut.

235. Course. — La course ne diffère de la marche que par la rapidité, et aussi parce que le corps quitte le sol après chaque extension des muscles.

236. Natation. — Dans la natation, le corps est immergé dans l'eau, à l'exception de la tête. Les jambes et les cuisses, d'abord fléchies, se détendent brusquement, frappant l'eau par la plante des pieds. Pendant ce mouvement, qui porte le corps en avant, les mains sont lancées en avant; elles sont ensuite ramenées sous la poitrine par un vaste mouvement circulaire, pendant lequel elles battent l'eau par la face tournée en dehors.

CHAPITRE X

SYSTÈME NERVEUX

I. Éléments nerveux.

Les éléments nerveux sont les *fibres* ou *tubes nerveux*, et les *cellules nerveuses*.

237. Fibres nerveuses. — Les fibres nerveuses sont de deux sortes : 1° les fibres nerveuses à myéline; 2° les fibres nerveuses sans myéline ou fibres de Remak.

Les *fibres à myéline* s'étendent souvent dans toute la longueur d'un nerf; elles présentent de distance en distance des étranglements annulaires équidistants qui les sectionnent en segments correspondant chacun à une cellule. Chaque segment comprend : 1° un cordon central de nature albuminoïde, le *cylinder-axis* ou *cylindre-axe*, qui se prolonge sans interruption d'une extrémité à l'autre de la fibre; 2° une enveloppe isolante de *myéline*, matière onctueuse, riche en *lécithine*, substance grasse phosphorée; 3° une seconde enveloppe très mince qui se réfléchit au niveau des étranglements de manière à former un double manchon de la longueur des segments; 4° une enveloppe protectrice extérieure, résistante, continue d'un bout à l'autre de la fibre et désignée sous le nom de *gaine de Schwann*.

Les *fibres sans myéline* ont un cylindre-axe divisés en fibrilles longitudinales, qu'un manchon protoplasmique muni de noyaux enveloppe complètement.

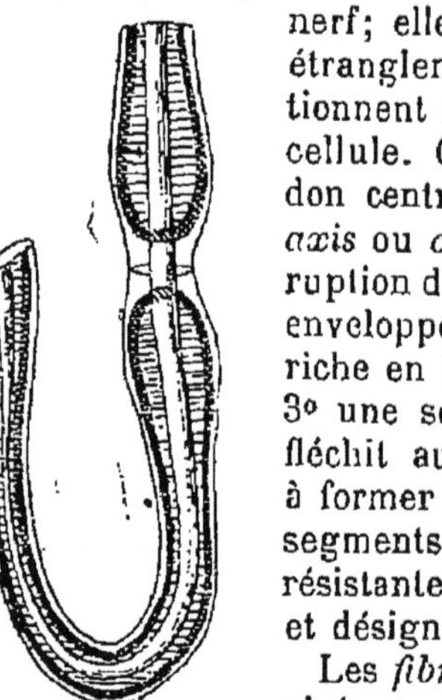

Fig. 69.
Tube nerveux.

On appelle *substance blanche* ou *médullaire* la matière dont les fibres sont formées.

238. Nerfs. — Par leur réunion, les fibres constituent les *nerfs;* ces fibres sont si ténues, qu'il en faut plus de 10 000 pour former un filet nerveux de 1 $^m/_m$ de diamètre.

Les nerfs sont des cordons blancs (fig. 71), mous, isolés les uns des autres par une enveloppe celluleuse, le *névrilème*, qui les rend comparables aux fils électriques isolés.

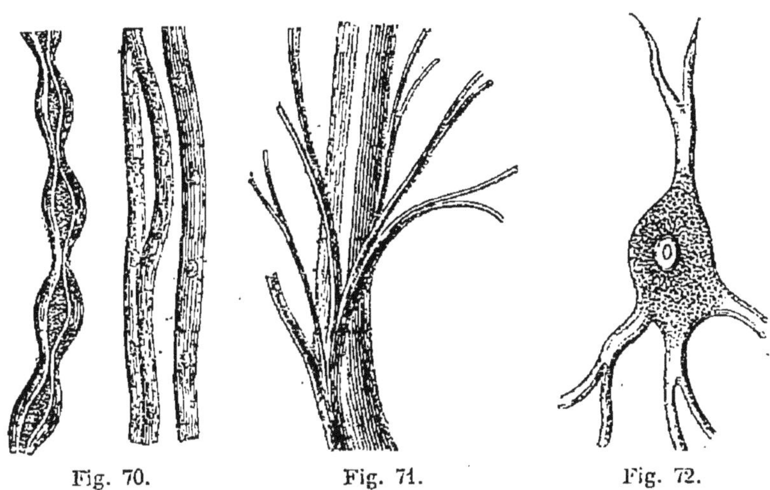

| Fig. 70. | Fig. 71. | Fig. 72. |
| Fibres nerveuses. | Un nerf et ses ramifications. | Cellule nerveuse. |

Ces nerfs, se soudant parfois les uns aux autres par leur névrilème, forment, en certains endroits, des sortes de nœuds enchevêtrés, sans ordre apparent ; ce sont des *ganglions nerveux.*

239. Cellules nerveuses. — Les *cellules nerveuses* (fig. 72) sont composées d'une simple masse protoplasmique sans membrane et pourvue d'un noyau volumineux. Toutes sont munies de prolongements ordinairement au nombre de 3 à 10 (*cell. multipolaires*); quelquefois il n'en existe que deux (*cell. bipolaires*), et rarement un seul (*cell. unipolaires*). Ces prolongements, eux-mêmes ramifiés, mettent les cellules en rapport les unes avec les autres, à l'exception d'un seul qui reste simple et se continue par le cylindre-axe d'une fibre.

Les cellules nerveuses, réunies en masses éparses traversées par les fibres, forment ce qu'on appelle la *substance grise* ou *corticale.* On les rencontre dans les centres nerveux, c'est-à-dire dans le cerveau, la moelle épinière et les ganglions.

240. Composition chimique de la substance nerveuse. — La substance nerveuse renferme environ 87 % d'eau ; elle contient en outre de l'*albumine* et une matière grasse phosphorée qui, dans les lieux où sont enfouies des matières animales,

donne, par sa décomposition, du phosphure d'hydrogène s'en-
flammant spontanément à l'air; telle est la cause des *feux
follets*.

241. Fonctions des nerfs. — Les nerfs servent de conducteurs aux excitations nerveuses, comme les fils télégraphiques
servent de conducteurs au fluide électrique. Il faut cependant
bien se garder de croire que le flux nerveux est identique au
fluide électrique; il y a simplement analogie, et non identité.

On dit qu'un nerf est *paralysé* quand il ne fonctionne plus,
c'est-à-dire quand il ne conduit plus l'action nerveuse.

Relativement aux fonctions qu'ils ont à remplir, on subdivise
les nerfs en *nerfs sensitifs* et en *nerfs moteurs*.

242. Nerfs sensitifs. — Les *nerfs sensitifs* ne sont aptes qu'à
transmettre les sensations : impression de toucher, de froid,
de chaud, etc. Dans ces nerfs, les impressions cheminent des
organes des sens vers les centres nerveux, c'est-à-dire de l'extérieur vers l'intérieur; on les appelle pour cette raison *nerfs
centripètes*.

Nous rapportons instinctivement les sensations aux extrémités des nerfs par lesquels ces sensations nous arrivent; de
là l'illusion des amputés, qui souvent croient souffrir cruelle-
ment dans des membres qu'ils n'ont plus.

Certaines sensations sont parfaitement localisées, comme
celle d'une brûlure, d'une piqûre; d'autres sont vagues, mal
définies, et paraissent affecter le système nerveux tout entier,
comme la joie, la tristesse, le malaise qui précède la syncope, etc.

On appelle nerfs de *sensibilité spéciale* ceux qui ne peuvent
transmettre qu'une seule espèce d'impression, comme le nerf
acoustique, le nerf optique; une lésion affectant ces nerfs se
traduit par des tintements d'oreilles, des éblouissements, etc.
C'est ainsi que vulgairement nous disons qu'un coup violent sur
l'œil nous fait « voir trente-six chandelles ».

243. Nerfs moteurs. — Les *nerfs moteurs* sont ceux qui déterminent la contraction des muscles. Dans ces nerfs, l'action
nerveuse chemine des centres nerveux vers les muscles qui doivent agir, c'est-à-dire de l'intérieur vers l'extérieur; on les
appelle pour cette raison *nerfs centrifuges*.

Au point de vue anatomique ils sont identiques aux nerfs
sensitifs, et n'en diffèrent que par le sens dans lequel chemine
l'action nerveuse.

Terminaison des nerfs dans les muscles. — En pénétrant dans les muscles, les nerfs se subdivisent en nombreuses branches constituées chacune par une fibre nerveuse enveloppée d'une gaine (*gaine de Henlé*). Au contact de la fibre musculaire, celle gaine se confond avec le sarcolemme; la myéline disparaît et le cylindre-axe pénètre seul dans l'intérieur, où il se perd bientôt en une masse pourvue de noyaux (*plaque motrice*) et développe ses fibrilles élémentaires en une arborisation de filaments ténus qui le met en rapport avec les fibrilles musculaires.

Fig. 73. — Terminaison d'un nerf sur un muscle. 1, nerf; 2, plaque motrice; 3, fibre musculaire.

La distinction des nerfs en nerfs moteurs et sensitifs explique les *phénomènes léthargiques* et fait comprendre comment un individu peut fort bien avoir conscience de ce qui se passe autour de lui, bien qu'il soit dans l'impossibilité absolue de produire aucun mouvement; il suffit que les nerfs moteurs soient seuls frappés de paralysie.

On appelle *anesthésie* la privation complète ou incomplète de la sensibilité résultant de l'emploi de certaines substances (*anesthésiques*) dont les principales sont l'éther et le chloroforme. On les administre en inhalations pour supprimer la douleur dans le cas de certaines opérations chirurgicales.

Les *narcotiques* sont des substances qui agissent sur les centres ou les conducteurs nerveux, de manière à abolir ou à diminuer notablement les fonctions du système nerveux. L'opium tient le premier rang parmi les narcotiques. Leur abus peut avoir de très graves inconvénients.

244. Nerfs mixtes. — On trouve dans l'organisme un grand nombre de nerfs formés de fibres motrices et sensitives; on les appelle pour cette raison *nerfs mixtes.*

Certains autres nerfs, agissant sur les parois des veines, des artères et des vaisseaux lymphatiques, pour les contracter et faciliter ainsi la circulation des liquides qu'ils renferment, ont reçu le nom de nerfs *vaso-moteurs.*

245. Fonctions des cellules nerveuses. — Le rôle des cellules est de produire le flux nerveux et de le conserver à l'état latent pour l'utiliser en temps convenable (*mémoire, volonté*); leur rôle est alors comparable à celui des condensateurs électriques. Elles servent encore à favoriser le passage du flux nerveux d'une fibre sensitive dans une fibre motrice. Les phénomènes réflexes, ainsi que nous allons le voir, sont des exemples frappants de cette dernière fonction des cellules.

Il est à remarquer que la substance grise n'est pas directement excitable; elle ne peut être influencée que par l'intermédiaire des nerfs.

On admet que les cellules nerveuses diffèrent au point de vue du rôle qu'elles ont à remplir; les unes sont uniquement destinées à recevoir les impressions sensitives, et les autres exclusivement préposées à la transmission des ordres de mouvement. L'examen microscopique le plus minutieux ne montre cependant aucune différence au point de vue anatomique.

246. Mouvements réflexes. — On appelle *mouvement réflexe* un mouvement involontaire succédant à une impression qui n'a pas été perçue par le cerveau.

L'excitation qui arrivait par une fibre sensitive (fig. 74), ayant rencontré une masse de substance grise, s'est transmise à un filet moteur avant d'arriver au cerveau, comme, dans les gares de chemin de fer, les plaques tournantes permettent de faire passer un wagon d'une voie sur une autre sans être obligé de remonter à la bifurcation des deux lignes.

Le soubresaut involontaire que l'on éprouve au bruit inattendu d'une détonation est un exemple de mouvement réflexe; si l'on chatouille la plante des pieds d'un homme endormi, on détermine la flexion de la jambe sur la cuisse, sans cependant le réveiller.

Des mouvements, dont la coordination ne peut s'acquérir que par des efforts constants d'application et de volonté, arrivent, par l'habitude, à prendre le caractère de mouvements purement réflexes; c'est ainsi qu'un pianiste exécute un morceau en pensant à autre chose, que, lorsqu'on écrit, la forme des lettres vient naturellement sous les doigts.

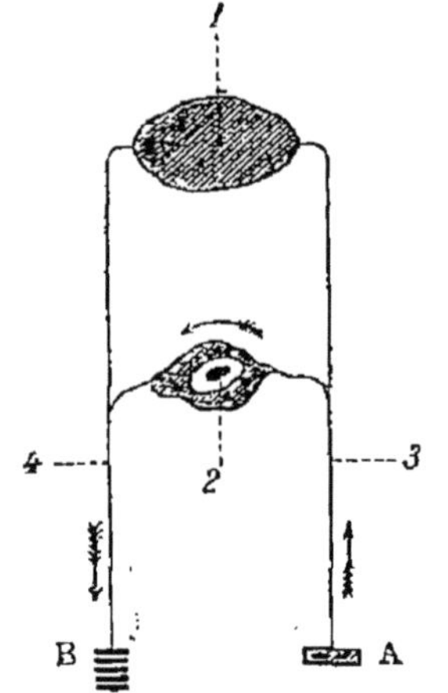

Fig. 74. — Figure théorique de la marche des impressions dans les mouvements réflexes.

A, organe sensitif; B, muscle; 1, cerveau; 2, cellule nerveuse; 3, nerf sensitif; 4, nerf moteur.

L'*habitude* consiste donc en une transformation en actes réflexes de mouvements primitivement volontaires, ce qui est une grande simplification pour le travail du cerveau. Mais ce qui est un avantage dans la plupart des cas peut devenir parfois un véritable inconvénient. Tel geste disgracieux, telle grimace, tel mouvement d'épaule, peuvent devenir, par l'habitude, des actes absolument réflexes, sur lesquels la volonté n'a pas grande action; le mouvement est devenu un *tic*. C'est surtout dans l'enfance que se contractent ces habitudes fâcheuses, et c'est un devoir pour les éducateurs de les surveiller et de les corriger au début chez les enfants dont ils ont la charge.

Une sensation vive peut amener certains mouvements que l'on
range parmi les phénomènes réflexes. Ainsi les mâchoires se mettent
à claquer sous l'influence du froid ou de l'émotion; on grince des
dents au bruit produit par une scie qu'on lime pour l'aiguiser. Si la
sensation est extrême, il se produit des phénomènes paralytiques;
c'est ainsi qu'une émotion très vive produit un épuisement nerveux
qui paralyse tous les muscles.

II. Système nerveux cérébro-spinal.

Le système nerveux cérébro-spinal est formé par l'*encéphale*,
la *moelle épinière* et les nerfs qui en émanent ou y aboutissent.

247. Encéphale. — L'*encéphale* comprend le *cerveau*, le *cervelet* et la *moelle allongée;* il
est contenu tout entier dans la
cavité crânienne, et enveloppé
de trois membranes superposées formant les *méninges.* Ce
sont : la *dure-mère,* membrane fibreuse, nacrée, tapissant la cavité; l'*arachnoïde,*
séreuse que son extrême ténuité a fait comparer à une
toile d'araignée; la *pie-mère,*
membrane vasculaire recouvrant immédiatement l'encéphale. Ces enveloppes se continuent dans la cavité spinale,
où elles entourent la moelle
épinière.

Entre la pie-mère et le feuillet viscéral de l'arachnoïde se
trouve un liquide, appelé liquide *céphalo-rachidien,* qui
baigne le cerveau et la moelle
épinière.

La *fièvre cérébrale* ou *méningite* est une maladie qui
affecte les méninges, et par
suite le cerveau lui-même.

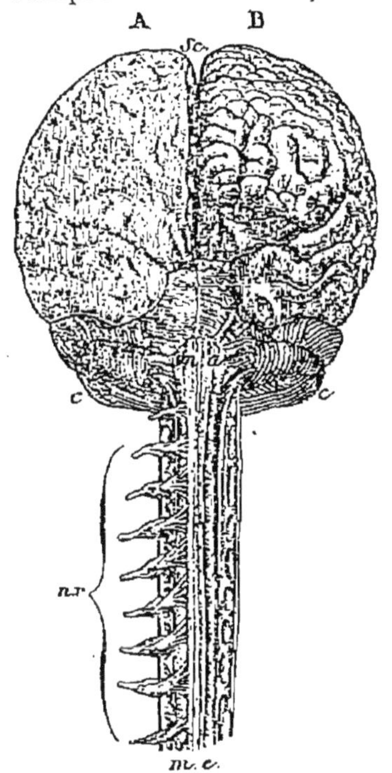

Fig. 75. — Vue antérieure de l'encéphale
et de la moelle épinière.

A, hémisphère du cerveau recouvert des
méninges; B, hémisphère du cerveau
dépouillé des méninges; *Sc,* grande
scissure; *c,* cervelet; *m,a,* moelle allongée; *n,r,* nerfs rachidiens; *m,e,* moelle
épinière.

L'*apoplexie* est produite par
la rupture ou l'engorgement des vaisseaux sanguins du cerveau.

248. Cerveau. — Le *cerveau* occupe la partie antérieure et

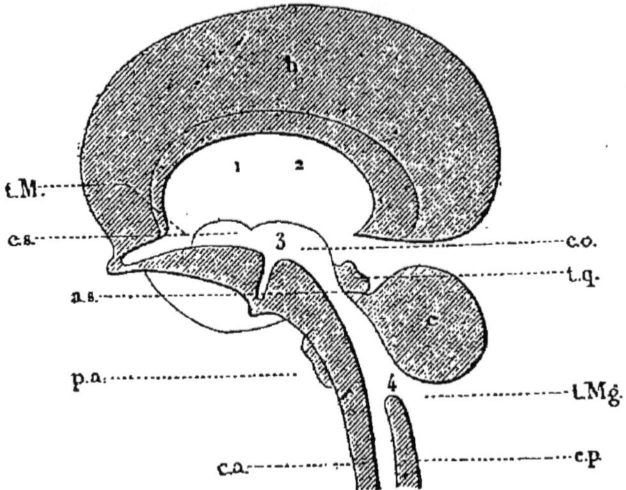

Fig. 76. — Coupe longitudinale d'un hémisphère.

h, hémisphère; *c*, cervelet; *c, s*, corps striés; *c, o*, couches optiques; *t, q*, tubercules quadrijumeaux; *p, a*, protubérance annulaire; *t, M*, trou de Monro; *a, s*, aqueduc de Sylvius; *t, Mg*, trou de Magendie; *c, a*, et *c, p*, cordons antérieurs et postérieurs de la moelle; 1, 2, 3, 4, ventricules de même nom.

supérieure du crâne; un repli longitudinal de la dure-mère (*faux du cerveau*) le partage en deux moitiés ou *hémisphères*

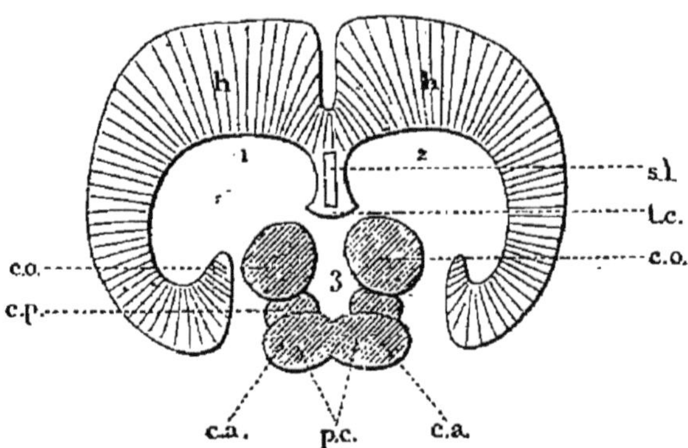

Fig. 77. — Coupe transversale de l'encéphale.

h, h, hémisphères; *s, l*, septum lucidum; *t, c*, trigone cérébral; *c, o*, couches optiques; *c, a*, et *c, p*, cordons antérieurs et postérieurs de la moelle; *p, c*, pédoncules cérébraux; 1, 2, 3, ventricules du même nom.

cérébraux reposant sur une sorte de plancher, le *corps calleux* (fig. 76 et 77).

Au-dessous du corps calleux, se trouvent deux cavités (*ven-*

tricules latéraux) séparées par une cloison transparente verticale, formée de deux feuillets, le *septum lucidum*. Cette cloison repose sur une sorte de voûte (*voûte à trois piliers*) au-dessous de laquelle se trouve un troisième ventricule communiquant avec les deux précédents par le *trou de Monro*, et dont le plancher est formé par les *couches optiques* et les *corps striés*. Un quatrième ventricule, situé entre le cerveau et le cervelet, communique avec le troisième par l'*aqueduc de Sylvius*. Il en existe un cinquième entre les deux feuillets du septum lucidum.

La surface ondulée du cerveau rappelle extérieurement les circonvolutions de l'intestin grêle; cette surface est formée par une couche de substance grise pénétrant irrégulièrement dans le reste de la masse, composée entièrement de substance blanche.

Le cerveau est le siège de la sensibilité perçue et du mouvement volontaire; on peut alors le comparer au récepteur et au manipulateur d'un bureau télégraphique.

Le poids du cerveau est en moyenne de 1 250 grammes. C'est le seul organe qui perçoive les sensations; il a même le pouvoir de les faire naître indépendamment des organes des sens : les hallucinés croient voir et entendre des choses qui, en réalité, n'existent pas. Ces sensations sont dites *subjectives*.

Dans les rêves, nous percevons souvent des sensations très nettes sans aucune excitation extérieure. Il est vrai que, dans ce cas, les scènes qui se déroulent dans notre imagination sont toujours incohérentes, fantaisistes; d'ailleurs, un travail cérébral aussi incomplet laisse peu de traces dans les organes où il s'est produit, et le souvenir de ces scènes est tellement fugace, qu'il suffit de quelques heures pour les effacer totalement de la mémoire.

C'est par l'intermédiaire du cerveau que l'âme peut *sentir*, *penser*, *vouloir*. Mais qui dira comment s'effectue cette union intime de l'âme immatérielle avec la substance matérielle du cerveau? Qui pourra expliquer les phénomènes de l'intelligence, du jugement, de la mémoire? Qu'y a-t-il de commun entre la cellule nerveuse et la pensée humaine?

L'examen approfondi de ces merveilles nous ramène inévitablement à l'idée d'un Dieu créateur, dont l'infinie sagesse a fait du corps de l'homme une merveille aussi digne de son nom que les millions de globes qu'il a lancés dans l'espace, et, confondus devant la majesté de ces mystères, nous devons nous anéantir devant lui dans un profond sentiment d'admiration et de reconnaissance!

248 *bis.* **Localisations cérébrales.** — Malgré la complication des circonvolutions cérébrales, il est aujourd'hui constaté qu'elles sont disposées suivant un ordre constant pour un même type de mammifères. On s'est alors tout naturellement préoccupé de rechercher si les différentes facultés de l'âme, volonté, sensibilité, mémoire, etc., ne seraient pas en rapport avec les différentes parties du cerveau, c'est-à-dire ne seraient pas *localisées* dans certaines régions. Tous les efforts tentés jusqu'à ce jour pour justifier cette hypothèse ont été presque entièrement stériles.

Gall, célèbre physiologiste allemand, le promoteur de ces idées (*système de Gall*), croyant que la configuration extérieure du crâne représentait exactement les contours de la masse cérébrale, prétendait que les *bosses* et les creux qu'on y remarque donnaient des indications précises sur les aptitudes et les tendances morales et intellectuelles de l'individu. Ces considérations n'ont absolument rien de sérieux; aussi les déconvenues les plus burlesques et les contradictions les plus flagrantes ont-elles fini par discréditer complètement son système de *phrénologie*.

249. Cervelet. — Le *cervelet*, situé à la partie inférieure et

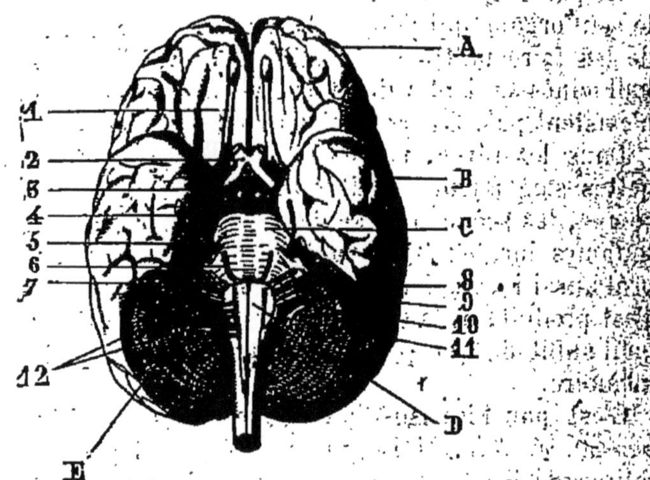

Fig. 78. — L'encéphale vu par-dessous.

A, lobe antérieur; B, lobe moyen; C, protubérance annulaire ou pont de Varole; D, bulbe rachidien; E, cervelet [1].

postérieure du crâne, est placé à cheval sur la moelle allongée. Il est divisé, comme le cerveau, en deux lobes ou *hémisphères*

---

[1] Détail des nerfs crâniens : 1, nerf olfactif; 2, chiasma des nerfs optiques; 3, nerf moteur oculaire commun; 4, nerf pathétique; 5, nerf trijumeau ou tri-facial; 6, nerf moteur oculaire externe; 7, nerf facial; 8, nerf acoustique; 9, nerf glosso-pharyngien; 10, nerf pneumo-gastrique; 11, nerf spinal; 12, nerf hypoglosse.

cérébelleux (fig. 78). Un cordon de substance blanche (*protu-bérance annulaire* ou *pont de Varole*), réunissant en dessous ses deux hémisphères, forme avec eux une sorte d'anneau entourant complètement la moelle allongée.

Intérieurement, la substance blanche, pénétrant irrégulièrement dans la substance grise de la périphérie, forme des arborisations visibles sur une section du cervelet (*arbre de vie*).

250. Moelle allongée ou bulbe rachidien. — La *moelle allongée* est un gros cordon blanc formé par la réunion de presque toutes les fibres du cerveau et se continuant par la moelle épinière.

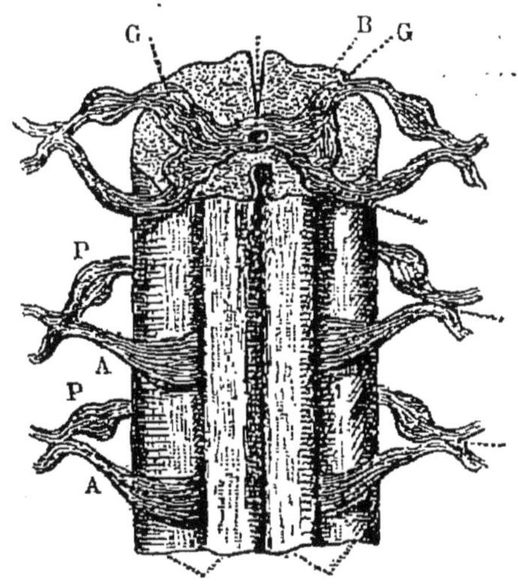

Fig. 79. — Segment de la moelle épinière.

B, substance blanche; G., G, substance grise; P, P, racines postérieures; A, A, racines antérieures.

Ces fibres se croisent dans la moelle allongée, de manière que celles de droite proviennent de l'hémisphère gauche, et celles de gauche de l'hémisphère droit; c'est pourquoi la paralysie qui envahit parfois tout un côté du corps a sa cause dans l'hémisphère situé du côté opposé.

En soulevant les lobes postérieurs du cerveau, on aperçoit quatre petites éminences placées par paires de chaque côté de la ligne médiane, entre le cerveau et le cervelet; ce sont les *lobes optiques* ou *tubercules quadrijumeaux*.

La moelle allongée renferme au niveau de la première vertèbre un point particulier, le *nœud vital* de Flourens. Si l'on pique ou si l'on incise cette région, les mouvements de la respiration sont immédiatement suspendus, et la mort arrive instantanément.

251. Moelle épinière. — La *moelle épinière* (fig. 79) est composée de quatre cordons soudés et renfermés dans la colonne vertébrale.

Au niveau du plan de séparation des vertèbres, elle présente des renflements donnant issue à des nerfs qui vont se distribuer aux différents organes.

Tous ces nerfs sont mixtes; ils ont une double racine : l'une, provenant des cordons postérieurs de la moelle, est une racine sensitive; l'autre, provenant des cordons antérieurs, est une racine motrice.

Dans la moelle épinière, la substance blanche, à l'inverse du cerveau, enveloppe la substance grise.

III. Distribution des nerfs.

252. Nerfs crâniens (fig. 80). — Il existe chez l'homme douze paires de nerfs crâniens sortant du crâne par des ouvertures situées à sa base.

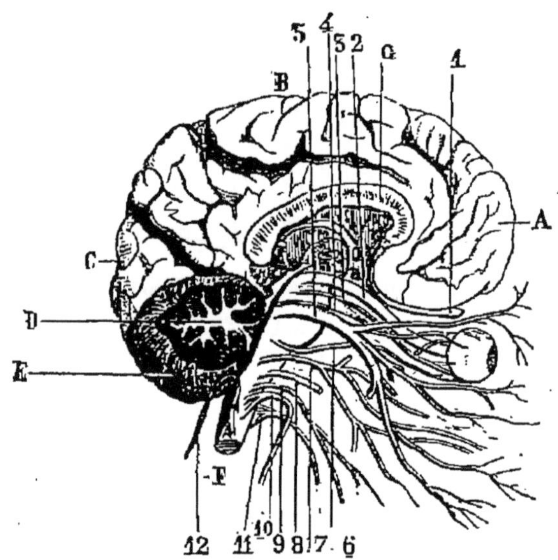

Fig. 80. — Nerfs crâniens.

A, lobe antérieur du cerveau; B, lobe moyen; C, lobe postérieur; D, arbre de vie; E, cervelet; F, moelle épinière; G, corps calleux.

Les numéros de la figure correspondent à l'ordre des paires de nerfs.

1re PAIRE. — Le nerf *olfactif*, s.[1], ramifié dans les fosses nasales.

---

[1].s., sensitif; *m.*, moteur.

2e PAIRE. — Le nerf *optique, s.,* naît des lobes optiques et préside à la vision.

3e PAIRE. — Les nerfs *moteurs oculaires communs, m.,* se rendent aux muscles de l'œil.

4e PAIRE. — Le nerf *pathétique, m.,* agit également sur les muscles de l'œil; son action est un des éléments principaux de l'expression du visage.

5e PAIRE. — Les nerfs *trijumeaux* ou *trifaciaux, s., m.,* naissent de la moelle allongée et se subdivisent en trois branches, qui vont se distribuer: la première, dans l'orbite, au front et au nez; la deuxième, à la mâchoire supérieure, et la troisième, à la mâchoire inférieure, aux joues et à la langue.

6e PAIRE. — Les nerfs *moteurs oculaires externes, m.,* se rendent aux muscles de l'œil.

7e PAIRE. — Le nerf *facial, m.,* se distribue aux mêmes organes que les trijumeaux, et donne à la physionomie sa mobilité et son animation.

8e PAIRE. — Le nerf *acoustique, s.,* se distribue à l'oreille interne.

9e PAIRE. — Le nerf *glossopharyngien, s., m.,* ramifié dans le pharynx et la langue, contribue à la perception des saveurs.

10e PAIRE. — Le nerf *pneumo-gastrique, s., m.,* a son origine au nœud vital; il envoie des ramifications aux bronches, aux poumons, au cœur, à l'estomac et au foie.

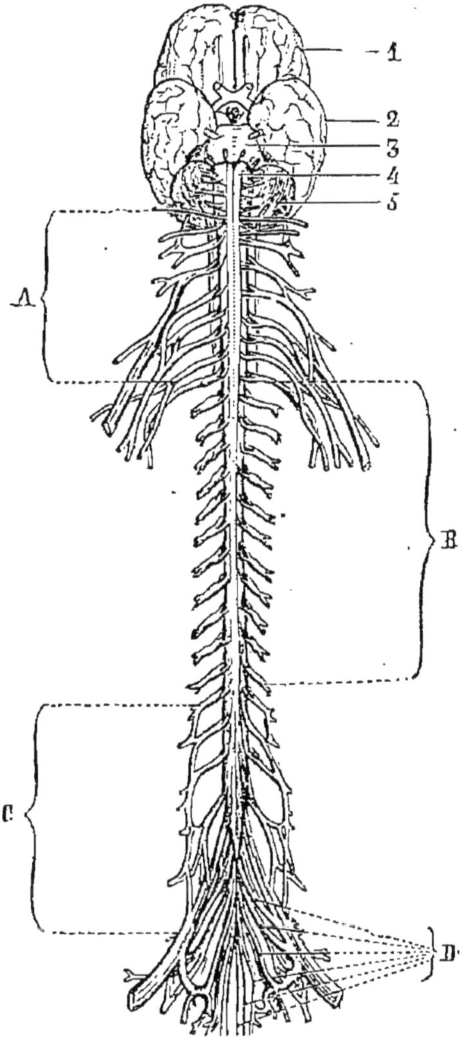

11e PAIRE. — Le nerf *spinal, s., m.,* actionne surtout les muscles de l'appareil vocal.

Fig. 84. — Encéphale et nerfs spinaux.

1, lobe antérieur du cerveau; 2, lobe moyen; 3, protubérance annulaire; 4, bulbe rachidien; 5, cervelet. A, nerfs cervicaux (8 paires); B, nerfs dorsaux (12 paires); C, nerfs lombaires (5 paires); D, nerfs sacrés (6 paires).

3*

12ᵉ PAIRE. — Le nerf *grand hypoglosse* commande les mouvements de la langue.

253. Nerfs rachidiens ou spinaux. — Les *nerfs rachidiens* (fig. 81) naissent de la moelle épinière par deux sortes de racines, les unes, antérieures, sont motrices, et les autres, postérieures, sont sensitives. Ils président à la contraction des muscles du tronc et des membres, et donnent à la peau la sensibilité tactile qui lui est propre.

Suivant leurs points d'émergence de la colonne vertébrale, on les subdivise en quatre catégories : les nerfs *cervicaux*, desservant les organes de la tête, du cou et des membres supérieurs; les nerfs *dorsaux* et les nerfs *lombaires*, se rendant également aux membres supérieurs, mais ramifiés surtout dans les cavités abdominale et thoracique; enfin les nerfs *sacrés*, se distribuant aux membres inférieurs.

IV. Système nerveux ganglionnaire
ou du grand sympathique.

254. Composition. — Le *grand sympathique* (fig. 82) est formé de deux chaînes de ganglions situés de chaque côté de la colonne vertébrale. De ces ganglions partent des nerfs, moins blancs que ceux du système nerveux cérébro-spinal, et qui se rendent aux organes concourant aux fonctions de nutrition.

La sensibilité de ces nerfs est très obtuse; ils ont besoin d'une forte excitation pour donner la sensation de la douleur.

255. Rôle. — Le système nerveux ganglionnaire préside aux fonctions de la vie végétative (digestion, circulation, etc.), tandis que le système nerveux cérébro-spinal préside aux fonctions de la vie animale. Ils ont d'ailleurs de nombreux liens de communication; on peut, par exemple, agir sur la circulation par l'intermédiaire du cerveau; on sait, en effet, que, sous l'influence de l'émotion, par exemple, les battements du cœur sont accélérés.

La relation intime qui existe entre le système nerveux ganglionnaire et le système nerveux cérébro-spinal explique comment une cause qui agit sur l'un peut influencer l'autre. Ainsi, par exemple, une émotion vive peut produire un dérangement d'entrailles ou déterminer la jaunisse, comme une mauvaise digestion peut agir d'une façon fâcheuse sur le caractère.

Le sommeil est l'acte qui établit avec le plus de netteté la séparation des deux ordres de système nerveux.

Le système ganglionnaire gouverne donc, au sein de notre être, tout un royaume indépendant, dont l'administration est soustraite à l'influence de notre volonté. Ce n'est que dans les cas de grandes crises, alors que certains de ses organes sont profondément atteints, qu'il traduit son malaise, et réclame du secours par des douleurs souvent intolérables.

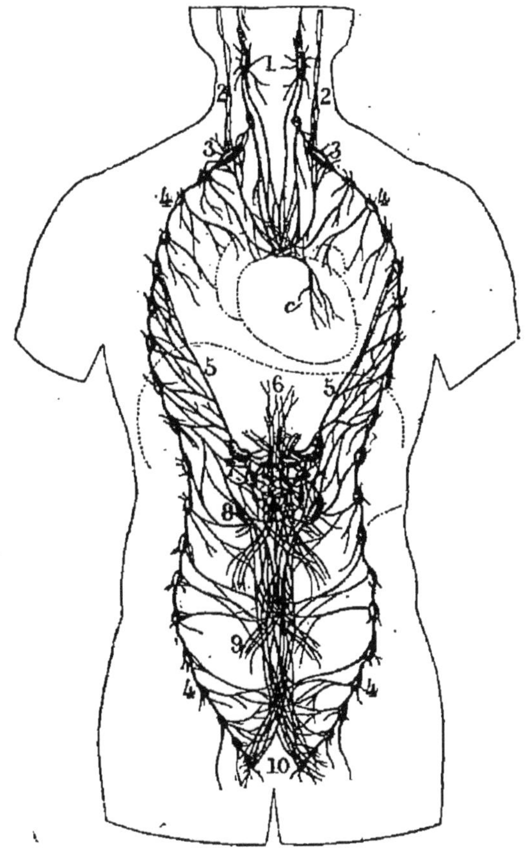

Fig. 82. — Schéma du grand sympathique.

1, ganglion cervical supérieur; 2, 2, ganglion cervical moyen; 3, 3, ganglion cervical inférieur; 4, 4, ganglion rachidien; 5, 5, grand splanchnique; 6, plexus diaphragmatique; 7, ganglion semi-lunaire; 8, plexus solaire; 9, plexus mésentérique; 10, plexus hypogastrique; c, cœur recevant des filets du plexus cardiaque.

En général, lorsqu'un point de l'axe nerveux est soumis à un travail considérable, les autres points tendent à l'inaction. Ainsi, une tension excessive du cerveau nuit à la digestion, et la réciproque est vraie. Le chagrin qui surmène le cerveau s'accompagne d'un brisement des membres, etc.

256. Marche générale des impressions nerveuses. — Nous pouvons maintenant nous faire une idée de la manière dont cheminent les impressions nerveuses.

Supposons, par exemple (fig. 83), que l'extrémité Ns d'un nerf sensitif soit brusquement soumise à une violente douleur, et examinons ce qui se passe alors.

Cette sensation est d'abord transmise par le nerf sensitif Ns à une cellule sensitive de la moelle épinière s; cette cellule excite :

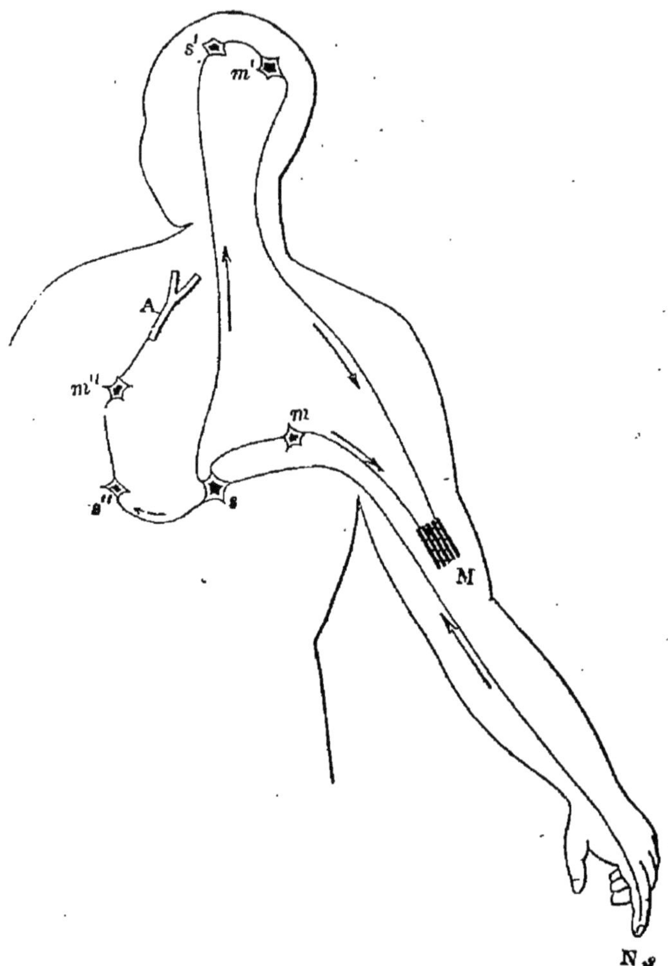

Fig. 83. — Marche des impressions nerveuses.

1° La cellule motrice de la moelle épinière m, qui provoque la contraction involontaire du muscle M (*mouvement réflexe*);

2° La cellule sensitive du cerveau s' (*sensation de douleur*), laquelle, par l'intermédiaire de la cellule motrice du cerveau m', détermine la contraction *volontaire* du muscle M;

3° La cellule sensitive du grand sympathique s'', laquelle, agissant par la cellule motrice m'', peut influencer le système circulatoire A et amener, par exemple, la pâleur de la face, ou exciter les glandes lacrymales et provoquer les larmes.

257. Organes des sens. — Les organes des sens sont des organes externes en relation directe, d'une part, avec le milieu extérieur, d'autre part avec les centres nerveux par l'intermédiaire des nerfs de sensibilité. Ils ont pour fonction de recueillir les *impressions*.

Une fois recueillies, les impressions sont transmises au cerveau par les nerfs sensitifs; là elles sont perçues, c'est-à-dire transformées en *sensations*. Trois sortes d'organes sont donc nécessaires à la perception sensorielle : les *organes des sens*, les *nerfs de sensibilité* et le *cerveau.*

CHAPITRE XI

APPAREIL DE LA VISION

I. Description des organes.

258. Enveloppes de l'œil. — Le globe de l'œil (fig. 84) est sphérique et formé de trois enveloppes concentriques, qui sont, de dehors en dedans : la *cornée*, la *choroïde* et la *rétine.*

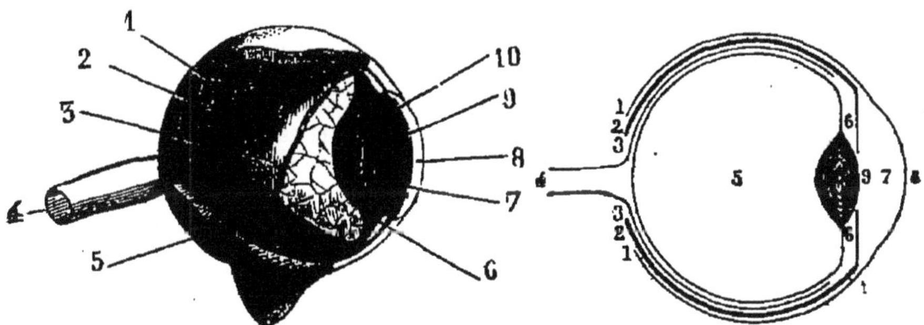

Fig. 84. — Globe de l'œil.

1, sclérotique, 2, choroïde; 3, rétine; 4, nerf optique; 5, humeur vitrée; 6, chambre postérieure; 7, chambre antérieure; 8, cornée transparente; 9, pupille; 10, cristallin.

La *cornée* donne à l'œil sa forme et sa solidité; elle comprend deux parties qui se complètent mutuellement; ce sont : 1° la *cornée opaque* ou *sclérotique*, membrane fibreuse, blanche, résistante; c'est le blanc de l'œil; 2° la *cornée transparente*, formant la partie antérieure de l'œil et continuant la cornée opaque, dans laquelle elle s'enchâsse comme un verre de montre dans sa monture.

La *choroïde* est une membrane vasculaire, ordinairement colorée en noir par un *pigment;* elle est appliquée contre la cornée opaque, et se complète en avant par un disque, l'*iris*, situé en arrière de la cornée transparente et percé au centre d'une ouverture circulaire, la *pupille.*

Des fibres contractiles permettent à l'iris de diminuer ou d'augmenter le diamètre de la pupille.

La *rétine* est une fine membrane nerveuse tapissant la choroïde.

Corps ciliaire. — Le corps ciliaire est une sorte d'anneau qui borde le bord libre de la choroïde et qui s'attache en avant à la circonférence de l'iris. La couche externe est constituée par le *muscle ciliaire,* dont les contractions ont pour effet d'exercer sur le cristallin des pressions qui le déforment et l'accommodent ainsi aux distances des objets extérieurs.

Procès ciliaires. — Les procès ciliaires sont de petites pyramides blanchâtres bordant également la choroïde et dont les bases contiguës se soudent au bord interne de l'iris, tandis que les sommets effilés vont se perdre dans la choroïde.

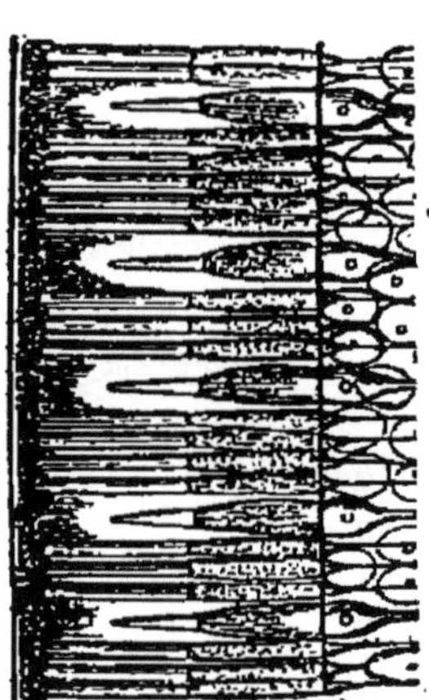

Fig. 85. — Rétine.

Rétine. — L'épaisseur de la rétine est de $1/_2$ millim. en arrière et de $1/_{20}$ de millim. en avant. Les éléments sensibles qui la composent sont de deux sortes : les *bâtonnets* et les *cônes.*

Les bâtonnets sont cylindriques et formés de deux parties, l'une intérieure à contenu granuleux; l'autre extérieure, striée transversalement et enchâssée dans la gaine pigmentaire. Les segments extérieurs sont colorés en rose par l'*érythropsine* ou *pourpre retinien.* C'est en cette région que se fait l'impression visuelle.

Cônes. — Les cônes sont généralement incolores et sont également formés de deux segments, l'un intérieur, l'autre extérieur, aminci, et moins long que les bâtonnets.

On croit que l'impression visuelle résulte d'une action chimique de la lumière sur la substance des cônes et des bâtonnets, car on constate que lorsqu'une image se forme sur la rétine, le pourpre rétinien est détruit, et la rétine se décolore aux points influencés par la lumière.

Punctum cæcum et *tache jaune.* — Le point de la rétine correspondant à l'arrivée du nerf optique sur le globe de l'œil ne renferme aucune terminaison nerveuse, et par conséquent est insensible à la lumière. Cette région porte le nom de *punctum cæcum* (Exp. de Mariotte). Il est situé un peu en dedans de l'axe visuel. L'extrémité même de cet axe est occupé par la *tache jaune* (*macula lutea*), dont la surface (1 millim. carré environ) est la région la plus sensible de la rétine.

259. Nerf optique. — Le *nerf optique* vient du cerveau; il traverse la cornée opaque et la choroïde, et par son épanouissement forme la rétine.

260. Milieux transparents. — Les milieux transparents de l'œil sont l'*humeur aqueuse*, l'*humeur vitrée* et le *cristallin*.

L'*humeur aqueuse* est un liquide analogue à l'eau, qui remplit l'espace compris entre la cornée transparente et le cristallin. Cet espace est partagé par l'iris en deux compartiments communiquant par la pupille, la *chambre postérieure* entre l'iris et le cristallin, et la *chambre antérieure* entre l'iris et la cornée transparente.

L'*humeur vitrée* est

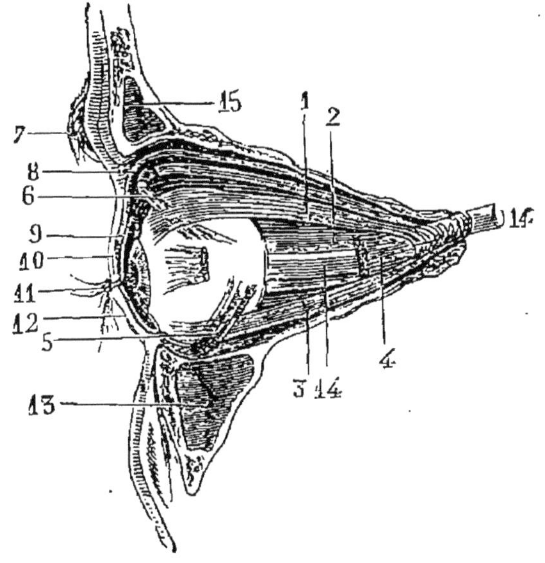

Fig. 86. — *Organes protecteurs et moteurs du globe de l'œil.*

1, muscle droit supérieur; 2, muscle interne; 3, muscle droit inférieur; 4, muscle droit externe coupé: 5, muscle petit oblique; 6, muscle grand oblique; 7, sourcil; 8, muscle élévateur de la paupière supérieure; 9, conjonctive; 10, paupière supérieure; 11, cils; 12, paupière inférieure; 13, sinus maxillaire; 14, nerf optique; 15, sinus frontal.

une masse diaphane comparable au blanc d'œuf cru, qui occupe toute la partie limitée par la cornée opaque et le cristallin. Elle est entourée d'une fine membrane, la *membrane hyaloïde*.

Le *cristallin*, sorte de lentille biconvexe placée derrière la pupille, est formé de couches concentriques dont la densité va en croissant de l'extérieur à l'intérieur.

Structure du cristallin. — Le cristallin est maintenu en arrière de la pupille par une membrane fibreuse (*ligament suspenseur* ou *zone de Zinn*) insérée en avant sur le pourtour de la face antérieure du cristallin et se continuant en arrière par le bord de la rétine. Sa face externe confine aux procès ciliaires, et sa face interne à la membrane hyaloïde.

Le cristallin comprend : 1° sa *capsule*, enveloppe très élastique dont les deux faces portent les noms de *cristalloïde antérieure* et de *cristalloïde postérieure*. La cristalloïde antérieure est tapissée intérieurement d'une assise de cellules épithéliales ; 2° le *cristallin proprement dit*, formé d'une région centrale comprenant des couches de densités différentes, et d'une région périphérique semi-fluide (*humeur de Morgagni*). La première se compose de fibres rayonnant suivant trois directions faisant entre elles un angle de 120 degrés.

Après l'opération de la cataracte, qui consiste à extraire le cristallin en respectant la cristalloïde antérieure, l'épithélium de celle-ci ne tarde pas à constituer un massif cellulaire qui peu à peu reproduit un nouveau cristallin.

261. Organes protecteurs. — L'*orbite* (fig. 86) est une cavité osseuse, conoïde, dont le globe de l'œil occupe la partie évasée ; le reste contient les muscles qui meuvent les yeux (4 droits et 2 obliques), des vaisseaux sanguins, le nerf optique et une couche épaisse de tissu cellulaire sur laquelle le globe de l'œil roule comme sur un coussin.

Les *sourcils* forment une ligne de poils ombrageant la partie frontale, et dirigés en dehors de manière à détourner la sueur qui pourrait couler du front dans les yeux.

Les *paupières* sont des voiles mobiles destinés à étendre les larmes sur la surface libre de l'œil ; elles sont bordées d'une ligne de poils, les *cils*, et tapissées par une muqueuse, la *conjonctive*.

Les cils ont pour fonction de mettre le globe de l'œil à l'abri des petits corps étrangers qui flottent dans l'air, et qui pourraient s'introduire sous les paupières.

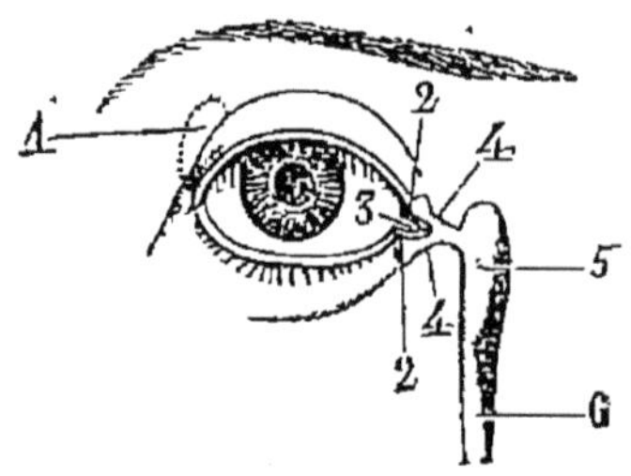

Fig. 87. — Appareil lacrymal.

1, glande lacrymale ; 2, points lacrymaux ; 3, caroncule lacrymale ; 4, conduits lacrymaux ; 5, sac lacrymal ; 6, canal nasal.

262. Appareil lacrymal. — Les larmes sont fournies par la *glande lacrymale* (fig. 87), placée dans l'orbite et à la partie supérieure de l'angle externe des paupières ; elles sont destinées à maintenir constamment humide la partie apparente du globe de l'œil. Ordinairement, les larmes suivent le *larmier*, petite dépression que l'on remarque sur le bord de la paupière, et s'écoulent par les *conduits lacrymaux* et le *sac lacrymal* dans le *canal nasal*.

Tout près de l'orifice du canal d'écoulement (*points lacrymaux*) on remarque un petit amas glanduleux de couleur rose ; c'est la *caroncule*.

La sécrétion des larmes peut être excitée outre mesure par certaines substances agissant, soit directement sur les yeux (oignons), soit sur l'organe du goût (moutarde), ou par une cause tout à fait morale : chagrin, douleur, etc.

II. Mécanisme de la vision.

263. Notions préliminaires d'optique.—Lorsqu'un rayon lumineux SI (fig. 88) pénètre d'un milieu moins dense dans un milieu plus dense, de l'air, dans un liquide transparent, par exemple, il est dévié de sa direction IS″, se rapproche de la normale AB et prend la direction IS′.

Le rayon lumineux n'est pas dévié quand il traverse obliquement un milieu à faces parallèles ; il éprouve seulement un déplacement latéral.

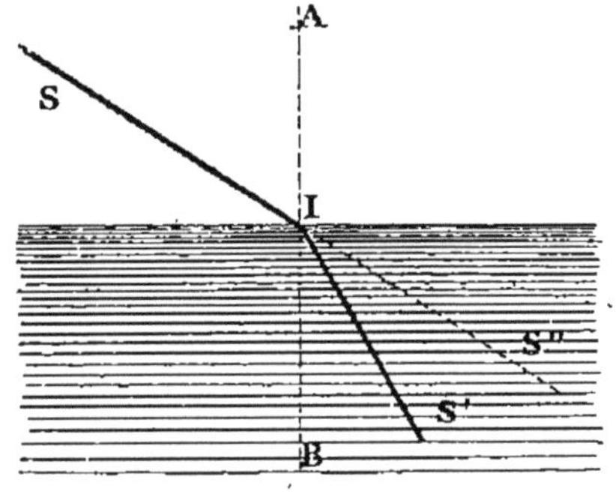

Fig. 88.
Réfraction d'un rayon lumineux.

On démontre, en physique, que tous les rayons émis par un point lumineux A (fig. 89), et qui tombent sur une lentille biconvexe M, concourent en un même point A′ ; ce point A′ est dit l'image du point A.

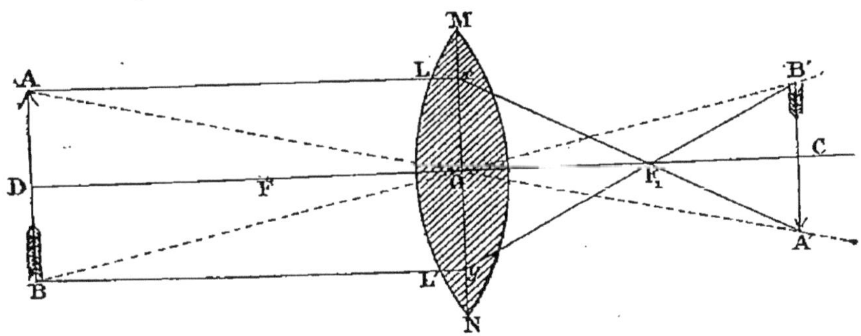

Fig. 89. — Formation des images dans les lentilles convexes.

L'image d'un objet AB est l'ensemble A′B′ des images de chacun de ses points.

Quand l'objet AB s'éloigne, l'image A′B′ devient plus petite et se rapproche de la lentille ; quand l'objet se rapproche, l'image grandit et s'éloigne.

Pour un objet placé à une distance fixe de la lentille, l'image est d'autant plus petite et plus proche de la lentille que celle-ci est plus convexe.

264. Formation des images dans l'œil. — Une partie des rayons lumineux qui tombent sur la cornée transparente se réfléchit, mais l'autre partie pénètre dans l'œil, la convexité de la cornée et l'humeur aqueuse qui occupe la chambre antérieure disposent ces rayons à converger vers le cristallin, qui, agissant à la manière des lentilles biconvexes, forme en arrière une image nette de l'objet (fig. 90).

La couche pigmentaire de la choroïde, absorbant ces rayons lumineux, les empêche de se réfléchir, et par suite de troubler la vision par la formation d'images secondaires.

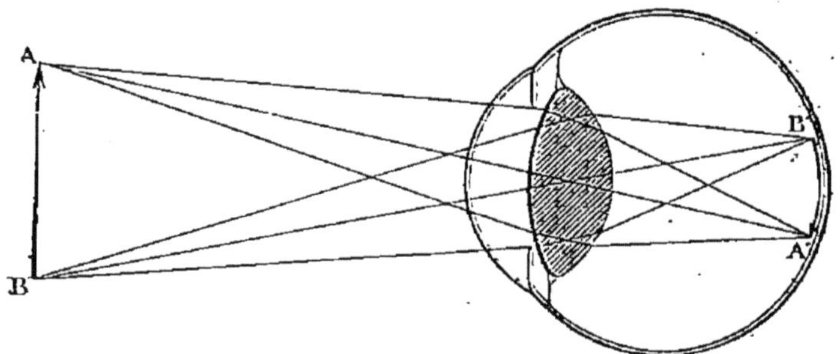

Fig. 90. — Formation des images dans l'œil.
AB, objet éloigné ; B'A', image de cet objet.

265. Conditions de netteté de la vision. — Ces conditions sont les suivantes :

1º *L'image de l'objet doit se former exactement sur la rétine,* c'est-à-dire à une distance invariable du cristallin. Cette condition est remplie par la faculté que possède le cristallin de modifier sa courbure de telle sorte que l'image soit amenée sur la rétine ; il s'aplatit pour les objets éloignés et s'arrondit pour les objets rapprochés.

Cette propriété particulière de l'œil de pouvoir s'adapter à différentes distances est appelée *pouvoir d'accommodation.*

Évidemment l'œil ne peut être accommodé en même temps pour deux distances différentes.

2º *Il doit pénétrer dans l'œil une quantité convenable de lumière.* Trop de lumière rend la vue douloureuse, trop peu la rend confuse. C'est l'iris qui, par ses contractions, agrandissant ou rétrécissant la pupille, règle, dans une certaine limite, la quantité de lumière qui doit pénétrer dans l'œil.

3º *Les rayons lumineux doivent pénétrer dans l'œil suivant la direction des axes visuels;* aussi les mouvements de la tête, auxquels s'ajoute l'action des muscles de l'œil, tendent-ils à orienter cet organe d'une manière convenable.

266. Vision binoculaire. — C'est la vision avec les deux yeux. Bien qu'il se forme une image de l'objet sur chacune des deux rétines, le cerveau n'en perçoit qu'une. Pour expliquer ce fait, on admet que les deux rétines sont formées de *points identiques,* correspondant aux subdivisions d'un même filet nerveux, de sorte que, dans la vision normale, les images se formant sur ces points identiques, les deux impressions se confondent sur leur parcours et donnent la sensation d'une seule image.

Si l'on dérange un peu l'axe de l'un des deux yeux en appuyant légèrement avec le doigt sur une paupière, les images, ne se formant plus sur des points identiques, donnent la perception de deux objets; on voit double (*diplopie*).

III. Notes physiologiques relatives à la vision.

267. Redressement de l'image. — Bien que les images des objets se forment renversées sur la rétine, nous voyons cependant les objets droits, c'est-à-dire dans leur position normale. Bien des raisons ont été données pour expliquer ce fait, quoiqu'il n'y ait pas même lieu d'en rechercher la cause. En effet, l'erreur de ceux qui ont voulu l'expliquer vient de cette idée qu'ils avaient, que nous voyons nos propres images rétiniennes comme si le cerveau les *regardait.* Or, dans l'acte de la vision, l'œil n'est qu'un instrument passif, c'est le cerveau qui *perçoit,* et comme la perception n'est point un phénomène matériel, c'est-à-dire ne relève point des lois physiques, les expressions haut et bas n'ont, dans ce cas, aucun sens.

268. Notions du relief des objets. — Les notions du relief sont fournies par la différence des deux images rétiniennes. Les axes visuels, convergeant vers l'objet que l'on observe, ne sont point parallèles, et par conséquent l'œil droit aperçoit des points de cet objet qui sont invisibles pour l'œil gauche, et réciproquement. C'est la superposition de ces deux images, un peu différentes, qui donne la sensation du relief (*stéréoscope*).

Évidemment, le relief sera d'autant plus accusé que les axes visuels seront plus convergents, c'est-à-dire que l'objet sera plus rapproché.

269. Notions de mouvement. — On juge du repos ou du mouvement des corps par la fixité ou le déplacement des images sur la rétine. Quand le déplacement a lieu dans la direction de l'axe optique, l'idée de déplacement est déduite de l'augmentation ou de la diminution de l'image, et de ce que l'idée de grandeur est toujours liée à celle de distance.

270. Notions de distance. — La notion des distances exige une véritable éducation. Les mouvements qui se passent dans l'œil pour l'accommoder à la distance de l'objet, l'effort qui les accompagne, deviennent en quelque sorte le signe et la mesure de cette distance. Il est vrai que l'angle visuel diminue quand l'objet s'éloigne, mais cet angle ne fournit que des notions trompeuses, car un objet plus rapproché, mais plus petit, peut soutenir le même angle qu'un objet plus grand, mais plus éloigné.

271. Notions de grandeur. — Les idées de grandeur ne s'établissent que par comparaison ; l'objet renfermant quelques détails servant d'unité de mesure, ou se trouvant à proximité d'autres objets auxquels il peut être comparé, on peut en évaluer la grandeur.

Si la notion des grandeurs n'était due qu'aux dimensions de l'image rétinienne, tous les objets compris sous le même angle visuel, donnant des images de même grandeur, seraient jugés comme ayant mêmes dimensions.

272. Persistance de l'impression sur la rétine. — Il faut un certain temps à la lumière pour ébranler la rétine et pour transmettre l'impression à l'encéphale. Il peut donc arriver que la sensation persiste même après que l'objet a disparu (rotation d'un charbon ardent donnant la sensation d'un cercle de feu continu).

273. Images et couleurs consécutives. — L'ébranlement de la rétine déterminé par une cause instantanée n'est jamais moindre que un tiers de seconde, mais peut durer beaucoup plus longtemps si l'excitation a été vive et prolongée. L'image continue alors d'être perçue, mais on remarque qu'elle est colorée des teintes complémentaires des couleurs de l'objet. Si l'objet est vert, l'image est rouge, ou inversement. Quand on a fixé un objet très brillant, le soleil, l'arc voltaïque, la sensation de l'image persiste, mais sous la forme d'une tache noire.

274. Images et couleurs par irradiation. — L'ébranlement communiqué à la rétine par la lumière se transmet au delà des points directement frappés, et d'autant plus loin que l'objet est plus éclairé. Si les objets soumis à l'observation sont colorés, l'irradiation ne consiste plus seulement dans l'extension de l'image ; mais, de plus, ces objets paraissent entourés d'une bande colorée reproduisant la couleur complémentaire de l'objet. C'est ainsi qu'un cercle rouge vivement éclairé paraît bordé de vert.

Deux couleurs complémentaires, réveillant chacune sur ses limites la sensation de la couleur qui la borde, augmentent d'autant leur éclat. Cette propriété a été mise à profit dans la peinture et l'industrie des tissus. Elle montre comment on peut augmenter la valeur des tons par de simples associations de couleurs (rouge et vert, orangé et bleu...), ou, au contraire, les éteindre, de façon à obtenir tantôt l'éclat et la vivacité du coloris, tantôt la douceur et le fondu des teintes.

275. Myopie. — La *myopie* résulte de la trop grande convexité du cristallin, ce qui fait que les images se forment ordinairement en avant de la rétine (fig. 91).

Le myope est donc obligé, pour voir distinctement, de rapprocher les objets de ses yeux jusqu'à ce que leur image se forme à la distance voulue. On remédie à la myopie par l'emploi de lunettes à verres concaves. Elle s'atténue

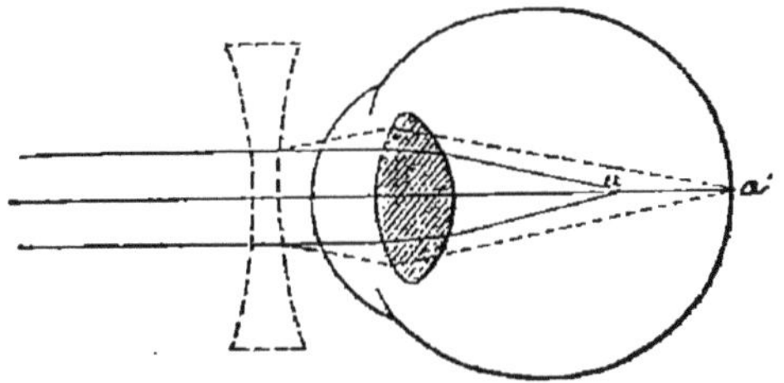

Fig. 91. — Œil myope.
a, image des objets dans le cas ordinaire ;
a', image des objets après l'interposition d'une lentille biconcave.

avec l'âge, car les sécrétions diminuant peu à peu, le cristallin lui-même perd un peu de sa convexité.

276. Presbytie. — La *presbytie* est causée par le trop grand aplatissement du cristallin. Les images se formant au delà de la rétine (fig. 92), le presbyte est donc obligé d'éloigner les objets pour les voir distinctement. On remédie à cette affection par l'emploi de lunettes à verres convexes.

La presbytie s'accentue avec l'âge pour la

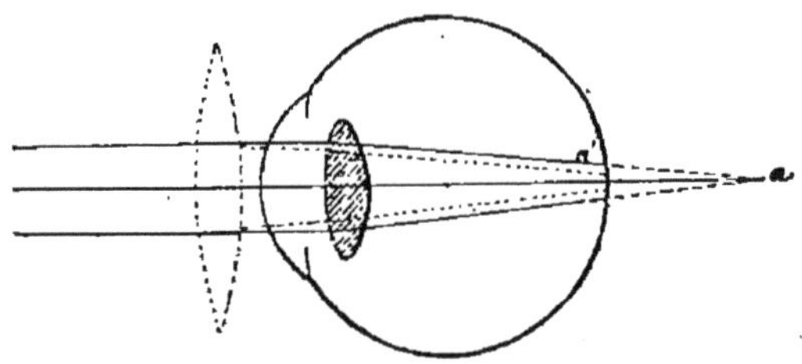

Fig. 92. — Œil presbyte.
a, image des objets dans le cas ordinaire ;
a', image des objets après l'interposition d'une lentille biconvexe.

même raison qui tend à faire disparaître la myopie; aussi presque tous les vieillards sont presbytes.

277. Taies. — On appelle *taies* des taches blanches produites par des granulations opaques qui se forment dans l'épaisseur de la cornée transparente, et proviennent presque toujours de cicatrices résultant d'ulcérations lentement guéries.

278. Cataracte. — La *cataracte* est une maladie causée par l'opacité du cristallin ou de son enveloppe. On y remédie par l'extraction de la capsule du cristallin ou par celle du cristallin lui-même.

279. Amaurose. — On désigne sous le nom d'*amaurose* la diminution ou la perte de la vue déterminée par la paralysie du nerf optique.

280. Strabisme. — Le *strabisme* est une disposition vicieuse du globe de l'œil détruisant la convergence normale des deux axes visuels (yeux *louches*).

4

281. Daltonisme. — Affection singulière qui rend incapable de juger des couleurs, ou du moins de distinguer certaines couleurs. Dalton en était affecté et l'a minutieusement décrite.

Les personnes atteintes de daltonisme distinguent très bien les contours des objets, les parties claires ou obscures, mais non les teintes.

CHAPITRE XII

L'OUÏE

282. Définition. — L'*ouïe* est le sens qui nous donne connaissance des bruits et des sons qui se produisent autour de nous.

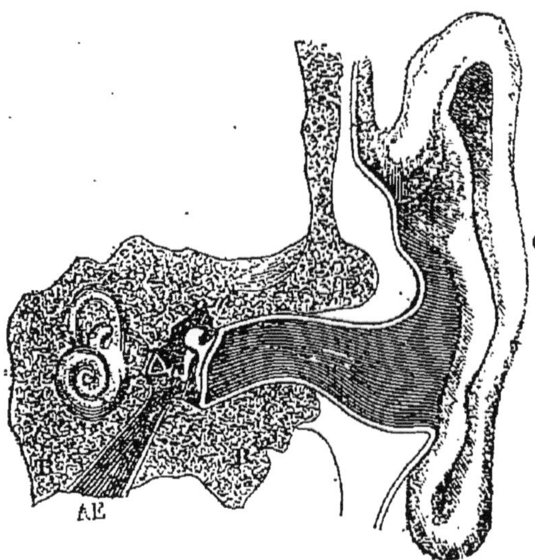

Fig. 93. — Appareil de l'ouïe.

R, rocher; C, pavillon; *o, m*, oreille moyenne,
t, E, trompe d'Eustache; *v*, vestibule;
c, c, canaux semi-circulaires; *l*, limaçon.

L'oreille est l'organe de l'ouïe; elle comprend trois parties : *l'oreille externe*, *l'oreille moyenne* et *l'oreille interne* (fig. 93).

283. Oreille externe. — *L'oreille externe* est formée : 1° du *pavillon*, partie cartilagineuse particulière à certaines espèces animales; 2° du *conduit auditif*, canal oblique creusé dans l'épaisseur de l'os temporal.

284. Oreille moyenne. — *L'oreille moyenne* est séparée de l'oreille externe par le *tympan*, fine membrane tendue obliquement en travers du conduit auditif; quatre petits osselets : le *marteau*, l'*enclume*, l'*os lenticulaire* et l'*étrier*, disposés en arc, forment une chaîne qui va de la membrane du tympan à la paroi de l'oreille interne.

L'oreille moyenne est remplie d'air et communique avec le pharynx par la *trompe d'Eustache*, ce qui fait que les deux faces de la membrane du tympan sont toujours soumises à la même pression : la pression atmosphérique.

La libre communication de l'oreille moyenne avec le pharynx peut être facilement mise en évidence. Il suffit, en effet, d'avaler un peu de salive en se bouchant les narines. Le contre-coup que l'on ressent dans les oreilles provient de l'air qui, se trouvant comprimé dans le pharynx au moment de la déglutition, ne peut s'échapper par les fosses nasales et s'introduit, par la trompe d'Eustache, dans l'oreille moyenne.

285. Oreille interne. — *L'oreille interne* est séparée de l'oreille moyenne par deux fenêtres : la *fenêtre ovale*, contre laquelle s'applique le pied de l'étrier, et la *fenêtre ronde*, fermée par une membrane. Elle comprend le *vestibule*, cavité ovoïde placée derrière la fenêtre ovale, et dans laquelle débouchent les trois *canaux semi-circulaires* et le *limaçon*.

L'oreille interne est remplie d'un liquide particulier, l'*endolymphe*, dans lequel flottent les dernières ramifications du nerf acoustique.

Vestibule. — Le vestibule comprend deux renflements, qui sont l'*utricule* et le *saccule*, séparés par un étranglement, l'*aqueduc de Fallope*.

La paroi membraneuse du vestibule présente, en deux régions, des *taches acoustiques* formées de cellules allongées munies à leur extrémité d'un long cil vibratile flottant dans l'endolymphe, et dont la base se continue par le cylindre-axe d'une fibre nerveuse.

Canaux semi-circulaires. — Les canaux semi-circulaires, orientés suivant les trois directions de l'espace (2 verticaux, 1 horizontal), sont placés au-dessus et en arrière de l'utricule, et s'ouvrent dans celui-ci par cinq orifices dont trois sont surmontés d'une ampoule. La paroi membraneuse de ces am-

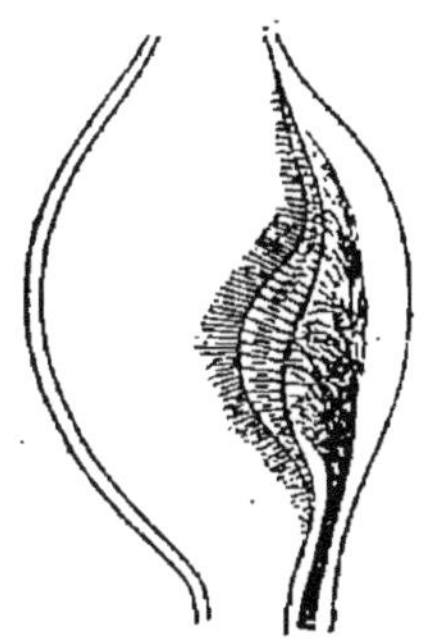

Fig. 94.

Ampoule d'un canal
semi-circulaire.

poules présente un léger pli appelé *crête acoustique*, formé de nombreuses cellules ciliées semblables à celles des taches acoustiques.

Limaçon. — Le limaçon est un long tube conoïde, contourné en spirale comme la coquille de l'escargot, et divisé par une cloison longitudinale en deux parties ou *rampes* : la *rampe vestibulaire*, débouchant dans le vestibule, et la *rampe tympanique*, aboutissant à la fenêtre ronde. La partie supérieure de cette cloison présente une petite ouverture, l'*hélicotrème*, qui met les deux rampes en communication.

Dans le premier tour de spire, la lame spirale du limaçon est osseuse dans toute sa largeur ($^1/_2$ millim. à la base, $^1/_{20}$ de millim. au sommet); puis, tandis que la partie interne qui contourne l'axe demeure osseuse et diminue de largeur de la base au sommet du limaçon, la partie externe devient membraneuse et s'élargit dans la même proportion.

Deux cloisons membraneuses (*membrane de Reissner* et *membrane réticulaire*) divisent la rampe vestibulaire en trois autres rampes, savoir : 1° la *rampe vestibulaire proprement dite*, la plus développée; 2° la *rampe collatérale* ou de *Lœuwemberg*; 3° la *rampe de Corti* ou *rampe auditive*. Cette dernière est remplie par des cellules, et les deux autres par l'endolymphe.

La face de la membrane spirale tournée du côté de la rampe collatérale est nettement striée transversalement par des fibres conjonctives nombreuses (6 000 env.) d'une extrême ténuité et disposées comme les cordes d'une harpe. Sur l'autre face se trouvent étagés un grand nombre de petits organes saillants (3 000 env.) appelés *organes de Corti*, dont l'ensemble forme une crête longitudinale médiane dans laquelle se terminent les ramifications nerveuses, et correspondant chacun à deux fibres transversales de la membrane.

Le nerf auditif, après avoir traversé le rocher, se divise en deux branches : la *branche cochléaire*, destinée au limaçon, et la *branche vestibulaire*, se rendant au vestibule.

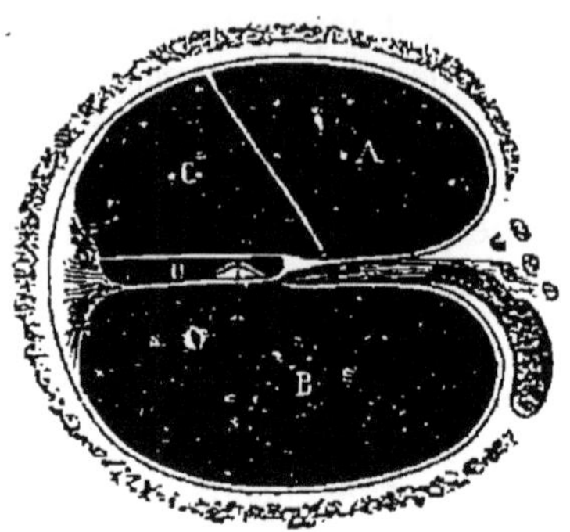

Fig. 95.

Coupe transversale du limaçon.

A, rampe vestibulaire; B, rampe tympanique; C, rampe collatérale; D, rampe auditive ou de Corti.

286. Mécanisme de l'audition. — Les ondes sonores, recueillies par le pavillon, sont concentrées dans le conduit auditif et dirigées vers la membrane du tympan, qu'elles font vibrer à leur unisson. Ces vibrations, transmises par l'intermédiaire de la chaîne des osselets, ébranlent le liquide de l'oreille interne, et les fibrilles nerveuses, ainsi excitées, donnent la sensation du son.

L'ébranlement du liquide de l'oreille interne se fait donc par le mouvement vibratoire du pied de l'étrier; cet ébranlement se communique d'abord au liquide du vestibule et des canaux semi-circulaires, puis à la rampe vestibulaire, et par l'hélicotrème à la rampe tympanique; il est rendu possible par l'élasticité de la membrane qui ferme la fenêtre ronde.

Les osselets de l'ouïe sont mus par des muscles, et servent encore à tendre la membrane du tympan pour amortir les sons trop intenses, et à la relâcher pour mieux percevoir les sons faibles.

Fonctions de l'oreille interne. — On pense que les *taches acoustiques* du vestibule ne sont sensibles qu'aux bruits dont elles indiquent l'intensité, et qu'elles sont incapables de faire percevoir les sons musicaux. D'ailleurs, le vestibule est la seule partie de l'organe qui existe chez les animaux inférieurs, auxquels la notion du bruit suffit probablement dans leurs relations avec le monde extérieur.

Les *crêtes acoustiques* des ampoules des canaux semi-circulaires concourent très probablement à la perception de l'intensité des sons, à l'exclusion de leur hauteur et de leur timbre. On a constaté que des lésions dans la région des canaux semi-circulaires provoquaient des vertiges, des mouvements anormaux (rotation, culbutes...). Ces observations porteraient à croire que les impressions auditives recueillies par les crêtes acoustiques donneraient la notion des trois directions de l'espace.

Limaçon. — Par la disposition des fibres conjonctives transversales de la membrane spirale, le limaçon nous fait percevoir non seulement l'intensité des sons, mais aussi leur hauteur et leur timbre.

287. Surdité. — La *surdité* peut provenir de l'épaississement de la membrane du tympan, de l'ankylose de la chaîne des osselets, rarement d'un vice de conformation de l'oreille interne. Sa cause la plus fréquente est dans l'oblitération de la trompe d'Eustache. Le libre accès de l'air dans l'oreille moyenne est, en effet, une condition essentielle à la finesse de l'ouïe; aussi n'est-il pas rare d'ouvrir la bouche quand on désire entendre parfaitement, et de se surprendre à écouter ainsi *bouche béante*.

Quand la surdité est une infirmité de naissance, il est évident que l'enfant, n'entendant pas, ne peut apprendre à parler; il sera *sourd-muet*.

Chez la plupart des sourds, l'oreille interne étant en parfait état, il est parfois possible de leur faire percevoir certains sons par l'ébranlement des os du crâne. Pour cela, il suffit de leur faire tenir entre les dents une large plaque de carton contre laquelle viennent se briser les ondes sonores, et par l'intermédiaire des os de la tête le mouvement vibratoire est transmis au liquide de l'oreille interne.

CHAPITRE XIII

L'ODORAT ET LE GOUT

288. ODORAT. — L'odorat nous donne la sensation des odeurs. On admet que les odeurs sont produites par des particules extrêmement ténues, qui s'échappent des corps odorants et se répandent dans l'atmosphère; ce qui le prouve, c'est que les corps sont d'autant plus odorants qu'ils sont plus volatils, et que toutes les causes qui favorisent leur volatilisation augmentent leur odeur.

289. Appareil olfactif. — L'appareil olfactif (fig. 96) comprend le *nez*, saillie extérieure formant les *fosses nasales*, tapissées par la *muqueuse pituitaire*, qui présente plusieurs replis, et dans l'épaisseur de laquelle se ramifie le *nerf olfactif*. Les particules odorantes, amenées par l'air au contact de ces filets nerveux, nous font percevoir les odeurs.

La finesse de l'odorat est favorisée par l'étendue de la muqueuse des fosses nasales; ainsi, chez les animaux qui ont ce sens très développé, le Chien, par exemple, cette muqueuse forme un très grand nombre de replis, qui en augmentent considérablement la surface.

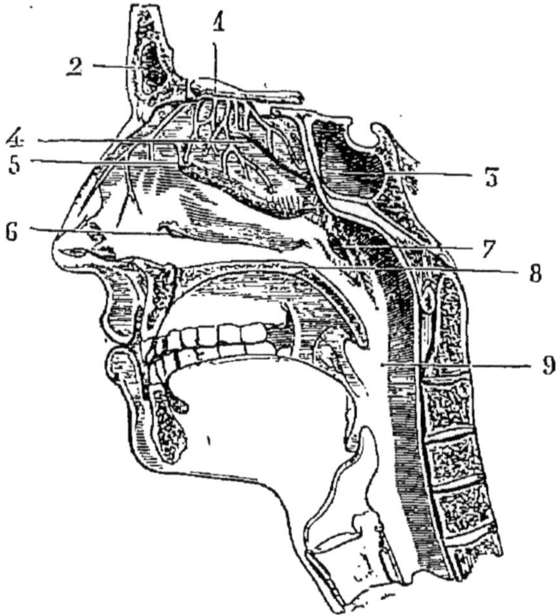

Fig. 96. — Appareil de l'odorat.

1, nerf olfactif et ses ramifications; 2, sinus frontal; 3, sinus sphénoïdal; 4, 5, 6, cornets supérieur, moyen, inférieur; 7, ouverture de la trompe d'Eustache; 8, voûte du palais; pharynx.

290. GOUT. — Le *goût* nous donne la notion des saveurs. Pour qu'une substance soit *sapide*, il faut qu'elle soit liquide ou soluble dans les liquides de la bouche.

291. Organe du goût. — L'organe du goût est la *langue;* elle est formée de fibres musculaires entre-croisées dans tous les sens, qui lui donnent une extrême mobilité. Sa surface est couverte de *papilles* auxquelles aboutissent les nerfs du goût. Ces papilles sont plus nombreuses à la base de la langue, où les saveurs se perçoivent plus facilement; chez certains carnivores, elles sont recouvertes d'un étui corné qui rend la langue de ces animaux extrêmement rugueuse.

Papilles de la langue. — Les papilles de la langue sont de trois sortes : les papilles *calyciformes*, les papilles *fongiformes* et les papilles *filiformes*.

Les papilles calyciformes, au nombre d'une douzaine environ, ont l'apparence d'une sorte de tronc de cône logé dans une fossette de la muqueuse linguale, de sorte qu'un étroit sillon circulaire l'entoure complètement. Ces papilles, très apparentes, forment à la base de la langue une sorte de V (V lingual) dont la pointe est en arrière.

Les papilles fongiformes sont toutes en saillie et affectent la forme d'un champignon. Elles sont distribuées sur les bords de la langue et à sa pointe.

Les papilles filiformes se composent de petites saillies munies de prolongements filamenteux simples ou frangés; elles occupent toute la surface de la langue.

Les papilles calyciformes et fongiformes sont seules gustatives; les papilles filiformes sont tactiles.

Perception des saveurs. — La mastication vient en aide à la perception des saveurs en aidant la dissolution des matières solides dans les liquides buccaux. L'odorat la favorise singuliè-rement; ainsi, quand celui-ci est atténué, comme dans le cas du rhume de cerveau, le sens du goût est beaucoup moins développé.

La Providence a placé les organes du goût à l'entrée des voies digestives, comme ceux de l'odorat à l'entrée des voies respira-toires, afin de surveiller la qualité des aliments ou de l'air que nous introduisons dans l'organisme.

Le merveilleux instinct qu'ont les animaux pour repousser les aliments qui leur seraient nuisibles ne dépend pas du goût, mais de l'odorat, puisque cette répulsion précède la préhension.

CHAPITRE XIV

LE TOUCHER

292. Toucher. — Le *toucher* est le sens le plus répandu dans la série animale; il subsiste seul quand tous les autres ont dis-paru, et semble acquérir d'autant plus de finesse que les autres sont moins développés.

Le toucher nous fait juger de la *présence*, de la *forme*, de l'*étendue*, de la *température* des corps; il a pour organe général la *peau*, mais n'a pas partout la même délicatesse; c'est ainsi que chez l'homme il est surtout localisé dans l'extrémité des *doigts* et de la *langue*.

293. Structure de la peau. — La *peau* (fig. 97) est formée de deux couches distinctes : l'une, le *derme*, relativement épaisse, est de beaucoup la plus importante; l'autre, l'*épiderme*, forme la couche superficielle.

294. Derme. — Le *derme* a une texture fibreuse; il repose sur une couche de tissu cellulaire, et sa partie en contact avec l'épiderme est couverte de papilles auxquelles aboutissent les nerfs du toucher.

Il contient dans son épaisseur les *glandes sébacées*, qui donnent à la peau sa souplesse, et les *glandes sudoripares*, qui sécrètent la sueur. Lorsque sous l'influence du froid la sécrétion des glandes sébacées s'arrête, la peau se dessèche, se gerce, et il survient des *crevasses*.

C'est le derme qui, par l'opération du tannage, fournit le *cuir*.

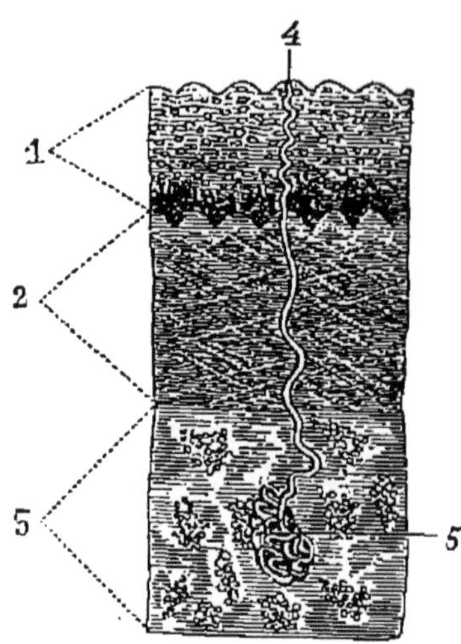

Fig. 97. — Structure de la peau.

1, épiderme ; 2, derme ; 3, tissu conjonctif sous-cutané ; 4, canal excréteur de la glande sudoripare ; 5, glande sudoripare.

295. Épiderme. — L'*épiderm*. est une couche généralement mince protégeant les papilles.

L'épiderme se compose de plusieurs assises de cellules formant deux zones : l'une inférieure, appelée *corps muqueux* ou *couche de Malpighi;* l'autre supérieure, désignée sous le nom de *couche cornée*.

A la base du corps muqueux se trouve une couche de cellules cylindriques suivant exactement les sinuosités du derme; les autres assises sont composées de cellules arrondies ou ovales séparées par une couche de protoplasma nutritif.

La couche cornée est formée de cellules d'autant plus aplaties qu'elles sont plus extérieures; les cellules superficielles sont sèches, dépourvues de protoplasma, et tombent sous forme de petites lamelles.

Un nombre incalculable de nerfs de sensibilité sillonnent le derme et viennent se terminer à sa surface, envoyant dans les couches épidermiques des filaments nerveux extrêmement ténus.

Quand l'épiderme est enlevé, ces nerfs, se trouvant en contact direct avec les objets, donnent la sensation de la douleur et non celle du toucher.

L'épiderme peut, par le frottement, acquérir une épaisseur considérable; c'est lui qui constitue les *cors* aux pieds et les *callosités* que l'on remarque aux mains des travailleurs.

Une *ampoule* n'est autre chose qu'un peu de liquide interposé entre le derme et l'épiderme.

On appelle *pigment* la matière colorante de la peau. Le pigment consiste en une multitude de granulations microscopiques appliquées immédiatement sur le derme et qui, vues à travers l'épiderme, donnent à la peau une teinte plus ou moins foncée suivant la race et les individus.

296. Organes du toucher. — Tantôt les organes tactiles consistent en une simple terminaison des filets nerveux du derme, lesquels, après avoir isolé les fibres élémentaires, s'insinuent entre les cellules cutanées et pénètrent dans l'épiderme. Là, chaque fibre nerveuse réduite à son cylindre-axe se subdivise en un grand nombre de fibrilles très ténues qui se terminent dans les espaces intercellulaires de l'épiderme. Tantôt les fibres nerveuses aboutissent à des organes particuliers désignés sous le nom de *corpuscules du tact.*

Fig. 98. — Corpuscule du tact ou de Meissner.

Chez l'homme, les corpuscules du tact sont de trois sortes : 1º les *corpuscules de Meissner* (fig. 98), logés dans les papilles du derme et formés de protoplasma confondu à noyaux distincts; des filets nerveux y pénètrent et s'y enroulent plusieurs fois sur eux-mêmes; ces corpuscules sont nombreux dans la paume de la main; 2º les *corpuscules de Krause,* moins nombreux, formés d'une gelée transparente dans laquelle le cylindre-axe vient se terminer en massue; on les rencontre dans la conjonctive des paupières, dans la muqueuse de la langue; 3º les *corpuscules de Pacini* ou de *Vater,* à enveloppe très épaisse formée de couches concentriques circonscrivant une cavité centrale très réduite remplie de protoplasma, dans lequel les fibrilles nerveuses se terminent en massue.

297. PRODUCTIONS ÉPIDERMIQUES. — On range parmi les productions épidermiques les *cheveux,* les *poils,* les *plumes,* les *écailles,* les *ongles,* les *cornes* et les *sabots.*

298. Poils. — Les *poils* sont implantés obliquement dans le derme et prennent racine dans une cavité tubulaire (*bulbe pilifère*) (fig. 99).

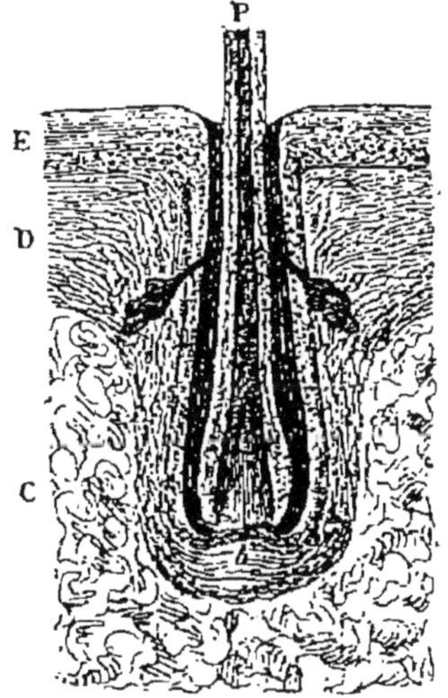

Fig. 99. — Racine d'un poil.

P, poil; E, épiderme; C, tissu cellulaire sous-jacent; D, derme; *b*, bulbe pilifère; *g, g,* glandes sébacées.

C'est au fond de cette cavité que le tissu épidermique, se développant avec une énergie particulière, donne naissance à des cellules qui s'allongent, se soudent les unes aux autres, et finissent par constituer le poil, dont la structure est assez compliquée.

Les poils ne s'accroissent que par leur base, et sont vivants sur la plus grande partie de leur longueur.

De très petits muscles sont annexés aux poils et peuvent dans une certaine limite les redresser. C'est à la contraction de ces mille petits muscles qu'est due la *chair de poule* ou *horripilation* (du l. *horror*, horreur ; *pilum*, poil). La chair de poule est, en effet, causée par le froid ou la terreur. On dit d'une chose qui excite l'épouvante qu'elle fait dresser les cheveux sur la tête.

Les *ongles* sont également constitués par des cellules épidermiques qui, au lieu de se réunir en une file allongée, s'aplatissent pour former une lamelle cornée, qui se moule exactement sur le tissu sous-jacent et y adhère fortement.

Le sens du toucher est localisé chez les animaux dont la peau est recouverte d'organes qui la protègent ; il réside dans les *lèvres* chez le Cheval, dans la *trompe* chez l'Éléphant, dans les *palpes* et les *antennes* chez les Insectes.

CHAPITRE XV

LA VOIX

299. Appareil vocal. — L'*appareil vocal* comprend le *larynx* (fig. 100), partie supérieure et élargie de la trachée-artère.

Le *larynx* est composé de pièces cartilagineuses réunies par des ligaments et mues par des muscles ; il forme en avant une saillie, connue vulgairement sous le nom de *pomme d'Adam*.

Au-dessous de cette saillie se trouve un organe sanguin spongieux, rouge-brun ; c'est le *corps thyroïde*, dont le développement exagéré constitue le *goitre*.

La muqueuse du larynx recouvre, de chaque côté, deux replis membraneux dirigés d'arrière en avant, qui forment ce qu'on appelle les *cordes vocales* (fig. 101).

La paire supérieure (*ligaments supérieurs de la glotte*) est impropre à la production de la voix ; la paire inférieure (*ligaments inférieurs de la glotte*) constitue seule l'appareil générateur du son. Des muscles peuvent rapprocher plus ou moins

les ligaments de droite des ligaments de gauche jusqu'à
obstruer le passage de l'air ; c'est ce qui arrive, par exemple,

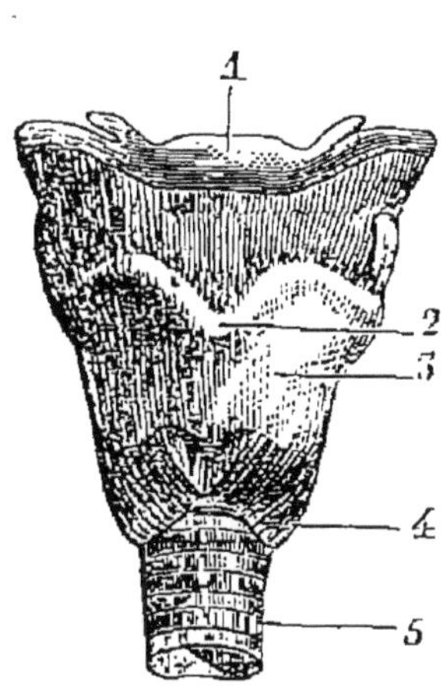

Fig. 100. — Appareil vocal humain
vu de face.

1, os hyoïde ; 2, saillie du cartilage
thyroïde, formant ce qu'on appelle
vulgairement la pomme d'Adam ;
3, cartilage thyroïde ; 4, cartilage
cricoïde ; 5, trachée-artère.

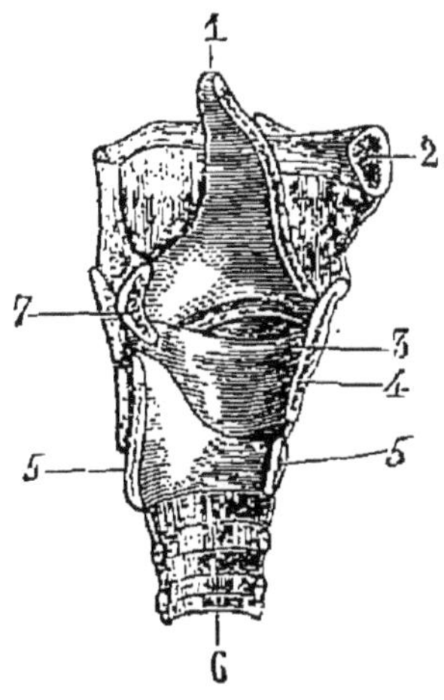

Fig. 100 bis. — Coupe verticale et de
profil de l'appareil vocal humain.

1, épiglotte ; 2, os hyoïde coupé ; 3, corde
vocale inférieure ; 4, section du cartilage thyroïde ; 5, cartilage cricoïde ;
6, trachée-artère ; 7, cartilage arythénoïde.

quand on prononce des voyelles en les détachant les unes des
autres.

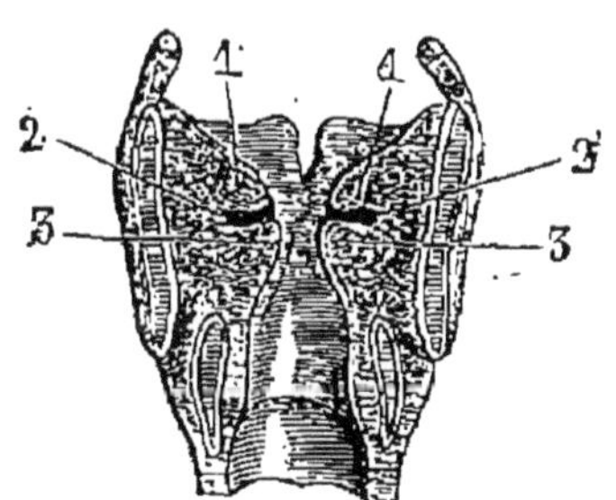

Fig. 101.
Coupe de face du larynx humain.
1, 1, cordes vocales supérieures ;
2, 2, ventricules du larynx ;
3, 3, cordes vocales inférieures.

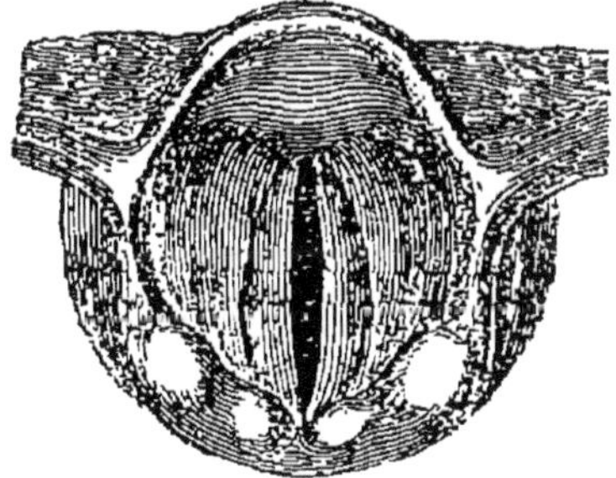

Fig. 102. — Ouverture de la glotte
vue d'en haut.

La *glotte* est l'espace libre que les cordes vocales laissent
entre elles (fig. 102).

Une membrane cartilagineuse, l'*épiglotte*, surmonte le larynx, et en se rabattant peut en fermer l'ouverture.

300. Production de la voix. — Sous l'action des muscles du larynx (fig. 103), les cordes vocales se rapprochent, et l'air, chassé des poumons par la contraction des muscles de la respiration, force le passage, et les fait vibrer comme vibrent les lèvres de l'instrumentiste dans le jeu de la trompette, du trombone.

L'expiration étant alors lente et les muscles en contraction permanente, l'appareil respiratoire se fatigue facilement.

La tension plus ou moins considérable des cordes vocales ou la diminution de leur partie vibrante par le contact d'une frac-

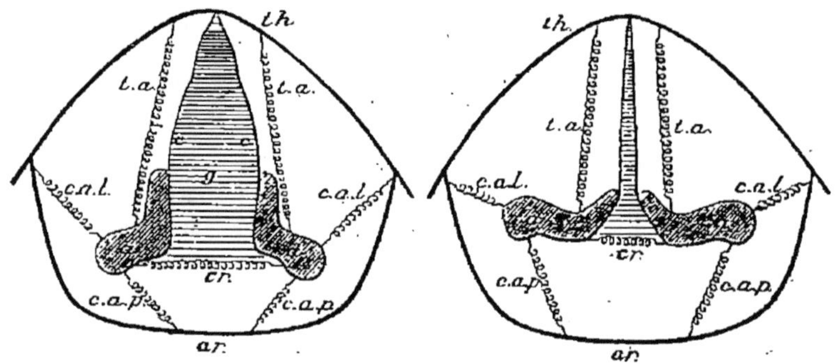

Fig. 103. — Figure schématique des muscles du larynx.

th, cartilage thyroïde ; *ar*, cartilage cricoïde ; *a*, cartilage arythénoïde ; *g*, glotte, *c, c*, cordes vocales ; *t, a,* muscles thyro-arythénoïdiens ; *c, a, l,* muscles crico-arythénoïdiens latéraux ; *c, a, p,* muscles crico-arythénoïdiens postérieurs ; *c, r,* muscles arythénoïdiens.

tion de leur longueur, augmentent la rapidité du mouvement vibratoire des bords libres et donne naissance aux sons élevés ; on devine que dans ce cas la production du son est très fatigante.

Les vocalises d'un chanteur ne sont que le résultat d'une série de modifications instantanées, mais régulièrement graduées, des muscles du larynx.

Intensité de la voix. — L'homme possède deux registres de sons distincts : la *voix de poitrine,* dont il use dans le parler ordinaire, et la *voix de fausset* ou de *tête,* plus flûtée que la précédente, et dans laquelle les cordes vocales ne vibrent que partiellement.

Dans le *chuchotement,* les cordes vocales ne vibrent pas, ce qui explique pourquoi il est impossible de fredonner un air en chuchotant.

L'intensité de la voix dépend de la force de vibration imprimée aux cordes vocales par la colonne d'air, et par conséquent de la puissance des muscles expirateurs. L'exagération d'intensité peut occasionner de graves désordres dans l'appareil vocal; si l'émission de la voix est violente, les muscles qui agissent compriment momentanément les veines du cou et déterminent des congestions passagères de la face; la voix finit par s'érailler.

Il faut remarquer qu'il est plus facile de se faire entendre en articulant bien les syllabes, c'est-à-dire en appuyant sur les consonnes, qu'en augmentant le volume de la voix.

Lorsque les tissus qui constituent les cordes vocales deviennent moins flexibles par suite de leur gonflement, la voix devient voilée (*enrouement*); il peut même arriver que sa production soit totalement supprimée (*extinction de voix*). Quand, par suite de l'âge, les cordes vocales perdent un peu de leur élasticité, la voix se réduit souvent à un filet.

301. La parole. — La voix n'est qu'un son; la parole est le son articulé, c'est-à-dire modifié par les organes qui surmontent le tuyau vocal, et qui sont les *fosses nasales*, la *bouche* et les organes qu'elle renferme.

Les éléments de toute langue parlée se divisent en *voyelles* et en *consonnes*, dont la réunion forme les syllabes, qui à leur tour composent les mots, signes des idées.

Les voyelles sont produites par les variations de *forme* et de *volume* de la cavité buccale, et les organes qui modifient le son rendu font naître les consonnes.

302. La voix dans la série animale. — La voix n'existe pas chez les animaux inférieurs; ces animaux, réduits aux conditions d'une vie complètement végétative où n'apparaissent que vaguement les fonctions de la vie de relation, sont absolument muets. Ce n'est qu'à partir des insectes qu'on l'observe pour la première fois, et encore est-elle tout à fait rudimentaire. Chez beaucoup d'entre eux, en effet, elle n'est que la conséquence involontaire de certains frottements des pattes sur les parois de l'abdomen (Grillons). C'est un bruit et non une voix.

Chez les animaux supérieurs, la voix se perfectionne de plus en plus et acquiert une flexibilité plus ou moins grande qui leur permet de traduire jusqu'à un certain point les sentiments qu'ils éprouvent. Mais c'est chez l'homme seul qu'elle atteint cette perfection extraordinaire qui fait qu'elle peut lui servir d'instrument pour la manifestation de sa pensée.

DEUXIÈME PARTIE

ZOOLOGIE DESCRIPTIVE

CHAPITRE I

NOTIONS PRÉLIMINAIRES

303. Classification zoologique. — Pour faciliter l'étude et la connaissance des différentes espèces animales, on les a sectionnées en catégories, qui se subdivisent elles-mêmes et successivement en plusieurs autres. De cette façon, toutes ces espèces se sont trouvées réparties en groupes suffisamment nombreux pour que chacun d'eux ne comprenne qu'un nombre relativement restreint d'espèces.

Pour établir ces catégories, on a eu recours à la considération de différents caractères.

Un *caractère* est une disposition organique ou physiologique permanente, particulière à une espèce ou à un groupe d'espèces.

La forme des dents, le nombre des membres, le mode de respiration sont par conséquent des caractères, et peuvent être utilisés pour la classification des espèces. Les caractères devant être permanents, il s'ensuit que la taille, la couleur, qui ne sont souvent que des états passagers, ne peuvent servir de base à l'établissement d'une classification.

304. Subordination des caractères. — Les organes d'un animal concourant tous à un même but, l'entretien de la vie, doivent nécessairement être subordonnés les uns aux autres, en sorte que la modification de l'un d'eux entraîne nécessairement plus ou moins celle des autres. Ce principe du concours de tous les organes à un but unique permet de déterminer, par une rigoureuse analogie, les mœurs des divers animaux et leur classification en familles naturelles.

Le grand principe des classifications est donc basé sur la *subordination des caractères*, qui attribue à certains organes et à certaines fonctions une importance telle, qu'aucun changement ne peut s'y introduire sans entraîner à sa suite des changements notables dans toute l'organisation.

Les caractères les plus importants sont ceux qui sont relatifs au *système nerveux*, au mode de *reproduction*, aux organes de la *respiration*, de la *locomotion*, de la *digestion*, etc.

305. Nomenclature zoologique. — Le règne animal se subdivise successivement en *embranchements, classes, ordres, familles, tribus, genres, espèces, races, variétés, individus.*

Pour désigner l'espèce, on emploie deux mots latins : le premier est le nom du genre auquel l'espèce appartient, et le deuxième, qui est souvent un adjectif, caractérise l'espèce. Ainsi le genre *Canis* renferme les espèces *Canis lupus* (le Loup), *C. vulpes* (le Renard), *C. familiaris* (le Chien domestique), etc.

On appelle *variété* un groupe dont les individus diffèrent des autres individus de la même espèce par des caractères de peu d'importance, comme la taille, la couleur. C'est ainsi que dans l'espèce à laquelle appartient le Chien domestique, on trouve comme variétés le *dogue*, le *griffon*, le *terre-neuve*, le *chien de berger*, etc.

On donne le nom de *race* à une variété dont les caractères particuliers se perpétuent par l'hérédité, et que des soins particuliers peuvent modifier (*élevage*).

L'individu est le dernier terme de la subdivision, c'est un animal considéré en particulier.

CHAPITRE II

NOTIONS D'ANTHROPOLOGIE

I. Caractères physiques de l'espèce humaine.

306. Caractères spécifiques de l'homme. — Les caractères qui distinguent l'homme de l'animal sont surtout des caractères *psychologiques* et *moraux.*

Au point de vue de son organisation physique, il s'en distingue principalement par le développement du *cerveau*, l'ouverture de l'*angle facial*, la conformation de la *main* et la *station verticale.*

307. Cerveau. — Aucun animal, sauf l'Éléphant, n'a un cerveau aussi volumineux que celui de l'homme, et l'on constate que chez les animaux la surface de l'encéphale est lisse, ou présente des circonvolutions qui sont loin d'atteindre le relief et l'étendue que l'on observe sur le cerveau de l'homme.

Remarque. — L'encéphale de l'homme pèse en moyenne 1 250 gr., celui du Cheval de 6 à 700, et celui du Bœuf environ 500. Ces chiffres ne peuvent cependant être pris en grande considération pour en conclure que l'intelligence est toujours en rapport avec le volume du cerveau; car, si l'on compare le poids de l'encéphale au poids du corps, on trouve que chez les animaux le cerveau est proportionnellement d'autant plus gros que l'animal est plus petit. Ainsi le cerveau de la Souris est équivalent dans ce cas à celui de l'homme, et vaut dix à douze fois celui de l'Éléphant.

Il serait préférable de comparer le poids de l'encéphale à celui de la moelle épinière; ainsi, chez l'homme, le poids du cerveau vaut cinquante fois celui de la moelle; ce rapport est seulement égal à cinq chez le Chien, et à deux chez le Cheval. Cette manière d'envisager la masse cérébrale est certainement le meilleur moyen de mettre en lumière la supériorité extraordinaire de l'homme sur les animaux au point de vue de l'intelligence.

308. Angle facial. — On appelle *angle facial* (fig. 104),

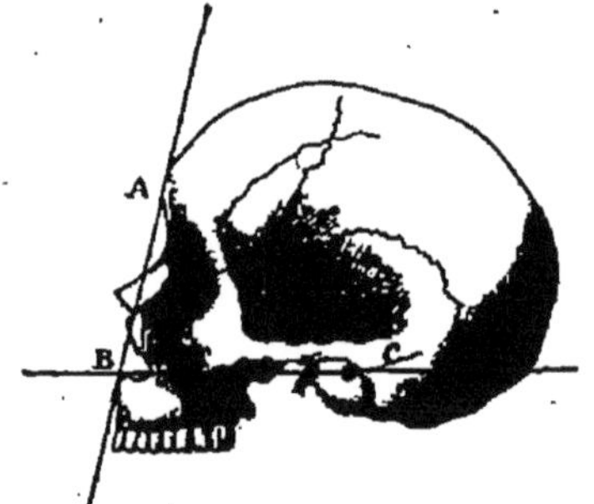

Fig. 104. — Crâne d'Européen.

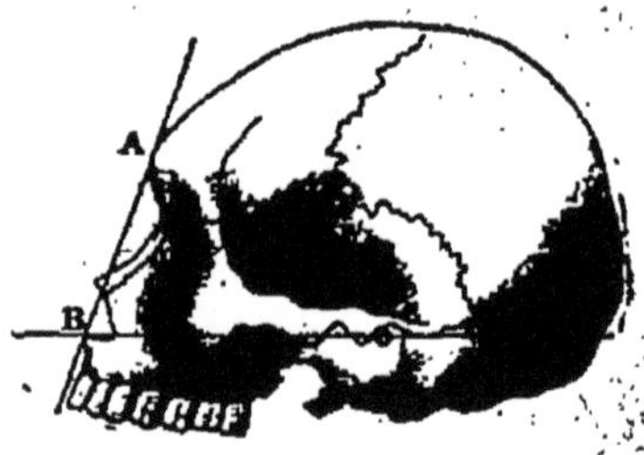

Fig. 105. — Crâne d'Australien.

l'angle ABC formé par deux droites partant toutes deux de la mâchoire supérieure, au niveau de la base du nez, et passant, l'une par le milieu de la droite qui joint les deux conduits auditifs externes, et l'autre entre les deux sourcils. Pour l'homme civilisé, il est de 80 à 85°; chez quelques misérables peuplades, il descend jusqu'à 64°; chez les Singes, il est de 60 à 30°; chez les Chats, de 30 à 25°.

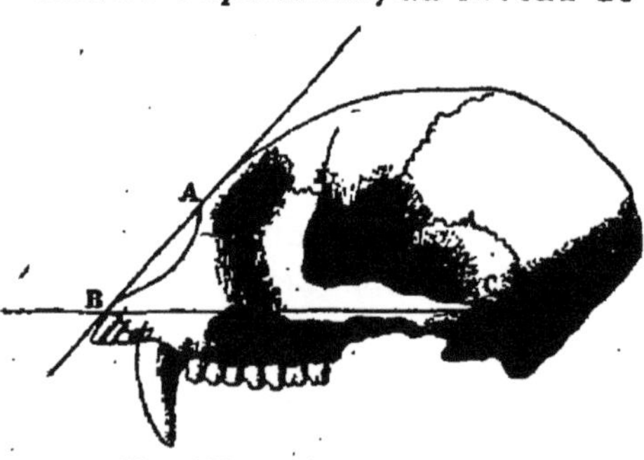

Fig. 106. — Crâne de singe.

309. Main. — La *main* est caractérisée par la faculté que possède le pouce de pouvoir s'opposer à chacun des quatre autres doigts. Cette disposition rend le toucher et la préhension extrêmement faciles.

L'homme a une main formée de doigts qui peuvent se mouvoir indépendamment les uns des autres, tandis que les Singes, dont l'organisation a le plus d'analogie avec celle de l'homme, ont un pouce beaucoup plus court, et qui est d'ailleurs le seul doigt dont les mouvements soient indépendants.

310. Station verticale. — La *station verticale* est la seule qui soit naturelle à l'homme ; la disproportion dans la longueur des membres supérieurs et inférieurs, la situation des yeux, l'articulation à angle droit de la jambe sur le pied, la disposition des veines et des artères de la région supérieure, sont autant de preuves qui montrent que la station quadrupède lui est impossible.

Certains Singes ne parviennent à se tenir debout que par suite d'efforts considérables, et d'ailleurs, dans cette position, les membres inférieurs ne sont jamais étendus ; car la forme de leur pied est telle, qu'ils ne peuvent le poser à plat sur le sol et marcher avec aisance.

II. Races humaines.

311. Unité de l'espèce humaine. — L'*espèce humaine* est unique. La tradition, l'histoire, la comparaison des différentes langues, l'examen approfondi des ossements trouvés dans les couches géologiques, tout confirme ce que la Bible et la foi chrétienne nous enseignent au sujet de l'apparition de l'homme sur la terre.

Cependant, malgré cette unité d'origine, des causes particulières, telles que la nature du climat, la manière de vivre, ont à la longue introduit dans l'espèce humaine des différences physiques qui ont nécessité sa subdivision en races. Ces différences portent surtout sur la couleur de la peau et la forme du crâne.

Les races humaines sont : la race *blanche*, la race *jaune*, la race *noire* et la race *rouge*.

312. Race blanche. — La *race blanche*, *européenne* ou *caucasique*, est composée d'individus qui ont la peau blanche, le front développé, la bouche petite et le visage ovale ; ils ont les lèvres minces, le nez étroit, les cheveux lisses et la barbe abondante.

Les principaux types de cette race sont : 1º le type *germain*, habitant l'Islande, le Danemark, la Hollande, la Saxe et la Belgique ; 2º le type *sémite*, comprenant les Juifs et les Arabes ; 3º le type *slave*, représenté par les Russes, les Polonais, les Serbes ; 4º le type *lapon*, comprenant les habitants des contrées septentrionales de la Russie, de la Suède et de la Norvège.

313. Race jaune. — La *race jaune, asiatique* ou *mongolique*, peuple la plus grande partie de l'Asie. Les individus de cette race ont le téint blanc jaunâtre, la face aplatie et élargie au niveau des pommettes, les paupières fendues obliquement, les cheveux noirs et raides, et la barbe rare.

Les principaux types sont le type *malais* et le type *polynésien* ou *canaque*.

314. Race noire. — La *race noire* ou *éthiopique* est composée d'individus dont la peau est plus ou moins noire, les pommettes saillantes, le nez aplati, les mâchoires proéminentes et les lèvres très épaisses; leurs cheveux sont crépus et laineux.

Les nègres vivent ordinairement en tribus peu nombreuses, sous le commandement d'un chef tyrannique; leur civilisation est très peu développée, et leur manière de vivre tout à fait primitive.

Les types qui s'y rapportent sont les types *guinéen, hottentot, papou* et *australien.*

315. Race rouge. — La *race rouge* était autrefois répandue dans les deux Amériques. Les hommes de cette race ont la peau rouge cuivrée, les cheveux lisses et très raides, le nez souvent proéminent et aquilin, la barbe rare. Ils sont ordinairement d'assez grande taille et vivent en peuplades disséminées dans l'Amérique du Sud. Cette race tend à disparaître.

316. Ethnographie. — L'*ethnographie* est une science qui étudie les mœurs et les habitudes des différents peuples.

CHAPITRE III

EMBRANCHEMENTS

317. SUBDIVISIONS DU RÈGNE ANIMAL. — Le règne animal a été divisé en embranchements d'après des caractères tirés surtout de l'organisation du système nerveux (fig. 119, p. 139).

EMBRANCHEMENTS		
Système nerveux cérébro-spinal renfermé dans une enveloppe osseuse, le crâne et la colonne vertébrale.	VERTÉBRÉS.
Système nerveux ganglionnaire formant une chaîne médiane.	ANNELÉS.
Masses nerveuses éparses ne formant pas de chaîne. — Corps mou.	MOLLUSQUES.
Système nerveux rudimentaire et rayonnant. — Disposition radiée.	RAYONNÉS.
Système nerveux invisible. — Organes très rudimentaires.	PROTOZOAIRES.

318. Vertébrés. — Les *Vertébrés* sont pourvus d'un squelette dont la partie principale est la *colonne vertébrale*. Ils possèdent un système nerveux cérébro-spinal, protégé par des enveloppes osseuses et situé au-dessus du canal digestif. Ex. : le *Chien*, le *Moineau*, la *Vipère*, la *Grenouille*, la *Carpe*.

319. Annelés. — Les *Annelés* sont des animaux dont le corps est formé d'*anneaux*; leur système nerveux consiste en une chaîne de ganglions placée suivant la ligne médiane du corps. Le ganglion céphalique est situé au-dessus de l'œsophage, tandis que les autres sont ordinairement au-dessous du canal digestif.

On subdivise l'embranchement des annelés en deux sous-embranchements, celui des *Articulés* et celui des *Vers*.

Les *Articulés* ou *Arthropodes* comprennent les annelés qui ont le corps pourvu de membres formés de segments auxquels on donne le nom d'*articles*. Ex. : le *Hanneton*, les *Mille-pieds*, l'*Araignée*, l'*Écrevisse*.

Les *Vers* se distinguent des précédents en ce qu'ils sont presque tous dépourvus de membres, et que leurs organes locomoteurs, quand ils existent, ne sont jamais segmentés. Ex. : le *Lombric* ou *Ver de terre*, la *Sangsue*, le *Ténia* ou *Ver solitaire*.

320. Mollusques. — Les *Mollusques* ont le corps *mou*, jamais divisé en anneaux, et souvent protégé par une enveloppe calcaire qu'on appelle *coquille*. Leur système nerveux se compose d'un ganglion céphalique réuni à des ganglions abdominaux, mais ne formant pas de chaîne. Ex. : le *Poulpe*, l'*Escargot*, l'*Huître*, la *Limace*.

321. Rayonnés. — Les *Rayonnés* sont tantôt libres et distincts, tantôt agglomérés dans des concrétions calcaires qui les protègent. Ils ont un système nerveux formant autour de la bouche un anneau ganglionnaire, d'où partent des filets qui vont se distribuer aux organes, lesquels *rayonnent* autour d'un point central. Ex. : les *Étoiles de mer*, les *Oursins*.

322. Protozoaires. — Les *Protozoaires* sont des animaux de formes très diverses, presque tous aquatiques. Ils n'ont pas de système nerveux visible; leurs organes sont nuls ou peu apparents, et leur structure plus ou moins homogène. Ex. : les *Foraminifères*, les *Infusoires*.

323. Zoophytes. — On réunit quelquefois les Protozoaires et les Rayonnés pour former un seul embranchement, celui des *Zoophytes* (animaux-plantes).

324. Invertébrés. — Les *Annelés*, les *Mollusques*, les *Rayonnés* et les *Protozoaires* forment le groupe des *Invertébrés*.

NOTIONS D'HISTOIRE NATURELLE

Embranchements.						Classes.
	I. VERTÉBRÉS	Respiration toujours pulmonaire.	A sang chaud.	Vivipares.		MAMMIFÈRES.
				Ovipares.		OISEAUX.
			A sang froid.			REPTILES.
		Respiration branchiale transitoire ou permanente.	Respiration branchiale dans le jeune âge, pulmonaire dans l'âge adulte.			BATRACIENS.
			Respiration toujours branchiale.			POISSONS.
INVERTÉBRÉS	**II.** ANNELÉS	ARTICULÉS ou ARTHROPODES	6 membres.			INSECTES.
			Plus de 6 membres.	Respiration trachéenne.	8 pattes.	ARACHNIDES.
					Plus de 8 pattes.	MYRIAPODES.
				Respiration branchiale.		CRUSTACÉS.
		VERS	Respiration le plus souvent branchiale; sang généralement coloré.			ANNÉLIDES.
			Respiration cutanée et vague; sang généralement incolore.	Corps cylindrique, ovoïde ou aplati, dépourvu d'organes locomoteurs.		HELMINTHES.
				Corps annelé pourvu ou avant de lobes garnis de cils vibratiles.		ROTATEURS.
	III. MOLLUSQUES	MOLLUSQUES proprement dits.	Tête distincte.	Entourée de tentacules ou de bras.		CÉPHALOPODES.
				Expansions latérales en forme de nageoires.		PTÉROPODES.
				Disque charnu sous le ventre servant à la locomotion.		GASTÉROPODES.
			Tête non distincte.			ACÉPHALES.
		MOLLUSCOÏDES ou TUNICIERS	Respiration s'opérant à l'aide de branchies intérieures.			TUNICIERS.
			— — — — extérieures.			BRYOZOAIRES.
	IV. RAYONNÉS	ÉCHINODERMES	Tégument coriace. Corps cylindrique.			HOLOTHURIES.
			Tégument armé d'épines calcaires.	Corps globuleux ovale ou discoïde.		OURSINS.
				Corps de forme pentagonale ou étoilée.		ASTÉRIES.
		COELENTÉRÉS	Corps gélatineux et transparent. Tentacules servant à la natation et faisant fonctions de suçoirs.			ACALÈPHES.
			Corps mou, de forme conique ou cylindrique. Tentacules préhensibles entourant la bouche.			POLYPES.
			Corps sphéroïdal ou en forme de coupe.			SPONGIAIRES.
	V. PROTOZOAIRES. — Animaux microscopiques ou très petits.		Corps de forme déterminée.			INFUSOIRES.
			Corps de forme indéterminée et changeante, tantôt nu, tantôt couvert de spicules siliceux ou logé dans une coquille calcaire.			RHIZOPODES.

CHAPITRE IV

ANATOMIE COMPARÉE

PRINCIPALES FONCTIONS DANS LA SÉRIE ANIMALE

I. Digestion.

325. Préhension. — La *préhension* des aliments se fait au moyen d'organes très variés. Certains animaux se servent de leurs *pattes* (Singes, Écureuils); d'autres des *lèvres* (Cheval) ou des *lèvres* aidées de la *langue* (Bœuf). L'Éléphant se sert de sa *trompe*, les oiseaux de leur *bec;* les insectes saisissent directement l'aliment avec leurs *mâchoires;* certains mollusques aquatiques s'en emparent au moyen de longs *tentacules* entourant l'orifice buccal.

En général, le *canal intestinal* des carnivores est court, tandis qu'il est très long chez les herbivores, lesquels se nourrissent de matières qui exigent un temps assez long pour être digérées.

326. Mammifères. — Presque tous les *Mammifères* ont des *dents.* — Un certain nombre (Chiens, Chats) ont une dentition complète, c'est-à-dire comprenant des incisives, des canines et des molaires. Les *canines* n'existent que chez les carnivores, et les *incisives* sont très longues chez les rongeurs. Très peu sont complètement dépourvus de dents (*édentés*).

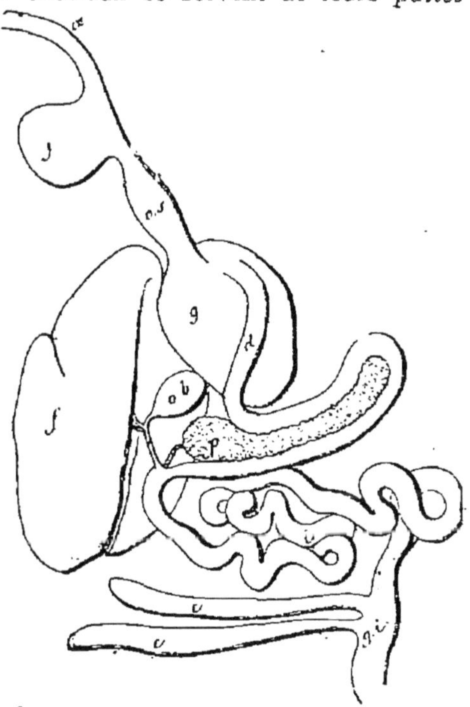

Fig. 107. — Appareil digestif d'un oiseau.
œ, œsophage: *j,* jabot; *v, s,* ventricule succenturié; *i,* intestin grêle; *c, c,* cœcum; *g, i,* gros intestin; *f,* foie; *v. b,* vésicule biliaire; *p,* pancréas.

L'appareil salivaire est bien plus développé chez les herbivores que chez les carnivores, car la nature de leurs aliments exige une plus grande quantité de salive pour être digérés.

L'estomac des mammifères est généralement simple; chez quelques pachydermes (Hippopotame) on compte jusqu'à trois cavités; l'estomac des ruminants (Bœuf, Mouton) en a quatre : la *panse*, le *bnonet*, le *feuillet* et la *caillette*.

327. Oiseaux. — Les mâchoires des *Oiseaux* sont transformées en un bec corné formé de deux mandibules ne servant qu'à la préhension. Ils n'ont pas de système dentaire.

Leur *salive* est épaisse et visqueuse. Leur *estomac* présente en général trois renflements distincts : le *jabot*, le *ventricule succenturié* et le *gésier* (fig. 107).

Le jabot, qui est une dépendance de l'œsophage, manque chez les carnivores; le ventricule succenturié sécrète un liquide analogue au suc gastrique, et le gésier, doué d'une grande puissance musculaire, remplace les dents dans la trituration des graines dont se nourrissent certaines espèces.

Chez les oiseaux, le *cœcum* est double et très développé; le canal intestinal débouche dans une cavité, le *cloaque*, dans laquelle aboutissent également l'oviducte et les canaux urinifères.

328. Reptiles et Batraciens. — Presque tous les *Reptiles* et les *Batraciens* sont pourvus de dents nombreuses et pointues; certaines espèces en ont même jusque sur la voûte du palais.

Les serpents venimeux portent en outre, à la mâchoire supérieure, deux crochets creusés en gouttières, et destinés à l'écoulement d'un liquide empoisonné sécrété par deux glandes particulières.

Tous sont carnivores et avalent les aliments sans les mâcher. L'estomac des reptiles est généralement simple, mais de forme variable; comme les mammifères et les oiseaux, ils ont un foie et un pancréas.

L'intestin est court, et leur digestion est presque toujours lente. Ils peuvent supporter un jeûne très long.

329. Poissons. — La bouche des *Poissons* est ordinairement formée par des os indépendants les uns des autres. La plupart sont armés de dents fixées non seulement au bord des mâchoires, mais encore au palais, aux os de l'arrière-bouche. Ces dents sont dirigées d'avant en arrière, et servent à retenir la proie, et non à la broyer. Ils manquent de glandes salivaires; leur intestin est très court.

330. Insectes. — Les mâchoires des *Insectes* sont composées chacune de deux parties : les *mandibules*, qui, chez les insectes broyeurs, se meuvent horizontalement. En arrière de ces mandibules se trouvent les *mâchoires* proprement dites, plus ou moins compliquées, et entourées d'appendices analogues aux antennes, mais beaucoup moins longs, qu'on appelle *palpes*.

Les pièces buccales se modifient, suivant le régime de l'insecte, en *bec* (Calendre), en *suçoir* (Puce, Cousin), en *trompe* (Papillons, etc.).

Leur canal digestif comprend : la *bouche*, le *pharynx*, le *jabot*, le *gésier*, l'*estomac* proprement dit ou *ventricule chylifique* (fig. 108), et les *intestins*. Le jabot est propre aux insectes suceurs; le gésier, remarquable par les replis, les épines et autres appendices qu'il présente, est un appareil de trituration.

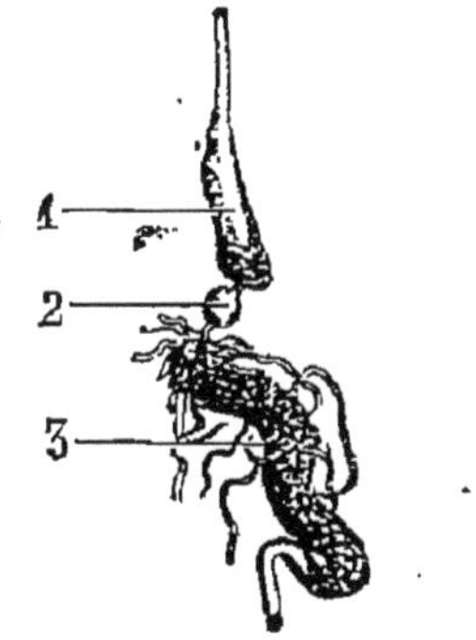

331. Arachnides. — Les *Arachnides* sont presque tous des animaux suceurs, mais munis d'organes assez puissants pour retenir les insectes dont ils se nourrissent. Ces organes comprennent une paire de pinces particulières et une paire de pattes-mâchoires.

332. Crustacés. — Les *Crustacés* qui se nourrissent de matières solides ont la bouche armée de fortes mandibules et de deux paires de pattes-mâchoires; ces pièces sont remplacées par une trompe chez les crustacés suceurs (Poux de mer).

L'œsophage est très court, ainsi que l'intestin; ce dernier est tapissé de pièces très dures en forme de dents, et remplit des fonctions analogues à celles du gésier des oiseaux.

Fig. 108.
Triple estomac d'un insecte carnivore (Carabe).
1, jabot; 2, gésier; 3, estomac propre ou ventricule chylifique.

333. Mollusques. — La bouche de quelques-uns est munie de trois ou quatre arcs cornés assez solides faisant fonction de mâchoires. Chez d'autres, elle est organisée pour la succion. Leur estomac, simple ou multiple, est parfois armé intérieurement de pièces solides pour la trituration des aliments. Leurs intestins, ordinairement courts, ont leur extrémité plus ou moins près de la bouche (fig. 109).

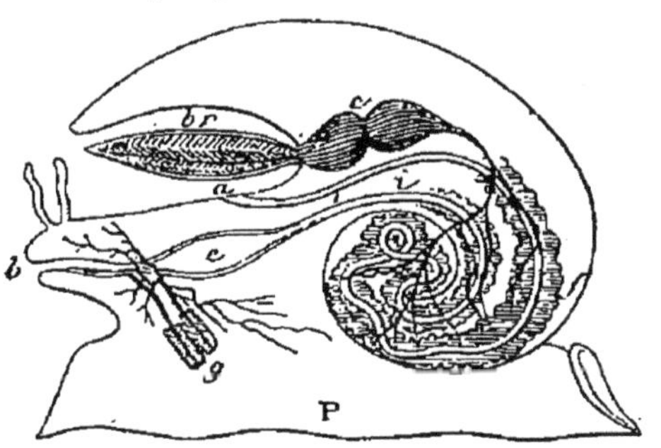

Fig. 109. — Appareil digestif d'un gastéropode (Buccin).

P, pied charnu servant à la locomotion; *b*, bouche; *e*, estomac; *i*, intestin; *f*, foie entourant l'intestin; *a*, anus; *g*, glandes salivaires; *c*, cœur; *br*, branchies.

334. Rayonnés. — L'estomac des *Rayonnés* se réduit souvent à un simple renflement stomacal, destiné à l'entrée des aliments et à l'expulsion des matériaux inutiles à la nutrition.

335. Protozoaires. — Les *Protozoaires* sont d'une structure extrêmement simple; il n'existe pas chez eux de cavité digestive destinée à recevoir les aliments. En général, au contact de l'aliment, leur corps se creuse d'une cavité accidentelle qui enveloppe la masse alimentaire, l'absorbe en partie, puis disparaît quand l'absorption est accomplie.

II. Respiration.

336. Modes de respiration. — La respiration est dite *pulmonaire* quand elle s'opère par des poumons; *branchiale*, *trachéenne* ou *cutanée*, suivant qu'elle se fait au moyen de branchies, de trachées ou simplement par la peau.

337. Mammifères. — Les organes respiratoires des *Mammifères* sont les mêmes que ceux de l'homme; les seules modifications, d'ailleurs peu importantes, qu'on y remarque consistent surtout dans la disposition particulière de la partie supérieure de la trachée. C'est ainsi que chez le Cheval, l'épiglotte, remontant jusqu'à l'origine postérieur des fosses nasales, rend impossible la respiration par la bouche; ces animaux ne respirent donc que par les fosses nasales.

338. Oiseaux. — La respiration des *Oiseaux* est très active, aussi leur température est-elle relativement élevée (40 à 44°). Le *diaphragme* est tout à fait rudimentaire.

Les *poumons* des oiseaux adhèrent par leur surface aux parois thoraciques. Les ramifications des bronches ne se terminent pas toutes dans les poumons; il en est qui conduisent l'air dans des réservoirs ou *sacs aériens* (fig. 110); ces sacs, au nombre de neuf, sont situés, les uns dans la cavité thoracique, les autres en dehors. A chaque inspiration, l'air pénètre dans les premiers en même temps que les seconds s'affaissent, par suite de la diminution de la pression extérieure, et envoient l'air dans les poumons.

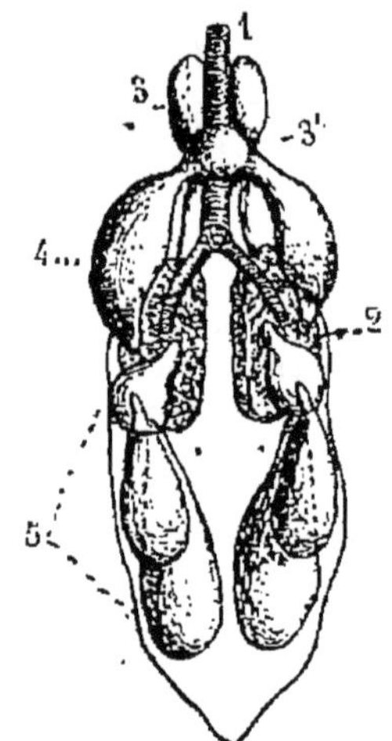

Fig. 110.

Appareil respiratoire d'un oiseau (poule).

1, trachée-artère; 2, poumons; 3, sac cervical; 3', sac claviculaire; 4, sac thoracique; 5, sacs abdominaux.

Les mêmes phénomènes s'accomplissent à chaque expiration, mais en sens inverse; il en résulte donc pour ces animaux une activité toute spéciale de la fonction respiratoire.

Les oiseaux ont un *larynx* qui diffère peu de celui des mammifères; les oiseaux chanteurs possèdent un second larynx situé à la partie inférieure de la trachée, et qui est le véritable organe du chant.

339. Reptiles. — Presque tous les *Reptiles* ont des poumons à très grandes cellules irrégulières, en communication les unes avec les autres. La trachée ne se subdivise pas en bronches, mais débouche tout simplement dans les deux poumons (fig. 111).

Chez les serpents, il n'existe ordinairement qu'un seul poumon, l'autre restant à l'état rudimentaire.

340. Batraciens. — Dans la première période de leur existence, les *Batraciens* respirent par des *branchies* en forme de petits filaments ramifiés, situés en arrière du cou. Chez le plus grand nombre, ces branchies disparaissent à l'état adulte, et la respiration devient pulmonaire. Les *poumons* des batraciens sont deux sacs membraneux, cloisonnés de façon à circonscrire de grandes cellules.

D'autre part, la peau des batraciens, toujours humide, est le siège d'une *respiration cutanée* beaucoup plus importante que celle qui se fait par les poumons; des Grenouilles privées de poumons peuvent encore vivre plusieurs semaines, tandis que d'autres,

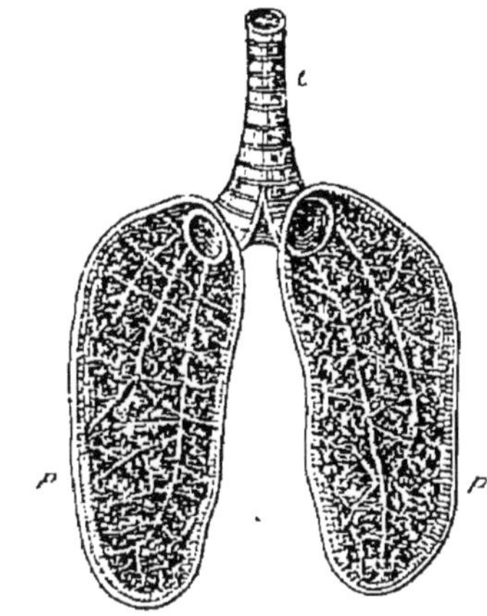

Fig. 111. — Appareil respiratoire d'un Reptile.

t, trachée-artère; *p*, poumons.

encore munies de leurs poumons, mais dont on a recouvert le corps d'un vernis qui rend la peau imperméable, meurent très rapidement.

Quelques espèces (les Protées), rares d'ailleurs, conservent des branchies toute leur vie, ce qui fait que ces animaux sont complètement amphibies.

Les batraciens, ne possédant que des rudiments de côtes, n'ont pas la faculté de pouvoir dilater leur thorax à volonté; aussi le mécanisme de leur respiration consiste à avaler de l'air par un mouvement analogue au mouvement de déglutition.

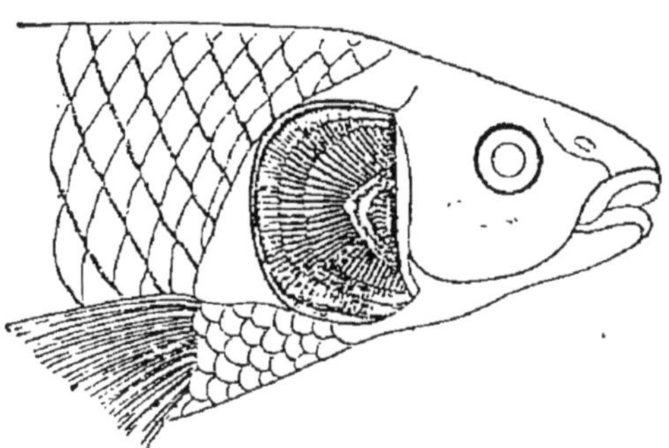

Fig. 112. — Appareil respiratoire d'un Poisson. L'opercule enlevé laisse à découvert les branchies.

341. Poissons. — Les *branchies*, qu'on appelle vulgairement les *ouïes* (fig. 112), constituent l'appareil respiratoire des poissons; elles sont situées latéralement sur les côtés de la tête, et formées de quatre doubles séries de filaments rouges disposées sur des arcs osseux et protégées par une sorte de couvercle ou *opercule*. L'eau, pénétrant dans la bouche, vient sortir derrière ces opercules, baignant ainsi les branchies, et abandonne l'oxygène qu'elle tient en dissolution en

4*

même temps qu'elle se charge de l'acide carbonique provenant du sang veineux.

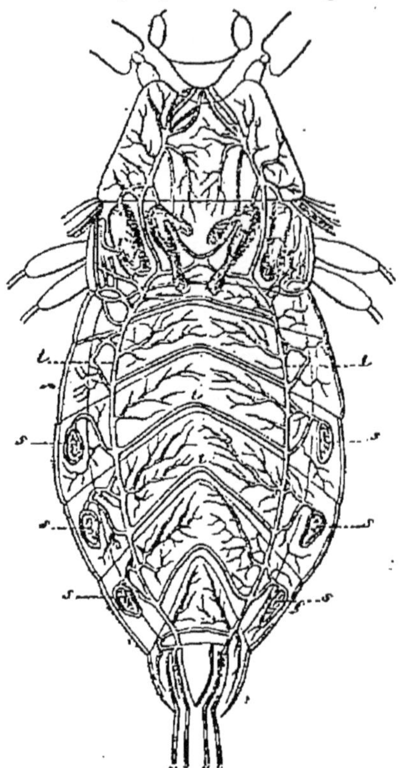

Fig. 113. — Appareil respiratoire d'un insecte.

r, *r*, réservoirs aériens; *t*, trachées; *s*, stigmates.

342. Insectes. — Tous les *Insectes* ont une respiration trachéenne.

Les *trachées* sont des tubes membraneux d'une délicatesse extrême, dont les ramifications distribuent l'air atmosphérique dans toutes les parties du corps (fig. 113). Ces trachées prennent naissance sur les côtés de l'abdomen, entre les anneaux qui le constituent, par des orifices appelés *stigmates*; on en compte 8 ou 9 de chaque côté.

L'insecte introduit l'air dans les trachées par des contractions successives des anneaux de l'abdomen.

343. Arachnides. — Quelques *Arachnides* (Acariens) n'ont pas d'appareil respiratoire bien distinct; leur respiration se fait par la peau.

Certains autres (*Araignées, Scorpions*) ont une respiration pulmonaire. Leurs poumons consistent en des sacs, placés par paires au niveau des premiers anneaux de l'abdomen, et aboutissant extérieurement à des orifices analogues aux stigmates des insectes.

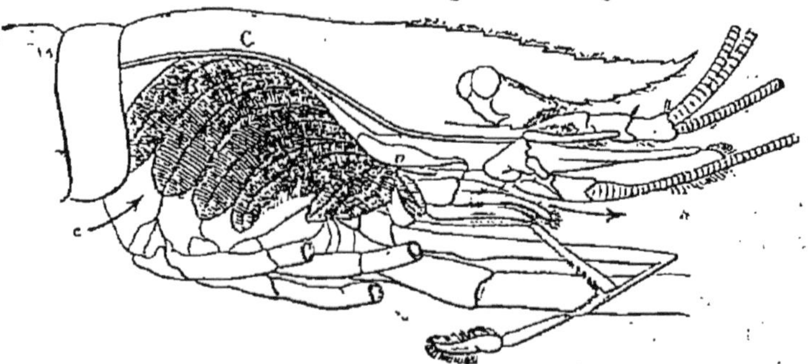

Fig. 114. — Appareil respiratoire de l'Écrevisse.

C, carapace en partie enlevée; B, branchies; *c*, orifice d'entrée de l'eau qui baigne les branchies; *v*, valvule, dont le mouvement détermine le courant de l'eau dans le sens des flèches.

Enfin il existe d'autres espèces, tels que les *Faucheurs*, les

Mites, dont la respiration est trachéenne, comme celle des insectes.

344. Crustacés. — Tous les *Crustacés* ont une respiration branchiale. Leurs *branchies*, tantôt visibles, tantôt cachées sous la carapace, affectent des formes très diverses. Ce sont parfois des membres modifiés, appelés pattes-branchies, et tantôt des organes complètement indépendants.

Les branchies de l'*Écrevisse* sont logées latéralement sous la carapace thoracique (fig. 114); l'eau, pénétrant par une ouverture située en arrière de cette carapace, tra-verse les branchies, et vient sortir près de la bouche par un orifice devant lequel se meut un appendice lamelleux dépendant des mâchoires; le mouvement de cette espèce d'opercule détermine un courant qui fait circuler l'eau dans la cavité branchiale.

345. Vers. — Un grand nombre de *Vers* sont dépourvus d'organes spéciaux de respiration; l'absorption de la petite quantité d'oxygène qui leur est nécessaire se fait par la peau. On n'observe des branchies que chez les *Annélides*.

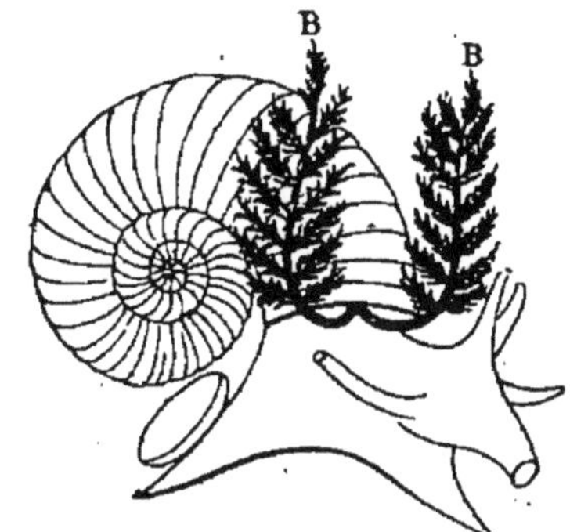

Fig. 115. — Appareil respiratoire d'un Mollusque.

B, B, branchies.

346. Mollusques. — A part le petit groupe des *Pulmonés*, tous les mollusques proprement dits ont une respiration branchiale. Les branchies, le plus souvent en forme de houppe, de panache, de peigne, sont toujours isolées des autres organes, mais sont tantôt visibles, tantôt cachées dans la coquille (fig. 115).

Chez les pulmonés, l'appareil respiratoire se réduit à une cavité pulmonaire avec réseau vasculaire sanguin.

347. Rayonnés. — Tous les *Rayonnés* n'ont qu'une respiration vague et cutanée.

III. Circulation.

348. Mammifères et Oiseaux. — Le système circulatoire des Mammifères et des Oiseaux diffère peu de celui de l'homme. Tous ont un cœur à quatre cavités, une circulation double et complète.

349. Reptiles. — Presque tous les *Reptiles* ont un cœur à trois cavités, comprenant *deux oreillettes* et *un ventricule*, imparfaitement partagé en deux parties par une cloison incomplète.

Le sang veineux arrivant par l'oreillette droite se mélange, dans le ventricule unique, au sang artériel venant des poumons par l'oreillette gauche (fig. 116). Le mélange qui en résulte est ensuite chassé en même temps dans les poumons et dans l'aorte par la contraction du ventricule. Le sang rouge ne s'observe donc pur que dans les vaisseaux qui le ramènent des poumons à l'oreillette gauche.

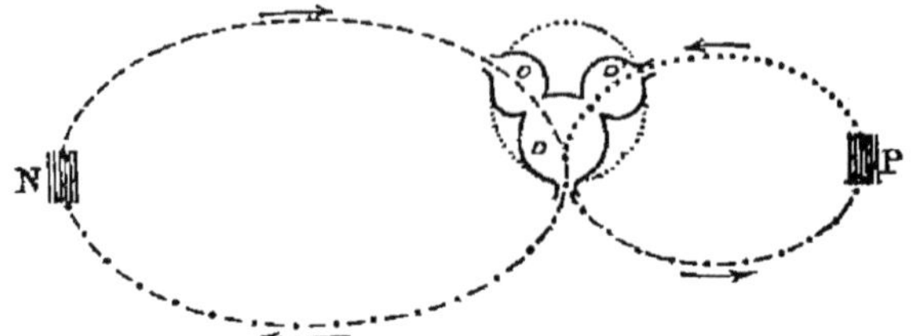

Fig. 116. — Circulation du sang chez un Reptile.

o, oreillette droite; o', oreillette gauche; v, ventricule; P, poumons; N, capillaires de nutrition; ....., sang artériel; ————, sang veineux; —.—.—., mélange de sang artériel et de sang veineux.

Chez les *Crocodiliens* seuls, la cloison ventriculaire est complète; il en résulte alors un cœur à quatre cavités; mais l'aorte communique avec la veine pulmonaire, et le mélange du sang veineux au sang artériel se fait au voisinage du cœur.

La circulation des Reptiles est donc *double* et *incomplète;* elle entraîne comme conséquence une diminution considérable d'activité dans l'acte respiratoire; aussi les reptiles sont des vertébrés à sang froid.

350. Batraciens. — Dans les premiers temps de leur existence, alors que leur respiration est branchiale, les *Batraciens* ont un cœur composé d'*une seule oreillette* et d'*un seul ventricule;* c'est un cœur *aortique,* c'est-à-dire traversé par du sang artériel. A l'état adulte, l'oreillette se cloisonne en deux loges; dans l'une arrive le sang artériel, et dans l'autre le sang veineux; ces deux sangs se mélangent dans le ventricule unique. La circulation est alors identique à celle des reptiles. Cette transformation de l'appareil circulatoire entraîne nécessairement d'importantes modifications dans la disposition des vaisseaux distributeurs.

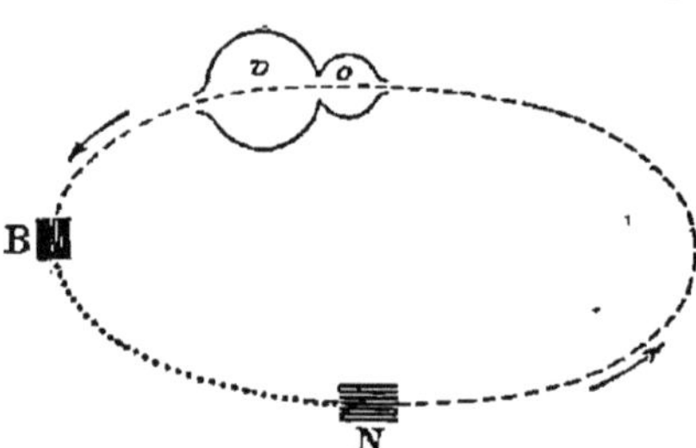

Fig. 117. — Circulation du sang chez les Poissons.

o, oreillette; v, ventricule; B, branchies; N, capillaires de nutrition; ....., sang artériel; ————, sang veineux.

351. Poissons. — Le *cœur,* ordinairement placé sous la gorge (fig. 118), n'a plus qu'*une oreillette* et qu'*un ventricule,* représentant le cœur droit des mammifères; il ne reçoit que du sang veineux

(fig. 117). Au ventricule s'ajoute le plus souvent un renflement contractile appelé *bulbe artériel*.

Le sang veineux arrive dans l'oreillette par un tronc commun appelé

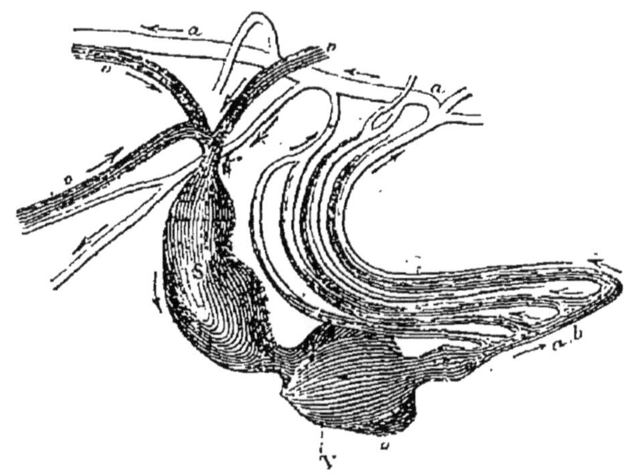

Fig. 118. — Appareil circulatoire d'un Poisson.

o, oreillette; V, ventricule: a, b, artère branchiale; a, a, artère dorsale;
r, v, veines; S, sinus veineux.

sinus veineux, passe dans le ventricule, puis est chassé dans les branchies par les contractions du ventricule et du bulbe artériel. Le sang
revient ensuite par les *veines branchiales* vers la base du crâne, et
passe dans une *artère dorsale*, remplissant les fonctions du cœur
gauche, qui le distribue à tous les organes.

La circulation des Poissons est donc *simple*, mais *complète*.

352. Insectes. — Le sang des *Insectes*, généralement incolore ou
peu coloré, est répandu dans les interstices des organes, où les ramifications des trachées lui apportent l'air nécessaire à sa vivification.
Il est mis en mouvement par un *vaisseau dorsal* contractile, faisant
l'office de cœur, et dans lequel le sang circule en se dirigeant vers la
tête ; ce vaisseau dorsal est muni de valvules qui empêchent son retour
en arrière.

353. Crustacés et Arachnides. — Les *Crustacés* supérieurs (*Crabe,
Homard, Écrevisse*) ont un cœur ne comprenant qu'*une seule cavité*,
logé dans le céphalo-thorax et placé sur le trajet du sang artériel. Le
sang venant des branchies y arrive par trois orifices munis de valvules, puis se distribue à tous les organes par un système de vaisseaux, et tombe ensuite dans les espaces inter-organiques. Il chemine
ainsi jusqu'aux branchies, où il est repris par les canaux qui le ramènent
au cœur.

Chez les autres Crustacés, la circulation se fait de la même manière,
mais le cœur a une forme un peu plus simple.

Les *Arachnides* ont une circulation presque identique à celle des crustacés.

354. Vers. — L'appareil circulatoire des *Vers* consiste en deux vaisseaux : l'un, le *vaisseau dorsal*, considéré comme artériel ; l'autre, le *vaisseau ventral*, dans lequel circule le sang veineux, est situé au-dessous du canal digestif. De nombreux canaux secondaires mettent ces deux vaisseaux en communication sur leur parcours.

355. Mollusques. — Les *Mollusques* ont un *cœur aortique*, variable sous le rapport du nombre de ses cavités, mais présentant toujours au moins une oreillette et un ventricule.

Le sang venant des différents organes se rend directement aux organes de la respiration, en passant généralement par des lacunes.

356. Rayonnés et Protozoaires. — Dans ces animaux, l'absence de tout fluide nourricier préparé par la digestion ne permet pas de distinguer facilement l'appareil de la circulation. Cette circulation lente se fait par infiltration ou imbibition non appréciable dans la plupart des cas.

IV. Système nerveux.

357. Vertébrés. — Le système nerveux des *Vertébrés* diffère très peu de celui de l'homme. Il se compose toujours : 1° d'un *système nerveux cérébro-spinal*, composé de nerfs et de centres nerveux situés *au-dessus* du canal digestif; 2° d'un *système nerveux ganglionnaire*, placé de chaque côté de la colonne vertébrale, et fournissant aux viscères de nombreuses ramifications (fig. 119, I et II).

358. Annelés. — Le système nerveux des *Annelés* consiste en masses ganglionnaires, réunies en une longue chaîne suivant la ligne médiane du corps. Le plus volumineux de ces ganglions occupe la tête et représente le *cerveau;* des filets nerveux le rattachent à un second ganglion situé au-dessous de l'œsophage. Ces filets forment donc autour de l'œsophage une sorte d'anneau appelé *collier œsophagien*. La chaîne se continue ensuite par les ganglions *thoraciques* et *abdominaux*, tous situés *au-dessous* du canal digestif (fig. 119, III).

359. Vers. — Excepté les *Annélides,* qui ont encore des ganglions cérébraux reliés à une chaîne ganglionnaire par un collier œsophagien (fig. 119, IV), tous les vers ont un système nerveux qui consiste en deux grandes masses nerveuses situées dans le pharynx, d'où émanent des filets nerveux qui se distribuent à tous les organes.

360. Mollusques. — Le système nerveux des *Mollusques* est identique à celui des annelés (fig. 119, V).

361. Rayonnés et Protozoaires. — Chez un grand nombre de ces

animaux, le système nerveux n'est plus appréciable à nos moyens
d'investigation. Les rayonnés supérieurs ont un système nerveux

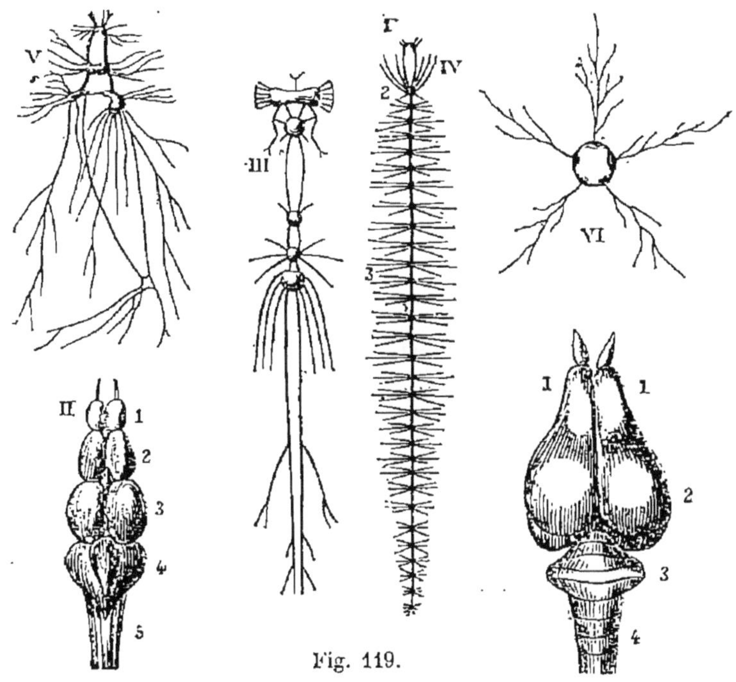

Fig. 119.

I. Encéphale d'un oiseau. 1, lobes olfactifs; 2, lobes cérébraux; 3, cervelet et
moelle allongée; 4, moelle épinière. — II. Encéphale de poisson (Anguille).
1, lobes olfactifs; 2, hémisphères cérébraux; 3, lobes optiques; 4, cervelet,
5, moelle épinière. — III. Système nerveux d'un insecte (Hanneton). —
IV. Système nerveux d'un annélide (Ver de terre). — V. Système nerveux
d'un mollusque. — VI. Système nerveux d'un rayonné.

formé d'un anneau ganglionnaire, émettant des cordons nerveux qui
se rendent aux différents organes (fig. 119, VI).

CHAPITRE V

CLASSE DES MAMMIFÈRES

362. Caractères généraux. — Les *Mammifères* sont des animaux à sang chaud. Ils ont un cœur à quatre cavités, une respiration pulmonaire; leur squelette se compose à peu près des
mêmes pièces que celui de l'homme (fig. 120).

Leur tête est généralement petite, et porte quelquefois des

cornes (Bœuf), des bois (Cerf). Les modifications les plus profondes que l'on observe dans leur squelette portent sur la conformation des membres et sont la conséquence naturelle de leur mode de locomotion. Ainsi, certains Mammifères aquatiques, comme les Baleines, les Morses, dont le corps ressemble à celui d'un poisson, ont les membres antérieurs étalés en forme de

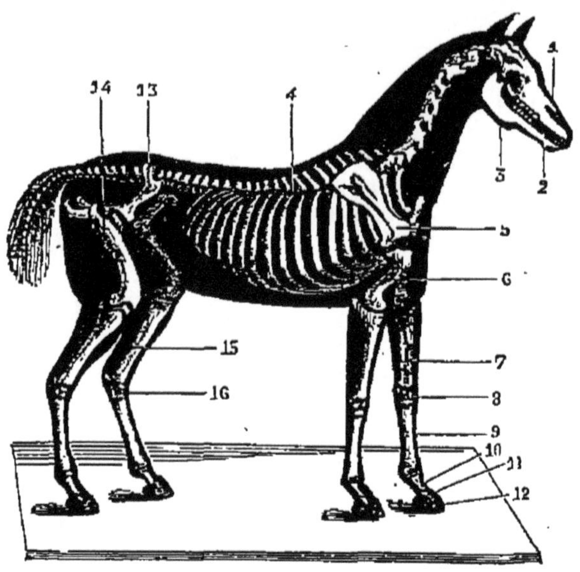

Fig. 120. — Squelette de mammifère (Cheval).

1, os du nez (chanfrein); 2, barre; 3, maxillaire inférieur (ganache); 4, colonne vertébrale; 5, omoplate; 6, humérus; 7, cubitus; 8, carpe; 9, métacarpe dont les os soudés forment le canon; 10, 11 et 12, phalanges enveloppées dans le sabot; 13, os iliaque; 14, fémur; 15, tibia; 16, tarse.

rames, et les membres postérieurs transformés en nageoire transversale. D'autres, comme les Chauves-souris, ont les doigts des membres antérieurs très développés et réunis entre eux et aux membres postérieurs par une membrane en forme d'aile, qui leur permet de voler comme les oiseaux.

Chez aucun mammifère le nombre des doigts n'est supérieur à cinq, mais dans beaucoup d'espèces ce nombre est réduit. Le doigt interne, qui est le pouce, disparaît le premier; c'est ainsi qu'il manque à la patte postérieure du Chat domestique. Le doigt opposé, qui est le 5ᵒ, disparaît ensuite, puis successivement le 2ᵉ et le 4ᵉ, de sorte que le doigt unique du Cheval, par exemple, est le 3ᵒ, c'est-à-dire celui du milieu.

Le caractère particulier qui seul suffit à les déterminer consiste dans la présence de *mamelles,* organes sécréteurs du lait, destiné à nourrir les petits pendant les premiers temps de leur existence.

303. Lait. — Le *lait* est un liquide blanc, opaque, d'une densité un peu supérieure à celle de l'eau et renfermant environ 10 à 15 p. % de matières solides, dont les principales sont le *sucre de lait*, le *beurre* et la *caséine*.

Le sucre de lait ou lactose peut, sous l'influence de l'air ou des acides, se transformer en acide lactique; c'est ce qui détermine la coagulation du lait.

Le beurre est une matière grasse disséminée dans le lait en fines gouttelettes entourées d'une membrane très mince; ces gouttelettes, plus légères que le liquide, montent à la surface et y forment une couche plus ou moins épaisse qu'on appelle la *crème*. Si par le battage on déchire les enveloppes des globules, la matière grasse se réunit en masse et donne le *beurre*.

La caséine est une substance albuminoïde qui forme la partie gélatineuse du lait coagulé; c'est elle qui constitue les fromages.

364. Poils. — Tous les Mammifères, à l'exception du petit nombre de ceux qui vivent dans l'eau (*Baleine*), ont le corps couvert de *poils*.

On appelle *jarre* le poil long qui constitue la fourrure de l'animal, et *bourre* le duvet fin et court caché sous le précédent.

Suivant leur souplesse ou leur raideur, les poils prennent le nom de *piquants* (Hérisson, Porc-épic), de *soies* (Sanglier, Porc), de *crins* (Cheval, Chien), de *laine* (Mouton).

La couleur des poils varie entre le noir, le brun ou le jaune; ils sont souvent plus foncés à la pointe qu'à la base.

On donne le nom de *pelage* à l'ensemble des teintes que présentent les poils de l'animal. Ces teintes sont symétriquement distribuées dans les espèces sauvages, mais très variables et sans ordre dans les espèces domestiques.

Les poils étant plus abondants en hiver qu'en été, c'est pendant l'hiver que l'on chasse les mammifères à fourrure.

On appelle *mue* la chute périodique des poils; elle arrive ordinairement à l'automne et au printemps.

La laine est utilisée pour la confection des étoffes, et les crins servent à fabriquer des brosses.

365. Monodelphes et Didelphes. — Les Mammifères monodelphes sont ceux dont le squelette ne présente pas d'os marsupiaux, tandis que les Didelphes en sont pourvus.

Fig. 121. — Os marsupiaux.
m, marsupiaux,
i, os iliaque; S, sacrum.

Les *os marsupiaux* (fig. 121) sont des os dépendant du bassin, destinés à soutenir une poche renfermant les mamelles, et dans laquelle les petits trouvent un refuge aussitôt après leur naissance.

I. Subdivision des Mammifères en ordres.

I. MAMMIFÈRES MONODELPHES

- **ONGUICULÉS** — Doigts séparés, mobiles, terminés par des ongles distincts.
  - **Trois sortes de dents.**
    - Pouce opposable (main) aux quatre extrémités............... **QUADRUMANES.**
    - Pouce non opposable (pied, patte) 4 membres.
      - Les antérieurs convertis en ailes membraneuses......... **CHEIROPTÈRES.**
      - Conformés pour la locomotion terrestre............. **CARNIVORES.**
      - Les antérieurs organisés pour fouir la terre............. **INSECTIVORES.**
      - Conformés pour la natation........... **AMPHIBIES.**
  - **Deux sortes de dents ou pas de dents.**
    - Deux incisives très longues, très tranchantes à chaque mâchoire. **RONGEURS.**
    - Ni incisives ni canines........... **ÉDENTÉS.**
- **ONGULÉS** — Doigts enveloppés dans des sabots.
  - Estomac simple............................... **PACHYDERMES.**
  - Estomac multiple...................... **RUMINANTS.**
- **ICHTYOÏDES**
  - Pas d'ongles, membres antérieurs disposés en nageoires................... **CÉTACÉS.**

II. MAMMIFÈRES DIDELPHES

- Poche abdominale entourant les mamelles...................... **MARSUPIAUX.**
- Pas de poche abdominale; organisation analogue, sous quelques rapports, à celle des oiseaux................................ **MONOTRÈMES.**

II. Ordre des Quadrumanes.

366. Caractères généraux. — L'ordre des Quadrumanes comprend les *Singes* ou *Simiens* et les *Lémuriens.*

Au point de vue anatomique, ce sont les animaux qui ressemblent le plus à l'homme. Ils ont quatre mains; leurs membres antérieurs sont toujours plus longs que les postérieurs. La plupart des Singes ont une queue, et chez les espèces d'Amérique cette queue est *prenante,* c'est-à-dire peut s'enrouler autour des branches d'arbre et servir ainsi comme un cinquième

Fig. 122. — Magot d'Algérie (Singe de l'ancien continent).

membre. Ils ont la même dentition que l'homme et sont essentiellement frugivores; leur taille est très variable : celle du Gorille est supérieure à celle de l'homme; les Ouistitis sont de la grosseur des Écureuils.

Les Singes sont assurément les plus intelligents des animaux, et sont doués d'un remarquable instinct d'imitation.

On les divise en deux familles : les *Singes de l'ancien continent* et ceux du *nouveau continent.*

367. Singes de l'ancien continent. — Les *Singes de l'ancien continent* comprennent les plus grandes espèces. Les principaux sont :

le *Chimpanzé*, le *Gorille*, l'*Orang-Outang*, les *Gibbons* et les *Magots*.

Le *Chimpanzé* est celui qui, par son organisation et le développement de son intelligence, se rapproche le plus de l'homme.

Le *Gorille*, dont la taille atteint souvent deux mètres, est le plus redouté des singes, à cause de sa férocité et de sa force musculaire.

L'*Orang-Outang* a des bras qui descendent jusqu'à terre lorsqu'il se tient debout; il s'apprivoise assez facilement.

Les *Gibbons*, qui habitent l'Inde et la Chine, sont remarquables par la longueur de leurs membres.

Les *Magots* (fig. 122), pillards et irascibles, vivent en troupes nombreuses en Algérie, dans le Maroc et aux environs de Gibraltar. Ce sont les seuls que l'on rencontre en Europe.

308. Singes du nouveau continent. — Les *Singes du nouveau continent* ont les narines écartées et séparées par une cloison épaisse. Les espèces les plus remarquables sont : les *Sajous* ou *Sapajous*, les *Sakis* et les *Ouistitis*, petites espèces tranquilles et inoffensives qui peuplent les forêts de l'Amérique du Sud.

Les *Atèles* sont remarquables par la longueur de leurs bras; ils habitent surtout les forêts de la Guyane et du Brésil.

369. Lémuriens. — Les *Lémuriens* se rapprochent beaucoup des précédents par leur organisation. Ce sont des animaux nocturnes, lents et paresseux, que l'on rencontre dans certaines îles de l'Afrique et du sud de l'Asie.

Les plus remarquables sont les *Galéopithèques*, dont les membres et la queue sont réunies par une membrane qui semble envelopper l'animal comme un manteau; cette membrane leur sert de parachute quand ils sautent d'une branche à une autre. Ils dorment pendant le jour suspendus aux arbres, après lesquels ils s'accrochent au moyen de leurs griffes puissantes.

Fig. 123. — Maki.

Les *Makis* (fig. 123) sont des animaux agiles appartenant à ce groupe. Ils se nourrissent de fruits et d'insectes, et sont faciles à élever en captivité.

Les Lémuriens établissent la transition entre les Singes et les Cheiroptères. Quelques auteurs les rattachent d'ailleurs à ces derniers; d'autres en font un ordre spécial.

III. Ordre des Cheiroptères.

370. Caractères généraux. — Les *Cheiroptères* ont les doigts des membres supérieurs très développés, à l'exception du pouce; ces doigts sont réunis entre eux et aux membres inférieurs par une membrane servant au vol. A part cette disposition particu-

lière, qui les rapprocherait des oiseaux, ils ont tous les caractères des mammifères.

Ce sont des animaux nocturnes ou crépusculaires, doués d'un

Fig. 121. — Oreillard commun.

instinct merveilleux pour se diriger et éviter les obstacles dans la plus complète obscurité.

Cet ordre comprend deux familles : les *Roussettes* et les *Chauves-Souris*.

Les *Roussettes* habitent l'Asie et l'Afrique; leurs ailes atteignent souvent plus d'un mètre d'envergure. Ce sont des animaux exclusivement frugivores.

Les *Chauves-Souris*, communes dans nos pays, se nourrissent d'insectes, qu'elles capturent en volant. Elles passent l'hiver, suspendues la tête en bas, dans les grottes et les cavernes.

IV. Ordre des Carnivores.

371. Caractères généraux. — L'ordre des *Carnivores* renferme les plus féroces des mammifères terrestres. A l'exception du Chien et du Chat, ils vivent tous à l'état sauvage.

Leur dentition comprend, outre des incisives, des canines très développées, fortement implantées dans les mâchoires, et des molaires aiguës et tranchantes destinées à couper la chair dont ils se nourrissent.

Leurs doigts sont terminés par des griffes puissantes et acérées. Ils ont l'odorat d'une finesse extrême et la vue très perçante; dans l'obscurité, leurs yeux paraissent phosphorescents, par suite de la réflexion que subissent, sur un organe spécial placé au fond de l'œil et qu'on nomme le *tapis*, les faibles rayons de lumière qui y pénètrent.

Ils sont tous couverts de poils, et quelques-uns, comme l'*Hermine*, la *Zibeline*, sont recherchés pour leur fourrure.

A part la *Loutre*, qui vit dans nos cours d'eau, tous ont les membres conformés pour la locomotion terrestre. Les uns marchent le talon relevé, ne posant à terre que l'extrémité des

Fig. 125. — Pied de digitigrade.
t, talon.

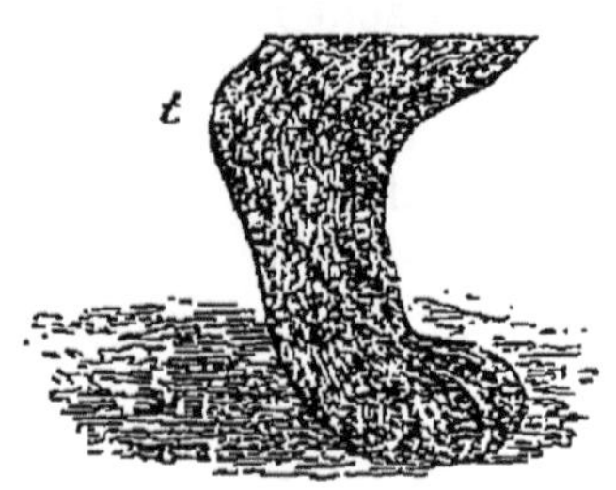

Fig. 126. — Pied de plantigrade.
t, talon.

doigts (fig. 125) : ce sont les *Digitigrades*; d'autres appuient la plante des pieds tout entière sur le sol : ce sont les *Plantigrades* (fig. 126).

A côté de ces deux groupes se range toute une catégorie de petits carnivores qui ont le corps allongé, les jambes courtes et le museau pointu. Ces animaux *vermiformes*, tous avides de sang et de carnage, sont le fléau des basses-cours.

372. Tribu des Digitigrades. — La tribu des *Digitigrades* comprend les espèces connues vulgairement sous le nom d'animaux féroces.

Les principales familles sont la famille des *Félins*, celle des *Hyènes* et celle des *Chiens*.

Toutes les espèces appartenant à la famille des félins ont les ongles rétractiles, c'est-à-dire que ces animaux peuvent, à leur gré, les faire saillir ou bien les retirer dans l'intérieur de la patte et faire, comme on dit, *patte de velours*. Cette curieuse disposition des griffes les garantit de l'usure par le frottement sur le sol, et les empêche, par conséquent, de s'émousser.

La langue des Félins est hérissée de papilles revêtues d'un étui corné qui lui donnent la rugosité d'une râpe.

Les principales espèces de cette famille sont le *Lion*, le *Tigre*, le *Léopard*, la *Panthère* et le *Chat*.

Le *Lion* est le plus fort de tous les animaux; il ne se nourrit que de proie vivante, et ne s'attaque à l'homme que lorsqu'il est provoqué ou que la faim l'y pousse. Il habite surtout l'Afrique et la partie occidentale de l'Asie jusqu'aux Indes.

Le *Tigre* (fig. 127) a un pelage zébré de bandes transversales; il

est plus féroce que le Lion. Par sa souplesse extraordinaire, ses allures
de chasseur à l'affût, son audace incroyable, il rappelle le chat de nos
pays, qui d'ailleurs sert de type à la famille des Félins.

Fig. 127. — Tigre royal.

Le *Léopard* et la *Panthère*, redoutables par leur férocité, se rencontrent en Afrique et dans une partie de l'Asie.

Le *Chat domestique* descend du chat sauvage, dont il a conservé
les mœurs et presque l'indépendance; il vit dans nos habitations parce
qu'il trouve le vivre et le couvert, mais ne possède aucune des qualités qui caractérisent la fidélité et le désintéressement du Chien.

373. Famille des Hyènes. — La famille des *Hyènes* comprend
un certain nombre d'animaux, que l'on reconnaît facilement à
leur démarche gauche et embarrassée, résultant de ce que leurs
membres postérieurs sont moins longs que les antérieurs. Ces
animaux se nourrissent de viande corrompue qu'ils recherchent
pendant la nuit. Ils sont lâches et attaquent rarement l'homme.

L'*Hyène tachetée* habite l'Afrique et l'Asie.

374. Famille des Chiens. — Les espèces formant la famille
des *Chiens* n'ont pas d'ongles rétractiles; leur langue est douce;
ils ont l'odorat très développé.

Les *Chiens sauvages* se distinguent des chiens domestiques,
auxquels ils ressemblent par l'aspect, en ce qu'ils n'aboient
jamais.

Il existe un très grand nombre de variétés de chiens domestiques, toutes remarquables par le développement de leur intelligence et les services désintéressés qu'ils rendent à l'homme.
Les principales sont le *Chien de berger*, le *Terre-Neuve*, le
Dogue, le *Caniche*, le *Lévrier*, etc. (n° 498).

Le *Loup*, le *Chacal* et le *Renard* appartiennent à la même
famille.

Les *Loups* ressemblent beaucoup aux Chiens; ils vivent ordinairement isolés, et ne se réunissent en bandes que lorsqu'ils sont pressés par la faim; ils sont alors d'une audace incroyable, et s'attaquent aussi bien à l'homme qu'aux animaux. Ils sont répandus dans toute l'Europe, et surtout en Pologne, en Russie et en Sibérie.

Le *Chacal*, dont la voracité est sans égale, se rencontre en Afrique.

Le *Renard*, qui habite toute l'Europe, est renommé pour ses ruses et sa finesse, et justement redouté pour les dégâts qu'il cause dans les basses-cours.

375. Tribu des Plantigrades. — La tribu des *Plantigrades*, moins nombreuse que la précédente, comprend les espèces qui, dans la marche, appliquent sur le sol toute la plante de leurs pieds.

Les plus remarquables sont les *Ours* et le *Blaireau*.

Les *Ours* sont des animaux omnivores d'une force musculaire considérable; ils ont le corps lourd, la démarche pesante, et peuvent s'apprivoiser facilement.

L'*Ours brun* (fig. 128) se trouve dans les Alpes et les Pyrénées; il

Fig. 128. — Ours brun.

dort le jour et sort la nuit pour chercher sa nourriture, qui consiste surtout en fruits et en racines; il est friand de miel et de fourmis.

L'*Ours blanc*, qui habite les régions polaires, est bien plus redoutable que l'ours brun.

Deux autres espèces, l'*Ours noir* et l'*Ours gris*, vivent dans les grandes forêts de l'Amérique du Nord.

Le *Blaireau* a le corps couvert de poils longs et raides, qui servent à faire des brosses et des pinceaux.

376. Carnivores à corps vermiforme. — Les principales espèces de ce groupe sont la *Loutre*, la *Martre*, la *Zibeline*, l'*Hermine*, la *Fouine*, la *Belette* et le *Furet*.

La *Loutre* vit au bord des rivières et des étangs; elle plonge et nage avec la plus grande facilité, grâce à ses pieds palmés, et fait une guerre acharnée aux poissons.

La *Martre*, la *Zibeline* et l'*Hermine* sont recherchées pour leur fourrure (n° 512). La *Civette* (fig. 129) fournit un produit de sécrétion, analogue au musc, employé en parfumerie.

Fig. 129. — Civette (long. 0^m,55).

La *Fouine* et la *Belette* détruisent le gibier, et font souvent les plus grands dégâts dans les poulaillers.

Le *Furet* est souvent utilisé dans la chasse au lapin de garenne (n° 494).

V. Ordre des Insectivores.

377. Caractères généraux. — Les *Insectivores* sont tous de petite taille; leur nourriture, qui consiste principalement en insectes, exige une disposition particulière du système dentaire. En effet, ces animaux ont des molaires hérissées de tubercules pointus s'engrenant les uns dans les autres.

Leurs yeux sont toujours très petits, mais ils ont l'ouïe et l'odorat extrêmement développés. Ce sont des animaux hibernants qui rendent les plus grands services à l'agriculture en détruisant un nombre considérable de larves et d'insectes nuisibles.

Fig. 130. — Hérisson.

378. Espèces principales. — Les insectivores les plus remarquables sont la *Taupe*, le *Hérisson* et la *Musaraigne*.

La *Taupe* a le corps ramassé, couvert d'un poil luisant, noir et serré : ses membres antérieurs, courts et robustes, sont terminés par des mains larges, tournées en dehors, qui lui servent à fouir la terre et à rejeter les débris à droite et à gauche. Les taupes ne font aucun tort aux racines des plantes, et ne sont nuisibles que par les dégâts que cause la perforation des nombreuses galeries qu'elles creusent dans les terrains cultivés.

Le *Hérisson* (fig. 130) a le dos couvert de piquants raides et aigus ; quand il est poursuivi, il se roule sur lui-même et présente alors l'aspect d'une boule hérissée d'épines qui le protègent contre les attaques de ses nombreux ennemis, dont les principaux sont le Chien et le Renard. C'est un animal essentiellement nocturne.

VI. Ordre des Amphibiens.

379. Caractères généraux. — Les *Amphibiens* sont des mammifères qui vivent ordinairement dans l'eau.

Leur peau est garnie de poils courts et lisses, et recouvre une épaisse couche de graisse qui les protège contre le refroidissement ; ils ont les membres élargis et les doigts réunis par une membrane qui les transforme en nageoires.

Ce sont des animaux qui vivent en troupes nombreuses dans les mers polaires ; très agiles dans l'eau, ils se meuvent difficilement à terre, ce qui permet de les capturer aisément.

Les principaux amphibiens sont les *Phoques* et les *Morses*.

Fig. 131. — Tête de Morse.

Les *Phoques* sont très intelligents et s'apprivoisent aussi facilement que le Chien. Les Esquimaux, les Samoyèdes mangent leur chair huileuse, et utilisent leur peau et leurs os pour en faire des vêtements, des canots, des cordes, des rames, etc. ; c'est donc un animal précieux pour les régions polaires.

Les *Morses* diffèrent des Phoques par le développement des canines supérieures, qui forment de redoutables défenses dont la longueur peut dépasser 60 centimètres, et qui fournissent un ivoire très estimé (fig. 131).

VII. Ordre des Rongeurs.

380. Caractères généraux. — Les *Rongeurs* sont caractérisés par l'absence de canines et le développement considérable des incisives médianes (fig. 132).

Celles de la mâchoire supérieure glissent comme des lames de ciseau sur celles de la mâchoire inférieure et servent à couper les racines, les écorces, les fruits, dont ces animaux se nourrissent. Ces dents repoussent par leur base à mesure que le frottement use la partie active. Quelques-uns hibernent pendant l'hiver.

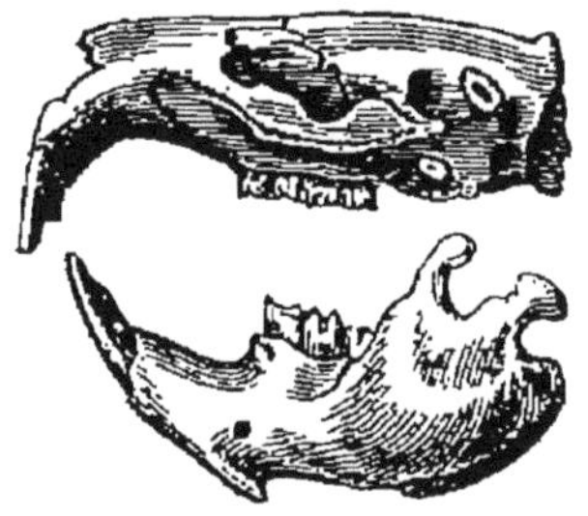

Fig. 132.

Dentition d'un Rongeur.

381. Espèces principales. — Les rongeurs les plus remarquables sont l'*Écureuil*, la *Marmotte*, le *Loir*, le *Rat*, le *Campagnol*, le *Porc-Épic*, le *Lièvre*, le *Lapin* et le *Castor*.

Les *Écureuils* sont de petits rongeurs à queue touffue, d'une agilité extraordinaire ; ils se nourrissent de fruits et surtout de noisettes, de châtaignes, de glands, qu'ils portent à leur bouche au moyen de leurs pattes de devant, dont ils se servent comme d'une pince.

Fig. 133. — Loir lérot.

La *Marmotte*, aux membres courts, au corps épais, habite les montagnes de l'Europe ; on l'apprivoise aisément. Son sommeil hibernal dure sept à huit mois.

Le *Loir* ressemble à l'Écureuil par son genre de vie et son agilité ; on le rencontre le plus souvent dans les forêts. Il existe en France une espèce particulière, très voisine, le *Lérot* (fig. 133), qui commet des dégâts parfois considérables dans les vergers. Le sommeil du Loir pendant l'hiver est devenu proverbial.

Les *Rats* ont la queue longue et nue ; ils vivent aussi bien dans les champs que dans les habitations, et sont d'autant plus redoutables qu'ils se multiplient rapidement et qu'ils sont peu difficiles sur la nature de leur nourriture.

Les *Campagnols* ressemblent aux rats, mais sont beaucoup plus petits et ont la queue velue. Comme leur nom l'indique, ils habitent les campagnes et s'y multiplient parfois d'une manière si prodigieuse, que des récoltes entières sont rapidement anéanties.

Le *Surmulot* ou *Rat d'égout* est l'espèce la plus grosse et la plus vorace.

Le *Rat d'eau* est une espèce particulière qui vit au bord des étangs et des petits cours d'eau.

Le *Mulot* vit dans les champs, où il commet parfois des dégâts considérables.

La *Souris* se rencontre indifféremment dans les champs et les habitations.

Le *Porc-Épic* appartient à l'une des plus grosses espèces de rongeurs; il est exclusivement herbivore. Son corps est hérissé de piquants longs et raides qu'il peut redresser à volonté. C'est un animal complètement inoffensif.

Le *Lièvre* et le *Lapin* constituent dans l'ordre des rongeurs un groupe spécial, caractérisé par la présence à la mâchoire supérieure de quatre incisives au lieu de deux; ces incisives sont placées sur deux rangs, les plus grosses en avant.

Ce sont des animaux herbivores dont la chair est excellente; ils sont pour cette raison l'objet d'une chasse active de la part de l'homme (nº 494). Leur timidité est proverbiale. Le lièvre dort dans les buissons, dans les touffes d'herbes, tandis que le lapin se creuse dans la terre des terriers profonds.

Le Lapin sauvage est appelé *Lapin de garenne;* le lapin domestique ou *Clapier* a la chair plus blanche que le lièvre, mais beaucoup moins estimée.

Les *Castors* se reconnaissent à leur queue large, recouverte d'écailles et aplatie en forme de spatule. Ces animaux vivent en colonies nombreuses, au bord des lacs et des cours d'eau éloignés des habitations des hommes. L'étude des mœurs des Castors est l'une des plus curieuses et des plus intéressantes que l'on puisse faire.

VIII. Ordre des Édentés.

382. Caractères généraux. — Les *Édentés* sont essentiellement caractérisés par l'absence d'incisives; une seule espèce en possède, c'est le *Tatou géant*.

Leur dentition est tout à fait rudimentaire, et les canines, quand elles existent, ne se distinguent pas des molaires. Leurs doigts sont terminés par des griffes longues et recourbées.

Les *Tardigrades* forment un groupe d'animaux qui vivent sur les arbres, aux branches desquels ils se suspendent au moyen de leurs longues griffes.

La lenteur extrême qu'ils mettent à se déplacer, leur démarche indolente et embarrassée lorsqu'ils descendent à terre, ce qui arrive rarement, leur a valu le nom de *Paresseux*.

383. Espèces principales. — L'*Aï* et l'*Unau*, espèces les plus communes ; les *Tatous*, les *Pangolins* et les *Fourmiliers*.

Les *Tatous* ont le corps couvert d'une sorte de carapace formée de segments mobiles disposés transversalement. Ce sont des animaux peu intelligents et tout à fait inoffensifs.

Les *Pangolins* ont également le corps protégé par de larges écailles imbriquées les unes sur les autres à la manière des tuiles d'un toit.

Les Tatous et les Pangolins sont des animaux nocturnes qui peuvent se rouler en boule comme le Hérisson.

Les *Fourmiliers* sont complètement dépourvus de dents et se nourrissent exclusivement de fourmis, qu'ils capturent en étendant près des fourmilières leur longue langue, enduite d'un liquide visqueux.

Il existait autrefois des édentés de très grande taille dont l'espèce est aujourd'hui disparue ; les principaux étaient le *Mégathérium* et le *Mylodon*.

IX. Ordre des Pachydermes.

384. Subdivision des Pachydermes. — L'ordre des *Pachydermes* renferme les plus gros mammifères terrestres ; on le subdivise en trois sous-ordres :

1° Les *Proboscidiens* ou *Pachydermes à trompe ;*

2° Les *Pachydermes ordinaires* ou *Fissipèdes*, qui ont le pied fendu (fig. 134) ;

3° Les *Solipèdes*, qui n'ont qu'un seul doigt protégé par un sabot.

385. Proboscidiens. — Les *Proboscidiens* n'ont pas de canines, mais les incisives sont généralement longues et souvent transformées en *défenses*. Les principaux sont les *Éléphants*.

Fig. 134.
Pied de Fissipède
(Sanglier).

Les *Éléphants* (fig. 135) sont les plus gros Mammifères terrestres actuellement vivants ; leur peau, presque complètement nue, est très épaisse et résiste aux balles de fusil ; leurs membres massifs se terminent par un pied large et aplati. Leur démarche est pesante ; cependant un homme à cheval a de la peine à les suivre quand ils courent.

Leurs yeux sont petits. Ils sont très adroits de leur trompe, qui leur sert d'organe de préhension, et sont doués d'une intelligence remarquable d'autant plus précieuse, que, une fois réduits en domesticité, ils sont d'une étonnante docilité (n° 507).

L'ivoire qui constitue leurs défenses est très recherché; la longueur de ces défenses peut atteindre deux mètres, et leur poids dépasser cent kilos.

Fig. 135. — Éléphant des Indes (haut. : 2m,50).

Trois autres espèces de proboscidiens existent seulement à l'état fossile, ce sont le *Mammouth*, plus grand que l'Éléphant actuel; le *Mastodonte* et le *Dinothérium*.

386. Pachydermes ordinaires ou Fissipèdes. — Les *Fissipèdes* ont la peau épaisse, nue ou couverte de soies. Les principaux sont l'*Hippopotame*, le *Rhinocéros*, le *Porc* et le *Sanglier*.

L'*Hippopotame* est le plus informe de tous les quadrupèdes; son corps nu et graisseux, plus haut à la croupe qu'à la tête, porté par

Fig. 136. — Rhinocéros des Indes (hauteur : 2m).

des jambes si courtes que le ventre touche presque à terre, sa tête, d'un aspect hideux, en font un animal d'une laideur repoussante. Il passe la plus grande partie de son existence dans l'eau, et n'attaque l'homme que pour se défendre; il est essentiellement herbivore, et habite les grands fleuves de l'Afrique.

Le *Rhinocéros* (fig. 136) est un animal dont la peau est extrêmement épaisse. Il porte sur le nez une corne puissante, qui semble être formée de poils agglutinés. D'un naturel farouche, il recherche les endroits humides et ombragés des régions chaudes de l'Afrique et de l'Asie.

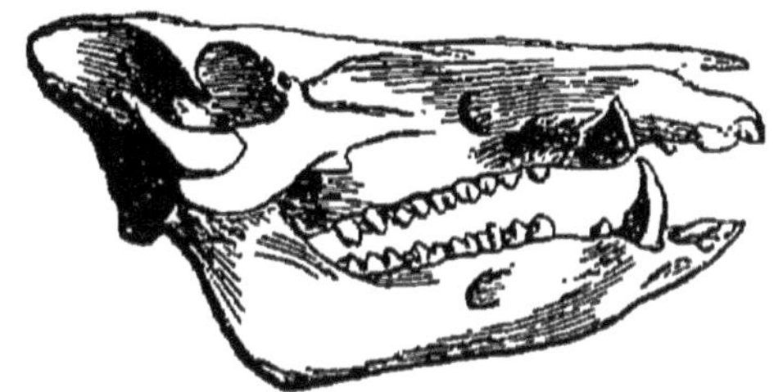

Fig. 137. — Tête de Porc.

Les *Porcs* sont des animaux voraces et malpropres. Il n'est presque aucune partie de leur corps que l'on ne puisse utiliser; leur chair se mange fraîche ou salée; leur peau sert à faire des tamis; leurs soies, à fabriquer des brosses; leur graisse constitue le saindoux (n° 488).

La *Trichine* (n° 586) est un petit ver microscopique qui vit quelquefois dans les muscles et la graisse des porcs malades; elle peut, par l'alimentation, passer dans les tissus de l'homme et y occasionner de graves altérations.

Le *Sanglier* est le porc à l'état sauvage; ses canines, très développées, constituent des défenses redoutables. Il habite les forêts, et ne sort que la nuit pour chercher sa nourriture, qui est essentiellement végétale. La femelle porte le nom de *Laie*, et les petits celui de *Marcassins*.

387. Solipèdes. — Chez les *Solipèdes*, les incisives sont séparées des molaires par un intervalle assez grand qu'on appelle la *barre;* c'est là qu'on place le mors qui sert à conduire le cheval.

Les solipèdes les plus remarquables sont le *Cheval*, l'*Ane*, l'*Onagre* et le *Zèbre*.

Fig. 138. — Zèbre.

Le *Cheval* est précieux pour les nombreux services qu'il rend à l'homme. Buffon, dans une page admirable, en a décrit les excellentes qualités. Son éducation (*dressage*) varie suivant qu'on le destine à la course, à l'attelage ou aux rudes travaux du roulage.

Il existe de nombreuses races de chevaux, que l'on s'applique à développer et à perfectionner; les principales sont : les races *arabe*, *percheronne*, *boulonnaise;* les chevaux du *Limousin*, de l'*Auvergne*, et ceux de la *Camargue* (n° 505).

L'*Ane* se distingue du cheval par sa taille plus petite et ses oreilles plus longues. A part l'eau qui *doit* servir à sa boisson, et qu'il veut claire et limpide, il est peu exigeant pour sa nourriture. Il a le pied plus sûr que le cheval, et résiste merveilleusement à la fatigue. Renommé pour son entêtement, qui s'accroît avec l'âge, il est devenu, bien à tort cependant, le type de la stupidité et de la sottise (n° 506).

L'*Onagre* est un âne sauvage qui habite l'Asie. Il est si agile, qu'il dépasse à la course les meilleurs chevaux. La finesse de son ouïe est telle, qu'il est difficile de l'approcher; aussi est-on obligé d'employer la ruse pour le capturer.

Les *Zèbres* (fig. 138) vivent à l'état sauvage dans le sud de l'Afrique; ils ont tout à fait l'allure du cheval, et n'en diffèrent que par leur robe jaunâtre, rayée transversalement de larges bandes noires.

X. Ordre des Ruminants.

388. Caractéres généraux. — Le pied des *Ruminants* comprend quatre doigts, mais les deux du milieu posent seuls à terre. Ils sont surtout caractérisés par la disposition de leur estomac, qui présente quatre cavités : la *panse*, le *bonnet*, le *feuillet* et la *caillette* (fig. 140).

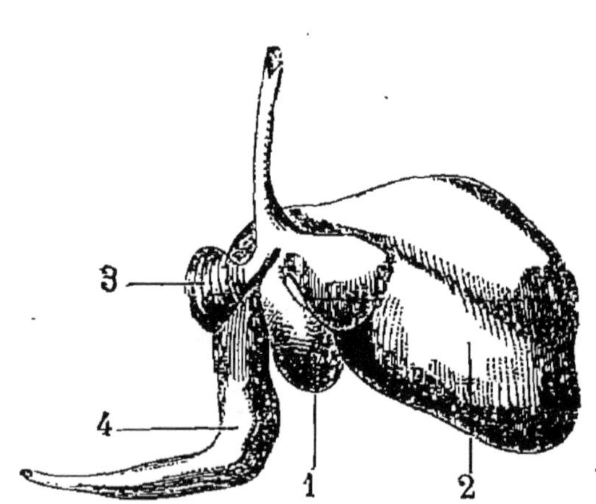

Fig. 139.
Pied de ruminant.

Fig. 140. — Estomac de ruminant (Mouton).
1, panse; 2, bonnet; 3, feuillet; 4, caillette.

La *panse* n'est qu'un simple réservoir dans lequel les aliments s'accumulent après avoir subi une mastication incomplète; l'animal a la faculté de les faire ensuite remonter dans la bouche pour y être broyés et imprégnés de salive : c'est l'acte de la *rumination*; après quoi ils passent dans le feuillet, puis dans la caillette ; le bonnet sert de réservoir à la boisson.

Un grand nombre de ruminants sont pourvus de cornes, lesquelles peuvent être pleines ou creuses (fig. 141); ces dernières sont persistantes, tandis que les cornes pleines, auxquelles on donne le nom de *bois*, se renouvellent à certaines époques.

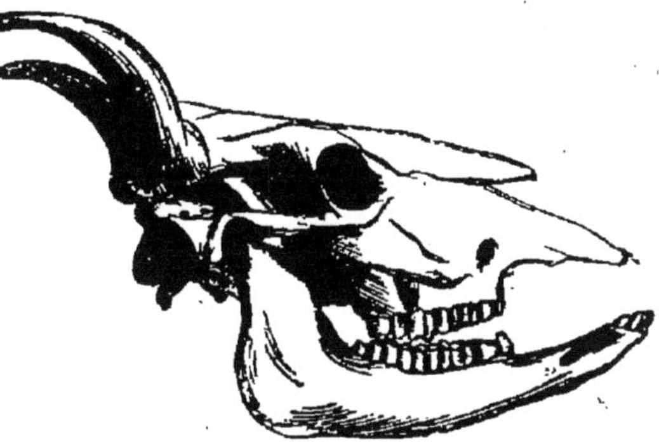

Fig. 141. — Tête de bœuf.

389. Subdivision des Ruminants. — L'ordre des *Ruminants* se divise en quatre familles d'après la structure des cornes; ce sont les *Tauriens*, les *Élaphiens*, les *Caméléopardiens* et les *Caméliens*.

RUMINANTS
- Ayant des cornes.
  - Cornes *creuses*, *persistantes*. TAURIENS.
  - Cornes *pleines*
    - *caduques*. ÉLAPHIENS.
    - *persistantes*. CAMÉLÉOPARDIENS.
- Dépourvus de cornes. CAMÉLIENS.

390. Tauriens. — La famille des *Tauriens* comprend un grand nombre d'espèces, dont plusieurs sont élevées en domesticité, comme le *Bœuf*, le *Mouton*, la *Chèvre*; les espèces sauvages les plus remarquables sont le *Bison*, le *Buffle*, le *Mouflon*, la *Gazelle* et le *Chamois*.

Le *Bœuf domestique* est un animal précieux pour les services qu'il rend à l'agriculture. De plus, sa chair est employée comme viande de boucherie; sa graisse sert à fabriquer des chandelles, des bougies et des savons; son sang est utilisé pour la fabrication du bleu de Prusse; ses os sont travaillés ou employés à la préparation du phosphore et du noir animal; sa peau, par l'opération du tannage, fournit le cuir (n° 510).

Les *Vaches* fournissent le lait, avec lequel on fait le beurre et le fromage. Les meilleures vaches laitières sont celles des races *bretonne*, *normande* et *hollandaise*, et les principales races de boucherie sont celles de *Durham*, celles du *Limousin*, et la race *charolaise* (n° 480).

Ces animaux sont sujets à la *météorisation* ou gonflement de l'estomac produit par un dégagement d'acide carbonique, dû à l'ingestion de trèfle ou de luzerne humides. On dissipe cette indisposition en faisant avaler à l'animal un demi-litre d'eau contenant 30 à 40 gr. d'ammoniaque liquide.

Le *Bison* et le *Buffle* sont des espèces voisines du Bœuf, qui vivent à l'état sauvage.

Le *Mouton* est réduit en domesticité depuis les temps les plus reculés; on ne le connaît point à l'état sauvage. Sa toison fournit la laine; les races les plus estimées pour leur laine sont celles des *Mérinos* d'Espagne et de France (n° 485). C'est un animal stupide et sans initiative (n° 484).

Fig. 142. — Chèvre.

La *Chèvre* est un animal de montagne vagabond, capricieux, dont l'entretien coûte peu, et qui fournit en abondance d'excellent lait. La Chèvre de Cachemire porte un poil soyeux, avec lequel on fabrique les magnifiques étoffes dites de Cachemire (n° 487).

Le *Mouflon*, duquel semble descendre le Mouton domestique, vit en troupes dans les montagnes de la Corse et des Pyrénées.

Les *Gazelles* habitent l'Afrique; elles sont pour l'Arabe le type de l'élégance et de la grâce; les grands carnassiers leur font une guerre acharnée.

Le *Chamois* se rencontre dans les sites escarpés des Alpes et des Pyrénées.

391. Élaphiens. — Les principaux *Élaphiens* sont le *Cerf*, le *Daim*, le *Chevreuil*, l'*Élan* et le *Renne*.

Les *Cerfs* (fig. 143) habitent les régions tempérées des deux continents; ils tendent à disparaître par suite de la chasse active dont ils sont l'objet. La femelle, qui est dépourvue de bois, porte le nom de *Biche*, et le petit celui de *Faon*. Le *Daim* est plus petit que le précédent.

Fig. 143. — Tête de cerf adulte.

Le *Chevreuil* se distingue du Cerf par sa petite taille, la forme de ses bois et l'absence de queue.

L'*Élan* porte des bois étalés et vit dans les forêts humides; la briè-

veté de son cou l'oblige à se mettre à genoux pour brouter l'herbe
dont il se nourrit.

Le *Renne* remplace le Cheval et le Bœuf dans les pays froids; sa
chair est employée comme aliment, et sa peau sert de fourrure (n° 509).

392. Caméléopardiens. — Les *Caméléopardiens* ont des
cornes pleines recouvertes par la peau; l'espèce principale est
la *Girafe.*

La *Girafe* est remarquable par la petitesse de sa tête et la longueur
extraordinaire de son cou; ses jambes postérieures sont plus courtes
que les antérieures. Elle se nourrit très rarement d'herbe, mais broute
les jeunes pousses des arbres, que la hauteur de sa taille lui permet
d'atteindre facilement; elle n'habite que l'Afrique.

393. Caméliens. — Les *Caméliens* sont dépourvus de cornes;
les plus remarquables sont le *Chameau*, le *Dromadaire* et les
Chevrotains.

Les *Chameaux* ont la lèvre supérieure fendue et portent deux canines
et deux incisives à la mâchoire supérieure. Ces animaux rendent les
plus grands services dans certains pays, où ils remplacent le cheval;
leur sobriété extraordinaire, leur patience à supporter la faim et la
soif, la conformation de leur pied, qui leur permet de marcher facilement sur le sable, en font des animaux précieux pour les caravanes
qui traversent les déserts sablonneux (n° 508).

On connaît deux espèces de chameaux : l'une a une bosse, c'est le
Dromadaire; il habite l'Afrique; l'autre, que l'on rencontre en Asie,
a deux bosses, c'est le *Chameau de la Bactriane.*

XI. Ordre des Cétacés.

394. Caractères généraux. — Les *Cétacés*, que l'on pourrait
confondre avec les poissons à cause de la forme de leur corps,
possèdent tous les caractères des mammifères, bien qu'ils vivent

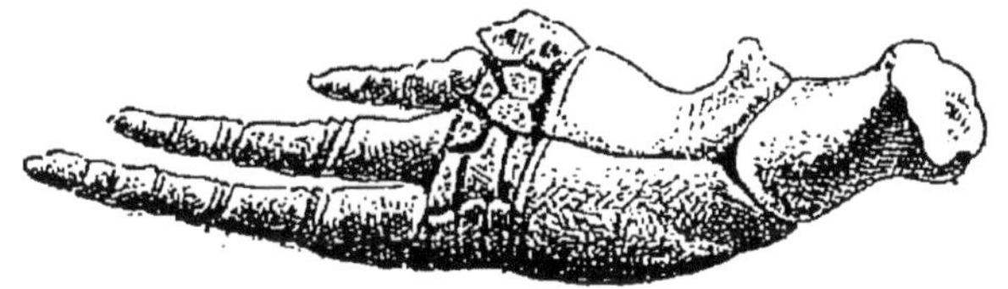

Fig. 144. — Membre du Dauphin.

constamment dans la mer. En effet, leur respiration est pulmonaire, leur circulation complète, et ils portent des mamelles.
Leur peau est nue; leurs membres, profondément modifiés, sont
transformés en nageoires, et leur queue, toujours horizontale,

leur sert d'organe de propulsion. Les uns sont herbivores, et les autres carnivores.

395. Espèces principales. — Les principaux Cétacés sont les *Baleines*, les *Dauphins*, les *Marsouins* et les *Cachalots*.

Les *Baleines* sont les plus gros mammifères connus; elles peuvent atteindre de 20 à 30 mètres de longueur, et leur tête n'a pas moins de 8 à 10 mètres. Leur bouche, large de 3 à 4 mètres environ, renferme une langue de 20 à 30 mètres carrés de surface.

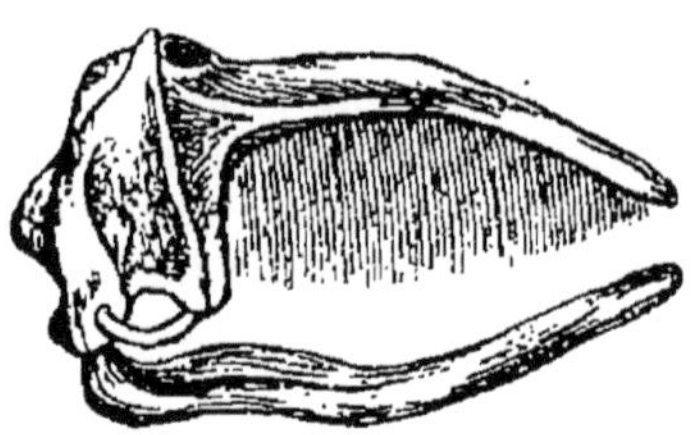

Fig. 145. — Mâchoire de Baleine.

Ces animaux n'ont pas de dents, mais portent des *fanons*, lames cornées, étroites, longues de 4 à 5 mètres, fixées sur les bords du palais, et formant ainsi par leur arrangement une sorte de cloison fermant l'orifice buccal.

Leurs yeux, fort petits, sont placés près des angles de la bouche; leurs narines, situées sur le front, portent le nom d'*évents*. Elles se nourrissent de petits animaux marins. On les chasse pour s'emparer de leurs fanons et pour extraire l'huile de leur chair; une baleine ordinaire fournit environ 20000 kilogr. d'huile et pour 3 à 4000 fr. de fanons.

Les *Dauphins*, excessivement voraces, se nourrissent de poissons et peuvent vivre dans l'eau douce.

Les *Marsouins*, assez abondants sur les côtes, remontent quelquefois le cours des fleuves.

Les *Cachalots*, presque aussi gros que les Baleines, fournissent le *blanc de baleine*, matière diaphane résultant de la solidification d'un liquide huileux qui remplit des cavités situées à la partie antérieure de la tête.

XII. Ordre des Marsupiaux.

396. Caractères généraux. —Les *Marsupiaux* habitent presque tous l'Australie; leur système dentaire présente des types de tous les ordres précédents; aussi, sans la présence des os marsupiaux qui servent à les classer dans un ordre à part, on les trouverait disséminés dans tous les autres ordres de Mammifères.

Les Marsupiaux sont les premiers mammifères qui ont paru sur le globe; on en trouve de nombreux débris dans les couches géologiques.

397. Espèces principales. — Les Marsupiaux les plus remarquables parmi les espèces actuellement vivantes sont les *Sarigues* et les *Kanguroos*.

Les *Sarigues* sont des insectivores à queue prenante; on en trouve depuis la taille d'une souris jusqu'à celle d'un chat.

Les *Kanguroos* sont les plus grands des marsupiaux. Leurs pattes postérieures sont extraordinairement développées relativement aux pattes antérieures, qui sont faibles et très courtes, ce qui fait que l'animal progresse par bonds successifs au moyen de ses pattes postérieures et de sa queue, qui lui sert alors de troisième point d'appui.

XIII. Ordre des Monotrèmes.

398. Caractères généraux. — Comme les précédents, ces animaux appartiennent à l'Australie; comme eux, ils ont des os marsupiaux, mais ces os sont peu développés et ne soutiennent pas de poche ventrale. L'absence des dents et la présence d'un bec corné les rapprochent des oiseaux.

On n'en connaît que deux espèces : l'*Échidné* et l'*Ornithorynque*.

Le premier se nourrit de fourmis, qu'il capture comme le Fourmilier; le second a des mœurs aquatiques, et se nourrit de vers et de mollusques qu'il trouve dans la vase, en la fouillant au moyen de son bec, dont la forme rappelle celui du Canard.

CHAPITRE VI

CLASSE DES OISEAUX

I. Caractères généraux.

399. Aspect général. — Les *Oiseaux* constituent un groupe parfaitement naturel, dont on reconnaît aisément les individus au premier coup d'œil.

Leur corps est couvert de *plumes*, productions épidermiques analogues au poil des mammifères, mais de structure différente. Les grandes plumes ou *pennes* se composent d'un *axe principal*, terminé inférieurement par un étui corné implanté dans la peau; sur cet axe sont fixées, dans un même plan, des *barbes* portant elles-mêmes des *barbules* très courtes, lesquelles, s'accrochant les unes aux autres, forment par leur ensemble une lame légère.

Les longues plumes des ailes portent le nom de *rémiges* (fig. 146), et celles de la queue celui de *rectrices*. Les petites plumes ou *tectrices*, appelées aussi *couvertures*, sont imbriquées les unes sur les autres comme les tuiles d'un toit. Le *duvet* est formé de plumes très petites protégeant l'oiseau contre le froid.

On appelle *mue* le renouvellement périodique des plumes; elle peut avoir lieu une ou deux fois par an; pendant la mue, les oiseaux chanteurs sont silencieux.

400. Squelette (fig. 147). — Les os des oiseaux sont creux, ce qui leur donne de la solidité

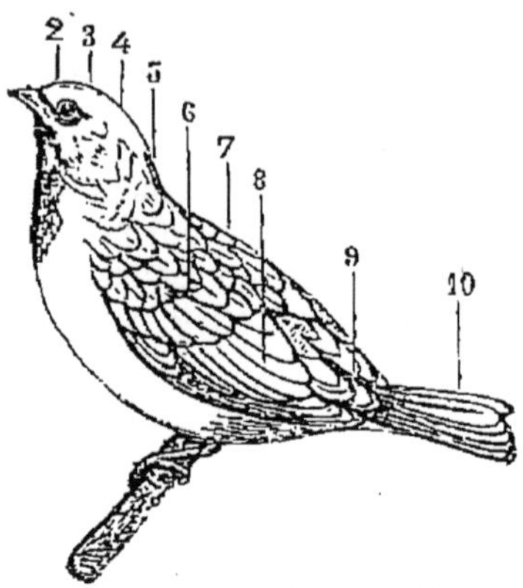

Fig. 146. — Disposition des plumes.
1, bec; 2, front; 3, vertex; 4, occiput; 5, couvertures du cou; 6, couvertures des ailes; 7, couvertures du dos; 8, rémiges; 9, couvertures de la queue; 10, rectrices.

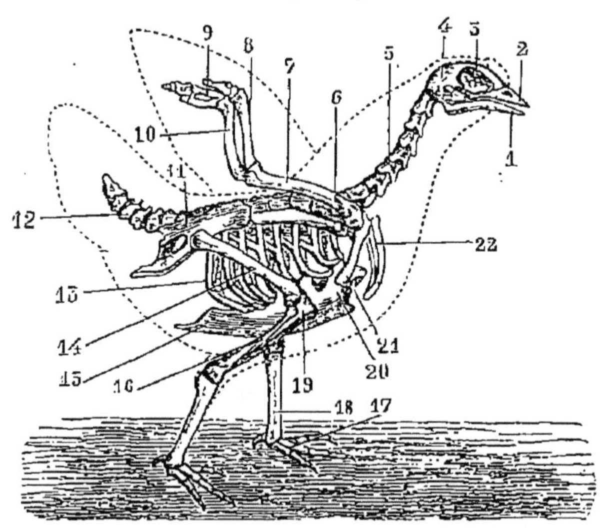

Fig. 147. — Squelette d'un oiseau (Poule commune).

1, 2, mandibules inférieure et supérieure; 3, orbite; 4, crâne; 5, vertèbres cervicales; 6, omoplate; 7, humérus; 8, radius; 9, métacarpe; 10, cubitus; 11, bassin; 12, vertèbres caudales; 13, côtes; 14, fémur; 15, sternum; 16, péroné; 17, phalanges du pied; 18, tarse; 19, tibia; 20, bréchet; 21, os coracoïdien; 22, clavicules (*fourchette*).

en même temps qu'une grande légèreté. La *tête*, relativement petite, est terminée par un *bec* corné qui est l'organe de la préhension. Le *cou*, formé d'un nombre assez considérable de vertèbres, est très mobile, tandis que les vertèbres du tronc sont soudées de façon à rendre complètement immobile cette région de la colonne vertébrale.

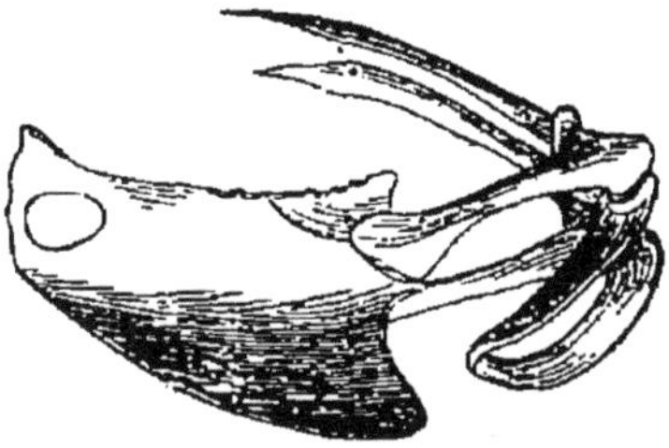

Le *sternum* (fig. 148), sur lequel doivent s'insérer les principaux muscles du vol, est très développé et recouvre en grande partie l'abdomen.

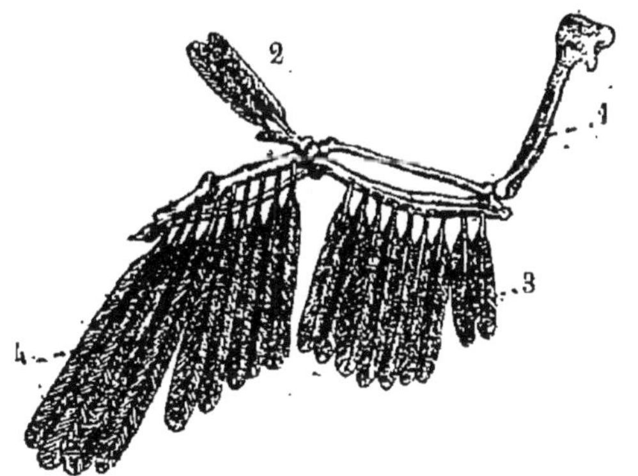

Fig. 148. — Sternum d'oiseau.

Les *pattes* sont grêles, plus ou moins longues suivant l'espèce, et terminées par des doigts dont la disposition constitue, avec la forme du bec, l'un des principaux caractères de classification.

Les *membres antérieurs* sont les organes du vol; le bras et l'avant-bras ne présentent rien de particulier, si ce n'est que le *radius* est immobile sur le *cubitus*.

La *main*, profondément modifiée, se réduit à deux ou trois doigts rudimentaires.

401. Organes des sens. — Le *cerveau* des oiseaux est lisse. Le sens de la *vue* est le seul qui soit développé d'une façon remarquable, grâce à la présence, dans la chambre postérieure de l'œil, d'une membrane particulière, le *peigne*, que l'on observe chez tous les oiseaux.

Les oiseaux ont une troisième paupière, dite *nictitante*, qui peut se placer devant l'œil à la façon d'un écran.

402. Vol. — L'oiseau progresse dans l'air par le mouvement des ailes. Les plumes de la main et de l'avant-bras (*rémiges*), qui sont les véritables plumes du vol, sont étagées les unes sur les autres de manière à former, lorsque l'aile est étendue, une sorte de plan continu et résistant que l'air ne peut

Fig. 149. — Aile d'oiseau.
1, humérus; 2, polliciales; 3, rémiges secondaires;
4, rémiges primaires.

traverser. Le sternum, sur lequel s'insèrent les muscles qui meuvent les ailes, présente en avant une crête médiane, le *bréchet*, qui multiplie les points d'insertion des muscles, et donne une direction plus favorable à la puissance musculaire. L'omoplate est rattachée au sternum, non seulement par une clavicule, mais encore par un os (os coracoïdien), encore plus résistant que la clavicule elle-même, ce qui assure aux muscles un solide point d'appui.

Dans le vol, l'aile se présente à l'air par sa tranche dans le sens du déplacement; les oiseaux ne peuvent donc s'élever suivant la verticale qu'en volant contre le vent. La queue, projetée en arrière, sert de gouvernail. La puissance du vol dépend de la longueur des ailes, ou mieux de l'*envergure*, c'est-à-dire de la distance qui sépare leurs extrémités lorsqu'elles sont étendues. Les grands voiliers peuvent se soutenir quelque temps en l'air, les ailes étendues, et ne descendre que lentement suivant une direction oblique; c'est ce qui fait la majesté du vol de l'Aigle, du Condor, etc.

La station n'est point fatigante pour l'oiseau; la plupart se perchent pour dormir; en s'affaissant sur la branche, les muscles qui fléchissent les doigts se contractent naturellement, et l'oiseau peut ainsi se tenir en équilibre sans la moindre fatigue.

403. Œuf. — Les oiseaux sont *ovipares*, c'est-à-dire se reproduisent par des œufs.

L'œuf se compose d'une enveloppe calcaire ou *coquille* (fig. 150), assez poreuse pour permettre à l'air de la traverser.

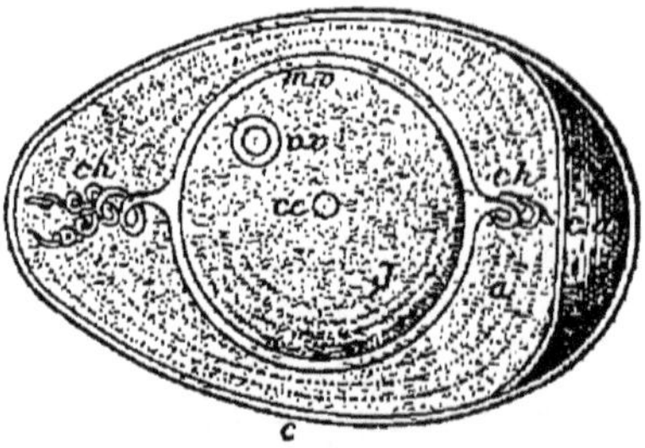

Fig. 150. — Œuf d'oiseau.

c, coquille; *a*, albumine; *c*, *a*, chambre à air; *m*, *v*, membrane vitelline; J, jaune ou vitellus; *c*, *c*, cicatricule; *ch*, chalazes.

Dans cette enveloppe se trouve une masse liquide, filante: c'est l'*albumine* ou *blanc d'œuf*, entourée d'une fine membrane (*m. coquillière*) appliquée contre la coquille. Dans cette masse flotte le *jaune* ou *vitellus*, de forme sphérique et entouré lui-même d'une membrane propre (*m. vitelline*); deux cordons d'albumine épaissie (*chalazes*), fixés aux deux extrémités de la coquille, le maintiennent en place.

La surface du jaune d'œuf présente une petite tache blanchâtre, la *cicatricule*, partie importante, servant de point de départ au développement du jeune oiseau.

Quand l'œuf est très frais, l'albumine remplit entièrement la coquille; mais au bout de quelque temps elle se résorbe un peu, et il se forme à l'une des extrémités un espace rempli d'air : c'est la *chambre à air*.

Quand la Poule ne trouve pas dans ses aliments les sels calcaires nécessaires à la formation de la coquille, elle pond des œufs à enveloppe molle, qu'on appelle œufs *hardés*.

404. Incubation. — L'*incubation* est le phénomène par lequel l'oiseau se développe dans l'intérieur de l'œuf jusqu'au moment où il en sort en brisant sa coquille. Ce développement exige toujours une certaine quantité de chaleur et demande un temps variable suivant les espèces; les petites espèces éclosent du 10º au 12e jour, le Poulet au bout de 20 jours, et l'Autruche après le 40e jour.

C'est ordinairement la mère qui se charge de couver elle-même ses œufs, qu'elle a déposés dans un nid dont la structure, variable d'une espèce à l'autre, mais constante pour une même espèce, est souvent d'une architecture admirable. Tandis que les uns, comme les Pics, font leur nid dans des trous qu'ils creusent dans le tronc des arbres, les autres, comme les Chouettes, les construisent dans les excavations naturelles; les Perdrix, les Alouettes, les déposent à terre ou dans les buissons; les Corbeaux, les Pies, les perchent à la cime des grands arbres; le Moineau effronté installe son nid de pailles et de plumes négligemment entassées sous les toits des maisons; le Loriot le suspend à l'extrémité d'une branche flexible, et le Foulque amarre le sien aux roseaux

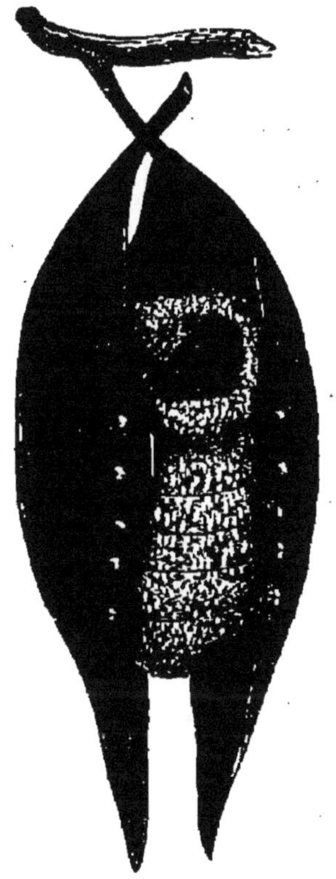

Fig. 151.— Nid de la Fauvette couturière.

qui bordent les étangs, sur l'eau desquels il le laisse flotter.

L'étude du merveilleux instinct avec lequel les oiseaux construisent leur nid, comme d'ailleurs celle de toutes les œuvres de Dieu, excite au fond de l'âme une religieuse admiration pour la sagesse du Créateur. Elle rend meilleur l'homme qui s'y

livre et qui sait comprendre tout ce qu'il y a de grand et de
sublime dans ces mille prodiges que sa bonté met journellement
sous nos yeux, et près desquels nous passons si souvent sans
même les remarquer.

405. Migrations des oiseaux. — Un grand nombre d'espèces
entreprennent, à certaines époques de l'année, de longs voyages
pour se soustraire aux influences particulières de certains climats. Ainsi les *Hirondelles*, les *Coucous*, les *Cailles*, le *Rossignol*, qui passent chez nous la belle saison, nous quittent à
l'entrée de l'automne ou de l'hiver et s'en vont chercher des
climats plus chauds ; ils sont alors remplacés par des oiseaux
du Nord, tels que les *Goélands*, les *Canards sauvages*.

Ceux qui partent les derniers sont aussi les premiers à revenir nous annoncer les beaux jours, et tout le monde sait avec
quel admirable instinct la plupart de ces voyageurs retrouvent,
au retour, le pays qu'ils avaient quitté et le lieu où ils avaient
niché l'année précédente.

II. Subdivision des Oiseaux en Ordres.

OISEAUX						
Pas de membrane entre les doigts.	Jambes courtes (oiseaux terrestres).	Pas d'écailles sur les narines.	Bec recourbé. Ongles robustes.		RAPACES. *Aigle.*	
			Bec droit ou un peu arqué ; ongles faibles.	3 doigts en avant, 1 doigt en arrière.	PASSEREAUX. *Moineau.*	
				2 doigts en avant, 2 doigts en arrière.	GRIMPEURS. *Perroquet.*	
		Écailles molles sur les narines.			GALLINACÉS. *Coq.*	
	Jambes très longues et nues (oiseaux de rivage)				ÉCHASSIERS. *Ibis.*	
Doigts réunis par une membrane (oiseaux aquatiques).					PALMIPÈDES. *Oie.*	

III. Ordre des Rapaces ou Accipitres.

406. Caractères et subdivision des Rapaces. — Les *Rapaces*
ou *oiseaux de proie* ont un bec puissant et crochu, des griffes
recourbées et acérées auxquelles on donne le nom de *serres*

(fig. 152); c'est avec ces serres qu'ils maintiennent la chair dont

ils se nourrissent pendant qu'ils la déchirent avec leur bec.

On les subdivise en deux familles : les *Rapaces diurnes* et les *Rapaces nocturnes*. Les

Fig. 152. — Tête et pied de Faucon.

premiers se reconnaissent facilement à ce qu'ils ont les yeux situés de chaque côté de la tête, tandis que les seconds ont les yeux dirigés en avant. Tous sont de couleur fauve ou brune.

407. Rapaces diurnes. — Les *Rapaces diurnes* ont la base du bec revêtue d'une membrane appelée *cirre*. Leur tarse est souvent emplumé jusqu'aux doigts.

Les principaux rapaces diurnes sont les *Faucons*, les *Autours*, les *Buses* et les *Busards*, les *Aigles* et les *Vautours*.

Les *Faucons* (fig. 153) ont la vue extraordinairement perçante et fondent avec rapidité sur leur proie, qu'ils tuent souvent d'un seul coup de bec. On les utilisait autrefois pour la chasse.

Fig. 153. — Faucon hobereau.

Les principales espèces appartenant au groupe des Faucons sont le *Gerfaut*, remarquable par sa vigueur; l'*Émerillon*, de la taille d'une Grive; la *Crécerelle*, très répandue en France; l'*Autour* ou *Épervier*, qui s'attaque au gibier. Le *Milan* (fig. 154) a les pattes courtes, les ailes bien développées; il n'est pas très hardi et se laisse facilement intimider par une Poule qui défend ses poussins.

Les *Buses* (fig. 155) sont des oiseaux lourds, paresseux et stupides, attendant nonchalamment pendant des heures entières qu'une proie quelconque passe à portée de léur bec.

Fig. 154. — Milan.

Les *Busards* (fig. 156) habitent dans le voisinage des étangs et des rivières.

L'*Aigle*, le roi des oiseaux par sa force musculaire, la majesté et la

Fig. 155. — Buse.

puissance de son vol, fuit le voisinage de l'homme et établit son nid ou *aire*, formé de brindilles de bois, dans les anfractuosités des rochers les plus escarpés.

Les ailes de l'Aigle royal mesurent près de 3 mètres d'envergure.
Les *Vautours* ont le cou nu, les griffes émoussées et le bec recourbé

Fig. 156. — Busard montagu.

à l'extrémité seulement. Ils se nourrissent de viande corrompue, qu'ils
préfèrent à la proie vivante.

408. Rapaces nocturnes. — Les *Rapaces nocturnes* ont les
yeux gros et dirigés en avant; leur plumage est terne et formé
d'un duvet abondant qui les protège contre le froid de la nuit,
et leur permet de voler sans le moindre bruit.

Ils rendent les plus grands services à l'agriculture en détruisant les rongeurs si nombreux qui s'attaquent aux récoltes; ce
sont donc des oiseaux très utiles, qu'on a le tort de regarder
souvent comme des êtres malfaisants et de mauvais augure.

Les rapaces nocturnes comprennent deux familles: les *Hiboux*
et les *Chouettes*.

Le *Hibou commun* ou *Moyen-Duc* n'est pas rare dans nos régions;
il porte de chaque côté de la tête, comme du reste tous les Ducs, des
aigrettes plumeuses simulant des oreilles. Le *Grand-Duc*, qui atteint
souvent 0ᵐ 40, se défend courageusement quand il est attaqué.

La *Hulotte* ou *Chat-Huant* est fort commune en Europe.

L'*Effraie* possède un plumage blanc et fauve qui n'est pas dépourvu
d'élégance.

IV. Ordre des Passereaux.

409. Caractères des Passereaux. — Les *Passereaux* sont presque tous de petite taille, et possèdent pour la plupart un plu-

Fig. 157. — Becs de Passereaux.

A, bec de conirostre (*Gros-Bec*); B, bec de fissirostre (*Martinet*); C, bec de ténuirostre (*Grimpereau*); D; bec de dentirostre (*Pie-Grièche*).

mage brillant. C'est parmi eux que se trouvent les chanteurs les plus agréables (n° 523). Leur régime est très varié; on y rencontre des granivores, des insectivores, des frugivores, etc.

D'après la forme de leur bec et la disposition des doigts, on les a subdivisés en cinq familles : les *Dentirostres*, les *Conirostres*, les *Fissirostres*, les *Ténuirostres* et les *Syndactyles*.

Mandibule supérieure portant une échancrure de chaque côté, près de la pointe du bec	DENTIROSTRES.
Bec fort et conique.	CONIROSTRES.
Bec court, aplati, largement fendu.	FISSIROSTRES.
Bec grêle, allongé, souvent arqué.	TÉNUIROSTRES.
Doigts médians soudés l'un à l'autre.	SYNDACTYLES.

(accolade : PASSEREAUX)

410. Dentirostres. — Les *Dentirostres* se nourrissent principalement d'insectes; à terre, ils sautillent plutôt qu'ils ne marchent.

Les principaux sont les *Merles*, dont une espèce, le Merle noir, vit en France; les *Pies-Grièches* (fig. 158); les *Becs-Fins*, qui comprennent d'excellents chanteurs, tels que les *Rossignols*, les *Mésanges* (fig. 159), les *Rouges-Gorges*, les *Roitelets*, les *Loriots*, les *Fauvettes*.

Trois genres de dentirostres exotiques : les *Colingas*, les *Tangaras*,

Fig. 158.
Pie-Grièche rousse.

Fig. 159.
Mésange bleue.

et surtout les *Oiseaux de paradis*, ont un plumage d'une richesse admirable, qui est l'objet d'un commerce important.

411. Conirostres. — Les *Conirostres* sont presque tous omnivores et vivent en société ; la plupart apportent une grande élégance à la construction de leur nid. Ils comprennent :

Les *Corbeaux*, dont le bec fort est aplati latéralement ;

Les *Étourneaux*, vivant en troupes nombreuses ; une espèce, le *Sansonnet*, est commune dans nos pays.

Vient ensuite toute une série de petites espèces qui peuplent nos bois et nos campagnes : le *Gros-Bec*, le *Pinson*, le *Chardonneret*, la *Linotte*, le *Bouvreuil*, le *Moineau*, le *Bruant*, l'*Alouette*, etc.

Fig. 160. — Hirondelle.

412. Fissirostres. — Les *Fissirostres* ont le bec fendu presque jusqu'aux yeux ; la longueur de leurs ailes en fait d'excellents voiliers. Ils se nourrissent tous d'insectes, qu'ils capturent en volant.

Les principales espèces sont les *Engoulevents* (fig. 161), vulgairement appelés Crapauds-volants ; le *Martinet* et les *Hirondelles* (fig. 160).

413. Ténuirostres. — Les *Ténuirostres* se nourrissent exclusivement d'insectes.

Fig. 161. — Engoulevent.

Fig. 162. — Martin-Pêcheur.

Les oiseaux les plus remarquables de ce groupe sont :

La *Huppe*, oiseau d'Afrique, qui vient passer l'été en France ;

Les *Grimpereaux*, qui cherchent sur les écorces des arbres les insectes et les larves dont ils font leur nourriture ;

Les *Oiseaux-Mouches*, espèces exotiques, remarquables par leur petitesse et la richesse extraordinaire de leur plumage ; ces oiseaux élégants, aussi étincelants au soleil que l'or et le diamant, sont complètement muets.

414. Syndactyles. — Les *Syndactyles* sont représentés en France principalement par le *Guêpier*, qui se nourrit d'abeilles et de guêpes, et par le *Martin-Pêcheur*, au plumage vert doré (fig. 162). Ce dernier vit exclusivement de petits poissons, qu'il guette avec une patience admirable et qu'il happe avec une merveilleuse adresse lorsqu'ils se montrent à fleur d'eau.

V. Ordre des Grimpeurs.

415. Caractères. — Les *Grimpeurs* ont les doigts divisés en

Fig. 163. — Doigts de Syndactyle.

Fig. 164. — Doigts de Grimpeurs.

deux paires, l'une en avant et l'autre en arrière (fig. 164) ; cette disposition leur permet de grimper plus facilement après l'écorce des arbres pour y chercher les insectes, qui font presque exclusivement leur nourriture.

Fig. 165. — Coucou ordinaire (longueur, 0\u1d50,20).

Les principaux Grimpeurs sont les *Coucous*, les *Pics*, les *Perroquets* et les *Toucans*.

Les *Coucous* ne sont représentés en Europe que par une seule espèce (fig. 165). Tout le monde sait que le Coucou ne construit pas de nid; la femelle pond ses œufs à terre, puis, les prenant dans son bec, elle

Fig. 166. — Pic-Épeiche.

Fig. 167. — Perroquet Jaco.

va les déposer dans les nids de Fauvette, de Merle, de Grive, etc., qui se chargent inconsciemment de les faire éclore.

Les *Pics* nichent dans des cavités qu'ils creusent eux-mêmes dans les troncs d'arbre; leur langue, longue de 4 à 5 centimètres, est terminée par une série de crochets enduits d'un liquide visqueux, et leur sert à capturer les insectes blottis au fond des crevasses.

Les *Perroquets* (fig. 167), remarquables par leur intelligence et leur curieuse mémoire, s'apprivoisent avec la plus grande facilité. Ils sont parés des couleurs les plus brillantes, et vivent en troupes nombreuses dans les forêts des régions tropicales.

Les *Toucans* sont des grimpeurs exotiques pourvus d'un bec dont les dimensions sont singulièrement exagérées.

VI. Ordre des Gallinacés.

416. Subdivision. — Presque tous les *Gallinacés* sont des oiseaux domestiques; on les élève pour avoir les œufs qu'ils pondent en abondance et pour se nourrir de leur chair tendre et délicate.

On les subdivise en deux groupes: les *Pigeons* et les *Vrais Gallinacés*.

Les *Pigeons* et les *Tourterelles*

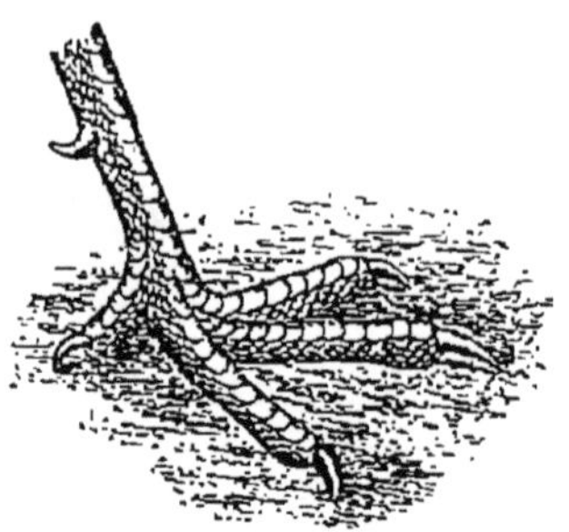

Fig. 168. — Ergot de Coq.

Fig. 169. — Pigeon ramier.

sont répandus dans toutes les contrées du monde. Le *Pigeon biset* est regardé comme la souche de nos pigeons domestiques. Le Pigeon *ramier* (fig. 169) vit en liberté dans les bois, et s'aventure souvent jusque sur les arbres de nos jardins publics.

Les *Vrais Gallinacés* ont le vol lourd; quelques-uns sont revêtus de couleurs éclatantes, mais en revanche possèdent un cri des plus désagréables. Les mâles sont munis, au-dessus du doigt postérieur, d'un *ergot* puissant (fig. 168) qui leur sert parfois d'arme redoutable pour l'attaque ou la défense. Leur domestication remonte aux temps les plus reculés.

Parmi les Vrais Gallinacés on peut citer : les *Cailles*, les

Perdrix, la *Pintade*, le *Paon*, le *Faisan*, le *Coq*, la *Poule* et le *Dindon*.

Les *Cailles* et les *Perdrix* vivent dans les champs couverts de moissons; elles sont recherchées par les chasseurs.

Les *Pintades* ont la tête petite et le corps ramassé; leur chair est très délicate.

Le *Paon* est bien connu pour ses brillantes couleurs et la richesse des grandes plumes de sa queue; son cri est extrêmement désagréable.

Fig. 170. — Faisan doré.

Les *Faisans* (fig. 170) ont la queue longue, formée de plumes étagées les unes sur les autres comme les deux versants d'un toit. Le Faisan commun vit en liberté dans nos forêts.

Le *Coq* se reconnaît facilement à sa crête charnue; son naturel fier et orgueilleux est tel, qu'il ne peut souffrir de rival dans une basse-cour. La *Poule*, de mœurs plus modestes, est une des plus grandes ressources de nos basses-cours; car son entretien exige peu de frais. De février à juillet, une bonne Poule pond un œuf par jour (n°ˢ 516 et 517).

Le *Dindon* possède un plumage brillant, à reflets métalliques; c'est un oiseau lourd et stupide (n° 518).

VII. Ordre des Échassiers.

417. Caractères généraux. — Les *Échassiers* ont des jambes longues, dénudées et recouvertes d'une peau rugueuse (fig. 171). Ce sont des oiseaux de rivage qui marchent dans les eaux peu profondes pour y chercher leur nourriture, laquelle consiste en petits vers, mollusques, poissons, etc.; la longueur de leur cou est proportionnée à celle de leurs jambes, ce qui leur permet de fouiller dans la vase sans se baisser.

Un certain nombre d'échassiers ont un vol soutenu et rapide. Ils construisent des nids grossiers, qu'ils établissent le plus souvent sur le sol.

On les divise en cinq familles, d'après des caractères tirés de la conformation de leurs ailes, de leur bec et de leurs pieds; ce

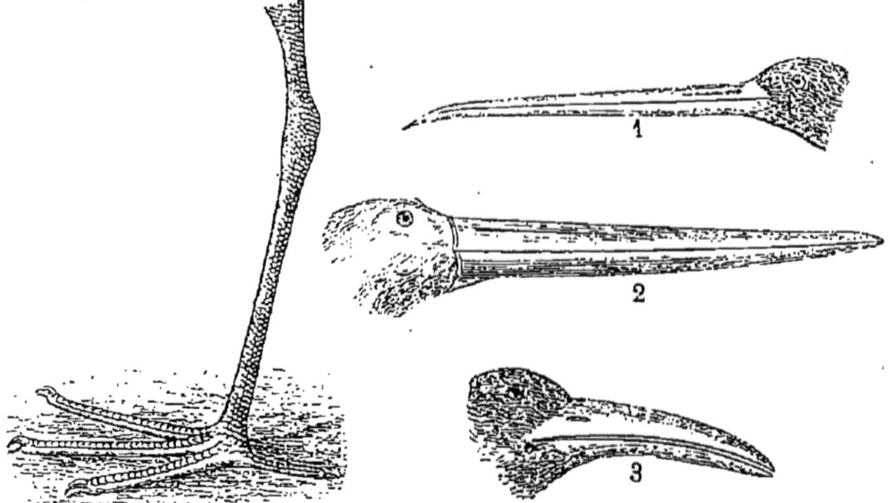

Fig. 171. — Pied d'échassier.

Fig. 172. — Becs d'échassiers.
1, bec de longirostre; 2, bec de cultrirostre;
3, bec de pressirostre.

sont les *Brévipennes*, les *Pressirostres*, les *Cultrirostres*, les *Longirostres* et les *Macrodactyles*.

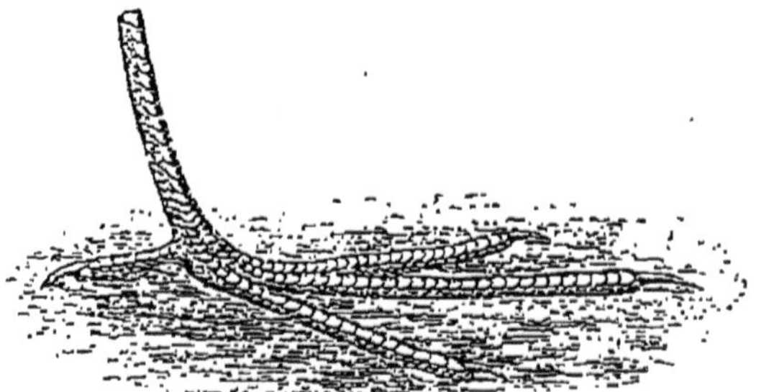

Fig. 173. — Doigts de macrodactyles.

ÉCHASSIERS			
Ailes courtes, impropres au vol.			BRÉVIPENNES.
Ailes assez longues pouvant servir au vol.	Doigts médiocres.	Bec court.	PRESSIROSTRES.
		Bec long et gros, tranchant.	CULTRIROSTRES.
		Bec long et grêle.	LONGIROSTRES.
	Doigts très longs.		MACRODACTYLES.

418. Brévipennes. — Les *Brévipennes* sont parfois détachés des Échassiers pour constituer un ordre à part, celui des *Coureurs*.

Leur organisation diffère notablement de celle des autres oiseaux. Ce sont des animaux lourds; l'absence totale de clavicule, la brièveté des ailes, qui ne portent point de rémiges, l'état rudimentaire de leurs plumes, montrent d'une façon évidente que ces oiseaux ont perdu la faculté de voler; en revanche, la vigoureuse charpente de leurs membres postérieurs et l'absence de pouce annoncent des oiseaux essentiellement marcheurs.

L'*Autruche*, qui est la principale espèce de ce groupe (fig. 174), a une tête petite terminant un cou allongé. Les plumes laissent à découvert la tête, le cou, le ventre et les cuisses. Celles des ailes et de la queue, utilisées comme parure, sont d'un prix assez élevé pour que l'on ait essayé d'élever les Autruches en domesticité afin de se les procurer plus facilement.

Fig. 174. — Autruche.

L'Autruche est d'une extrême voracité. Elle a le goût et l'odorat presque nuls, tandis que la vue et l'ouïe sont très développées.

La femelle pond une vingtaine d'œufs du poids moyen de 1 kilog.; elle les entasse dans le sable et ne les couve que si la chaleur du soleil n'est pas suffisante pour les faire éclore.

L'Autruche est douée d'une force extraordinaire. Elle se laisse facilement apprivoiser; on peut alors l'atteler et la monter comme un cheval. La rapidité de sa course peut dépasser 40 kilom. à l'heure.

L'*Épiornis* est un oiseau de Madagascar dont l'espèce est éteinte depuis peu. Les œufs d'Épiornis ont une capacité de 9 à 10 litres.

419. Pressirostres. — Les principaux représentants de ce groupe sont les *Outardes*, les *Vanneaux* et les *Pluviers*.

Les *Outardes* se rapprochent des Gallinacés par la forme de leur bec. Il en existe deux espèces en France : la *Grande-Outarde*, qui est extrêmement rare, et la *Canepetière*, de la taille d'une poule, moins rare que la précédente.

Fig. 175. — Vanneau huppé.

Le *Vanneau huppé* (fig. 175) est de la grosseur du Pigeon; il est assez répandu en France, et précieux pour la quantité considérable de larves et d'insectes qu'il détruit.

Fig. 176. — Pluvier guignard.

Les *Pluviers* (fig. 176) vivent en troupes nombreuses dans le voisinage des marais et des étangs, et font entendre à l'approche de l'orage une sorte de sifflement qui annonce la pluie et qui leur a valu leur nom.

420. Cultrirostres. — Les principales espèces de ce groupe sont les *Grues*, les *Cigognes* et le *Héron*.

Les *Grues* (fig. 177) sont de grands oiseaux au bec assez court, qui passent la belle saison dans les contrées du Nord, et l'hiver en Afrique. Ce sont des oiseaux de passage, au vol puissant, voyageant la nuit en troupes assez nombreuses; ils s'alignent alors en forme de triangle dont la pointe, dirigée en avant, est occupée tour à tour par l'un des individus les plus vigoureux et les plus expérimentés de la bande.

Fig. 177. — Grue cendrée.

On connaît la prudence extrême des Grues; pendant qu'elles dorment debout sur une patte, la tête cachée sous l'aile, l'une d'elles veille toujours, prête à donner l'alarme au moindre signe de danger.

Les *Cigognes* sont à peu près de la taille des grues. La *Cigogne blanche* a le bec et les pattes rouges. Elles sont fort communes en Alsace et dans le nord de l'Allemagne, ne redoutent point le voisinage de l'homme; aussi n'est-il pas rare de les voir nicher dans les clochers ou sur les cheminées.

Le *Héron*, « au long bec emmanché d'un long cou, » habite le long des cours d'eau ou des étangs peu profonds, où il peut se procurer le poisson qui constitue presque exclusivement son alimentation.

Fig. 178. — Héron butor.

Le *Héron butor* (fig. 178), plus petit que le héron commun, a des formes beaucoup moins allongées.

421. Longirostres. — Les Longirostres les plus remarquables sont les *Ibis* et les *Bécasses*.

Les *Ibis* ont le bec extrêmement long et arqué. L'Ibis sacré des Égyptiens est devenu assez rare.

Fig. 179. — Échasse d'Europe.

Les *Bécasses* sont très craintives et ne quittent leur cachette que le soir. La saveur délicate de leur chair les fait activement rechercher par les chasseurs.

422. Macrodactyles. — Les espèces de ce goupe les p'us communes en France sont les *Poules d'eau* et les *Râles*.

Fig. 180. — Râle d'eau.

Les *Poules d'eau* nagent et plongent fort bien; elles vivent en troupes sur les bords des lacs et des étangs recouverts de roseaux.

Les *Râles* (fig. 180) ont des mœurs moins aquatiques; la longueur démesurée de leurs doigts leur permet de courir sur les feuilles et les herbes flottantes.

VIII. Ordre des Palmipèdes.

423. Caractères généraux. — Les *Palmipèdes* sont caractérisés par la présence d'une membrane qui réunit les doigts (fig. 182). Ce sont des oiseaux essentiellement nageurs; quel-

Fig. 182. — Pied de Palmipède.   Fig. 183. — Pied de Totipalme.

ques-uns plongent même avec la plus grande agilité. Leurs plumes sont recouvertes d'un enduit gras qui les empêche de se mouiller.

La chair des Palmipèdes est délicate, et leurs œufs excellents; aussi un bon nombre d'espèces sont élevées en domesticité.

Le guano, engrais très estimé en agriculture, se trouve en abondance sur les côtes de certaines îles des mers du Sud, et résulte de l'accumulation de la fiente des palmipèdes qui ont habité ces îles depuis des milliers d'années.

Cet ordre se subdivise en quatre familles : les *Longipennes*, les *Totipalmes*, les *Lamellirostres* et les *Plongeurs*.

Ailes très longues.	Longipennes.
Pouce réuni aux autres doigts dans une seule membrane.	Totipalmes.
Bec dentelé sur les bords.	Lamellirostres.
Jambes situées à l'arrière du corps. — Station verticale.	Plongeurs.

(PALMIPÈDES)

424. Longipennes. — Les *Longipennes* sont tous des oiseaux de mer; les principaux sont les *Pétrels*, les *Albatros*, les *Mouettes* et les *Goélands*.

6

Les *Pétrels* (fig. 184) et les *Albatros* sont d'excellents voiliers qui s'aventurent en pleine mer à une très grande distance des côtes. Ils aiment les vagues en fureur; aussi les désigne-t-on souvent sous le

Fig. 184. — Pétrel.

nom d'oiseaux des tempêtes. Ils se nourrissent le plus souvent de poissons, qu'ils saisissent ordinairement au vol, alors que le remous des vagues les amène à la surface.

Les *Mouettes* et les *Goélands* sont des oiseaux de forme élégante, aux ailes longues et pointues, qui s'éloignent rarement des rivages.

425 Totipalmes. — Les *Totipalmes* les plus connus sont les *Cormorans* et les *Frégates*.

Les *Cormorans* ont le corps massif; leur bec porte un crochet à son extrémité. Ils s'établissent sur les rives boisées des fleuves et détruisent une quantité considérable de poissons, dont ils s'emparent avec une adresse remarquable.

Les *Frégates* ont l'extrémité du bec recourbée comme les Cormorans, et, bien que leur taille soit beaucoup plus petite, elles ont des ailes démesurément longues qui peuvent atteindre 2 mètres d'envergure; leur queue, également très longue, est profondément échancrée. On les rencontre souvent très loin des côtes.

426. Lamellirostres. — Un grand nombre de *Lamellirostres* sont élevés dans nos basses-cours. Les principaux sont les *Cygnes*, les *Oies*, les *Canards*, les *Sarcelles* et les *Harles*.

Le *Cygne* est sans contredit le plus élégant de tous les palmipèdes; il est apprivoisé dans nos pays, mais vit en liberté dans les régions froides.

Les *Oies* sont élevées en domesticité pour la délicatesse de leur chair et le moelleux de leur duvet (n° 520).

L'*Oie cendrée*, qui est la souche de l'oie domestique, n'est qu'un oiseau de passage dans nos pays.

Les *Canards domestiques* sont au moins aussi précieux que les Oies, à cause du peu de soin qu'exige leur entretien. Ils nagent très bien ; mais, à terre, leur démarche est gauche et embarrassée (n° 521).

Les *Canards sauvages* sont des oiseaux migrateurs qui voyagent en forme de triangle, comme les Grues ; leur extrême prudence rend leur capture très difficile.

La *Sarcelle*, plus petite que le Canard, auquel elle ressemble par sa forme et dont elle diffère par le coloris de son plumage, est commune en France.

Les *Harles* sont des oiseaux qui se nourrissent exclusivement de poissons. Ils sont d'un naturel farouche ; quand ils nagent, ils ont le corps plongé dans l'eau, à l'exception de la tête.

Fig. 185. — Plongeon.

427. Plongeurs. — Les *Plongeons* (fig. 185), les *Pingouins* et les *Manchots* sont des oiseaux qui habitent les pays froids. Ils ont les pieds situés tout à fait à l'arrière du corps, ce qui les oblige à prendre une station verticale. Ils marchent avec une grande difficulté, mais nagent et plongent admirablement.

CHAPITRE VII

CLASSES DES REPTILES, DES BATRACIENS ET DES POISSONS

I. Classe des Reptiles.

428. Caractères généraux. — Les *Reptiles* ont la peau nue, mais épaisse et rugueuse, couverte de plaques simulant souvent des écailles. Cette classe renferme des animaux dont l'aspect extérieur est très variable ; certains d'entre eux, comme les Serpents, sont dépourvus de membres.

Ces animaux sont herbivores, carnivores ou insectivores, et

peuvent supporter un jeûne assez long. Leur respiration est peu active; la plupart s'engourdissent pendant l'hiver. Ils ont un cœur à trois cavités, un ventricule et deux oreillettes, à l'exception du Crocodile, qui a un cœur à deux oreillettes et deux ventricules.

Les globules du sang des reptiles sont très gros et de forme elliptique.

CLASSIFICATION { Corps renfermé dans une carapace. . . CHÉLONIENS.
Pas { Pourvus de membres . . SAURIENS.
de carapace. { Dépourvus de membres. OPHIDIENS.

429 Chéloniens. — Les *Chéloniens* ou *Tortues* ont le corps renfermé dans une boîte osseuse formée de deux pièces : la *carapace*, couvrant le dos et formée par la soudure des vertèbres

Fig. 186. — Tortue marine.

aux plaques osseuses de la peau, et le *plastron*, protégeant la partie inférieure.

Les Tortues n'ont pas de dents, mais sont pourvues d'un bec corné ayant quelque analogie avec celui des oiseaux. Leurs membres sont plus ou moins modifiés, suivant que leur existence est terrestre ou aquatique. Leur taille est très variable; les plus petites ont environ 1 décimètre de longueur, tandis que d'autres, habitant les mers d'Amérique, ont jusqu'à 2m,50 de longueur, et un poids qui atteint 7 à 800 kilogr.

Les Tortues terrestres les plus communes sont la *Tortue grecque* et la *Tortue mauresque*.

Les Tortues marines ont le corps moins bombé que les Tortues terrestres; leurs pattes sont transformées en nageoires (fig. 186).

430. Sauriens. — Les *Sauriens* ont le corps très allongé et les membres si courts, que, pendant la marche, leur corps glisse sur le sol.

Les Sauriens les plus connus sont les *Caïmans*, les *Crocodiles*, les *Lézards*, l'*Orvet* ou *Serpent de verre* et le *Caméléon*.

Les *Caïmans* et les *Crocodiles* ont une peau si épaisse, qu'elle résiste aux balles de fusil. Leur bouche, largement fendue, est armée de dents coniques nombreuses et solidement implantées dans de puissantes mâchoires. Ce sont des animaux aquatiques vivant surtout à l'embouchure des grands fleuves. Ils sont tous carnivores.

Les *Lézards*, presque tous de très petite taille, sont remarquables par leur agilité extraordinaire pendant les fortes chaleurs, et leur engourdissement profond pendant les jours froids.

L'*Orvet* ou *Serpent de verre*, ainsi nommé à cause de sa grande fragilité, est un petit animal inoffensif et dépourvu de membres apparents.

Le *Caméléon* est une sorte de lézard dont les doigts, soudés en deux faisceaux, forment une sorte de pince avec laquelle il saisit les branches des arbres le

Fig. 187. — Crocodile (long. : 2ᵐ).

long desquels il grimpe; il a une queue prenante. On lui attribue la propriété de changer de couleur à volonté.

On trouve dans certains terrains qui constituent l'écorce terrestre les restes fossiles d'un grand nombre de Sauriens dont l'espèce a disparu aujourd'hui, et dont les principaux sont l'*Ichthyosaure*, le *Plésiosaure*, le *Mégalosaure*, l'*Iguanodon* et les *Ptérodactyles*.

431. Ophidiens. — Les *Ophidiens* ou *Serpents* sont dépourvus de membres et progressent par reptation. Leur corps est allongé et cylindrique; ils ont une langue échancrée, tout à fait inoffensive, qui est pour eux l'organe du toucher. Leurs yeux n'ont pas de paupières, ce qui leur donne une fixité fascinatrice; ces yeux sont simplement recouverts par la peau, qui, à leur niveau, est complètement transparente.

Les Serpents se nourrissent de proie vivante, qu'ils avalent sans la diviser et souvent au prix des plus grands efforts; car il n'est pas rare de les voir engloutir des animaux plus gros qu'eux. Aussi leur digestion, longue et laborieuse, les condamne à une immobilité complète dont on profite pour les capturer.

On subdivise les Serpents en deux groupes : les *Serpents venimeux* et les *Serpents non venimeux*.

Venin des Serpents. — Le venin des Serpents est sécrété par une glande située sous la peau, un peu en arrière des yeux, et s'écoule par un canal qui aboutit à deux longues dents de la mâchoire supérieure (fig. 188). Ces dents ou *crochets* sont mobiles, rabattues en arrière contre le palais quand la bouche est fermée, et ne se redressent que lorsque l'animal veut mordre. Elles sont creusées d'un canal ou d'un sillon qui conduit le venin au fond de la plaie dans laquelle elles se sont implantées.

Quand on a été mordu par un serpent venimeux, le meilleur moyen

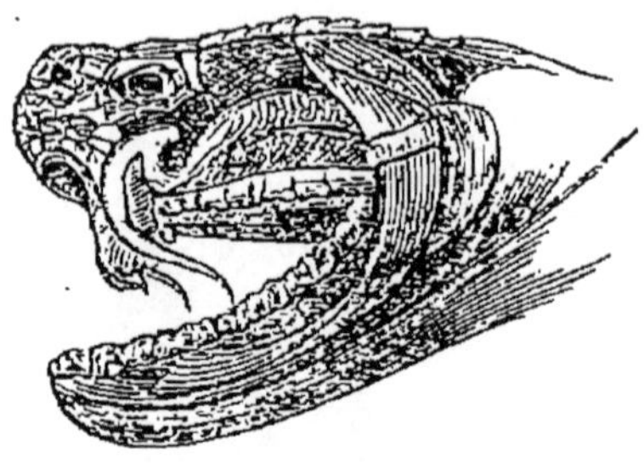

Fig. 188.

Appareil à venin de la vipère commune.

de prévenir les conséquences de cet accident est de sucer la morsure de façon à en extraire, autant qu'il est possible, le venin qui s'y est introduit; cette opération est sans danger si l'on n'a aucune plaie dans la bouche. On cautérise ensuite la blessure avec la pierre infernale, un fer rouge ou un charbon ardent. Si c'est un membre qui a été mordu, on le serre fortement au-dessous de la blessure, c'est-à-dire entre l'extrémité du membre et l'endroit mordu, afin de ralentir la circulation du sang dans cette partie.

Espèces principales. Les principaux Serpents venimeux sont les *Crotales* ou *Serpents à sonnettes*, les *Trigonocéphales*, qui habitent les pays chauds, et les *Vipères*, que l'on rencontre dans nos climats.

Les *Vipères* (fig. 189) se reconnaissent aisément à leur tête triangulaire et aux écailles granulées noirâtres, formant sur la tête une sorte de V dont la pointe est tournée en avant.

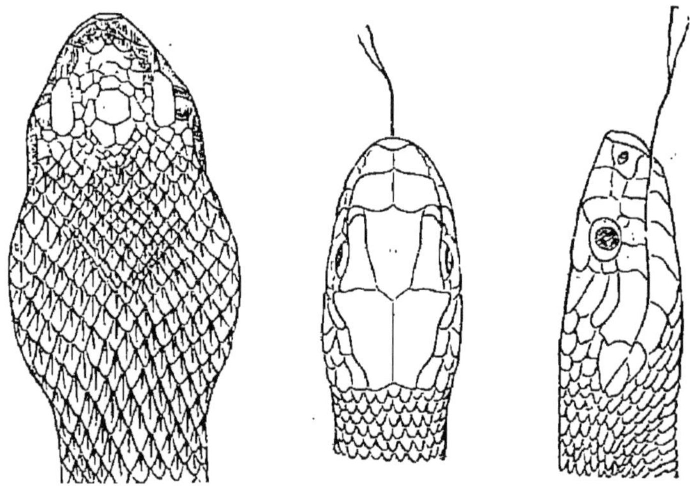

Fig. 189. — Vipère commune.　　　　Fig. 190. — Couleuvre.

Parmi les serpents non venimeux on peut citer les *Boas*, énormes serpents d'Amérique, et les *Couleuvres*, communes en France (fig. 190); ces dernières se distinguent des Vipères par leur tête allongée couverte de larges plaques cornées.

II. Classe des Batraciens.

432. Caractères généraux. — Les *Batraciens* sont des vertébrés à peau nue, sécrétant un liquide qui prévient sa dessiccation. Ils sont presque tous pourvus de membres; ils respirent par des branchies dans les premiers temps de leur existence, et ensuite par des poumons à l'état adulte.

La vue est chez eux le sens le plus développé; c'est le seul qui serve à la recherche de leur nourriture. Ils ont une voix qui est caractéristique pour chaque espèce.

433. Espèces principales. — Les principaux Batraciens sont les *Salamandres*, les *Grenouilles* et les *Crapauds*.

On attribue à tort aux *Salamandres* la propriété de résister au feu.

Les *Grenouilles* et les *Crapauds* vivent dans les lieux humides et sombres; avant leur complet développement, ils vivent dans l'eau et sont connus sous le nom de *têtards*.

Les têtards sont dépourvus de membres, et portent des branchies de chaque côté du cou. Bientôt ces branchies disparaissent ainsi que la queue; les membres se développent, et l'animal atteint son complet développement.

Les Crapauds manquent complètement de dents, tandis que les Grenouilles en ont toujours, au moins à la mâchoire supérieure. Leur aspect est repoussant; mais l'aversion qu'ils inspirent n'est pas justifiée, car ils n'ont absolument aucun moyen de nuire (n° 551).

III. Classe des Poissons.

434. Caractères généraux. — Les *Poissons* sont des animaux exclusivement aquatiques, dont le corps, ordinairement comprimé latéralement, est tout d'une venue, la tête se continuant sans transition par le reste du corps. Cette forme est certainement la plus propre à la locomotion aquatique.

Leurs organes de locomotion sont les *nageoires* (fig. 191), sortes de membranes maintenues par des rayons en forme d'éventail, et disposées soit latéralement (nageoires paires : *pectorales* et *ventrales*), soit sur la ligne médiane (nageoires impaires : *dorsale*, *anale* et *caudale*).

La plupart des Poissons ont le corps protégé par des *écailles* (Perche, Carpe); quelques-uns ont la peau nue et lisse (Anguille), ou rugueuse et chagrinée (Requin, Raie).

Un grand nombre de Poissons sont munis d'une *vessie* dite

natatoire, sorte de sac rempli d'air occupant la place des poumons, et dont le rôle physiologique n'est pas bien connu.

Certains Poissons, comme le Requin, ne peuvent vivre que dans l'eau de mer; d'autres, comme la Carpe, ne vivent que dans l'eau douce; enfin il en est qui séjournent successivement dans l'une ou dans l'autre; c'est ainsi que chaque année des bandes de Saumons remontent la Seine et l'Yonne à l'époque de la ponte.

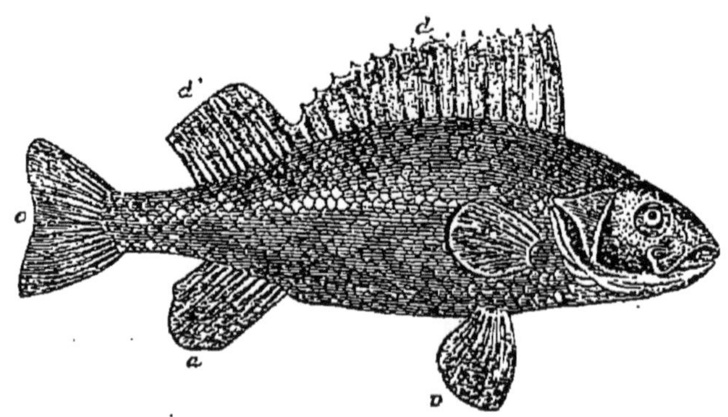

Fig. 191. — Perche.

p, nageoires pectorales; *v*, nageoires ventrales; *d*, nageoire dorsale; *a*, nageoire anale; *c*, nageoire caudale.

Quelques espèces, telles que les Harengs, entreprennent en troupes nombreuses de véritables *migrations*.

Les Poissons ont été partagés en deux grands groupes, suivant la nature de leur squelette : les *Poissons osseux* et les *Poissons cartilagineux*.

435. Poissons osseux. — Parmi les *Poissons osseux* on peut citer : les *Gymnotes*, la *Morue*, les *Soles*, les *Harengs*, le *Maquereau*, le *Thon*, et tous les poissons qui vivent dans nos rivières; parmi les seconds, moins nombreux d'ailleurs, on peut citer : l'*Esturgeon*, les *Requins* et les *Raies*.

Les *Gymnotes* ou *Poissons électriques* (fig. 192) possèdent un appareil spécial au moyen duquel elles peuvent donner de fortes commotions.

La *Morue* est d'une voracité extraordinaire; sa pêche est l'objet d'un commerce important (n° 540).

Les *Soles*, les *Plies*, les *Limandes*, sont des poissons plats et larges, toujours à moitié ensevelis dans le sable, qui ont les deux yeux situés d'un même côté de la tête, ce qui en fait des animaux dissymétriques.

Les *Hippocampes* ou *Chevaux marins* (fig. 193) ont des branchies en forme de houppe ; ils n'ont pas de nageoire caudale, mais leur queue est préhensible. La forme bizarre de leur tête, qui ressemble à celle du cheval, leur a valu leur nom.

Fig. 192. — Gymnote électrique.   Fig. 193. — Hippocampe.

Les *Coffres* (fig. 194) ont le corps recouvert d'une carapace cornée constituée par des plaques simulant des polygones réguliers. Leur forme est souvent globuleuse.

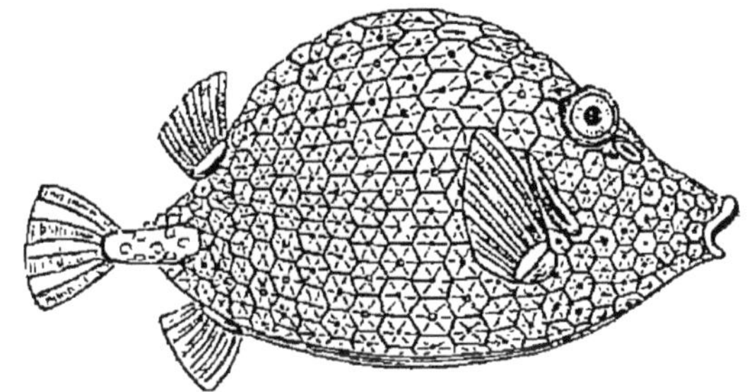

Fig. 194. — Coffre triangulaire lisse.

Les *Harengs* émigrent à certaines époques ; ils voyagent par bandes de plus de 25 kilomètres de longueur sur 5 à 6 de largeur, et sont

Fig. 195. — Anguille.

tellement serrés les uns contre les autres, que leur capture devient extrêmement facile.

Le *Maquereau* et le *Thon* vivent également dans la mer. On les pêche sur les côtes de France.

Parmi les poissons qui peuplent nos rivières, on peut nommer : le *Brochet*, dont la voracité est bien connue; la *Truite*, qui habite les eaux limpides et courantes; la *Carpe*, l'*Anguille* (fig. 195), la *Tanche*, la *Brême*, le *Goujon*, le *Gardon* et l'*Ablette* (n°s 526 à 531).

436. Poissons cartilagineux. — Parmi les *Poissons cartilagineux* on peut citer : l'*Esturgeon*, les *Requins*, les *Raies* et les *Lamproies*.

La chair de l'*Esturgeon* est très délicate; aussi est-il l'objet d'une chasse active; il remonte parfois les grands fleuves.

Les *Requins* sont d'excellents nageurs, que l'on rencontre dans toutes les mers. Ils sont extrêmement voraces (n° 552).

Les *Raies* ont le corps très élargi et terminé par une queue grêle. Ces animaux sont pourvus d'évents comme les Cétacés, et se tiennent de préférence dans les mers profondes.

Les *Torpilles* habitent l'Océan et la Méditerranée. Comme les Gymnotes, elles possèdent un appareil électrique pouvant donner de fortes commotions.

Fig. 196. — Lamproie.

Les *Lamproies* (fig. 196) ont la bouche disposée pour la succion. Ce sont les moins parfaits des vertébrés.

CHAPITRE VIII

EMBRANCHEMENT DES ANNELÉS

I. Classe des Insectes.

437. Caractères généraux. — Les *Insectes* se distinguent facilement des autres annelés, en ce qu'ils ont tous trois paires de pattes. Leur corps est à trois divisions, la *tête*, le *thorax* et l'*abdomen* (fig. 197).

438. Tête. — La *tête*, toujours très distincte du thorax, porte les *yeux*, les *antennes* et les organes de la *mastication*.

Les *yeux* sont immobiles, relativement gros, tantôt simples, comme chez les vertébrés, tantôt composés, c'est-à-dire formés chacun d'une multitude de petits yeux distincts, placés les uns à côté des autres (fig. 198). L'œil de la Fourmi en compte envi-

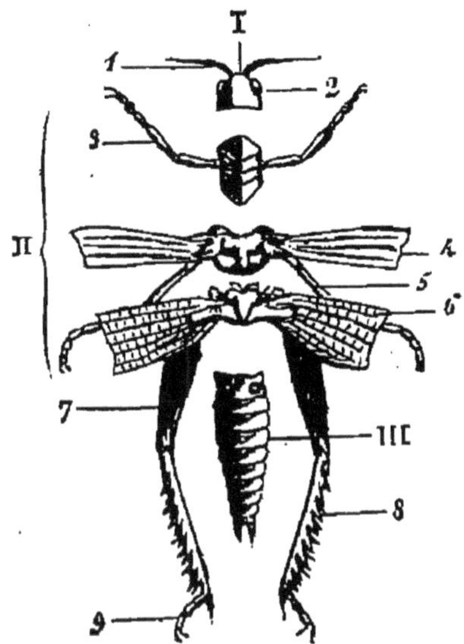

Fig. 197. — Squelette de Criquet.
I. Tête. — II. Thorax. — III. Abdomen.
1, antennes; 2, yeux; 3, première paire de pattes; 4, première paire d'ailes; 5, deuxième paire de pattes; 6, deuxième paire d'ailes; 7, cuisse; 8, jambe; 9, tarse.

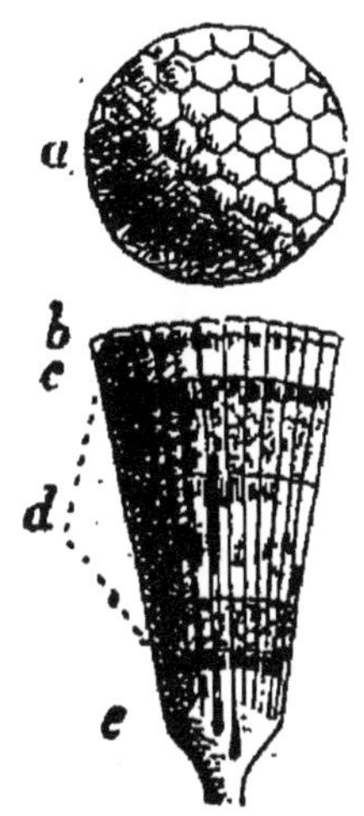

Fig. 198. — Œil composé d'un insecte (Sphinx).
a, cornées vues de face; b, cornées vue s de profil; c, cristallins; d, parties diverses des rétines; e, nerf optique.

ron 1 200, celui de la Mouche commune 4 000, et celui des Papillons plus de 16 000.

Les *antennes* (fig. 199), vulgairement appelées *cornes*, sont insérées sur les côtés de la tête, et affectent les formes les plus variées; ces appendices, au nombre de deux, sont les organes du toucher et de l'odorat, sens extrêmement développés chez les insectes.

La disposition des organes de la *mastication* est très compliquée, et varie suivant que l'animal est un insecte suceur, broyeur, etc.

La bouche des insectes broyeurs compte trois paires d'appendices, qui sont les *mandibules*, les *mâchoires* et la *lèvre inférieure*, formée elle-même de deux pièces soudées. Ces organes sont des appareils puissants, qui peuvent non seulement ronger et percer le bois, mais encore perforer le plomb, la pierre, etc.

Chez les insectes suceurs, les pièces buccales sont profondé-

ment modifiées et adaptées au régime particulier de l'animal.
Ainsi les Papillons sont munis d'une *trompe* (fig. 200), dont la
longueur est plusieurs fois celle du corps.

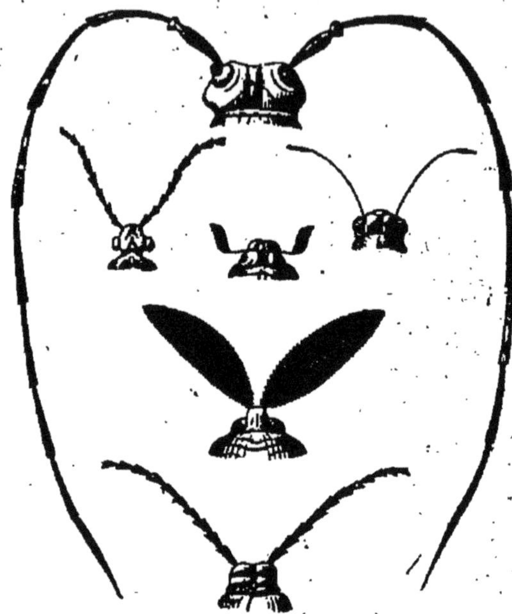

Fig. 199. — Antennes d'insecte.

439. Thorax. — Le *thorax* est toujours formé de trois anneaux, qui portent chacun une paire de pattes; ce sont le *proto-*
thorax, le *mésothorax* et le *métathorax*.

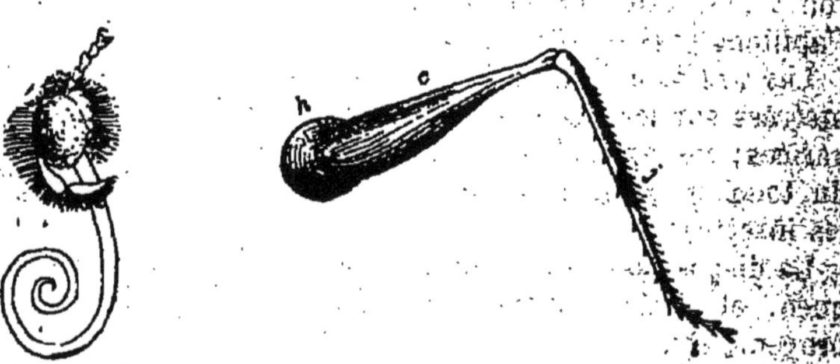

Fig. 200.   Fig. 201. — Patte d'insecte.
Trompe de papillon.   *h*, hanche; *c*, cuisse; *j*, jambe; *t*, tarse.

Les *pattes*, dont la forme dépend du genre de vie de l'insecte,
comprennent la *hanche*, la *cuisse*, la *jambe* et le *tarse* (fig. 201).
Le *tarse* est constitué par une série d'articles emboîtés les uns

dans les autres, et dont le nombre variable est un caractère de classification.

Ailes. — Un grand nombre d'insectes ont deux paires d'ailes, fixées, la première au mésothorax, et la deuxième au métathorax. Dans certaines espèces (*Hanneton, Coccinelle*), la première paire est formée d'ailes dures, cornées, qu'on appelle *élytres;* les *élytres* sont impropres au vol, et servent d'étui protecteur à la deuxième paire d'ailes.

Certains insectes (*Mouches, Cousins*) n'ont qu'une seule paire d'ailes, fixée au mésothorax; les ailes postérieures sont alors transformées en petits organes, nommés *balanciers,* qui maintiennent l'insecte en équilibre pendant le vol.

450. Abdomen. — *L'abdomen* est formé d'anneaux qui ne portent jamais de pattes ni d'ailes. Sur chacun de ces anneaux on observe latéralement de petits orifices nommés *stigmates*. Ces orifices sont les extrémités des trachées, canaux particuliers remplis d'air, se ramifiant dans le corps entier, et constituant l'appareil respiratoire des insectes (n° 342).

451. Métamorphoses des insectes. — Les insectes sont ovi-

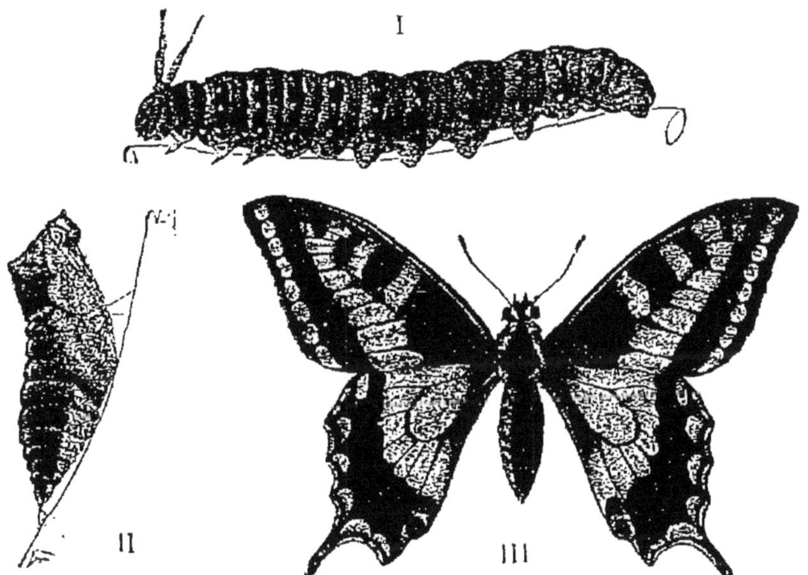

Fig. 202. — Métamorphoses du papillon machaon.
I. Chenille. — II. Chrysalide. — III. Insecte parfait.

pares, mais beaucoup sont loin d'avoir atteint leur complet développement au sortir de l'*œuf,* et doivent subir une série *de* métamorphoses avant d'y parvenir.

Le premier état de l'insecte est celui de *larve* ou de *chenille*. La larve est formée d'un certain nombre d'anneaux réguliers, nus ou couverts de poils. Après plusieurs mues, elle cesse de manger, s'enfonce dans la terre, où elle s'engourdit, ou bien file un cocon dans lequel elle s'enferme; son corps se couvre alors d'une peau dure, cornée, et tombe dans une sorte de mort apparente; c'est l'état de *nymphe* ou *chrysalide*.

Pendant ce temps, l'insecte éprouve des modifications importantes; certains organes disparaissent, tandis que d'autres se développent. Enfin, après un temps plus ou moins long., il se débarrasse de ses enveloppes, et sort à l'état d'*insecte parfait*.

Les Papillons présentent cette série de phénomènes d'une façon remarquable.

CLASSIFICATION
- Insectes qui ont 4 ailes . . . . . TÉTRAPTÈRES.
- — — 2 ailes . . . . . DIPTÈRES.
- — dépourvus d'ailes . . . APTÈRES.

452. Tétraptères. — Les *Tétraptères*, de beaucoup les plus nombreux, se subdivisent en six ordres, qui sont les *Coléoptères*, les *Orthoptères*, les *Hémiptères*, les *Névroptères*, les *Hyménoptères* et les *Lépidoptères*.

TÉTRAPTÈRES
- Ailes dissemblables.
  - Les inférieures croisées l'une sur l'autre . . . . : COLÉOPTÈRES.
  - Les inférieures pliées en long. . ORTHOPTÈRES.
- Ailes semblables.
  - Bouche en forme de bec. — Demi-élytres. . . . . HÉMIPTÈRES.
  - Nervures des ailes formant un réseau à mailles serrées . . . . NÉVROPTÈRES.
  - Nervures des ailes formant un réseau à grandes mailles. . . . HYMÉNOPTÈRES.
  - Ailes couvertes d'écailles. . . . . LÉPIDOPTÈRES.

Les *Coléoptères* se reconnaissent facilement à leurs élytres cornées

Fig. 203. — Hanneton.

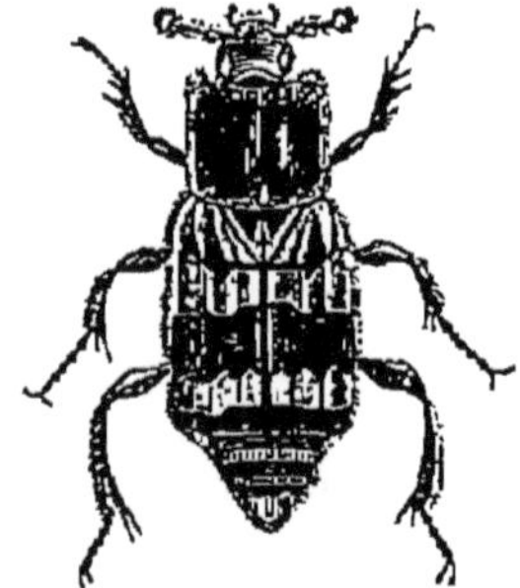

Fig. 204. — Nécrophore.

recouvrant parfaitement la deuxième paire d'ailes. On peut citer comme exemples : la *Coccinelle*, le *Hanneton* (fig. 203), l'*Hydrophile*, le *Dytique*, le *Nécrophore* (fig. 204), les *Capricornes* (fig. 205), les *Carabes*, le *Lucane* ou *Cerf-volant*, la *Cantharide*.

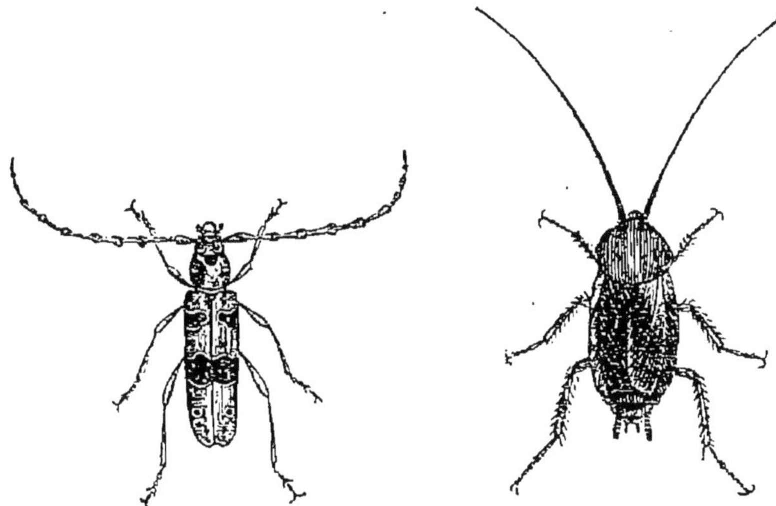

Fig. 205. — Capricorne des Alpes.   Fig. 206. — Blatte.

Les *Orthoptères* se subdivisent en deux familles : les *Coureurs*, tels que les *Blattes* des cuisines (fig. 206), la *Mante religieuse;* les *Sauteurs*, dont les membres postérieurs, d'une longueur remarquable, sont très propres à faciliter le saut; ce sont les *Grillons*, les *Sauterelles*, les *Criquets*.

Les *Hémiptères* comprennent les *Punaises* terrestres, les *Cigales*, le *Phylloxera* (n° 566), les *Cochenilles*.

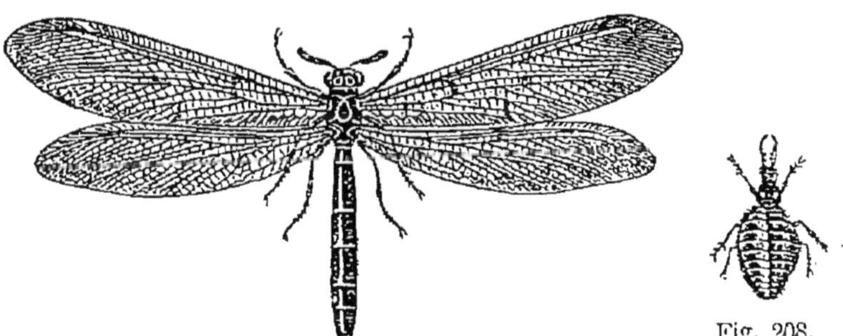

Fig. 207. — Fourmi-lion.

Fig. 208.
Larve de Fourmi-lion.

Les *Névroptères* ont les ailes sillonnées d'un réseau serré de mailles transparentes; les plus remarquables sont les *Libellules* et les *Fourmi-lions* (fig. 207).

Les *Hyménoptères* sont des insectes munis pour la plupart d'un aiguillon acéré dont la piqûre est extrêmement douloureuse. Les espèces les plus connues sont les *Abeilles*, dont les mœurs sont si curieuses à étudier (n° 600); les *Guêpes* et les *Frelons*; les *Cynips*, qui cachent leurs œufs dans l'écorce des chênes, et font naître ainsi à la surface

Fig. 209. — Vanesse (Papillon diurne).

de ces arbres des excroissances connues sous le nom de *noix de galle*, et utilisées dans l'industrie; on s'en sert dans la fabrication de l'encre ordinaire.

Les *Lépidoptères* ou *Papillons* ont les ailes couvertes d'écailles microscopiques, qui s'attachent aux doigts dès qu'on les touche. Les uns ne volent que le jour, ce sont les papillons *diurnes*; ils sont souvent parés des couleurs les plus brillantes, et se reconnaissent facilement à ce que, dans le repos, ils tiennent leurs ailes verticales.

Fig. 210. — Sphinx de la vigne (Papillon crépusculaire).

D'autres, les papillons *crépusculaires*, moins brillants, ont les ailes horizontales dans le repos. Enfin les papillons *nocturnes*, de couleur terne, ne volent que la nuit; dans le repos, leurs ailes sont inclinées comme les deux versants d'un toit.

443. Diptères. — Les *Diptères* sont des insectes suceurs, la plupart redoutés à cause de leurs piqûres; les plus communs sont les *Mouches*, les *Cousins*, les *Moustiques*, les *Taons* et les *Œstres* (nos 575 à 578).

484. Aptères. — Les *Aptères* vivent en parasites sur le corps de l'homme et des animaux; les principaux sont les *Poux* et les *Puces* (nos 579 et 580).

II. Classes des Arachnides, des Myriapodes et des Crustacés.

485. Arachnides. — Le corps des *Arachnides* n'a que deux divisions : le *céphalothorax*, portant les quatre paires de pattes, et l'*abdomen*, qui est le plus souvent de forme globuleuse.

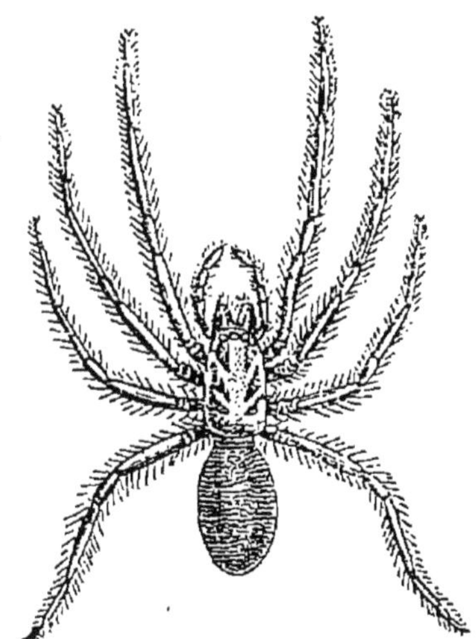

Fig. 211. — Araignée des caves.

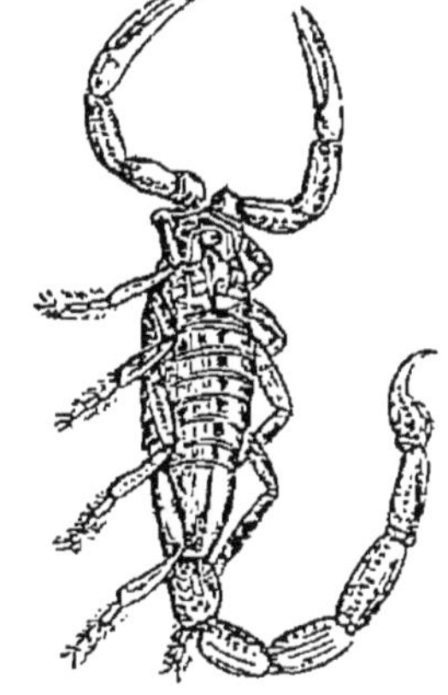

Fig. 212. — Scorpion roussâtre.

Plusieurs espèces possèdent un appareil producteur de la *soie*, avec laquelle elles tissent des toiles qui leur servent à capturer les insectes dont elles se nourrissent.

On divise les arachnides en *Arachnides pulmonaires* et *Arachnides trachéens*, suivant leur mode de respiration.

Les arachnides pulmonaires les plus remarquables sont les *Araignées* et les *Scorpions*.

Les *Araignées* sont des animaux utiles par le nombre considérable d'insectes nuisibles qu'elles détruisent; c'est à tort qu'on les considère souvent comme des êtres malfaisants et dangereux.

Les araignées les plus communes sont la *Tégénaire domestique*, que l'on rencontre souvent dans les encoignures des murailles; l'*Épeire diadème*, dont la toile, d'une régularité remarquable, tapisse les arbustes de nos jardins vers la fin de l'été; les *Faucheurs*, ainsi nommés à cause de la longueur de leurs pattes. Ces derniers sont communs dans les champs et ne tissent jamais de toiles.

Les *Scorpions* (fig. 212), communs dans les pays chauds, ont l'abdomen allongé et segmenté; ils portent à l'extrémité de la queue un aiguillon communiquant avec une glande à venin, et dont la piqûre est quelquefois dangereuse.

Parmi les arachnides trachéens, on peut citer le *Sarcopte* de la gale, petit animal à peine visible à l'œil nu, qui, s'insinuant sous l'épiderme, où il se multiplie avec rapidité, occasionne une maladie de peau qu'on appelle la *gale* (n° 583).

Ce sont des arachnides microscopiques que l'on trouve parfois sur la croûte sèche des vieux fromages.

456. Myriapodes. — Les *Myriapodes*, ainsi nommés à cause du grand nombre de leurs pattes, ont le corps formé d'anneaux portant chacun une ou deux paires de pattes.

Ces animaux vivent dans les lieux obscurs et humides. Les plus communs sont les *Iules*, au corps cylindrique d'un noir bleuâtre, qui s'enroulent en spirale quand on les touche, et les *Scolopendres*, que l'on rencontre surtout en Provence.

457. Crustacés. — Les *Crustacés* ont le corps composé de segments distincts, et recouvert d'un épiderme corné, encroûté

Fig. 213. — Crabe tourteau.

de carbonate de chaux. Cette carapace se détache de temps en temps, laissant à nu un nouvel épiderme qui ne tarde pas à durcir lui-même. Presque tous sont aquatiques.

Tous les crustacés sont carnivores ; leur bouche est formée de plusieurs pièces solides. Ils respirent par des branchies, et peuvent vivre hors de l'eau aussi longtemps que les branchies demeurent humides.

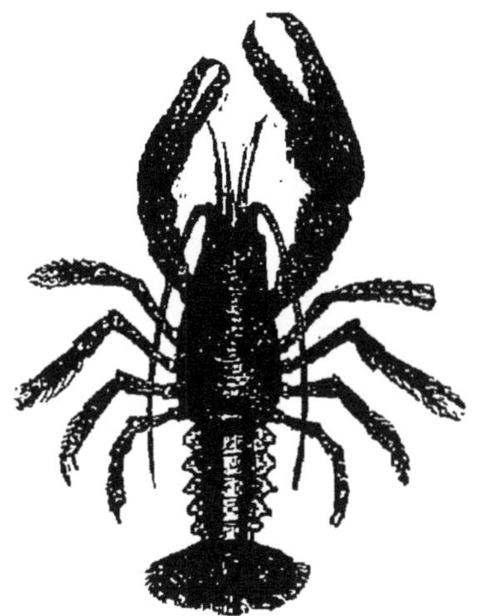

Fig. 214. — Écrevisse.

Les principales espèces de crustacés sont les *Crabes* (fig. 213), les *Homards*, les *Crevettes*, qui vivent dans les eaux de la mer ; l'*Écrevisse* (fig. 214), qui se plaît dans les eaux courantes, et les *Cloportes*, très communs dans les endroits humides, sous les pierres, dans les caves.

III. Sous-embranchement des Vers.

458. Annélides. — Le corps des *Annélides* est formé d'anneaux distincts, très nombreux et très serrés, portant parfois

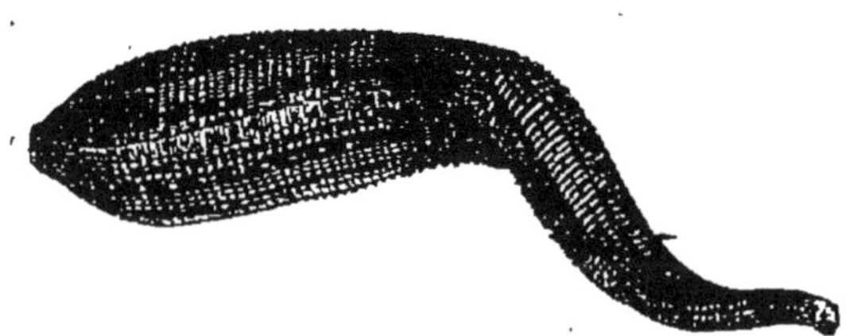

Fig. 215. — Sangsue médicinale.

des soies qui servent d'organes locomoteurs. Un grand nombre de ces animaux ont la singulière propriété de reproduire la partie du corps qu'on leur aurait enlevée.

Les principaux sont la *Sangsue* (fig. 215), l'*Arénicole des pêcheurs* et les *Lombrics* ou *Vers de terre*.

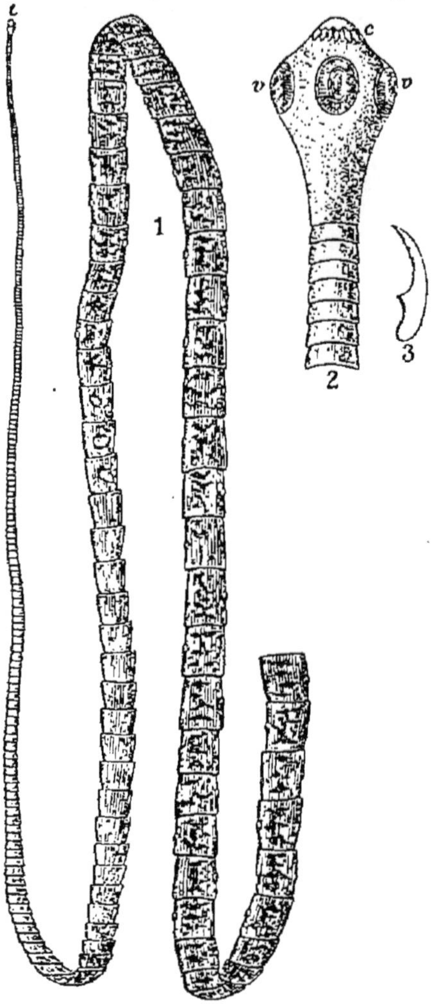

La bouche de la Sangsue présente trois petites mâchoires qui incisent la peau en forme d'Y. Les Vers de terre sont les seuls annélides qui ne soient pas aquatiques. Ils vivent dans les terrains humides de détritus végétaux et animaux.

459. Helminthes. — Les *Helminthes* sont des animaux dépourvus d'appareils locomoteurs, et vivant dans les organes des autres animaux.

Les principaux sont le *Ténia* ou *Ver solitaire* (fig. 216), dont le corps, aplati et segmenté, peut atteindre une longueur considérable ; il vit dans le canal digestif de l'homme (n° 587) ;

Les *Ascarides* ou *Vers intestinaux* (n° 585) ;

Les *Trichines*, dont les larves vivent dans les Porcs et peuvent passer, par l'alimentation, dans les muscles de l'homme (n° 586).

Fig. 216. — Ténia ou Ver solitaire.
1, ténia ; *t*, tête ; 2, tête grossie ; *v*, ventouses. *c*, couronne de crochets ; 3, crochet grossi.

460. Rotateurs. — Ce sont des annelés microscopiques, vivant dans les eaux stagnantes, et qui doivent leur nom à une couronne de cils vibratiles qui entoure leur bouche et dont les mouvements continuels les font ressembler aux rayons d'une roue qui tourne.

CHAPITRE IX

EMBRANCHEMENT DES MOLLUSQUES

461. MOLLUSQUES PROPREMENT DITS. — Les *Mollusques* n'ont jamais le corps divisé en anneaux ; leur corps est parfois protégé par une enveloppe calcaire d'une ou plusieurs pièces, à laquelle on donne le nom de *coquille*.

Presque tous sont organisés pour vivre dans l'eau.

462. Céphalopodes. — Les *Céphalopodes* ont le corps en forme de sac, dont les bords sont armés de bras portant des ventouses ou suçoirs ; ces tentacules, qu'ils agitent dans l'eau, leur servent d'organes de préhension.

Fig. 217. — Poulpe commun.

Les plus grandes espèces sont les *Poulpes* (fig. 217) et les *Calmars*, qui habitent les hautes mers.

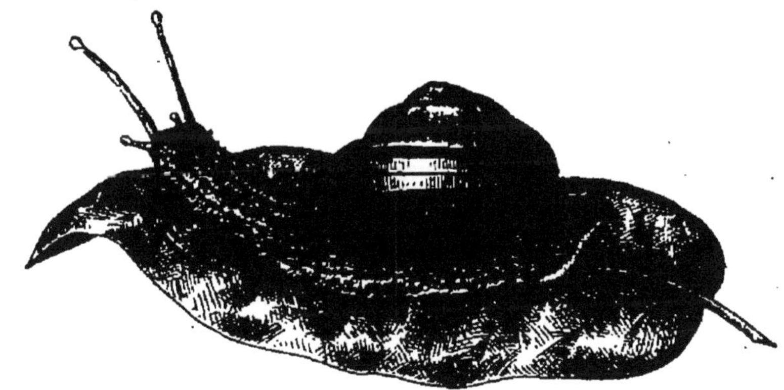

Fig. 218. — Hélice des jardins.

Les *Seiches*, plus petites et plus communes, possèdent une poche remplie d'un liquide noir qu'elles laissent échapper lorsqu'elles sont poursuivies ; ce liquide, troublant l'eau, leur permet de se cacher ainsi aux yeux de l'ennemi qui les menace. Cette matière noire fournit la sépia.

463. Ptéropodes. — Les *Ptéropodes* sont des mollusques peu importants, dont les tentacules sont étalés en forme d'ailes.

464. Gastéropodes. — Les *Gastéropodes* ont un pied charnu sur lequel ils rampent. Presque tous ont une coquille contournée en spirale, et fermée quelquefois par un opercule.

Les plus remarquables sont les *Escargots*, les *Limaces*, les *Limnées* et les *Planorbes*.

Fig. 219. — Planorbe.

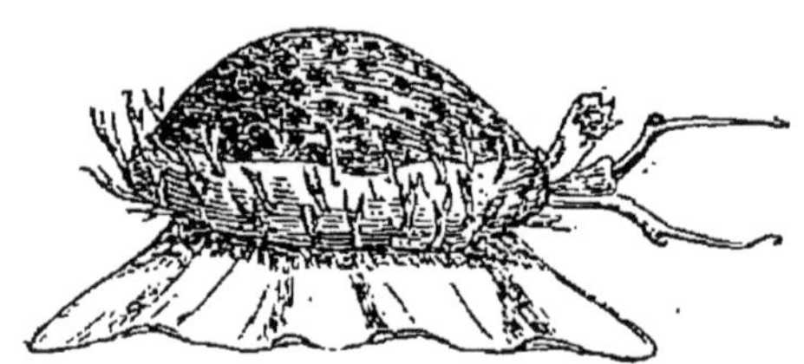

Fig. 220. — Porcelaine tigre.

Les *Escargots* et les *Hélices* (fig. 218) sont communs dans les jardins.

Les *Limaces* ont la coquille réduite à une simple plaque située sur le cou.

Les *Limnées* et les *Planorbes* (fig. 219) abondent dans les rivières et les étangs.

Parmi les espèces marines on peut citer les *Cônes*, les *Buccins*, les *Murex* ou *Rochers*, et les *Porcelaines* (fig. 220).

465. Acéphales. — Les *Acéphales* n'ont pas de tête distincte, et sont renfermés dans une coquille à deux valves. Ces mollusques se fixent le plus souvent aux rochers, ou n'exécutent que des mouvements lents.

Les plus connus sont les *Huîtres* (n° 621), dont certaines espèces fournissent les perles; les *Moules* et les *Peignes*.

466. MOLLUSCOIDES. — On désigne sous le nom de *Mollus-coïdes* un groupe de mollusques établissant une transition naturelle entre les mollusques proprement dits et les vers. Leur étude est difficile et ne présente qu'un intérêt secondaire.

On les divise en trois classes : les *Brachyopodes*, dont la plupart n'existent plus qu'à l'état fossile; les *Tuniciers*, qui ont le corps protégé par une peau coriace; les *Bryozoaires*, animaux microscopiques vivant dans une enveloppe calcaire.

CHAPITRE X

EMBRANCHEMENT DES RAYONNÉS

467. Caractères et subdivisions. — Les *Rayonnés* ont le corps de consistance molle, nu ou protégé par un encroûtement calcaire. Leurs organes sont groupés autour d'un centre, ce qui leur donne un aspect globuleux ou étoilé.

Les rayonnés comprennent deux sous-embranchements : celui des *Échinodermes* et celui des *Cœlentérés*.

Quelques auteurs placent les *Protozoaires* parmi les rayonnés, dont ils forment alors un troisième sous-embranchement. Cette manière de voir est d'ailleurs justifiée par la forme de certains protozoaires, dont le corps affecte une disposition franchement rayonnée.

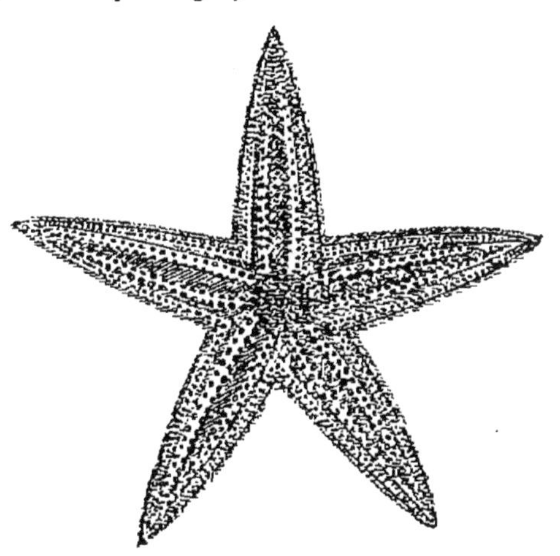

Fig. 221. — Astérie commune.

468. ÉCHINODERMES. — Les *Échinodermes* sont des animaux marins dont la peau, dure et calcaire, est souvent hérissée d'épines.

Les principaux échinodermes sont les *Astéries* ou *Étoiles de mer* et les *Oursins*.

Les *Astéries* (fig. 221) ont le corps formé de plusieurs branches disposées autour d'un centre, comme les rayons d'une étoile; c'est ce qui les fait appeler communément *Étoiles de mer*.

Les *Oursins* (fig. 222) ont une forme globuleuse; ils portent des épines assez longues, et se rencontrent assez fréquemment au fond de la mer ou dans les anfractuosités des rochers à fleur d'eau.

469. CŒLENTÉRÉS. — Les *Cœlentérés* ont un appareil digestif réduit à une simple cavité, tandis que chez les précédents c'est encore un tube à parois propres formant un organe parfaitement distinct.

Les Cœlentérés se subdivisent en trois classes : les *Acalèphes*, les *Polypes* et les *Spongiaires*.

470. Acalèphes. — Les *Acalèphes* sont des animaux gélatineux, transparents, qui flottent dans les eaux de la mer; ils ont

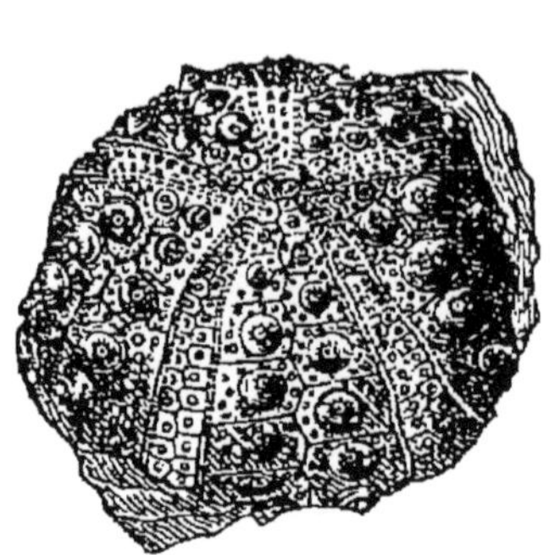

Fig. 222. — Oursin fossile.

Fig. 223. — Méduse.

la forme d'une cloche dont les bords portent des tentacules simples ou ramifiés qui leur servent d'organes de préhension et de locomotion.

Les principales espèces sont les *Méduses* ou *Orties de mer* (fig. 223), ainsi nommées à cause de la sensation de brûlure qu'elles produisent sur la peau quand on les touche.

471. Polypes. — Les *Polypes* ou *Coralliaires* ont également le

Fig. 224. — Polypier.

Fig. 225. — Corail.

corps gélatineux, muni de tentacules nombreux entourant la bouche, et possèdent presque tous la faculté de se grouper en colonies sur un support ramifié, formé par des concrétions calcaires de structure très variée (*Po'ypier*, fig. 224).

Les polypes les plus communs sont les *Actinies*, les *Coraux*, les *Madrépores* et les *Hydres*.

Les *Actinies* ou *Anémones* de mer ont le corps charnu et cylindrique, revêtu des couleurs les plus diverses; elles se fixent aux rochers submergés par l'eau de mer. Leur bouche est entourée de nombreux tentacules qui les font ressembler à des fleurs sousmarines.

Les *Coraux* (fig. 225) sont des polypiers qui vivent dans les mers profondes. Ils ont une structure arborescente, et sont formés d'une substance dure, susceptible d'un très beau poli, et très estimée en joaillerie. Les *polypes* du corail ont la forme d'un petit sac dont les bords sont munis de huit bras dentelés. On pêche le corail sur les côtes de France et d'Italie, et principalement sur les côtes de l'Algérie.

Les *Madrépores* ont le corps protégé par des enveloppes calcaires, et sont si nombreux dans les mers chaudes, que l'accumulation des débris de leur carapace donne lieu à la formation d'immenses rochers dont quelques-uns servent d'assises à des îles habitées (*récifs madréporiques, îles madréporiques*).

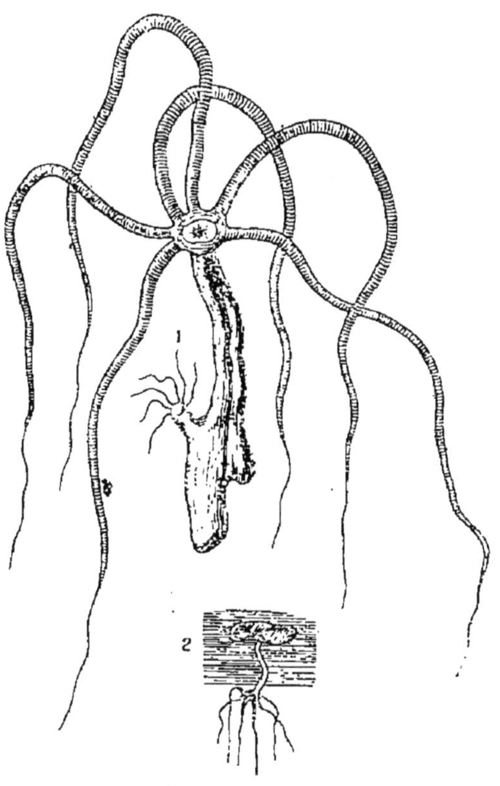

Fig. 226. — Hydre d'eau douce.

1, hydre grossie présentant un bourgeon reproducteur; 2, hydre de grandeur naturelle.

Les *Hydres*.(fig. 226) sont de petits animaux ayant quelques centimètres de longueur, et vivant dans les eaux douces ou salées.

Les Hydres se reproduisent par bourgeonnement. Une sorte de verrue se montre sur un point quelconque, grossit, s'arme de tentacules, puis se détache à l'état d'hydre complète.

Les Méduses ne sont autre chose que des bourgeons ainsi détachés de certains polypes marins (*Hydraires* ou *Campanulaires*), et par conséquent ne devraient pas être, dans la classification, séparées de ces derniers.

6*

L'hydre d'eau douce est célèbre par la facilité avec laquelle elle se multiplie. Si on la coupe en plusieurs morceaux, chacun d'eux ne tarde pas à reproduire une hydre complète. On peut la retourner comme on retournerait un doigt de gant, de manière que la muqueuse digestive devienne la peau, et réciproquement, sans qu'il en résulte pour elle le moindre inconvénient.

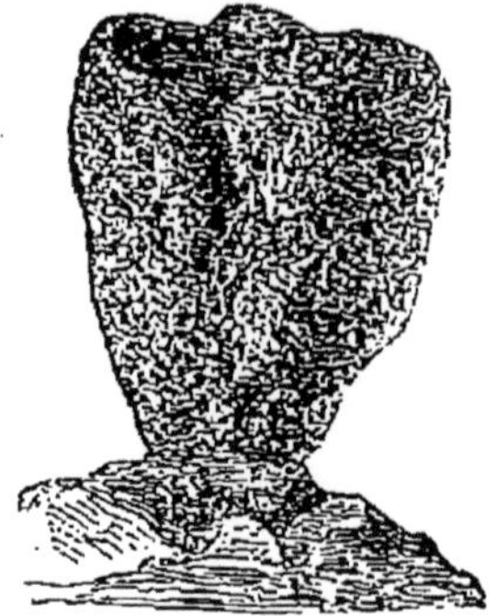

Fig. 227. — Éponge.

472. Spongiaires. — Les *Spongiaires* sont de petits animaux qui, d'abord libres dans les premiers temps de leur existence, se groupent ensuite en colonies nombreuses, et sécrètent alors une matière calcaire ou siliceuse, qui forme bientôt une masse solide extrêmement poreuse, destinée à loger la colonie dont l'ensemble constitue une *éponge* (fig. 227).

Les Éponges ont la forme d'une sphère ou d'une coupe qui s'accroît petit à petit à mesure que de nouveaux individus prennent naissance par bourgeonnement.

La pêche des éponges fait l'objet d'un commerce important. On les trouve surtout le long des côtes de Syrie.

CHAPITRE XI

EMBRANCHEMENT DES PROTOZOAIRES

473. Caractères généraux. — Les *Protozoaires* sont ainsi nommés parce qu'ils constituent le premier échelon de la série animale. Les plus simples, en effet, ont une organisation tellement élémentaire, qu'ils se montrent sous l'aspect d'une masse gélatineuse (*sarcode*), animée de mouvements contractiles et de forme constamment variable. Chez un grand nombre cependant, on observe un commencement d'organisation spéciale qui consiste en cavités digestives s'ouvrant en dehors par un ou plusieurs orifices entourés de cils vibratiles servant à la locomotion et à la préhension.

Les protozoaires se subdivisent en deux classes : les *Infusoires* et les *Rhizopodes*.

474. Infusoires. — Les *Infusoires* (fig. 228) sont des animaux microscopiques qui se développent ordinairement dans les infusions végétales ou animales, ou bien qui vivent dans les eaux stagnantes. Leurs formes sont extrêmement variées.

Les infusoires naissent les uns des autres par segmentation, ou se reproduisent par des germes que l'air ou l'eau transportent et répandent partout, et qui se développent lorsqu'ils se trouvent dans des conditions favorables.

A cette classe appartiennent les *Noctiluques*, infusoires marins de la grosseur d'une tête d'épingle, qui donnent aux vagues des mers chaudes la phosphorescence qu'on observe quelquefois.

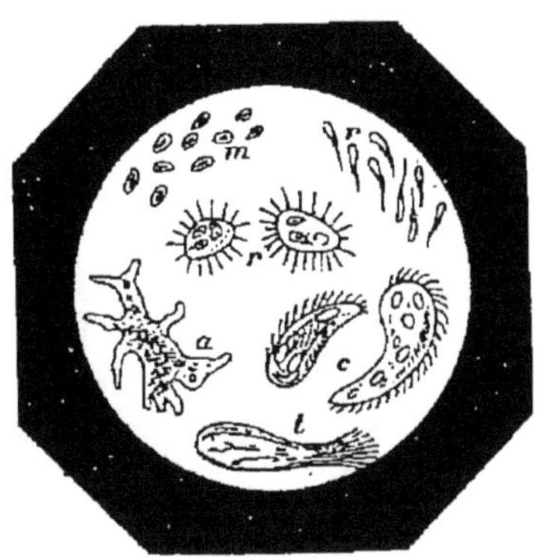

Fig. 228. — Infusoires.

475. Rhizopodes. — Les *Rhizopodes* sont les derniers représentants de la série animale. Leur corps, d'une extrême simplicité, est formé de protoplasma granuleux qui, dans la plupart des cas, sécrète des matières calcaires ou siliceuses, sous forme d'aiguilles, de piquants, de coquilles parfois très élégantes.

A cette classe appartiennent les *Amibes*, les *Radiolaires* et les *Foraminifères*.

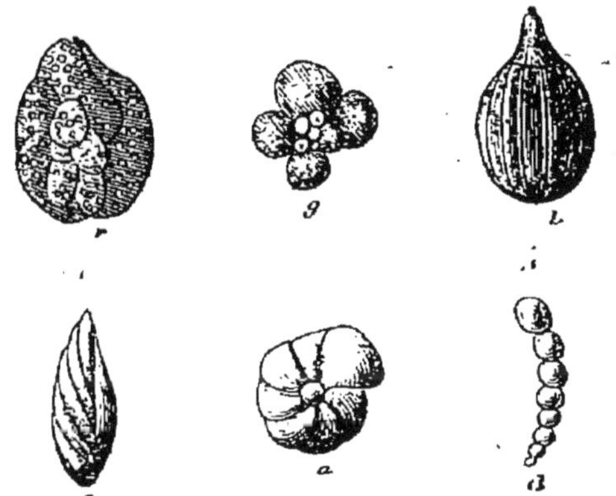

Fig. 229. — Coquilles de Foraminifères.

Les *Amibes* ont le corps nu et présentent au microscope l'aspect d'une petite masse changeant constamment de forme par la disparition et l'apparition successive de petits prolongements qui leur donnent une apparence irrégulièrement étoilée.

Les *Radiolaires* ont le corps protégé par une enveloppe siliceuse portant des filaments rigides s'irradiant dans tous les sens. Ils sont essentiellement marins pour la plupart; on les rencontre le plus souvent dans les couches superficielles des eaux de la mer.

Les *Foraminifères* (fig. 229) sont renfermés dans une coquille calcaire microscopique présentant le plus souvent de petites ouvertures par lesquelles sortent des filaments contractiles.

Les foraminifères et les radiolaires ont joué un rôle important dans

Fig. 230. — Foraminifères de la craie.

la formation des roches calcaires et siliceuses à toutes les époques géologiques. La *craie*, en particulier, est formée presque entièrement par des coquilles de foraminifères (fig. 230).

TROISIÈME PARTIE

ZOOLOGIE APPLIQUÉE

CHAPITRE I

DOMESTICATION ET ÉLEVAGE

476. Domestication. — Parmi les animaux existant actuellement sur notre globe, les uns, comme le Lion, le Loup, le Lièvre, vivent à l'état sauvage; d'autres, comme le Cheval, le Bœuf, le Chien, sont utilisés par l'homme, qui les fait servir à ses besoins ou à son agrément; ce sont des *animaux domestiques.*

La domestication diffère de *l'apprivoisement* en ce que celui-ci ne concerne qu'un seul individu parmi ceux d'une même espèce vivant à l'état sauvage, tandis que la domestication s'applique à tous les individus d'une même espèce.

Les animaux carnassiers, farouches, dont les habitudes sont solitaires ou vagabondes, sont d'une domestication à peu près impossible. C'est plutôt parmi les espèces herbivores que l'on rencontre les animaux les plus propres à l'élevage.

La domestication peut, par la nature de l'alimentation, l'influence du climat, le genre de travail, apporter de notables changements dans les mœurs de ces animaux et permettre à l'homme d'arriver, par des moyens méthodiques, à modifier et à perfectionner les aptitudes des espèces qu'il élève suivant les usages auxquels il les destine.

La domestication est une œuvre lente et difficile, surtout pour les grandes espèces; aussi le nombre des animaux réduits en domesticité est-il relativement très restreint.

477. Acclimatation. — On appelle *acclimatation* la transportation d'une espèce, de son climat natal dans un climat différent, où elle pourra trouver cependant des conditions favorables à son existence et à sa multiplication.

478. Engraissement. — Quelques animaux parmi les mammifères et les oiseaux servent à l'alimentation de l'homme. Or la chair de ces animaux est d'autant meilleure et d'un rapport plus avantageux, qu'ils sont plus gras; c'est pourquoi on les soumet à l'*engraissement.*

Bien que toutes les espèces ne se prêtent pas à l'engraissement avec la même facilité, les moyens employés pour y arriver sont toujours les mêmes : régime alimentaire abondant et substantiel joint à un repos aussi complet que possible. En d'autres termes, l'engraissement consiste à donner beaucoup à l'animal et à faire en sorte qu'il dépense le moins possible.

Les animaux que l'on soumet le plus ordinairement à l'engraissement sont les volailles, c'est-à-dire les Poules, les Oies, les Canards, les Dindons; les animaux de boucherie, comme les Bœufs, et surtout les Porcs, qui sont d'une merveilleuse aptitude pour l'engraissement.

CHAPITRE II

LE BÉTAIL

479. Utilité du bétail. — Par bétail on entend tous les animaux de ferme, *Bœufs*, *Moutons*, *Porcs*, etc., à l'exception des Chevaux, des Chiens et des volailles. On peut le subdiviser en *gros bétail* (Bœufs, Vaches, etc.) et en *menu bétail* (Moutons, Porcs, Chèvres, etc.).

Outre les *engrais* excellents que fournissent la plupart des bestiaux et le *travail* que peuvent produire quelques-uns d'entre eux, ils constituent l'une des plus précieuses ressources de l'agriculture par les différents produits d'alimentation qu'ils donnent en abondance, comme la *viande de boucherie*, le *lait*, le *beurre*, les *fromages*, et par les importants produits industriels qu'on en retire, comme les *cuirs* et les *laines*.

C'est le bétail qui fait la richesse des fermes. Du nombre des bestiaux dépend la quantité d'engrais destinés à fumer les terres, et par suite la valeur et l'abondance des produits agricoles. Un cultivateur intelligent s'efforcera donc d'élever un aussi grand nombre de bestiaux qu'il pourra en nourrir, les choisissant avec discernement, suivant le climat qu'il habite et les qualités du sol qu'il cultive, d'où dépend en grande partie la nature des produits récoltés.

Les principaux mammifères composant le bétail ordinaire sont les *Bœufs*, les *Moutons*, les *Porcs* et les *Chèvres*.

480. Bœuf, Vache. — Le *Bœuf* est, sans contredit, l'une des espèces de bétail les plus précieuses par les nombreux services qu'il rend à l'homme comme animal domestique. C'est un rude et vigoureux travailleur (n° 499); sa *chair* est une ressource abondante pour la boucherie, et il n'est presque aucune partie de son corps qui ne soit employée dans l'industrie. Sa *peau* sert à la préparation de *cuirs* excellents (n° 510); son *poil* fournit la *bourre* avec laquelle on garnit les fauteuils, les canapés; ses *cornes*, ses *os*, sont utilisés dans la tabletterie pour faire des peignes, des boutons, des manches d'instruments; sa *graisse* est employée dans la fabrication des chandelles et des savons; ses *intestins* fournissent la baudruche, etc.

Autrefois le Bœuf était appliqué presque exclusivement aux rudes travaux de la campagne, mais l'emploi du Cheval et même de la vapeur ont considérablement diminué son rôle comme travailleur; de sorte qu'aujourd'hui on cherche surtout à en faire un animal de boucherie plutôt qu'un animal de travail.

Le Bœuf de boucherie se reconnaît facilement à sa taille petite, à ses membres courts, à sa tête fine portant des cornes peu développées; le tronc, ample dans tous les sens, présente, vu de côté, un contour sensiblement rectangulaire. Ces caractères seront évidemment plus ou moins modifiés dans le Bœuf de travail, suivant la nature des aliments qu'on lui fournit et la quantité de travail qu'on lui fait produire.

481. Races bovines. — Les principales races bovines françaises sont la race de *Salers* ou *auvergnate*, les races *bretonne, flamande, normande, charolaise, hollandaise;* parmi les races étrangères, les plus remarquables sont celles de la *Suisse* et la belle race de *Durham* (Angleterre).

Race de Salers. — La race de Salers est originaire du Cantal. Les Bœufs de cette race ont la tête courte; les cornes grosses, luisantes, un peu relevées en dehors, sont fixées sur un front large. Ils ont un pelage rouge vif souvent parsemé de taches blanches.

Le Bœuf de Salers est un excellent travailleur, un peu rebelle à l'engraissement. Quand elle est bien nourrie, la Vache peut donner 15 à 20 litres de lait par jour.

Race bretonne. — La race bretonne est sobre, vigoureuse, ardente au travail; elle engraisse assez bien. Le lait qu'elle donne est peu abondant, mais riche en beurre et de qualité excellente.

Les Bœufs de cette race ont le corps allongé, la tête petite, les cornes minces, longues et très aiguës; leur robe est tachée de noir et de blanc.

Race flamande. — La race flamande donne peu de viande, mais en revanche est excellente pour le travail et fournit du lait en abondance. C'est une des races les plus répandues.

Race normande. — La race normande comprend des animaux énormes, à la tête lourde, au mufle élargi; on les réserve surtout pour la boucherie. Une bonne vache normande peut donner annuellement 3,000 litres de lait.

Race charolaise. — La race charolaise est vigoureuse, très apte au travail, mais donne peu de lait.

Race hollandaise. — Comme la race flamande, cette race se rencontre surtout dans le nord de la France. Il n'est pas rare de voir des vaches hollandaises fournir de 20 à 30 litres de lait par jour à certaines époques; mais ce lait, de couleur bleuâtre, est peu riche en beurre et renferme une assez forte proportion d'eau.

Race Durham. — La race Durham (fig. 231) comprend des Bœufs dont la tête est petite, le front large, les joues présentant des replis graisseux, les oreilles minces et dressées, les cornes peu développées et dirigées en avant, les jambes courtes et fines. C'est une race excellente pour la boucherie, rendant en bonne viande les 70 centièmes de son poids brut.

Bœufs des Pampas. — Il existe dans les Pampas de l'Amérique du Sud des troupeaux innombrables de Bœufs qui vivent dans toute leur

Fig. 231. — Bœuf de la race de Durham.

sauvagerie primitive. La chasse incessante qu'on leur fait ne semble pas diminuer leur nombre, tant ils se sont multipliés dans ces immenses plaines.

482. Lait. — La densité moyenne du lait varie de 1,029 à 1,033. Sa composition (n° 363) est si variable, qu'il est assez difficile de reconnaître avec une entière certitude les falsifications qu'on a pu lui faire subir.

La principale de ces altérations consiste à *l'écrémer* avant de le livrer à la vente. Cette opération le rend plus clair; aussi les falsificateurs, pour ramener sa densité au titre normal et lui rendre l'opacité et la saveur qu'il a perdues, y introduisent souvent de l'amidon, de la farine, de la fécule.

Ces produits de falsification ne sont pas nuisibles à la santé, mais constituent un véritable vol au préjudice de l'acheteur.

Il est assez difficile de déterminer la quantité d'eau qui a pu être ajoutée au lait; les pèse-lait dont on se sert dans le commerce ne donnent que des indications relatives à la densité, mais l'amidon et les substances analogues peuvent être facilement décelées; il su'fit pour cela d'ajouter à une petite quantité de lait préalablement bouilli une goutte de teinture d'iode. La présence de substances amylacées dans le lait se manifestera par la coloration bleue que prendra le liquide.

Sous l'influence des fortes chaleurs ou dans les temps orageux, le lait peut se coaguler rapidement ; on dit qu'il *tourne*. On peut retarder sa coagulation en ajoutant par litre environ 10 grammes de carbonate de soude pur.

Quand on laisse le lait en repos, la *crème* se sépare et monte à la surface. Cette séparation, qui n'est complète qu'au bout de deux ou trois jours, est d'autant plus lente que le lait est plus riche en crème.

La crème recueillie, soumise à un battage intelligent dans des appareils particuliers (*barattes*), fournit le *beurre*. Quelquefois cependant on bat le lait avant que la crème se soit séparée. Au sortir de la baratte, le beurre est disséminé en grumeaux nageant dans un liquide blanc (*babeurre* ou *beurrée*); on le recueille, puis on le pétrit dans l'eau fraîche (*délaitage*) sans trop le laver, afin de lui conserver son parfum.

La bonne qualité du lait est une condition essentielle de la supériorité du beurre, aussi bien que les soins, l'intelligence et la propreté avec lesquels on le prépare.

Il faut environ 20 à 25 litres de lait pour obtenir un kilogramme de beurre.

483. Fromages. — Le lait écrémé abandonné à lui-même ne tarde pas à se séparer en deux couches : le *caillé*, qui tombe au fond en masse blanche gélatineuse, et le *petit lait*, liquide clair, légèrement verdâtre, de saveur acide (acide lactique). La formation du caillé peut être activée en mêlant au lait un acide quelconque; le plus souvent on y ajoute une substance particulière, la *présure*, préparée avec la caillette du veau.

Le caillé sert à la fabrication des *fromages*.

Certains fromages, le *Gruyère* (Suisse), le *Parmesan* (Milanais), le fromage de *Bresse* (Ain), sont fabriqués à chaud : ce sont des fromages *cuits;* les autres, destinés à être consommés immédiatement, comme le *fromage à la pie*, le *fromage à la crème*, ou à être conservés, comme le *fromage de Brie*, sont des fromages *crus*.

Les fromages crus peuvent être *frais* ou *salés*, à pâte *ferme* ou à pâte *molle*.

Les principaux fromages à pâte ferme sont ceux d'*Auvergne*, de *Chester*, de *Hollande*, de *Roquefort*. Parmi les fromages mous et salés, on peut citer ceux de *Brie*, de *Marolles*, de *Livarot* (Calvados), de *Géromé* (Vosges).

484. Moutons. — Le *Mouton*, la *Brebis* et l'*Agneau*, forment la famille la plus inoffensive que l'on puisse rencontrer parmi les mammifères. Ce sont des animaux assez délicats, que leur stupidité et l'absence complète de tout moyen de défense laisseraient à la merci des grands carnassiers, si l'homme ne prenait soin de les élever et de les protéger contre leurs ennemis.

Le Mouton est une espèce importante parmi celles que l'on élève en vue des produits qu'elles rapportent. Sa chair fournit une nourriture succulente et délicate; sa laine sert à la fabrication des étoffes, et constitue un revenu très important pour l'industrie française.

485. Races ovines. — Les Moutons les plus remarquables pour la qualité de leur laine sont ceux qui appartiennent à la race des *Mérinos;* viennent ensuite les races du *Morvan d'Afrique*, la *Brebis à grosse queue*, la race *flamande*, et, parmi les races étrangères, celles de *Southdown* et de *Dishley*.

Fig. 232. — Mouton Dishley.

Les *Mérinos* sont originaires des plateaux de la Castille. Ce sont des animaux de petite taille, aux membres longs, à la tête volumineuse. Les béliers portent des cornes longues, rugueuses, épaisses, contournées en spirale. Leur chair est peu estimée; mais leur corps est complètement revêtu d'une toison ondulée, abondante, douce, extrêmement fine et souvent d'une éclatante blancheur.

Cette belle race étrangère fut naturalisée en France au commencement de ce siècle. On la trouve aujourd'hui dans le Roussillon, le Languedoc, la Bourgogne, et dans les bassins du Rhône et de la haute Seine.

Les races anglaises de *Southdown* et de *Dishley* (fig. 232) fournissent surtout des animaux de boucherie.

486. Laine. — C'est avec la *laine* que l'on fabrique les draps, les flanelles, les satins et la plupart des étoffes qui servent à nous garantir du froid. Le coton, le lin, la soie, ne viennent qu'en seconde ligne.

La laine du mouton est recouverte d'une sorte de crasse, le *suint*, qui en assouplit les brins. Avant de tondre l'animal, on le soumet à un lavage énergique dans une eau courante; c'est ce qu'on appelle le *lavage à dos;* la laine obtenue est dite *désuintée*. Quelquefois on tond l'animal avant de le laver, et l'on obtient ainsi la *laine en suint;* un lavage subséquent lui donne la propreté et la blancheur de la laine désuintée.

487. Chèvre. — Par le peu de soins que demande son entretien, la facilité avec laquelle on peut lui procurer sa nourriture, toujours très commune et peu recherchée, la *Chèvre* est la providence des

pauvres gens de la campagne ; elle remplace chez eux la Vache,
comme l'Ane y remplace le Cheval. Elle fournit abondamment un lait
qui convient surtout aux personnes dont l'estomac est délabré ; on
en fait d'excellents fromages.

Les Chèvres s'élèvent rarement en troupeaux, car leurs allures
vagabondes et capricieuses rendent leur garde très difficile. Elles ne
prospèrent que dans les plaines arides ou dans les endroits montagneux, secs et abrupts ; les lieux humides, les prairies marécageuses,
leur sont tout à fait contraires.

Le *poil* de Chèvre sert à la fabrication des étoffes, des coiffures.
Avec leur *peau,* très estimée dans la ganterie, on fabrique des outres,
du parchemin, du maroquin. Les Chèvres de *Cachemire* (Thibet)
sont renommées pour leur poil long et abondant, qui sert à la fabrication des étoffes dites de *Cachemire.*

Le mâle porte le nom de *Bouc,* et les petits celui de *Chevreaux,*
de *Biquets* ou de *Cabris.*

488. Porcs. — Le *Porc* est un animal domestique que l'on rencontre partout. Sa chair, qui se conserve très bien par la salaison, est
une précieuse réserve pour les habitants
de la campagne.

Les Porcs sont *omnivores,* et se nourrissent volontiers de tous les détritus que
repousseraient les autres animaux. Ils recherchent avec avidité et avec délices les
glands, les faînes et surtout les truffes,
qu'ils découvrent avec une sagacité si remarquable, qu'on les utilise souvent pour
ce genre de recherches.

Le Porc est, parmi tous les animaux
domestiques, celui qui se prête le mieux
à l'engraissement. Il fournit du *lard* en
abondance ; sa *chair,* de digestion assez

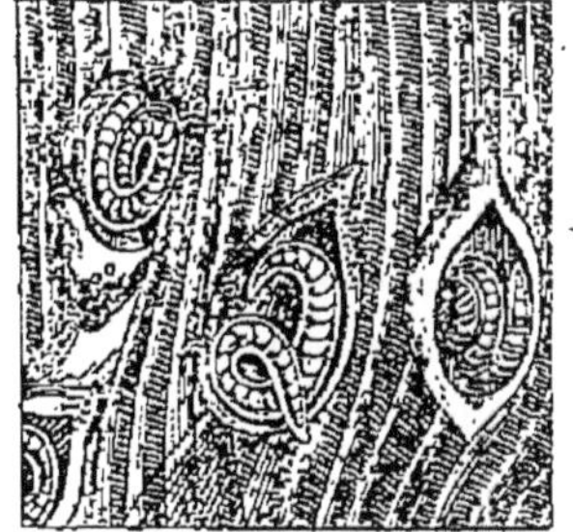

Fig. 233. — Trichines
enkystées dans un muscle.

difficile, sert de base à la confection de nombreux produits alimentaires qui ont donné naissance à une branche d'industrie particulière,
la *charcuterie.*

Les Porcs sont sujets à de nombreuses maladies, dont la principale
est causée par de petits vers, les *Trichines,* qui se développent dans
l'intérieur des muscles (fig. 233). Cette maladie peut se communiquer
à l'homme par l'alimentation. On peut éviter tous les inconvénients
qui résulteraient de l'usage de viande de porc trichinée en la faisant
suffisamment cuire.

Une autre affection, assez commune chez les Porcs, est la *ladrerie,*
qui résulte de l'enkystement, dans leur tissu musculaire, d'un cysticerque particulier, premier état du Ténia, qui ne peut compléter son
développement que dans le canal digestif de l'homme (n° 587). Comme
dans le cas précédent, la cuisson suffit pour prévenir tous les accidents
que pourrait occasionner l'ingestion d'aliments confectionnés avec la
chair des porcs ladres.

Le Porc mâle porte le nom de *Verrat;* la femelle celui de *Truie,* et les petits, ceux de *Cochons de lait* ou de *Pourceaux.*

Ces animaux sont caractérisés par la forme de leur museau ou *groin,* auquel on donne aussi le nom de *boutoir.* Le boutoir est consolidé par un os qui en fait un organe propre à fouir la terre.

CHAPITRE III

LE GIBIER

489. Définition. — On appelle *gibier* les animaux que l'homme se procure par la chasse, quels que soient les moyens employés, et qui servent à son alimentation. Ces animaux sont des mammifères ou des oiseaux; de là deux catégories de gibier : le *gibier à poil* et le *gibier à plumes.*

La chair du gibier est plus succulente, possède un fumet plus agréable que celle des animaux domestiques, et par conséquent est plus estimée que la viande de boucherie; mais ses qualités mêmes la rendent plus excitante, et par suite moins facile à digérer pour des estomacs paresseux.

On peut citer comme espèces principales de gibier à poil : le *Sanglier,* le *Cerf,* le *Chevreuil,* le *Daim,* le *Lièvre* et le *Lapin;* et parmi le gibier à plumes : le *Faisan,* le *Coq de bruyère,* la *Perdrix,* la *Caille,* la *Grive,* l'*Ortolan,* l'*Alouette,* le *Canard sauvage,* la *Bécasse* et la *Bécassine.*

490. Sanglier. — Les *Sangliers* vivent dans les bois au milieu des fourrés humides; ils ne sortent que la nuit, et durant le jour restent blottis dans un gîte qu'on appelle *bauge.* La chasse de cet animal farouche, vigoureux, hardi et intelligent, n'est pas sans danger, et exige beaucoup d'adresse et de sang-froid.

Certaines parties de la chair du Sanglier, la tête surtout (*hure*), sont très estimées.

491. Cerf. — La chasse au *Cerf* est une des grandes chasses royales; elle exige tout un attirail d'hommes, de chevaux, de chiens dressés, qui en fait un exercice réservé aux fortunes princières. Les Cerfs tendent à disparaître de nos grandes forêts par suite de la chasse active dont ils sont l'objet; on ne les rencontre plus guère que dans les vastes forêts rigoureusement gardées.

492. Chevreuil. — La chair du *Chevreuil* est plus délicate, et par conséquent plus recherchée que celle du Cerf. Il est plus habile que ce dernier à dépister les chasseurs.

493. Daim. — Le *Daim* est un gibier analogue au Cerf, et qui se chasse de la même façon.

494. Lièvre, Lapin. — Le *Lièvre* est par excellence le gibier recherché des chasseurs. On le chasse au chien courant, au fusil, au chien d'arrêt, à l'affût le matin et le soir.

La chair du Lièvre est savoureuse, d'autant plus succulente que ces animaux vivent sur les coteaux secs où sur des plateaux que les labiées aromatiques, surtout le thym et le serpolet, couvrent de leur verdure parfumée. Ceux qui habitent les endroits marécageux ont une chair fade et de mauvais goût. La peau du Lièvre est l'objet d'un commerce important; elle fournit au feutrage un poil estimé.

Le *Lapin* vit dans les bois, les clairières et les ravins sablonneux, dans lesquels il creuse de nombreux terriers. La chasse au furet consiste à fermer par des filets les différentes issues d'un terrier, puis à lancer un Furet, qui, poursuivant le Lapin dans les mille détours de son terrier, l'oblige à sortir et à se jeter ainsi dans les filets tendus par les chasseurs.

On appelle *garennes* des endroits clos dans lesquels on élève des lapins sauvages. Les dégâts que ces animaux peuvent causer dans les champs cultivés avoisinant les garennes rendent l'établissement de celles-ci assez difficile.

Le naturel peureux du Lièvre le rend impropre à la domestication, tandis que l'éducation du Lapin est l'une des plus faciles; un fond de tonneau pour gîte et quelques feuilles de chou pour nourriture suffisent ordinairement à ses modestes besoins.

495. Gibier à plumes. — La chasse du gibier à plumes est loin de fournir les mêmes ressources alimentaires que celle du gibier à poil; mais elle a l'avantage de ne présenter aucun danger, et d'apporter à l'alimentation un supplément précieux par la variété et la saveur des mets qu'elle procure.

Le *Faisan* est un gibier autrefois réservé aux grands seigneurs. On le rencontre

Fig. 234. — Perdrix rouge (long.: 0^m,30).

dans les taillis et les hautes herbes qui avoisinent les étangs. Son vol lourd et pesant permet de le tirer facilement.

Les *Coqs de bruyère*, moins gros que les coqs de nos basses-cours, sont également recherchés. Ce sont des oiseaux lourds et peu propres au vol. Quand ils sont jeunes, on leur donne le nom de *Gelinottes*.

Les *Perdrix*, les *Cailles*, les *Grives*, ont une chair délicate et savoureuse.

Les *Ortolans*, les *Alouettes*, sont de petites espèces que l'on capture souvent au moyen d'engins particuliers. Les Alouettes sont parfois désignées sous le nom de *Mauviettes*.

Le *Canard sauvage*, la *Bécasse*, sont des oiseaux de passage dont la chasse est assez difficile, mais qui sont très estimés comme gibier.

CHAPITRE IV

SERVITEURS ET COMMENSAUX DE L'HOMME

I. Le Chien domestique.

496. Qualités du Chien. — Le *Chien* paraît de tous les animaux celui qui se prête le mieux à la domestication, celui que l'homme s'attache le plus volontiers, et dont il a su le mieux diriger les instincts et les merveilleuses aptitudes.

Buffon en trace ainsi les excellentes qualités : « Un naturel ardent, colère, même féroce et sanguinaire, rend le chien sauvage redoutable à tous les animaux, et cède dans le chien domestique aux sentiments les plus doux, au plaisir de s'attacher et au désir de plaire; il vient en rampant mettre aux pieds de son maître son courage, sa force, ses talents; il attend ses ordres pour en faire usage; il le consulte, il l'interroge, il le supplie; un coup d'œil suffit, il entend les signes de sa volonté; sans avoir, comme l'homme, la lumière de la pensée, il a toute la chaleur du sentiment; il a de plus que lui la fidélité, la constance dans ses affections; nulle ambition, nul intérêt, nul désir de vengeance, nulle crainte que celle de déplaire; il est tout zèle, tout ardeur, tout obéissance. Plus sensible au souvenir des bienfaits qu'à celui des outrages, il ne se rebute pas par les mauvais traitements; il les subit, les oublie, ou ne s'en souvient que pour s'attacher davantage; loin de s'irriter ou de fuir, il s'expose lui-même à de nouvelles épreuves; il lèche cette main, instrument de douleur, qui vient de le frapper, ne lui oppose que la plainte, et la désarme enfin par la patience et la soumission. »

Les peuplades du Nord, et notamment les Esquimaux, emploient le Chien comme bête de trait.

497. Rage. — Le Chien est sujet à l'épouvantable maladie qu'on appelle la *rage*, ou *hydrophobie*, et il peut, par ses morsures, la communiquer à l'homme ou aux animaux.

Dès que la rage commence à se déclarer, l'animal paraît triste, fuit son maître, et, bien que dévoré par la soif, il a une horreur extrême de l'eau. Bientôt on le voit écumer, et se jeter en aveugle sur les hommes et les animaux qui sont à sa portée, puis mourir au milieu des plus atroces souffrances.

La prudence veut que l'on s'inquiète de toute morsure faite par un chien suspect. Le traitement est alors identique à celui que l'on emploie dans le cas de morsures par des serpents venimeux (n° 431). Les récentes découvertes de M. Pasteur ont rendu un immense service à l'hygiène publique en indiquant des moyens efficaces pour conjurer les effets de cette redoutable maladie.

498. Variétés de Chiens. — Les Chiens peuvent se subdiviser en trois grandes familles : celle des *Mâtins*, celle des *Épagneuls*, et celle des *Dogues*.

Famille des Mâtins. — Les *Mâtins* sont ceux qui se rapprochent très probablement le plus de l'espèce primitive; ils ne sont pas très intelligents, et sont dressés avec avantage soit pour la chasse, soit pour la garde.

La famille des Mâtins comprend principalement le *Mâtin proprement dit*, le *Danois* et le *Lévrier*.

Le *Mâtin proprement dit* est grand, vigoureux; il a le museau allongé, les jambes longues et le poil court. C'est un excellent chien de garde.

Le *Danois*, qui a les mêmes instincts et les mêmes appétits, a le corps et les membres plus trapus. C'est un animal paresseux et bien moins redoutable que le mâtin.

Le *Lévrier*, aux formes sveltes, à la taille élancée, est un excellent coureur employé avec avantage dans la chasse en plaine.

Famille des Épagneuls. — Les *Épagneuls* se distinguent des autres variétés de chiens par leur remarquable intelligence. A cette famille appartiennent l'*Épagneul proprement dit*, le *Chien courant*, le *Braque*, le *Chien de berger*, le *Barbet* et le *Basset*.

L'*Épagneul proprement dit* a le poil long et soyeux, les oreilles pendantes : il est très intelligent chasseur.

Le *Chien courant* est le chien de chasse par excellence; il a les oreilles longues et pendantes et la queue relevée.

Le *Braque* a le corps épais, la queue courte et les jambes plus longues.

Le *Chien de berger* a les oreilles droites, la queue horizontale ou pendante, le poil long, généralement noir. Avec ses allures rustiques, son air hargneux, son poil en désordre, souvent crotté jusqu'aux oreilles, le chien de berger ne pose pas pour l'élégance. D'un naturel peu sociable, il s'attache à son maître et ne connaît guère que lui. On sait combien il montre d'intelligente activité et d'instinct merveilleux dans la conduite et la garde des troupeaux qui lui sont confiés. Ces éminentes qualités, jointes au désintéressement le plus absolu, en font un des animaux de ferme les plus utiles.

Le *Chien barbet* a le poil long et frisé; c'est l'une des races les plus remarquables au point de vue de l'intelligence. Les *Griffons*, les *Caniches*, les chiens de *Terre-Neuve*, appartiennent à ce groupe.

Les *Bassets*, aux jambes extrêmement courtes, droites ou torses, aux oreilles longues et pendantes, sont très aptes à la chasse au bois.

Famille des Dogues. — Les *Dogues* ont le museau raccourci, le corps trapu et fortement musclé, la queue courte et le poil ras; ils sont d'une remarquable fidélité, mais sont d'un naturel querelleur et hargneux.

Les principales espèces sont les grands *Dogues*, les *Bulls-Dogs* ou *Bouledogues*, les *Carlins* et les *Roquets*.

II. Animaux auxiliaires de l'homme.

499. Principaux auxiliaires de l'homme. — De tout temps l'homme a trouvé dans certaines espèces animales d'utiles auxiliaires qui lui ont apporté leur précieux concours. De toute antiquité on voit, en effet, le Bœuf, le Chameau, l'Éléphant, lui prêter l'appui de leur force et de leurs qualités propres pour l'aider dans ses rudes travaux. La divine Providence n'a pas voulu qu'il fût un seul pays, un seul climat où l'homme ne puisse trouver en eux aide et appui dans sa lutte incessante contre la nature rebelle. C'est ainsi que dans les pays où manquent le Cheval et le Bœuf, on rencontre l'Éléphant, le Chameau, le Renne, le Chien, etc., chacune de ces espèces ayant reçu une organisation et des mœurs qui la rendent propre au climat particulier dans lequel elle vit, et dont on ne pourrait impunément l'enlever pour l'acclimater ailleurs.

Les *principaux auxiliaires de l'homme* sont le *Bœuf*, le *Cheval*, l'*Ane*, le *Chameau*, l'*Éléphant* et le *Renne*.

500. Bœuf. — Le *Bœuf* se place au premier rang parmi les travailleurs infatigables de la campagne. Son dos, large et arrondi, le rend impropre au transport des lourds fardeaux; mais son cou développé, ses larges épaules, en font une excellente bête de traction. La pesanteur de sa démarche, la masse de son corps, sa patience dans le travail, le rendent plus que tout autre animal propre aux rudes travaux des champs.

501. Cheval. — « Le *Cheval* est de tous les animaux celui qui, avec une grande taille, a le plus de proportion et d'élégance dans les parties de son corps. Il n'a pas comme l'âne un air d'imbécillité, ou de stupidité comme le bœuf; la régularité des proportions de sa tête lui donne, au contraire, un air de légèreté, qui est bien soutenu par la beauté de son encolure. Ses yeux sont vifs et bien ouverts, ses oreilles sont bien faites et d'une juste grandeur, sans être courtes comme celles du taureau, ou trop longues comme celles de l'âne; sa crinière accompagne bien sa tête, orne son cou, et lui donne un air de force et de fierté. » (BUFFON.)

Le corps du cheval peut se diviser en trois parties : 1° l'*avant-main*, comprenant la *tête*, l'*encolure*, le *garrot*, les *épaules* et les *membres antérieurs;* 2° le *corps proprement dit;* 3° l'*arrière-main*, formée de la *croupe*, des *hanches* et des *membres postérieurs* (fig. 235).

502. Avant-main. — Les parties principales de la *tête* sont la *nuque*, en arrière des oreilles; le *chanfrein*, partie moyenne et supérieure de la tête, entre le front et les *naseaux* ou narines; les *ganaches*, bords inférieurs et latéraux de la mâchoire inférieure; l'*auge*, dépression située sous la tête entre les deux ganaches.

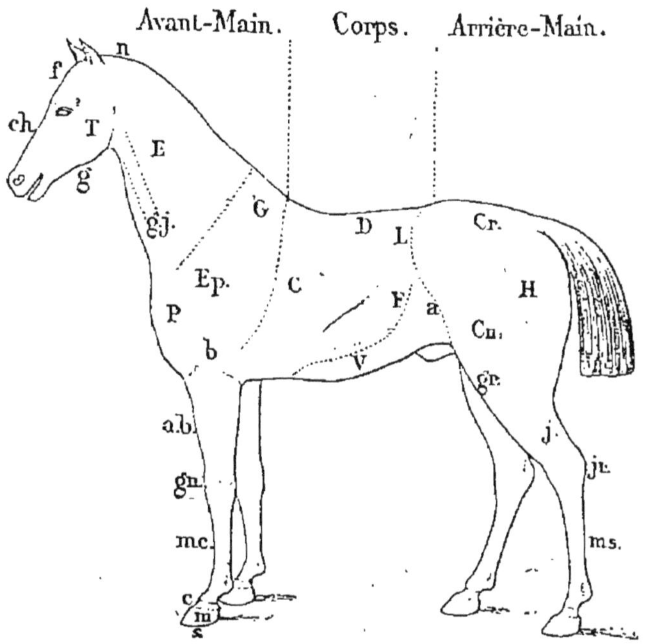

Fig. 235. — Parties principales du Cheval.

AVANT-MAIN

T, tête;
n, nuque;
f, front;
ch, chanfrein;
g, ganaches;
E, encolure;
g. j, gouttières de la jugulaire;
G, garrot;
P, poitrail;

b, bras;
a, b, avant-bras;
gu, genoux;
mc, métacarpe;
c, couronne;
m, muraille;
s, sabot;

CORPS

C, côtes;
D, dos;
F, flancs;

L, lombes;
V, ventre;

ARRIÈRE-MAIN

Cr, croupe;
H, hanche;
Cu, cuisse;
gr, grasset;
j, jambe;
jr, jarret;
ms, métatarse.

L'*encolure* s'étend des oreilles aux épaules; à sa partie supérieure est fixée la *crinière*. Elle porte latéralement une excavation longitudinale nommée *gouttière de la jugulaire*.

Le *garrot* est la région moyenne qui sépare le dos de l'encolure.

Le *poitrail* est la partie située en avant, au bas de l'encolure, entre les saillies antérieures des épaules (*pointes du bras*).

Les membres antérieurs se composent chacun du *bras*, de l'*avant-bras*, du *genou*, qui est en réalité le poignet; du *métacarpe*, formé d'un seul os, le *canon*, et du *pied*. Le pied n'est autre chose que la phalangette très developpée; il présente un bourrelet saillant, la *couronne*, sur laquelle s'insère le *sabot*, qui comprend la *muraille*, partie visible du sabot quand le pied pose sur le sol, et la *fourchette*, sorte de saillie en forme de V que l'on remarque à la face intérieure du pied.

503. Corps. — Le *corps* comprend le *dos*, les *lombes*, qui se terminent au niveau des hanches; c'est sur le dos et les lombes que se place la selle; les *côtes*, les *flancs*, les *ars* ou *plis des aisselles*, le *passage des sangles*, où se met ordinairement la sangle, et enfin le *ventre*.

504. Arrière-main. — La *croupe* est une partie arrondie qui va des lombes à l'origine de la queue.

Les *hanches* sont des saillies osseuses, parfois très accentuées, situées sur les côtés de la croupe.

Les *membres postérieurs* comprennent la *cuisse*, le *grasset* ou *genou*, la *jambe*, le *jarret* et le *canon*, qui se termine comme celui des membres antérieurs.

505. Dentition. — La dentition du Cheval se compose de six incisives, de douze molaires et de deux canines ou *crochets* à chaque

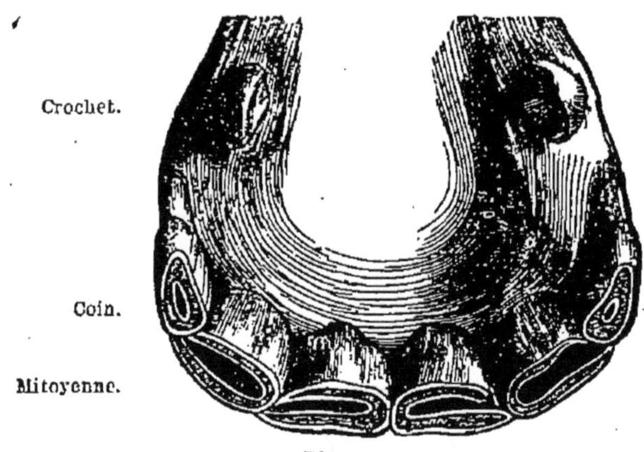

Fig. 236. — Canines et incisives d'un Cheval de cinq ans.

mâchoire. Les incisives médianes portent le nom de *pinces*, les suivantes celui de *mitoyennes*, et les dernières celui de *coins*. Le développement et l'usure (rasement) de ces incisives peuvent indiquer l'âge du cheval jusqu'à huit ans; après huit ans, l'âge ne peut être déterminé approximativement que par les formes successives que prend la surface de ces dents; on dit que le cheval ne marque plus.

Les incisives sont séparées des molaires par un long espace dépourvu de dents, qu'on appelle la *barre* et dans lequel se place le mors.

506. Principales races de Chevaux. — Relativement aux usages auxquels on les destine, lés chevaux peuvent se subdiviser en chevaux de *selle* et en chevaux de *trait*.

Les chevaux de selle comprennent les chevaux de *guerre*, les chevaux de *luxe* (chasse, manège, promenade) et les chevaux de *service* (voyage, service journalier).

Les chevaux de trait sont ou de *trait léger* (poste, artillerie), ou de *gros trait* (charrette, ferme, roulage).

Les chevaux de selle ont pour types deux races célèbres : le *cheval arabe* et le *cheval pur sang anglais*.

Le *cheval arabe* (fig. 238) est par excellence le cheval de guerre.

Il a la taille moyenne, la tête petite, les jambes fines, les formes élancées; il est remarquable par son ardeur, son intelligence et la fidélité qu'il témoigne à son maître.

Le *cheval anglais* est avant tout un cheval de vitesse; c'est lui que l'on rencontre sur les champs de course. Il a le corps élancé,

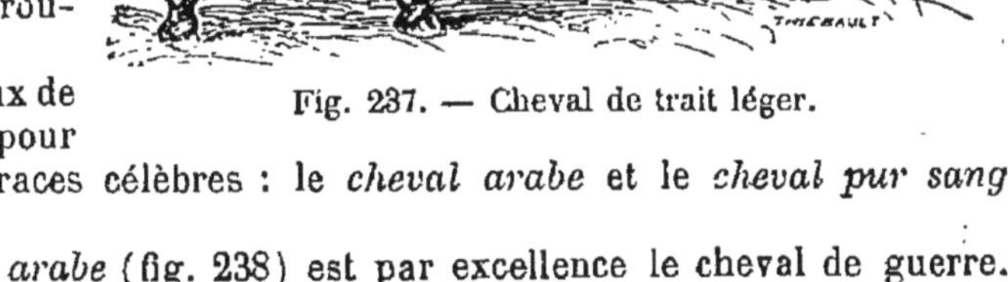

Fig. 237. — Cheval de trait léger.

Fig. 238. — Cheval arabe.

le poitrail droit, l'encolure mince, longue et droite, les hanches larges, le ventre évidé et les jambes longues. Sa forme générale rappelle celle des lévriers.

On range également parmi les chevaux de selle les *Poneys anglais*, d'une sobriété, d'une vigueur, d'une rusticité précieuses, et les *Bidets* de France, entre autres les *Bidets bretons*, dont la race tend à se modifier actuellement.

Les chevaux de trait manquent de légèreté et d'ardeur; leur corps massif, leurs fortes jambes, leur puissance musculaire, leur patience extraordinaire, en font de robustes et vigoureux travailleurs.

La France possède sans contredit les meilleurs chevaux de trait; l'une de ses races, la race *boulonaise*, est le type du cheval de gros trait.

Le cheval boulonais a le poitrail large et bombé, la croupe ample et arrondie, les membres courts et admirablement musclés. Sa robe est le plus souvent gris pommelé. C'est presque toujours lui qui remplit le rude poste de limonier, régularisant par sa masse énorme et son inébranlable fermeté le charroi des voitures pesantes.

A la suite de la race boulonaise se placent la race *ardennaise*, qui fournit les chevaux employés ordinairement pour le service des omnibus et des diligences; la race *bretonne*, dans laquelle on trouve d'excellents chevaux d'artillerie, et la race *limousine*.

De nombreux *haras* sont établis en France pour la conservation et l'amélioration des races chevalines.

Il existe dans les pampas d'Amérique des chevaux sauvages vivant en troupes nombreuses, et auxquels les indigènes font une chasse très active.

507. Ane. Mulet. — L'Ane marche ordinairement au pas; il a le trot dur et saccadé, et ne sait pas galoper. Sa démarche posée, la sûreté de son pied, le rendent propre au passage des endroits les plus escarpés. C'est plutôt une bête de somme qu'une bête de trait : le bât et quelquefois la charrette, voilà son lot.

La patience, la constance avec laquelle il supporte les coups, sa grande sobriété, qui fait qu'il se contente volontiers des herbes les plus dures et les plus désagréables; sa docilité à ne refuser aucun travail qui n'excède pas ses forces, en font un utile auxiliaire des pauvres habitants des campagnes, auxquels il rend les plus grands services par ses modestes mais précieuses qualités.

Sa peau sert à faire des tambours, des tamis. En Orient, on en fait la peau de chagrin si recherchée pour la reliure.

Le nombre considérable de *Bourriques* et de *Bourriquets* qu'on utilise dans les campagnes n'appartiennent à aucune race bien définie.

Le *Mulet* est le résultat du croisement de l'Ane et du Cheval; il possède une partie des qualités de l'un et de l'autre; cependant le type de l'Ane est prédominant.

508. Éléphant. — L'*Éléphant* ne se rencontre que dans l'Afrique et dans l'Inde. Depuis longtemps l'homme a su le plier à ses exigences et l'utiliser pour la chasse, la guerre ou le transport. Il peut faire d'un seul trajet, jusqu'à 70 et 80 kilomètres avec une charge de 1,000 kilogrammes.

L'Éléphant est d'un naturel doux et n'use de sa force que pour se défendre. Il possède une mémoire prodigieuse et se rappelle facilement les injures autant que les bienfaits.

509. Chameau. — Le *Chameau* est utilisé comme bête de somme dans le Thibet, le nord de l'Afrique, la Syrie et la Perse. Il est plus

Fig. 239. — Chameau.

léger et plus robuste que le cheval. Le Chameau ne s'attelle pas; il est lui-même comme une sorte de voiture vivante, sur laquelle on peut accumuler jusqu'à 300 kilos de marchandises (fig. 239).

Quelques herbes sèches font toute sa nourriture; il peut supporter la privation d'eau pendant plusieurs jours, grâce à celle qu'il tient en réserve dans des organes particuliers, ce qui lui permet de rester sept à huit jours sans boire.

C'est un animal indispensable pour les caravanes qui ont à traverser des déserts sablonneux d'assez grande étendue. Il peut franchir jusqu'à 120 kilomètres en un jour, en ne se reposant qu'une heure.

510. Renne. — Le *Renne* est un animal exclusivement propre aux contrées glaciales et ne peut supporter longtemps les climats tempérés. Il est pour les Lapons, les Samoyèdes, un auxiliaire de première utilité, et remplace chez eux le Bœuf, le Mouton et le Porc, qui ne pourraient résister au climat rigoureux des terres arctiques.

Les Rennes s'attellent aux traîneaux (fig. 240) et peuvent faire de quatre à cinq lieues à l'heure ; ils pourvoient eux-mêmes à leur nourriture, qui consiste en herbes, lichens, qu'ils vont chercher jusque sous la neige en la grattant avec leur pied.

Leur peau sert à fabriquer les vêtements, les tentes des habitants de ces pays ; ils en font même les voiles de leurs barques et jusqu'à des canots. Leur chair est utilisée pour l'alimentation ; leurs os, leurs bois, servent à fabriquer toutes sortes d'ustensiles.

Les femelles donnent un excellent lait, avec lequel on fait des fromages.

Fig. 240. — Renne de Laponie.

CHAPITRE V

PRODUITS D'INDUSTRIE

511. Cuirs. — C'est avec la peau des mammifères que l'on fabrique les *cuirs ;* on la soumet pour cela à différentes manipulations qui constituent l'opération du *tannage.*

Le tannage comprend d'abord le *débourrage* ou *épilage*, qui consiste à enlever les poils dont l'épiderme est recouvert ; on y arrive en faisant macérer les peaux soit dans l'eau de chaux, qui relâche les tissus et permet de détacher facilement les poils, soit dans des liquides sulfurés, qui attaquent la substance même du poil, à tel point qu'un simple racloir de bois suffit pour le faire tomber.

Les peaux sont ensuite lavées et soumises au *gonflement* dans le but d'en relâcher les fibres. Pour cela on les entasse dans des cuves pleines de jusée, c'est-à-dire d'eau qui est restée longtemps en contact avec de la *tannée ;* cette opération très délicate doit être conduite avec précaution. Enfin vient le *tannage proprement dit.*

Le tannage proprement dit a pour but de rendre la peau imputrescible et de lui conserver sa souplesse en même temps que sa ténacité.

Dans des fosses en bois ou en maçonnerie, on dispose au fond une couche de *tan* ou écorce de chêne pulvérisée, sur laquelle on étend une peau que l'on recouvre ensuite d'une seconde couche de tan. On continue ainsi, en disposant alternativement une peau et une couche de tan, jusqu'à ce que la cuve soit remplie ; l'eau, arrivant ensuite par le fond, baigne le tan et les peaux et facilite l'opération.

Le tannage dure souvent plus d'une année. Certains procédés permettent cependant de le réduire à trois ou quatre semaines, mais les cuirs ainsi obtenus sont de moins bonne qualité.

Après le tannage vient le *corroyage,* qui assouplit le cuir, le rend lisse et propre à être livré immédiatement au commerce.

Ce sont les ruminants qui fournissent presque tous les cuirs. La peau du *Bœuf* est employée dans la *sellerie ;* celle de la *Vache,* pour la fabrication des *chaussures.* La peau de *Chèvre* donne le *maroquin ;* celle du *Chevreau* est estimée dans la *ganterie ;* les *parchemins* se font avec des peaux de *Mouton* ou de *Veau* (*vélin*).

512. Laines. — La *laine* est une variété de poil intermédiaire entre le crin et le duvet ; elle est très abondante dans le pelage d'hiver des mammifères qui habitent les pays froids.

Ce sont principalement les *Moutons* qui fournissent la laine (n° 486) ; dont le commerce est l'une des grandes industries agricoles et l'un des plus importants revenus de la race ovine. La laine des *Mérinos* est surtout estimée.

Le Mouton n'est pas la seule espèce de mammifères qui fournisse de la laine. On peut citer parmi les bêtes à laines étrangères l'*Yack,* l'*Alpaca* et la *Chèvre de Cachemire* ou *du Thibet.*

L'*Yack* est une espèce voisine du Bœuf et porte une abondante toison. On fait actuellement des efforts pour l'acclimater en France. Comme la Chèvre de Cachemire, il habite les montagnes du Thibet.

La laine de l'*Alpaca,* espèce de chameau d'Amérique, est employée à la fabrication d'étoffes légères.

Les Arabes tissent la laine du Chameau, et les Lapons celle du Renne.

513. Mammifères à fourrure. — Les animaux à fourrure sont des mammifères qui habitent. pour la plupart les régions froides du Nord ou les contrées brûlantes de l'Afrique, de l'Asie ou de l'Amérique du Sud. Ces quadrupèdes sont presque tous carnassiers, et leur fourrure est à peu près la seule chose dont l'homme puisse tirer parti.

On nomme *pelleteries* les peaux des mammifères préparées pour être conservées avec leurs poils; on leur donne le nom de *fourrures* quand elles sont utilisées pour la confection des vêtements.

Les fourrures les plus chaudes sont fournies par les animaux des pays froids; comme les poils sont toujours plus serrés en hiver qu'en été, on attend les grands froids pour leur faire la chasse. Les plus riches fourrures proviennent de petits mammifères appartenant aux genres *Martre* et *Putois*.

En première ligne, il faut citer la *Zibeline*, qui habite la Sibérie; elle a un pelage noirâtre, touffu et très brillant. Une peau de Zibeline se vend, dans nos pays, de 300 à 500 francs.

La *Martre* de France donne également une assez belle fourrure; mais cet animal est devenu assez rare.

L'*Hermine* se chasse en Russie et en Sibérie. Sa robe, d'un roux pâle en été, devient en hiver d'un blanc de neige éclatant, à l'exception de l'extrémité de la queue, qui reste toujours noire.

Le *Putois*, la *Loutre*, surtout la *Loutre du Canada* et le *Renard bleu* de Sibérie, donnent d'excellentes fourrures.

Les *Ours*, les *Blaireaux*, les *Chats*, les *Lièvres*, les *Castors*, donnent des peaux moins souvent employées comme fourrures, et qui sont plutôt réservées pour la chapellerie.

Les grands carnassiers comme le *Lion*, le *Tigre*, la *Panthère*, fournissent de magnifiques fourrures qu'il est assez difficile de se procurer.

514. Produits divers. — Outre ces deux grands produits industriels, les *cuirs* et les *laines*, les mammifères fournissent encore d'autres produits dont quelques-uns sont l'objet d'un commerce important.

La *graisse*, les *os*, les *cornes*, les *intestins* du Bœuf et du Mouton, sont employés à différents usages.

Les *crins* du Cheval servent à faire des *tamis*; sa *peau*, des *harnais*, et ses *intestins*, de la *colle forte*.

L'*ivoire*, avec lequel on fabrique une infinité d'objets d'art, est fourni en grande partie par les défenses de l'*Éléphant* et par celles du *Morse*.

La *Baleine* nous donne de l'huile et des fanons. Le *Cachalot* (nº 395) fournit le *blanc de baleine*.

Le *musc*, employé dans la parfumerie, est un produit sécrété par un ruminant particulier, le *Chevrotain porte-musc*.

Les piquants du *Porc-Épic* sont utilisés pour faire des manches de porte-plume, de pinceaux.

Outre les mammifères, il existe d'autres animaux qui fournissent à l'industrie des produits remarquables, dont les principaux sont les *plumes*, le *duvet*, le *guano*, l'*écaille*, les *perles*, la *nacre*, le *carmin*, la *soie*, la *sépia*, les *éponges* et le *corail*.

Les *plumes* ne servent guère qu'à la confection des objets de luxe et d'agrément; on employait autrefois les plumes d'Oie pour l'écriture. Les plumes d'Autruche sont très recherchées, ainsi que celles de certains oiseaux qui ont un plumage brillant, comme le Paon, les Oiseaux-Mouches, les Paradisiers.

Le *duvet* des Canards, et surtout celui des Oies, est employé pour la literie; on en garnit les coussins et les oreillers. Le duvet de l'*Eider*, palmipède des pays froids, connu sous le nom d'*édredon* (*eider down*, en anglais : duvet d'eider), est surtout estimé.

Les *excréments* d'oiseaux fournissent à l'agriculture des engrais excellents et de qualité supérieure à ceux qui proviennent des écuries et des étables. Le *guano*, que l'on trouve abondamment sur les côtes du Pérou et du Chili, est un engrais excessivement riche, formé, sur les rivages, par l'accumulation des excréments d'oiseaux qui se nourrissent de poissons. La *colombine* est un autre engrais formé par la fiente des pigeons.

L'*écaille*, employée dans les arts et l'industrie, est fournie par la carapace d'une tortue marine, le *Caret*, qui peut atteindre plus d'un mètre de longueur.

Les *perles* sont des excroissances qui se forment dans l'intérieur des coquilles de certaines *huîtres* au contact de petits corps étrangers, grains de sable, graviers, etc. La pêche des huîtres perlières se fait à Ceylan, dans le golfe Persique et dans les parages du cap Comorin. La *nacre* est fournie par la face intérieure de la coquille des huîtres perlières.

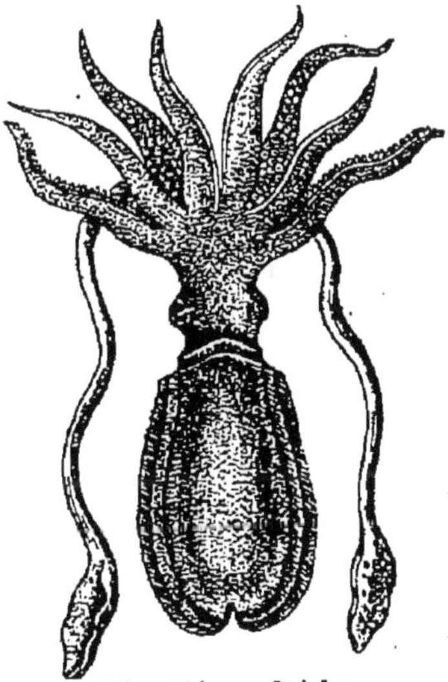

Le *carmin* est une belle couleur rouge que l'on extrait de la *Cochenille*, petit insecte qui vit sur les nopals.

La *soie*, dont on fabrique des étoffes précieuses, provient du cocon filé par la chenille d'un papillon, le Bombyx du mûrier (n° 601).

La *sépia* est une matière colorante noire qu'on retire de la *Seiche* (fig. 241) (n° 462).

La *noix de galle*, qu'on récolte sur l'écorce des Chênes, provient de la piqûre d'un insecte.

Fig. 241. — Seiche.

Le *corail* est une pierre rouge très dure employée en joaillerie.

Les *éponges* sont les squelettes siliceux de petits animaux qui vivent en colonies nombreuses au fond de la mer.

CHAPITRE VI

OISEAUX DE BASSE-COUR

515. Basse-cour. — On appelle *basse-cour* l'endroit clos dans lequel on élève les *volailles*. La basse-cour est une ressource importante pour le ménage du cultivateur, et peut lui fournir en abondance des œufs dont il peut tirer un grand profit.

Les volailles sont ordinairement élevées à peu de frais; elles savent trouver dans les fumiers où abondent les graines et les insectes, dans les mares, les ruisseaux où fourmillent les vers et les larves, une nourriture presque suffisante.

Les principales espèces d'oiseaux qu'on élève dans les basses-cours, les unes pour leur chair et leurs œufs, les autres pour leur chair et leurs plumes, sont les *Poules*, les *Dindons*, les *Pigeons*, les *Canards*, les *Oies*, et moins souvent les *Pintades*, les *Faisans* et les *Cygnes*.

516. Œufs. — Les *œufs* constituent un des produits alimentaires les plus recherchés. C'est l'un des types de l'aliment complet. La partie la plus nutritive réside dans le jaune. On évalue à plus de 4 milliards la quantité d'œufs annuellement consommés en France.

Les œufs de Faisan et de Vanneau passent pour être les plus délicats, mais sont les plus rares; ceux de Cane, de Dinde, d'Oie, sont plus gros que les œufs de Poule. Ces derniers sont les plus communs.

517. Coq et Poule. — Les *Coqs* et les *Poules* s'élèvent dans nos basses-cours en vue de la production des *poulets* et des *œufs*. Les Coqs que l'on réserve à l'engraissement, et que l'on destine par conséquent à la table, prennent le nom de *chapons*, et les poules celui de *poulardes*. Les espèces soumises à l'engraissement donnent beaucoup moins d'œufs que les autres, et, réciproquement, les bonnes pondeuses ont une chair moins abondante, quoique très savoureuse.

518. Races gallines. — La France possède les races de Poules les plus estimées. Les principales sont les races du *Mans*, de *Barbezieux*, de *Bresse*, de *Crèvecœur*, de *Houdan*, et parmi les races étrangères, celles de *Dorking*, de *Bréda* et de *Nankin*.

Race du Mans. — La race du Mans est universellement renommée pour ses chapons et ses poulardes. Elle a le plumage noir, et la tête porte quelques plumes en forme de huppe.

Race de Barbezieux (Charente). — La race de Barbezieux ne porte pas de huppe; elle a les jambes courtes, le plumage noir comme la précédente, et fournit une chair délicate.

Race de Bresse. — La race de Bresse est l'une de celles qui se prêtent le mieux à l'engraissement.

Race de Crèvecœur (Oise). — La race de Crèvecœur est une belle
race à dos large, à poitrine charnue, portant sur la tête une abondante huppe de plumes. Comme la précédente, on l'engraisse facilement.

Race de Houdan (Seine-et-Oise). — Les poules de cette race sont
de bonnes pondeuses, mais couvent mal.

Race de Dorking (Angleterre). — La race de Dorking, d'un élevage
assez difficile, comprend des animaux parés d'un plumage riche et

Fig. 242. — Coq et poules.

varié, à la démarche fastueuse, à la crête ample et relevée, à la pres-
tance altière, mais d'une poltronnerie telle, qu'il est indispensable de
les isoler dans les basses-cours pour les soustraire aux mauvais traitements dont ils sont l'objet de la part de toutes les autres espèces.
Les poules sont bonnes pondeuses.

Race de Bréda (Hollande). — La race de Bréda donne des poules
qui fournissent des œufs en abondance, mais qui sont mauvaises cou-
veuses. Leur engraissement est prompt et facile.

Race de Nankin, dite de *Cochinchine*. — La race de Nankin comprend des oiseaux massifs, mal conformés, rebelles à l'engraissement,
mais pondant toute l'année des œufs relativement petits. Chaque poule
peut donner annuellement 150 à 180 œufs.

519. Dindon. — Le *Dindon* a été introduit en France par les

Jésuites, qui l'ont apporté des Indes, d'où lui est venu le nom de *coq d'Inde*, et par corruption celui de *Dinde* et de *Dindon*.

Le Dindon s'élève facilement; car, une fois arrivé à l'âge adulte, sa nourriture est peu recherchée. Il se plaît mieux dans les endroits arides, où on peut le laisser en liberté, que dans les basses-cours, où on le tient en captivité. Pour l'engraisser rapidement, on l'enferme dans un lieu sombre, sec et chaud, et on lui fait avaler de force de grosses boulettes de maïs, de farine, de châtaigne ou de pois.

Le Dindon doit être mangé jeune; après deux ans sa chair est coriace, et il est difficile de le garder dans les basses-cours à cause de ses allures indépendantes.

520. Pigeons. — Les Pigeons fournissent à l'alimentation un appoint important; aussi les différents modes d'élevage de ces oiseaux se sont-ils considérablement améliorés de nos jours.

Les *Pigeons* ont des habitudes paisibles, et recherchent de préférence les retraites calmes et silencieuses. Leur nourriture consiste surtout en graines de toutes sortes. Ils ont un goût très prononcé pour le sel; c'est pourquoi bien souvent on suspend dans les colombiers un morceau de morue salée, qu'ils peuvent becqueter et qu'ils finissent par manger complètement.

Les races de Pigeons sont extrêmement nombreuses; on peut les subdiviser en deux catégories : les Pigeons de *colombier*, dont le plus commun est le *Pigeon biset*, et les pigeons de *volière*, qui sont des races perfectionnées provenant des précédents.

521. Oie. — La chair de l'*Oie* est plus délicate que celle du Dindon. L'élevage des Oies est relativement facile et peu coûteux; ce sont des animaux voraces, dont l'entretien serait très onéreux si on les tenait constamment enfermés dans une basse-cour; aussi on préfère les laisser courir par bandes autour des fermes et des habitations, où ils trouvent la plus grande partie de leur nourriture.

La Bretagne, le Maine, la Normandie, le Languedoc, livrent à la consommation un grand nombre de ces volailles. Les Oies se prêtent très bien à l'engraissement; leur foie volumineux (200 à 500 grammes) sert à la fabrication des *pâtés de foie gras* de Strasbourg et des *terrines de Nérac*.

Le mâle porte le nom de *jars*, et les petits se nomment *oisons* ou *oisillons*.

522. Canards. — Les *Canards* se multiplient avec la plus grande facilité, exigent peu de soins, mais ont absolument besoin d'eau; c'est pourquoi il est impossible de les élever dans les endroits secs et arides. Ils sont aussi gloutons que les Oies; on peut dire qu'ils mangent de tout, pourvu que ce qu'ils trouvent soit mouillé. La chair du Canard est grasse; ses œufs, de la grosseur des œufs de Poule, ont une coquille verdâtre et renferment un jaune assez volumineux.

Les trois principales variétés que l'on élève dans les basses-cours sont le *Canard commun* ou *barboteur*, le *Canard musqué* dit *Canard de Barbarie*, et le *Canard métis*, qui provient des précédents.

La femelle du *Canard* est la *Cane;* les petits portent le nom de *Canetons*.

Les *Pintades*, les *Faisans*, les *Cygnes*, se rencontrent moins souvent que les précédents dans les basses-cours.

CHAPITRE VII

OISEAUX DE VOLIÈRE

523. Les oiseaux de volière sont des espèces que l'on élève pour le charme de leur gazouillement, l'élégance de leur forme ou la beauté de leur plumage.

524. Chant des Oiseaux. — Le chant des oiseaux est un des grands charmes de leur existence; on dirait, à les voir lancer dans les airs leurs notes aiguës, qu'ils prennent un plaisir infini à nous récréer en remplissant l'air de leurs joyeuses mélodies.

« Le chant des oiseaux est tellement commandé pour notre oreille, qu'on a beau persécuter les hôtes des bois, ravir leurs nids, les poursuivre, les blesser, on peut les remplir de douleur, mais on ne peut les forcer au silence. En dépit de nous, il faut qu'ils nous charment, il faut qu'ils accomplissent l'ordre de la Providence.

« L'oiseau semble être le véritable emblème du chrétien ici-bas; il préfère, comme le fidèle, la solitude du monde, le ciel à la terre, et sa voix bénit sans cesse les merveilles du Créateur. » (CHATEAUBRIAND.)

C'est parmi les passereaux que se trouvent les plus gracieux chanteurs; mais, bien qu'élégants dans leurs formes, ils ont, en général, un plumage peu éclatant. Les *Merles*, les *Loriots*, tous les *Becs-Fins*, les *Fauvettes*, les *Bergeronnettes*, le *Pinson*, la *Linotte*, le *Chardonneret*, le *Bouvreuil*, les *Serins* ou *Canaris*, sont les oiseaux les plus communs dans les volières.

Le *Rossignol*, assez difficile à élever en captivité, est entre tous l'artiste par excellence. Son naturel sauvage et craintif est un sérieux obstacle à son apprivoisement. Il choisit de préférence pour chanter les endroits isolés où l'écho peut lui renvoyer sa voix; c'est surtout le soir et pendant les belles nuits de printemps qu'il entonne ses chants, tour à tour joyeux ou mélancoliques, mais toujours variés et d'un charme inexprimable.

Certains oiseaux, comme les *Sansonnets*, les *Geais*, apprennent facilement à répéter les airs ou les paroles qu'ils ont entendus; cette aptitude à ce genre d'imitation a mis en honneur les *Perroquets*.

C'est surtout à l'époque de la ponte que le chant des oiseaux est plus harmonieux et plus fréquent. Le mâle se pare alors à cette époque, dans beaucoup d'espèces, d'une éclatante livrée, que les naturalistes ont désignée sous le nom de *parure de noce*.

Les oiseaux appartenant aux autres ordres n'ont presque tous qu'un cri rauque et sans élégance. Les *Pigeons*, les *Poules*, les *Coqs*, paraissent cependant avoir gardé un semblant de disposition à mo-

Fig. 243. — Paradisier grand-émeraude.

duler les sons; mais les *Paons*, les *Cygnes*, les *Oies*, les *Canards*, et bien d'autres espèces, sont dépourvus du don de chanter, ou ne font entendre que des sons tout à fait disgracieux.

525. Plumage. — C'est encore parmi les *Passereaux* et chez quelques autres espèces appartenant à l'ordre des *Grimpeurs* et à celui des *Gallinacés* que l'on trouve les oiseaux parés des couleurs les plus brillantes.

Ceux de nos oiseaux que l'on élève le plus volontiers pour la beauté de leur plumage sont, parmi les passereaux, le *Loriot*, le *Chardonneret*, le *Bouvreuil* et surtout les *Serins*; parmi les autres ordres, les plus connus sont le *Paon*, le *Faisan doré*, les *Perroquets* et les *Perruches*. Une foule d'autres petites espèces exotiques, remarquables par leur brillant coloris, peuplent également nos volières.

Les *Oiseaux-Mouches*, les *Paradisiers* (fig. 243), qui sont bien connus pour leur fastueuse livrée, s'élèvent très difficilement en captivité.

Les *Rapaces diurnes* ou *nocturnes*, tous les *Échassiers* et la plupart des *Palmipèdes* sont revêtus de couleurs peu voyantes, où dominent principalement le blanc, le gris et le fauve.

CHAPITRE VIII

LE VIVIER

526. Poissons de viviers. — On appelle *viviers* des réservoirs d'eau, naturels ou artificiels, destinés à la conservation et à la multiplication du poisson. Ce sont en général des étangs dans lesquels on retient à volonté les eaux de pluie, de source ou de rivière. Le vivier est pour le poisson ce que la basse-cour est pour les volailles.

Toutes les eaux ne sont pas également bonnes pour l'alimentation des viviers, et de leurs qualités dépend évidemment la nature des espèces que l'on pourra y élever.

Les poissons qui conviennent le mieux à l'établissement des viviers sont naturellement des poissons d'eau douce; les principaux sont la *Carpe*, la *Tanche*, la *Truite*, l'*Anguille*, la *Perche* et le *Brochet*. Toutefois les mœurs carnassières de la Perche et du Brochet ne permettent de les introduire dans un vivier qu'avec précaution.

527. Carpe, Tanche. — La *Carpe* est l'un des meilleurs poissons et se plaît volontiers dans les viviers. Sa croissance est rapide et sa longévité extrême; certaines Carpes des bassins de Chantilly et de Fontainebleau ont, dit-on, près d'un siècle d'existence.

Pendant l'hiver la Carpe passe plusieurs mois ensevelie dans la vase sans prendre aucune nourriture.

La fécondité des Carpes est prodigieuse, et, par leur multiplication, elles deviendraient encombrantes si des millions d'œufs n'étaient détruits par les autres poissons, qui en sont très friands. On est même obligé quelquefois de leur adjoindre des Perches et des Brochets, afin de diminuer encore le nombre des petits qui naissent des œufs échappés à la destruction.

La Tanche aime les eaux vaseuses et stagnantes. Sa chair est blanche, molle, fade, et garde souvent un goût de vase qui la rend désagréable.

528. Truite. — La *Truite* aime les eaux claires et vives. Son poids peut atteindre près de deux kilos. Elle fournit une chair blanche, savoureuse et de digestion facile. On la mange fraîche, marinée comme celle du Saumon, ou salée comme celle du Hareng.

529. Anguille. — Les *Anguilles* sont très voraces et se nourrissent de frai (œufs de poissons, de grenouilles, etc.), de petits poissons, de larves, de vers, etc. Elles se tiennent le plus souvent au fond de l'eau, enterrées dans la vase, et possèdent la faculté de vivre assez longtemps hors de l'eau; il n'est pas très rare, en effet, de les rencontrer après la pluie rampant dans les hautes herbes qui avoisinent les étangs.

530. Perche. — La *Perche* est un poisson de taille moyenne, très vorace, revêtu de brillantes écailles; elle nage avec rapidité, le plus souvent à fleur d'eau. Sa chair est ferme et délicate.

531. Brochet. — Le *Brochet* vit de poissons, qu'il engloutit avec une avidité sans pareille et auxquels il fait une chasse incessante. Sa chair est assez agréable, mais prend facilement un goût de vase; aussi les Brochets qui vivent dans les eaux limpides et courantes sont-ils de qualité supérieure à ceux qu'on élève dans les viviers.

532. Pisciculture. — Le poisson est en général d'une très grande fécondité, et cependant il se fait de plus en plus rare dans nos rivières. Les barrages, qui sont un obstacle pour certaines espèces habituées à remonter les cours d'eau pour déposer leurs œufs dans les endroits peu profonds; la destruction des herbes qui gênent la navigation, mais qui abritent les larves, les mollusques dont les poissons font leur nourriture et au milieu desquelles ils déposent leurs œufs; les mouvements tumultueux des bateaux à vapeur; les mille produits que versent dans les eaux les égouts et les usines industrielles, papeteries, distilleries, sucreries, tanneries, etc., sont autant de causes qui concourent à dépeupler les rivières.

Pour essayer de conjurer la diminution progressive des différentes espèces de poissons, on s'est préoccupé depuis quelques années d'assurer par des moyens artificiels la multiplication et le développement de quelques espèces particulières; c'est le but de la *pisciculture*.

En résumé, la pisciculture consiste à recueillir des œufs de poisson que l'on place sur des claies d'osier disposées en gradins. Un robinet amène l'eau à la partie supérieure, et celle-ci, s'écoulant de haut en bas, baigne tous les petits bassins sur lesquels on a placé les claies.

Après quelques jours les œufs éclosent; on recueille les petits poissons, on les transporte dans un bassin où on les nourrit avec de la viande cuite, du sang desséché, du frai de grenouille, etc.; puis, lorsqu'ils sont suffisamment constitués, on les porte dans le vivier, où ils continuent à se développer si la nature des eaux leur est favorable.

CHAPITRE IX

ALIMENTATION

I. Vertébrés.

533. MAMMIFÈRES. — Les *Mammifères* nous fournissent à eux seuls presque toute la partie animale de notre alimentation. Ils nous donnent leur *chair*, leur *lait*, et par conséquent le *beurre* et le *fro-*

mage. Les espèces utilisées comme viande de boucherie sont les espèces de bétail : *Bœuf, Vache, Veau, Mouton, Chèvre, Porc*, etc.; et celles que l'on se procure par la chasse : *Sanglier, Cerf, Chevreuil, Daim, Lièvre, Lapin*, etc.

534. OISEAUX. — Les *Oiseaux* nous donnent leur *chair* et leurs *œufs*. C'est surtout la basse-cour qui nous fournit les principales espèces : *Poules, Dindons, Pigeons, Oies, Canards*, etc. Les espèces de gibier les plus communes sont les *Faisans*, les *Perdrix*, les *Cailles*, les *Canards sauvages* et les *Bécasses*.

535. REPTILES. — La chair des *Tortues* fournit un excellent bouillon. Leurs *œufs* sont estimés; leur *graisse*, d'un roux verdâtre, a une saveur délicate. A la Jamaïque, on les engraisse dans des parcs pour les besoins de l'alimentation.

536. BATRACIENS. — Les *Grenouilles* sont les seuls batraciens qui soient utilisés, comme les tortues sont les seuls reptiles que l'on mange. Celles que l'on trouve le plus souvent sur la table sont la *Grenouille verte* et la *Rainette*. Elles fournissent un aliment sain et agréable; on en fait un bouillon quelquefois ordonné par les médecins.

537. POISSONS. — Les poissons d'eau douce : la *Carpe*, la *Tanche*, la *Truite*, l'*Anguille*, la *Perche*, le *Brochet*, les *Goujons*, donnent d'excellents aliments maigres; on les mange frais. Les poissons de mer ordinairement employés comme espèces alimentaires sont le *Hareng*, la *Sardine*, l'*Anchois*, le *Thon*, la *Morue*, le *Merlan*, le *Maquereau*, le *Turbot*, la *Plie*, la *Sole* et la *Raie*.

538. Harengs. — Les *Harengs* ne sont pêchés qu'avant leur ponte; leur chair est alors grasse et molle; après la ponte ils perdent presque toute valeur. Pour les conserver, on les *sale* ou on les *fume*.

Pour saler les Harengs on leur enlève d'abord les ouïes et les intestins; puis, après les avoir laissés macérer quelque temps dans l'eau salée (*saumure*), on les empile dans des barriques (*caques*) en les saupoudrant de sel.

Pour les fumer, on prend les Harengs qui sont restés en saumure pendant quelque temps, puis on les enfile par les ouïes dans de petites baguettes que l'on suspend dans de grandes cheminées dans lesquelles on fait du feu. Ils se dessèchent alors, prennent une teinte dorée, et sont livrés au commerce sous le nom de *harengs saurs*.

539. Sardines, Anchois. — Les *Sardines* et les *Anchois* sont de petits poissons de mer qui se salent comme les Harengs; on ne les fume pas. On les trouve dans le commerce empilés dans des boîtes en fer-blanc hermétiquement closes, que l'on a achevé de remplir avec de l'huile.

540. Thon. — La chair du *Thon* est ferme et ressemble un peu à la viande des mammifères. On la mange fraîche ou conservée dans l'huile comme les sardines.

541. Morue. — La *Morue* (fig. 244) fournit un aliment fade et de consistance un peu coriace. On la pêche surtout en Islande et sur les côtes de Terre-Neuve. Une fois capturée, on lui coupe la tête et on la sale pour l'expédier en Europe.

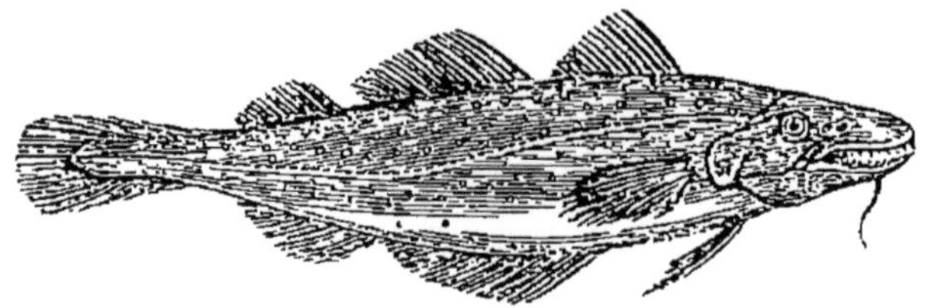

Fig. 244. — Morue commune (long. : 0″,50 à 1″).

Le foie de Morue sert à la fabrication de l'*huile de foie de Morue,* très employée comme médicament dépuratif.

542. Merlan. — Le *Merlan* se mange p utôt frais que salé; on le rencontre dans l'Océan en bandes serrées, comme celles des Harengs.

543. Maquereau. — Le *Maquereau* a le corps fusiforme, le dos rayé de teintes à reflets bleus. Sa chair molle est d'un goût assez agréable. On le pêche comme le Hareng sur les côtes de France, de Hollande et d'Angleterre.

544. Turbot. Sole, Plie. — La chair du *Turbot* est plus estimée que celle de la *Plie*. La *Sole* est un mets délicat, et sa saveur particulière l'a fait surnommer la *Perdrix de mer*.

Ces poissons se mangent frais et généralement frits.

II. Invertébrés.

545. Le groupe des *Invertébrés* ne donne aucun aliment proprement dit; quelques espèces, employées dans l'art culinaire, sont plutôt des hors-d'œuvre que de véritables produits alimentaires.

Les *Abeilles* fournissent le *miel*.

Les *Crabes*, les *Écrevisses*, les *Homards*, les *Langoustes*, les *Crevettes*, se mangent cuits. Tout le monde sait que la cuisson fait passer au rouge écarlate la couleur verdâtre de leur carapace.

Les *Escargots*, et particulièrement l'Escargot des vignes, fournissent un mets très goûté par certaines personnes.

546. Huîtres. — Les *Huîtres*, que leur prix élevé tient hors de la portée des petites bourses, constituent un mets très délicat et d'ailleurs bien superflu. Elles sont l'objet d'un commerce assez important pour que l'on s'occupe activement de les reproduire et de les élever. On donne à cette branche spéciale de l'industrie alimentaire le nom d'*ostréiculture*.

Pour multiplier les Huîtres, on dispose ordinairement sur un fond sableux ou rocailleux, recouvert de débris de coquilles pulvérisées par le remous des vagues, mais exempt de vase, des pieux plus ou moins espacés, entre lesquelles on place des fascines sur lesquelles on a fixé de jeunes huîtres à peine sorties de l'œuf (*naissain*).

Fig. 245. — Parc aux huîtres.

Au bout de trois ans, on les retire et on les parque, c'est-à-dire on les place dans des bassins peu profonds (*parcs aux huîtres*, fig. 245), dans lesquels l'eau peut se renouveler facilement. Dans ces conditions, l'huître grossit, et sa chair devient plus savoureuse et plus tendre.

547. Moules. — Les *Moules* comestibles sont très communes sur les côtes de France, principalement en Bretagne et en Normandie. Les moules provoquent quelquefois de véritables empoisonnements dont on ne connaît pas bien la cause.

On récolte aussi dans le sable, lorsque la mer s'est retirée, de petits coquillages comestibles que l'on vend sous les noms de *Coques* et de *Clovisses*.

Les *Clovisses* se récoltent le long des plages de la Méditerranée, et les *Coques* dans les sables qui envahissent la baie du mont Saint-Michel.

CHAPITRE X

ANIMAUX NUISIBLES

548. Remarque préliminaire. — La subdivision des animaux en espèces nuisibles et utiles est assez difficile quand il s'agit de certaines espèces : ainsi le Moineau, qui dévore des grains en quantité et ne respecte pas toujours les fruits de nos jardins, est cependant d'une utilité incontestable par le nombre considérable de chenilles, de larves et d'insectes qu'il détruit ; le Lièvre, qui saccage parfois certaines cultures, fournit à notre table un mets très estimé. Il est à remarquer d'ailleurs que les animaux que nous appelons utiles ou nuisibles ne le sont que par rapport à nous ; mais, si nous les envisageons dans leur ensemble, nous verrons qu'il n'en est aucun de nuisible ni d'utile. Ce sont des concurrents qui nous disputent ce qu'il leur faut pour vivre, et la Providence, qui fait bien toutes choses, les met évidemment à même de se procurer les moyens de se nourrir et de perpétuer des espèces qui doivent, dans ses desseins et ses secrets impénétrables, échapper à *toute destruction de la part de l'homme*, et dont sa justice se sert quelquefois pour nous châtier.

Parmi les animaux il en est qui nous sont directement nuisibles : ce sont les grands carnassiers qui nous dévorent, les parasites qui nous rongent, les espèces venimeuses qui nous empoisonnent ; d'autres nous nuisent indirectement en attaquant les animaux qui nous servent, les végétaux que nous utilisons, les produits d'industrie que nous employons, comme, par exemple, les vêtements, les meubles, les denrées alimentaires, etc.

I. Vertébrés nuisibles.

549. Mammifères. — Les *Mammifères* les plus redoutables et qui s'attaquent directement à l'homme sont le *Tigre*, le *Lion*, le *Jaguar*, la *Panthère*, les *Ours* et les *Loups*.

Le *Tigre*, qui habite l'Inde et la Cochinchine, est d'une férocité et d'une audace incroyables. On estime qu'à Singapour les Tigres font annuellement plus de 900 victimes ; aussi de fortes primes sont-elles promises aux destructeurs de ces hardis carnassiers.

Le *Lion* a des mœurs plus douces et s'attaque rarement à l'homme, à moins qu'il n'ait été provoqué. Le *Jaguar* et la *Panthère* sont encore plus craintifs.

Les *Ours d'Europe* sont peu redoutables ; mais l'*Ours blanc* des pays froids est justement renommé pour sa férocité, sa puissance musculaire, son caractère agressif. La faim, qui souvent le dévore, en fait un animal terrible pour les habitants de ces contrées.

Les *Loups* ne sont à craindre que lorsqu'ils sont en troupes nombreuses et que la faim les fait, comme on dit, « sortir du bois. » Ils se jettent alors sur les hommes et les animaux, qu'ils dévorent avec une avidité sans pareille.

Quelques rongeurs sont placés dans la catégorie des animaux nuisibles : ce sont, par exemple, les *Lièvres* et les *Lapins*, qui commettent parfois des dégâts considérables dans les vergers; les *Rats* et les *Souris*, qui infestent les habitations; les *Mulots*, qui détruisent les récoltes.

La *Fouine*, la *Belette*, le *Putois*, le *Renard*, font une guerre sanglante aux animaux de basse-cour. La *Loutre* mange le poisson des rivières et des étangs.

550. Oiseaux. — Les *Vautours*, les *Aigles*, les *Faucons*, s'attaquent aux oiseaux plus petits et détruisent une assez grande quantité de menu gibier.

Les grandes espèces de rapaces font quelquefois des victimes parmi les troupeaux qui paissent dans les montagnes.

551. Reptiles. — Les *Reptiles* les plus redoutables sont les *Caïmans*, les *Crocodiles* et les *Serpents venimeux*.

Les *Crocodiles* et les *Caïmans* sont des animaux très dangereux; au moyen de leurs puissantes mâchoires ils peuvent couper un membre avec la plus grande facilité. Ils courent rapidement, mais toujours en ligne droite, de sorte qu'on peut facilement les éviter en faisant des détours. Le *Crocodile du Nil* était adoré des Égyptiens, qui personnifiaient en lui le dieu du mal.

Les *Serpents venimeux* (n° 431) sont d'autant plus redoutables, qu'ils habitent des climats plus chauds. En

Fig. 246. — Crotale ou serpent à sonnettes (long. : 1m,40).

France, les plus communs sont les *Vipères* et l'*Aspic*. C'est surtout dans les contrées chaudes de l'Asie que l'on rencontre les plus grandes espèces, dont les principales sont le *Crotale* (fig. 246), le *Trigonocéphale* et le *Naja* ou *Serpent à lunettes*.

Les *Boas* sont d'énormes serpents non venimeux, dont la puissance musculaire est si grande, qu'ils peuvent facilement étouffer l'homme et les animaux en les enlaçant de leurs énormes anneaux.

552. Batraciens. — Le seul batracien qui paraisse venimeux est le *Crapaud* (fig. 247), et encore faut-il s'entendre sur le caractère particulier de son venin. Quand on l'irrite, cet animal repoussant laisse

Fig. 247. — Crapaud (long. : 0ᵐ,15).

suinter, par les verrues dont sa peau est recouverte, un liquide épais, visqueux, d'une apparence laiteuse, ayant tous les caractères d'un venin quand on l'introduit dans le sang. Or le Crapaud ne possède absolument aucun moyen d'entamer la peau, et se trouve par conséquent dans l'impossibilité de nuire. On peut donc le manier sans danger; on se lave ensuite les mains, et tout est dit.

Le venin de certains crapauds des pays chauds est employé par les indigènes pour empoisonner le fer de leurs flèches.

553. Poissons. — Il n'existe aucun poisson venimeux. Les grandes espèces marines sont seules à redouter, et la plus à craindre est le *Requin*, dont la longueur peut atteindre jusqu'à dix mètres.

Le Requin est vorace et audacieux. Sa gueule formidable, armée de six rangées de dents aiguës et acérées, peut, d'un seul coup de ses puissantes mâchoires, couper un homme en deux. On le voit souvent rôder autour des navires en marche et se jeter avec avidité sur tout ce qu'on lui lance.

Le nom de Requin lui vient de la terreur qu'il inspire aux matelots, et qui leur fait dire que lorsque ce terrible animal paraît près d'un nageur, on n'a que le temps de réciter un *requiem* pour le repos de son âme.

II. Insectes nuisibles.

554. Presque tous les insectes sont nuisibles, soit à l'état de larves ou de chenilles, soit à l'état d'insectes parfaits. Ce sont de rudes adversaires, contre lesquels nous avons souvent à lutter pour leur disputer nos animaux, nos plantes, nos aliments, nos vêtements, nos habitations, et que nous sommes parfois obligés de combattre pour nous défendre personnellement de leurs incessantes attaques.

555. COLÉOPTÈRES. — Les *Coléoptères* les plus nuisibles sont les *Hannetons* et les *Cétoines*, les *Charançons* (Bruches, Scolytes, Vrillettes, etc.) et les *Dermestes*.

556. Hanneton. — Le *Hanneton* est un des plus grands ennemis de l'agriculture. Sa larve, connue sous le nom de *ver blanc*, passe

trois ou quatre ans dans la terre, coupant et rongeant, au moyen de
ses puissantes mandibules, toutes les racines qu'elle rencontre (fig 248).
Ces larves sont parfois si nombreuses, qu'elles détruisent des récoltes
entières.

Fig. 248. — Ver blanc
(Larve du Hanneton).

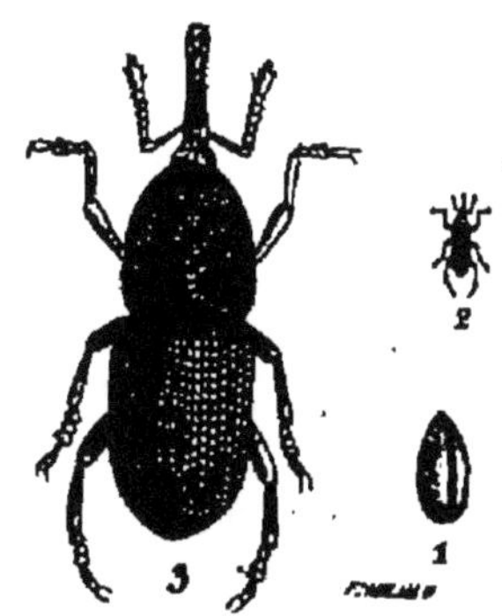

Fig. 249. — Charançon du blé.
1, grain de blé; 2, Charançon; 3, Charançon
grossi.

Le Hanneton ne vit que trois semaines à l'état d'insecte parfait; il
éclôt au printemps et dévore avec avidité les jeunes feuilles des arbres,
et peut causer en ce peu de temps de véritables dégâts.

Fort heureusement on lui fait alors une chasse active, et ses nombreux ennemis, oiseaux de basse-cour, rapaces, passereaux, etc., en
détruisent un grand nombre.

Les *Cétoines* sont de beaux insectes vert doré, assez communs sur
les rosiers, et dont les larves, heureusement moins nombreuses que
celles des Hannetons, font à peu près les mêmes dégâts.

557. Charançons. — Les *Charançons* sont de petits coléoptères
vivant sur des espèces végétales particulières. Leur bouche est armée
d'une sorte de trompe recourbée qui est un puissant appareil de destruction, et au moyen de laquelle ils perforent les substances les plus
dures.

Le *Charançon du blé* (fig. 249), dont la grosseur dépasse à peine
trois millimètres, est le fléau des greniers. Les femelles déposent leurs
œufs un à un dans les grains de blé par une ouverture à peine
visible; la larve qui en éclôt absorbe peu à peu toute la matière fari-
neuse en respectant l'écorce du grain; de sorte que le grain de blé,
qui extérieurement paraît intact, est en réalité réduit à une mince
pellicule, dans laquelle la larve opère ses métamorphoses et d'où elle
sort à l'état d'insecte parfait.

Une femelle peut pondre de 8 à 10,000 œufs par saison, de sorte
qu'il faut à peu près un litre de blé pour alimenter sa progéniture.

D'autres charançons, tels que la *Bruche du pois*, le *Charançon des
noisettes*, ceux dont les larves dévorent les fruits, sont bien moins
redoutables que le Charançon du blé.

Les *Scolytes*, voisins des Charançons, creusent entre le bois et l'écorce des arbres d'élégantes galeries, mais qui finissent par nuire à la plante.

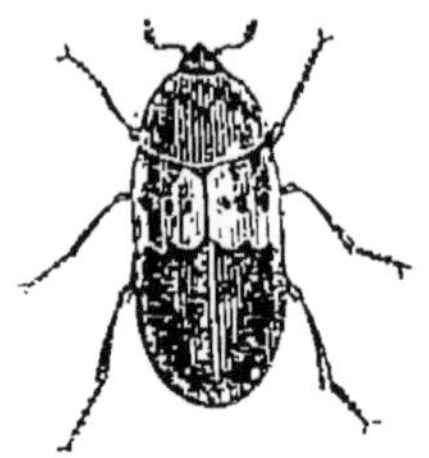

Fig. 250.

Dermeste grossi.

558. Dermestes. — Les *Dermestes* (fig. 250) sont des insectes un peu plus gros que les Charançons, et dont les larves rongent les matières végétales et animales conservées : fourrures, peaux, lainages. Un des plus communs est le *Dermeste du lard.*

559. ORTHOPTÈRES. — Les principaux *Orthoptères* nuisibles sont le *Criquet voyageur,* les *Blattes* et les *Courtilières.*

560. Criquet voyageur. — Le *Criquet voyageur* (fig. 251), improprement appelé *Sauterelle,* ne se rencontre guère qu'en Afrique.

Les Criquets voyagent parfois en rang si serrés, qu'ils forment un véritable nuage qui obscurcit le jour. Le sol sur lequel ils s'abattent

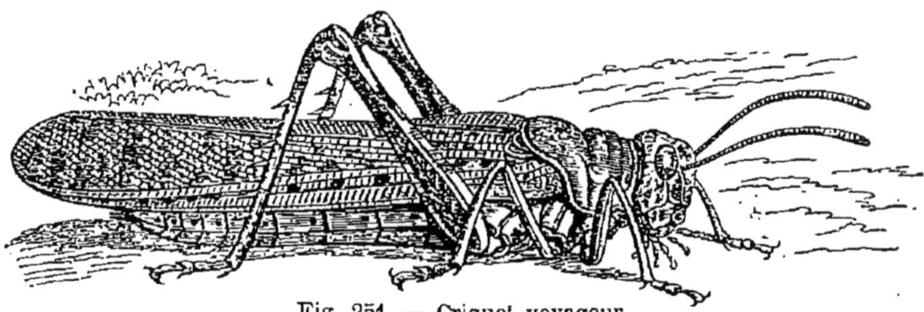

Fig. 251. — Criquet voyageur.

en est couvert sur une épaisseur qui dépasse parfois 30 à 40 centimètres. En quelques instants toutes les récoltes sont anéanties. Ils meurent ensuite et infectent l'air de leurs cadavres, après avoir pondu et enfoui des millions d'œufs d'où sortiront des légions innombrables de ces insectes destructeurs. Ce fléau est extrêmement redouté des agriculteurs algériens.

561. Blattes. — Les *Blattes* vivent dans les cuisines et les boulangeries; leur corps plat, noir, luisant, leur abdomen segmenté, leurs longues antennes, leur donnent un aspect repoussant. On a quelquefois de la peine à les expulser des maisons dans lesquelles elles pullulent et des navires dont elles se sont emparées.

562. Courtilières. — La *Courtilière* ou *Taupe-Grillon,* ainsi nommée à cause de ses traits de ressemblance avec la Taupe et le Grillon, est un gros insecte qui creuse dans les potagers de nombreuses galeries, coupant avec ses fortes pattes toutes les racines qu'il rencontre.

563. NÉVROPTÈRES. — On peut citer parmi les *Névroptères* nuisibles les *Termites* et les *Fourmis.*

564. Termites. — Certains *Termites*, que l'on rencontre seulement dans les pays chauds et que l'on nomme aussi *Fourmis blanches*, à cause de leur ressemblance avec les fourmis, ont des mœurs sociales très remarquables. L'espèce la plus célèbre est le *Termite belliqueux* de l'Australie, qui construit des nids de forme conique et d'une solidité à toute épreuve, ayant cinq à six mètres de largeur à la base, une hauteur à peu près égale, et qui abritent des milliers de ces curieux insectes.

Dans nos pays, les *Termites lucifuges* (qui fuient la lumière) attaquent les boiseries, les meubles, les planchers, les bois de construction, y creusent mille galeries et réduisent bientôt à une mince pellicule des pièces de bois dont rien extérieurement ne manifeste la complète destruction.

565. Fourmis. — Les *Fourmis* vivent en société organisée d'une façon excessivement curieuse. Elles nous importunent quelquefois en recherchant les aliments sucrés que nous conservons.

La piqûre de certaines fourmis rouges occasionne sur la peau une éruption analogue à celle qui provient des piqûres d'orties.

566. HÉMIPTÈRES. — Le groupe des *Hémiptères* renferme une espèce nuisible redoutable, le *Phylloxera*, qui détruit les vignes; on peut encore y ajouter la *Punaise des lits*, qui s'attaque à l'homme; et les *Pucerons*, qui dévorent les plantes.

567. Phylloxera. — Le *Phylloxera vastatrix* est un petit insecte apporté en France depuis une vingtaine d'années sur des plants de vigne venant d'Amérique, et qui depuis a détruit la plus grande partie de nos vignobles, autrefois si prospères.

Le Phylloxera (fig. 252) est un insecte suceur, voisin des pucerons. Il se fixe sur la racine des ceps de vigne, y implante sa trompe et passe toute la belle saison à sucer le suc des ra-

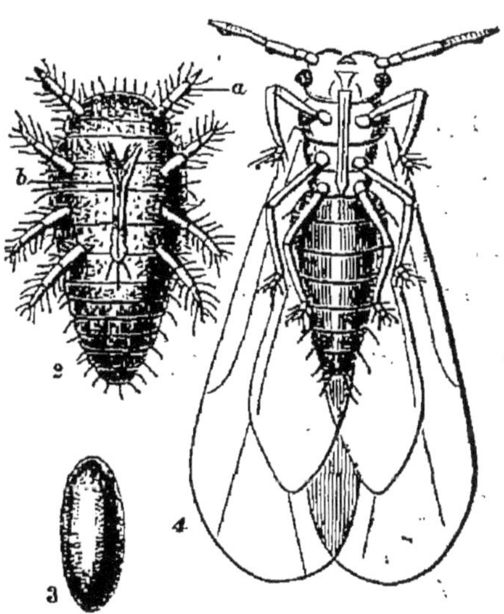

Fig. 252. — Phylloxera vastatrix (grossi).
1, individu aptère; 2, individu ailé; 3, œuf.
a, crochets; *b*, suçoir.

dicelles et à pondre des œufs. Ces œufs, très petits, mais cependant visibles à l'œil nu, éclosent au bout de deux à trois semaines, et les jeunes qui en sortent se mettant bientôt eux-mêmes à pondre, les radicelles finissent par être couvertes par des myriades de ces parasites, qui épuisent la plante et la font bientôt périr. Tous les sujets pondent des œufs, et chaque individu peut donner annuellement 30 à 40 millions d'œufs.

Cette espèce destructive comprend des sujets pourvus de quatre ailes et des sujets aptères. Dès que les premiers sont munis de leurs ailes, ils sortent de terre, et, poussés par le vent, vont s'abattre sur d'autres régions et y pondent des œufs qui propagent ce redoutable fléau.

Jusqu'à présent les moyens employés pour se débarrasser de ces dangereux parasites ont été impuissants à les exterminer; l'un des plus accrédités consiste à introduire au pied de chaque cep de vigne une petite quantité de sulfure de carbone.

568. Punaises des lits. — La *Punaise des lits* (fig. 253) a le corps plat, rond, de couleur rousse, et répand une odeur infecte; c'est l'hôte habituel des chambres malpropres et des logements mal tenus.

Fig. 253. — Punaise des lits.

Les Punaises passent tout le jour blotties dans les moindres fissures, dans les fentes des boiseries, les plis des rideaux, et ne sortent que la nuit, alors que les lumières sont éteintes. Elles s'attaquent exclusivement à l'homme, implantent dans sa peau leur suçoir venimeux et se gorgent de sang en produisant une douloureuse irritation. Les Punaises supportent aisément un jeûne rigoureux d'une ou plusieurs années. Le froid les engourdit et les rend immobiles, mais les fortes chaleurs leur donnent une puissante activité.

La propreté est le seul moyen de se maintenir à l'abri de ces hôtes répugnants, qu'il est parfois difficile d'expulser des logements dont ils se sont emparés.

569. Pucerons. — Les *Pucerons* sont de petits animaux de couleur verte, noire ou bronzée, que l'on remarque en grand nombre, serrés les uns contre les autres, autour des jeunes pousses de différents végétaux, sureaux, rosiers, tilleuls, groseilliers, etc., et qui, fixés à la plante par leur bec, en sucent la sève avec avidité.

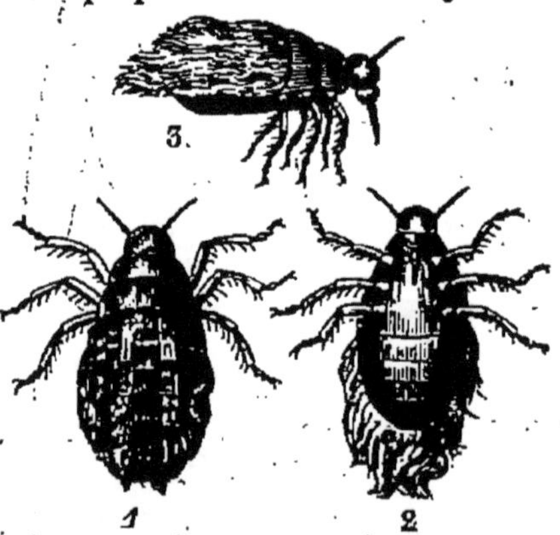

Fig. 254. — 1, Puceron lanigère; 2, le même vu en dessous; 3, le même, vu de côté.

Leur présence occasionne quelquefois sur l'écorce des nodosités, des déformations; dans tous les cas, elle fait souffrir la plante.

Le *Puceron lanigère* (fig. 254) est le fléau des pommiers.

570. HYMÉNOPTÈRES. — Parmi les hyménoptères, les *Guêpes*, les *Frelons*, les *Abeilles*, sont des espèces munies d'un aiguillon acéré dont la piqûre, sans être dangereuse, est excessivement douloureuse et détermine l'enflure de la partie atteinte.

Il est à remarquer que ces insectes ne se servent de leur aiguillon que lorsqu'ils sont agacés; on peut les laisser courir sur la peau sans aucun inconvénient; ils ne piquent bien souvent que lorsqu'on les maltraite en voulant les chasser.

Les Guêpes sont encore nuisibles par les dommages qu'elles causent dans les vergers en s'attaquant aux plus beaux fruits.

Les *Cèphes* (fig. 255) sont des Hyménoptères dont les larves vivent dans les tiges du froment et causent souvent de véritables dégâts.

Fig. 255. — Cèphe du blé.
Larve dans le chaume et insecte parfait.

Fig. 256. — Pyrale de la vigne.

571. LÉPIDOPTÈRES. — Les *Lépidoptères* sont surtout nuisibles à l'état de *larves* et de *chenilles*. La plupart des chenilles vivent de feuilles, et le plus souvent chaque espèce ne se trouve que sur une espèce végétale particulière; les autres larves s'attaquent au bois ou aux fruits, qu'elles rongent activement. Ces insectes sont très nombreux; heureusement que les fortes gelées, les pluies froides, et surtout les oiseaux en détruisent des quantités innombrables.

Les plus connus sont la *Pyrale de la vigne* et les *Teignes*.

572. Pyrale de la vigne. — La *Pyrale de la vigne* (fig. 256) est un petit papillon nocturne d'un beau jaune doré, qui mesure, les ailes étendues, deux centimètres de large. Sa chenille, de couleur verte, se loge dans les feuilles de la vigne, les roule en cornets et dévore les jeunes feuilles et les bourgeons naissants. Le papillon éclôt en juillet et août.

Le meilleur moyen de détruire les œufs est d'échauder pendant l'hiver, avec de l'eau bouillante, tous les ceps de vigne, et de passer les échalas au four.

573. Teignes. — Les chenilles des *Teignes* se nourrissent de matières organiques sèches, comme les draps, les fourrures, les tapisseries, et fabriquent, avec les débris des objets qu'elles rongent, de petits fourreaux qui les abritent et qu'elles prolongent à mesure qu'elles se déplacent. Les papillons qui en éclosent ont de six à huit millimètres de largeur les ailes étendues.

Le meilleur moyen de préserver de la teigne les vêtements, les couvertures, etc., consiste à les exposer de temps en temps au grand air, à la lumière, et à les imprégner d'odeurs fortes, comme celle du camphre, par exemple.

574. DIPTÈRES. — Les *Diptères* sont des êtres incommodes qui nous irritent par leurs piqûres ou leur importunité. Les plus connus sont les *Mouches*, les *Cousins* et les *Taons*.

575. Mouches. — Les *Mouches* sont des insectes agaçants qui pullulent quelquefois dans les habitations, s'attaquant aux substances alimentaires que nous conservons, et déposant partout leurs excréments, qui forment, en se desséchant, de petites taches très apparentes. La Mouche commune se reproduit avec une prodigieuse rapidité.

Pour les détruire, on les attire le plus souvent avec des matières sucrées dans lesquelles on a fait dissoudre des substances toxiques; c'est un mauvais procédé, car l'odeur du sucre a l'inconvénient de

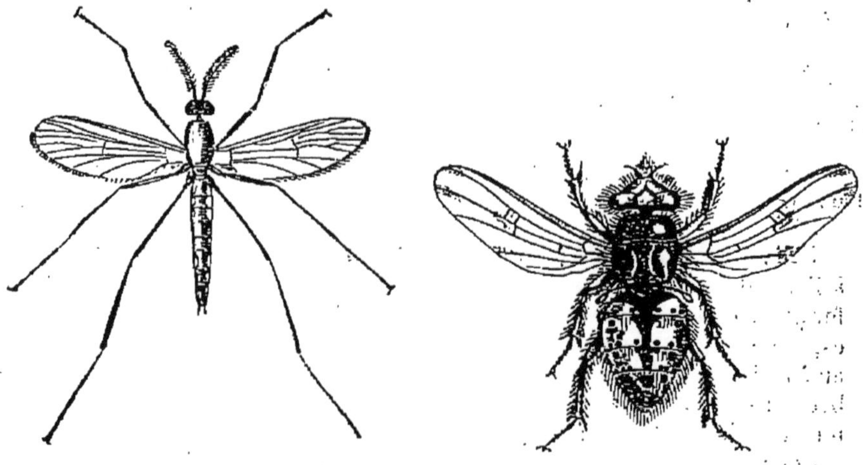

Fig. 257. — Cousin.　　　　Fig. 258. — Œstre.

les attirer dans la pièce d'où l'on veut précisément les expulser. Le papier dit *tue-mouche*, souvent utilisé, est un papier imprégné d'une solution de cobalt ou d'arsenic.

Les asticots qui servent d'appât pour la pêche sont des larves de mouches.

576. Cousins. — Le *Cousin* est très avide du sang de l'homme; il perce la peau au moyen d'un long suçoir et y verse en même temps un venin qui provoque une vive inflammation et une violente démangeaison. C'est surtout le soir et dans le voisinage des eaux qu'on les rencontre: ils recherchent la lumière; c'est pourquoi il est utile de tenir les fenêtres fermées le soir lorsqu'il y a de la lumière dans les appartements. C'est vers la fin de l'été que les Cousins font leur apparition.

Les espèces de Cousins les plus insupportables se trouvent dans les pays chauds, où on les désigne sous les noms de *Moustiques* et de *Maringouins*.

577. Taons. — Les *Taons* sont de grosses mouches au corps généralement velu, à la tête munie de deux yeux énormes. Ils tourmentent les bœufs, les chevaux et quelquefois les hommes de leurs piqûres.

Les *Œstres* sont de gros diptères velus, incapables de piquer, bien qu'on les regarde comme fort dangereux. Ils déposent leurs œufs sur les crins des chevaux, qu'ils impatientent et effrayent quelquefois par l'intensité de leur bourdonnement.

578. APTÈRES. — Les *Aptères* renferment deux catégories d'espèces qui vivent en parasites sur le corps de l'homme et des animaux; ce sont les *Poux* et les *Puces*.

579. Poux. — Les *Poux* (fig. 259) ont le corps aplati et transparent; leurs pattes sont courtes et terminées chacune par une forte griffe au moyen de laquelle ils s'accrochent aux poils et aux cheveux. Leur bouche est armée d'une sorte de bec qui leur sert à percer la peau pour sucer le sang de l'homme et des animaux.

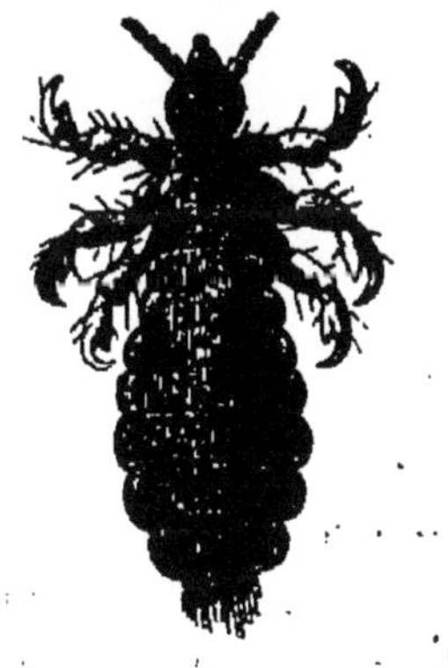

Fig. 259. — Pou.

Fig. 260. — Puce.

En général, chacune des espèces de Pou vit sur une espèce animale particulière. Ils sont d'une fécondité étonnante; leurs œufs, attachés aux poils ou aux cheveux, portent le nom de *lentes*.

Les Poux se multiplient rapidement sur les têtes malpropres, et peuvent, par le défaut de soins, occasionner une maladie dangereuse et repoussante, la *phtiriase.*

580. Puce. — Les *Puces* (fig. 260) sont admirablement organisées pour le saut; bien qu'elles n'aient qu'un millimètre de longueur, elles font souvent des sauts de plus d'un mètre; aussi échappent-elles facilement quand on veut les saisir. Leurs morsures sont plus irritantes que celles des punaises, et elles les renouvellent plus fréquemment.

Comme les punaises, elles naissent et se multiplient dans la malpropreté.

III. Arachnides, Vers et Mollusques.

581. ARACHNIDES. — Les principales espèces d'*Arachnides* nuisibles sont les *Scorpions* et les *Acarus.*

582. Scorpions. — En général, les *Scorpions* sont d'autant plus dangereux qu'ils sont plus gros, plus irrités et qu'ils habitent un climat plus chaud; leur piqûre est rarement mortelle pour l'homme.

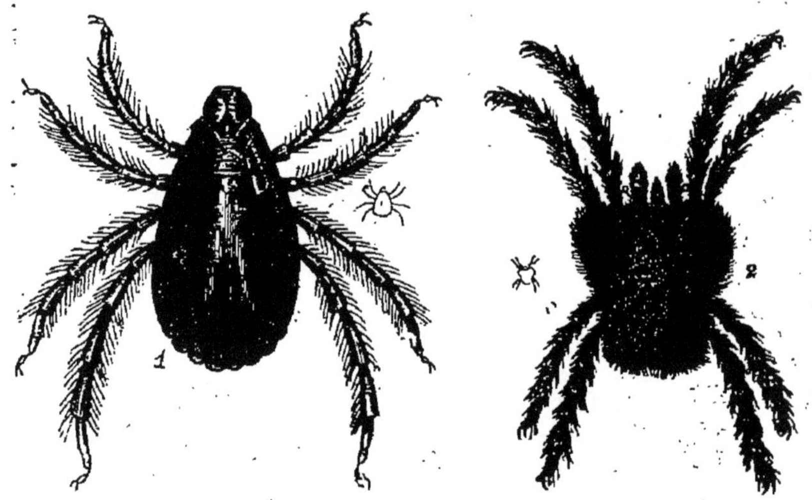

Fig. 261. — Types d'Acarus.

Le Scorpion ordinaire, qui vit dans le midi de la France, ne peut occasionner que des accidents locaux et sans gravité. L'espèce tunisienne, qui atteint quelquefois 10 centim. de longueur, est la plus dangereuse.

583. Acarus. — On désigne sous le nom scientifique d'*Acarus* de petits Arachnides très communs sur les matières végétales et animales, mortes ou vivantes.

Les plus communs sont l'*Acarus domestique* ou *Mite du fromage*, l'*Acarus de la farine* et l'*Acarus de la gale*.

La *Mite du fromage* est un petit animal blanc, à peine visible à l'œil nu, et qui se trouve quelquefois en abondance sur le vieux fromage, sur la viande séchée ou fumée, dans les poils et les plumes des animaux conservés en collection, sur la croûte du vieux pain, etc.

L'*Acarus de la farine* vit dans la vieille farine.

L'*Acarus* ou mieux le *Sarcopte de la gale* (fig. 262) a l'aspect d'un petit point blanc visible à l'œil nu. Vu au microscope, il a l'apparence d'une petite tortue.

Lorsqu'on place un de ces animaux sur la peau, il s'enfonce rapidement dans l'épiderme, puis creuse entre le derme et l'épiderme un sillon, dont la longueur varie de quelques millimètres à plusieurs centimètres, et qui ressemble à une éraflure d'épingle. Ce sillon se termine par un renflement où se trouve logé le sarcopte. C'est sa présence sous l'épiderme qui constitue la *gale*.

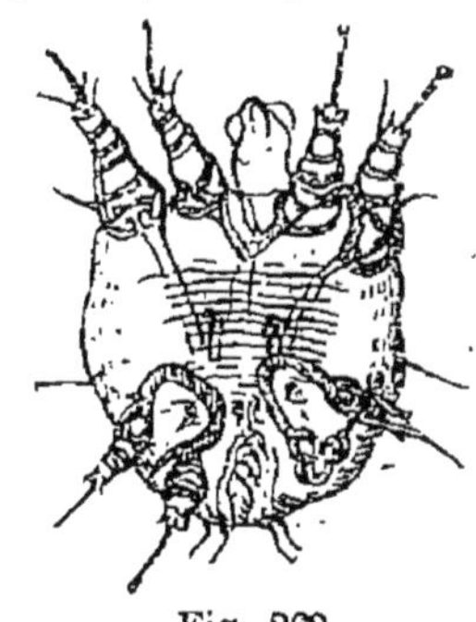

Fig. 262.

Acarus de la gale (grossi).

La perforation des galeries creusées par ce parasite occasionne des démangeaisons incessantes et intolérables; en se grattant, l'individu atteint de la gale déchire les cellules, met le sarcopte en liberté, et lui permet ainsi de se multiplier et de continuer ainsi ses ravages sur d'autres points.

La gale peut se communiquer par le contact, soit directement, soit indirectement; elle n'atteint presque jamais le visage, mais attaque de préférence les jointures des membres et des doigts.

La guérison de la gale consiste dans la destruction du sarcopte. Ordinairement on fait prendre au malade un bain chaud et savonneux, qui ramollit la peau et permet de déchirer facilement les vésicules dans lesquelles le sarcopte est logé; on frictionne ensuite vigoureusement la peau avec une pommade soufrée renfermant du carbonate de potasse. Après deux ou trois jours la guérison est complète.

584. VERS. — Il existe un certain nombre de *Vers* qui vivent en parasites dans le canal intestinal ou dans les autres organes du corps de l'homme ou des animaux. Les principaux sont les *Ascarides* ou *Vers intestinaux*, les *Trichines* et les *Ténias* ou *Vers solitaires*.

585. Ascarides ou Vers intestinaux. — Les *Ascarides* ressemblent aux vers de terre; ils sont cylindriques et plus effilés aux deux extrémités; leur couleur est blanchâtre. Ils existent surtout chez les enfants, et il n'est pas toujours facile de les en débarrasser. On y arrive cependant en faisant usage de certaines substances dites *vermifuges*, comme le *semen contra*, la *santonine*, la *scammonée*, et par l'emploi de l'*huile de ricin* comme purgatif.

586. Trichines. — La *Trichine* vit dans les muscles du porc et de l'homme, et y occasionne la maladie connue sous le nom de *trichinose*. Cette grave affection, une fois déclarée, est difficile à combattre. On doit donc se préoccuper avant tout de supprimer la cause du mal, c'est-à-dire de surveiller minutieusement la qualité de la viande de porc livrée à la consommation.

587. Ténia ou Ver solitaire. — Le *Ténia* présente, avant d'arriver à son complet développement, une série de métamorphoses extrêmement curieuses, et ne vit à l'état adulte que dans le canal digestif de l'homme. Ses œufs, dont le diamètre ne dépasse pas 3 centièmes de millim., sont expulsés en quantité avec les résidus de la digestion, et il peut fort bien arriver que quelques-uns d'entre eux finissent un jour ou l'autre par être avalés par un porc, lequel, comme on le sait, a des habitudes assez malpropres. Ces œufs peuvent d'ailleurs attendre assez longtemps les conditions favorables à leur développement.

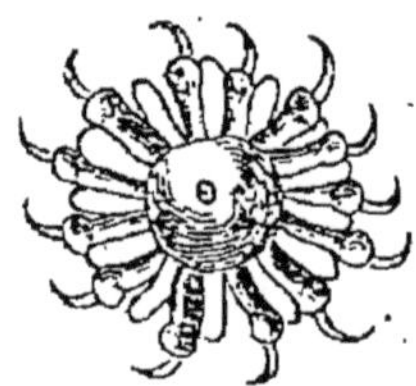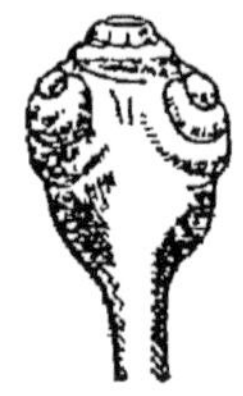

Fig. 263. — Tête de Ténia.

Crochets du Ténia solium.   Tête du Ténia solium vue de face.   Tête du Ténia solium vue de profil.

Arrivée dans l'estomac du porc, l'enveloppe de l'œuf est détruite par les sucs digestifs, et l'embryon, mis en liberté, perfore au moyen des six crochets dont il est armé la membrane de l'estomac, et chemine dans les tissus, où bientôt il s'enkyste et continue à se développer. Il possède bientôt une tête apparente présentant latéralement quatre ventouses et coiffée d'une double couronne de crochets. On lui donne alors le nom de *cysticerque;* c'est lui qui constitue la *ladrerie* du porc.

Le cysticerque reste stationnaire tant qu'il demeure dans les tissus où il s'est enkysté; mais si la viande du porc vient à être mangée sans avoir été suffisamment cuite, il pénètre vivant dans le canal digestif de l'homme, se fixe à la paroi intestinale à l'aide de ses ventouses et de ses crochets (fig. 263), et son corps s'allonge par la formation de segments rectangulaires qui s'ajoutent les uns à la suite des autres; le cysticerque s'est transformé en ténia.

Peu à peu les anneaux postérieurs qui portent des œufs se détachent, sont expulsés et remplacés par d'autres plus nombreux, de sorte que l'animal augmente constamment de longueur et peut atteindre jusqu'à 10 mètres, non compris les nombreux segments qui se détachent et qui sont constamment expulsés.

On se débarrasse de cet hôte importun en avalant 30 à 40 grammes de poudre de kousso d'Arabie délayée dans un demi-verre d'eau. La racine de grenadier paraît jouir des mêmes propriétés. L'expulsion de la tête du Ténia est la condition essentielle de la guérison complète.

Le nom de *ver solitaire* est dû à une erreur populaire, qui fait croire qu'il ne peut en exister qu'un seul dans le canal digestif. On en a souvent trouvé deux ou trois, et quelquefois davantage.

La présence du Ténia dans le canal digestif de l'homme s'annonce par l'amaigrissement, l'irrégularité des digestions, une faim insatiable, et surtout par les nombreux anneaux rendus par le malade. Ce dernier caractère est du reste le seul absolument certain.

Le *tournis*, maladie spéciale aux moutons, et plus rare chez les bœufs, est produit par la présence d'un cysticerque particulier qui se loge dans le cerveau de ces animaux.

588. MOLLUSQUES. — Les principaux *Mollusques* nuisibles sont les *Escargots*, les *Limaces* et les *Tarets*.

589. Escargots. — Les *Escargots*, si communs partout, causent à l'agriculture de véritables dégâts, en rongeant les pousses des arbres et les légumes des potagers.

590. Limaces. — Les plus à craindre sont les petites espèces, principalement la petite Limace grise et ses nombreuses variétés, qui se reproduisent avec une désespérante activité. Les Hérissons en sont très friands.

591. Tarets. — Les *Tarets* sont des mollusques allongés, munis d'une coquille perforante, de laquelle ils se servent comme d'une tarière pour s'introduire dans les pièces de bois submergées et y creuser d'innombrables galeries en respectant toujours la surface, de manière que rien au dehors ne puisse trahir leur travail de destruction. Les Termites agissent de la même façon (n° 564).

En quelques mois, les pilotis, les coques de navires, peuvent être ainsi complètement détruits. On met quelquefois les navires à l'abri de leurs attaques en les doublant d'une feuille de cuivre jusqu'à la ligne de flottaison.

CHAPITRE XI

ANIMAUX UTILES

592. Les animaux utiles sont ceux dont nous tirons parti, soit pour notre subsistance, soit pour les services qu'ils nous rendent, soit pour les produits d'industrie que nous en retirons.

On range également dans cette catégorie tous les animaux destructeurs d'espèces nuisibles.

593. MAMMIFÈRES. — Les *Mammifères* utiles sont d'abord ceux qui constituent le bétail, et qui sont pour nous l'une des sources principales de l'alimentation : le *Bœuf*, la *Vache*, qui nous donne le lait, et par suite le beurre et le fromage; le *Veau*, le *Mouton*, qui fournit aussi sa laine; la *Chèvre*, le *Porc* (chap. ii, p. 210).

Viennent ensuite ceux que nous nous procurons par la chasse; ce sont les pièces du gibier (chap. iii, p. 216) : le *Sanglier*, le *Cerf*, le *Chevreuil*, le *Daim*, le *Lièvre*, le *Lapin*; puis ceux que l'homme s'attache par amitié ou qu'il emploie à son service, comme le *Chien*, le *Bœuf*, le *Cheval*, l'*Ane*, le *Mulet*, l'*Éléphant*, le *Chameau*, le *Renne* (ch. iv, p. 218).

Quelques mammifères rangés parmi les espèces nuisibles ont cependant quelque utilité par les produits qu'ils nous fournissent; tels sont, par exemple, les mammifères à fourrure : la *Zibeline*, la *Martre*, l'*Hermine*, le *Putois*, la *Loutre*, le *Renard bleu* de Sibérie, l'*Ours*, le *Blaireau*, le *Lièvre*, le *Castor* (n° 513).

L'*Éléphant* et le *Morse* fournissent l'ivoire; la *Baleine* donne l'huile et ses fanons.

Le *Hérisson* est utile par la quantité de limaces et de larves qu'il détruit.

594. OISEAUX. — Les *Oiseaux* de basse-cour : les *Poules*, les *Pigeons*, les *Dindons*, les *Canards*, les *Oies*, sont utiles en nous donnant leur chair, et quelques-uns leurs œufs et leurs plumes (chap. vi, p. 230).

Les espèces de gibier : *Faisans*, *Coqs de bruyère*, *Perdrix*, *Cailles*, *Grives*, *Alouettes*, *Canards sauvages*, *Bécasses*, sont d'excellentes espèces de table (n° 495).

Les *Chouettes*, les *Hiboux*, sont éminemment utiles aux agriculteurs, en débarrassant les champs et les granges des rats et des mulots qui les infestent quelquefois.

Les *Passereaux*, malgré leurs déprédations, rendent de grands services en détruisant des quantités de larves et d'insectes nuisibles.

L'*Autruche* nous donne ses plumes, et le *Canard eider* son duvet (édredon).

595. POISSONS. — La plupart des poissons servent à notre alimentation; les principaux sont, parmi les poissons d'eau douce : la *Carpe*, la *Tanche*, la *Truite*, l'*Anguille*, la *Perche*, le *Brochet*, les *Goujons* (chap. viii, p. 235), et, parmi les poissons de mer, les *Harengs*, la *Sardine*, l'*Anchois*, le *Thon*, la *Morue*, le *Merlan*, le *Maquereau*, le *Turbot*, la *Plie*, la *Sole* et la *Raie*.

Peu de poissons fournissent des produits industriels.

596. REPTILES. — La *Tortue* nous donne l'écaille; on mange sa chair et ses œufs.

La *Couleuvre* fait une chasse active aux insectes nuisibles.

597. BATRACIENS. — Le *Crapaud* est un utile auxiliaire qu'il faut bien se garder de détruire, car il se nourrit exclusivement de vers, de mollusques et d'insectes.

598. INSECTES. — Il existe très peu d'insectes utiles; quelques-uns cependant sont de hardis chasseurs qui font une guerre acharnée aux autres insectes nuisibles; ce sont surtout les *Carabes*. Les espèces les plus remarquables pour les produits qu'elles nous donnent sont les *Abeilles*, le *Ver à soie*, la *Cantharide* et la *Cochenille*.

599. Carabes. — Les *Carabes* sont de grands et beaux insectes munis de longues pattes, et courant avec agilité dans les parterres et les plates-bandes de nos jardins. Ce sont de féroces carnassiers, grands destructeurs de chenilles, de larves et d'insectes nuisibles, que l'on doit protéger et laisser courir en paix quand on les rencontre.

Le plus connu et aussi le plus commun est le *Carabe doré*, vulgairement désigné sous les noms de *couturière* et de *jardinière;* il a les élytres d'un beau vert doré sillonnées de grosses cannelures longitudinales.

600. Abeilles. — Les *Abeilles* vivent en société dans les excavations des troncs d'arbres et des rochers, ou dans des abris préparés spécialement pour elles et auxquels on donne le nom de *ruches*.

Fig. 264. — Abeille reine.

Fig. 265. — Bourdon.

Chaque ruche donne asile à 20 ou 30 mille abeilles dites *ouvrières*, à 6 ou 800 mâles désignés sous le nom de *faux-bourdons*, et à une seule *reine*.

La *reine*, un peu plus grosse et plus allongée que les ouvrières, ne sort jamais de la ruche; elle est de la part de toute la colonie l'objet d'attentions toutes spéciales, et a pour unique fonction de pondre des œufs.

Les mâles sont de couleur sombre et font en volant un bruit assourdissant, qui leur a valu leur nom de *faux-bourdons*. Ils sont dépourvus d'aiguillon et n'ont qu'une existence temporaire.

Fig. 266. — Ouvrière.

Les *ouvrières* sont exclusivement chargées de la récolte de la *cire* et du *miel*, ainsi que de la construction des *cellules* ou *alvéoles*, qui doivent servir de magasins pour les vivres ou de berceaux pour les larves.

La *propolis* est une matière résineuse que les abeilles récoltent, dit-on, sur les bourgeons résineux de certains arbres, et qui leur sert à calfeutrer soigneusement l'intérieur de la ruche avant de commencer leur travail de construction.

C'est dans la corolle des fleurs que l'Abeille trouve les éléments avec lesquels elle fabrique la cire, en même temps qu'elle se gorge de la matière sucrée qui doit constituer le miel. Les produits solides

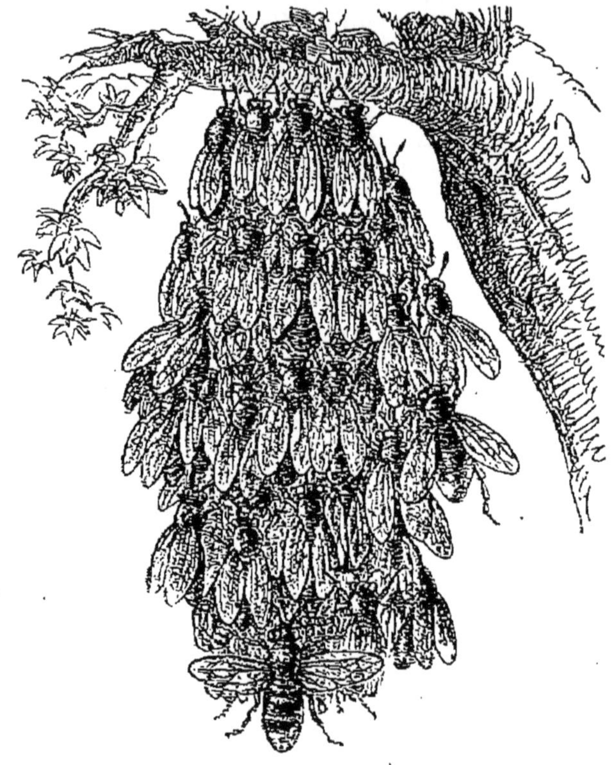

Fig. 267. — Essaim d'abeilles.

dont elle s'enfarine sont ramassés par elle le long de son corps au moyen de pattes (*brosses*) et accumulés dans les articulations des pattes de derrière (*corbeilles*).

Rentrée à la ruche, elle se débarrasse des lames de cire qui garnissent les intervalles des anneaux de son abdomen, et qui résultent du mélange des produits récoltés avec une matière spéciale de transsudation.

La cire sert à la fabrication des *alvéoles*. Les alvéoles ont la forme de prismes hexagonaux juxtaposés les uns à côté des autres, de manière à présenter une paroi commune, et terminés inférieurement par une petite pyramide triangulaire. Ils sont disposés suivant deux couches contiguës, telles que le fond des alvéoles de l'une s'emboîte dans les rentrants que forme le fond des alvéoles de l'autre; l'ensemble de ces deux couches constitue un *gâteau*, ou mieux un *rayon* de miel. Les gâteaux sont placés verticalement les uns à côté des autres, laissant entre eux un intervalle qui permet la libre circulation des abeilles.

Les ouvrières dégorgent la matière sucrée renfermée dans leur jabot, et qui, sous l'action d'une digestion spéciale, est devenue le miel, dans les cellules vides. Une fois remplis, les alvéoles sont fermés par une lame de cire. Ce sont des réserves auxquelles on ne touche que dans les temps de disette ou dans la mauvaise saison.

A l'époque de la ponte, la reine pond un œuf dans chacun des alvéoles réservés aux larves futures. Les larves qui en sortent au bout de quelques jours, et qui forment ce qu'on appelle le *couvain*, sont nourries de matière sucrée, variant de composition suivant l'état de leur développement, par des Abeilles spécialement chargées de cet office (*nourrices*). Les larves passent à l'état d'insectes parfaits au bout de 15 à 18 jours.

Les œufs qui doivent donner naissance à des reines sont pondus dans des cellules spéciales et entourés de soins particuliers.

Après l'éclosion des larves, la population de la ruche étant devenue trop nombreuse, une partie émigre sous la conduite d'une reine (*essaim*, fig. 267), et va s'établir ailleurs. On peut recueillir les essaims dans de nouvelles ruches, où les abeilles se fixent et se mettent bientôt au travail.

Pour récolter le miel, on enfume la ruche avec précaution après s'être mis à l'abri, par un masque en fil de fer et des gants épais, de la piqûre des abeilles, que cette opération rend furieuses. Celles qui restent dans la ruche, à demi étourdies, laissent l'opérateur en paix.

Les rayons détachés, mis simplement à égouter, donnent le *miel vierge;* par compression, on obtient ensuite un miel de qualité inférieure.

Le miel est d'autant plus estimé, que les ruches sont établies à proximité de plateaux couverts de plantes aromatiques. Les miels les plus renommés sont ceux de Narbonne et du Gâtinais.

601. Ver à soie. — Les *Vers à soie* sont les larves d'un papillon nocturne, le *Bombyx du mûrier*.

Les œufs de ce papillon, de la grosseur d'une tête d'épingle, sont vulgairement appelés *graines;* ils donnent naissance à des larves, qui grossissent peu à peu en se nourrissant exclusivement de feuilles de mûrier. Au bout de quatre ou cinq semaines, après avoir changé plusieurs fois de peau (*mues*), la larve mesure 7 à 8 centimètres de longueur; elle file alors le *cocon* dans lequel elle doit opérer ses métamorphoses.

Le cocon du ver à soie, de la grosseur d'un œuf de pigeon, et quelquefois un peu étranglé dans sa partie moyenne, est formé d'un seul fil de soie sécrété par la chenille, et dont les contours s'agglutinent pour former la coque. Ce fil atteint une longueur de 300 à 350 mètres.

Pour recueillir la soie, on fait mourir les chrysalides en les plaçant dans une étuve dont on porte la température à 100 degrés. On plonge ensuite les cocons dans l'eau bouillante, qui décolle les fils de soie agglutinés, on rassemble les extrémités des fils de plusieurs cocons, et on les dévide comme on déviderait une pelote de laine.

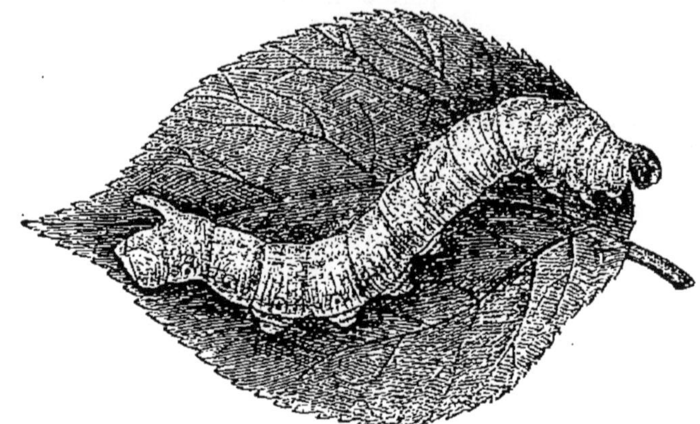

Fig. 268. — Ver à soie.

La soie ainsi obtenue est dite *écrue;* elle est jaune ou blanche, et a besoin de subir un lavage spécial avant d'être soumise à la teinture.

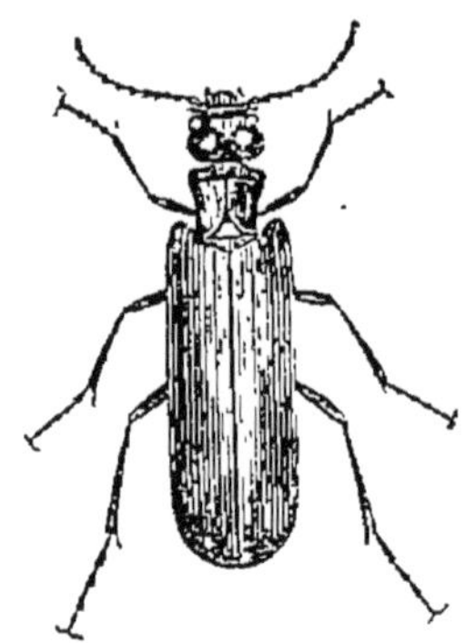

Fig. 269. — Cantharide.

Certains cocons sont réservés pour avoir des œufs. Au bout de 20 jours environ, si la température est convenable, le chrysalide éclôt, le papillon perce le cocon, et sort tout chiffonné, ventru, incapable de voler ; il se met à pondre et meurt immédiatement après.

602. Cantharide. — Les *Cantharides* sont de jolis insectes à reflets verts, dorés, qui vivent sur les frênes et les lilas. Recueillies, séchées et réduites en poudre, elles forment la base de l'emplâtre avec lequel on fabrique les *vésicatoires.*

603. Cochenille. — La *Cochenille* est un hémiptère qui vit sur les feuilles de certains cactus (Nopal), et dont on extrait la belle matière colorante rose connue sous le nom de *carmin.*

BOTANIQUE

PREMIÈRE PARTIE

ORGANOGRAPHIE ET PHYSIOLOGIE

CHAPITRE I

ANATOMIE GÉNÉRALE

I. La cellule.

1. La cellule végétale. — Tous les végétaux sont constitués par une agglomération de cellules dont la forme primitive s'est plus ou moins modifiée.

La *cellule végétale* (fig. 1) est un petit organe microscopique, de forme sphérique ou ovoïde quand elle est isolée, d'un diamètre tel qu'il en faudrait aligner environ 500 pour faire une

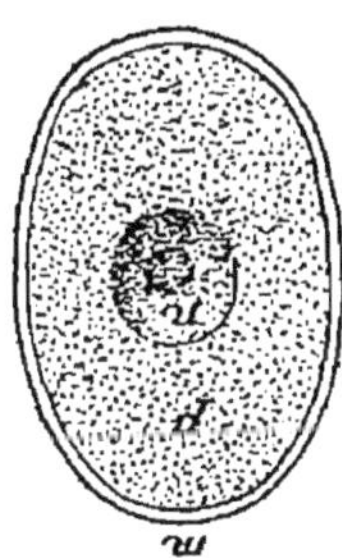

Fig. 1. — Cellule végétale.
m, membrane cellulaire;
p, protoplasma;
n, noyau.

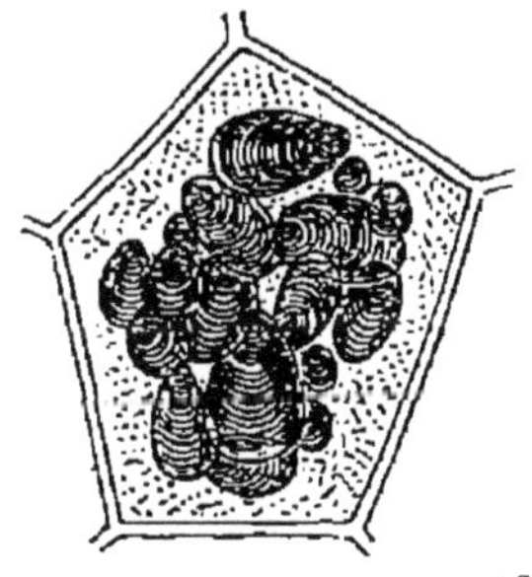

Fig. 2. — Une cellule d'un tubercule de Pomme de terre, contenant des grains d'amidon.

longueur de 1 millim. Elle se présente tout d'abord sous l'apparence d'une masse liquide, le *protoplasma*, entourée d'une membrane propre, transparente, et d'une seconde enveloppe formée de *cellulose*, qui lui donne de la consistance. La cellulose est une substance composée de carbone, d'hydrogène et d'oxygène; elle n'est soluble que dans une dissolution ammoniacale d'oxyde de cuivre.

Au milieu du protoplasma sont disséminées des granulations extrêmement petites, parmi lesquelles on en distingue une plus considérable, constituée par un long fil enroulé irrégulièrement sur lui-même : c'est le *noyau* ou *nucléus*. Le noyau renferme lui-même un ou plusieurs corpuscules arrondis qu'on appelle *nucléoles*.

La cellule peut contenir en outre de la *chlorophylle*, matière importante qui donne aux parties vertes des végétaux leur couleur propre; de l'*amidon* (fig. 2), de la *fécule*, en grains arrondis incolores, des cristaux d'*oxalate de chaux*, des *gaz*, des *sucs particuliers* qui donnent aux organes leur coloris, leur parfum, leur saveur, etc.

Le protoplasma est la substance fondamentale, la partie essentiellement vivante de la cellule; c'est lui qui donne naissance aux granulations qu'il renferme aussi bien qu'aux membranes qui l'enveloppent.

2. Évolution de la cellule. — Lorsque les cellules sont jeunes, elles présentent, par suite de leur agglomération et des pressions

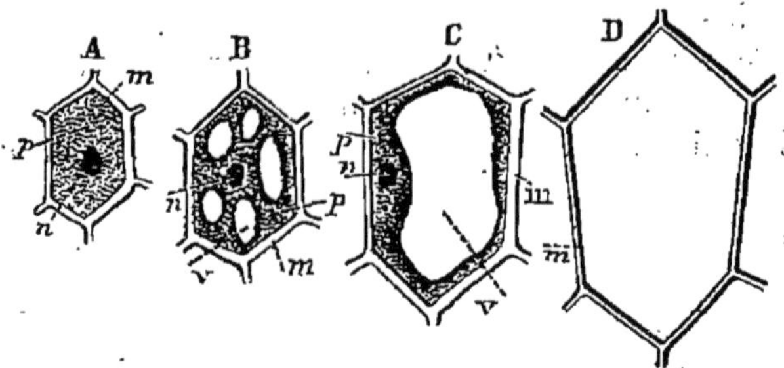

Fig. 3. — Évolution de la cellule.

A, cellule jeune remplie de protoplasma *p* ; membrane *m*; noyau *n*. B, cellule
plus âgée; le protoplasma *p* s'est creusé de vacuoles *v*. C, cellule encore plus
âgée; le suc cellulaire occupe toute la partie centrale *v*. D, cellule morte,
réduite à la membrane *m*. Cette figure montre aussi que la cellule grandit en
vieillissant.

qu'elles exercent réciproquement les unes sur les autres, l'aspect de petites cases polyédriques à parois extrêmement minces, complètement remplies de protoplasma et renfermant un noyau assez volumineux.

Un peu plus tard la membrane s'épaissit, et des cavités (*vacuoles*) se forment dans l'intérieur du protoplasma (fig. 3, B). Ces cavités sont remplies d'un liquide particulier, le *suc cellulaire*, essentiellement formé d'eau, dans laquelle se trouvent en dissolution ou en suspension du sucre, des gommes, des gouttelettes graisseuses, etc.

Dans les cellules plus vieilles, les cloisons disparaissent et les vacuoles ne forment plus qu'une seule cavité; tout le protoplasma adhère, ainsi que le noyau, à la membrane cellulaire, puis l'un et l'autre disparaissent, et il ne reste plus que la membrane; la cellule est morte.

3. Multiplication des cellules. — Les cellules végétales se multiplient par *cloisonnement*. Le noyau se partage en un certain nombre de fragments qui forment au milieu de la cellule une sorte de plaque

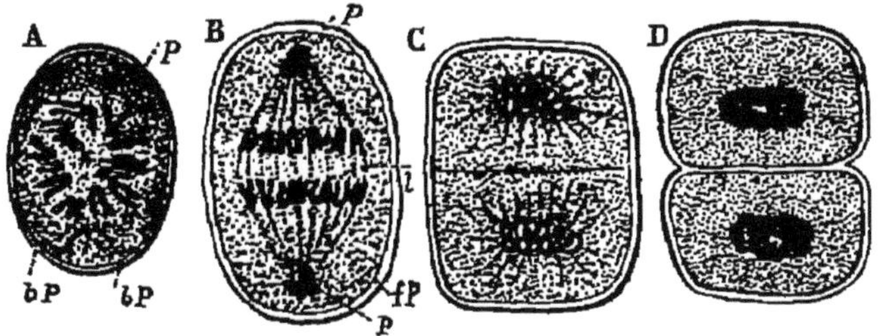

Fig. 4. — Phases diverses de la division des cellules.

bp, bâtonnets protoplasmiques résultant de la rupture du noyau; *p*, pôles de la cellule vers lesquels convergent les bâtonnets; *l*, cloison de la cellulose en formation; *fp*, filets protoplasmiques suivis par les bâtonnets.

appelée *plaque nucléaire* (fig. 4). Bientôt ces fragments se rassemblent en deux points opposés de la cellule. La plaque nucléaire est alors remplacée par des granulations, au milieu desquelles la cellulose se développe peu à peu jusqu'à former une cloison complète; la cellule primitive est ainsi dédoublée.

Chez les jeunes cellules, ce dédoublement se fait avec une rapidité incroyable. De l'unité passant bien vite à la pluralité, elles s'agglo-

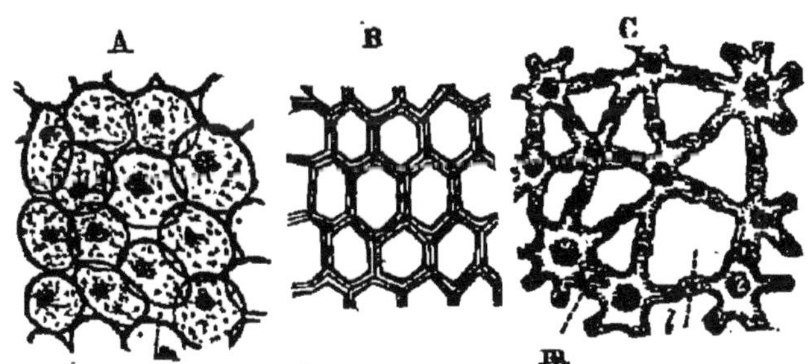

Fig. 5. — Modifications de la cellule.

A, cellules arrondies présentant des méats *m*; B, cellules prismatiques, ne laissant que des méats très petits ou nuls; C, cellules étoilées (tige de Jonc) offrant des méats *m* et des lacunes *l*.

mèrent, s'allongent en racines, s'élèvent en tiges, s'étalent en feuilles, se groupent en fruits, forment les fleurs, les épines, les écailles, etc., et, par d'inconcevables prodiges de vitalité, couvrent la terre de verdure et d'ombrage.

4. Modifications de la cellule. — Ordinairement, la cellule, primitivement sphérique ou ovoïde, se déforme et devient allongée, cylindrique, prismatique, etc. La membrane s'épaissit en certains points, et la surface prend une apparence annelée, rayée, ponctuée, scalariforme. De plus, il arrive fréquemment que le contact immédiat de toutes les cellules n'est pas complet; il en résulte de petits intervalles vides, extérieurs aux parois cellulaires, et dans lesquelles pénètrent des gaz; on donne à ces espaces libres le nom de *méats intercellulaires* (fig. 5).

Lorsque ces cavités atteignent ou dépassent les dimensions des cellules voisines, on leur donne le nom de *lacunes*.

II. Tissus végétaux.

5. Définition. — On appelle *tissus végétaux* un ensemble de

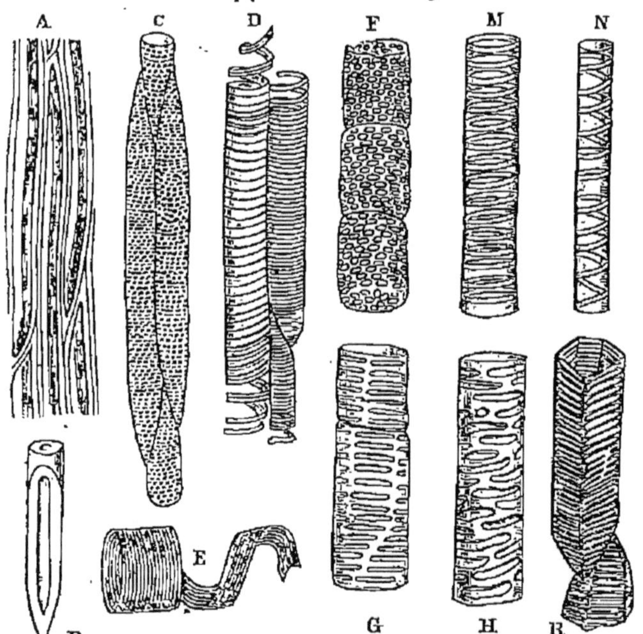

Fig. 6. — Diverses formes de fibres et de vaisseaux.

A, faisceau de fibres lisses à épaississement uniforme; B, fragment d'une fibre lisse coupée en biseau pour montrer l'épaisseur de la paroi; C, fibres ponctuées; D, fragments de fibres spiralées; E, tronçon de fibre spiralée à spiricule composée; F, vaisseau ponctué; G, vaisseau rayé; H, vaisseau réticulé; M, vaisseau annelé; N, vaisseau spiralé; R, vaisseau scalariforme.

cellules modifiées de la même façon et concourant à l'accomplissement d'une même fonction.

Les différents tissus végétaux peuvent se subdiviser en deux groupes : les *tissus vivants* et les *tissus morts*.

Les tissus vivants comprennent le *tissu cellulaire* ou *parenchyme*, le *tissu épidermique* et le *tissu sécréteur*. Les tissus morts sont le *tissu conducteur* et le *sclérenchyme*.

6. Tissu cellulaire. — Le *tissu cellulaire*, encore appelé *tissu utriculaire*, est constitué par une agglomération de cellules pressées les unes contre les autres, ne communiquant pas entre elles, et formant une masse aréolaire analogue à la mousse que l'on produit en soufflant avec un tube dans l'eau de savon. C'est surtout dans ce tissu que l'on observe des méats et des lacunes (n° 4). C'est lui qui forme la moelle des tiges, la chair des fruits, etc. Les végétaux dits *cellulaires* en sont exclusivement formés (Champignons).

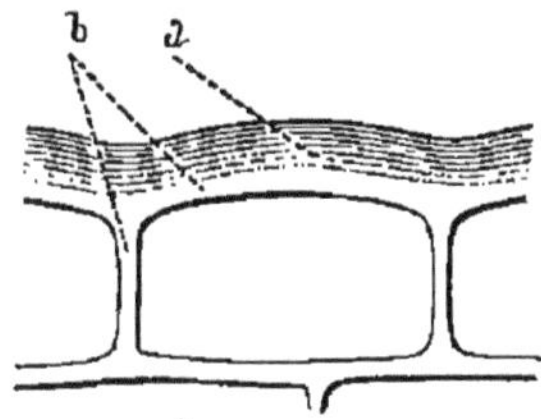

Fig. 7. — Cellule prise dans l'épiderme de la face supérieure d'une feuille de Houx.

a, cutine; *b*, parties de la paroi restées en cellulose pure.

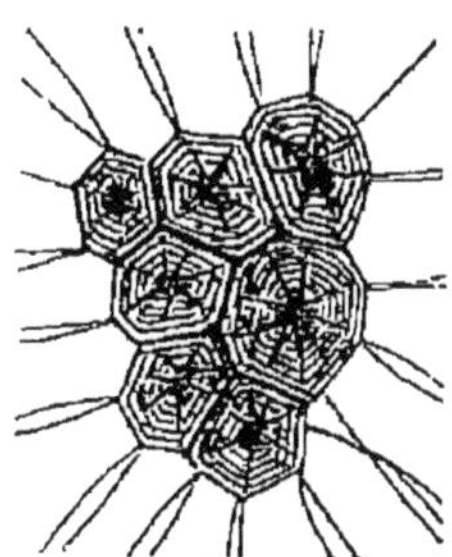

Fig. 8. — Groupe de cellules du sclérenchyme.
(MANGIN.)

7. Tissu épidermique. — Le *tissu épidermique* est constitué par une assise de cellules fortement unies entre elles et dont les parois extérieures s'épaississent et se transforment en *cutine* (fig. 7), substance peu perméable aux liquides et aux gaz. Ce tissu est essentiellement protecteur.

8. Tissu sécréteur. — Le *tissu sécréteur* est constitué par des tubes ou des cellules destinés à recevoir les résidus provenant de la nutrition de la plante, comme les gommes, les résines, par exemple.

9. Tissu conducteur. — Le *tissu conducteur* peut se subdiviser en tissu fibreux et en tissu vasculaire.

Le *tissu fibreux* est formé de cellules considérablement allongées, qui sont disposées bout à bout dans le même sens, et auxquelles on donne le nom de *fibres* (fig. 6). Ces fibres ont une grande ténacité et tendent rapidement à oblitérer leur cavité par l'épaississement de leurs parois.

Le tissu fibreux constitue le bois ou *ligneux* (de *lignum*, bois), les fibres textiles fournies par certains végétaux, tels que le Lin, le Chanvre, etc.

Le *tissu vasculaire* est formé de vaisseaux qui servent à conduire des liquides ou des gaz dans les différents organes de la plante. Ces vaisseaux sont presque toujours formés par des cellules qui s'allongent, se placent bout à bout comme celles du tissu fibreux, et dans lesquelles les cloisons de séparation disparaissent complètement ou en partie. Le protoplasma se résorbe, la cellule meurt, et il ne reste que la membrane pariétale ; c'est elle qui constitue le vaisseau.

On subdivise les vaisseaux en deux catégories : les *trachées* et les *fausses trachées*.

Les *trachées* sont caractérisées par la présence, dans l'intérieur du tube, d'un long fil, simple ou multiple, contourné en spirale (*spiricule*) et appliqué contre la paroi interne, ce qui a fait donner aussi aux trachées le nom de vaisseaux *spiraux*, ou celui de trachées *déroulables* (fig. 6, D).

Les *fausses trachées* n'ont pas de fil spiral ; la matière organique qui maintient leurs parois, au lieu de former un fil continu, se sectionne en tronçons plus ou moins réguliers, qui donnent à la surface une apparence particulière. C'est ainsi que l'on distingue des vaisseaux *réticulés, rayés, ponctués, annelés, scalariformes,* etc. (fig. 6).

Les trachées n'existent que dans les couches profondes du bois, dans les feuilles, les fleurs ; les fausses trachées abondent surtout dans l'épaisseur des vaisseaux fibreux qui constituent le bois.

10. Sclérenchyme. — Le *sclérenchyme* est formé de cellules ou de vaisseaux dont la cavité centrale a presque entièrement disparu par suite de l'épaississement excessif des parois (fig. 8). Ce tissu donne de la résistance et de la solidité aux régions dans lesquelles il est développé.

CHAPITRE II

IDÉE GÉNÉRALE DE LA PLANTE

11. Parties principales de la plante. — La plante puise les éléments nécessaires à sa nutrition et à son développement dans la terre et l'atmosphère ; elle est donc, en général, composée d'une partie souterraine, la *racine*, qui la fixe au sol et s'y ramifie en tous sens, et d'une partie aérienne comprenant la *tige*, les *branches* et les *feuilles*.

La *tige*, plus ou moins développée, forme le trait d'union entre les racines et les feuilles, et sert de conducteur aux sucs nourriciers (sève) circulant des unes aux autres.

Après s'être couverte de feuilles, la plante donne d'abord des *fleurs*, ensuite des *fruits*, renfermant des *graines* qui, par la *germination*, perpétueront l'espèce à laquelle appartient la plante-mère; puis elle meurt (plantes *annuelles*) ou tombe dans une sorte de repos pour recommencer la même évolution lorsque les conditions atmosphériques seront favorables (plantes *bisannuelles* et *vivaces*).

La graine est donc le point de départ et le but final de la plante; celle-ci, en effet, ne croît, ne vit, ne travaille, que pour produire des graines et les amener à maturité; elle ne meurt ou ne se repose qu'après en avoir assuré le futur développement.

Certaines plantes, comme les Champignons, les Mousses, ne donnent pas de graines proprement dites; elles ont un mode de reproduction que nous étudierons plus loin; mais, comme pour les autres, les phases de leur développement concourent vers le même but : perpétuer l'espèce en assurant le futur développement des organes reproducteurs.

12. Embryon. — On appelle *embryon* l'organe spécial de la graine qui donne naissance à la plante. Il comprend trois parties: la *radicule*, la *tigelle* et la *gemmule* (fig. 9).

La graine renferme souvent des organes charnus, remplis de matières féculentes destinées à nourrir la jeune plante au commencement de son développement; ce sont les *cotylédons*.

Le nombre ou l'absence des cotylédons dans la graine entraînant des modifications extrêmement importantes dans la structure de la plante, ces organes ont servi de base à la subdivision du règne végétal en trois grands groupes : les *Dicotylédones*, les *Monocotylédones* et les *Acotylédones*, suivant que la graine renferme deux ou plusieurs cotylédons, un seul cotylédon, ou qu'elle en est dépourvue.

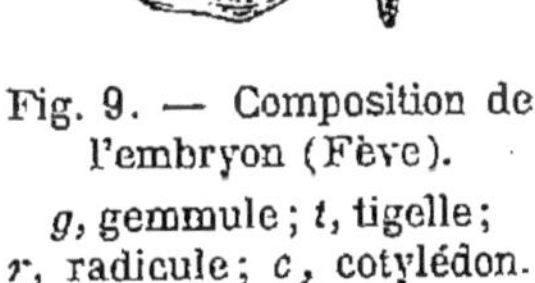

Fig. 9. — Composition de l'embryon (Fève).

g, gemmule; *t*, tigelle; *r*, radicule; *c*, cotylédon.

Les Dicotylédones et Monocotylédones forment le groupe des plantes *Phanérogames*, et les végétaux acotylédonés celui des plantes *Cryptogames*.

CHAPITRE III

LA RACINE

I. Structure et développement de la racine.

13. Définition. — La *racine* est la partie du végétal ordinairement cachée dans la terre et destinée à absorber les liquides nécessaires à sa nutrition; elle résulte normalement du développement de la radicule et ne porte jamais de feuilles.

14. Structure. — La racine est un organe à peu près cylindrique, terminé par une sorte de capuchon appelé *coiffe,* en forme de dé à coudre, et dont le contour déborde un peu la partie terminale qu'il recouvre.

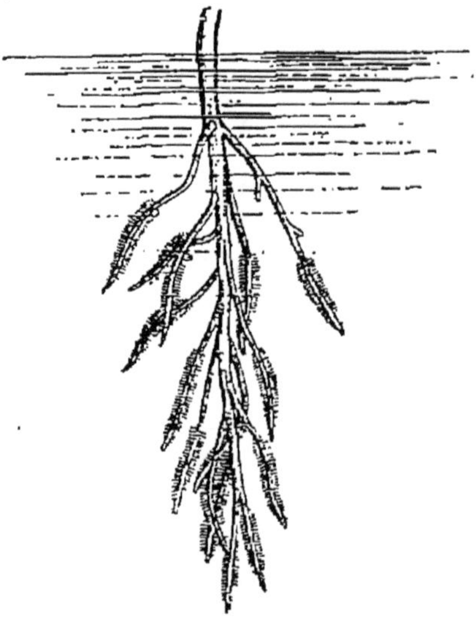

Tout près de ce capuchon, et sur une longueur variable, mais toujours petite, la racine porte une sorte de duvet formé de poils extrêmement fins (*région pilifère,* fig. 10) d'autant plus longs qu'ils sont plus éloignés du sommet de la racine.

Ces poils, appelés *poils absorbants* ou *poils radicaux,* sont les organes d'absorption de la racine; ils n'ont qu'une existence éphémère et disparaissent à mesure que la racine s'allonge, tandis que d'autres se développent plus près de l'extrémité radiculaire, de sorte que la région pilifère est toujours voisine de la coiffe.

Fig. 10. — Poils radiculaires.

Si l'on fait une coupe transversale au niveau de la région pilifère, on constate que la racine est composée d'un *cylindre central* entouré d'une enveloppe plus ou moins épaisse qui constitue l'*écorce* (fig. 11). La surface du cylindre central est revêtue d'une couche de cellules à parois minces, gonflées de protoplasma (*péricycle* ou *assise rhizogène*), en contact avec une seconde couche, l'*endoderme,* formant la surface intérieure de l'écorce, et composée de cellules plissées et s'engrenant les unes dans les autres.

C'est dans le cylindre central que s'effectue le transport des sucs nourriciers. Il est composé de *faisceaux ligneux*, comprenant des vaisseaux annelés et spiralés dont les parois lignifiées se sont considérablement épaissies, et des *faisceaux libériens*, formés de tubes criblés pressés les uns contre les autres.

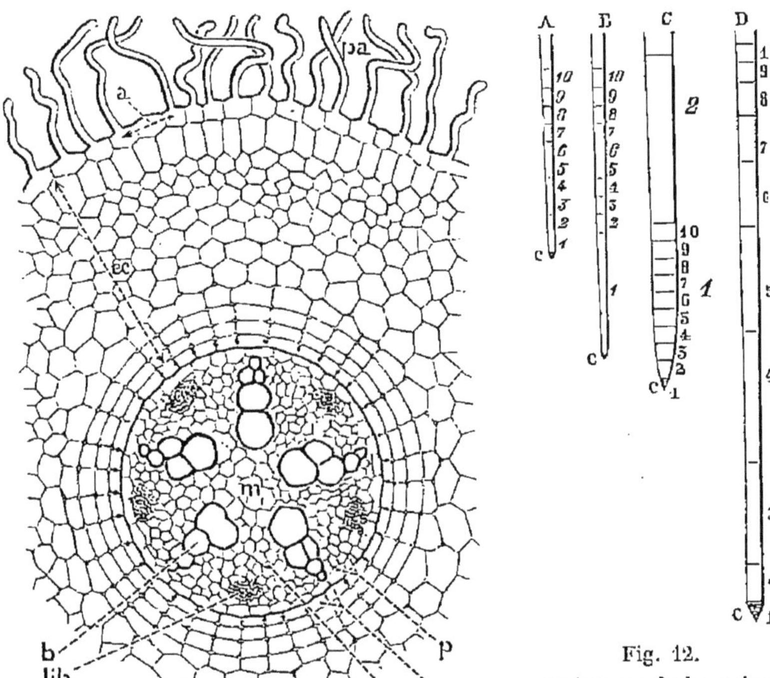

Fig. 11. — Coupe transversale d'une racine jeune, pratiquée vers le milieu de la région pilifère.

ec, écorce entourée de l'assise pilifère *a*, produisant les poils absorbants *pa*; *e*, endoderme; *b*, faisceaux du bois; *lib*, faisceaux du liber; *p*, péricycle ou assise rhizogène; *rm*, rayons médullaires primaires; *m*, moelle.

(Gaston BONNIER.)

Fig. 12.

Croissance de la racine.

A, jeune racine divisée en centimètres; B, cette racine après un certain temps; C, la même racine dans laquelle l'intervalle 1 est divisé en millimètres; D, cette racine après un certain temps.

Les faisceaux ligneux sont groupés suivant des rayons partant du péricycle et s'élargissant en se dirigeant vers le centre. Les faisceaux libériens sont réunis dans les intervalles que laissent entre eux les faisceaux ligneux. Les espaces libres situés entre le centre et l'endoderme sont remplis par du tissu cellulaire; la partie centrale, souvent dépourvue de vaisseaux, porte le nom de *moelle*.

Dans les racines plus âgées, la structure est toute différente. Les faisceaux ligneux et libériens ne sont plus alternants; mais on trouve à l'extérieur une couche continue de faisceaux libériens, et à l'intérieur une couche de faisceaux ligneux; il y a eu séparation des deux ordres de faisceaux.

L'écorce est constituée par des cellules dont l'ensemble forme le *parenchyme cortical;* elle a la consistance du liège et se fendille très souvent (*écorce crevassée*). Dans les vieilles racines cette écorce est très consistante, mais elle a perdu toute perméabilité.

15. Rôle de la coiffe. — La *coiffe,* qui recouvre et protège l'extrémité de la racine, est destinée à frayer le chemin aux parties plus molles de la région pilifère, dont le peu de consistance ne pourrait vaincre la résistance d'un sol un peu ferme.

Quand les racines flottent dans l'eau, la coiffe recouvre l'extrémité de la racine sur une assez grande longueur, et protège ainsi la partie la plus délicate contre les animalcules qui vivent dans l'eau et qui pourraient la détériorer.

16. Développement des racines. — Les racines ne portent jamais d'autres organes que la coiffe et les poils absorbants, mais elles se ramifient en émettant latéralement des racines secondaires qui se développent plus ou moins.

On appelle *racine primaire* celle qui provient directement de la radicule. Elle tend à s'enfoncer verticalement dans le sol et s'allonge si aucun obstacle ne vient s'y opposer, tandis que les racines latérales n'ont pas de direction fixe; elles s'enfoncent ordinairement dans une direction oblique, et leurs mille bifurcations font ressembler la partie souterraine du végétal aux branches qui se ramifient dans l'air.

Toutes les racines s'accroissent en longueur, mais dans la région voisine de l'extrémité seulement. Si l'on marque des traits équidistants tout le long d'une racine vivante, on constate, au bout d'un certain temps, que les traits qui étaient proches de la coiffe sont très espacés, tandis que les autres sont restés à la même distance les uns des autres; la croissance est donc localisée dans la région voisine de l'extrémité (fig. 12).

Les racines des arbres qui bordent les cours d'eau se ramifient de préférence du côté qui avoisine l'eau; celles qui croissent dans l'eau se subdivisent en filets fins et nombreux, dont l'ensemble est vulgairement désigné sous le nom de *queue de renard*.

Tout le monde sait que lorsque des racines peuvent s'insinuer dans des conduites d'eau, elles s'y multiplient avec tant de rapidité, qu'elles obstruent souvent les tuyaux et arrêtent la circulation de l'eau.

On favorise le développement des racines secondaires en coupant autour du pied les petites racines qui courent près de la surface du sol; c'est ce que les jardiniers appellent *serfouir*.

Rafraîchir les racines, c'est en couper les extrémités quand on arrache une plante pour la transplanter.

**17. Différentes parties d'une racine. — La racine présente ordinairement trois parties distinctes : le *corps* ou *pivot*, le *collet* et les *radicelles* (fig. 13).

Le *corps* de la racine est constitué par le développement de la racine primaire; le *collet* est la région intermédiaire entre la racine et la tige; les *radicelles* sont des filaments fins et délicats issus de la racine principale, et qui, au point de vue fonctionnel, sont la partie importante du système absorbant.

Quand les radicelles sont très nombreuses, on donne à leur ensemble le nom de *chevelu*.

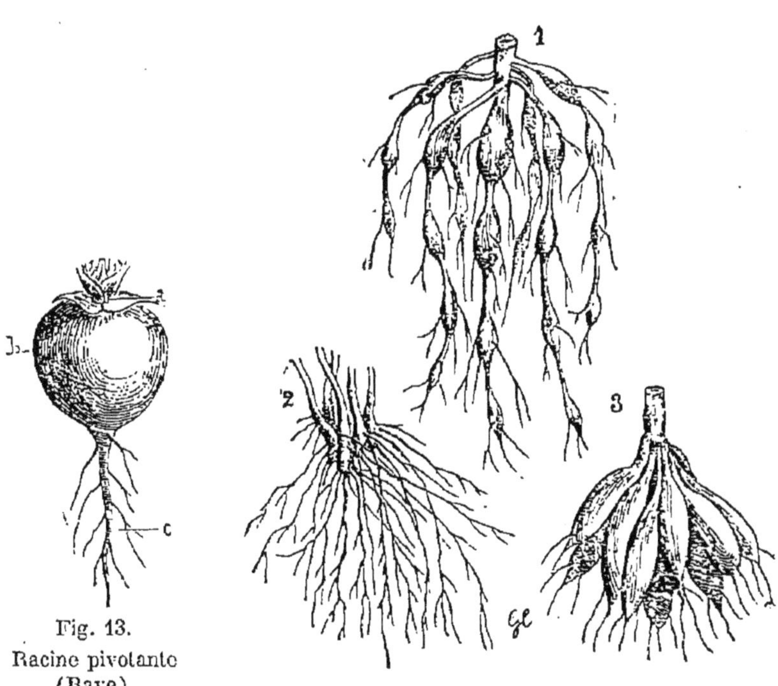

Fig. 13.
Racine pivotante
(Rave).

a, collet; *b*, corps de la racine; *c*, radicelles.

Fig. 14. — Racines fasciculées.

1, racine moniliforme du Pélargonium triste;
2, racines d'un Paturin; 3, racine tubéreuse du Dahlia.

18. Différentes sortes de racines. — Les racines se subdivisent en trois catégories, suivant leur forme; ce sont les racines *pivotantes, fasciculées* et *adventives*.

Les *racines pivotantes* sont celles qui continuent directement la tige au-dessous de la surface du sol. Elles s'enfoncent verticalement et peuvent être simples, comme dans le Navet, la Carotte, la Betterave; ou ramifiées, comme dans le Chêne, le Hêtre, l'Orme.

Les *racines fasciculées* sont des racines qui partent du collet,

aùquel elles sont toutes fixées comme les poils d'un pinceau.
Ex. : le Lis, les Joncs, le Blé. Dans ces racines, la racine primaire est beaucoup moins développée que les racines secondaires.

Les *racines tubériformes* ne sont en réalité que des racines
fasciculées dont les radicelles se sont gorgées de réserves nutritives (Dahlia, Asphodèle). Il ne faut pas les confondre avec les
tubercules (tubercules de la pomme de terre), qui sont de véritables tiges et non des racines.

Relativement à la consistance, on peut subdiviser les racines
en *racines ligneuses* ayant la dureté du bois (Chêne, Orme,
Rosier) et en *racines charnues* (Navet, Betterave).

19. Racines adventives. — On appelle *racines adventives* des
racines qui se développent sur des organes qui normalement
n'en portent pas.

Les jeunes tiges ont la propriété d'émettre facilement des
racines adventives; il suffit, pour favoriser ce développement,
de les mettre en contact avec un sol humide; c'est ainsi que de
jeunes tiges de Saule, de Lilas, de Sureau, enfoncées dans une
terre humide, se couvrent rapidement de racines adventives.

Cette propriété particulière des tiges est souvent mise à profit
pour multiplier, dans un but d'utilité, les racines de certaines
plantes. On provoque le développement des racines de la Garance,
employées en teinturerie, en accumulant de la terre humide
autour de chaque pied; c'est ce qu'on appelle *butter la tige*.
Quand le Blé est levé, on passe dessus un rouleau de bois, de
manière à coucher les jeunes tiges sans les briser; au contact
du sol, la partie voisine du collet émet des racines adventives
pendant que l'extrémité se relève, et les nouvelles racines ainsi
développées contribuent à fixer plus solidement la tige et assurent à la plante une nutrition plus active.

Le Lierre émet facilement de nombreuses racines adventives;
mais, si ces racines ne se trouvent pas dans des conditions
favorables à leur développement, elles se transforment en *crampons*, qui soutiennent la plante le long des murailles, sur le
tronc des arbres, etc. (fig. 27).

20. Bouturage. — Faire une bouture consiste à mettre en contact
avec de la terre humide une partie récemment détachée d'un végétal,
de manière à provoquer le développement de racines adventives; cette
partie détachée porte le nom de *bouture*.

On peut faire des boutures avec des fragments de tige, de branches
(*plançons*), quelquefois de feuilles. La facilité avec laquelle les
plantes se prêtent au bouturage est variable suivant l'espèce; les

arbres à bois tendre se bouturent plus facilement que les arbres à
bois dur ; les jeunes pousses réussissent mieux que les vieilles branches.
Les Saules, les Lilas, les Sureaux, les Géraniums, se reproduisent
facilement par le bouturage.

21. Marcottage. — Le *marcottage* consiste à incliner une tige
flexible et à la maintenir en contact avec le sol sans la détacher du
pied auquel elle appartient (fig. 15). Des racines adventives naissent
bientôt au niveau de la partie qui touche la terre, et, quand elles
sont suffisamment développées, on sépare la branche de la plante-
mère.

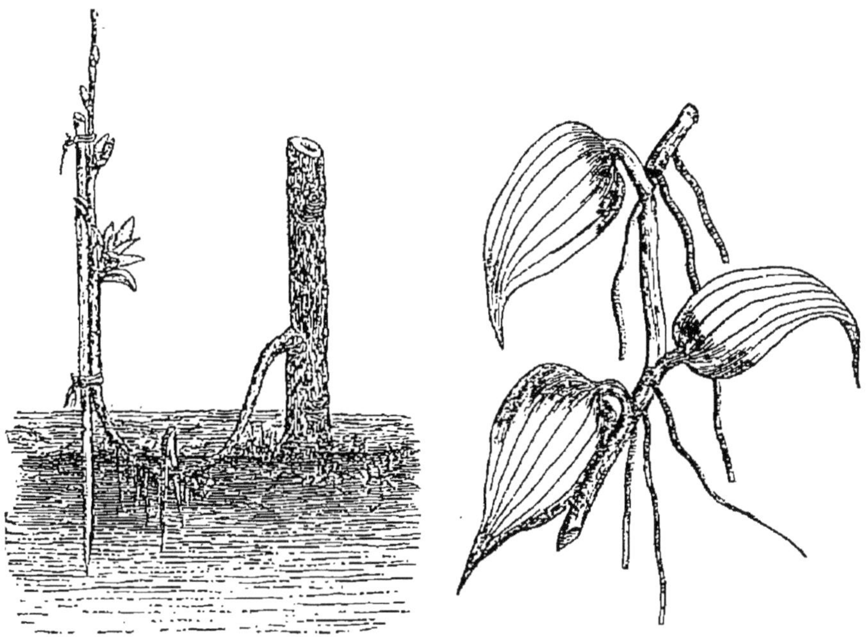

Fig. 15. — Marcotte.   Fig. 16. — Racines aériennes de la vanille.

On rajeunit la vigne en marcottant les branches appartenant à des
pieds trop âgés (*provignage*). Les stolons du fraisier (n° 42) sont des
marcottes naturelles.

Quand la branche n'est pas flexible, on l'entoure d'un réservoir
(pot à fleur, cornet métallique) capable de retenir de la terre, qu'on
maintient toujours humide ; quand les racines adventives sont suffisamment nombreuses, on coupe la branche au-dessous de la région
où elles se sont développées.

22. Milieux de végétation. — Les racines peuvent être *souter-*
raines, aériennes ou *aquatiques.*

La plupart des racines sont *souterraines,* mais toutes sont loin
d'avoir les mêmes préférences relativement à la nature du terrain qui
convient à la plante qu'elles doivent nourrir. Il en est, comme les

Scirpes, les *Joncs*, qui ne prospèrent que dans un sol très humide; d'autres, comme les *Bruyères*, les *Cistes*, les *Ajoncs*, ont besoin d'un sol sec, sablonneux. Les unes se plaisent dans les champs de blé (*Coquelicot, Bluet, Nielle*); les autres suivent les bords des grandes routes (*Plantain, Millefeuille*), s'accrochent aux murailles (*Chélidoines, Orpins*), couvrent les arbres, les rochers (*Mousses, Lichens*), poussent entre les pavés des rues peu fréquentées (*Paturin annuel, Renouée des oiseaux*).

Aux unes il faut le grand air, le plein soleil; aux autres, l'ombrage, la solitude. En un mot, Dieu a disposé toutes choses afin qu'il n'y ait point dans la nature entière d'endroits absolument stériles, nous donnant ainsi une preuve de sa bonté pour l'homme et du désir qu'il a de le rendre heureux dans ce monde.

Les plantes *aquatiques* présentent pour la plupart deux sortes de racines : les unes qui s'enfoncent dans la vase, et les autres qui restent dans l'eau; celles-ci sont toujours grêles et très ramifiées.

Certains végétaux, comme la *Vanille* (fig. 16), ont des racines *aériennes* qui flottent dans l'atmosphère et y puisent un supplément de nourriture que ne peuvent pas toujours fournir les racines souterraines.

II. Fonctions des racines.

23. Fonctions générales. — Les racines servent généralement à *fixer* la plante au sol; mais leur fonction principale est d'absorber les matériaux nécessaires à sa nutrition. Certaines racines adventives, les crampons du *Lierre*, par exemple, sont exclusivement des organes de fixation.

24. Condition essentielle de l'absorption par les racines. — C'est par ses racines que la plante puise dans le sol les matières nutritives qui lui sont nécessaires; mais, pour que ces matières puissent être absorbées, il faut absolument qu'elles se trouvent à l'état de dissolution. Les poussières, même les plus ténues, qui se trouveraient seulement en suspension dans l'eau, ne peuvent passer dans les tissus de la plante. Il est donc essentiel que la terre végétale dans laquelle se ramifient les racines soit toujours humide; tout le monde sait, en effet, que si la terre vient à se dessécher, la plante s'étiole et finit par mourir.

25. Nature des matières absorbées. — Les tissus végétaux donnent naissance à un très grand nombre de composés organiques; mais, pour les élaborer, ces tissus n'ont besoin que d'un nombre très restreint de corps simples dont les principaux sont : le *carbone*, l'*hydrogène*, l'*oxygène*, l'*azote*, le *soufre*, le *phosphore;* viennent ensuite le *potassium*, le *calcium*, le *fer*, le *chlore*, le *silicium*, le *magnésium*, etc.

Si les sels qui doivent être absorbés sont insolubles dans l'eau, comme, par exemple, les *carbonate* et *phosphate* de *chaux* et de *magnésie*, la racine produit dans la région absorbante un acide particulier, l'acide carbonique probablement, qui transforme ces sels en sels acides solubles, et par conséquent absorbables. Il est facile de constater ce fait en faisant germer des Haricots ou des Lentilles dans du sable humide placé sur une plaque de marbre; on remarque bientôt que les racines qui rampent à la surface du marbre y creusent un sillon qui prouve la dissolution du calcaire à leur contact.

Les substances absorbées par les racines sont donc en grande partie des substances minérales; il en est cependant qui absorbent exclusivement des matières organiques, comme, par exemple, les Champignons, qui croissent au milieu de végétaux en décomposition.

De là, au point de vue de la nutrition, il y a lieu de subdiviser les plantes en deux grandes catégories : la première, comprenant les plantes qui se nourrissent exclusivement de substances minérales, sont des *plantes à chlorophylle*; elles présentent des parties vertes; la seconde, comprenant celles qui n'absorbent que des matières organiques, sont des *plantes sans chlorophylle*, qui par conséquent n'ont aucune partie verte (Orobanches, Champignons, etc.).

26. Mécanisme de l'absorption par les racines. — Il est parfaitement démontré que le corps de la racine, pas plus que la coiffe qui en protège l'extrémité, ne possèdent de pouvoir absorbant. Cette fonction est exclusivement localisée dans la région pilifère (n° 14).

Les cellules des poils radicaux sont gorgées d'un liquide assez dense, qui n'est séparé des solutions salines, toujours très peu concentrées, que par l'épaisseur des parois cellulaires. Par un phénomène d'osmose (*Zoologie*, n° 106), ces solutions pénètrent dans les cellules à mesure que celles-ci cèdent aux cellules plus profondes le liquide qu'elles contenaient primitivement, et le phénomène se continue ainsi avec plus ou moins d'activité selon l'énergie de la nutrition, ou suivant les conditions extérieures dans lesquelles la plante est placée.

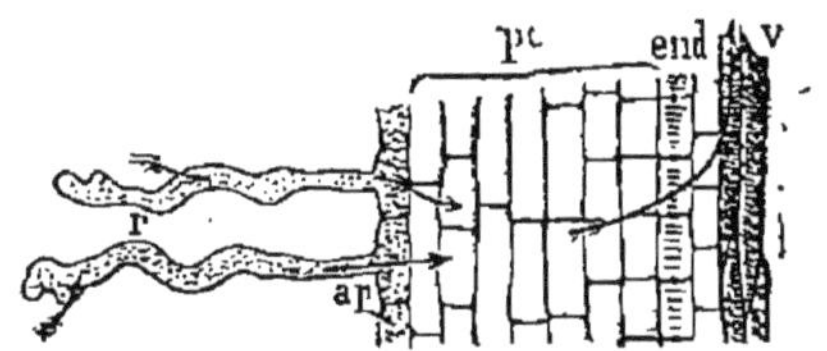

Fig. 17. — Figure théorique pour expliquer la marche de la sève brute.

p, poils absorbants remplis de protoplasma; *ap*, assise pilifère; *end*, endoderme; *v*, vaisseaux du bois; *pc*, parenchyme cortical. (BONNIER.)

27. Assolement. — Les végétaux enlevant au sol des substances qui varient suivant l'espèce à laquelle appartient la plante que l'on cultive, on conçoit qu'un terrain serait vite épuisé si on ne variait la nature des végétaux qu'on veut y récolter. Aussi a-t-on soin, en pratique, de varier la succession des cultures et de cultiver, par exemple, l'Orge et le Blé dans un champ qui a donné des Betteraves l'année précédente. On donne à cette alternance de culture le nom d'*assolement*.

Cet épuisement du sol ne s'observe pas pour les plantes qui croissent à l'état sauvage, comme les *Chardons*, les *Orties*, car ces plantes, mourant à l'endroit même qu'elles ont épuisé, restituent au sol les matériaux qu'elles lui avaient empruntés.

28. Réserves nutritives. — Lorsque les matériaux absorbés par les racines ne sont pas immédiatement consommés, ils s'accumulent soit dans les racines elles-mêmes, soit en d'autres points du végétal, et forment ce qu'on appelle des *réserves* (fig. 18).

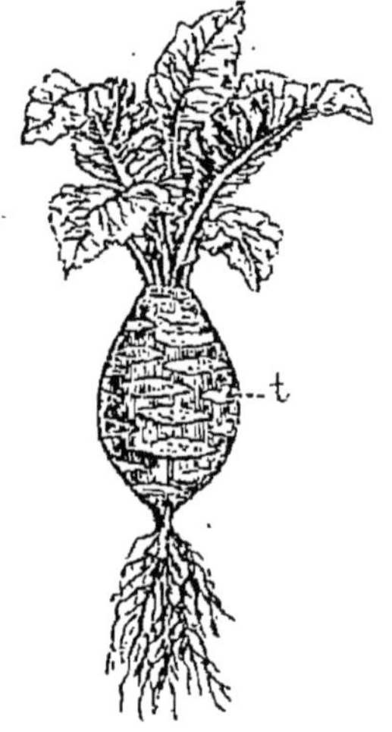

Fig. 18. — Chou rave.

t, tige aérienne renflée, constituant un réservoir de matière nutritive.. (MANGIN.)

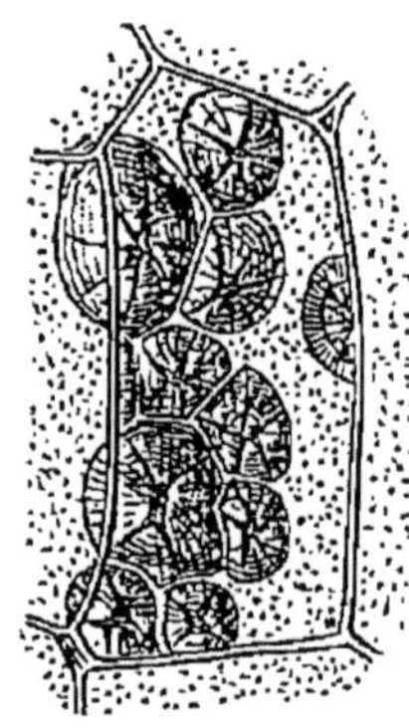

Fig. 19. — Réserve d'inuline.

Cellule prise dans une racine de l'Aunée (*Inula Helenium*) contenant des cristaux d'inuline.

Les principales substances de réserve sont l'*amidon*, l'*inuline* (Aunée, fig. 19, Dahlia), des *saccharoses* (Canne à sucre, Betterave), des *matières grasses* (graines de Ricin, de Colza, de Lin). Ces substances ne sont pas directement assimilables : elles doivent préalablement subir d'importantes modifications, c'est-à-dire être digérées.

29. Digestion des substances de réserve. — Quand la période d'activité succède à la période de repos, alors que les réserves doivent concourir à la nutrition de la plante, les cellules se gorgent d'eau, le protoplasma reprend ses propriétés particulières, et le liquide cellulaire se charge de substances désignées sous le nom général de *ferments solubles*, destinés à la digestion des matières nutritives de réserve..

Digestion des substances amylacées. — L'amidon est rendu assimilable par l'action de la *diastase*. La diastase végétale est une substance blanche azotée, soluble dans l'eau, qui a la propriété de transformer les matières amylacées en *dextrine,* puis en *glucose* parfaitement assimilable.

La diastase se développe abondamment quand on fait germer de l'Orge dans un lieu humide, aéré et chaud. Des cellules du cotylédon dans lesquelles elle se forme, elle passe dans les cellules qui renferment l'amidon, sur lequel elle agit comme les acides étendus, c'est-à-dire les transforme en *dextrine,* puis en *glucose.*

Dans l'industrie, on utilise cette production particulière de la diastase végétale pour la fabrication du *malt* ou *Orge germée,* qui sert à la fabrication de la *bière.*

Digestion des saccharoses. — La saccharose est transformée en glucose par l'action d'un principe particulier auquel on a donné le nom de **ferment inversif.**

Digestion des graisses. — Les corps gras, qui résultent de la combinaison de la glycérine avec des acides gras (acide stéarique, margarique, oléique, etc.), subissent, sous l'action d'un **ferment émulsif,** une série de réactions très complexes, qui donnent pour résultat final de l'*amidon,* que la diastase transforme ensuite en *glucose* à la manière ordinaire.

En résumé, les *matières amylacées* transformées par la *diastase végétale,* les *saccharoses* soumis à l'action du *ferment inversif,* donnent pour produit final de la *glucose,* et les *graisses,* sous l'influence du *ferment émulsif,* deviennent assimilables.

Une fois digérées, les substances de réserve sont capables de circuler dans les tissus de la plante, et peuvent alors servir soit à créer d'autres réserves nutritives, soit à former de nouveaux tissus.

Ces composés organiques doivent cependant, avant de pouvoir être utilisés, subir une série de transformations chimiques dont le mécanisme est peu connu, et qui laissent comme résidus de nutrition des substances particulières, *gommes, résines,* etc., que nous étudierons au sujet de la sève.

CHAPITRE IV

LA TIGE

30. Définition. — La *tige* est la partie ordinairement aérienne du végétal, qui croît en sens inverse de la racine. Elle se distingue facilement en ce que seule elle porte des bourgeons. Sa structure est très variable, suivant que la plante appartient à l'un ou à l'autre des trois embranchements.

I. Structure de la tige.

31. Tige de première année d'une plante dicotylédone. — Si l'on pratique une section transversale sur la tige du Haricot, alors que la jeune plante n'est encore formée que de deux feuilles vertes, on constate, à l'aide du microscope, que la jeune tige est composée de deux parties concentriques, l'une externe, c'est l'*écorce;* l'autre interne,

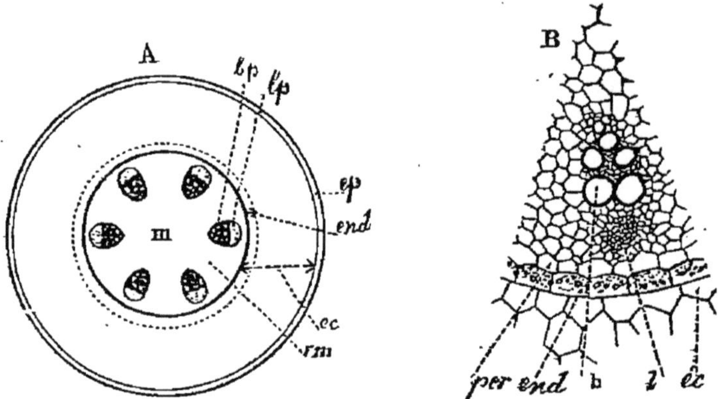

Fig. 20. — Structure d'une tige de première année.

A, coupe transversale d'une jeune tige de Dicotylédone; *ep*, épiderme; *ec*, écorce; *end*, endoderme, représenté par la circonférence ponctuée, et entourant le péricycle, figuré par la circonférence en trait continu; *rm*, rayon médullaire primaire; *bp*, bois primaire; *lp*, liber primaire; *m*, moelle. — B, coupe transversale d'un faisceau libéro-ligneux; *ec*, écorce; *end*, endoderme; *per*, péridorme; *l*, faisceau libérien; *b*, faisceau du bois.

c'est le *cylindre central*. Vers l'extérieur de celui-ci se trouve une zone de cellules serrées, à parois extrêmement minces, appelée *zone génératrice* ou *cambium.*

Au moment de la germination, les cellules de la zone génératrice entrent en activité, elles s'allongent, se multiplient; il se forme de nouveaux tissus dont l'ensemble constitue ce qu'on appelle les *faisceaux libéro-ligneux*. Ces faisceaux sont distribués symétriquement autour de l'axe de la tige en groupes plus ou moins nombreux, rangés sur une même circonférence.

Le reste du cylindre central est rempli par un parenchyme particulier, formant des lames qui occupent les intervalles que les faisceaux libéro-ligneux laissent entre eux, et qui, par conséquent, relient la moelle à l'écorce; ces lames sont les *rayons médullaires.*

Au microscope, les faisceaux libéro-ligneux se montrent formés de deux tissus différents. La partie intérieure de chaque faisceau est constituée par des vaisseaux dont les parois se sont épaissies et lignifiées : ce sont les *faisceaux ligneux;* ils constituent le *bois*. La partie extérieure se compose de cellules allongées, formant en grande partie des tubes criblés : ce sont les *faisceaux libériens*. La nature de ces faisceaux a fait donner à leur ensemble le nom de *faisceaux libéro-ligneux*. La zone génératrice traverse les groupes libéro-ligneux, laissant à l'intérieur les faisceaux ligneux et à l'extérieur les faisceaux libériens.

32. Croissance en épaisseur dans les années suivantes. — Dans la première année, la zone de cambium est d'abord interrompue et n'existe que dans l'épaisseur des faisceaux libéro-ligneux. Peu à peu elle s'étend à travers les rayons médullaires, et finit par former autour de l'axe une enveloppe cylindrique continue.

A la reprise de la végétation, les cellules de la zone génératrice se cloisonnent activement; celles de la région interne donnent naissance

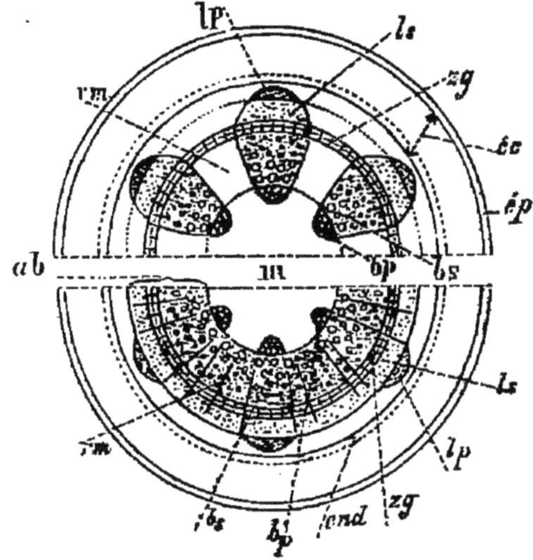

Fig. 21. — Formations secondaires dans le cylindre central.
(Dans la partie supérieure de la figure, les formations secondaires sont discontinues; elles sont continues dans la partie inférieure.)

m, moelle; *ab*, épaisseur des formations secondaires; *rm*, rayons médullaires *bs*, bois secondaire; *bp*, bois primaire; *end*, endoderme; *zg*, zone génératrice; *lp*, liber primaire; *ls*, liber secondaire; *ep*, épiderme; *ec*, écorce. (MANGIN.)

à des faisceaux ligneux, tandis que celles de la région externe forment des faisceaux libériens; les cellules de la région moyenne demeurent constamment en voie de cloisonnement.

Les nouveaux tissus se forment donc entre le bois primaire et le liber primaire, il en résulte que l'écorce est constamment refoulée vers l'extérieur. Les rayons médullaires se continuent à travers les nouvelles couches formées, mais deviennent de plus en plus étroits, par suite du resserrement des faisceaux libéro-ligneux qui résulte de leur multiplication.

33. Variété d'activité de la zone génératrice. — Tous les ans, à l'époque du printemps, pour les plantes vivaces, l'activité du cambium

.se réveille, et une nouvelle couche de bois vient s'appliquer contre les couches ligneuses déjà existantes, tandis qu'une couche libérienne vient s'appliquer à l'intérieur de l'enveloppe libérienne.

Ce dédoublement annuel du cambium est loin d'avoir une activité constante. Dans nos climats, la circulation des liquides étant considérable au printemps, les vaisseaux formés à cette époque sont larges; le tissu résultant est par conséquent peu serré et le bois poreux. A l'automne, la circulation se ralentit considérablement; les faisceaux qui se forment alors sont étroits et constituent un tissu serré, compact. L'opposition de ces couches contiguës, de consistance différente, distribue les tissus de la tige en zones concentriques très visibles sur une section transversale (fig. 22).

Le nombre des couches ainsi juxtaposées peut servir évidemment à déterminer l'âge de la tige.

34. Bois. — Le *bois* ou *ligneux* est l'ensemble des couches concentriques comprises entre la moelle et l'écorce, et sillonnées par les *rayons médullaires*.

Le bois comprend deux régions bien distinctes, le *liber* et le *bois proprement dit*. Le liber, dont l'épaisseur est beaucoup moindre que celle du bois, est séparé de celui-ci par la *zone génératrice* ou *cambium*, qui se dédouble chaque année en une nouvelle couche de liber et une nouvelle couche de bois, qui s'appliquent sur les couches de l'année précédente.

Les couches internes du bois sont en général plus foncées que les couches externes; leur tissu est plus compact, et le bois par conséquent plus dense; cette région, la plus dure de la tige, est

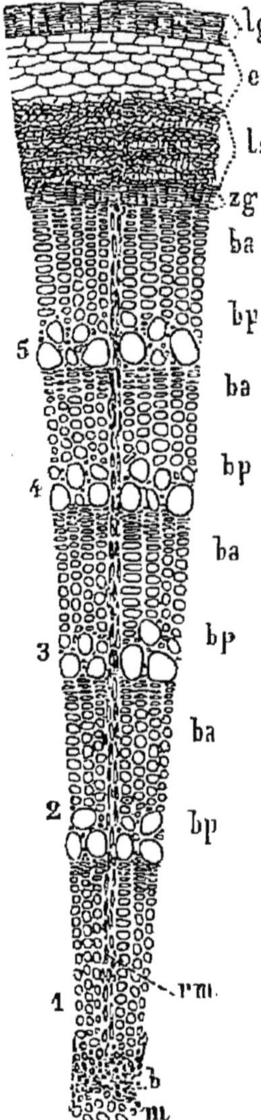

Fig. 22. — Fragment de la section transversale d'une tige de Châtaignier âgée de cinq ans.

m, moelle; *b*, bois primaire; 1, 2, 3, 4 et 5, bois de la 1re, 2e, 3e, 4e et 5e année; *rm*, un rayon médullaire; *bp*, bois de printemps; *ba*, bois d'automne; *zg*, zone génératrice; *ls*, liber secondaire; *ec*, écorce; *lg*, liège.
(Gaston BONNIER.)

appelée *duramen* ou *cœur du bois*, tandis que les couches externes, plus jeunes et plus tendres, forment l'*aubier*, appelé aussi *bois blanc*, à cause de sa couleur plus claire.

35. Écorce. — L'*écorce* est formée de trois couches concentriques, qui sont de dehors en dedans : l'*épiderme*, le *parenchyme cortical* et l'*endoderme*.

L'*épiderme* est la couche qui revêt la partie de la tige exposée à l'action de l'air et de la lumière. Il est recouvert d'une pellicule très mince, la *cuticule*, destinée à protéger les cellules épidermiques.

Le *parenchyme cortical* est constitué par des cellules remplies de chlorophylle qui lui donnent une coloration verte, ce qui le fait désigner parfois sous le nom d'*enveloppe herbacée*.

L'*endoderme* est la couche la plus profonde de l'écorce; ses cellules renferment souvent des graines d'amidon.

36. Liège. — Lorsque la tige acquiert une certaine épaisseur, comme c'est le cas pour la plupart des plantes ligneuses, l'épiderme ne suffit plus pour la protéger; alors il se rompt et se trouve rem-

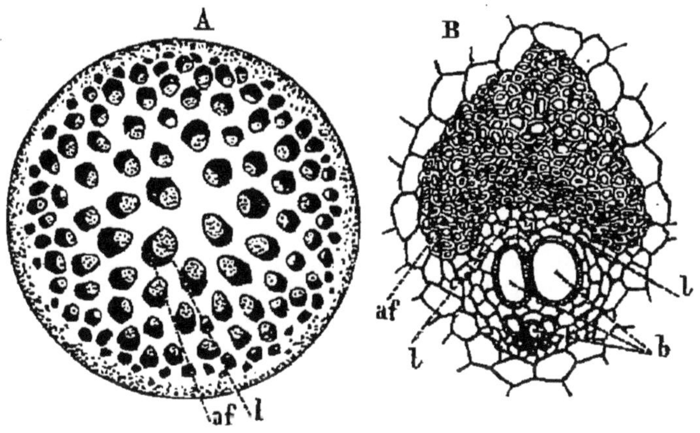

Fig. 23. — Structure d'une tige monocotylédone.

A, section transversale d'une tige de Palmier; *af*, arc fibreux entourant la partie extérieure des faisceaux libéro-ligneux; *l*, faisceau libéro-ligneux. — B, un faisceau libéro-ligneux très grossi; *af*, arc fibreux de sclérenchyme; *l*, liber; *b*, bois.

placé par un nouveau tissu protecteur qui est le *liège*. Aussitôt qu'il est formé, les cellules plus externes de l'écorce meurent et se crevassent sans qu'il en résulte aucun dommage pour les tissus sous-jacents. Tantôt l'épaisseur du liège est très réduite; tantôt elle est considérable, comme on le remarque, par exemple, dans les chênes-lièges.

Le liège est surtout utilisé pour la fabrication des bouchons.

37. Structure des tiges monocotylédones. — Sur une section transversale, on n'observe pas de zones concentriques comme dans les tiges dicotylédones; mais on y remarque des faisceaux libéro-ligneux disséminés dans une masse cellulaire. Les faisceaux ligneux sont distribués dans toute la tige et entourés chacun par un arc de tissu sclérenchymateux (fig. 23).

Si on suit leur marche à partir d'une feuille, on constate qu'ils se dirigent d'abord vers la partie centrale de la tige, puis se courbent

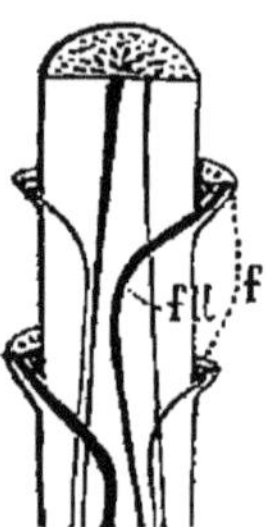

Fig. 24. — Coupe longitudinale d'une tige de Palmier montrant la marche curviligne des faisceaux libéro-ligneux *fll*, avant d'entrer dans les feuilles *f*.

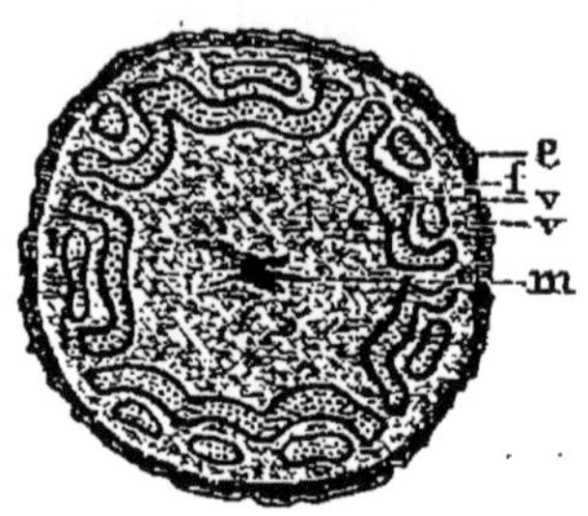

Fig. 25. — Coupe d'une tige de Fougère arborescente.

e, écorce; *f* et *v*, faisceaux libéro-ligneux; *m*, moelle. Les lignes noires sont formées de sclérenchyme.

en descendant, et se rapprochent de plus en plus de la partie périphérique en traversant les faisceaux plus jeunes (fig. 24); de plus, au lieu de rester dans un plan axial, ils décrivent autour de l'axe une sorte d'hélice allongée. Il résulte de cette disposition particulière que la partie centrale de la tige est formée d'un tissu relativement peu serré, tandis que la partie périphérique présente une texture compacte et très dense (Palmier, Dragonnier).

Quelques végétaux *monocotylédones*, comme le Blé, l'Orge, ont la tige creuse; mais la partie solide est formée de la même manière que la tige ligneuse.

38. Structure des tiges acotylédones. — La structure des Cryptogames est très variable. Dans les Fougères arborescentes, les faisceaux fibro-vasculaires sont disposés en bandes noirâtres, irrégulièrement contournées, mais affectant une sorte de symétrie spéciale pour chaque espèce (fig. 25). Ces bandes sont formées de faisceaux libéro-ligneux complètement entourés de sclérenchyme.

II. Tiges aériennes.

39. Croissance de la tige en longueur. — La tige s'accroît en longueur par le développement du *bourgeon terminal* (*cône végétatif* ou *méristème*). Le cône végétatif, caché par de petites feuilles, est formé d'un tissu mou, délicat, constitué par des cellules dans un état très actif de cloisonnement.

Un peu au-dessous du sommet, le cloisonnement présente moins d'activité, mais les cellules qui s'y trouvent éprouvent une augmentation de volume considérable, qui se traduit par un allongement de la tige; cette croissance particulière, résultant de l'agrandissement des cellules, porte le nom de *croissance intercalaire*.

En observant une tige en voie de croissance, on constate que l'élongation a lieu sur une longueur de plusieurs entre-nœuds voisins du sommet. Dans nos climats, l'allongement de la tige cesse dès que les feuilles se sont toutes développées. Certains arbres, comme le Chêne, le Cèdre, croissent lentement; d'autres, comme le Sapin, le Marronnier, se développent assez vite.

La tige de quelques espèces de *Mousses* dépasse à peine 1 mill.; les *Phascum* ont une petite tige grosse comme un fil, ayant un millimètre de hauteur et terminée par une fleur. La tige est parfois extrêmement raccourcie, comme dans le *Pissenlit;* tantôt elle est filiforme et relativement longue, comme dans la *Cuscute.*

La tige de certains arbres atteint parfois des dimensions considérables. Celle des *Pins,* des *Sapins,* peut atteindre 30 à 40 mètres; les *Palmiers* ont leur bouquet de feuilles à 50 mètres du sol. Les *Eucalyptus* de l'Australie atteignent une hauteur de 100 mètres, c'est la hauteur du Panthéon. Le tronc des *Baobabs* peut avoir jusqu'à 30 mètres de circonférence, c'est-à-dire presque 10 mètres de diamètre.

Les *Lianes,* certaines *Algues,* sont surtout remarquables par la longueur de leur tige, qui atteint parfois jusqu'à 300 mètres.

40. Durée de la tige. — Les couches ligneuses qui constituent le bois des arbres sont presque indestructibles. Cependant, si on les considère relativement aux fonctions qu'elles ont à remplir, on constate qu'au bout de quelques années elles sont complètement mortes au point de vue physiologique. Devenues inutiles à l'entretien de la vie du végétal, elles peuvent alors se détruire et disparaître complètement, sans qu'il en résulte pour l'arbre d'autre inconvénient qu'une diminution de solidité. Il n'est pas rare, en effet, de rencontrer des Chênes, des Saules, dont les couches intérieures n'existent plus. On peut leur rendre de la solidité en remplissant leur tronc avec des pierres et du ciment, qui remplacent les parties organiques détruites.

41. Différentes sortes de tiges. — La forme des tiges aériennes est ordinairement cylindrique. Elle peut cependant être quadrangulaire, comme dans les labiées (*Sauge, Menthe, Ortie blanche*); triangulaire, comme dans quelques *Carex;* cannelée, comme dans quelques ombellifères (*Céleri, Angélique*).

Quant à leur direction, les tiges peuvent se subdiviser en tiges *flexibles* et en tiges *dressées.*

42. Tiges flexibles. — Les tiges *flexibles* peuvent être *rampantes*, *traçantes*, *grimpantes* ou *volubiles*.

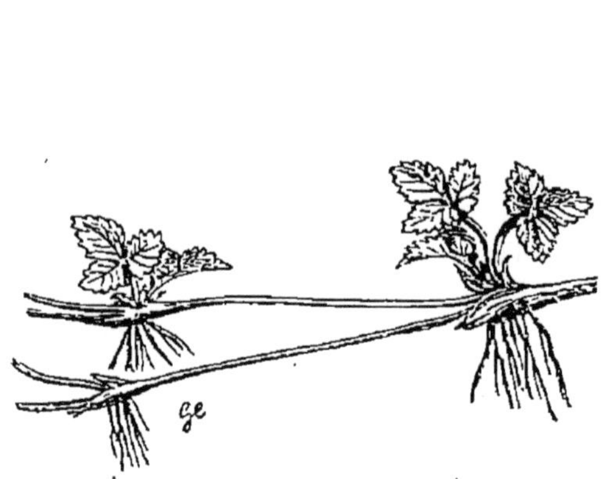

Fig. 26.
Stolons du Fraisier.

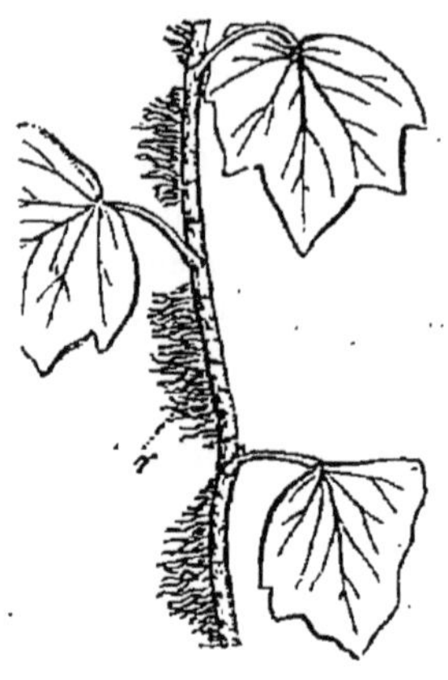

Fig. 27. — Un fragment de
tige de Lierre portant des
racines adventives *r*.

Tiges rampantes. — Les tiges rampantes courent sur le sol (*Pervenche, Véronique petit-chêne, Nummulaire*). Elles émettent, au niveau de certains nœuds, des racines adventives qui concourent à la nutrition de la plante.

Tiges traçantes ou *stolonifères.* — La tige est dite traçante ou stolonifère quand elle pousse des prolongements qui rampent sur le sol et s'y enracinent pour produire de nouveaux pieds, qui vivront d'une vie indépendante lorsque leurs racines propres seront suffisamment développées. On donne le nom de *stolons* à ces pousses particulières (*Fraisier*, fig. 26).

Fig. 28. — Exemples de tiges
volubiles.

D, tige volubile *dextrorsum* (Liseron).
S, tige volubile *sinistrorsum* (Houblon).

Tiges grimpantes. — Les tiges grimpantes sont des tiges trop grêles pour pouvoir se dresser, et qui, ayant besoin d'air et de lumière, s'accrochent aux murs ou à l'écorce des arbres par des *crampons*, comme le Lierre (fig. 27), ou se suspendent aux branches au moyen de *vrilles* qui s'enroulent autour des rameaux, comme la Bryone.

Tiges volubiles. — Les tiges volubiles montent en spirales autour des supports qu'elles peuvent atteindre (fig. 28). Une même espèce s'enroule toujours dans le même sens; ainsi le Houblon, le Chèvrefeuille, montent en tournant de droite à gauche, tandis que le Liseron, le Haricot, s'enroulent de gauche à droite.

43. Tiges dressées. — Les principaux types de tiges dressées sont la *tige proprement dite*, le *tronc*, le *stipe* et le *chaume*.

Fig. 29. — Tiges aériennes.
1, tronc; 2, stipe; 3, chaume.

Tige proprement dite. — C'est la tige des plantes herbacées et des arbustes des végétaux dicotylédones.

Il ne faut pas confondre avec les tiges la *hampe*, support allongé qui porte des fleurs (Oignons, Jacinthe), et qui se distingue des tiges en ce qu'on n'y trouve jamais ni bourgeons ni feuilles.

Tronc. — Le tronc est la tige des grands arbres de nos contrées; il a une forme cylindro-conique, et se subdivise en *branches*, qui portent les *feuilles*.

Stipe. — Le stipe (fig. 29) est une tige non ramifiée, cylindrique, dont la partie terminale porte un bouquet de feuilles à l'aisselle desquelles croissent les fleurs. La surface de cette tige est rendue très rugueuse par les restes des pétioles qui ont appartenu aux feuilles anciennes. Les Palmiers présentent ces sortes de tige.

Chaume. — Le chaume (fig. 29) est une tige herbacée ou ligneuse, creuse, portant de longues feuilles, dont la base embrasse la tige au niveau des nœuds. Cette forme de tige est particulière à la famille des Graminées (Blé, Avoine). Les toits en paille sont ordinairement désignés sous le nom de *toits de chaume.*

IV. Tiges souterraines.

44. Subdivision. — Les *tiges souterraines*, comme leur nom l'indique, se développent dans la terre et non dans l'atmosphère; ce sont les *rhizomes*, les *bulbes* et les *tubercules*.

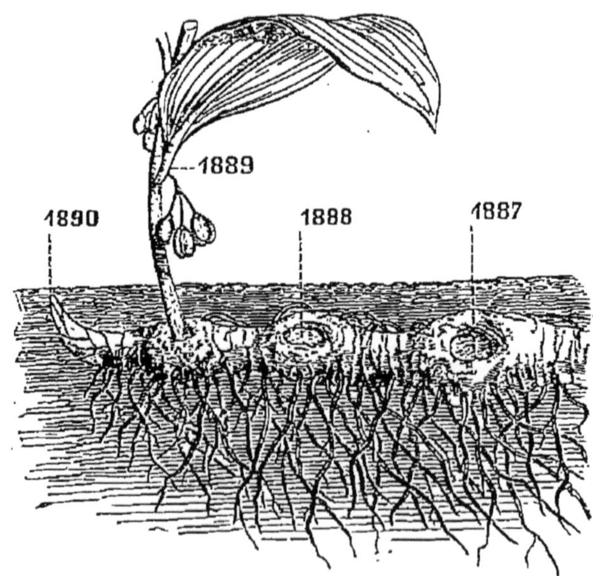

Fig. 30. — Rhizome du Sceau de Salomon, montrant de nombreuses racines adventives, ainsi que les cicatrices laissées par la destruction des tiges aériennes de 1887 et de 1888.   (MANGIN.)

45. Rhizomes. — Les *rhizomes* (fig. 30) s'allongent obliquement ou horizontalement dans le sol, et émettent de loin en loin des bourgeons qui se développent verticalement et viennent s'épanouir dans l'air.

On donne le nom de *turions* aux bourgeons aériens des tiges souterraines. La partie alimentaire de l'Asperge n'est autre chose que le bourgeon charnu de la partie souterraine de la souche qui vient s'épanouir à la surface.

46. Bulbes. — Le *bulbe* est composé d'une tige souterraine très raccourcie ou *plateau*, portant un gros bourgeon plus ou moins central, entouré d'écailles ou de tuniques fixées sur le plateau; la partie inférieure du plateau donne naissance à de nombreuses racines.

D'après la nature des enveloppes du bourgeon, on subdivise les bulbes en bulbes *écailleux*, *tuniqués* et *solides*.

Bulbes écailleux (fig. 31). — Dans les bulbes écailleux, le bourgeon est protégé par des écailles imbriquées les unes sur les autres. Ex.: le Lis.

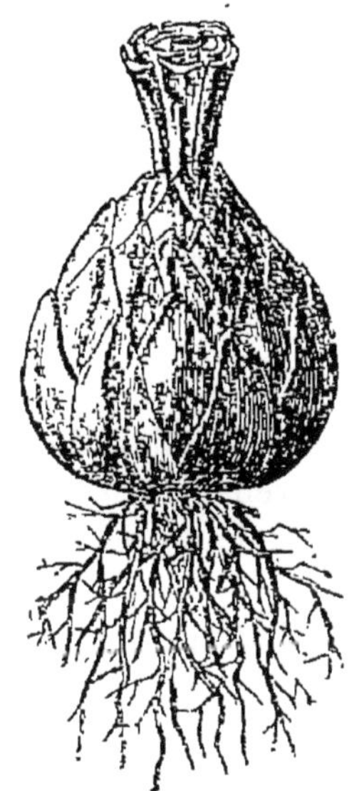

Fig. 31. — Bulbe écailleux (Lis).

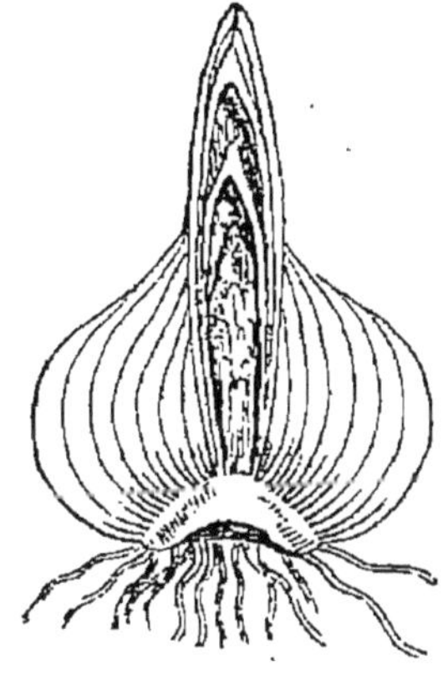

Fig. 32. — Bulbe tuniqué (Oignon).

Bulbes tuniqués (fig. 32). — Le bourgeon est complètement entouré, dans ces bulbes, par des enveloppes concentriques d'une seule pièce, emboîtées les unes dans les autres. C'est le bourgeon lui-même qui, en s'allongeant, donne naissance à l'axe qui porte les fleurs (*hampe*). Le *Poireau*, l'*Oignon*, sont des exemples de bulbes tuniqués. L'oignon sert du reste de type aux végétaux à bulbes, que l'on désigne vulgairement sous le nom de *plantes à oignon*.

Bulbe solide (fig. 33). — Le bulbe solide est formé d'un pla-

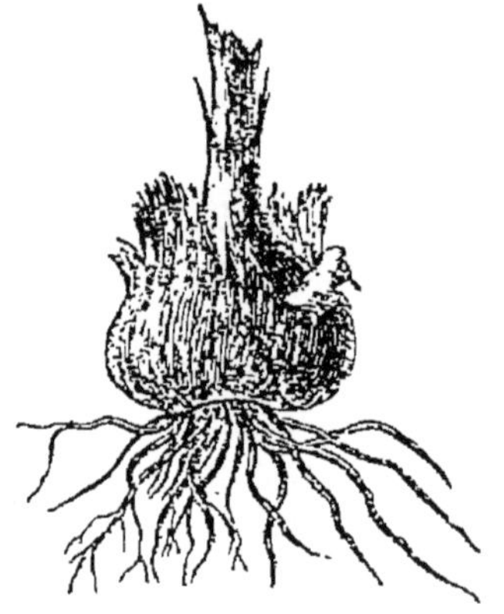

Fig. 33.
Bulbe solide (Safran).

Fig. 34.
Lis bulbifère portant des bulbilles *b*.

teau très développé, constituant à lui seul presque tout le bulbe et recouvert par un petit nombre d'enveloppes minces et membraneuses. Ex. : le *Safran*, le *Colchique*, le *Glaïeul*.

On appelle *bulbilles* ou *gemmes* des bourgeons charnus et bulbiformes qui naissent sur différentes parties de certaines plantes. La Ficaire, le Lis bulbifère (fig. 34) portent des bulbilles à l'aisselle des feuilles.

47. Caïeux. — On appelle *caïeux* des bourgeons ou bulbes secondaires qui croissent à l'aisselle des écailles de certains bulbes, et qui peuvent se développer séparément après avoir été détachés de la plante-mère; tels sont les caïeux qui constituent les gousses d'*ail*.

48. Tubercules. — Les tubercules (fig. 35) sont des renflements considérables des parties extrêmes de certaines tiges souterraines, qui prennent une consistance charnue et se chargent de matières féculentes. Les plus connus et aussi les plus utiles sont ceux de la *Pomme de terre*.

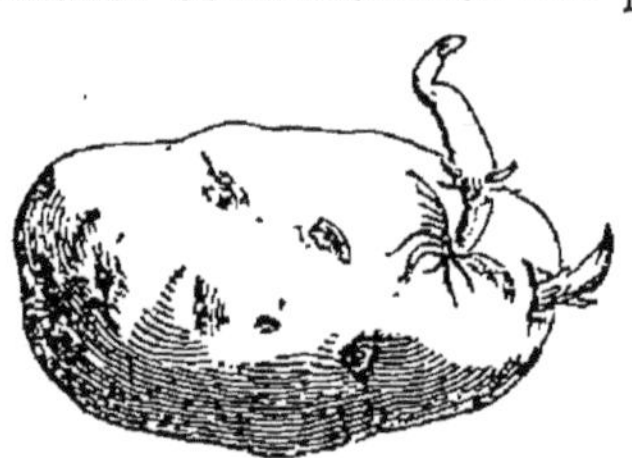

Fig. 35. — Tubercule
(Pomme de terre).

Ces tubercules sont de véritables tiges et non des racines. On peut s'en convaincre en remarquant qu'ils portent toujours des bourgeons (vulgairement appelés *yeux*), qui se développent quand les conditions extérieures sont favorables. Il ne faut donc pas les confondre avec les renflements analogues que l'on observe dans les racines tubéreuses, comme celle du Dahlia, par exemple : ces renflements ne portent jamais ni écailles ni bourgeons.

CHAPITRE V

FONCTIONS ET USAGE DES TIGES

49. Fonctions de la tige. — La principale fonction de la tige est de *conduire* les liquides nutritifs des racines vers les feuilles et de les *distribuer* à tous les organes. La tige sert encore à *supporter* les organes de respiration (*feuilles*) et de reproduction (*fleurs* et *fruits*). Dans certains cas, elle peut accumuler des matières nutritives dans ses tissus, et devenir ainsi un organe de *réserve*.

50. Rôle conducteur de la tige. — Les liquides séveux suivent dans la tige un double courant : l'un qui va des racines vers les feuilles : c'est la *sève ascendante;* l'autre, qui se fait d'une façon bien moins régulière : c'est la *sève descendante.*

La sève ascendante monte dans la tige par les faisceaux ligneux les plus jeunes, c'est-à-dire par les couches externes du bois. On le constate facilement en plongeant dans un liquide très coloré l'extrémité inférieure d'un tronçon de tige ou de branche récemment coupée; on voit bientôt apparaître le liquide à la partie supérieure, mais dans la région ligneuse seulement.

C'est la sève ascendante qui s'échappe des sections que l'on fait à la Vigne quand on la taille (*pleurs de la Vigne*).

La sève descendante circule dans les vaisseaux libériens, mais le courant est loin d'être aussi régulier que celui de la sève ascendante. Ce que l'on sait, c'est que ce courant a toujours lieu des feuilles, où la sève ascendante est élaborée et transformée d'une façon spéciale, vers les organes où elle doit être utilisée, c'est-à-dire vers la tige, les racines, les fleurs, etc.

51. Rôle de soutien de la tige. — La tige, ayant parfois un poids considérable à supporter, présente le plus souvent, dans le cylindr central, un tissu particulier formé de cellules dont les parois se sont considérablement épaissies (*sclérenchyme*). Ce tissu manque complètement dans les tiges souterraines et aquatiques, qui n'ont rien à soutenir, et se trouve très réduit dans les tiges rampantes et volubiles.

52. La tige, organe de réserve. — Certaines tiges souterraines accumulent dans leur tissu une quantité considérable de matières nutritives. Les *bulbes*, les *tubercules* (nᵒˢ 46-48) sont dans ce cas.

La partie alimentaire de la *Pomme de terre* est l'extrémité d'une tige souterraine qui s'est chargée de fécule. Les tiges des *Choux-raves* offrent aussi des renflements importants remplis de réserves nutritives.

53. Usages des tiges. — La *Pomme de terre* ou *Parmentière*, du nom de son vulgarisateur, est un aliment sain et agréable. La facilité avec laquelle on la cultive, son aptitude à se développer dans tous les terrains, les mille manières de la préparer pour la table, en font une précieuse ressource pour l'alimentation. Elle fournit abondamment de la *fécule*, et peut servir à la fabrication d'un alcool (*alcool de pommes de terre*).

Les bulbes de l'*Ail*, de l'*Oignon*, du *Poireau*, de l'*Échalotte*, sont des condiments qui servent à relever le goût des aliments.

L'écorce de la *Cannelle* est utilisée comme substance aromatique; celle du *Quinquina*, comme fébrifuge et fortifiante.

Le *liège*, qui sert à fabriquer des bouchons, est l'enveloppe subéreuse, considérablement développée, du *Chêne-Liège*.

Le *tan*, employé dans la préparation des cuirs, n'est autre chose que l'écorce du *Chêne rouvre* réduite en poudre.

Les jeunes tiges de certains *Saules* sont utilisées dans la vannerie.

Le *foin*, employé pour la nourriture des bestiaux, est fourni par la tige de certaines plantes appelées *plantes fourragères*. La *paille*, qui est la tige des Graminées alimentaires (*Blé, Orge*), sert de litière.

Les fibres textiles du *Chanvre*, du *Lin*, du *Ramié*, servent à la fabrication des toiles, des étoffes.

La *Canne à sucre* fournit du sucre. Le jus qu'on en extrait, soumis à la fermentation, sert à la fabrication du *rhum*.

Le *bois de Santal* est travaillé pour la fabrication d'objets d'art.

Le *Santal rouge* fournit une belle matière colorante, la *Santaline*.

Le *bois de Brésil*, le *bois d'Inde* ou *de Campêche*, sont des bois rouges très employés pour la teinture. Le *Quercitron* et le *Fustet* donnent des couleurs jaunes. Les meilleurs bois de *construction* sont les bois de *Chêne*, de *Hêtre*, de *Châtaignier*.

Les bois de *Sapin*, de *Pin*, de *Cèdre*, sont avantageusement employés pour les constructions maritimes; la *résine* dont ils sont imprégnés garantit les pièces submergées de l'action destructive des eaux. Le *Chêne*, le *Noyer*, l'*Orme*, le *Buis*, l'*Acajou*, le *Palissandre*, sont recherchés en ébénisterie.

Le *charbon de bois* est le produit de la calcination, à l'abri du contact de l'air, des branches et des tiges des arbres. Le charbon de *Fusain* est utilisé pour le dessin.

Les cendres de bois soumises à des lavages méthodiques donnent, par évaporation des eaux de lavage, du carbonate de potasse impur, connu sous le nom de *potasse du commerce*.

CHAPITRE VI

LES BOURGEONS

I. Structure et développement des bourgeons.

54. Nature des bourgeons. — Les bourgeons sont des organes formés de feuilles très petites, ramassées sur un axe extrêmement court, et qui, par leur développement, produisent des *branches* ou des *fleurs*.

Au point de vue physiologique, on peut les considérer comme des sortes de graines qui se développent sur la tige où ils sont fixés au lieu de germer dans le sol.

55. Organisation des bourgeons. — Une section longitudinale faite dans un bourgeon montre que sa partie centrale est formée par un axe court, dont l'intérieur est en communication directe avec le canal médullaire de la branche sur laquelle il est fixé (fig. 36). Les faisceaux libéro-ligneux qui le constituent sont la continuation de ceux qu'on observe dans la tige.

Cet axe, rudiment de la future branche, est entouré de petites feuilles extrêmement serrées et disposées suivant une symétrie particulière propre à chaque espèce. On donne le nom de *préfoliation* à cet arrangement des feuilles dans le bourgeon.

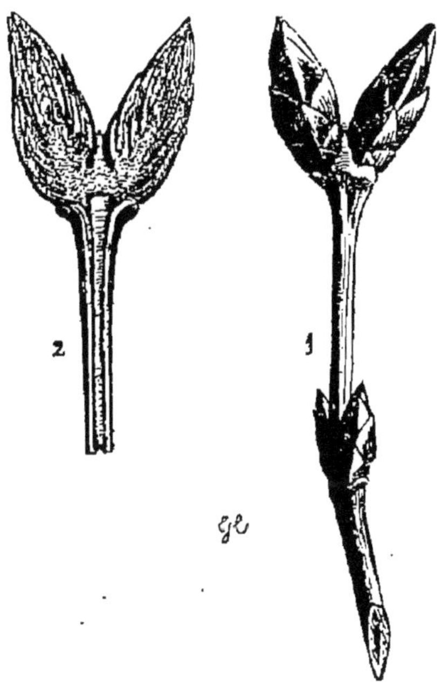

Fig. 36. — Rameau de Lilas
avec ses bourgeons.

1, bourgeons entiers ; 2, bourgeons coupés,
dans le sens de la longueur.

On peut subdiviser les bourgeons en plusieurs catégories, d'après leur situation sur le végétal : *bourgeons terminaux, bourgeons axillaires;* d'après leur vestiture : *bourgeons nus, bourgeons écailleux;* suivant la nature des organes qu'ils donneront par leur développement : *bourgeons à bois* ou *foliifères, bourgeons à fleurs* ou *florifères.*

56. Bourgeons terminaux et axillaires. — Les *bourgeons terminaux* occupent les extrémités des tiges et des rameaux; par leur développement ils continuent la branche qu'ils terminent.

Les *bourgeons axillaires* sont distribués autour de la tige et situés à l'aisselle des feuilles. En se développant, ils ramifient la branche qui les porte et donnent naissance aux branches secondaires.

57. Bourgeons nus et bourgeons écailleux. — Les *bourgeons nus* sont recouverts extérieurement par de jeunes feuilles rudimentaires, destinées à former les véritables feuilles. La plupart des plantes herbacées ont des bourgeons nus.

Les *bourgeons écailleux* sont protégés par une enveloppe formée d'écailles imbriquées les unes sur les autres et agglutinées par un enduit résineux qui les maintient fortement unies. Cet enduit particulier est insoluble dans l'eau, et par conséquent inattaquable par la pluie; mais, sous l'influence de la chaleur du printemps, il fond et permet aux feuilles centrales d'écarter facilement les écailles protectrices pour se développer au dehors.

Les feuilles rudimentaires abritées par les écailles sont en outre souvent protégées contre le froid par un duvet abondant, qui remplit les interstices que ces organes laissent entre eux.

Les bourgeons de Marronnier peuvent servir de types de bourgeons écailleux.

58. Bourgeons à bois ou foliifères et bourgeons à fleurs ou florifères. — Le développement des *bourgeons à bois* donne naissance à une branche qui porte des feuilles et non des fleurs, tandis que celui des *bourgeons à fleurs* donne un rameau qui porte des feuilles, des fleurs, et souvent des fruits.

Les jardiniers désignent sous le nom de *branches gourmandes* les branches qui proviennent des bourgeons à bois, et donnent celui de *bourses* aux bourgeons à fleurs des arbres fruitiers, lorsqu'ils sont groupés plusieurs ensemble.

59. Causes d'avortement des bourgeons. — Comme il existe au moins un bourgeon à l'aisselle de chaque feuille, il devrait se développer chaque année au moins autant de branches que le végétal porte de feuilles. On conçoit qu'une multiplication en progression aussi rapide formerait, au bout de quelque temps, un lacis inextricable de branches qui s'étoufferaient les unes les autres. Mais la plupart des bourgeons ne se développent pas.

La principale cause de l'avortement des bourgeons est la tendance qu'ont les sucs nutritifs qui circulent dans la branche à se porter toujours vers l'extrémité des rameaux. Il s'ensuit que les bourgeons terminaux, ou qui sont voisins des extrémités des branches, se développent plutôt que les bourgeons axillaires.

Il est facile de constater cette tendance des sucs à se porter vers les extrémités en considérant une branche de Marronnier couverte de bourgeons. Ceux de l'extrémité sont gros, pleins de vie, tandis que les autres sont chétifs, rabougris, et présentent bien peu de chances de survivre à l'hiver qu'ils ont à passer.

60. Nature des branches. — Les *branches* sont des bourgeons complètement développés; elles portent toujours d'autres organes : *bourgeons, feuilles, fleurs,* etc., et ont absolument la même structure que la tige, dont elles ne sont que des ramifications.

Le point d'insertion d'une branche conserve toujours sa position par rapport à la couche génératrice qui a donné naissance au bourgeon primitif; mais le développement des couches ligneuses de formation plus récente l'ensevelit de plus en plus, de sorte qu'il finit par former dans la tige une partie dure qui constitue les *nœuds* du bois.

61. Direction des branches. — La direction des branches varie suivant l'espèce; elles sont tantôt *verticales,* comme dans le Peuplier d'Italie, tantôt *horizontales,* comme dans le Cèdre, ou *retombantes,* comme dans le Saule pleureur.

Sur un même arbre, la direction des branches varie souvent avec la hauteur à laquelle on les considère : les branches de la région supérieure sont verticales; celles de la région inférieure s'écartent peu de la direction horizontale, et celles de la partie moyenne occupent des positions intermédiaires.

Cette disposition particulière est une conséquence de la tendance qu'ont les tiges aériennes à se diriger constamment vers le ciel et la lumière. Tel Platane, qui arrondit sa tête quand il est isolé, allonge verticalement ses branches dégarnies de feuilles lorsqu'il est entouré d'autres arbres qui lui dérobent l'air et la lumière.

Les branches inférieures, plus volumineuses puisqu'elles sont plus vieilles, sont aussi plus longues non seulement pour la même raison, mais aussi parce qu'elles cherchent à dépasser leurs voisines pour s'étaler au grand jour; elles sont inclinées par leur poids considérable, qui les abaisse vers la terre, tandis que les branches supérieures sont verticales parce qu'elles obéissent sans obstacle au mouvement de croissance qui les pousse vers le ciel.

62. Moyen d'avoir deux générations de branches dans la même année. — Quand les jeunes feuilles des arbres sont détruites par les chenilles, on remarque que les bourgeons qui ne devaient se développer qu'au printemps suivant s'allongent en branches immédiatement. Qu'une chèvre broute les jeunes pousses d'un arbuste, il en sera de même.

Il suffit donc, pour obtenir deux générations de branches dans une même année, d'effeuiller l'arbre au printemps. Ce procédé n'est pas sans inconvénient pour l'existence de la plante, et par conséquent ne doit être employé qu'avec précaution.

C'est par application de ce principe que l'on fauche les gazons pour les rendre plus serrés.

63. Bourgeons adventifs. — On appelle *bourgeons adventifs* des bourgeons qui naissent quelquefois en des points du végétal autres qu'à l'aisselle des feuilles. Ces bourgeons peuvent se développer sur les tiges, les feuilles, sans raison apparente ou par suite de plaies faites à ces organes.

On appelle *drageons* les bourgeons adventifs qui se développent sur les racines traçantes des Acacias, des Peupliers, des Ormes, etc.

II. Opérations de culture relatives aux bourgeons.

64. Recépage. — Le *recépage* est une opération de culture relative à la propriété qu'ont les végétaux de pouvoir émettre des bourgeons adventifs. Il consiste à couper un arbre au ras du sol; le pourtour de la section se couvre de bourgeons adventifs, parmi lesquels un certain nombre se développent en branches, de sorte que le pied, qui ne portait qu'une seule tige, devient une *souche* de laquelle partent un certain nombre de troncs de même âge, et par conséquent de même force.

Quand les plantations d'arbres n'ont pas subi l'opération du recépage, elles donnent des bois de *haute futaie*, employés dans la charpente et la construction; au contraire, quand, par un recépage pratiqué tous les cinq ou six ans, on multiplie les branches issues de la souche, on obtient des bois de *taillis*, qui servent à faire des clôtures, des fagots, des échalas, etc.

Les jeunes branches de Saule utilisées dans la vannerie (*osiers*) ont besoin d'avoir toutes la même grosseur et d'être flexibles, par conséquent assez grêles; pour arriver à ce résultat, on recèpe ces arbres à une certaine hauteur au-dessus du sol; des bourgeons adventifs se développent alors et donnent des scions que l'on coupe chaque année, et qui par conséquent repoussent de plus en plus nombreux. Cette opération donne aux Saules une forme disgracieuse, terminée par une tête renflée, couronnée de nombreux rejetons.

65. Taille. — La *taille* consiste à couper un certain nombre de jeunes branches très près de leur point d'insertion, de manière qu'il ne subsiste sur la partie restante que deux ou trois bourgeons, lesquels profiteront naturellement de la sève qui aurait été employée par la partie enlevée. C'est par la taille que l'on favorise le développement productif des arbres fruitiers.

66. Ébourgeonnement. — L'*ébourgeonnement* se pratique au printemps; il consiste à détacher simplement un certain nombre de bourgeons dont l'épanouissement commence. Quand cette opération se pratique à l'automne, alors que les bourgeons sont encore à l'état d'yeux, on lui donne le nom d'*éborgnage*.

Il va sans dire que les feuilles étant des organes essentiels à la vie du végétal, il serait très imprudent de supprimer tous les bourgeons à bois sous le mauvais prétexte de favoriser ainsi le développement des bourgeons à fruits.

67. Pincement. — Quand on veut ralentir et non supprimer l'arrivée de la sève à l'extrémité d'un rameau, on se contente souvent de pincer et de tordre un peu la branche en question. On produit ainsi une désorganisation partielle des tissus qui gêne la circulation des sucs nutritifs dans la région maltraitée.

Remarque. — La taille, l'ébourgeonnement et l'éborgnage sont des opérations qui ont pour but de diminuer le nombre des bourgeons sur un végétal, de manière à répartir les matières nutritives entre un moins grand nombre de bourgeons privilégiés, dont le développement peut être ainsi favorisé par les soins intelligents et intéressés de l'horticulteur.

III. La greffe.

68. Théorie de la greffe. — C'est un fait d'observation et d'expérience que les bourgeons ont le pouvoir de modifier les liquides nourriciers qui leur arrivent par les tiges, et de les transformer de manière à les rendre propres à leur nutrition particulière; par conséquent, si on peut leur procurer, soit naturellement, soit artificiellement, les sucs nourriciers dont ils ont besoin, il sera possible, sans qu'il en résulte aucun inconvénient, de les séparer de la plante qui les a produits. Ils se développeront alors isolément, tout en conservant les caractères de l'espèce ou de la variété à laquelle ils appartiennent par leur origine.

Tel est le principe sur lequel repose l'opération de la greffe. Elle consiste donc essentiellement à transporter un bourgeon, ou un rameau portant des bourgeons, d'un végétal sur un autre végétal. La partie détachée porte le nom de *greffon*, et la plante sur laquelle on la fixe celui de *sujet*.

On appelle *sauvageons* les plantes qui n'ont pas été greffées. Les pieds obtenus par semis, par boutures ou par marcottes, sont dits *francs de pied*.

69. Conditions dans lesquelles doit se pratiquer la greffe. — On ne peut greffer l'une sur l'autre que des plantes de même espèce ou d'espèces très voisines. Ainsi, toutes les variétés de *Pommiers* peuvent se greffer les unes sur les autres; il en est de même des *Abricotiers*, des *Pruniers*, des *Poiriers*, etc. On poura greffer des variétés de *Pommiers* sur des *Aubépines*, mais non un *Poirier* sur un *Pommier*, un *Rosier* sur un *Lilas*, etc.

Il faut avoir soin également que les vaisseaux tronqués et le cambium du sujet soient en contact intime avec les parties correspondantes de la greffe, c'est-à-dire se fassent suite les uns aux autres. On maintient les parties en contact par des ligatures, et en les enduisant de mastic à greffer, qui les garantit de l'influence de la pluie et de l'air atmosphérique.

Enfin, pour assurer la réussite de la greffe, on choisira des espèces dans lesquelles les mouvements de la sève se font à peu près à la même époque.

70. Différentes sortes de greffe. — Les principales sortes de greffe sont la *greffe par bourgeons*, la *greffe par rameau* ou par *scion*, et la *greffe par approche*.

71. Greffe par bourgeons. — On distingue deux sortes de greffe par bourgeons : la greffe en *écusson* et la greffe en *flûte*.

La *greffe en écusson* consiste à détacher, en forme d'écusson, un lambeau d'écorce portant un ou plusieurs bourgeons. On fait dans l'écorce du sujet une incision en forme de T, on en relève les bords, et on glisse l'écusson de manière à le mettre en contact avec l'aubier du sujet; on rapproche ensuite les bords de la plaie, et on les maintient en place par des ligatures (fig. 37). Ce mode de greffe s'emploie au printemps (greffe à *œil poussant*) ou à l'automne (greffe à *œil dormant*).

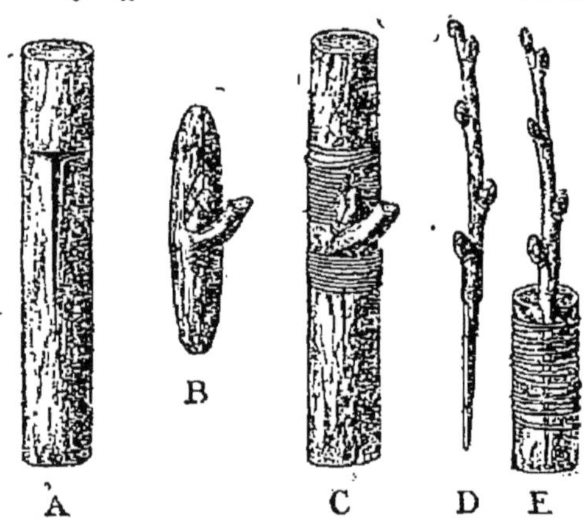

Fig. 37. — Greffe.

A, B, C, greffe par bourgeon (en écusson);
D, E, greffe par rameau (greffe en fente).

Dans la *greffe en flûte*, on enlève au sujet un anneau d'écorce que l'on remplace par un anneau de même dimension portant des bourgeons et détaché de la plante que l'on veut greffer.

72. Greffe par rameau ou par scion. — La *greffe par rameau* se fait en transportant sur le sujet un rameau jeune et vigoureux; on la pratique au printemps. Suivant la manière de placer les rameaux sur le sujet, on donne à ce mode de greffage le nom de *greffe en fente* (fig. 37) ou celui de *greffe en couronne*.

73. Greffe par approche. — Dans la *greffe par approche*, on met en contact deux rameaux flexibles appartenant à des pieds voisins l'un de l'autre, après les avoir entaillés plus ou moins profondément, de façon que les deux entailles se correspondent exactement. Au bout d'un certain temps, parfois assez long, la soudure est faite, et l'on peut séparer l'un des deux rameaux de la plante à laquelle il appartient. La nature offre assez souvent des exemples de soudure analogue.

74. Utilité de la greffe. — La greffe des arbres fruitiers a pour avantage d'*améliorer* la qualité des fruits, d'*avancer* l'époque de leur *maturité*. C'est un moyen de *conserver les variétés*, les monstruosités; en effet, en vertu de la grande loi du retour à l'espèce, une bonne variété que l'on voudrait perpétuer par des semis donnerait des fruits de moins en moins bons, et finirait par retourner complètement à l'état sauvage.

CHAPITRE VII

LA FEUILLE

75. Définition de la feuille. — La *feuille* est un organe toujours formé par l'épanouissement des tissus de la tige, en expansions très souvent aplaties, presque toujours vertes, et, dans tous les cas, destinées à exhaler des gaz et des vapeurs et à en absorber.

La feuille est l'une des parties les plus importantes de la plante, non par le rôle considérable qu'elle joue dans le décor de nos paysages, mais à cause des fonctions importantes qu'elle remplit dans la vie végétale et de la facilité avec laquelle elle se transforme en une foule d'autres organes.

Les feuilles sont d'abord renfermées dans le bourgeon à l'état rudimentaire; il n'y a donc que les rameaux développés dans l'année qui portent des feuilles.

I. Structure des feuilles.

76. Parties constitutives de la feuille. — Les parties constitutives d'une feuille sont le *limbe*, portion élargie et aplatie de la feuille, et le *pétiole*, appelé vulgairement la *queue*, qui rattache la feuille au rameau.

77. Limbe. — Le *limbe* (fig. 38), dont les découpures sont extrêmement variées, est la partie la plus importante de la feuille. Il est sillonné par les *nervures*, qui sont les ramifica-

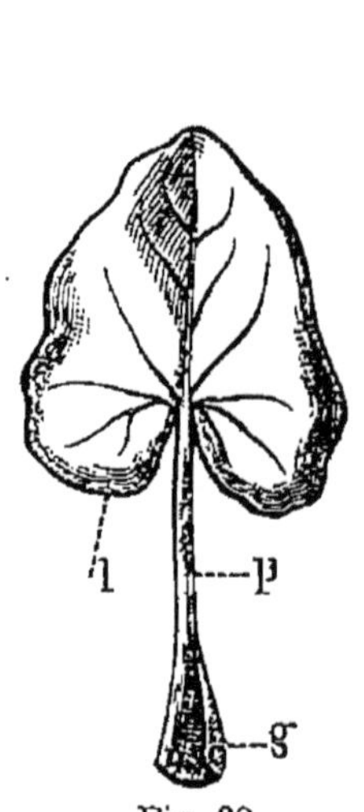

Fig. 38.

Feuille de la Ficaire.

l, limbe; *p*, pétiole; *g*, gaine.

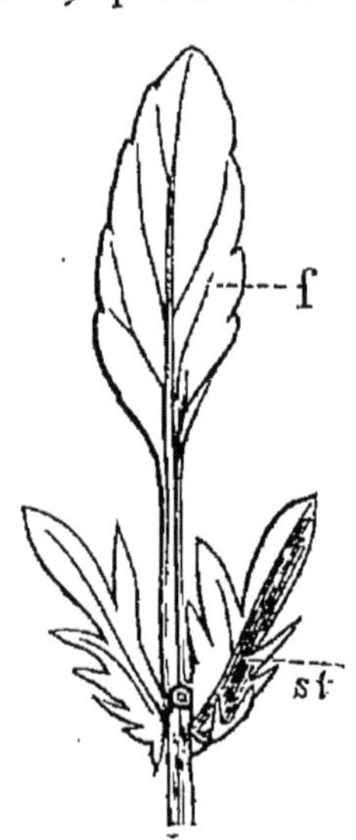

Fig. 39.

Feuille de la Pensée sauvage.

f, limbe; *st*, stipule.

tions du pétiole. Les intervalles des nervures sont remplis par le *parenchyme*, tissu cellulaire d'une structure et d'une organisation spéciales, renfermant les organes actifs des fonctions que la feuille doit remplir.

Pétiole. — Le *pétiole*, plus ou moins long par rapport à la feuille, est tantôt épais, rigide, comme dans le *Marronnier*; tantôt grêle, allongé et flexible, comme dans le *Tremble*, le *Boulcau.*

Il présente souvent à sa base une partie élargie, la *gaine* (fig. 38), qui embrasse la tige au point d'insertion (Blé). Quand la gaine manque, elle est ordinairement remplacée par deux petits appendices foliacés, situés de chaque côté de la base du pétiole, et auxquels on donne le nom de *stipules* (fig. 39); les stipules accompagnent cependant quelquefois la gaine, comme dans l'Aubépine, le Rosier, le Houblon, le Pois.

Les feuilles qui manquent de pétiole, et dont le limbe est par conséquent directement fixé sur la tige, sont dites *sessiles* (Giroflée).

78. Structure du limbe. — Une première couche de cellules, constituant l'*épiderme*, forme la partie superficielle des deux faces de la feuille. L'intervalle que laissent entre elles ces deux lames extrêmement minces est rempli par un tissu formé de cellules peu consistantes, et dans lequel sont noyées les nervures.

Les cellules épidermiques sont plates, rectangulaires, généralement incolores, serrées étroitement les unes contre les autres, et donnent souvent à la feuille, au moins dans sa face supérieure, un aspect brillant, vernissé (Magnolia, Houx, Lierre).

Les cellules épidermiques donnent souvent naissance à des *poils*, petits filaments de forme et de structure très variées. Quelquefois il existe à la base des poils une sorte de réservoir dans lequel s'accumule un liquide particulier; tels sont, par exemple, les poils de l'*Ortie,* qui portent à leur partie inférieure une ampoule remplie d'un liquide excessivement âcre;

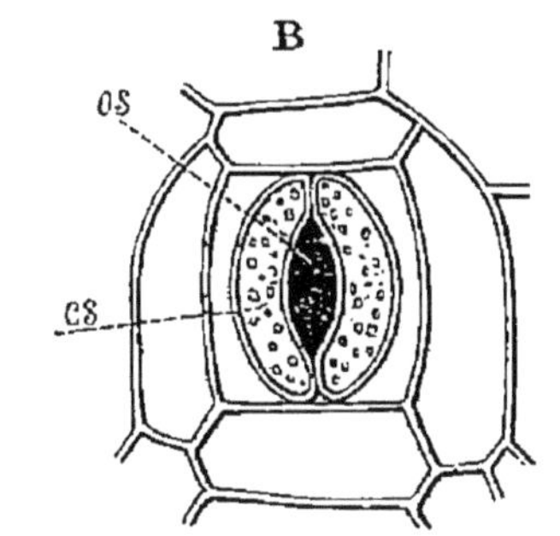

Fig. 40. — A, lambeau d'épiderme d'Iris, portant quatre stomates très grossis. — B, un stomate isolé; *cs*, cellule stomatique remplie de chlorophylle; *os*, ostiole.

(A, MANGIN. B, Gaston BONNIER.)

quand le poil s'introduit dans la peau, il se brise, et le liquide, se répandant dans les tissus, y occasionne une vive inflammation locale.

79. Stomates. — Au microscope, l'épiderme laisse apercevoir d'importants organes qui sont les *stomates* (fig. 40). Un stomate est formé par deux cellules épidermiques (*cellules stomatiques*) en forme de haricots accolés l'un contre l'autre, les concavités en regard, et laissant par conséquent entre elles une fente elliptique appelée *ostiole.* Au-dessous de l'ostiole, c'est-à-dire dans le parenchyme, se trouve une petite cavité désignée sous le nom de *chambre sous-stomatique,* en communication avec les nombreuses lacunes que présente le tissu de la feuille (fig. 40).

Les stomates ne sont pas toujours ouverts. Ainsi, quand l'eau n'arrive plus dans la feuille, les bords se rapprochent, et l'ostiole se ferme ; elle s'ouvre ensuite quand l'eau arrive de nouveau. La lumière possède également la propriété de dilater l'ouverture stomatique.

La face supérieure de la feuille présente ordinairement un moins grand nombre de stomates que la face inférieure. Ordinairement on en compte 100 à 300 par millimètre carré; ce nombre peut aller jusqu'à 700 et 800.

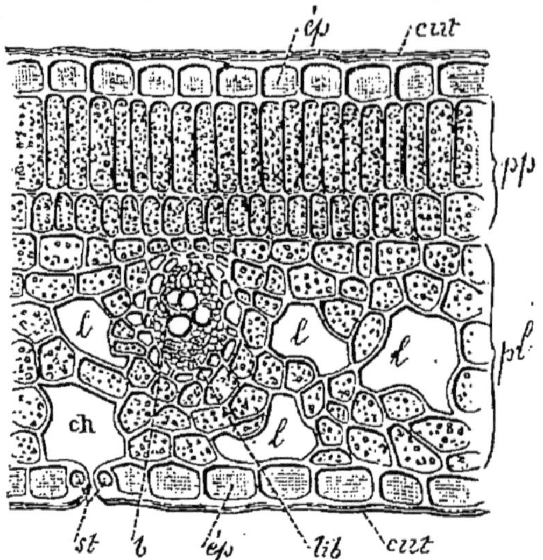

Fig. 41. — Coupe transversale du limbe d'une feuille. *cut*, cuticule; *ép* (en haut), épiderme de la face supérieure; *pp*, parenchyme en palissade; *pl*, parenchyme lacuneux; *l*, lacunes; *ép*, épiderme de la face inférieure; *st*, stomate; *ch*, chambre sous-stomatique; *lib*, liber d'un faisceau libéro-ligneux; *b*, bois.
(Gaston BONNIER.)

80. Parenchyme. — La région du *parenchyme*, voisine de l'épiderme, est constituée par des cellules allongées dans une direction perpendiculaire à la surface épidermique (fig. 41), et serrées les unes contre les autres de façon à simuler de petits bâtonnets très rapprochés les uns des autres (*parenchyme en palissade*); la couche inférieure est formée de cellules lâches présentant de nombreux méats intercellulaires (*parenchyme lacuneux*), communiquant entre eux d'une part, et d'autre part avec l'atmosphère par l'intermédiaire des stomates.

Toutes ces cellules renferment de la *chlorophylle*, dont nous verrons le rôle plus loin (n° 104). Les cellules de la couche supérieure étant plus riches en chlorophylle, la face supérieure de la feuille est ordinairement plus verte que la face inférieure.

II. Nervation et configuration du limbe.

81. Disposition des nervures dans les feuilles des trois embranchements. — Les feuilles des végétaux *dicotylédones* ont en général une texture très compliquée. La nervure médiane porte des nervures secondaires, tertiaires, etc., qui forment une charpente solide, capable de défier la fureur du vent et d'assurer l'intégrité du limbe.

Les nervures des plantes *monocotylédones* sont presque toutes alignées parallèlement et ne portent point de ramifications. Dans quelques espèces (*Bananier*, fig. 41), la nervure médiane présente des ramifications secondaires qui se disposent parallèlement les unes aux autres, de chaque côté, comme les barbes d'une plume. Cette dernière disposition des nervures rend les feuilles fragiles et faciles à déchirer.

La nervation des plantes *acotylédones* est très variée. Dans les *Fougères*, la structure des ramifications est bien plus compliquée que dans beaucoup de végétaux dicotylédones; mais dans les derniers représentants de ce groupe, les *Sphaignes*, par exemple, les nervures finissent par disparaître complètement. Les *Lichens*, les *Champignons*, n'ont aucun vestige d'organes foliacés.

82. Principales formes de nervation. — Relativement à la

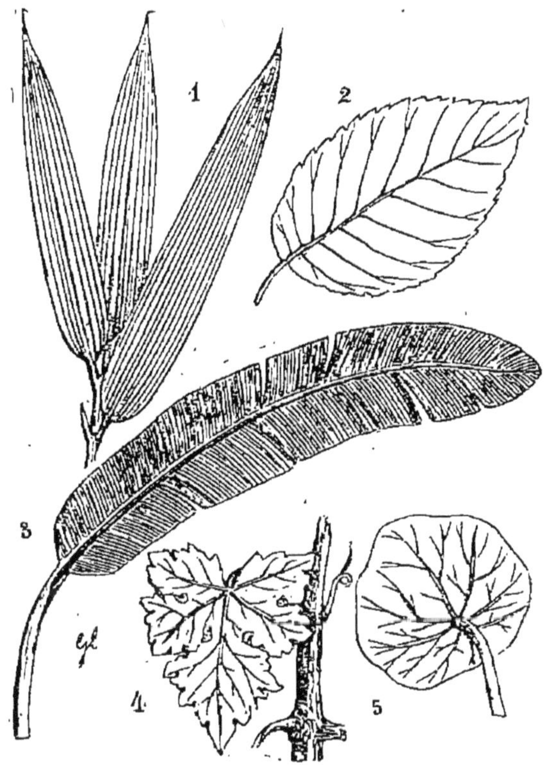

Fig. 42. — Variétés principales de la nervation.

1, feuilles rectinervées; 2, 3, feuille pennée; 4, feuille palmée;
5, feuille peltée.

ramification des nervures dans le limbe, les feuilles peuvent être *palmées*, *pennées*, *peltées*, *rectinervées*, *aciculaires*, etc. (fig. 42).

83. Configuration du limbe. — Il arrive souvent, lors du développement de la feuille, que la croissance du limbe n'est pas uniforme dans toute son étendue; elle est plus lente dans les intervalles des nervures secondaires, et par suite le contour, au lieu d'être continu, présente des échancrures plus ou moins profondes.

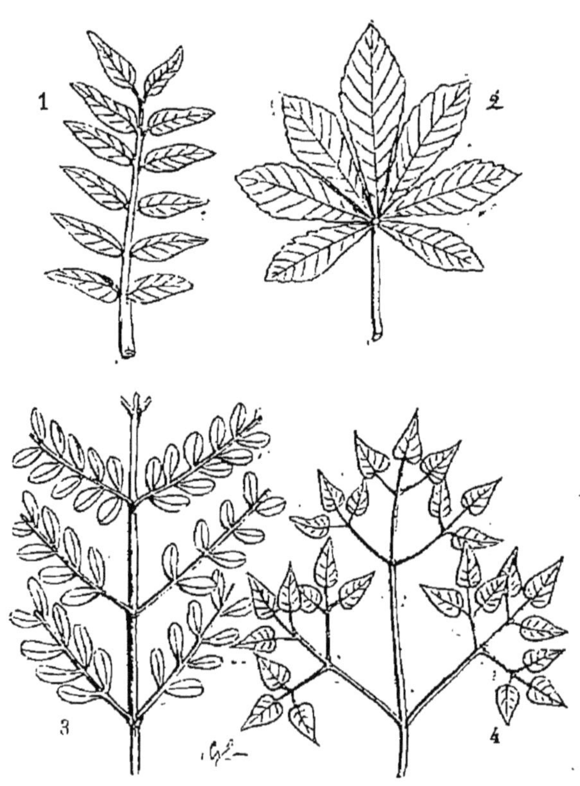

Fig. 43. — Différentes sortes de feuilles.

1, feuille composée pennée; 2, feuille digitée; 3, feuille bipennée;
4, feuille triternée (surdécomposée).

Lorsque les échancrures vont jusqu'au pétiole (Marronnier) ou jusqu'à la nervure médiane (Acacia), on dit que la feuille est *composée;* elle est alors, dans ce cas, formée de petites feuilles secondaires appelées *folioles,* qui sont fixées au pétiole ou à la nervure médiane par de petits pétioles particuliers ou *pétiolules.* Toutes les feuilles dans lesquelles les échancrures n'atteignent ni le pétiole ni la nervure médiane sont dites *simples.*

Quand les échancrures ne sont pas aussi accentuées, mais sont cependant assez profondes, on dit que la feuille est *lobée* (Vigne). La feuille est *entière* lorsque le contour du limbe ne présente ni dentelures ni échancrures (Lilas).

84. Feuilles composées. — Les *feuilles composées* peuvent affecter deux formes particulières : elles peuvent être *pennées* ou *digitées* (fig. 43).

Feuilles pennées. — Les feuilles pennées sont celles dans lesquelles les folioles sont fixées de chaque côté de la nervure médiane. Elles sont *simplement pennées* lorsque les pétioles

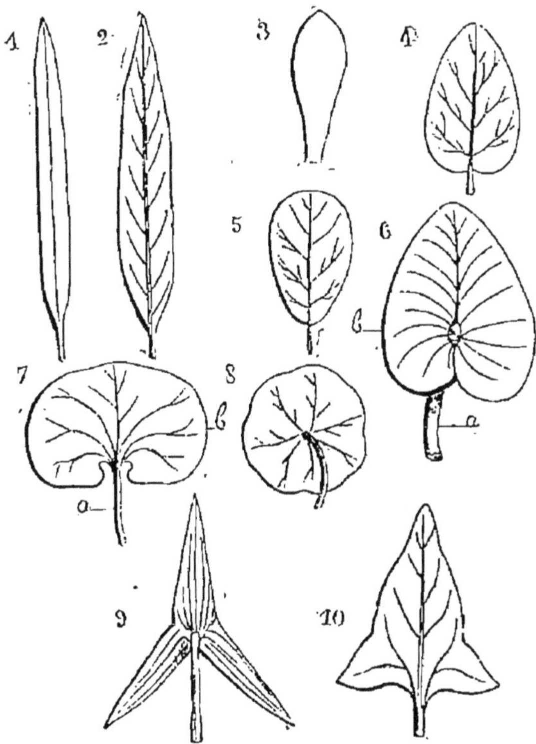

Fig. 44. — Différentes formes de feuilles simples.

, feuille subulée; 2, feuille lancéolée; 3, feuille spatulée; 4, feuille ovale; 5, feuille obovale; 6, feuille cordiforme : *a* pétiole, *b* limbe; 7, feuille réniforme: *a* pétiole, *b* limbe; 8, feuille peltée; 9, feuille sagittée; 10, feuille hastée.

secondaires ne portent qu'une seule foliole (Acacia, Vernis du Japon); dans quelques espèces, les pétioles secondaires portant plusieurs folioles, les feuilles sont dites bipennées (Sensitive), surdécomposées (Epimedium), etc., suivant le nombre de ces folioles.

Feuilles digitées. — Les feuilles digitées ont leurs folioles fixées au sommet du pétiole commun, de sorte qu'elles divergent autour de ce point (Marronnier). Le Trèfle a des feuilles digitées comprenant trois folioles; ses feuilles sont trifoliolées.

85. Formes générales de la feuille simple. — La feuille simple est un organe extrêmement varié dans sa forme; aussi est-il impossible de définir ses multiples aspects. Ces définitions seraient d'ailleurs inutiles à cause du grand nombre de types qu'il faudrait dénommer.

Quelques formes générales ont cependant reçu un nom spécial, qui rappelle la forme d'objets auxquels elles ressemblent, et qui s'applique aussi bien aux feuilles simples qu'aux feuilles composées (fig. 44).

III. Généralités sur les feuilles.

86. Milieu de végétation. — La plupart des feuilles sont *aériennes;* quelques-unes sont *flottantes,* d'autres sont *submergées.*

Les *feuilles flottantes* (Nénuphar) ont leur face inférieure seule en contact avec l'eau. Les nervures sont très saillantes en dessous, et la

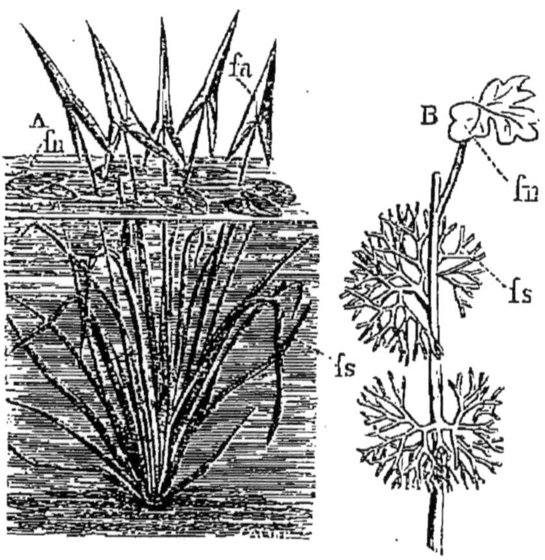

Fig. 45. — A, pied de Sagittaire portant des feuilles aériennes sagittées *fa*, des feuilles nageantes cordiformes *fn*, et des feuilles submergées en forme de lanières *fs*. — B, fragment d'une tige de Renoncule aquatique montrant une feuille nageante à limbe simple *fn*, et deux feuilles submergées *fs*, dont le limbe est réduit aux nervures.   (Fig. A, d'après Gaston BONNIER.)

face supérieure présente seule des stomates. Les feuilles flottantes de certaines espèces se soutiennent sur l'eau grâce à la présence de gaz ou d'air accumulé dans les lacunes que renferme le limbe.

Les *feuilles submergées,* c'est-à-dire complètement plongées dans l'eau, sont uniquement formées de parenchyme très perméable et complètement dépourvues de stomates. Elles se dessèchent et se crispent rapidement quand on les expose à l'air.

Les feuilles des plantes aquatiques qui possèdent à la fois des feuilles aériennes et submergées ont une forme différente, suivant qu'elles se développent dans l'air ou dans l'eau. Ainsi les feuilles aériennes de la *Sagittaire* sont sagittées, tandis que les feuilles submergées ont la forme de longs rubans (fig. 45).

87. Durée des feuilles. — Les feuilles vivent toujours moins longtemps que les rameaux qui les portent, même chez les plantes annuelles. Relativement à leur durée, les feuilles peuvent se subdiviser en feuilles *caduques* et en feuilles *persistantes*.

Les *feuilles caduques* sont des feuilles qui, chez les plantes vivaces, tombent toutes à l'automne (Platane, Marronnier).

Les *feuilles persistantes* peuvent être *marcescentes* ou *accrescentes*.

Les *feuilles marcescentes* sont des feuilles qui meurent à l'automne, se dessèchent, mais restent sur l'arbre jusqu'au développement des bourgeons, et ne tombent par conséquent qu'au printemps (Chêne).

Les *feuilles accrescentes* sont celles qui subsistent pendant plus d'une saison, et qui sont remplacées par d'autres à mesure de leur chute; comme elles ne tombent pas toutes en même temps, l'arbre est toujours couvert de feuilles : on dit qu'il est *toujours vert* (Pin, Houx).

Chute des feuilles. — A peine la feuille est-elle arrivée à son complet développement, que déjà son activité physiologique commence à décroître. Bien avant la chute, celle-ci est déjà rendue possible par une couche de liège qui se forme en travers de la base du pétiole et s'étend peu à peu dans les intervalles des vaisseaux, de manière à intercepter toute communication entre la feuille et la tige; à partir de ce moment la feuille est morte, et le plus petit choc, la moindre brise, suffira pour la détacher.

88. Transformation des feuilles. — Il arrive fréquemment que dans certaines espèces les feuilles se modifient profondément, pour donner naissance à différents organes dont les principaux sont les *écailles*, les *vrilles* et les *épines*.

89. Écailles. — Les *écailles* sont toujours des feuilles modifiées ayant un rôle protecteur à remplir; telles sont, par exemple, les écailles qui recouvrent les bourgeons écailleux (n° 57).

90. Vrilles. — Les *vrilles* sont des filets allongés qui ont une grande tendance à s'enrouler autour des corps solides qu'ils touchent, et servent à soutenir la tige de la plante à laquelle ils appartiennent (fig. 46).

Les vrilles s'allongent en ligne droite tant qu'elles ne touchent aucun corps voisin; mais le contact d'un objet qu'elles peuvent contourner suffit pour déterminer leur enroulement. Comme pour les tiges volubiles (n° 42), cet enroulement se fait toujours dans le même sens pour une même espèce.

91. Épines et aiguillons. — Les *épines* sont des organes rigides et pointus résultant, comme les vrilles, d'organes avortés. C'est tantôt un bourgeon qui s'allonge en pointe acérée

Fig. 46. — Vrilles.

M, fragment d'une tige de Bryone, portant une vrille V. N, vrille adhésive de la Vigne vierge ; *pa*, plaques adhésives.

Fig. 47. — Épines et Aiguillons.

A, épine du Prunellier. — B, fragment d'une tige de Ronce portant des aiguillons.

sans porter de feuilles ; tantôt c'est une feuille qui se réduit à la nervure médiane. Ce qui le prouve, c'est que, par une culture appropriée, on peut transformer ces épines en de véritables branches ; ainsi le Prunellier sauvage, transplanté dans une bonne terre, change ses épines en rameaux couverts de feuilles.

Il ne faut pas confondre les épines avec les *aiguillons*. Les épines font partie du tissu ligneux de la tige, on ne peut les détacher qu'en les brisant ; tandis que les aiguillons n'appartiennent qu'à l'épiderme et s'en séparent très facilement (*Ronce*) (fig. 47).

D'autre part, les épines, étant des organes transformés, occupent sur la tige des positions déterminées et durent autant qu'elle, tandis que les aiguillons, n'étant que des productions épidermiques, paraissent en des points tout à fait indéterminés et ne vivent que pendant un temps limité, après lequel ils se dessèchent à la manière du liège.

IV. Distribution des feuilles sur la tige.

92. Situation des feuilles sur la tige. — On appelle *feuilles radicales* celles qui naissent sur la partie de la tige la plus voisine de la racine; feuilles *caulinaires,* celles qui occupent la région comprise entre la base et le sommet des rameaux; ce sont les plus nombreuses. On donne le nom de feuilles *florales* aux feuilles qui sont situées dans le voisinage des fleurs.

Relativement aux positions respectives que les feuilles peuvent occuper les unes par rapport aux autres, on les subdivise en feuilles *opposées, verticillées* et *alternes* (fig. 48).

93. Feuilles opposées. — Les *feuilles opposées* sont celles dont les points d'insertion sont situés aux extrémités d'un même diamètre. Ces feuilles sont ainsi placées par paires autour de la tige, et sont orien-

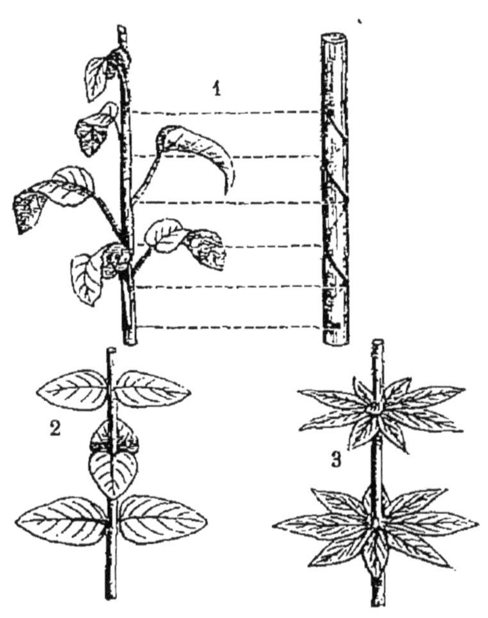

Fig. 48. — Situation des feuilles sur la tige.
1, feuilles alternes;
2, feuilles opposées; 3, feuilles verticillées.

tées de telle sorte, que deux paires consécutives sont en croix l'une sur l'autre (Lilas, Sureau).

94. Feuilles verticillées. — Les *feuilles verticillées* sont groupées autour de la tige de manière que leurs points d'insertion sont situés sur des circonférences dont le plan est perpendiculaire à l'axe de tige. L'ensemble des feuilles situées sur une même circonférence constitue un *verticille.*

Chaque verticille comprend un nombre de feuilles supérieur à deux (*feuilles opposées*); ainsi les feuilles du Laurier-rose sont verticillées par trois, celles du Caille-lait (Croisette) le sont par quatre.

Les feuilles verticillées sont toujours orientées de telle sorte, que toutes celles qui composent un verticille correspondent verticalement aux intervalles que laissent entre elles celles des verticilles immédiatement voisins. On exprime cette disposition, déjà observée pour les feuilles opposées, dont l'arrangement n'est d'ailleurs qu'un cas particulier de la disposition verticillée, en disant qu'il y a *alternance*.

95. Feuilles alternes. — Les *feuilles alternes* sont disséminées autour de la tige, de manière à se trouver à des hauteurs différentes.

V. Lois phyllotaxiques.

96. Répartition des feuilles sur la tige. — La répartition des feuilles sur la tige n'est pas arbitraire, mais présente une régularité étonnante soumise à des lois spéciales désignées sous le nom de *lois phyllotaxiques*.

Ces lois, intéressantes à étudier, s'appliquent non seulement aux feuilles, mais à tous les organes auxquels les feuilles donnent naissance par leurs multiples tranformations, comme les bractées, les parties constitutives de la fleur, etc.

97. Feuilles alternes. — *Les feuilles alternes sont disposées suivant une ligne spirale continue montant autour de la tige, et espacées de telle façon qu'elles se trouvent en même temps réparties sur des lignes droites, longitudinales, équidistantes et parallèles à l'axe.*

98. Cycle. — On appelle *cycle foliaire* la portion de spire comprise entre deux feuilles situées exactement l'une au-dessous de l'autre, c'est-à-dire sur la même génératrice. Le cycle peut faire un ou plusieurs tours de spire.

L'arrangement des feuilles alternes autour de la tige se traduit par une formule qui est la *formule du cycle*. Cette formule est représentée par une fraction ayant pour numérateur le nombre des tours de spire du cycle et pour dénominateur le nombre des feuilles qui composent le cycle.

Les arrangements les plus communs sont donnés par les formules suivantes :

$$\text{Formule du cycle} = \frac{\text{tours de spire}}{\text{nombre de feuilles}} \quad \frac{1}{2}, \ \frac{1}{3}, \ \frac{2}{5}, \ \frac{3}{8}, \ \frac{5}{13}, \ \text{etc.}$$

A partir de la 3e fraction, chacune des fractions suivantes se forme facilement ; il suffit pour cela de faire la somme des numérateurs et la somme des dénominateurs des deux fractions qui la précèdent.

La disposition *distique* a pour formule $1/2$ (Orme, Blé, Avoine). La disposition *tristique* a pour formule $1/3$ (Carex, Aune). On donne le nom de disposition *quinconciale* à celle dont la formule est $2/5$ (Poirier, Prunier, Peuplier).

99. *Le rapport de l'angle de divergence des feuilles à la circonfé-rence est toujours exprimé par la fraction qui représente la composition du cycle.*

On appelle *angle de divergence* l'angle que font entre elles deux feuilles consécutives de la spire.

Ainsi, dans la disposition quinconciale, le cycle comprend 5 feuilles, qui sont disposées sur deux tours de spire (fig. 49); les deux feuilles extrêmes embrassent donc un angle égal à deux fois 360 degrés, c'est-à-dire 720 degrés; par conséquent, l'angle de divergence de deux feuilles consécutives est $\frac{720}{5}$ ou 144 degrés.

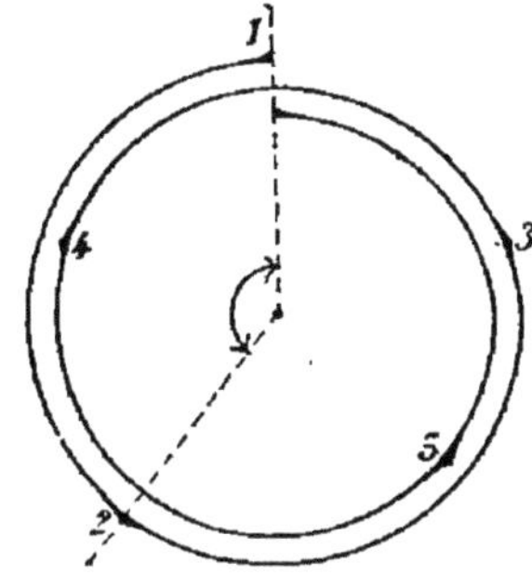

Fig. 49.

Le rapport de cet angle à la circonférence, c'est-à-dire $\frac{144}{360}$, est bien égal, en effet, à la fraction $2/5$, qui représente la formule du cycle dans la disposition quinconciale.

100. Feuilles verticillées. — *Les feuilles opposées ou verticillées alternent exactement dans deux verticilles voisins, de telle sorte qu'elles se correspondent de deux en deux verticilles.* Les feuilles opposées sont donc à angle droit dans deux verticilles consécutifs; c'est ce qui leur a fait donner le nom de feuilles *décussées* (du latin *decussatus*, croisé en X).

101. Feuilles rosulées (en rosette). — L'observation des lois phyllotaxiques devient obscure et difficile lorsque la tige se raccourcit, et que par conséquent les feuilles sont distribuées autour d'un axe très court. Les tours de spire se serrent alors, et les feuilles, étant très voisines les unes des autres, donnent lieu à des illusions. La spirale unique qui contient toutes les feuilles devient d'autant moins visible, que les feuilles sont plus nombreuses; mais on observe alors très facilement des spirales secondaires qui peuvent se tracer dans les deux sens, de la base au sommet.

Les écailles d'une pomme de Pin, les bractées, parties dont on mange la base dans les Artichauts, montrent clairement cette disposition.

CHAPITRE VIII

FONCTION DES FEUILLES

102. Idée générale. — Les feuilles sont, avec les racines, les organes importants qui concourent à la nutrition de la plante. Elles sont le siège d'échanges incessants de gaz et de vapeurs, dans lesquels elles absorbent certains éléments puisés dans l'atmosphère, tandis qu'elles rejettent à l'extérieur différents produits provenant du travail de la nutrition.

Les fonctions essentielles de la feuille sont la *respiration*, la *fonction chlorophyllienne* et la *transpiration*.

103. RESPIRATION. — La *respiration* est une fonction commune à tous les êtres vivants, par conséquent la plante respire, c'est-à-dire absorbe de l'oxygène et dégage de l'acide carbonique, provenant des oxydations qui se sont produites dans ses tissus par le travail de la nutrition. On constate ce fait en introduisant des feuilles sous une cloche dans laquelle on a placé une petite soucoupe contenant de l'eau de baryte; celle-ci se couvre bientôt d'une couche blanche de carbonate de baryte, formé aux dépens de l'acide carbonique dégagé par les feuilles.

Ce dégagement d'acide carbonique est constant; seulement la fonction chlorophyllienne, qui consiste dans l'absorption et le dégagement inverses, et qui s'accomplit sous l'influence de la lumière, le masque facilement pendant le jour.

La production de l'acide carbonique, étant une conséquence des phénomènes de nutrition, est d'autant plus considérable que ceux-ci sont plus actifs; aussi les graines qui germent, les bourgeons qui se développent, dégagent-ils une grande quantité d'acide carbonique.

104. FONCTION CHLOROPHYLLIENNE. — La *fonction chlorophyllienne* consiste essentiellement dans ce fait que les parties vertes des plantes, sous l'action de la lumière, absorbent de l'acide carbonique et exhalent de l'oxygène (fig. 50).

Si l'on place des feuilles vertes sous une cloche complètement remplie d'eau acidulée par l'acide carbonique, et qu'on expose le tout à l'action de la lumière solaire, on constate que les feuilles laissent échapper des bulles de gaz qui se rendent à la partie supérieure de la cloche. On reconnaît facilement que le gaz dégagé est de l'oxygène.

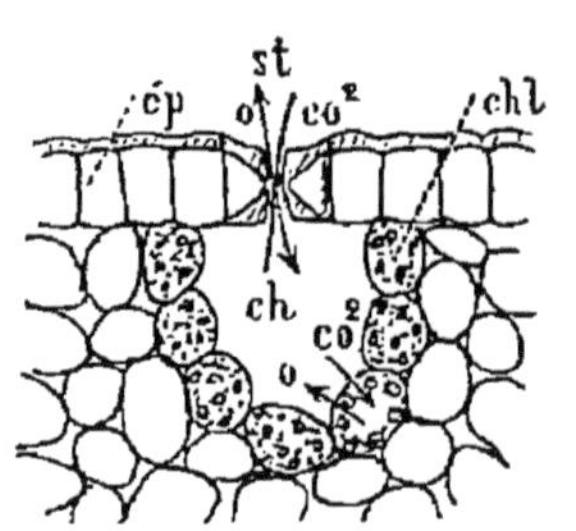

Fig. 50. — Figure théorique pour expliquer le mécanisme de la fonction chlorophyllienne.

st, stomate; *ch*, chambre sous-stomatique limitée par des cellules à chlorophylle *chl; ep*, épiderme de la feuille.

La *chlorophylle* est l'élément essentiel qui détermine la décomposition de l'acide carbonique absorbé. L'oxygène se dégage, le carbone se fixe dans les tissus et se combine, dans le travail intime de la nutrition, à l'hydrogène et à l'oxygène pour former des composés organiques, comme, par exemple, la glucose et l'amidon.

105. Importance de la fonction chlorophyllienne. — La fonction chlorophyllienne est d'une extrême importance pour les végétaux; elle est pour eux ce que l'assimilation est pour les animaux. C'est, en effet, pour la plante le seul moyen de fixation du carbone, élément indispensable à la constitution de ses tissus et des composés ternaires qu'ils renferment.

Grâce à l'admirable harmonie qui règne dans les œuvres sorties de la main de Dieu, l'organisme végétal tire les éléments de son existence des substances même qui nous sont nuisibles. Outre son rôle d'intermédiaire nécessaire entre le règne minéral et le règne animal au point de vue de l'alimentation (*Zoologie*, n° 183), la plante débarrasse l'air des torrents d'acide carbonique qu'y versent constamment les combustions, la respiration, les décompositions de toutes sortes; elle fixe le carbone dans ses tissus et restitue l'oxygène, de sorte que nous respirons un air toujours pur, et dont la composition constante montre le merveilleux équilibre établi par la Providence entre les deux grands règnes des corps organisés.

106. Plantes parasites. — Les *plantes parasites* sont des plantes qui se fixent sur d'autres végétaux et y implantent leurs racines propres. Il ne faut pas les confondre avec celles qui ne

Fig. 51. — Gui, parasite sur une branche
de Pommier.

(G. Bonnier.)

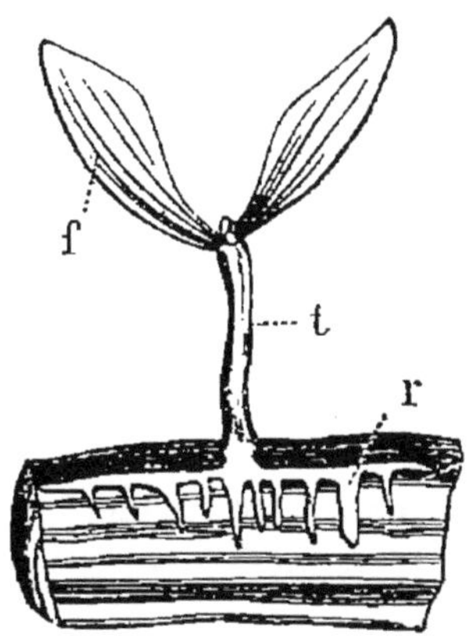

Fig. 52. — Un pied de Gui.

r, racines pénétrant dans les couches
du bois; *t*, premier entre-nœud
de la tige; *f*, feuille.

réclament, de la part du pied sur lequel elles se fixent, que le soutien et le support; tels sont, par exemple, les Lichens et les Mousses, qui s'attachent au tronc des arbres. Ces petits végétaux, étant dépourvus de racines, ne dérobent aucune nourriture à leur support et vivent exclusivement aux dépens de l'atmosphère.

Les végétaux parasites se subdivisent naturellement en deux groupes, les parasites à chlorophylle et les parasites sans chlorophylle.

Les principaux parasites à chlorophylle sont les *Rhinanthes*, qui se fixent sur les racines des Graminées et font parfois périr des champs entiers de Seigle; le *Gui*, qui croît sur les Pommiers, les Tilleuls, les Acacias, quelquefois sur les Chênes (fig. 51).

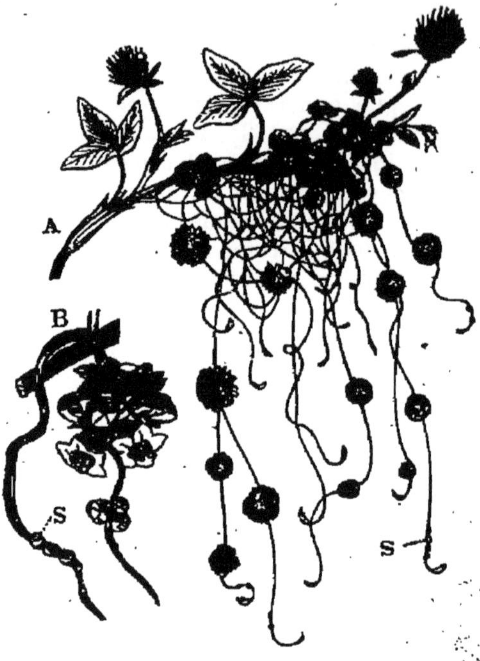

Parmi les parasites dépourvus de chlorophylle, on peut citer les Orobanches, plantes décolorées qui se fixent sur les racines d'une foule de plantes sauvages et cultivées; la *Cuscute*, petite plante dépourvue de feuilles, dont la tige, grêle comme un fil, enlace ordinairement les branches de la Luzerne, dont elle suce la sève par de véritables ventouses (fig. 53).

L'intervention de la lumière est indispensable à la formation des principes colorants et odorants dans les tissus végétaux. Les parties plongées dans l'obscurité ne deviennent jamais vertes, mais restent blanches, jaunes ou violettes. Tout le monde a remarqué que les tiges de *Pomme de terre* qui s'allongent dans les caves humides sont complètement blanches; c'est pour la même raison qu'on lie la salade afin de la rendre blanche.

Fig. 53. — A. Cuscute parasite sur le Trèfle. — B, un glomérule vu à la loupe; *s*, suçoir.

107. TRANSPIRATION. — On donne le nom de *transpiration* au phénomène par lequel les feuilles rejettent sans cesse dans l'atmosphère, à l'état de vapeur, l'excès d'eau introduit dans les tissus par l'absorption des racines.

Si l'on place sur le plateau d'une balance un rameau de feuilles dont la partie inférieure plonge dans une carafe contenant de l'eau, et que l'on en fasse la tare, on constate qu'au bout d'un temps relativement court le plateau qui porte la tare l'emporte sur l'autre. Les poids qu'il faut ajouter du côté de la carafe pour rétablir l'équilibre mesurent la quantité d'eau qui s'est évaporée depuis le commencement de l'expérience. Cette diminution de poids est bien produite par la vapeur d'eau transpirée; car, si l'on couvre la carafe avec une cloche qui s'oppose

à l'évaporation, on voit les parois intérieures de la cloche se couvrir
de buée, et l'équilibre subsister indéfiniment.

L'expérience peut se faire plus rapidement en introduisant un rameau

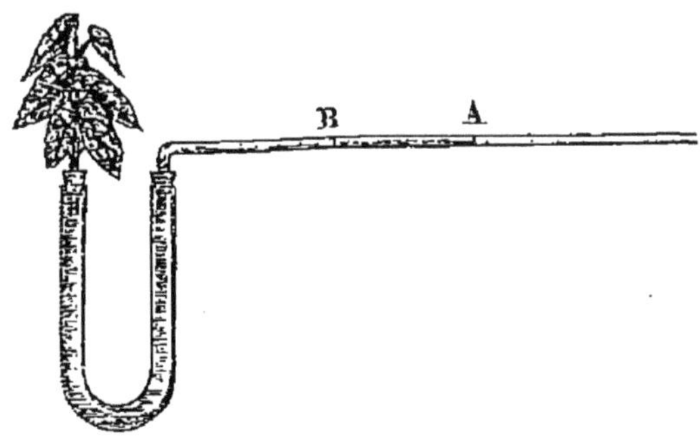

Fig. 54. — Appareil destiné à montrer le volume d'eau exhalé par les feuilles
en un temps donné.

feuillé dans un bouchon qui ferme hermétiquement l'extrémité d'un
tube étroit rempli d'eau (fig. 54), de manière que l'extrémité du rameau
plonge dans l'eau. Au bout de quelques minutes on voit la quantité
d'eau diminuer dans le tube AB.

108. Causes qui modifient la transpiration. — Les causes principales qui influent sur l'acti-
vité de la transpiration sont
la *température* de l'air,
son *état hygrométrique*,
*l'étendue de la surface des
feuilles,* la *nature de la surface épidermique.*

L'évaporation par les
feuilles est d'autant plus
considérable et plus rapide,
que la température est plus
élevée. C'est à cette activité
particulière qu'il faut attri-
buer l'étiolement des plantes
sous l'influence des fortes
chaleurs.

Les plantes grasses, dont

Fig. 55. — Figure théorique pour expliquer les
fonctions principales de la feuille. Les flèches
indiquent la marche des liquides et des gaz.

l'épiderme consistant s'oppose à une transpiration active, résistent
facilement aux plus longues sécheresses, tandis que les feuilles submergées des plantes aquatiques, dont l'épiderme est mince et délicat,
se flétrissent très rapidement quand on les expose à l'air.

C'est pour la même raison que la transpiration est plus énergique
sur la face inférieure des feuilles que sur la face supérieure.

109. But de la transpiration des feuilles. — La transpiration a
pour but de débarrasser les tissus de l'excès d'eau introduit par les

racines. En général, la quantité d'eau transpirée est en rapport avec celle qui est absorbée par les racines; cependant il peut arriver que, par suite de la sécheresse de l'air, de la température, etc., la quantité d'eau transpirée l'emporte sur celle qui est absorbée par les racines; alors les feuilles deviennent molles, flasques; on dit que la plante *s'étiole*.

L'arrosage ou l'humidité de la nuit suffisent le plus souvent pour rétablir l'équilibre et rendre aux feuilles leur vigueur normale.

La transpiration par les feuilles produit encore une sorte d'aspiration qui favorise le mouvement d'ascension de la sève vers ces organes.

CHAPITRE IX

LA SÈVE

I. Composition et mouvement de la sève.

110. Nature de la sève. — La *sève* est le liquide aqueux puisé par les racines et destiné à nourrir la plante. Ce liquide contient en dissolution des gaz et des sels dont la nature et les proportions varient évidemment suivant la composition du sol et l'espèce du végétal. Il est d'autant plus dense, qu'on l'observe en des points plus éloignés de la racine.

Dans la période active de la végétation, la sève est sans cesse en mouvement. Un courant s'établit des racines vers les feuilles ; c'est la *sève ascendante;* un autre se fait en sens inverse : c'est la *sève descendante*. C'est à l'ensemble de ces mouvements que l'on donne le nom de *circulation de la sève*.

111. Sève ascendante. — L'énergie du mouvement circulatoire de la sève varie considérablement suivant la saison ; elle est à peu près nulle pendant l'hiver. Au printemps, dès que les premiers rayons du soleil élèvent la température, l'activité physiologique des racines se réveille ; elles puisent avec avidité les sucs nutritifs qui doivent servir au développement des différents organes, et la circulation des liquides séveux prend une énergie particulière qui rend la vigueur aux tissus végétaux. C'est alors qu'une entaille faite dans les couches ligneuses d'un Peuplier, par exemple, la laisse échapper en abondance. On donne à cette première sève le nom de *sève du printemps*.

Ce mouvement d'ascension se continue jusqu'au complet développement des rameaux et des feuilles, puis se ralentit et finit par s'arrêter complètement à la chute des feuilles.

Il peut cependant arriver qu'à la fin d'un été chaud et humide une nouvelle ascension de la sève se manifeste; les bourgeons qui ne devaient se développer que l'année suivante s'épanouissent alors, l'arbre se couvre de feuilles et quelquefois de fleurs. On donne à cette sève tardive, particulière aux espèces dont la végétation est précoce, le nom de *sève du mois d'août* ou de *sève d'automne*.

112. Sève descendante. — La sève ascendante, arrivée dans les feuilles, y subit d'importantes transformations qui la rendent propre à servir à la nutrition des tissus. Les vaisseaux libériens la distribuent ensuite aux organes qu'elle doit nourrir, ou la dirigent vers les tubercules, les bulbes, les graines, dans lesquels s'accumulent des réserves qui seront consommées plus tard. Le liquide provenant de la sève ascendante élaborée par les feuilles porte le nom de *sève descendante*.

II. Causes des mouvements de la sève.

113. Causes de l'ascension de la sève. — Le mouvement d'ascension de la sève dans les tissus résulte de causes multiples, dont les principales sont: 1° les phénomènes de *nutrition* et de *croissance* des tissus; 2° l'*évaporation* qui s'effectue par les feuilles; 3° l'action des forces physiques, *capillarité, endosmose*, etc.

114. Influence de la nutrition et de l'accroissement des tissus. — Tout phénomène de développement des organes est accompagné d'une déperdition d'eau. Cette perte provient de la décomposition qui s'opère dans les phénomènes intimes de la nutrition, et qui est destinée à fournir la plus grande partie de l'hydrogène nécessaire à la constitution des tissus. La disparition de cette eau détermine donc un appel de la sève vers les régions où s'effectue la nutrition.

D'autre part, les produits accumulés temporairement dans les tissus pour servir d'aliments, à la reprise de la végétation, ont besoin d'être dissous pour être transportés dans les branches, les rameaux et les feuilles. Cette nouvelle dépense, s'ajoutant à la première, contribue encore à favoriser le mouvement d'ascension de la sève.

115. Influence de la transpiration des feuilles. — L'*évaporation* considérable de vapeur d'eau qui se fait par les feuilles détermine un appel constant de la sève des racines vers les feuilles, par une raison

identique à celle qui fait monter le liquide dans la mèche des lampes
à alcool à mesure de sa combustion.

On met ce fait en évidence en plongeant dans de l'eau fortement
colorée un rameau couvert de feuilles; on constate bientôt la présence
de ce liquide dans les parties du rameau qui avoisinent les feuilles. Si
on répète l'expérience avec un rameau dépourvu de feuilles, c'est à peine
si on observe une ascension du liquide dans la tige.

116. Influence des forces physiques. — Les *forces physiques* qui
interviennent dans le mécanisme des mouvements de la sève sont surtout la *capillarité* et la *force osmotique.*

Les *phénomènes capillaires* sont des phénomènes qui paraissent en
contradiction avec les conditions d'équilibre des liquides, et que l'on
observe lorsque des tubes étroits ou des lames très rapprochées plongent partiellement dans un liquide. Si, par exemple, on plonge en
partie un tube de verre de 1 à 2 millim. de diamètre dans de l'eau, on
constate que l'eau monte et se maintient à une certaine hauteur dans
le tube; cette ascension est d'autant plus grande, que le tube est plus
étroit. Or les vaisseaux des plantes étant extrêmement fins, il s'ensuit
que les liquides absorbés par les racines s'élèvent facilement dans les
tissus et progressent vers les feuilles, leur mouvement d'ascension étant
aidé par l'évaporation puissante dont celles-ci sont le siège.

C'est par des phénomènes d'*osmose* (*Zoologie,* n° 106) que les
liquides passent d'une cellule dans les cellules voisines, en traversant
les membranes qui constituent les parois cellulaires.

« Il faut en outre, dit M. L. Figuier, pour expliquer ce grand phénomène de la vie des plantes, faire intervenir une force bien supérieure
à toutes ces actions physiques : c'est la force vitale, cette secrète et
invincible puissance que Dieu seul accorde et dont il dirige les effets.»

III. Produits végétaux provenant de l'élaboration
de la sève et du travail de la nutrition.

La plupart des végétaux donnent naissance, par l'élaboration de leur
sève, à différents produits qui circulent dans les vaisseaux, s'accumulent dans les organes ou sont rejetés au dehors. Les principaux
produits ainsi formés sont le *latex* ou *suc propre* de la plante, la *fécule,*
le *sucre,* les *gommes,* les *résines,* les *huiles,* le *caoutchouc,* l'*opium,*
le *camphre* et les *matières colorantes.*

117. Latex. — Le *latex* est un liquide ordinairement coloré, le plus
souvent blanc, quelquefois jaunâtre ou rougeâtre. Abandonné à lui-
même, il se partage comme le sang en deux couches, l'une incolore,
qui surnage; l'autre qui tombe au fond et qui renferme tous les globules colorants du latex.

Le latex circule dans des canaux qui n'ont pas primitivement de
parois propres, et qui sont constitués par un ensemble de méats inter-

cellulaires ou par des cellules dont les parois contiguës se sont détruites. Ces vaisseaux, orientés dans toutes les directions, sont appelés vaisseaux *laticifères* (fig. 56).

On a quelquefois, à tort, comparé le latex au sang des animaux ; il en diffère essentiellement au point de vue fonctionnel, puisque c'est un produit ultérieur des phénomènes de nutrition.

Le latex est abondant dans les Papavéracées (*Coquelicot*, *Pavot*, *Chélidoine*), dans les Euphorbiacées (*Épurge*), dans les Chicoracées (*Laitue vireuse*, *Pissenlit*, *Laiteron*). Il s'échappe sous l'aspect d'un liquide laiteux, blanc ou jaunâtre, quand on brise la tige de ces plantes.

118. Fécule. — La *fécule* est une substance blanche, brillante, formée de petits grains arrondis ; elle existe en abondance dans les tubercules de la *Pomme de terre*, dans la graine des Céréales (*Blé*, *Maïs*), dans celle des Légumineuses (*Pois*, *Fèves*, *Lentilles*), dans les *Marrons*, les *Châtaignes*, etc.

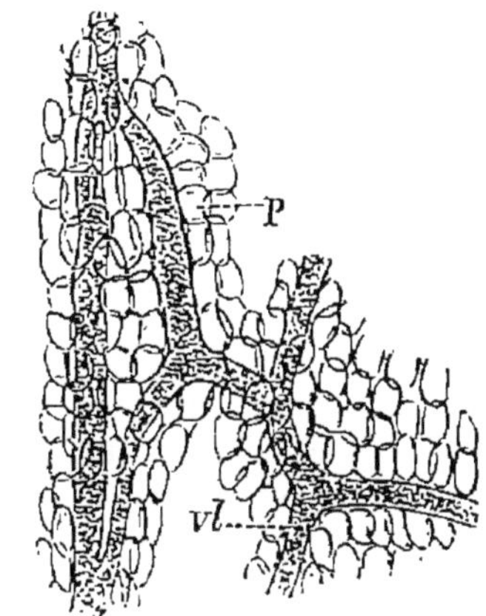

Fig. 56. — Vaisseaux laticifères pris dans la couche sous-épidermique d'une Figue.

p, parenchyme ; *vl*, vaisseaux lactifères remplis de latex.

119. Sucre. — Le *sucre* existe en grande quantité dans les tiges de la *Canne à sucre*, dans les racines de la *Betterave* et de la *Carotte*, dans la plupart des fruits (*Fraise*, *Raisin*, *Melon*).

120. Gommes. — Les *gommes* sont des substances incristallisables, translucides, solubles dans l'eau, insolubles dans l'alcool et l'éther. Les principales sont la *gomme arabique*, produite par des espèces exotiques du genre Acacia ; la *gomme adragante* et la *gomme de Bassora*.

Les *Cerisiers*, les *Pruniers*, les *Abricotiers* de nos pays, sécrètent des gommes particulières de qualité médiocre.

121. Résines. — Les *résines* découlent de l'écorce de certains végétaux sous forme de sucs visqueux qui se solidifient ordinairement en masses transparentes, d'aspect vitreux, souvent jaunes, rouges ou brunes, et fortement odorantes. Quelques-unes, connues sous le nom général de *térébenthines*, restent toujours liquides ou pâteuses.

La tige des *Pins*, des *Sapins*, des *Cèdres*, et d'une manière générale des espèces appartenant à la famille des Conifères, renferment de la résine en abondance.

Les principales résines employées dans le commerce sont la *poix*, le *goudron*, la *colophane*, le *baume de Tolu*.

122. Huiles. — Les huiles végétales se subdivisent en *huiles fixes* et en *huiles volatiles* ou *essences*.

Les huiles fixes sont des liquides onctueux, insolubles dans l'eau, fournis par les fruits et les graines de certaines espèces végétales. Les plus remarquables sont les huiles d'*Olive*, de *Colza*, de *Pavot* ou d'*Œillette*, de *Noix*, de *Lin*, d'*Amandes douces*.

Les huiles volatiles sont douées d'une odeur pénétrante et se rencontrent dans les feuilles, les fleurs, l'écorce des fruits. Les plus connues sont les essences de *Rose*, de *Menthe*, de *Lavande*, de *Citron*, d'*Eucalyptus*.

123. Caoutchouc. Gutta-Percha. — Le *caoutchouc* est une substance très élastique qui peut être réduite en feuilles minces, imperméables aux liquides et aux gaz. Il est incolore à l'état de pureté; dans le commerce, il est ordinairement brun ou gris.

Le caoutchouc provient d'arbres exotiques appartenant à la famille des Euphorbiacées. Pour l'obtenir, on fait à ces arbres de profondes incisions, et l'on recueille le suc laiteux qui s'en échappe; ce suc, abandonné à lui-même ou chauffé, se dessèche et donne le caoutchouc brut.

La *gutta-percha*, introduite en France depuis une quarantaine d'années et surtout employée dans la galvanoplastie, est fournie par un arbre très commun dans la presqu'île de Malacca; on l'extrait comme le caoutchouc.

124. Opium. — L'*opium* est le latex épaissi qui s'échappe des incisions que l'on pratique autour de la capsule du *Pavot somnifère*. C'est un narcotique puissant; administré à petite dose, il agit comme calmant. La médecine emploie très fréquemment l'opium ou les alcaloïdes qu'on en retire, et dont les principaux sont la *morphine* et la *codéine*. L'opium est la base du *laudanum*.

125. Camphre. — Le *camphre* est une matière solide, diaphane, volatile, odorante, à texture cristalline, soluble dans l'alcool. On l'obtient en distillant de l'eau dans laquelle on a mis des fragments de rameaux et de tiges du *Laurus camphora*, qui croît au Japon.

126. Matières colorantes. — Les *matières colorantes* sont employées dans l'industrie pour la teinture et l'impression des étoffes. Les principales matières colorantes fournies par le règne végétal sont extraites des plantes *tinctoriales*, dont les plus connues sont la *Garance* et le *Bois de campêche* (rouge), la *Gaude*, le *Fustet* et le *Mûrier des teinturiers* (jaune), l'*Indigo* et le *Pastel* (bleu), le *Nerprun de Chine* (vert), la *Noix de galle*, le *brou de Noix*, le *Cachou* (noir).

CHAPITRE X

LA FLEUR EN GÉNÉRAL

127. Définition. — La *fleur* est une réunion d'organes provenant de feuilles modifiées, dont la fonction est de former la graine et de la rendre propre à reproduire le végétal. La graine est renfermée dans le fruit, qui n'est lui-même que le développement d'une des parties de la fleur.

La fleur est l'appareil reproducteur des plantes phanérogames ; nous étudierons plus loin le mode de reproduction des plantes cryptogames.

On attache vulgairement l'idée de fleur à la partie de la plante colorée de teintes plus ou moins brillantes, souvent odorante, et qui, après une existence passagère, est remplacée par le fruit. Toutes ces apparences ne sont pourtant qu'accessoires, car elle peut en être totalement dépourvue, comme cela a lieu, par exemple, pour la fleur du Buis et de l'Ortie.

En général cependant, la fleur est un organe apparent, dont l'élégance et la symétrie des parties, la variété et la pureté des teintes, en font une des merveilles de l'organisation végétale.

128. Préfloraison. — Avant l'apparition de la fleur, les différentes parties qui la constituent sont pressées les unes contre les autres, et forment un petit organe arrondi auquel on donne le nom de *bouton*.

On appelle *préfloraison* la disposition spéciale que présentent les organes floraux dans le bouton.

129. Épanouissement. — L'*épanouissement* est l'apparition des organes constitutifs de la fleur renfermés dans le bouton. Quand l'écartement naturel des pièces extérieures du bouton permet à ces organes de se développer, ceux-ci s'étalent au jour ; on dit que la fleur *s'épanouit*.

L'épanouissement n'a pas lieu indifféremment à n'importe quel moment pour toutes les espèces ; le plus souvent il se fait à une heure déterminée. La *Belle-de-jour*, la *Belle-de-nuit*, la *Dame-d'onze-heures*, doivent leur nom à l'heure habituelle de leur épanouissement. Dans sa *Philosophie botanique*, Linné a dressé une liste de plantes dont l'épanouissement correspond à chacune des heures de la journée ; c'est cette liste que, dans un langage métaphorique, on appelle l'*horloge de Flore*.

Un petit nombre de fleurs demeurent épanouies plusieurs jours de suite. Ordinairement elles durent peu et se ferment quelques heures après leur épanouissement, soit pour ne plus se rouvrir, soit pour s'épanouir de nouveau le lendemain. Ainsi, les fleurs de la *Vigne*, celles du *Lin*, restent épanouies quelques heures à peine ; la fleur du *Nénuphar blanc* s'ouvre le matin et se ferme le soir pour se rouvrir le lendemain, comme la plupart des fleurs qui durent quelques jours.

La lumière a une très grande influence sur l'heure de l'épanouissement. Les fleurs qui d'habitude s'ouvrent le matin ne s'épanouissent qu'assez tard si le temps est sombre. Le *Souci-des-pluies*, la *Dame-d'onze-heures*, restent fermées lorsque le ciel est couvert.

L'époque de l'épanouissement varie également suivant l'espèce. Depuis le *Perce-neige*, qui fleurit en janvier et février, et qui est comme le premier décor de l'année, jusqu'au *Réséda*, qui en est le dernier parfum, chacune a son tour de floraison, et de même que l'on a pu dresser une horloge de Flore, on a pu établir un *calendrier de Flore*, d'après l'époque de floraison de certaines plantes.

I. Bractées.

130. Définition. — On appelle *bractées* des feuilles situées dans le voisinage des fleurs, et qui ont subi des changements de forme ou de coloration.

Fig. 57. — *Astrantia major.* — M, sommité d'une tige fleurie. — R, une ombelle de grandeur naturelle. — S, un fruit grossi.

Fig. 58. — Spathe *sp*, du *Calla palustris*.

Comme les feuilles, les bractées peuvent être *alternes*, *opposées* ou *verticillées*.

Les principaux types de bractées sont l'*involucre*, la *spathe*, la *cupule* et le *calicule*.

131. Involucre (fig. 57). — L'*involucre* est constitué par des bractées, ressemblant à de petites feuilles allongées et disposées en collerette autour de la base des fleurs isolées ou groupées.

On l'observe dans la plupart des Ombellifères (*Astrance, Carotte, Persil, Cerfeuil*).

Les écailles coriaces des *Artichauts*, dont on mange la base charnue quand la fleur est encore à l'état de bouton, sont les bractées qui en constituent l'involucre.

L'involucre se répète quelquefois à la base de chacun des petits bouquets de fleurs fixés sur un même axe; on donne à ces petits involucres le nom d'*involucelles* (Carotte).

132. Spathe. — La *spathe* (fig. 58) est une enveloppe membraneuse, foliacée ou ligneuse, formée d'une ou plusieurs grandes bractées qui entourent la fleur avant son épanouissement et qui s'ouvrent en se déroulant (*Calla*), ou en se déchirant longitudinalement (*Ail, Oignon, Narcisse*), pour donner passage aux fleurs qu'elles renferment.

133. Cupule (fig. 59). — La *cupule* est formée de petites folioles écailleuses très serrées, formant une enveloppe qui accompagne le fruit jusqu'à sa complète maturité. Les cupules s'observent dans le *Chêne*, le *Noisetier*, le *Châtaignier*.

Fig. 59. — Cupule.
Fruit du Châtaignier, entouré d'une cupule
épineuse *cup*. (MANGIN.)

134. Calicule. — Le *calicule* est une sorte de second calice entourant le calice normal de la fleur (*Œillet, Mauve*).

II. Inflorescence.

135. Définitions. — On donne le nom d'*inflorescence* à la distribution spéciale des fleurs sur l'axe qui les supporte.

On appelle *pédoncule* le support de la fleur; il peut être simple ou ramifié, axillaire ou terminal. Ses ramifications forment les axes secondaires, tertiaires, etc.; on désigne sous le nom de *pédicelles* les subdivisions qui portent les fleurs. Une fleur dépourvue de pédoncule est dite *sessile* (fig. 60).

Les fleurs sont dites *solitaires* quand elles naissent isolément

Fig. 60. — Pédoncule.

A, sommité fleurie d'un pied de Renoncule,
portant des fleurs pédonculées.
B, un rameau d'amandier à fleurs sessiles.

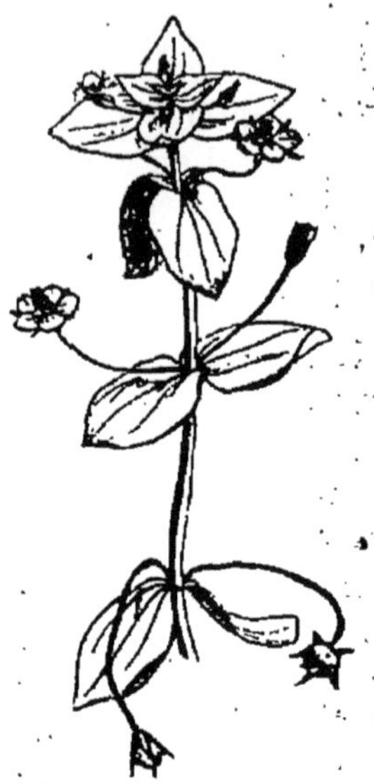

Fig. 61. — Extrémité d'un
rameau fleuri de Mouron
rouge, portant des fleurs
solitaires axillaires.

sur les rameaux, soit à leur extrémité (Anémone des jardins), soit à l'aisselle des feuilles (Mouron rouge, fig. 61).

Elles sont dites *groupées* quand elles sont réunies plusieurs ensemble, de manière à former de véritables bouquets (Lilas, Marronnier).

Dans l'un et l'autre cas, l'inflorescence peut être *définie* ou *indéfinie*.

L'inflorescence est *définie* ou *terminale* lorsque l'axe principal se termine par une fleur qui arrête nécessairement son développement. Il ne peut alors s'étendre que par des ramifications secondaires.

L'inflorescence est *indéfinie* ou *axillaire*, quand les axes ne sont jamais terminés par une fleur, mais émettent latéralement des pédicelles qui portent les fleurs; dans ce dernier cas, l'axe principal et les axes secondaires s'allongent tant que dure l'épanouissement, et le nombre des fleurs dépend alors de la vigueur de la plante.

L'inflorescence indéfinie comprend la *grappe*, le *corymbe*, l'*épi*, l'*ombelle* et le *capitule*.

	GRAPPE A. secondaires égaux.	A. secondaires simples......................	GRAPPE, *Groseillier*.
		— — ramifiés. { Forme pyramidale....	PANICULE, *Avoine*.
		ovoïde........	THYRSE, *Lilas*.
Axe prim. allongé.	CORYMBE A. secondaires allongés, inégaux.	A. secondaires simples......................	CORYMBE SIMPLE, *Poirier*.
		— — ramifiés......................	CORYMBE COMPOSÉ, *Sureau*.
	ÉPI A. secondaires raccourcis.	Fl. ordin. hermaphrodites. { A. second. simples.	ÉPI SIMPLE, *Plantain*.
		— — ramifiés.	ÉPI COMPOSÉ, *Blé*.
		Pédoncule articulé, caduc.....................	CHATON, *Noisetier*.
		— non articulé, persistant.............	CÔNE, *Sapin*.
		Enveloppées d'une spathe { non ramifiée.......	SPADICE, *Arum*.
		ramifiée..........	RÉGIME, *Palmier*.
Axe prim. raccourci.	OMBELLE A. secondaires allongés, égaux.	A. secondaires simples......................	OMBELLE SIMPLE. *Oignon*.
		— — ramifiés......................	OMBELLE COMPOSÉE, *Carotte*.
	CAPITULE A. secondaires raccourcis.	Sans plateau terminal.....................	CAPITULE, *Trèfle*.
		Plateau terminal. { Plan.....................	CALATHIDE, *Artichaut*.
		Concave..................	SYCÔNE, *Figuier*.

(Accolade générale de gauche : INFLORESCENCE INDÉFINIE)

INFLORESCENCE DÉFINIE. — CYME { Les axes naissant un à un d'un seul côté............................ CYME UNIPARE, *Myosotis, Jusquiame*.

Les axes naissant deux à deux et terminés par une fleur......... CYME BIPARE, *Petite Centaurée*.

136. Inflorescence indéfinie. — *Grappe.* — Dans la grappe (fig. 62), l'axe primaire porte des pédicelles égaux entre eux et terminés chacun par une fleur (*Groseillier, Vigne, Épine-Vinette*).

Panicule. — La panicule (fig. 63) est une variété de la grappe ; les axes secondaires, au lieu d'être simples, sont ramifiés, et leurs ramifications sont d'autant plus nombreuses qu'ils naissent plus bas sur l'axe principal, ce qui fait que l'inflorescence prend une forme pyramidale (*Avoine, Yucca*).

Thyrse. — Le thyrse est constitué comme la panicule, avec cette seule différence que les axes secondaires les plus ramifiés, au lieu d'occuper la partie inférieure, se trouvent dans la région moyenne, de sorte que l'inflorescence prend une forme plus ou moins ovoïde (*Lilas*).

Fig. 62. — Grappe simple
du Groseillier rouge.

Fig. 63. — Panicule d'Avoine.

Corymbe. — Dans le corymbe, les axes secondaires partent de l'axe primaire à des hauteurs différentes et sont d'autant plus longs qu'ils naissent plus bas. Leur disposition est telle, que les fleurs qu'ils portent se trouvent étalées au même niveau. Si les axes secondaires sont simples, le corymbe est *simple* (*Poirier*) ; s'ils sont ramifiés, le corymbe est *composé* (*Alisier, Sureau, Millefeuille*) (fig. 64).

Épi. — L'épi est formé d'un axe primaire allongé portant dans toute sa longueur, et en nombre indéfini, des axes secondaires très courts.

de sorte que les fleurs qui les terminent sont presque sessiles sur l'axe
principal (fig. 65).

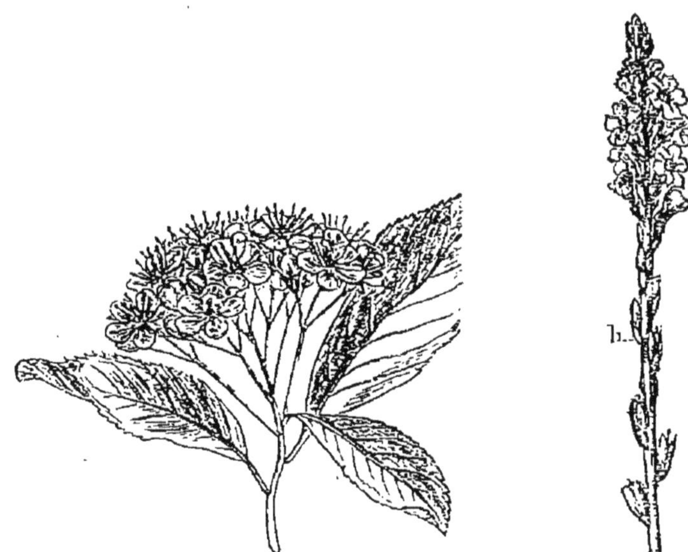

Fig. 64. — Corymbe composé   Fig. 65. — Épi de Verveine officinale.
de l'Alisier.   b, bractée.

L'épi est *simple* quand les axes secondaires sont simples (*Plantain, Verveine*); il est *composé* quand les axes secondaires sont eux-
mêmes de véritables épis (*Blé, Millet*).

Fig. 66. — Chaton de Bouleau.   Fig. 67. — Cône de Sapin.

Chaton. — Le chaton (fig. 66) est une sorte d'épi composé de fleurs
staminées ou pistillées, et dont le pédoncule est flexible. Les chatons

se détachent et tombent en entier après la floraison (*Saule*, *Peuplier*, *Noisetier*, *Bouleau*).

Cône. — Le cône (fig. 67) est une inflorescence dans laquelle les fleurs pistillées sont petites et protégées par des écailles souvent imbriquées, coriaces ou ligneuses. Le pédoncule n'est pas articulé comme dans le chaton; il est au contraire souvent rigide (Pin, Sapin).

Spadice. — Le spadice est une espèce de chaton dont l'axe est épais et charnu. Les fleurs qui le constituent, les unes staminées, les autres

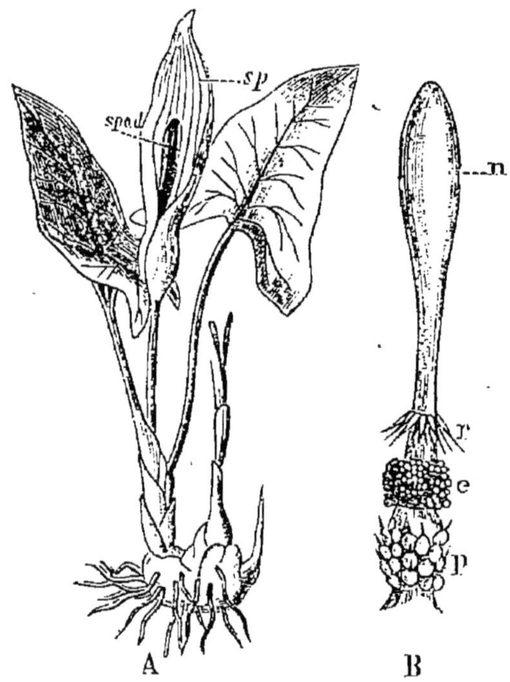

Fig. 68. — Spadice.

A, pied fleuri de Gouet, *spad*, spadice; *sp*, spathe. — B, spadice dépourvu de la spathe; *p*, fleurs pistillées; *e*, fleurs staminées; *r*, fleurs rudimentaires; *n*, appendice charnu.

pistillées, sont complètement enveloppées par une spathe avant l'épanouissement (*Gouet*) (fig. 68).

Régime. — Le régime est un spadice ramifié. Il est particulier à la famille des *Palmiers*.

Ombelle. — Dans l'ombelle, l'axe primaire est extrêmement raccourci et donne naissance à un faisceau d'axes secondaires ayant tous même longueur et rayonnant autour de leur point d'origine. Souvent les fleurs sont disposées suivant une surface un peu bombée ressemblant à un parasol ouvert (fig. 69).

Si les axes secondaires sont simples, l'ombelle prend le nom d'ombelle *simple* ou *sertule* (Lierre, Jonc fleuri).

Quand les axes secondaires portent eux-mêmes de petites ombelles, l'inflorescence est dite en ombelle *composée* (Carotte, Fenouil, Cerfeuil).

L'inflorescence en ombelle est un caractère de la famille des Ombellifères. On peut la considérer comme un véritable corymbe, dont les axes secondaires partent d'un même point.

Fig. 69. — Ombelle.

Ombelle simple du Jonc fleuri.

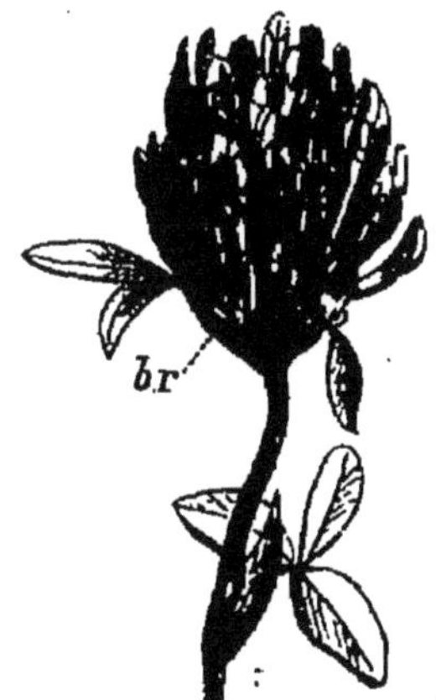

Fig. 70. — Capitule.

Capitule du Trèfle des prés ;
br, bractée.

Capitule. — Le capitule est constitué par un axe primaire très raccourci sur lequel sont fixés des axes secondaires très courts, de manière à former une sorte de tête sphérique souvent entourée d'un involucre (Scabieuse, Trèfle) (fig. 70).

Lorsque le plateau terminal du capitule est très étalé et forme une sorte de plan, on lui donne le nom de *calathide* (Artichaut, Soleil). S'il a une forme sphérique portant les fleurs sur sa face concave, on l'appelle *sycône* (Figuier).

137. Inflorescence définie. — Dans la *cyme unipare*, l'axe principal se termine par une fleur ; mais il porte latéralement une bractée à l'aisselle de laquelle naît un axe secondaire qui, en se développant, rejette de côté l'extrémité fleurie de l'axe principal, qu'il semble alors continuer. Il se termine ensuite lui-même par une fleur après avoir émis un axe tertiaire qui se comporte de la même façon, et ainsi de suite. De sorte que la cyme unipare est composée d'une série d'axes floraux placés les uns au bout des autres.

Si les fleurs sont distribuées suivant deux séries placées d'un même côté du support, la cyme est dite *scorpioïde* (Myosotis, Consoude,

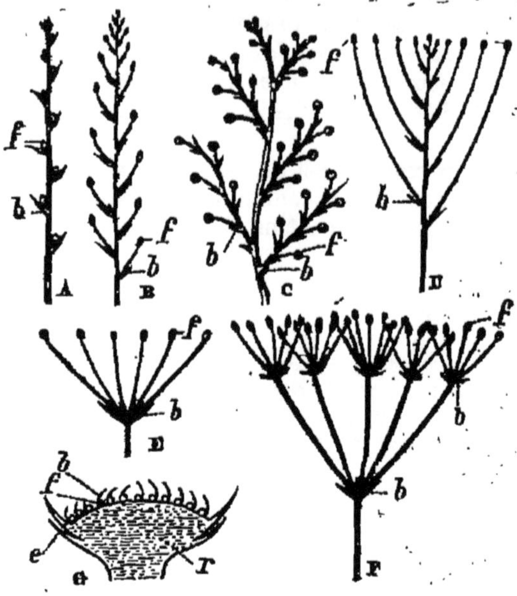

Fig. 71.

Figure théorique résumant les principaux types d'inflorescence indéfinie.

A, épi. — B, grappe simple. — C, grappe composée. — D, corymbe simple. — E, ombelle simple. — F, ombelle composée. — G, capitule; *e*, écaille de l'involucre; *b*, bractée de la fleur; *f*, fleur; *r*, réceptacle.

Héliotrope); si, au contraire, elles sont disposées en hélice autour de

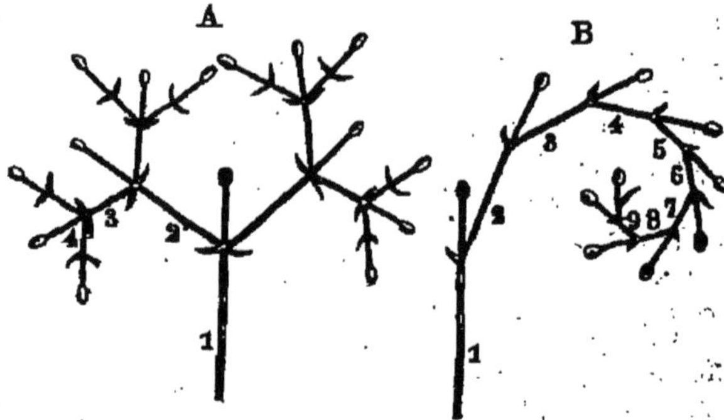

Fig. 72.

A, cyme bipare dichotome. — B, cyme unipare scorpioïde: on voit que les axes se développent successivement à l'aisselle d'une bractée, et qu'ils sont toujours terminés par une fleur.

la pseudo-tige, ce qui est plus rare, la cyme est dite *hélicoïdale* (Alstrémère versicolore).

Cyme bipare. — L'axe principal de l'inflorescence de la cyme bipare se termine par une fleur; mais, auparavant, il donne naissance à deux bractées opposées, de l'aisselle desquelles partent deux axes secondaires

Fig. 73. — Cyme bipare dichotome d'une Caryophyllée (*Gypsophila repens*).

Fig. 74. — Fragment d'un rameau fleuri de Consoude officinale, offrant un exemple de cyme unipare scorpioïde.

qui se comportent chacun comme l'axe principal, c'est-à-dire se terminent par une fleur après avoir émis deux axes tertiaires opposés, et ainsi de suite (*Gypsophila repens*).

III. Constitution générale de la fleur.

138. Organes constitutifs de la fleur. — La fleur se compose généralement de quatre séries d'organes disposés autour d'un axe central; on donne à ces séries le nom de *verticilles floraux;* ce sont le *calice,* la *corolle,* l'*androcée* et le *pistil* (fig. 75).

Le *calice* est l'enveloppe la plus externe de la fleur; il est ordinairement vert, et formé de petites feuilles modifiées appelées *sépales.* Si les sépales sont soudés les uns aux autres, le calice est *monosépale* ou *gamosépale;* s'ils sont libres de toute adhérence entre eux, il est dit *polysépale* ou *dialysépale.*

La *corolle* est la deuxième enveloppe florale; c'est la partie ordinairement colorée et odorante de la fleur, les pièces qui la constituent sont appelées *pétales.* La corolle est *monopétale* ou *gamopétale,* si les pétales sont soudés les uns aux autres, et *polypétale* ou *dialypétale,* s'ils sont libres.

L'ensemble des deux premiers verticilles, calice et corolle, forme le *périanthe,* qui ne joue qu'un rôle très secondaire dans les fonctions essentielles de la fleur.

L'*androcée* comprend les *étamines*. L'étamine est le plus sou-

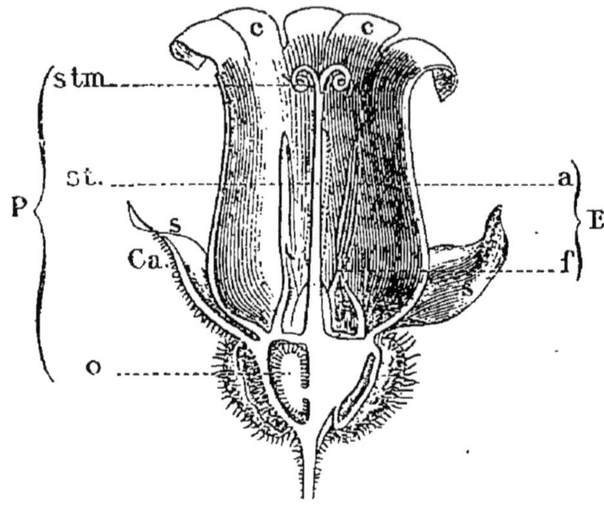

Fig. 75. — Organes constitutifs de la fleur (Campanule). ⅓
Ca, calice; s, sépale; c, corolle; E, étamine; a, anthère; f, filet; P, pistil;
stm, stigmate; st, style; o, ovaire.

vent formée d'une sorte de petit sac, l'*anthère*, terminant un support grêle plus ou moins long, auquel on donne le nom de *filet*.

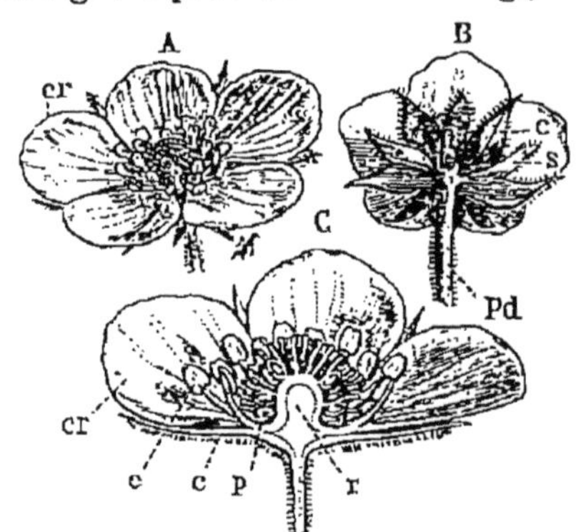

Fig. 76. — Fleur de Fraisier.

A, fleur entière. — B, fleur montrant le pédoncule *pd;* le calicule s et le calice *c.* — C, coupe
longitudinale montrant le calice *c;* la corolle *cr;* l'anthère d'une étamine *e;* l'ovule
de l'un des carpelles qui constituent le pistil *p;* le réceptacle *r.*

Le *pistil* est formé de *carpelles* libres ou soudés. Il présente ordinairement l'apparence d'une petite colonnette, le *style,* dont la base renflée est l'*ovaire,* dans lequel se trouvent les *ovules* ou futures graines; le sommet du style, de forme très variable, porte le nom de *stigmate.*

Les quatre verticilles floraux sont fixés sur un support commun, le *réceptacle* (fig. 76), qui n'est que l'épanouissement du pédoncule; c'est lui qui constitue la partie alimentaire qu'on appelle le fond de l'Artichaut. On appelle fleur *complète* une fleur pourvue des quatre verticilles dont nous venons de parler, c'est-à-dire d'un calice, d'une corolle, d'un androcée et d'un pistil.

139. Fleurs incomplètes. — Une fleur est dite *incomplète* lorsqu'il lui manque un ou plusieurs verticilles.

Si l'un seulement des deux verticilles du périanthe vient à manquer, il est de convention que celui qui subsiste est un calice, qu'il soit coloré ou non. Ainsi le Lis, la Tulipe, ont un calice et pas de corolle.

Les fleurs qui sont pourvues d'étamines et de pistil sont appelées *hermaphrodites*, qu'elles aient ou non un périanthe.

Celles qui ont un pistil et pas d'étamines sont des fleurs *pistillées*, et celles qui ont des étamines et pas de pistil sont des fleurs *staminées*.

140. Plantes monoïques et dioïques. — Il arrive quelquefois que les fleurs pistillées et les fleurs staminées d'une même espèce sont portées par des pieds différents : la plante est alors *dioïque* (Chanvre, Dattier). Si les fleurs staminées et pistillées sont fixées sur le même pied, la plante est dite *monoïque* (Ricin, Maïs).

Quand le même pied porte en même temps des fleurs pistillées, staminées et hermaphrodites, la plante prend la dénomination de *polygame* (Frêne, Pariétaire).

141. Diagramme. — On appelle *diagramme* d'une fleur une représentation graphique des pièces qui constituent la fleur et de leur situa-

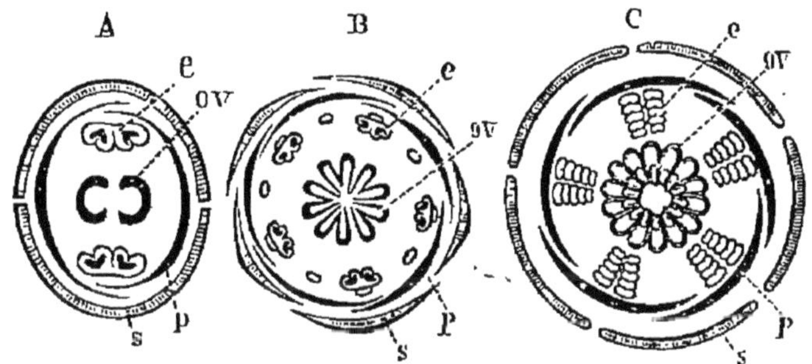

Fig. 77. — Exemples de diagrammes floraux.

A, diagramme d'une fleur de Circée; *s*, sépale; *p*, pétale; *e*, étamine; *ov*, ovule. — B, diagramme d'une fleur d'Erodium; *s*, sépale; *p*, pétale; *é*, étamine fertile, alternant avec un même nombre d'étamines dépourvues d'anthères; *ov*, ovaire. — C, diagramme d'une fleur de Mauve, montrant un verticille de cinq étamines ramifiées.

tion respective (fig. 77). Cette représentation n'est autre chose que la projection sur un plan horizontal d'une coupe transversale de la fleur; c'est l'analogue de ce qu'on appelle un plan en architecture. On dit le diagramme de la Bourrache, comme on dit le plan de Paris.

142. Origine foliaire des organes de la fleur. — Malgré les différencés considérables que l'on observe entre les feuilles et les organes floraux, il est facile de se convaincre que toutes les pièces qui constituent les verticilles ne sont que des feuilles modifiées plus ou moins profondément. Certaines plantes montrent clairement les étapes de cette transformation. L'*Ellébore fétide,* par exemple, présente graduellement toutes les phases possibles, depuis les feuilles profondément découpées jusqu'aux pièces qui constituent les verticilles floraux; le *Nénuphar blanc* montre toutes les transformations qui établissent une transition insensible entre les sépales verts du calice et les pétales blanc de neige de la corolle, lesquels, par réduction successive, conduisent peu à peu à la forme normale des étamines (fig. 78).

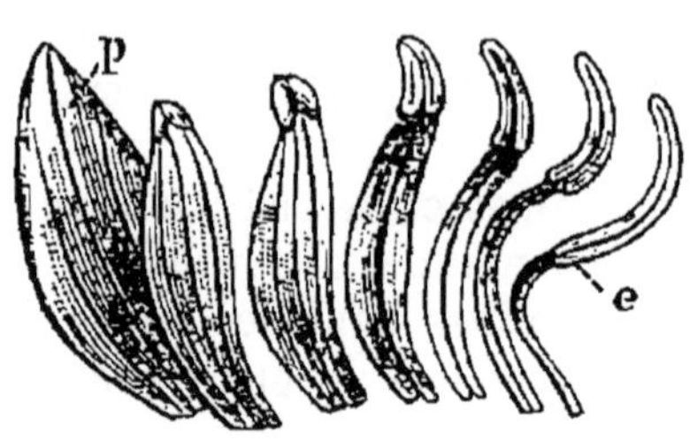

Fig. 78.

Pétale *p*, du Nénuphar blanc, passant insensiblement à l'étamine *e*.

Ainsi donc les organes les plus compliqués de la fleur sont reliés aux feuilles par toute une série d'intermédiaires.

CHAPITRE XI

DESCRIPTION DES ORGANES ESSENTIELS DE LA FLEUR

1. Calice et corolle.

143. CALICE. — Le *calice* est l'enveloppe extérieure de la fleur; il est ordinairement de couleur verte, parfois cependant il se nuance avec la corolle, comme on le voit dans le Lis, la Tulipe, le Grenadier, le Pied d'Alouette, le Fuchsia, etc.

D'après les diverses formes qu'il présente, le calice gamosépale est *tubuleux* (Primevère), *étalé* (Bourrache), *cupuliforme* (Oranger), *vésiculeux* (Alkékenge), *éperonné* (Pied d'Alouette, Capucine), *labié* (Sauge) (fig. 79).

Parfois les divisions du calice se réduisent à des poils ou à des soies raides (Scabieuse, Valériane) (fig. 80). Ces poils sont tantôt *simples*, tantôt rameux ou plumeux; l'ensemble constitue une *aigrette*. La famille des Composées en offre des exemples nombreux.

Le calice a une durée plus longue que celle de la corolle, et

son rôle protecteur se continue parfois pendant le développement de l'ovaire. Lorsqu'il s'accroît durant la maturation du

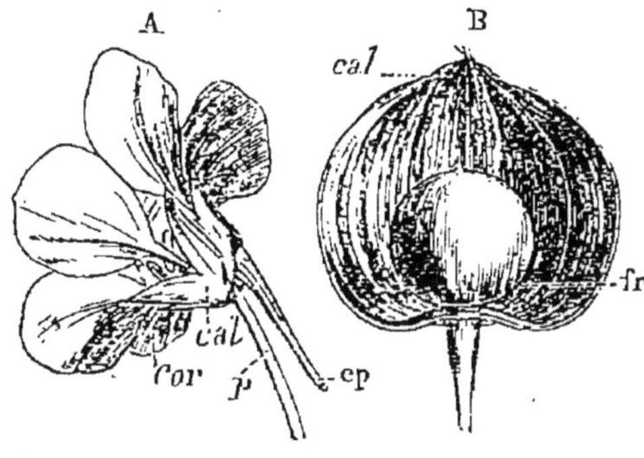

Fig. 79. — A, Fleur de Capucine; *cor*, corolle;
cal, calice, dont l'un des sépales est prolongé en
éperon *ép*; *p*, pédoncule de la fleur. — B, fruit
de l'Alkékenge; la moitié du calice vésiculeux
cal, a été enlevé; *fr*, fruit.

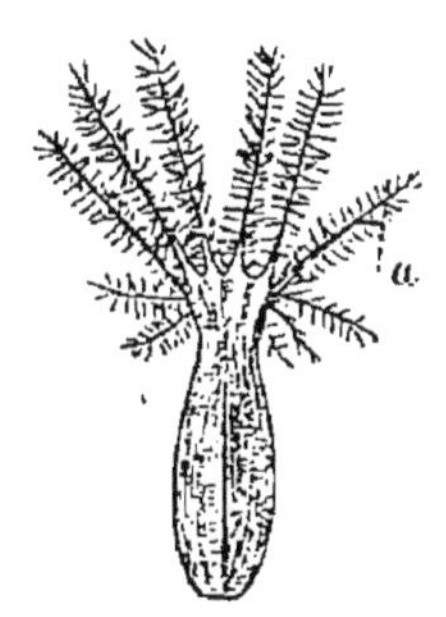

Fig. 80. — Fruit de la Valériane officinale, mon-
trant le calice, dont les
sépales sont réduits à des
aigrettes plumeuses *a*.

fruit on le dit *accrescent* (Alkékenge); s'il se détache, au contraire, au moment de l'épanouissement de la corolle, on le
dit *fugace* (Coquelicot).

144. COROLLE. — La corolle est *régulière*, lorsqu'elle est
formée de pétales ou de lobes égaux disposés
symétriquement (Lunaire, Rose, Œillet,
Bourrache, Primevère, Liseron, Campanule);
elle est *irrégulière* si les pétales sont iné-
gaux et disposés sans symétrie (Violette,
Acacia).

Dans un pétale, on distingue ordinairement
une partie inférieure allongée et rétrécie appelée

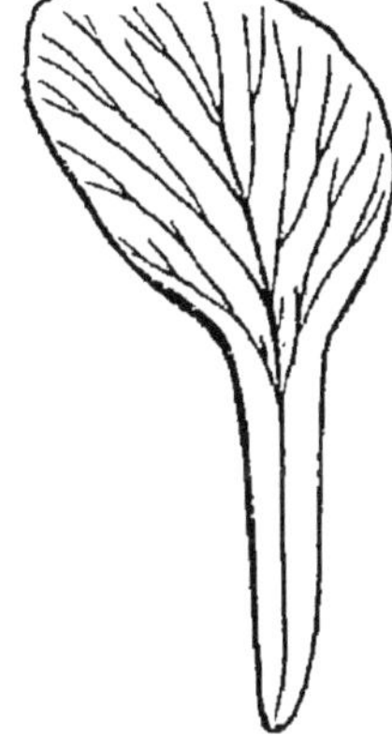

Fig. 81. — Un pétale
d'une fleur de Giro-
flée montrant une
partie élargie, le
limbe, et une partie
inférieure rétrécie
qui est l'*onglet*.

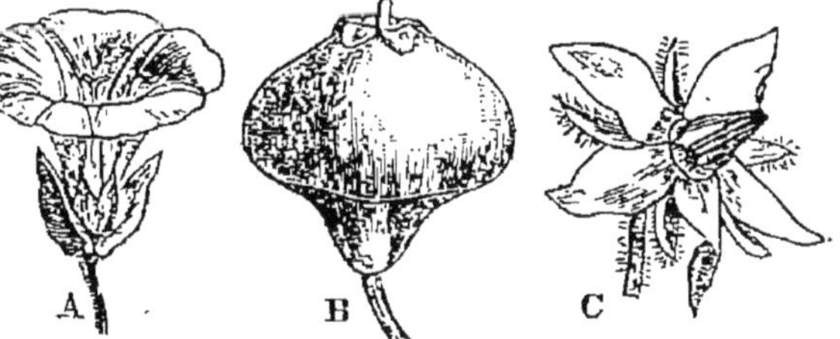

Fig. 82. — Corolle campanulée du Liseron des haies.
— B, corolle urcéolée de l'Airelle. — C, corolle rotacée de la Bourrache.

onglet, et une partie supérieure, plus ou moins élargie, nommée
limbe ou *lame* (fig. 81). Un pétale muni d'un onglet est dit *on-*

guiculé (Giroflée, Œillet); dans le cas contraire le pétale est *sessile*, comme dans la Rose. La corolle gamopétale régulière offre quatre formes principales : *Campanulée* (Campanule, Liseron);

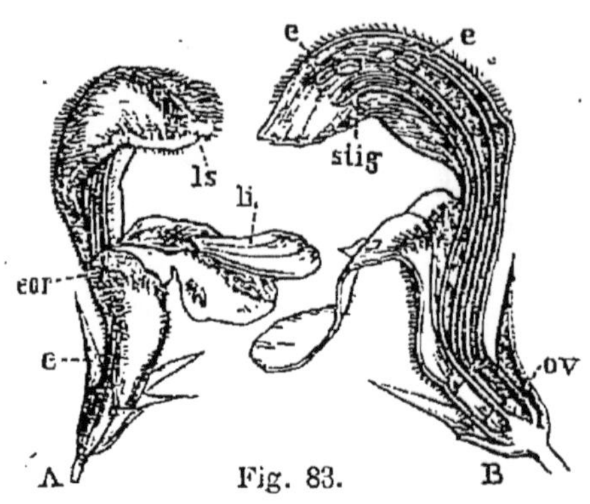

Fig. 83.

A, fleur labiée du Lamier blanc; *c*, calice; *cor*, corolle; *ls*, lèvre supérieure; *li*, lèvre inférieure. — B, la même fleur coupée en long; *e*, étamine; *stig*, stigmate; *ov*, ovules.

urcéolée (Airelle); *rotacée* (Bourrache); *infundibuliforme* (Tabac, Datura) (fig. 82).

La corolle gamopétale irrégulière présente deux formes principales : la corolle *labiée* (Lamier, Mélisse) (fig. 83) et la corolle *personnée*, offrant l'aspect du mufle de certains animaux (Muflier, Linaire, Scrofulaire). (fig. 84).

Une corolle dialypétale régulière peut être : *cruciforme*, formée par quatre pétales (Giroflée, et, en général, les Crucifères); *rosacée*, constituée par cinq pétales sessiles (Rose, Fraisier, Prunier); *caryophyllée*, formée de cinq pétales longuement onguiculés (Œillet, Saponaire).

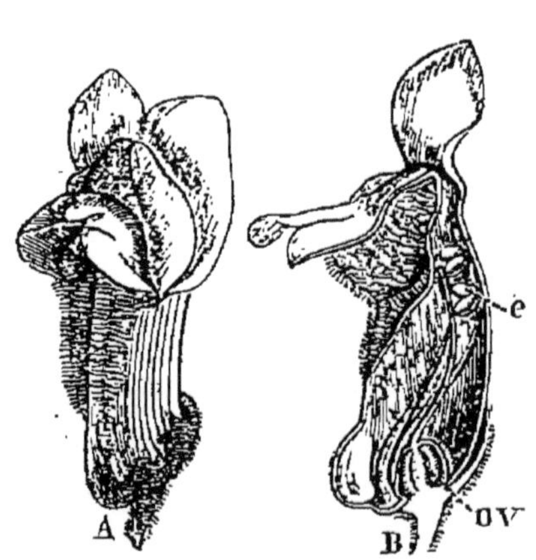

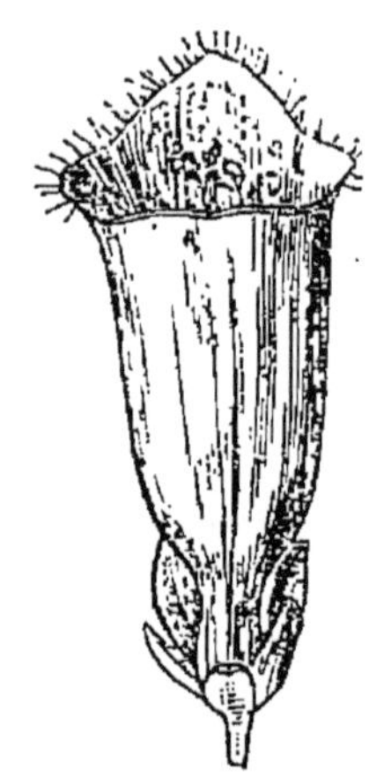

Fig. 84. — Fleur du Muflier à corolle personnée. — B, coupe longitudinale de la même fleur; *e*, étamine; *ov*, ovaire.   (MANGIN.)

Fig. 85. — Fleur de Digitale pourprée; exemple d'une corolle anomale.

La corolle dialypétale irrégulière ne comprend qu'un seul type, la corolle *papilionacée*, composée de cinq pétales, dont l'ensemble offre une certaine ressemblance avec un Papillon (Pois, Acacia, Haricot).

Les formes qui ne se rapportent pas aux types définis constituent des *corolles anomales* (Violette, Digitale) (fig. 85).

II. Androcée.

145. Constitution. — L'*androcée* est constitué par l'ensemble des *étamines*. Chaque étamine est composée d'un pédoncule très grêle, plus ou moins long, qu'on appelle *filet*, lequel est surmonté d'une sorte de petit sac, ordinairement allongé, qui est l'*anthère*. L'anthère renferme une poussière colorée, le plus souvent jaune, qu'on appelle *pollen*, et qui peut s'échapper lorsque la fleur est épanouie.

Quand le filet manque, on dit que l'anthère est *sessile*.

146. Nombre des étamines. — Le nombre des étamines est très variable, suivant l'espèce à laquelle appartient la fleur. Il n'en existe qu'une dans la *Valériane rouge*, deux ou trois dans la fleur des *Graminées*, tandis que la fleur du *Pavot* en contient des centaines.

Linné a remarqué que lorsque le nombre des étamines dépassait 12, il n'y avait plus rien de fixe relativement à leur nombre, mais qu'il est généralement constant dans chacune des espèces qui en renferment moins de 12. C'est principalement sur le nombre des étamines de la fleur qu'il a établi son système de classification (n° 179).

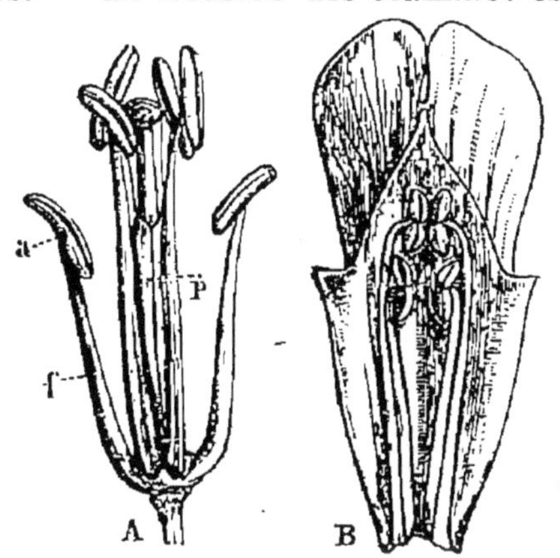

Fig. 86. — A, étamines tétradynames de la Giroflée; B, étamines didynames du Muflier.

147. Rapport de longueur des étamines. — Les étamines sont dites *incluses* lorsqu'elles ne dépassent pas la corolle (Belladone, Lilas); elles sont dites *saillantes* quand elles la dépassent (Blé, Plantain, Fuchsia).

Les étamines peuvent être toutes de longueur égale dans une même fleur (Lis, Tulipe, Bourrache), ou de longueur diffé rente. Quand une fleur a 4 étamines, dont 2 sont plus longues que les deux autres, on dit que les étamines sont *didynames* (Lamier blanc, Muflier). Quand il existe 6 étamines, et que 4 d'entre elles sont plus longues que les deux autres, elles sont *tétradynames* (Giroflée, Radis). Cette différence de longueur des 6 étamines est caractéristique de la famille des Crucifères.

148. Soudure des étamines. — Quand les étamines n'ont aucune adhérence entre elles, on dit qu'elles sont *libres*. Dans certaines espèces elles peuvent être *soudées*, soit par les filets, soit par les anthères.

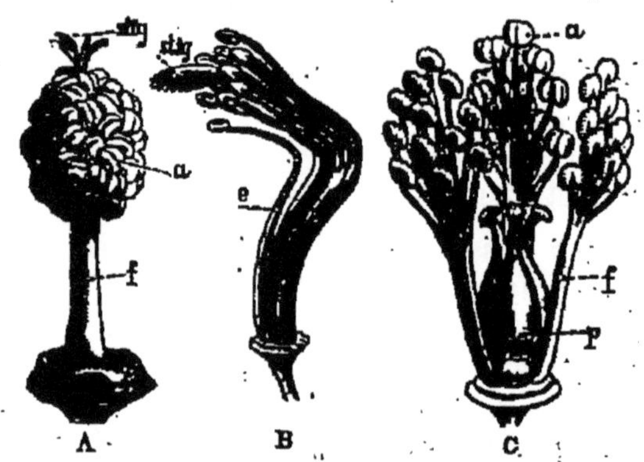

Fig. 87. — Soudure des étamines.

A, étamines monadelphes de la Mauve. — B, étamines diadelphes du Pois, *e*, étamine isolée; *stig*, stigmate. — C, étamines polyadelphes du Millepertuis; *f*, filet; *a*, anthère; *p*, pistil.

Lorsque les étamines sont réunies en un ou plusieurs groupes par les filets, on dit qu'il y a *adelphie*, et, suivant qu'elles forment un, deux, trois ou plusieurs faisceaux, elles sont *monadelphes* (Mauve, Rose-trémière), *diadelphes* (Fumeterre, Haricot), *triadelphes* (Melon) ou *polyadelphes* (Malaleuca).

Quand les étamines sont groupées en plusieurs faisceaux, chacun d'eux n'est pas toujours formé du même nombre d'étamines; ainsi dans les Papilionacées, dont les 10 étamines sont diadelphes, l'un des faisceaux comprend presque toujours 9 étamines, la 10e restant libre. Dans le Melon, les étamines sont triadelphes et comprennent deux groupes de chacun 2 étamines et une étamine libre.

Les étamines sont *synanthérées* lorsqu'elles sont soudées par les anthères, les filets restant libres (Pissenlit, Chardon, Artichaut). Cette soudure ne se fait évidemment qu'après leur développement; elles se sont ensuite soudées; tandis que, dans le cas de la soudure par les filets, la réunion en faisceaux peut s'être faite à la naissance des étamines ou postérieurement à leur développement, comme cela a lieu dans les Balsamines.

149. Rapport des étamines avec le pistil. — Les étamines peuvent être *hypogynes*, *périgynes* ou *épigynes*, suivant la position de leur point d'insertion par rapport à l'ovaire (fig. 88).

Les étamines *hypogynes* sont insérées au-dessous de l'ovaire, lequel est alors libre au fond de la fleur; on dit, dans ce cas, que l'ovaire est *supère* (Renoncules, Giroflée, Géraniums).

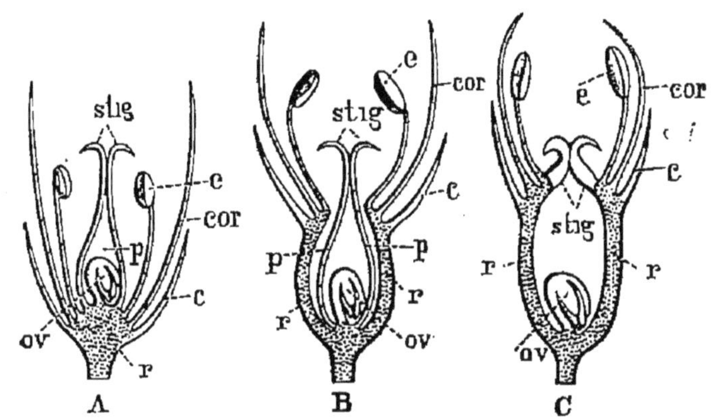

Fig. 88. — Figures théoriques pour expliquer l'insertion des étamines.
A, étamines hypogynes. — B, étamines périgynes. — C. étamines épigynes;
r, réceptacle; *c*, calice; *cor*, corolle; *e*, étamine; *p*, pistil; *ov*, ovule, renfermé
dans l'ovaire; *stig*, stigmate.   (PRANTL.)

Les étamines *périgynes* ont leur point d'insertion sur le bord du tube du calice développé en forme de coupe, au fond de laquelle est fixé l'ovaire. On ne peut enlever le calice sans enlever en même temps les étamines (Prunier, Cerisier). Dans ce cas l'ovaire est *libre*.

Les étamines *épigynes* sont insérées au-dessus de la partie supérieure de l'ovaire, lequel est *adhérent* ou *infère* (Pommier, Poirier, Carotte).

Il arrive quelquefois, mais assez rarement, que les étamines se soudent avec le pistil; elles sont alors *gynandres* (Aristoloche, Orchidées).

150. Staminodes. — On appelle *staminodes* des étamines dans lesquelles les anthères ont avorté, et qui par conséquent sont réduites à leur filet, lequel s'élargit, devient souvent pétaloïde et prend les formes les plus variées.

C'est sur cette transformation possible des étamines en pétales que repose le mode de production des *fleurs doubles*. Les étamines étant, en effet, des feuilles modifiées, on peut, par une culture appropriée, obtenir le retour des étamines à la forme pétaloïde; c'est ainsi que les fleurs qui ont des étamines nombreuses peuvent doubler facilement. Toutes lés étamines se transformant en pétales, la fleur est stérile, c'est-à-dire ne donne pas de graine.

151. Structure de l'anthère et formation du pollen. — Un peu après la formation de l'anthère, une section transversale montre qu'elle est partagée en logettes, auxquelles on a donné le nom de *sacs polliniques* (fig. 89).

Les loges qui constituent l'anthère sont en général très rapprochées et réunies au filet par le *connectif*.

Ces logettes sont au nombre de 4 si l'anthère doit être biloculaire, et au nombre de 2 seulement si elle doit être uniloculaire. Les sacs polliniques jeunes sont remplis par des cellules volumineuses, riches en protoplasma (*cellules-mères*), et qui ne sont séparées de l'épiderme que par quelques assises de cellules (fig. 90, R).

Le noyau des cellules-mères se sectionne bientôt en 4 fragments, pendant que les parois cellulaires absorbent de l'eau et se transforment en une sorte de gelée dans laquelle sont noyés les grains de pollen ébauchés. Ces grains, absorbant peu à peu le protoplasma qui les entoure, grossissent, et ne sont

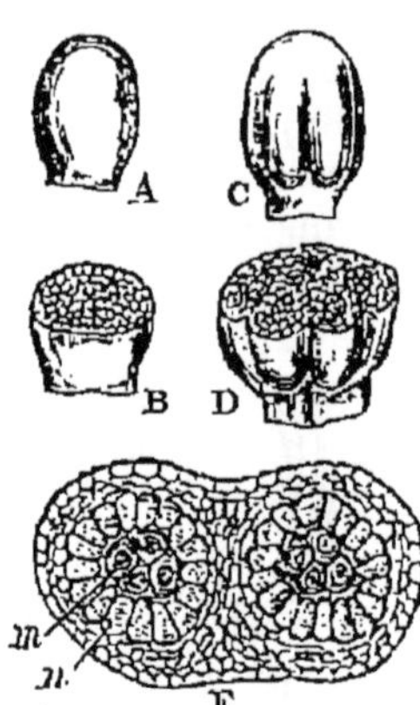

Fig. 89. — A, étamine apparaissant sous la forme d'un petit mamelon. — B, coupe transversale de A. — C, étamine au moment où elle montre un commencement de délimitation des loges. — D, coupe transversale de C, montrant le début de la formation des quatre sacs polliniques. — E, coupe transversale d'une anthère plus âgée, montrant dans chacune des deux loges quatre grains de pollen, provenant de la division d'une cellule (cellule mère *m*); *n*, assise nourricière.
(MAISONNEUVE.)

bientôt séparés de l'épiderme que par une assise de cellules qui épaississent fortement leurs parois (*cellules fibreuses*).

Quand les grains de pollen ont atteint leur complet développement, ils sont libres dans les sacs polliniques, l'anthère est constituée; c'est alors que le filet s'allonge rapidement et que l'étamine prend ses dimensions définitives.

On appelle *déhiscence* de l'anthère l'acte par lequel elle s'ouvre pour mettre le pollen en liberté.

152. Structure du grain de pollen. — Ordinairement le pollen se présente sous l'aspect d'une fine poussière, dont les grains, globuleux, ovoïdes ou polyédriques, ont un diamètre qui varie entre 7 millièmes et 2 dixièmes de millimètre. Le pollen est généralement *jaune;* cependant il est *rouge* dans le Réséda, *violet* dans la Tulipe, *bleu* dans l'Épilobium.

Chaque grain est une véritable cellule remplie d'un protoplasma épaissi, désigné autrefois sous le nom de *fovilla*. Les parois du grain de pollen sont formées de deux membranes superposées : l'une, exté-

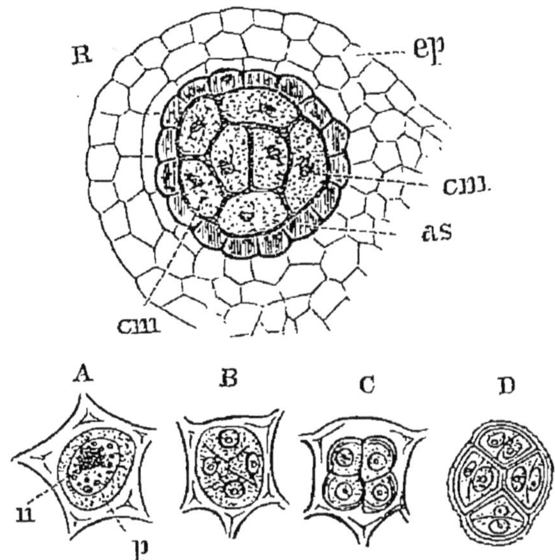

Fig. 90. — Formation des grains de pollen.

R, coupe transversale d'un sac pollinique jeune; *ep*, épiderme; *as*, assise nourricière; *cm*, cellules-mères. — A, une cellule-mère isolée; *p*, protoplasma;
n, noyau. — B, le noyau de A s'est divisé en quatre. — C, chacun des noyaux
de B s'est entouré d'une membrane. — D, les quatre grains de pollen sont
libres de toute adhérence entre eux.   (R, d'après Gaston BONNIER.)

rieure, colorée, inextensible (*membrane exhyménine* ou *exine*), protège la cellule contre la dessiccation; l'autre, interne, est incolore,
perméable et extensible (*mem-
brane endhyménine* ou *intine*).
Cette dernière enveloppe est la
membrane propre et fondamentale
du grain de pollen; elle ne manque
jamais, tandis que la première
n'existe pas toujours.

L'enveloppe externe présente
souvent des plis ou des trous par
lesquels la membrane interne peut
faire saillie lorsque le grain de pollen se trouve exposé à l'humidité;
il se forme alors une sorte de boyau
qui s'allonge hors de la cellule et
finit par se déchirer quand l'allon-

Fig. 91.
Grain de pollen et tube pollinique.

gement est considérale. On donne à cette expansion particulière le nom
de *tube* ou *boyau pollinique* (fig. 91).

III. **Pistil.**

153. Constitution du pistil. — Le *pistil* occupe toujours la partie centrale de la fleur; il est formé d'éléments que l'on nomme *carpelles* (du grec *carpos*, fruit), qui sont des feuilles modifiées (*feuilles carpellaires*), et comprend ordinairement trois parties : 1° l'*ovaire*, partie inférieure, renflée, dans laquelle se trouvent les *ovules*; 2° le *style*, petite colonnette qui surmonte l'ovaire ; 3° le *stigmate*, organe glanduleux qui termine le style.

Lorsque le style manque, le stigmate est directement fixé sur l'ovaire; il est alors *sessile* (Pavot).

Le *stigmate* est formé d'un parenchyme lâche sécrétant un liquide visqueux capable de retenir les grains de pollen qui pourront tomber sur sa surface. Sa forme est très variable.

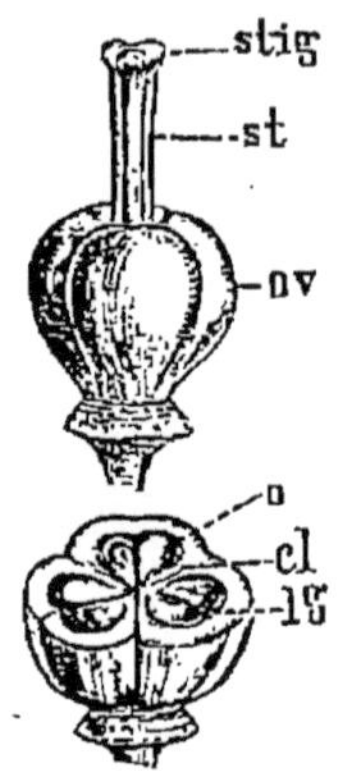

Fig. 92. — Pistil de Jacinthe.

ov, ovaire; *st*, style; *stig*, stigmate; *lg*, loge; *cl*, cloison; *o*, ovules.

Le style présente dans sa partie centrale un faisceau *libéro-ligneux*, séparé de l'épiderme par un parenchyme creusé de nombreuses lacunes distribuées irrégulièrement, mais établissant des communications directes entre l'ovaire et le stygmate. Ce parenchyme a reçu le nom de *tissu conducteur*.

154. Ovaire. — L'*ovaire* est une cavité tantôt simple, tantôt multiple; il est *uniloculaire* (Pois, Fève, Haricot), *biloculaire* (Lilas), *multiloculaire* (Pomme), suivant le nombre des loges qu'il comprend.

Il existe en général autant de loges qu'il y a de carpelles constituant le pistil; cependant un ovaire composé de plusieurs carpelles peut être uniloculaire par destruction ou avortement des cloisons intérieures; c'est ce qui arrive pour la Violette, le Pavot.

L'ovaire est formé par le limbe de feuilles modifiées, dont les bords se sont repliés autour de la nervure médiane, de manière à circonscrire la cavité qui renferme les ovules, de telle sorte que la soudure des bords du limbe soit contre l'axe de la fleur, et la nervure médiane sur la paroi extérieure de l'ovaire. Les ovules sont toujours fixés à un cordon, le *placenta*, qui occupe la ligne de soudure des deux bords de la feuille carpellaire.

155. Placentation. — On appelle *placentation* la manière dont les ovules sont distribués dans l'ovaire.

On distingue trois sortes de placentation : la *placentation axile*, la *placentation pariétale* et la *placentation centrale* (fig. 93).

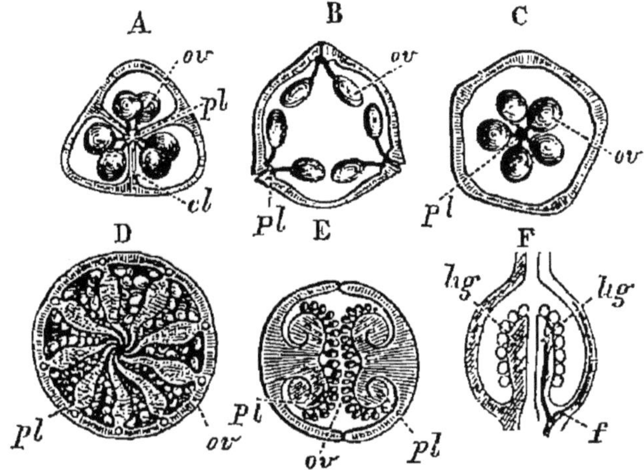

Fig. 93. — Divers modes de placentation.

pl, placenta; *ov*, ovules. — A, placentation axile du Lis; *cl*, cloison. — B, placentation pariétale de la Violette. — D, placentation pariétale du Pavot. — E, placentation pariétale du Muflier. — C, placentation centrale de la Primevère. — F, coupe longitudinale de l'ovaire de la Primevère, pour montrer la formation du placenta central; *f*, faisceaux libéro-ligneux; *lig*, ligule des feuilles carpellaires, constituant le placenta.

Si l'ovaire est pluriloculaire, les bords des feuilles carpellaires étant soudés près de l'axe, les placentas se trouvent groupés autour de cet axe, et la placentation est dite *axile* (Tulipe, Poirier).

Dans la placentation *pariétale*, lorsque l'ovaire est formé d'un seul carpelle, il porte latéralement un placenta sur lequel sont fixés les ovules (Pois, Haricot). Si, comme il arrive pour la Violette, par exemple, les feuilles carpellaires ont soudé leurs bords deux à deux, l'ovaire qui en résulte est uniloculaire, mais présente un certain nombre de placentas correspondant à la soudure de deux feuilles contiguës; la placentation est encore *pariétale*.

Dans la placentation *centrale*, les ovules sont fixés à une sorte de petite colonne centrale isolée au milieu de l'ovaire et sans connexion avec les parois (Primevère officinale).

D'une manière générale on peut donc dire que la placentation est toujours axile quand l'ovaire est pluriloculaire, tandis qu'elle peut être pariétale ou centrale quand il est uniloculaire.

156. Structure de l'ovule. — L'*ovule* est un petit corps arrondi constitué par une masse centrale cellulaire, le *nucelle*, entourée de deux membranes, l'une externe, appelée *primine*, l'autre interne, désignée sous le nom de *secondine* (fig. 94).

L'ovule est fixé au placenta par un cordon très court, le *funicule*; le point d'insertion du funicule sur la primine est le *hile*. Le nucelle fait corps avec les enveloppes à la partie inférieure en une région désignée sous le nom de *chalaze*. A l'opposé de la chalaze les deux

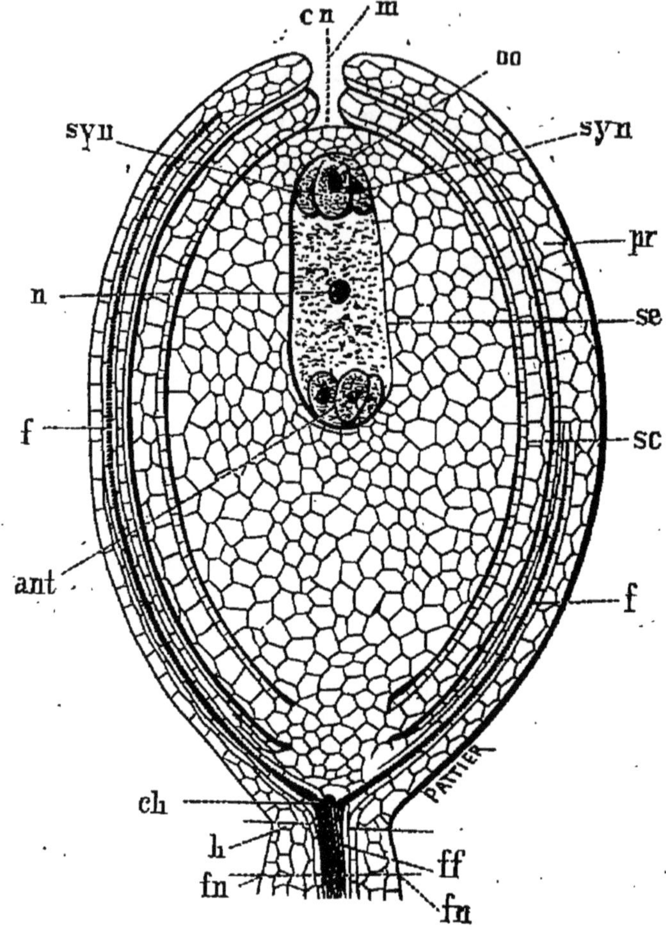

Fig. 94. — Coupe longitudinale d'un ovule.

pr, primine; *sc*, secondine; *cn*, nucelle; *m*, micropyle; *se*, sac embryonnaire; *oo*, oosphère; *syn*, synergides; *n*, noyau secondaire; *ant*, antipodes; *ch*, chalaze; *h*, hile; *fn*, funicule; *ff*, faisceau du funicule; *f*, faisceau de la primine.
(Gaston BONNIER.)

membranes laissent libre un petit orifice, le *micropyle*, donnant accès sur le nucelle.

Le nucelle renferme une sorte de sac, appelé *sac embryonnaire*, rempli d'un protoplasma granuleux comprenant de nombreuses vacuoles. Au sommet du sac embryonnaire, c'est-à-dire au voisinage du micro-yle, il existe trois masses de protoplasma dépourvues d'enveloppe:

l'une médiane, appelée *oosphère* ou *vésicule embryonnaire*; les deux autres, latérales, sont les *cellules synergides*.

A l'opposé de ces trois cellules il en existe trois autres nommées *cellules antipodes*, dont le rôle n'est pas bien connu. Enfin, vers le milieu du sac embryonnaire se trouve un noyau volumineux (*noyau secondaire*) qui se scinde après la fécondation pour former l'albumen.

CHAPITRE XII

FORMATION DE L'ŒUF VÉGÉTAL

157. Définition. — La *formation de l'œuf végétal* est le phénomène par lequel le pollen déposé sur le stigmate détermine dans l'ovule la formation de l'embryon, et par suite la transformation de l'ovule en graine et de l'ovaire en fruit.

158. Germination du pollen. — Le liquide visqueux dont le stigmate est imprégné retient facilement les grains de pollen qui s'échappent des anthères au moment de leur déhiscence et qui viennent le toucher. Sous l'influence de l'humidité, les grains se gonflent, la membrane externe se rompt, et les tubes polliniques font saillie au dehors (n° 148).

Ces tubes polliniques, rampant à la surface du stigmate, s'introduisent bientôt dans le tissu conducteur du style (n° 152). Pendant qu'ils cheminent ainsi dans le style, il se nourrissent des tissus qu'ils traversent et arrivent bientôt en regard du micropyle, dans lequel ils s'engagent, et viennent enfin aboutir au sommet du sac embryonnaire.

159. Transformation de l'ovule en graine. — Au contact du sac embryonnaire avec le tube pollinique, l'oosphère s'entoure d'une membrane de cellulose, et la formation de l'œuf végétal est accomplie. A partir de ce moment toute la vitalité de la plante se concentre dans l'ovaire, la corolle se flétrit, la fleur se dessèche et tombe, l'ovaire seul subsiste et continue son développement; on dit que le fruit se *noue*.

Chaque ovule exige un tube pollinique pour sa transformation; le nombre des tubes polliniques qui doivent traverser le pistil est donc en rapport avec le nombre des ovules que contient l'ovaire.

160. Circonstances qui influent sur la pollinisation. — Dans les fleurs hermaphrodites, la pollinisation est facile, car les anthères sont toujours voisines des stigmates; mais dans les fleurs qui ne possèdent chacune que des étamines ou des pistils, le transport du pollen des anthères sur le stigmate ne peut se faire qu'artificiellement, soit par le vent, soit par les insectes, les abeilles et les papillons surtout.

Les Arabes favorisent la fécondation des Dattiers, qui sont des plantes dioïques (nº 140), en secouant le pollen des fleurs staminées sur les stigmates des fleurs pistillées.

Quand la saison a été pluvieuse, l'eau ayant entraîné les grains de pollen, la fécondation s'est trouvée en partie supprimée, et bon nombre d'ovules restent stériles. Cette stérilité, regrettable surtout pour la Vigne, est désignée par les vignerons sous le nom de *coulure de la Vigne*.

161. Hybridité. — En général, les ovules ne peuvent être transformés que par le pollen de la plante à laquelle ils appartiennent, ou par celui qui provient d'une autre plante de la même espèce. Il peut se faire cependant que la pollinisation s'accomplisse entre deux plantes d'espèces voisines; elle prend alors le nom de *pollinisation croisée*, et les individus qui naissent des graines sont des *hybrides*.

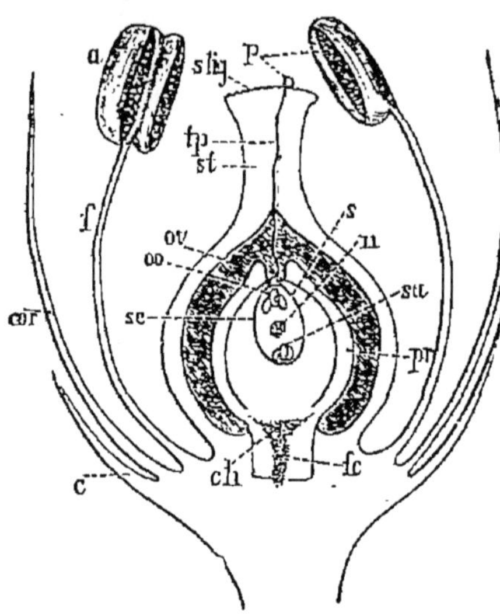

Fig. 95. — Figure théorique pour résumer l'organisation d'une fleur complète.

c, calice; *cor*, corolle; *f*, filet de l'étamine; *a*, anthère; *ov*, ovaire; *st*, style; *stig*, stigmate; *tp*, tube pollinique provenant de la germination d'un grain de pollen *p*; *pr*, primine de l'ovule; *s*, secondine; *sc*, sac embryonnaire; *oo*, oosphère; *n*, noyau secondaire du sac embryonnaire; *sa*, cellules antipodes; *ch*, chalaze; *fc*, funicule.

Les hybrides ont des caractères qui rappellent ceux des deux types dont ils descendent, mais ils sont le plus souvent stériles, c'est-à-dire ne donnent pas de graines fertiles. Ceux qui, exceptionnellement, peuvent se reproduire par des graines, finissent par retourner, après quelques générations successives, à l'une des deux espèces primitives. La multiplication des hybrides n'est donc pas possible par des semis; on les conserve en les multipliant par la greffe, la bouture, etc., et encore ces procédés ne sont-ils applicables qu'aux espèces vivaces et ligneuses.

Les hybrides possèdent ordinairement une croissance plus vigoureuse que les deux espèces dont ils proviennent. Ils ont une tendance à vivre plus longtemps; leur floraison est plus précoce et plus abondante; les fleurs sont plus grandes, plus brillantes; ils ont aussi une tendance plus marquée à doubler.

CHAPITRE XIII

LE FRUIT

162. Constitution du fruit. — On appelle *fruit* l'ovaire fécondé et mûri.

Le fruit comprend deux parties : le *péricarpe* et la *graine*. Certaines parties accessoires accompagnent souvent le péricarpe et subissent en même temps que l'ovaire des transformations considérables à la suite de la pollinisation. On est convenu de désigner sous le nom de fruit

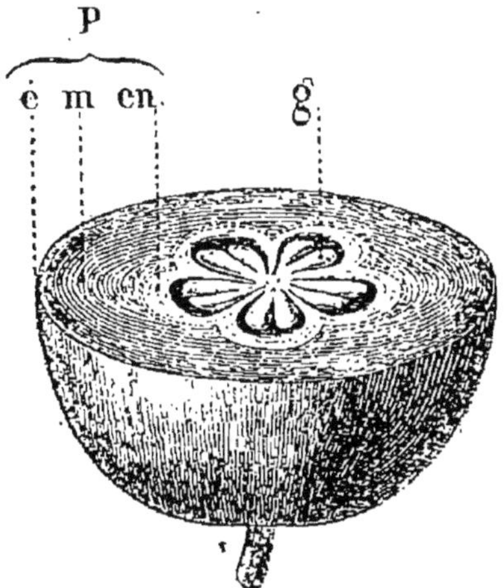

Fig. 96. — Section transversale d'une Pomme, pour montrer la structure de ce fruit à pépins. — P, péricarpe comprenant : l'épicarpe *é*, le mésocarpe *m* qui forme la partie charnue du fruit, et l'endocarpe *en* constituant les loges dans lesquelles se trouvent les graines *g*.

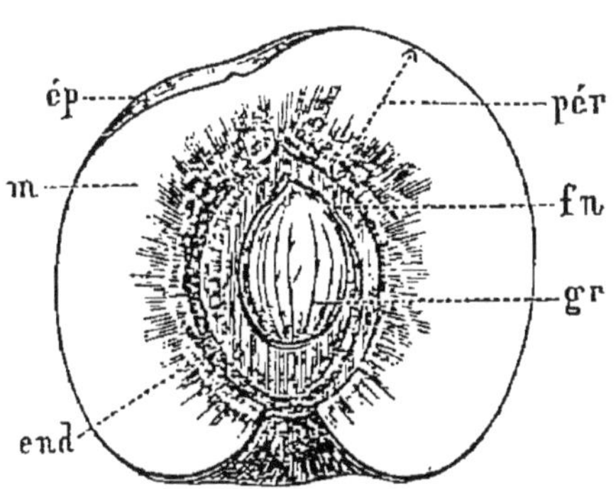

Fig. 96 *bis*. — Section longitudinale d'une Pêche, pour montrer la structure de ce fruit à noyau. — *pér*, péricarpe comprenant : l'épicarpe *ép*, le mésocarpe *m*, l'endocarpe *end*, formant ici le noyau ; *gr*, graine montrant le funicule *fn*, qui relie la graine à la paroi du péricarpe. (Germain de SAINT-PIERRE.)

l'ensemble des graines, du péricarpe et des organes qui l'accompagnent.

163. Péricarpe. — Le *péricarpe* (fig. 96) est la portion du fruit qui forme les parois de l'ovaire grossi. Il comprend trois parties : 1° une couche externe, correspondant à la face inférieure de la feuille carpellaire : c'est l'*épicarpe ;* il forme la pelure des Pommes, des Prunes, des Pêches ; 2° une couche interne, formée par la face supérieure de la feuille carpellaire et nommée *endocarpe ;* c'est elle qui constitue les membranes coriaces qui entourent les pépins de la Pomme et le noyau qui enveloppe l'amande dans les Prunes, les Cerises, les Abricots; 3° un parenchyme cellulaire, souvent pulpeux, compris entre les deux couches précédentes, et que l'on désigne sous le nom de *mésocarpe;* il constitue la partie charnue et succulente des Pommes, des Cerises, des Pêches.

Les parties voisines de l'ovaire concourent parfois à compliquer le fruit. C'est ainsi, par exemple, que dans les fleur à ovaire adhérent le réceptacle contribue à former le fruit (Pomme, Poire, Coing, Melon, Cassis). Dans d'autres fleurs, le calice acquiert un développement considérable (Coqueret, Belladone). Ailleurs, le réceptacle floral se renfle et forme une masse charnue (sarcocarpe), à la surface de laquelle sont insérées les graines (Fraise). Dans le Figuier, c'est encore le réceptacle creux qui devient pulpeux et comestible; les graines sont fixées à l'intérieur du réceptacle.

Phénomènes chimiques qui accompagnent la maturation du fruit. — Lorsque le fruit a acquis son développement normal, et lorsque ses différentes parties ont cessé de se transformer, le péricarpe passe à un état particulier, et l'on dit que le fruit est *mûr.*

Fig. 97. — Fruit de Belladone. Dans la Belladone, le calice acquiert un développement considérable pendant la maturation du fruit. (MANGIN.)

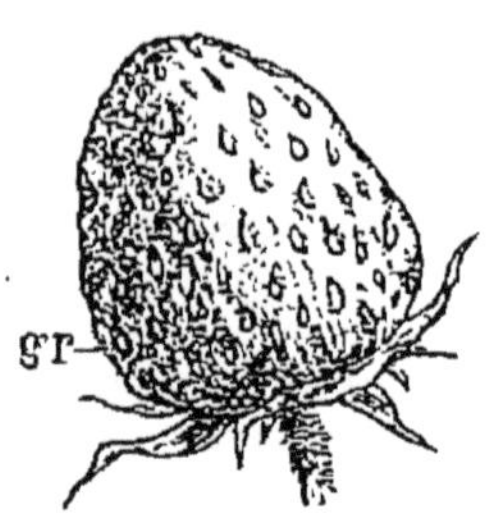

Fig. 97 bis. — Une Fraise montrant un réceptacle volumineux et comestible, sur lequel les graines *gr* sont insérées.

Si le péricarpe est sec, les cellules achèvent de se vider, se dessèchent et se remplissent d'air; quand le péricarpe est charnu, les cellules renferment un certain nombre de produits, notamment de l'amidon, du tannin, des acides organiques (malique, tannique, pectique) qui communiquent aux fruits verts leur acidité particulière. La proportion de ces produits varie sans cesse pendant la maturation, et sont l'objet de transformations remarquables; l'amidon et le tannin disparaissent, et on voit apparaître du sucre et des substances mucilagineuses associées à de la saccharose qui ne tarde pas à se transformer en glucose; certains fruits mûrs (Raisin, Cerise) ne renferment

que du glucose, d'autres contiennent à la fois un mélange de glucose
et de saccharose (Abricot, Pêche, Orange, Pomme, Fraise, etc.).

La maturation du fruit une fois terminée, le péricarpe s'ouvre ou se
détruit pour mettre les graines en liberté.

164. Fruits simples, composés et multiples. — On appelle
fruit *simple* tout fruit qui provient d'une fleur à un seul ovaire
(Pois, Pomme, Cerise). Il arrive cependant quelquefois qu'un

Fig. 98. — Fruit composé de l'Ananas.

ovaire simple se fractionne pendant la maturation en plusieurs
parties, qui sont chacune un véritable fruit; les *Labiées*, par
exemple, ont un seul ovaire dont les 4 loges se séparent en
autant de fruits distincts; l'ovaire de l'*Érable* se dédouble également en deux fruits distincts.

Un fruit *composé* est celui qui est formé par toute une inflorescence, et qui provient d'un ensemble d'ovaires appartenant
à des fleurs distinctes les unes des autres, mais très rapprochées,
comme, par exemple, la *Figue*, le *Cône*, l'*Ananas* (fig. 98). Le
fruit *multiple* est celui qui résulte de la réunion d'un grand

nombre de fruits provenant d'une même fleur (Fraise, Framboise, Mûre, fig. 99).

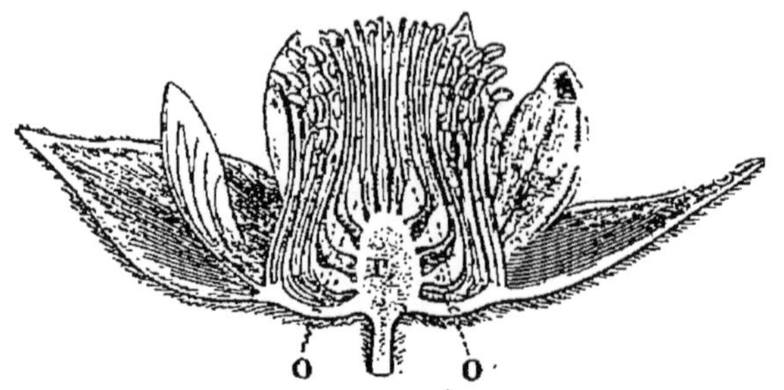

Fig. 99. — Fleur de Ronce donnant pour fruit une mûre.

o, o, ovaires distincts; *r*, réceptacle.

165. Fruits secs, Fruits charnus. — Les fruits *secs* sont ceux dans lesquels le péricarpe est entièrement lignifié et coriace lorsque la maturité est complète (*Haricot, Orme, Pissenlit*).

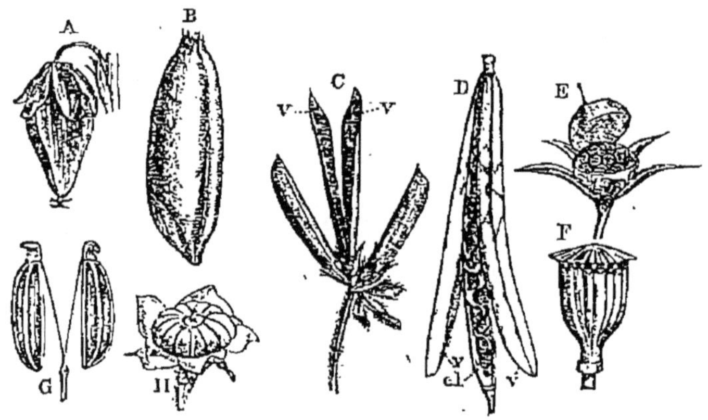

Fig. 100. — Exemples de fruits secs.

A, akène du Blé noir. — B, caryopse du Blé. — C, gousse du Lotier corniculé, dont l'une est ouverte. — D, silique de la Giroflée; *v*, valves; *cl*, cloison. — E, pyxide du Mouron rouge. — F, capsule du Pavot. — G, diakène du Fenouil. H, polyakène de la petite Mauve.

Les fruits *charnus* sont ceux qui ont un péricarpe pulpeux gorgé de sucs particuliers (*Poire, Prune, Raisin*).

166. Déhiscence. — La *déhiscence* du fruit est l'acte par lequel le fruit s'ouvre pour laisser échapper les graines. La plupart des fruits charnus sont indéhiscents; ils tombent sur le sol, et les graines n'arrivent en contact avec la terre qu'après la destruction des enveloppes. Cependant la *Balsamine*, le *Con-*

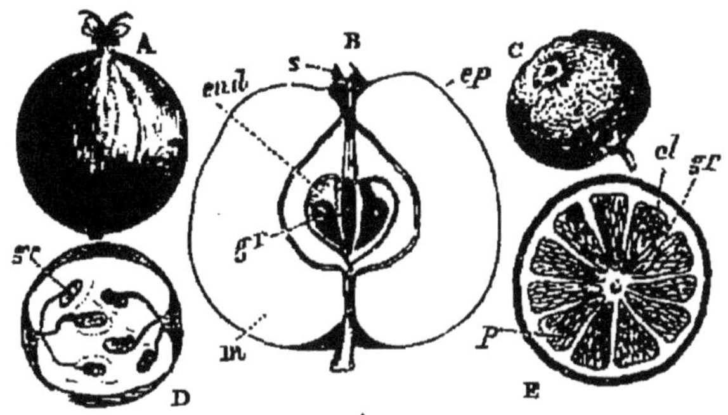

Fig. 101. — Exemples de fruits charnus.

A, baie du Groseillier. — D, coupe transversale du même fruit montrant le mode de placentation. — B, mélonide du Pommier, avec l'indication de ses diverses parties : *s*, sépales du calice persistant ; *ep*, épicarpe ; *m*, mésocarpe charnu, *end*, endocarpe cartilagineux ; *gr*, graine. — C, hespéridie de l'Oranger. — E, coupe transversale de l'hespéridie montrant sa structure interne ; *p*, poils succulents tapissant l'intérieur des loges ; *cl*, cloison ; *gr*, graine.

combre sauvage, ont des fruits qui éclatent et projettent leurs graines à une grande distance.

167. Usages des fruits. — Les parties comestibles des fruits charnus contiennent des produits composés de carbone, d'oxygène et d'hydrogène, tels que la fécule, la gomme, le sucre, des acides et des huiles grasses ou volatiles. Les huiles et le sucre se forment seulement pendant la maturation du fruit, durant laquelle les acides disparaissent à peu près complètement.

Les parties alimentaires varient suivant les fruits. Ainsi, on mange le *mésocarpe* de la Prune, de la Cerise, de la Pomme, de la Pêche, de l'Abricot, du Melon ; l'*amande* de la Châtaigne, de la Noix, de la Noisette ; le *fruit entier* de la Tomate, du Raisin, de la Framboise, de la Figue ; le *réceptacle* de la Fraise. Beaucoup de fruits servent aussi à la fabrication des boissons fermentées, tels sont les fruits de la Vigne, du Pommier, du Poirier.

Le Blé, le Seigle, le Riz, le Maïs, le Sarrasin, sont la base de l'alimentation de l'homme. Les graines de plusieurs légumineuses (Haricot, Lentille, Pois) sont aussi des aliments de première importance ; les graines du Noyer, du Colza, du Hêtre, du Lin, du Chanvre, fournissent des huiles employées dans l'alimentation ou l'industrie.

CLASSIFICATION DES FRUITS

F. simples.

Charnus.

DRUPE. — Endocarpe durci en noyau, mésocarpe charnu. *Pêche, Prune, Cerise.*

BAIE. — Graines disséminées dans une masse pulpeuse. *Raisin, Groseille.*

MÉLONIDE. — Mésocarpe très charnu et très développé; 5 loges soudées. *Pomme, Poire.*

PÉPONIDE. — Mésocarpe très charnu et très développé; une seule loge par destruction des cloisons. *Melon, Citrouille.*

HESPÉRIDIE. — Péricarpe épais; loges remplies de poils vésiculeux gorgés de sucs. *Orange, Citron.*

Secs.

Indéhiscents.

CARYOPSE. — Graine unique adhérente au péricarpe. *Orge, Maïs, Avoine.*

AKÈNE. — Graine unique n'ayant qu'un point d'attache avec un péricarpe sec et mince. *Pissenlit.*

SAMARE. — Péricarpe étalé en membrane mince. *Orme, Érable.*

GLAND. — Graine unique dans un péricarpe sec et osseux. *Chêne, Noisetier.*

Déhiscents.

FOLLICULE. — Péricarpe foliacé; fruits ordinaires en verticille ou en tête. *Pivoine, Ancolie.*

GOUSSE. — Péricarpe foliacé s'ouvrant en deux valves. *Haricot, Pois.*

PYXIDE. — Fruit ayant la forme d'une petite boîte à couvercle. *Mouron rouge, Jusquiame.*

SILIQUE. — Péricarpe s'ouvrant en 2 valves qui mettent à nu un axe portant les graines. *Chou, Giroflée.*

SILICULE. — Silique dont la longueur n'égale pas 4 fois la largeur. *Alyssum.*

CAPSULE. — Péricarpe mince à une où plusieurs loges; graines nombr. *Pavot.*

F. composés.

SOROSE. — Fruits charnus agglomérés en une seule masse. *Mûrier, Ananas.*

SYCÔNE. — Réunion d'akènes sur un réceptacle charnu de forme concave. *Figue.*

CÔNE. — Réunion de graines nues protégées par des écailles. *Pin, Sapin, Houblon.*

CHAPITRE XIV

LA GRAINE ET LA GERMINATION

I. La Graine.

168. Définition et composition. — La *graine* est l'ovule transformé; c'est elle qui, placée dans des conditions spéciales, pourra, par la germination, reproduire la plante dont elle provient.

Une graine complète se compose de 3 parties : une enveloppe simple ou multiple, formant ce qu'on appelle les *téguments* de la graine; un *albumen*, et un *embryon* ou plantule. La graine est attachée au placenta par le *funicule* (n° 156) et peut quelquefois manquer d'albumen.

169. Téguments de la graine. — L'enveloppe de la graine est formée par les deux membranes de l'o-vule. Souvent ces deux membranes se soudent pour n'en former plus qu'une; quand elles restent distinctes et super-posées, la membrane externe, dure, ligneuse, se nomme *testa;* et la membrane interne, mince, délicate, se nomme *tegmen.*

170. Albumen. — L'*albumen* est un amas de matières nutritives destinées à nourrir l'embryon au moment de la germination, et qui se sont formées aux

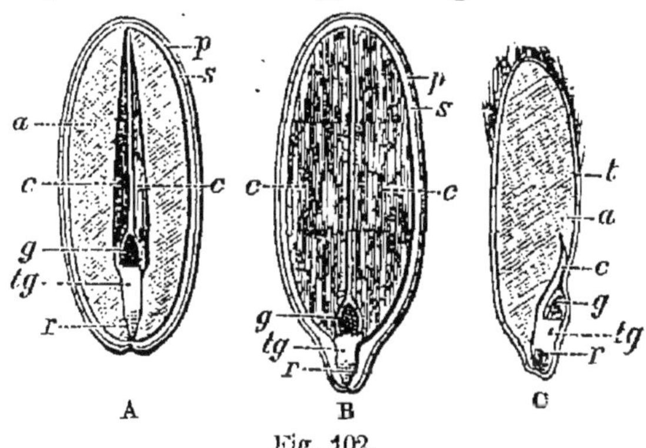

Fig. 102.

A, coupe théorique d'une graine de Dicotylédone à albumen; *s*, secondine de l'ovule devenue le tegmen de la graine; *p*, primine de l'ovule devenue le testa du tégument de la graine; *a*, albumen; *c*, cotylédons; *r*, radicule de la plantule; *tg*, tigelle; *g*, gemmule. — B, graine sans albumen; *c*, cotylédons; *p, s*, tégument; *r, tg, g*, les trois parties de la plantule. — C, graine de Monocotylédone à albumen; *t*, tégument; *a*, albumen; *c*, cotylédon unique; *r, tg, g*, les trois parties de la plantule. (Gaston BONNIER.)

dépens du noyau secondaire renfermé dans le sac embryonnaire (n° 156).

Certaines graines de plantes Dicotylédones, comme le Chou, le

Haricot, sont complètement dépourvues d'albumen, tandis qu'il est très développé dans celles du Café, des Céréales (fig. 102).

L'albumen est *féculent* dans le Blé, *huileux* dans le Ricin et le Pavot, *corné* dans le Café.

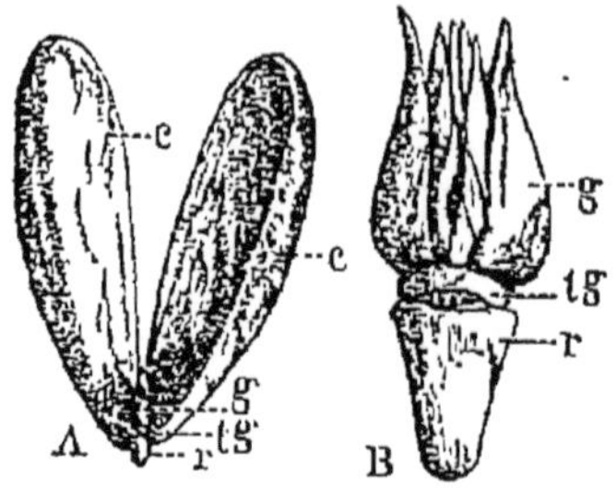

Fig. 103.

A, embryon de l'Amandier; *c*, cotylédons; *r*, radicule; *tg*, tigelle; *g*, gemmule. — B, plantule grossie et dont on a détaché les deux cotylédons; *r*, radicule; *tg*, tigelle; *g*, gemmule. (MANGIN.)

171. Embryon (fig. 103). — L'*embryon* est la partie essentielle de la graine; il se compose de trois parties : la *radicule*, la *tigelle* et la *gemmule*, formant par leur ensemble une petite plante rudimentaire.

La *radicule*, ordinairement conique, a toujours sa pointe tournée vers le micropyle; c'est elle qui, lors du développement de l'embryon, donne naissance à la racine. La *tigelle* fait suite à la radicule; c'est la future tige.

La *gemmule* est un petit bourgeon formé de feuilles ébauchées, orienté vers la chalaze. Elle est tantôt visible, tantôt cachée avant son développement. En enlevant l'écorce d'une graine de Haricot encore fraîche, ou que l'on a laissé tremper dans l'eau pendant quelque temps si elle est sèche, elle se sépare en deux parties, au milieu desquelles on aperçoit très visiblement l'embryon.

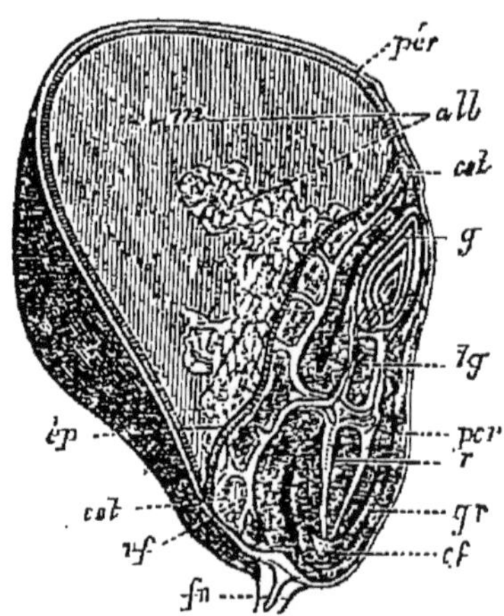

Fig. 104. — Structure d'un grain de Maïs. *pér*, péricarpe; *m*, partie dure et jaune de l'albumen, la partie molle et blanche est adossée au cotylédon; *cot*, cotylédon; *ép*, épiderme de l'embryon; *r*, *tg* et *g*, radicule, tigelle et gemmule de l'embryon; *cf*, coiffe; *gr*, gaine de la radicule; *vf*, cordons blanchâtres indiquant la distribution des futurs faisceaux libéro-ligneux; *fn*, funicule. (SACHS.)

172. Cotylédons. — Les *cotylédons* sont des appendices latéraux fixés à la base de la tigelle. Ils sont épais, charnus dans les graines dépourvues d'albumen, et constituent des organes de réserve destinés à fournir les aliments nécessaires au développement de l'embryon, tandis qu'ils sont minces et membraneux dans les graines qui sont pourvues d'un albumen abondant (Ricin).

Quand il n'existe qu'un seul cotylédon, celui-ci s'insère ordinairement autour de la tigelle, qu'il entoure et recouvre comme une feuille engaînante.

173. Structure d'un grain de Maïs. — Pour compléter ces notions générales sur la structure d'une graine mûre, il reste à faire connaître l'organisation particulière d'un grain de céréale; on peut prendre comme exemple celui du Maïs (fig. 104).

Une section longitudinale de ce fruit montre, de l'extérieur à l'intérieur, un péricarpe *per*, doublé du tégument de la graine; un albumen volumineux *alb*, composé d'une partie dure et jaune *m*, et d'une partie molle et blanche adossée au cotylédon; un seul cotylédon *cot*, entouré d'un épiderme *ép*; des cordons blanchâtres *vf*, marquant la disposition des futurs vaisseaux libéro-ligneux; un embryon constitué, comme il a été dit, par une radicule *r*, destinée à produire la racine principale, la radicule est déjà munie de la coiffe *cf*; en outre elle est enveloppée d'une gaine ou coléorhize *gr*; la tigelle *tg* et la gemmule *g*. A la base de la tigelle, on voit deux petites proéminences, représentant le début du développement des racines adventives, produites par le premier entre-nœud de la tige de l'embryon; enfin, un fragment du funicule *fn*. La structure d'un grain de Blé, de Seigle ou d'Avoine est analogue à celle du grain de Maïs que l'on vient de résumer.

II. La Germination.

174. Définition. — La *germination* est l'acte par lequel l'embryon se développe.

Une graine mûre peut rester un temps considérable dans un état stationnaire sans que ses propriétés germinatives soient altérées; de sorte qu'elle pourra être conservée des années et même des siècles sans perdre la faculté de pouvoir germer lorsqu'elle se trouvera dans des conditions favorables.

Dans cet état de vie latente, elle absorbe de l'oxygène et exhale de l'acide carbonique et de la vapeur d'eau. La dessiccation ou l'oxydation des matériaux de réserve que renferment ses tissus peuvent la rendre incapable de germer.

175. Conditions nécessaires à la germination. — Pour que la graine puisse germer, il faut d'abord qu'elle soit *mûre*, et ensuite qu'elle trouve en quantité suffisante de l'*eau*, de l'*air* et de la *chaleur*.

Quand le fruit est mûr, la déhiscence donne issue à la graine avant (*Genêt*) ou après la chute du fruit (Marron). Quand le fruit est indéhiscent (Noix, Pomme) il se flétrit, se corrompt, et les graines finissent toujours par tomber sur le sol. Les akènes des Composées se détachent quand ils sont mûrs, et sont emportés par le vent, qui les dissémine dans toutes les directions, grâce à leur légèreté et aux aigrettes soyeuses dont ils sont pourvus (*Pissenlit, Chardon*).

L'*eau*, en pénétrant les tissus de la graine, les gonfle et les ramollit; les sucs nutritifs qu'ils renferment se dissolvent et fournissent la première bouillie destinée à la jeune plante. Trop d'humidité nuirait à la germination, excepté, évidemment, pour les plantes aquatiques, dont les graines germent dans l'eau.

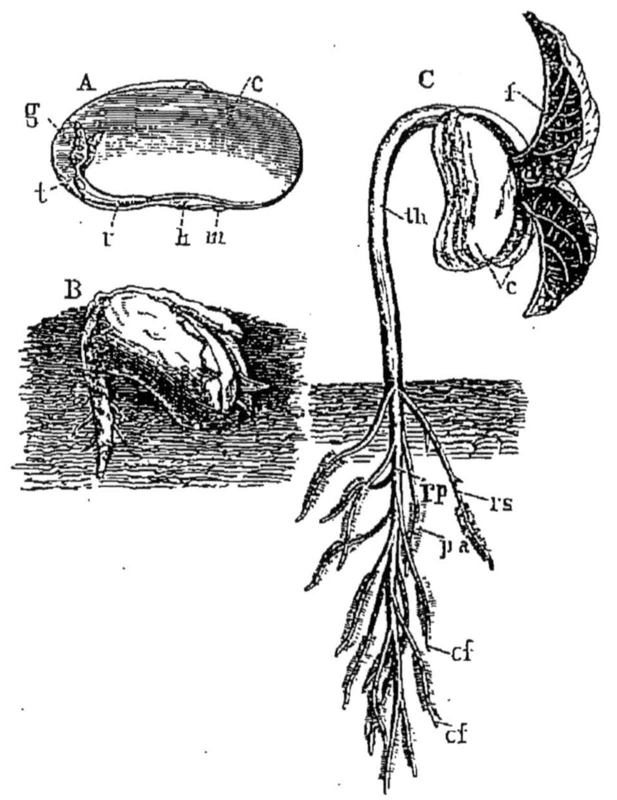

Fig. 105. — Germination d'une graine.

A, une moitié de graine de Haricot montrant en haut un fragment de tégument; l'un des deux cotylédons *c*; le hile *h*; le micropyle *m*, l'embryon avec les trois parties qui le constituent : la radicule *r*, la tigelle *t*, et la gemmule *g*. — B, première phase de la germination du Haricot. — C, seconde phase de la germination; *th*, tige; *c*, cotylédons; *f*, feuilles provenant de la gemmule; *rp*, racine principale; *rs*, une racine secondaire; *pa*, poils absorbants; *cf*, coiffe.

(A et B, MANGIN)

L'*air* est absolument indispensable à la germination; dans le vide, les graines restent indéfiniment inertes. Des graines enfouies profondément dans le sol y demeurent sans germer tant qu'une circonstance particulière ne vient pas les ramener à la surface.

La graine ne peut germer si le milieu dans lequel elle se

trouve n'atteint pas une certaine *température*. La limite inférieure de cette température varie avec l'espèce végétale; ainsi
le Lin, la Moutarde, le Blé, l'Orge, peuvent germer à des températures inférieures à 10 degrés, tandis que la température
doit être au moins de 18 degrés pour le Melon.

De même qu'il y a une limite inférieure de température, il
existe également une limite supérieure au delà de laquelle il n'y
a plus de germination possible. L'état d'humidité de l'air influe
beaucoup sur cette limite. La température moyenne la plus favorable à la germination est comprise entre 12 et 25 degrés.

La terre favorise la germination en réalisant les conditions
d'humidité, d'aération et de chaleur convenables.

176. Germination d'une graine. — Dans une graine de Dicotylédone, l'embryon, en se gonflant, déchire l'enveloppe; la radicule
paraît alors et s'enfonce dans le sol pour former la racine principale;
la tigelle, qui fait suite à la radicule, se dé-
veloppe en sens contraire, et forme la partie
inférieure de la tige; en même temps, les
cotylédons s'écartent et rejettent le tégument de
la graine. La gemmule, ou bourgeon terminal,
ne se développe que plus tard pour former la
partie de la tige supérieure aux cotylédons.

Dans une graine Monocotylédone, on trouve
à peu près le même développement. Le grain
de Blé (fig. 106) présente d'abord une radicule qui deviendra la racine principale, mais
son accroissement est limité; des racines secondaires adventives, nées de la tigelle, sont
appelées à remplacer de bonne heure cet axe
primitif, et viennent renforcer le système
normal des racines; la radicule est d'abord
cachée sous une petite gaine, appelée *coléorhize*, qu'elle rompt; la tigelle s'allonge
très peu; puis, tandis que le cotylédon reste
appliqué sur l'albumen dans l'intérieur du tégument du grain, la gemmule se développe en
dernier lieu et produit les premières feuilles.

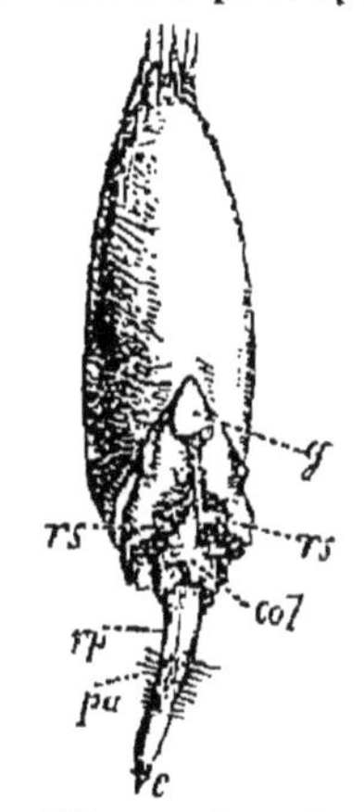

Fig. 106. — Germination
d'un grain de Blé. *rp*, racine principale; *pa*, poils
absorbants; *c*, coiffe; *col*,
coléorhize ou gaine; *rs*,
premières racines adven-
tives; *g*, gemmule.
(MANGIN.)

Phénomènes chimiques de la germination. — L'albumen et les
cotylédons qui accompagnent l'embryon ont leurs cellules remplies de grains d'amidon, de fécule, de matières grasses. Sous l'influence de l'humidité et de l'oxygène de l'air, les matières azotées
qu'elles renferment donnent naissance à un ferment important, la *diastase*, qui, agissant sur les substances féculentes, les transforme en
une matière sucrée, facilement absorbable, la *glucose*, qui nourrit
l'embryon jusqu'à ce que ses racines et ses premières feuilles soient
suffisamment développées.

Pendant la germination, les graines dégagent de l'acide carbonique, provenant des combustions partielles qui se font dans les tissus.

177. Reproduction des Cryptogames. — Tous les Cryptogames se reproduisent par des corpuscules très petits auxquels on a donné le

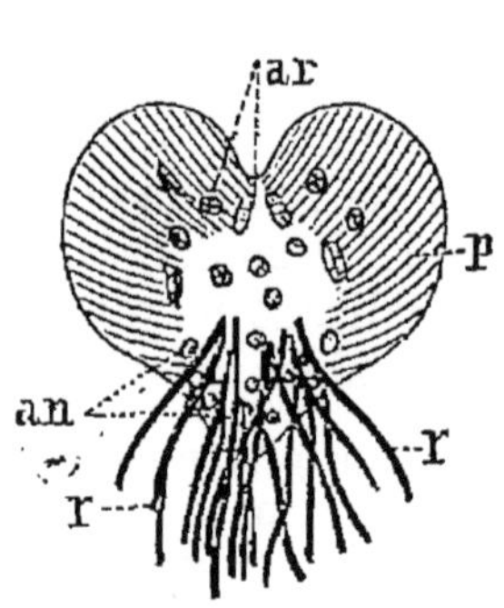

Fig. 107. — Prothalle de Fougère *p*, vu par sa face inférieure.

r, rhizoïdes;
an, anthéridies;
ar, archégones.

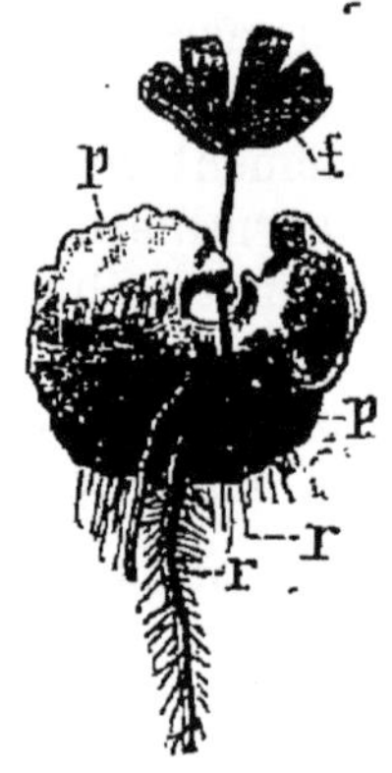

Fig. 107 *bis*. — Prothalle *p*, sur lequel l'œuf, en germant, a produit une jeune Fougère (Capillaire de Montpellier).

r, *r*, rhizoïde et jeune racine;
f, jeune feuille.

nom de *spores*. Les spores sont quelquefois isolées sur la plante; le plus souvent elles sont renfermées dans des poches membraneuses, appelées *sporanges*, desquelles elles s'échappent lorsqu'elles sont suffisamment mûres.

Dans certains cas les spores peuvent donner, par leur simple développement, des individus semblables à ceux qui les ont produites. Dans d'autres cas, l'individu ne peut être reproduit que par le concours de deux organes : l'un, analogue au pollen des anthères, et que l'on appelle pour cette raison *anthérozoïde*; l'autre, jouant le même rôle que les ovules des plantes phanérogames, et que l'on désigne sous le nom d'*oosphère*.

Les anthérozoïdes ont généralement la forme de petits filaments microscopiques, munis de cils vibratiles au moyen desquels ils exécutent des mouvements rapides quand ils s'échappent des sacs qui les renferment, et que l'on nomme *anthéridies*.

Les oosphères, et par suite les oospores, sont renfermés dans de petites poches appelées *archégones*.

L'archégone est analogue à l'ovaire des plantes phanérogames, comme les anthéridies sont analogues aux anthères des étamines.

Enfin, dans quelques cryptogames, les Fougères, par exemple, la germination des spores donne naissance à des organes végétatifs particuliers, dommés *prothalles*, qui portent des anthéridies et des archégones. Ce sont les oosphères, renfermés dans les archégones, qui reproduisent les jeunes plantes, lesquelles portent des spores qui reproduiront le prothalle, et ainsi de suite (fig. 107 et 107 *bis*).

DEUXIÈME PARTIE

CLASSIFICATION BOTANIQUE

CHAPITRE I

NOTIONS GÉNÉRALES

I. Systèmes et méthodes.

178. Classifications artificielles ou systèmes. — Les *classifications artificielles* ou *systèmes* sont basées sur la considération des caractères tirés exclusivement d'un seul organe. Co mode de classification, facile à appliquer dans la pratique, a l'inconvénient de ne rien apprendre sur l'organisation de la plante en dehors du caractère fondamental dont on s'est servi pour la classer, et de rapprocher souvent des espèces qui ont ce même caractère commun, mais qui diffèrent considérablement l'une de l'autre à tous les autres points de vue.

Les deux classifications artificielles les plus célèbres sont celles de *Linné* et de *Tournefort.*

179. Systèmes de Tournefort et de Linné. — Le *système de Tournefort,* aujourd'hui abandonné, est établi d'après des caractères tirés des pièces de la corolle. Il comprend deux groupes : les *herbes* et les *arbres et arbustes;* le tout subdivisé en 22 classes.

Le *système de Linné* repose entièrement sur les modifications que présentent les organes reproducteurs de la fleur, étamines et pistil. Les végétaux sont d'abord sectionnés en deux groupes, les *Phanérogames* et les *Cryptogames;* les Phanérogames comprennent les plantes dans lesquelles les étamines et le pistil sont visibles, et correspondent aux plantes Dicotylédones et Monocotylédones; les Cryptogames sont des plantes qui n'ont ni étamines ni pistil, et dont les organes de reproduction ne sont pas apparents; ils correspondent aux végétaux Acotylédones.

180. Classification naturelle ou méthode. — Pour établir une *classification naturelle*, on s'appuie sur des caractères tirés, non d'un seul organe, mais sur l'ensemble des caractères que peuvent présenter les différentes parties de la plante, en attribuant à chacun de ces caractères une importance relative plus ou moins grande. (Zoologie : *Subordination des caractères.* n° 304.)

La méthode naturelle généralement adoptée aujourd'hui est celle de *Laurent de Jussieu.*

181. Méthode naturelle de L. de Jussieu. — Dans cette méthode, le règne végétal se subdivise en trois grands embranchements, suivant la présence ou l'absence de cotylédons dans la graine ; ce sont les végétaux *Dicotylédones, Monocotylédones,* et *Acotylédones.*

CLASSIFICATION NATURELLE DE L. DE JUSSIEU

Pl. acotylédones				1. ACOTYLÉDONIE.
Plantes monocotylédones.	Et. hypogynes			2. MONOHYPOGYNIE.
	— périgynes.			3. MONOPÉRIGYNIE.
	— épigynes			4. MONOÉPIGYNIE.
Plantes dicotylédones. — Fleurs hermaphrodites.	apétales.	— épigynes		5. ÉPISTAMINIE.
		— périgynes.		6. PÉRISTAMINIE.
		— hypogynes		7. HYPOSTAMINIE.
	monopét.	— hypogynes		8. HYPOCOROLLIE.
		— périgynes.		9. PÉRICOROLLIE.
		— épigynes.	soudées.	10. ÉPICOROLLIE SYNANTHÉRIE.
		anthères.	libres.	11. ÉPICOROLLIE CHORYSANTHÉRIE.
	polypét.	— épigynes		12. ÉPIPÉTALIE.
		— hypogynes.		13. HYPOPÉTALIE.
		— périgynes.		14. PÉRIPÉTALIE.
Fleurs monoïques, dioïques ou polygames				15. DICLINIE.

II. Caractères généraux des végétaux dans les trois embranchements.

182. Végétaux Dicotylédones. — L'embryon des *végétaux Dicotylédones* est muni de deux ou de plusieurs cotylédons. Ils ont la racine pivotante ; la tige, ordinairement ramifiée, est formée de fibres et de vaisseaux disposés en couches concentriques autour d'un canal médullaire ; leurs feuilles sont simples ou composées, à nervures réticulées, offrant souvent des échan-

crures plus ou moins profondes. Les fleurs sont généralement
complètes, et les pièces qui les constituent, sépales, pétales,
étamines, etc., sont souvent au nombre de 5.

183. Végétaux Monocotylédones. — Les *végétaux Monocotylédones* ont un embryon qui n'a qu'un seul cotylédon. Leurs
racines sont fasciculées; leur tige, en général non ramifiée,
est formée de fibres et de vaisseaux épars dans une masse de
tissu cellulaire, et porte des feuilles ordinairement simples, souvent engainantes, à nervures parallèles. Les fleurs ont généralement un calice pétaloïde, et les différentes pièces qui constituent les verticilles sont le plus souvent au nombre de 3 ou
de 6.

184. Végétaux Acotylédones. — Les *végétaux Acotylédones*
ont une graine dépourvue de cotylédons; leurs organes reproducteurs sont peu apparents. Leur structure est très variée; les
uns sont vasculaires, et ont été désignés sous le nom de *Cryptogames vasculaires;* les autres, de beaucoup les plus nombreux, ont une structure entièrement cellulaire, ce sont les
Cryptogames cellulaires.

III. Nomenclature botanique.

185. Principaux groupes végétaux. — En botanique, comme
en zoologie, on emploie, pour désigner les différents groupes
végétaux, un certain nombre de termes qui sont l'*embranchement*, la *classe*, la *famille*, le *genre*, l'*espèce* et l'*individu*.

La *famille* est un groupe essentiellement naturel, dont les
individus présentent dans leur structure et leur aspect extérieur un certain air de ressemblance que l'on saisit immédiatement. C'est ainsi qu'il est facile de voir que la Sauge, la Mélisse, appartiennent à la même famille (famille des Labiées);
qu'il en est de même du Mélèze, du Pin, du Sapin (famille des
Conifères.

Le *genre* comprend des plantes qui se ressemblent par leur
port extérieur, et chez lesquelles la forme et la disposition des
différentes parties de la fleur et du fruit sont les mêmes; ainsi
l'Ail, le Poireau, la Ciboule, l'Oignon, appartiennent au même
genre (genre *Allium*).

L'*espèce* est composée d'individus qui se ressemblent entre
eux jusqu'à l'identité d'organisation, et qui, par la reproduc-

tion, donnent naissance à une suite d'individus toujours semblables. Ainsi un champ de Trèfle incarnat, une allée de Marronniers d'Inde, sont composés de pieds qui appartiennent tous à la même espèce.

Pour désigner l'espèce, on emploie ordinairement deux mots latins comme en zoologie; le premier est celui du genre, et le deuxième détermine l'espèce. Le genre *Viola,* par exemple, comprend plusieurs espèces, dont les principales sont : *Viola odorata* (Violette odorante), *Viola canina* (Violette des chiens), *Viola tricolor* (Pensée), *Viola arvensis* (Pensée sauvage).

Les *variétés* sont des individus qui diffèrent des autres individus de la même espèce par quelques caractères particuliers qui résultent de l'influence du terrain, de la culture, du climat, etc. Le plus souvent, ces modifications ne sont qu'accidentelles et transitoires. Telles sont, par exemple, les nombreuses variétés de Roses, de Tulipes, de Dahlias, que l'on cultive dans les jardins.

PRINCIPALES FAMILLES VÉGÉTALES[1]

CHAPITRE II

DICOTYLÉDONES DIALYPÉTALES

I. Famille des Renonculacées.

186. Caractères généraux. — Herbes et arbrisseaux à fleurs généralement régulières et presque toujours pétaloïdes; étamines indéfinies; pistil composé de plusieurs carpelles ordinairement libres et réunis en tête ou en couronne.

187. Principales espèces. — Les *Clématites,* les *Anémones,* les *Renoncules,* les *Ellébores,* l'*Aconit,* la *Staphisaigre,* la *Pivoine.*

---

[1] On trouvera, à la fin de la Botanique, un tableau synoptique des principales espèces végétales, classées d'après leurs usages et leurs propriétés.

Les *Clématites* ont une tige ligneuse et sarmenteuse. La plus commune est la *Clématite des haies*, arbrisseau grimpant que l'on trouve fréquemment dans les buissons; ses feuilles renferment un principe âcre qui irrite la peau. Son nom vulgaire d'*Herbe aux gueux* vient précisément de ce qu'autrefois les mendiants s'en servaient pour produire des ulcères factices, afin d'exciter la commisération publique.

Les *Anémones* sont de jolies petites plantes dont la plus commune est l'*Anémone des bois*, à fleurs blanches solitaires.

Fig. 108. — Feuille et fleur radicale de l'Anémone pulsatille.

Les *Renoncules*, plus généralement connues sous le nom de *Boutons d'or*, sont des plantes à fleurs jaunes ou blanches; les unes sont terrestres et les autres aquatiques. Les principales sont la *Renoncule rampante*, la *Renoncule bulbeuse*, la *Renoncule âcre*, la *Renoncule scélérate* et la *Douve* ou *Renoncule Flammette*.

Les *Ellébores* avaient autrefois la réputation de guérir de la folie; ce qui explique ces deux vers de la Fontaine dans la fable « le Lièvre et la Tortue » :

> Ma commère, il vous faut purger
> Avec quatre grains d'ellébore.

L'*Ellébore fétide* ou *Pied de griffon* croît dans les lieux secs. L'*Ellébore noir* fleurit en décembre et se cultive dans les jardins sous le nom de *Rose de Noël*. L'*Aconit* est une espèce vénéneuse à fleurs bleues ayant la forme d'un casque. La poudre de *Staphisaigre* s'emploie quelquefois pour détruire les parasites du cuir chevelu. La *Pivoine* est une plante d'ornement à grosses fleurs rouges.

II. Famille des Papavéracées.

188. Caractères généraux. — Plantes herbacées à suc laiteux. Calice à 2 sépales caducs, 4 pétales opposés; étamines en nombre indéfini; gros stigmate sessile. Capsule uniloculaire, renfermant des graines très petites et très nombreuses.

189. Principales espèces. — Les *Pavots*, le *Coquelicot*, la *Chélidoine*.

Fig. 109. — Pied de Pavot somnifère.

Les graines de *Pavot* sont oléagineuses; l'huile qu'on en retire porte le nom d'*huile d'œillette,* et le résidu ou tourteau est un excellent aliment pour les animaux domestiques. Le *Pavot somnifère* fournit l'*opium.*

Le *Coquelicot* a la tige et les feuilles velues, les fleurs rouges. Il est très commun dans les champs. La *Grande Chélidoine* renferme un suc jaune très corrosif, qui lui a fait donner le nom d'*Herbe aux verrues.* Elle croît sur les vieux murs et dans les endroits pierreux

III. Famille des Crucifères.

190. Caractères généraux. — Les Crucifères forment une famille des plus faciles à reconnaître. Ce sont des plantes herbacées, dont la fleur comprend 4 sépales et 4 pétales *en croix*, 6 étamines tétradynames. Pour fruit, une silique ou une silicule (fig. 110).

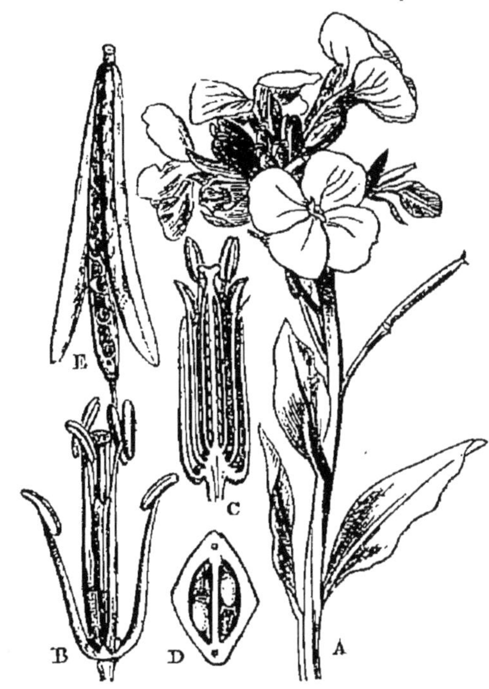

Fig. 110. — Figure pour servir à l'étude des caractères généraux des Crucifères.

A, sommité fleurie d'un rameau de Giroflée. — B, une fleur grossie dont on a enlevé le calice et la corolle, montrant six étamines tétradynames, entourant le pistil. — C, la fleur coupée en long pour montrer l'ovaire à deux loges renfermant les ovules. — D, ovaire grossi et coupé en travers.— E, silique mûre, s'ouvrant en deux valves de la base au sommet.

191. Principales espèces. — Espèces à silique : le *Radis*, le *Chou*, la *Rave*, le *Navet*, le *Colza*, la *Moutarde*, le *Cresson*, la *Giroflée*. Espèces à silicules : le *Raifort*, le *Cochléaria*, les *Thlaspis*, la *Corbeille d'or*.

La racine du *Radis* est comestible; c'est plutôt un hors-d'œuvre qu'un véritable aliment.

Le *Chou* est un des meilleurs légumes; il en existe un grand nombre de variétés : *Chou de Milan, Chou pommé, Chou de Bruxelles*, etc.

La *Rave* et le *Navet* sont employés pour l'alimentation de l'homme et des animaux.

Le *Colza* se cultive en grand dans le nord de la France et donne des graines dont on extrait une huile très employée pour l'éclairage.

Les graines de *Moutarde noire*, réduites en poudre, donnent la farine de Moutarde avec laquelle on fait des sinapismes. Cette farine, délayée dans l'huile et aromatisée convenablement, constitue la moutarde de table. La *Moutarde blanche* est moins commune.

Le *Cresson* est un excellent dépuratif que l'on mange en salade.

La *Giroflée* et la *Corbeille d'or* sont des plantes d'ornement.

La racine du *Raifort* est excessivement âcre; elle sert de base à la fabrication du sirop antiscorbutique.

Les feuilles fraîches du *Cochléaria* sont employées contre le scorbut, maladie des gencives.

Les *Thlaspis* sont de petites plantes dont quelques espèces sont extrêmement communes.

IV. Famille des Caryophyllées.

192. Caractères généraux. — Plantes herbacées, tiges à nœuds renflés. Fleurs régulières; corolles à 5 pétales. Pour fruit une capsule.

193. Principales espèces. — Les *Œillets*, les *Silènes*, la *Nielle*, le *Mouron des Oiseaux*.

Les *Œillets* sont de jolies plantes d'ornement dont on a multiplié à l'infini les variétés simples ou doubles. Les *Silènes* sont également utilisées comme plantes d'ornement pour faire des bordures ou des corbeilles.

La *Nielle* est une plante annuelle, commune dans les champs de céréales où on la rencontre en compagnie des coquelicots. Sa graine est vénéneuse.

Fig. 111. — Fleur de l'Œillet.

Le *Mouron des oiseaux* est une petite plante à fleurs blanches que l'on rencontre toute l'année dans les endroits frais.

V. Famille des Malvacées.

194. Caractères généraux. — Herbes ou arbrisseaux à feuilles alternes, souvent velues, gaufrées. Calice généralement double; étamines nombreuses, monadelphes. Pour fruit, plusieurs capsules réunies en couronne, formant ordinairement un disque à côtes arrondies.

195. Principales espéces. — La *Mauve*, la *Guimauve*, la *Rose trémière*, le *Cotonnier*, le *Cacaoyer*.

Les *Mauves* et la *Guimauve* ont des fleurs employées en médecine pour la préparation des tisanes pectorales. La racine de Guimauve est blanche, mucilagineuse ; on en fait des décoctions émollientes et une pâte adoucissante, la *pâte de Guimauve*. La *Rose trémière* est cultivée dans les jardins comme plante d'ornement.

Le *Cotonnier* a pour fruit une coque renfermant des graines couvertes d'une sorte de bourre qui est le coton ; on le cultive surtout dans l'Inde, la Chine, l'Arabie, l'Asie Mineure. On l'a introduit depuis quelques années en Algérie.

Les fruits du *Cacaoyer*, de la forme et de la grosseur des Concombres, renferment des amandes qui, torréfiées, puis pulvérisées, donnent la poudre de *cacao*. Le cacao, mélangé

Fig. 112. — C, sommité fleurie d'un rameau de Mauve sauvage. — B, une fleur dont on a enlevé les enveloppes florales pour montrer les étamines soudées par les filets. — A, fleur dont on a détaché la corolle et les étamines ; on voit le pistil formé de nombreux carpelles et les styles soudés entre eux. — D, fruit de la Mauve à feuilles rondes, formé de plusieurs carpelles disposés en verticille.

avec une certaine quantité de sucre et aromatisé par la Vanille ou la Cannelle, constitue le *chocolat*.

VI. Famille des Légumineuses.

196. Caractères généraux. — La famille des *Légumineuses* comprend des herbes, des arbustes et des arbres qui peuvent atteindre de grandes dimensions. Les feuilles sont ordinairement composées, et les fleurs solitaires ou en grappes. L'ovaire est uniloculaire et le fruit est une *gousse*.

Cette famille comprend plus de 4 000 espèces, que l'on a subdivisées en 3 tribus, suivant la forme de la corolle : la tribu des *Papilionacées*, celle des *Cassiées* et celle des *Mimosées*.

197. Tribu des Papilionacées. — La tribu des *Papilionacées* est caractérisée par une *corolle papilionacée* (fig. 113) renfermant 10 étamines ordinairement diadelphes.

Les principales espèces sont l'*Ajonc*, les *Genêts*, le *Cytise*, la *Luzerne*, le *Trèfle*, le *Sainfoin*, la *Gesse*, les *Pois*, les *Lentilles*, les *Haricots*, les *Fèves*, la *Réglisse*, l'*Arachide*, le *Sophora*, la *Glycine*, l'*Indigotier* et le *Palissandre*.

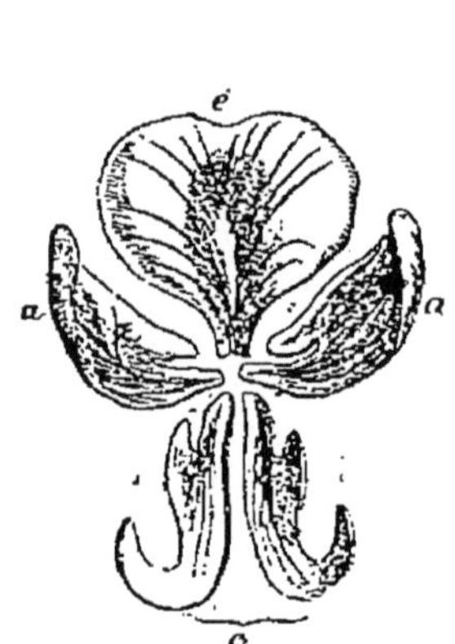

Fig. 113. — Corolle papilionacée
(pétales étalés).

a, *a*, ailes; *é*, étendard; *c*, carène.

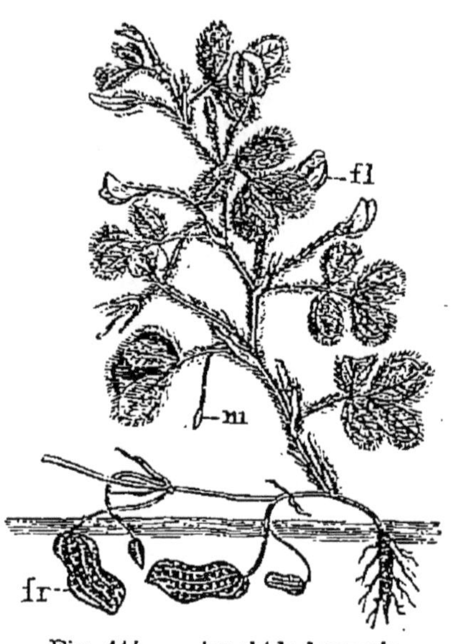

Fig. 114. — Arachide hypogée.

m, fleur pistillée; *fl*, fleur staminée;
fr, fruit caché dans la terre.
(Germain DE SAINT-PIERRE.)

L'*Ajonc* est un végétal épineux, à fleurs jaunes, qui croît dans les terrains incultes.

Les *Genêts* habitent les endroits secs, les bruyères, la lisière des bois, et se reconnaissent aisément à leurs rameaux verts portant des fleurs jaunes et des feuilles petites. Les plus connus sont le *Genêt à balais* et le *Genêt des teinturiers*.

Les *Cytises* sont des arbres d'ornement; l'un des principaux, le *Faux-ébénier*, est un bel arbre, à fleurs jaunes en grappes, dont le bois est recherché en ébénisterie.

La *Luzerne*, le *Trèfle* et le *Sainfoin* sont des plantes fourragères que l'on cultive en prairies artificielles. La *Gesse odorante* est une plante d'ornement plus connue sous le nom de *Pois de senteur*. Les *Pois*, les *Lentilles*, les *Haricots* et les *Fèves* sont des plantes alimentaires très importantes.

La tige souterraine de la *Réglisse* contient un principe sucré et adoucissant.

L'*Arachide* ou *Pistachier de terre* a des graines de la grosseur d'une noisette, qui, avant leur maturité, s'enfoncent dans le sol à plusieurs centimètres de profondeur pour y compléter leur développement (fig. 114). On en fait de l'huile.

La *Glycine* est un arbuste sarmenteux, utilisé pour la décoration dès jardins, à cause de la flexibilité de ses rameaux et de ses jolies grappes de fleurs violettes.

L'*Indigotier*, qui croît dans les régions chaudes de l'Amérique, a des feuilles dont on extrait une matière tinctoriale importante, l'*indigo*. Le bois de *Palissandre* est employé dans la fabrication des meubles d'art.

198. Tribu des Cassiées. — La corolle des *Cassiées* est presque régulière et renferme 10 étamines libres. Toutes les plantes de cette tribu sont exotiques ; les principaux produits qu'on en retire sont les *bois de Fernambouc*, de *Brésil*, de *Sapan*, de *Campêche*, de *Santal* ; le *Séné*, la *Casse*, les *baumes du Pérou* et de *Tolu*.

Les bois de *Fernambouc*, de *Brésil*, de *Sapan* et de *Campêche* sont fréquemment employés en teinturerie.

Les follicules et les feuilles du *Séné*, les fruits desséchés de la *Casse*, sont utilisés comme purgatifs.

Les *baumes du Pérou* et de *Tolu* sont des résines extraites par incisions. Le baume de Tolu sert à la fabrication d'un sirop pectoral et de pastilles adoucissantes.

199. Tribu des Mimosées. — Les *Mimosées* ont une corolle régulière et des étamines en nombre indéfini. Les espèces les plus remarquables sont la *Sensitive* et les *Acacias*.

La *Sensitive* est une petite plante herbacée très remarquable par les phénomènes de sensibilité et de mouvement qu'elle présente.

Les *Acacias* sont des arbres exotiques qu'il ne faut pas confondre avec les Acacias de nos pays, qui sont de faux Acacias (Robiniers). La *Gomme arabique*, le *Cachou*, sont fournis par quelques-uns de ces arbres.

VII. Famille des Rosacées.

200. Caractères généraux. — Plantes herbacées ou ligneuses à feuilles alternes. Fleurs régulières à 5 divisions. Corolle *rosacée*. Étamines en nombre indéfini.

On subdivise la famille des Rosacées en plusieurs tribus, dont les principales sont la tribu des *Amygdalées*, celles des *Dryadées*, des *Rosées* et des *Pomacées*.

201. Tribu des Amygdalées. — Les *Amygdalées* ont pour fruit un drupe ; les principales espèces sont l'*Amandier*, le

Pêcher, l'*Abricotier*, le *Prunier*, le *Prunellier*, le *Cerisier*, le *Merisier*, le *Laurier-cerise*.

L'*Amandier* est un arbre peu élevé, à floraison très précoce; le fruit renferme une amande douce ou amère. Les amandes douces servent à la fabrication des nougats, du sirop d'orgeat, des loochs médicamenteux; on en extrait l'huile d'amandes douces. Les amandes amères renferment de l'acide cyanhydrique, qui leur communique une saveur particulière et les rend vénéneuses.

Les *Pêches* et les *Abricots* sont des fruits de table très estimés. Le *Prunellier* est un petit arbuste assez commun dans les buissons, et dont les fruits acerbes ne sont bons à manger qu'après les premières gelées.

Les *Cerisiers* fournissent plusieurs variétés de cerises, dont les principales sont la *Cerise* proprement dite, à courte queue, et dont on fait des conserves dans l'eau-de-vie; la *Guigne* et le *Bigarreau*. Le *Merisier* est une sorte de cerisier sauvage.

Les feuilles du *Laurier-cerise* contiennent de l'acide cyanhydrique; l'eau de Laurier-cerise est employée en médecine comme calmant.

Fig. 115. — E, fleur d'Églantier ou Rosier sauvage. —[F, fruit.
— G, le même fruit coupé en long.

202. Tribu des Dryadées. — Le fruit des *Dryadées* est une agglomération de drupes ou d'akènes fixés sur un réceptacle charnu. Les espèces principales sont la *Ronce*, le *Framboisier*, le *Fraisier*, la *Potentille*, la *Quintefeuille* et l'*Aigremoine*.

La *Ronce* est une plante à longue tige ligneuse et rampante, hérissée d'aiguillons; les fruits, connus sous le nom de *mûres*, passent du rouge au noir en mûrissant.

Le *Framboisier* est une Ronce à tige dressée et à rameaux arqués, qui produit des fruits succulents formés de petits drupes ovoïdes réunis ensemble.

Le *Fraisier* est une plante herbacée à tige stolonifère. Les fruits sont des akènes fixés sur un réceptacle charnu, de couleur rouge, qui est la partie savoureuse de la fraise.

203. Tribu des Rosées. — Les *Rosées* ont pour fruit des akènes; elles sont toutes utilisées comme plantes d'ornement. Les principales sont l'*Églantier* et les *Rosiers*.

L'*Églantier sauvage* ou *Rosier des chiens* est commun dans les buissons; sa tige est couverte d'aiguillons, et sa fleur, d'un blanc lavé de rose, donne un fruit rouge, de forme allongée, qui mûrit en automne.

Les *Rosiers* sont des plantes d'ornement dont les variétés sont extrêmement nombreuses; les plus connues sont la *Rose à cent feuilles*, la *Rose mousseuse*, la *Rose du Bengale*, la *Rose de Provins*. Les pétales de la Rose de Provins sont employés pour la préparation du miel rosat, de l'eau et de l'essence de roses.

204. Tribu des Pomacées. — Presque toutes les espèces de la tribu des *Pomacées* sont des arbres ou des arbustes. Les plus connues sont le *Poirier*, le *Pommier*, le *Sorbier*, le *Cognassier*, le *Néflier*, l'*Aubépine*.

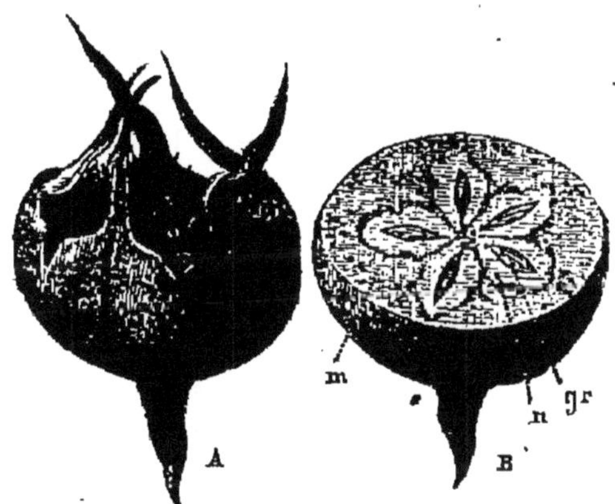

Fig. 116. — A, fruit du Néflier. — B, le même fruit coupé en travers; *m*, mésocarpe; *n*, noyau; *gr*, graine.

Le *Poirier* cultivé donne ordinairement des fruits à longue queue et comprend un très grand nombre de variétés. Le fruit du *Pommier* est globuleux, à pédoncule très court; on le réserve pour la table ou pour en faire du *cidre*.

Le *Sorbier des oiseaux* est un arbre recherché pour la beauté de son feuillage et de ses fruits.

Les fruits du *Cognassier* servent à faire la gelée de coings. Le *Néflier* donne un fruit acerbe, qui n'est bon à manger qu'après avoir été conservé pendant quelque temps (fig. 116).

L'*Aubépine* ou *Épine blanche* croît sans culture dans les bois; on en fait des haies de clôture. Ses fleurs blanches sont disposées en bouquets très odorants qui s'épanouissent au commencement du printemps.

VIII. Famille des Ombellifères.

205. Caractères généraux. — Plantes herbacées à tige fistuleuse. Feuilles ordinairement divisées. Fleurs très petites, réunies en *ombelles*. Pour fruit, deux akènes sillonnés de côtes longitudinales se séparant à la maturité et restant suspendus à l'extrémité d'un petit support.

Beaucoup d'Ombellifères renferment un principe vireux et un principe aromatique. Certaines espèces sont vénéneuses, et d'autant plus toxiques qu'elles croissent dans des climats plus chauds.

206. Principales espèces. — Le *Fenouil*, le *Cumin*, la *Coriandre*, l'*Anis*, le *Persil*, le *Cerfeuil*, le *Céleri*, le *Panais*, la *Carotte*, l'*Angélique*, la *Ciguë*.

Fig. 117. — Persil cultivé.

A, une fleur isolée. — B, fruit.
(Germain DE SAINT-PIERRE).

Les graines de *Fenouil*, de *Cumin*, de *Coriandre*, d'*Anis*, renferment une huile essentielle aromatique qui les fait employer dans la fabrication des liqueurs. Le *Persil* et le *Cerfeuil* sont utilisés comme condiments.

Le *Céleri* cultivé donne des pétioles blancs, tendres, aromatiques, que l'on mange en salade. L'*Ache* est un Céleri sauvage. Le *Panais*, la *Carotte*, sont des espèces alimentaires. Les tiges de l'*Angélique* sont employées dans la confiserie.

La *Grande* et la *Petite Ciguë* sont des plantes extrêmement vénéneuses; la Petite Ciguë peut être facilement confondue avec le Persil. La Grande Ciguë se reconnaît à la présence de tâches rougeâtres qui maculent ses tiges.

CHAPITRE III

DICOTYLÉDONES GAMOPÉTALES

I. Famille des Cucurbitacées.

207. Caractères généraux. — Plantes herbacées, à tige grimpante et rampante couverte de poils rudes. Feuilles alternes portant des vrilles à leur aisselle. Style court, terminé par trois stigmates épais. Le fruit est une péponide offrant une cavité centrale dans laquelle les graines semblent éparses au milieu de filaments provenant de la destruction des cloisons carpellaires.

208. Principales espèces. — Les principales espèces sont le *Melon*, le *Concombre*, la *Coloquinte*, la *Pastèque*, la *Calebasse*, la *Bryone*.

Le fruit du *Melon* est succulent; la variété la plus estimée est le *Melon cantaloup*.

Le *Concombre* donne des fruits comestibles; cueillis très jeunes et confits dans le vinaigre, on leur donne le nom de *cornichons*. La *Coloquinte* donne un fruit d'une amertume insupportable, dont on emploie quelquefois la pulpe comme purgatif.

Le *Potiron* et le *Giraumont* ont des fruits volumineux qui servent à faire des potages. Le fruit de la *Calebasse* est une coque dure et coriace avec laquelle on fait des gourdes.

La *Bryone* est une plante grimpante excessivement commune dans les buissons, et qui porte quelquefois le nom de *Navet du diable*.

II. Famille des Rubiacées.

209. Caractères généraux. — Plantes herbacées, arbustes et arbres. Feuilles simples, opposées ou verticillées. Corolle régulière, à 4 ou 5 lobes.

Cette famille comprend un certain nombre d'espèces exotiques utilisées en médecine ou dans l'industrie.

210. Principales espèces. — La *Garance*, l'*Aspérule*, le *Caféier*, le *Caille-lait*, le *Quinquina*, l'*Ipécacuana*.

La racine de *Garance* fournit une matière tinctoriale rouge très solide, l'*alizarine*; celle de l'*Aspérule* donne également une matière colorante rouge, mais de qualité inférieure.

Le *Caféier* est un arbrisseau de 6 à 8 mètres de hauteur, dont le fruit renferme, dans une pulpe visqueuse, deux coques minces qui enveloppent une graine très dure, ovale, plan convexe. Ces graines, torréfiées, servent à faire les infusions de café.

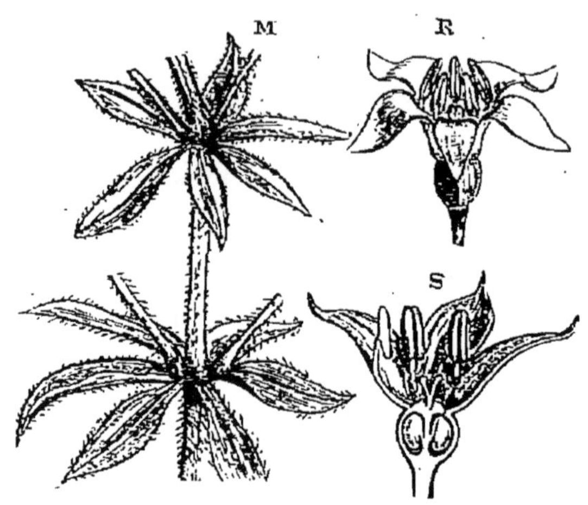

Fig. 118. — M, fragment d'une tige de Garance, montrant les feuilles verticillées.— R, une fleur grossie de la même plante. — S, la même fleur coupée en long.

Les *Caille-lait* sont des plantes herbacées très communes, reconnaissables à leurs feuilles verticillées et à leurs petites fleurs blanches ou jaunes disposées en bouquets axillaires.

L'écorce des *Quinquinas*, arbres qui croissent dans les forêts de l'Amérique, est tonique et fébrifuge. On en extrait la *quinine*. La racine de l'*Ipécacuana*, petit arbuste rampant du Brésil, est un vomitif énergique.

III. Famille des Composées.

211. Caractères généraux. — La famille des *Composées* est très nombreuse et comprend à elle seule la 10ᵉ partie des plantes phanérogames. Les espèces qui la composent sont caractérisées par l'inflorescence, qui consiste en un grand nombre de petites fleurs réunies en capitule sur un réceptacle élargi, entouré d'un involucre (fleurs composées, fig. 119).

Les fleurs qui constituent le capitule sont souvent de deux sortes : les unes, appelées *fleurons*, ont une corolle régulière, le plus souvent à 5 dents; les autres, appelées *demi-fleurons*, ont une corolle monopétale ligulée.

Les étamines sont toujours soudées par les anthères (*Synan-thérées*), de manière à former un tube qui entoure le style.

Le fruit des compo-sées est une réunion d'akènes souvent mu-nis d'aigrettes plu-meuses (fig. 120).

La famille des Com-posées se subdivise en trois tribus, d'après la constitution du ca-pitule. La tribu des *Flosculeuses* comprend les espèces dont les capitules sont unique-ment formés de fleu-rons ; la tribu des *Semi-flosculeuses* comprend celles dont les capitu-les sont exclusivement composés de demi-fleu-rons ; enfin la tribu des *Radiées* est formée des

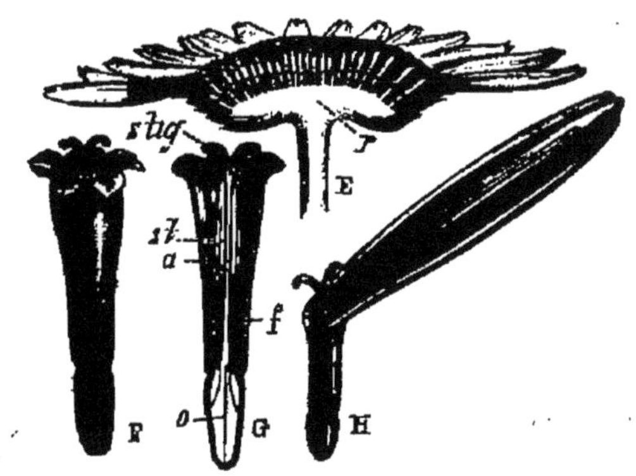

Fig. 119. — E, capitule de Radiée (Leucanthème commun) coupé en long, montrant le réceptacle *r*, les fleurs tubuleuses au centre et les fleurs ligulées à la circonférence. — F, une fleur tubu-leuse ; on voit le limbe à cinq dents et les deux branches stigmatiques recourbées en dehors. — G, la même fleur coupée en long pour montrer l'ovaire *o*, le style *st*, et le stigmate à deux bran-ches *stig* ; les anthères soudées *a*, et les filets libres *f*. — H, fleur ligulée.

espèces dont les capitules portent des fleurons au centre et des demi-fleurons sur la circonférence.

212. Principales espèces. — Tribu des Flosculeuses : les *Chardons*, l'*Artichaut*, les *Centaurées*, le *Bluet*, l'*Absinthe*.

Les *Chardons* sont de mauvaises herbes qui se multiplient rapi-dement dans les champs incultes. L'*Artichaut* est une espèce de chardon cultivé dont on mange la base des bractées et le réceptacle charnu.

Les *Centaurées* comprennent un grand nombre d'espèces, dont la plus connue est le *Bluet*, commun dans les blés. L'*Absinthe* sert à la préparation d'une liqueur dont l'abus exerce une très funeste influence sur l'organisme.

Tribu des Semi-flosculeuses : la *Chicorée*, la *Laitue*, le *Pissenlit*, le *Laiteron*, le *Salsifis*.

La *Chicorée sauvage* est amère et tonique. On cultive dans les jar-dins la *Chicorée endive* et quelques-unes de ses variétés (Escarole, Chicorée frisée), que l'on mange en salade. Les racines de la Chico-rée, torréfiées et pulvérisées, sont quelquefois ajoutées au café pour faire les infusions de café.

La *Laitue* et le *Pissenlit* se mangent aussi en salade. On cultive trois variétés de Laitues : la *Laitue romaine*, la *Laitue pommée* et la *Laitue frisée*.

Les racines du *Salsifis* cultivé sont comestibles.

Tribu des Corymbifères ou Radiées : la *Pâquerette*, les *Chrysanthèmes*, le *grand Soleil*, les *Dahlias*, le *Topinambour*, les *Sénéçons*, l'*Arnica*, la *Camomille*, le *Tussilage*.

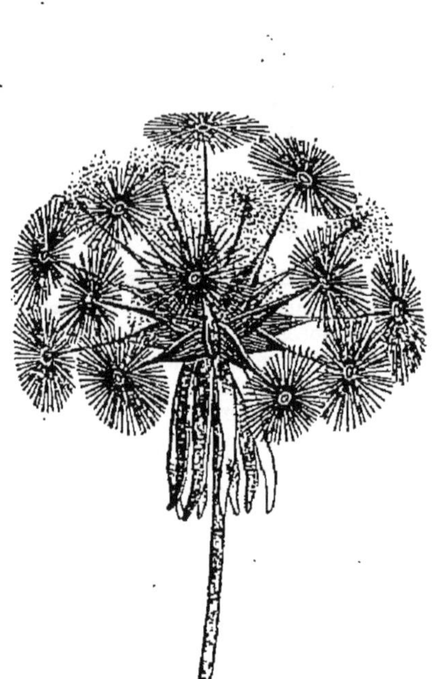

Fig. 120.
Fruits de la Laitue.

Fig. 121. — Le Tussilage, portant
des capitules à divers
degrés de développement. (MANGIN.)

La *Pâquerette* doit son nom à l'époque de sa floraison, qui a toujours lieu vers le temps de Pâques. Elle est très commune dans les prairies.

Les *Chrysanthèmes*, les *Soleils*, les *Dahlias*, sont cultivés comme plantes d'ornement.

Le *Topinambour* possède de gros tubercules souterrains utilisés pour la nourriture de l'homme et celle des animaux domestiques.

Les *Sénéçons* sont de petites plantes communes dans les champs. La teinture d'*Arnica* est employée comme vulnéraire. Les fleurs de la *Camomille romaine* renferment un principe aromatique qui donne à leur infusion des propriétés toniques et stimulantes. Le *Tussilage* ou *Pas-d'Ane* est une plante assez commune, dont les fleurs servent à faire des tisanes pectorales.

IV. Famille des Solanées.

213. Caractères généraux. — Plantes herbacées à fleurs solitaires ou disposées en grappes ou en épis. Corolle infundibuliforme; 5 étamines. Pour fruit, une capsule ou une baie.

Les plantes appartenant à la famille des Solanées ont en général un aspect sombre et une odeur repoussante; le plus grand nombre renferment des principes vireux qui en font des plantes extrêmement vénéneuses.

214. Principales espèces. — La *Pomme de terre*, la *Tomate*, l'*Aubergine*, le *Piment*, la *Douce-amère*, la *Belladone*, la *Stramoine*, la *Jusquiame*, le *Tabac*.

La *Pomme de terre* est originaire du Pérou; ses tubercules sont sains et nourrissants (n° 53).

La *Tomate* et l'*Aubergine* donnent des fruits acides et comestibles que l'on mange cuits. Le *Piment* est recherché pour l'âcreté de son fruit, que l'on utilise comme condiment. La *Douce-amère* est un arbuste à fleurs violettes, à baies allongées, rouges; elle est assez commune dans les haies humides.

Fig. 122. — Le Tabac, exemple de Solanée.
A, un rameau fleuri. — B, fleur isolée. — C, la même fleur dont on a enlevé la partie antérieure;
ov, ovaire; *st*, style; *c*, étamine.

La *Belladone* est une Solanée très vénéneuse; ses baies noires sont de la grosseur et de la forme d'une cerise. Elle renferme un alcaloïde, l'*atropine*, employé dans les maladies des yeux.

La *Stramoine* ou *Pomme épineuse* a une odeur vireuse désagréable; ses fleurs blanches, infundibuliformes, assez grandes, sont situées à la bifurcation des rameaux; son fruit ressemble à un marron très épineux et renferme des graines noires nombreuses.

La *Jusquiame* a des feuilles velues et des fleurs jaunâtres veinées de pourpre, qui sont situées les unes à côté des autres, d'un même côté du rameau qui les porte. C'est une plante très vénéneuse.

Le *Tabac* ou *Nicotiane* (fig. 122), originaire du Mexique, a été importé en France en 1560 par Jean Nicot, ambassadeur de France en Portugal. Ses feuilles, après avoir subi certaines préparations, donnent le tabac à priser et à fumer. Le tabac renferme une substance toxique, la *nicotine*, qui est excessivement pernicieuse.

V. Famille des Scrofularinées.

215. Caractères généraux. — Plantes annuelles ou vivaces. Corolle irrégulière, quelquefois prolongée en éperon; étamines didynames. Pour fruit, une capsule.

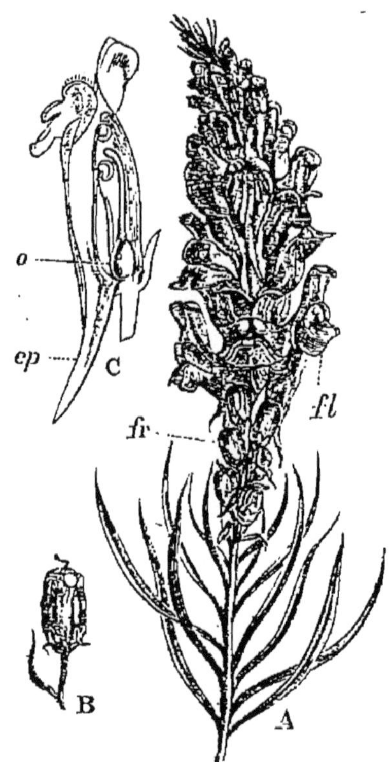

Fig. 123. — Linaire commune, exemple de Scrofularinée. — A, extrémité d'un rameau portant des fleurs *fl* et des fruits *fr*. — B, une capsule isolée. — C, une fleur coupée en long; *ep*, éperon; *o*, ovaire.

216. Principales espèces. — Les *Véroniques*, la *Digitale*, le *Muflier*, la *Calcéolaire*, le *Paulownia*, le *Bouillon-blanc*.

Les *Véroniques* sont communes dans les pâturages; quelques espèces sont des plantes d'ornement. Les feuilles de la *Digitale pourprée*, très belle plante à fleurs disposées en grappe simple, renferment un principe vénéneux, la *digitaline*, très employée dans les affections du cœur.

Le *Muflier*, la *Calcéolaire*, sont des plantes d'ornement. Le *Paulownia*, récemment importé du Japon, ombrage fréquemment les promenades publiques.

Le *Bouillon-blanc* a des fleurs jaunes, disposées en long épi dressé, dont on fait une tisane pectorale.

VI. Famille des Labiées.

217. Caractères généraux. — Plantes herbacées à tige généralement carrée. Fleurs réunies en groupes à l'aisselle des feuilles; corolle labiée, étamines didynames. Pour fruit, 4 akènes situés au fond d'un calice persistant.

La plupart des Labiées possèdent des propriétés toniques, aromatiques, qui les font utiliser en médecine. Un grand nombre d'entre elles fournissent des essences aromatiques.

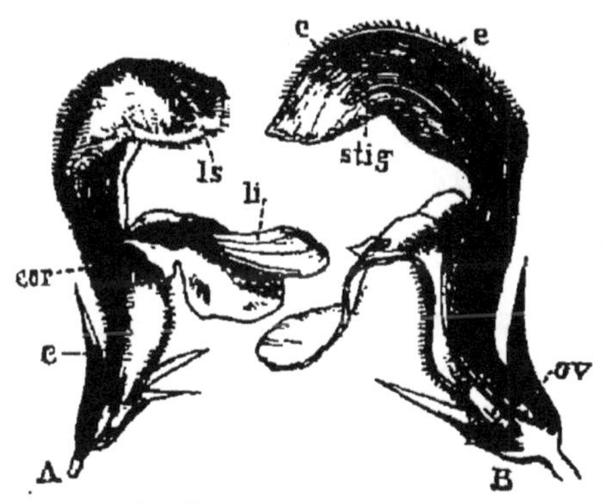

Fig. 124. — Corolle labiée.

A, fleur labiée du Lamier blanc; *c*, calice; *cor*, corolle; *ls*, lèvre supérieure; *li*, lèvre inférieure. — B, la même fleur coupée en long; *e*, étamine; *stig*, stigmate; *ov*, ovules.

Fig. 125. — Extrémité d'une tige fleurie de menthe poivrée.

218. Principales espèces. — Les *Sauges*, le *Romarin*, la *Cataire*, les *Menthes*, la *Lavande*, le *Thym*, le *Serpolet*, la

Mélisse, l'*Origan*, le *Patchouly*, la *Marjolaine*, la *Sarriette*, le *Lierre terrestre*, les *Germandrées*, les *Bugles*, l'*Hysope*.

Les *Sauges* se rencontrent partout. La *Sauge des prés* a de grandes fleurs d'un beau bleu disposées en long épi dressé; elle est commune dans les prairies, sur les pelouses. Le *Romarin* se cultive dans les jardins. La *Cataire* est une Labiée que les chats recherchent avec une prédilection singulière, et qui lui a valu le nom d'*Herbe aux chats*.

Les *Menthes* croissent dans les lieux incultes et humides; elles exhalent, lorsqu'on les froisse, une odeur forte et aromatique. La plus employée est la *Menthe poivrée*. La *Lavande* fournit une essence utilisée en parfumerie. Le *Thym* et le *Serpolet* se rencontrent sur les pelouses, les plateaux secs, et sont recherchés par les lièvres et les lapins.

La *Mélisse* ou *Citronnelle* exhale une forte odeur de citron; elle sert à la préparation d'un alcoolat connu sous le nom d'*eau de Mélisse*, et jouit de propriétés stimulantes énergiques. L'*Origan*, le *Patchouly*, la *Marjolaine*, la *Sarriette*, le *Lierre terrestre*, possèdent à des degrés divers des propriétés aromatiques. Les *Germandrées* et les *Bugles* sont employés comme toniques.

CHAPITRE IV

DICOTYLÉDONES APÉTALES

I. Famille des Chénopodées.

219. Caractères généraux. — Plantes herbacées, à fleurs petites, verdâtres. Fruit uniloculaire indéhiscent.

220. Principales espèces. — La *Betterave*, l'*Épinard*, les *Salsolas*.

La *Betterave* est cultivée pour sa racine, qui fournit aux animaux une excellente nourriture, et dont on extrait presque tout le sucre du commerce. L'*Épinard* est un légume dont on mange les feuilles cuites et assaisonnées.

Les *Salsolas* donnent, par incinération et lavage des cendres, les soudes du commerce.

II. Famille des Polygonées.

221. Caractères généraux. — Plantes herbacées à feuilles engainantes. Fleurs en épis ou terminales. Fruit sec, indéhiscent; généralement de forme triangulaire.

222. Principales espèces. — Le *Sarrasin*, la *Patience*, l'*Oseille*, la *Rhubarbe*.

Le *Sarrasin* (fig. 126) a des fleurs blanches; ses graines fournissent une farine de médiocre qualité.

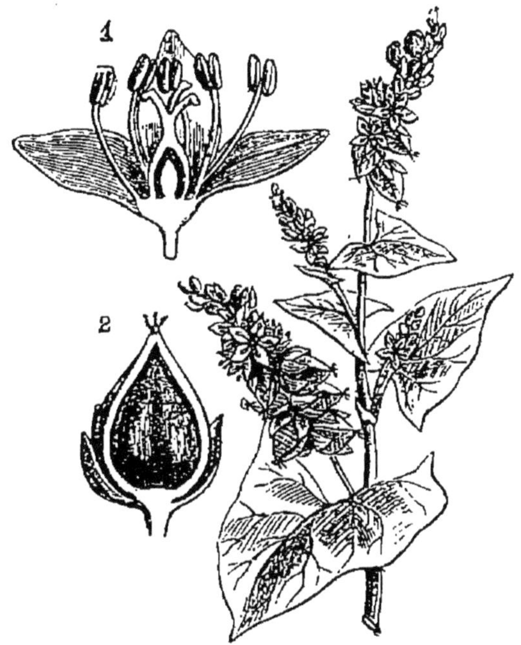

Fig. 126. — Rameau de Sarrasin portant des fleurs et des fruits.
1, fleur grossie coupée en long. — 2, fruit (akène) coupé en long.

La racine de *Patience* sert à fabriquer une tisane amère employée comme dépurative et apéritive. La *Grande Oseille* est une plante potagère à feuilles très acides.

La *Petite Oseille* qui croît dans les champs sablonneux, secs et arides, renferme, comme l'Oseille cultivée, du bioxalate de potasse, qu'on en extrait sous le nom de *sel d'oseille*.

La racine de la *Rhubarbe de Chine* donne une poudre jaune qui jouit de propriétés toniques et purgatives.

III. Famille des Urticées.

223. Caractères généraux. — Herbes, arbustes et arbres, à fleurs généralement petites, verdâtres, presque toujours monoïques, dioïques ou polygames.

224. Principales espèces. — Les principales espèces de cette famille sont les *Orties*, la *Pariétaire*, le *Chanvre*, le *Houblon*, le *Mûrier*, le *Figuier* et l'*Orme*.

L'*Ortie brûlante* et l'*Ortie dioïque* sont des espèces très communes, dont les feuilles sont couvertes de poils qui causent une vive irritation sur la peau (n° 78).

La *Pariétaire* croît en abondance le long des vieux murs.

Le *Chanvre* est une plante textile très importante ; ses graines portent le nom de *chènevis*.

Les cônes du *Houblon* sont formés d'écailles imbriquées recouvertes à leur base d'une poussière jaune, la *lupuline*, qui sert à donner à la bière son amertume caractéristique.

Le *Mûrier blanc* est un arbre précieux, en ce que ses feuilles constituent la nourriture exclusive du ver à soie.

Le fruit du *Figuier* commun est un sycône charnu qui se mange frais ou conservé. Le *Figuier élastique* de l'Inde

Fig. 127. — Poivre noir.

renferme un latex résineux qui, en s'épaississant, fournit un caoutchouc aussi estimé que celui de l'*Hevea Guyanensis*.

L'*Orme* est un bel arbre, fréquemment planté au bord des routes et dans les promenades publiques. Son bois, très compact, le fait rechercher pour le charronnage.

Le *Poivrier* (fig. 127) est une plante très voisine de la famille des Urticées, dont les fruits, d'abord rouges, deviennent noirs en mûrissant ; on les emploie comme condiment.

IV. Famille des Euphorbiacées.

225. Caractères généraux. — Plantes monoïques ou dioïques, à suc ordinairement laiteux. Quelques-unes ont des fleurs dépourvues de périanthe. Ovaire libre à 3 loges, portant 3 stigmates sessiles.

Presque toutes les Euphorbiacées renferment des principes âcres très irritants.

226. Principales espèces. — Le *Buis*, les *Euphorbes*, la *Mercuriale*, le *Ricin*, le *Croton*, le *Manioc*, l'*Arbre à caoutchouc.*

Le *Buis* est utilisé pour faire des bordures de plates-bandes et de massifs ; son bois se laisse facilement sculpter et tourner.

Les *Euphorbes* donnent par incision des sucs résineux employés dans la médecine vétérinaire. Les graines de *Ricin* fournissent une huile purgative. La plante sert à la décoration des jardins. L'huile de *Croton* est excessivement irritante et fait pousser des boutons sur la peau. Le *Manioc*, arbuste de 2 à 3 mètres, qui croît dans l'Amérique du Sud, a de grosses racines remplies d'une fécule alimentaire qui se trouve dans le commerce sous le nom de *tapioca.*

Le *Caoutchouc* s'extrait d'un arbre appartenant à la famille des Euphorbiacées, l'*Hevea Guyanensis* (n° 123).

V. Famille des Amentacées.

227. Caractères généraux. — Arbres et arbrisseaux monoïques ou dioïques, à feuilles munies de deux stipules caduques. Les fleurs staminées et les fleurs pistillées sont presque toujours disposées en chatons. Ovaire infère à 2 ou 3 loges, surmonté d'un style court terminé par 2 ou 3 stigmates.

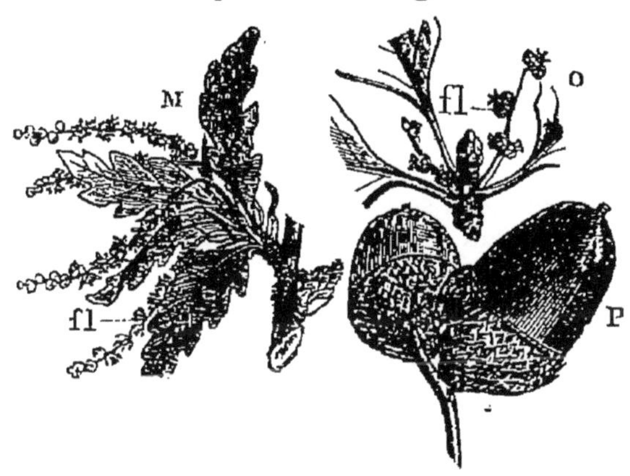

Fig. 128. — Chêne pédonculé.

M, fragment d'un rameau à fleurs staminées *fl*. — O, fragment d'un rameau à fleurs pistillées *fl*. — P, deux fruits dans leur cupule.

Presque toutes les espèces des Amentacées sont des arbres forestiers.

228. Principales espèces. — Le *Chêne*, le *Hêtre*, le *Châtaignier*, le *Noisetier*, le *Charme*, le *Noyer*, le *Bouleau*, l'*Aune*, les *Saules*, les *Peupliers.*

Le *Chêne rouvre*, le *Chêne pédonculé* (fig. 128), le *Chêne vert*, occupent le premier rang parmi les arbres de nos forêts. Le *Chêneliège* fournit le liège avec lequel on fait les bouchons.

La *noix de galle* est une excroissance produite sur l'écorce des Chênes par la piqûre d'un insecte (*Cynips*).

Le *Hêtre* donne un bois de qualité un peu inférieure à celle du bois de Chêne. Ses graines, connues sous le nom de *faînes*, sont recherchées par les animaux; on en fait de l'huile.

Fig. 129. — Rameau de Hêtre portant des fleurs staminées à la base et des fleurs pistillées au sommet.

Le *Châtaignier* fournit en abondance des châtaignes alimentaires. Son bois, solide et durable, est beaucoup employé dans la tonnellerie.

Le *Noisetier* ou *Coudrier* est un arbrisseau commun dans les bois, et fournit des noisettes de table que l'on nomme *avelines*. On se sert de ses branches tendres et flexibles pour faire des échalas, des clôtures, des fourches, etc.

Le bois de *Charme* est blanc, employé dans le charronnage ou comme combustible. On utilise le Charme pour l'établissement des allées de parcs, des bosquets (charmilles).

Le *Noyer* fournit un bois flexible, élégamment veiné, que l'on emploie dans la fabrication des meubles et des montures de fusil. L'amande de son fruit est comestible; on en extrait une huile excellente, mais qui rancit très vite.

Les noix fraîches se nomment *cerneaux;* le péricarpe vert qui les entoure (*brou de noix*) sert à la fabrication d'une liqueur.

Le bois de *Bouleau* est employé par les tourneurs, les sabotiers et les menuisiers.

L'*Aune* se plaît dans les endroits humides; il croît très vite et sert de combustible.

Les *Saules* croissent de préférence dans les endroits humides, au bord des étangs ou des cours d'eau. Certaines espèces fournissent des *osiers* pour la vannerie. On retire de l'écorce du *Saule blanc* un produit médicinal, le salicylate de soude, très employé aujourd'hui contre les douleurs rhumatismales. Les *Saules pleureurs* ombragent souvent les tombes.

Les *Peupliers* sont des arbres élancés, peu ramifiés. Ils fournissent un charbon léger, utilisé en médecine, et qui sert aussi pour la fabrication de la poudre.

CHAPITRE V

MONOCOTYLÉDONES

I. Famille des Liliacées.

229. Caractères généraux. — Les Liliacées sont des plantes herbacées à souche souvent bulbeuse. Leur tige est ordinairement simple, et les nervures de leurs feuilles droites et parallèles. Périanthe à 6 divisions; 6 étamines, stigmate trilobé. Pour fruit, une capsule à 3 loges ou une baie.

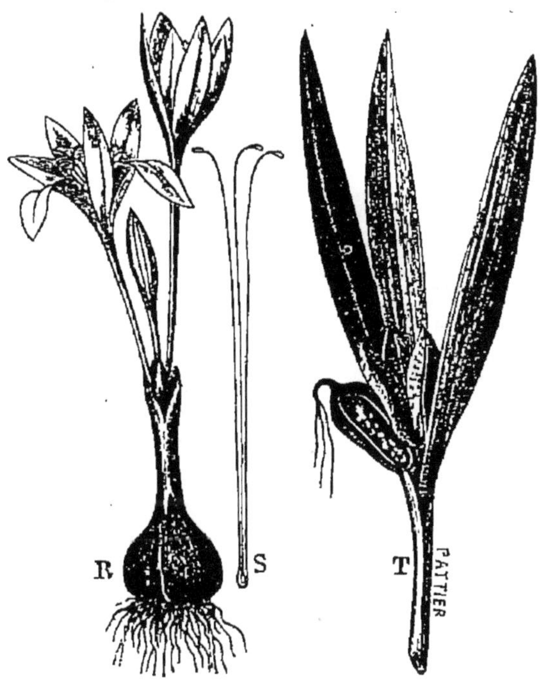

Fig. 130. — Colchique d'automne. — R, plante fleurie. — S, pistil, formé d'un ovaire très petit surmonté de trois styles libres et très longs. — T, plante pourvue de feuilles et de fruits; l'un des fruits est déjà ouvert, l'autre est terminé par les styles persistants.   (Germain de Saint-Pierre.)

230. Principales espèces. — Le *Lis*, la *Tulipe*, la *Fritillaire*, l'*Ail*, le *Poireau*, l'*Oignon*, l'*Échalote*, la *Ciboule*, l'*Aloès*, l'*Asperge*, le *Muguet*, le *Colchique*.

Le *Lis*, la *Tulipe* la *Fritillaire* ou *Impériale* sont de jolies fleurs, remarquables par l'élégance de leurs formes et de leurs couleurs.

L'*Ail*, le *Poireau*, l'*Oignon*, l'*Échalote*, la *Ciboule*, sont journellement employés dans l'économie domestique.

L'*Aloès* est une plante à feuilles épaisses et épineuses qui croît dans l'Afrique centrale et qui fournit une résine que l'on emploie comme purgatif. Cette résine sert de base à la préparation d'une liqueur amère connue sous le nom d'*élixir de longue vie*.

Les turions de l'*Asperge* sont comestibles. Le *Muguet* est une jolie petite plante des bois, dont les fleurs blanches sont disposées en épi. Le *Colchique* est une plante vénéneuse dont la fleur paraît en automne dans les plaines humides; les feuilles ne se montrent qu'après la disparition de la corolle.

II. Famille des Iridées.

231. Caractères généraux. — Plantes herbacées, à feuilles engainantes.—Fleurs hermaphrodites, entourées d'une spathe avant l'épanouissement ; périanthe pétaloïde à 6 divisions profondes, 3 étamines, 3 stigmates pétaloïdes. Pour fruit, une capsule à 3 loges.

232. Principales espèces. — Les *Iris*, les *Glaïeuls*, le *Safran*.

L'*Iris germanique* ou *Iris d'Allemagne* est commun dans les jardins. La racine de l'*Iris de Florence* possède une odeur de violette très remarquable; on en fait des pois à cautères. L'*Iris jaune* ou *Flambe* est un Iris aquatique.

Les *Glaïeuls* sont de belles plantes d'ornement recherchées pour les nuances variées de leurs fleurs, disposées en épis élégants.

Les stigmates du *Safran* (fig. 131), recueillis et séchés, fournissent une matière colorante d'un jaune très intense que l'on emploie pour colorer les liqueurs.

Fig. 131. — Safran.

III. Famille des Orchidées.

233. Caractères généraux. — Plantes herbacées, dont quelques-unes sont parasites. Racines souvent accompagnées de tubercules charnus. Feuilles entières, engainantes. Fleurs en épis ou en panicules composés; calice pétaloïde à 6 divisions profondes, dont l'inférieure, appelée *labelle*, prend souvent une forme particulière; 3 étamines soudées au style, dont une seule fertile. Ovaire uniloculaire. Pour fruit, une capsule renfermant des graines très petites.

234. Principales espèces. — Les *Orchis*, les *Ophrys*, la *Vanille*.

Les *Orchis* et les *Ophrys* comprennent un nombre considérable d'espèces ou de variétés, toutes remarquables par la beauté et la bizarre élégance de leurs fleurs. Beaucoup d'espèces ne se trouvent que dans les serres. On rencontre à l'état

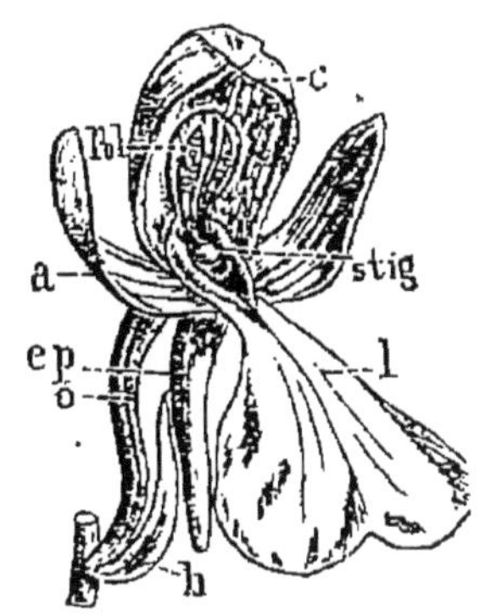

Fig. 132. — Fleur d'Orchis. *b*, bractée; *o*, ovaire; *ep*, éperon; *l*, labelle; *a*, aile; *c*, casque; *pol*, pollinies; *stig*, stigmate.

sauvage l'*Orchis Morio*, l'*Ophrys abeille*, l'*Ophrys araignée*, etc.

La *Vanille* est une liane grimpante de l'Amérique tropicale, dont le fruit, en forme de gousse allongée, possède une odeur suave qui la fait rechercher comme l'une des substances aromatiques les plus délicates.

IV. Famille des Palmiers.

235. Caractères généraux. — Plantes ligneuses, dont la tige, d'une structure particulière (n° 37), est terminée par un large bouquet de feuilles. Fleurs ordinairement dioïques, réunies en spadice ou en régime. Pour fruit, une noix ou un drupe.

Toutes les espèces de Palmiers habitent les pays chauds.

236. Principales espèces. — Le *Dattier*, le *Cocotier*.

Le *Dattier* est l'arbre commun des déserts de l'Afrique; ses fruits forment en grande partie la nourriture des Arabes.

Le *Cocotier* donne une noix volumineuse, entourée d'une bourre qu'on utilise comme étoupe. Cette noix renferme un lait très nourrissant et agréable au goût, qui se transforme bientôt en amande, excellente à manger, mais qui rancit rapidement.

V. Famille des Graminées.

237. Caractères généraux. — Les Graminées sont des plantes herbacées rarement ligneuses, à tige cylindrique, creuse et noueuse. Feuilles alternes, pourvues d'une gaine fendue. Fleurs

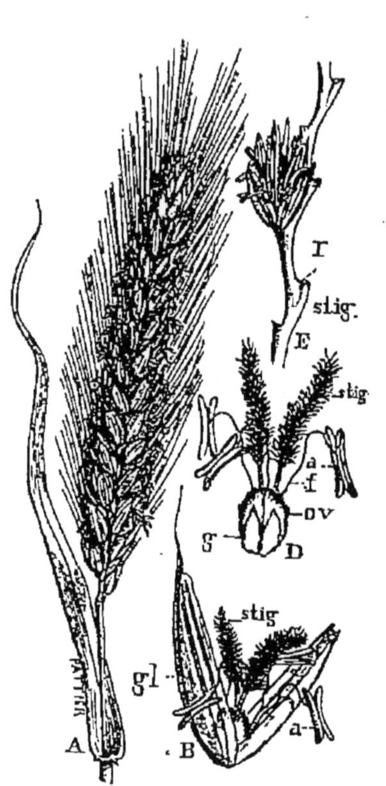

Fig. 133. — A, épi de Blé. — B, D, E, organes de la fleur.

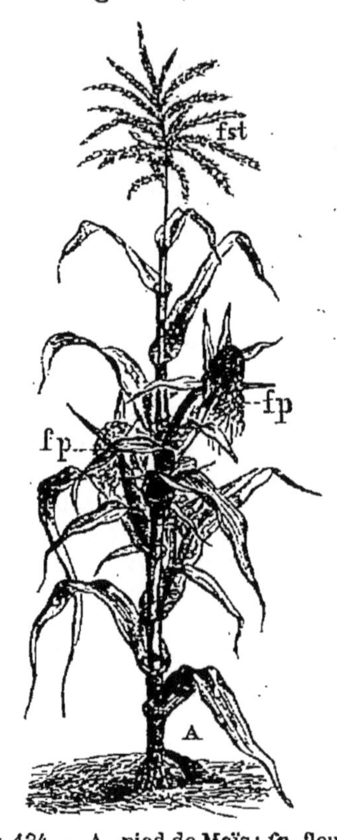

Fig. 134. — A, pied de Maïs; *fp*, fleurs pistillées; *fst*, fleurs staminées.

entourées de glumes (fig. 133) et réunies en petits groupes nommés *épillets*, lesquels sont disposés en épi ou en panicule. Étamines en nombre variable, ordinairement 3; style plumeux. Ovaire simple, uniloculaire. Pour fruit, un caryopse.

238. Principales espèces. — Graminées alimentaires : Le *Froment*, le *Seigle*, l'*Orge*, l'*Avoine*, le *Riz*, le *Maïs*, le *Millet*;

Graminées fourragères : la *Phléole*, la *Flouve*, les *Paturins*, les *Bromes*, les *Fétuques*;

Graminées industrielles : l'*Alfa*, les *Roseaux*, la *Canne à sucre*, le *Bambou*.

Le *Froment* ou *Blé*, le *Seigle*, l'*Orge*, l'*Avoine*, le *Maïs*, sont désignés sous le nom de *céréales alimentaires*. Le *Froment* est certainement l'une des plantes les plus utiles à l'homme. Le *Seigle* donne une farine moins estimée que celle du Froment. Dans les terrains médiocres on sème souvent un mélange de Froment et de Seigle, dont le produit récolté prend le nom de *méteil*.

Fig. 135. — A, Vulpin des prés. — B, Phléole des prés.
— C, Flouve odorante. — D, Ivraie vivace.

Le *Chiendent* est une graminée dont les tiges souterraines sont tenaces, difficiles à extirper des champs qu'elles envahissent, et qui font un véritable tort aux récoltes. On en fait une tisane rafraîchissante.

L'*Orge* et l'*Avoine* sont réservées pour la nourriture des animaux domestiques.

La farine de *Maïs* se prête mal à la panification ; les feuilles des jeunes pieds fournissent un très bon fourrage.

L'*Alfa*, très commun sur les plateaux de l'Algérie et de l'Espagne, sert à la fabrication des nattes et des paillassons ; on en fait du papier.

Les *Phléoles*, la *Flouve*, les *Paturins*, l'*Ivraie vivace* ou *Ray-grass*, les *Agrostis*, le *Vulpin*, les *Bromes*, les *Fétuques*, servent à la formation des prairies naturelles.

11*

Le *Millet* est employé pour l'alimentation des volailles; ses feuilles servent quelquefois de fourrage.

Les *Roseaux* croissent dans les endroits humides; une espèce, la *Canne de Provence*, sert à la fabrication des cannes, des cannes à pêche, etc.

La *Canne à sucre* renferme un jus visqueux que l'on extrait en écrasant les tiges entre des cylindres, et qui renferme 20 pour 100 de sucre cristallisable, que l'on appelle *sucre de canne*. C'est avec les mélasses qu'on retire de la fabrication du sucre de canne que l'on fabrique le *rhum*.

Les *Bambous*, qui croissent dans l'Inde et la Chine, ont des tiges ligneuses, creuses, atteignant 20 à 25 mètres de hauteur, et qui sont employées à une foule d'usages.

GROUPE DES GYMNOSPERMES

VI. Famille des Conifères.

239. Caractères généraux. — Arbres et arbrisseaux résineux, monoïques ou dioïques, à feuillage toujours vert. Les fleurs

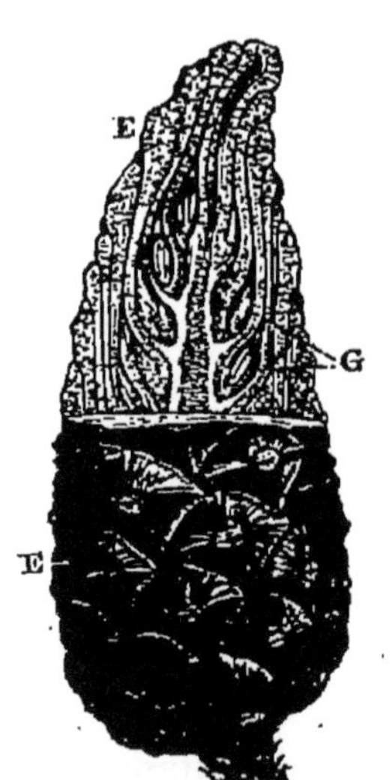

Fig. 136. — Cône de Pin. — La partie supérieure est coupée verticalement pour laisser voir les graines G, situés à la base des écailles E.
(G. DE SAINT-PIERRE.)

Fig. 137. — Rameau de Cyprès portant un cône mûr, formé d'écailles peu nombreuses.

staminées, formées d'étamines nombreuses, sont insérées sur l'axe floral sans bractées de séparation; les fleurs pistillées sont réunies en chatons et formées par des écailles portant à leur aisselle un ou plusieurs ovules. Pour fruit un *cône* (fig. 136).

240. Principales espèces. — Le *Sapin*, les *Pins*, le *Cèdre*, le *Mélèze*, le *Cyprès*, le *Genévrier*, les *Thuyas*, l'*If*.

Les *Pins* et les *Sapins* sont communs sur les hautes montagnes et fournissent des bois de charpente pour la marine et la menuiserie. On en retire de la résine et de la térébenthine.

Le *Cèdre* ne croît spontanément que dans le Liban, l'Himalaya et quelques forêts de l'Algérie. Il est connu pour sa longévité et l'ampleur de ses ramifications.

Le *Mélèze* est la seule espèce française de Conifères dont les feuilles tombent à l'automne.

Le *Cyprès*, par son feuillage noir et son aspect mélancolique, est, comme le Saule pleureur, le symbole de la tristesse.

Le *Genévrier* est un petit arbuste à feuilles atténuées en épines, dont le fruit sert à fabriquer la liqueur de Genièvre.

Les *Thuyas* sont des arbustes servant, comme les *Ifs*, à la décoration des jardins; les *Ifs* sont remarquables par la facilité avec laquelle ils se laissent tailler et façonner.

CHAPITRE VI

CRYPTOGAMES

I. Les Fougères.

241. Les *Fougères* sont des plantes généralement herbacées, mais qui, dans les régions chaudes, deviennent arborescentes comme les Palmiers. Leurs feuilles, d'une structure assez compliquée, sont souvent très divisées et portent le nom de *frondes;* elles sont roulées en crosse avant leur épanouissement.

Les sporanges sont groupés à la face inférieure des feuilles en amas appelés *sores* (fig. 138). Les sores sont tantôt nus, tantôt recouverts par un repli de l'épiderme nommé *indusium*.

Lorsque les spores s'échappent des sporanges, elles tombent à terre et germent en formant un *prothalle,* sorte d'expansion foliacée, de

couleur verte, qui s'étale sur le sol et qui porte à sa face inférieure
des anthéridies et des archégones. Au fond de chaque archégone se

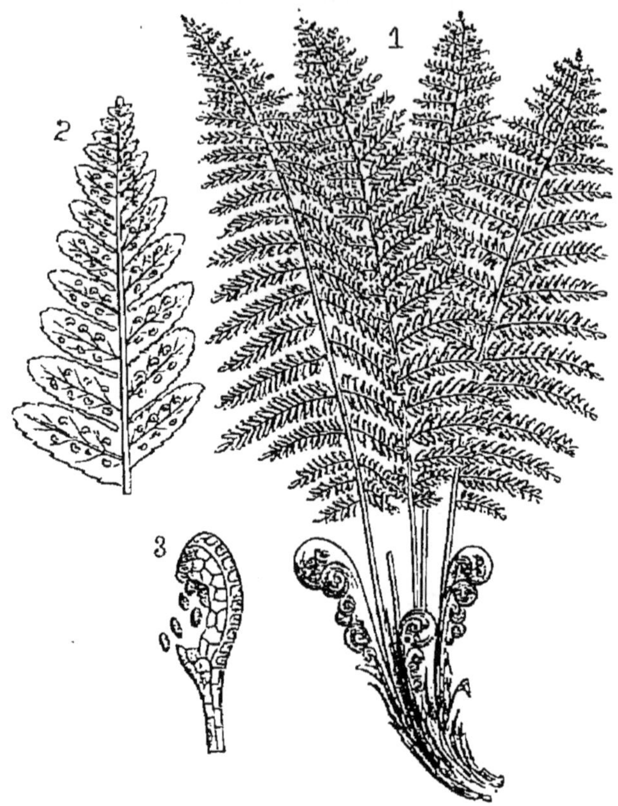

Fig. 138. — Polystic commun. 1, feuilles adultes et jeunes feuilles roulées en
crosse. — 2, partie supérieure d'une feuille portant les sores sur la face inférieure des lobes. — 3, sporange mûr, émettant les spores.

trouve un oosphère qui, après la fécondation, reproduira la Fougère
sous sa forme définitive.

II. Les Mousses.

242. Les *Mousses* sont de petites plantes à texture entièrement
cellulaire, qui croissent en abondance dans les lieux humides et
ombragés. Leur tige, couverte de feuilles souvent imbriquées,
est grêle, simple ou rameuse.

Le mode de reproduction des Mousses est curieux à étudier. Les
organes feuillés sont pourvus d'*anthéridies* et d'*archégones*. Les
anthéridies ont l'apparence de petites massues dans lesquelles les
anthérozoïdes sont extrêmement mobiles. Les archégones ont la forme

d'une bouteille et renferment chacun un oosphère qui, à un moment donné, devra être fécondé par un anthérozoïde.

Dès que l'oosphère a été fécondé, il se développe dans l'intérieur de l'archégone, et prend la forme d'une *urne* supportée par un filament qui s'allonge rapidement, soulève l'urne au-dessus de l'archégone,

Fig. 139. — Exemple d'une Mousse (*Hypnum splendens*), Mousse très commune dans les bois. — A, plante entière. — B, appareil contenant les spores destinées à reproduire la plante. — C, une feuille grossie.   (SCHIMPER.)

qui se déchire pour lui livrer passage, et dont les débris forment une sorte de coiffe qui recouvre l'urne (fig. 139).

Bientôt la coiffe tombe et laisse à découvert un opercule, qui ne tarde pas lui-même à s'ouvrir pour laisser échapper les spores. Celles-ci tombent sur le sol et donnent naissance à une sorte de thalle membraneux, le *protonéma*, qui émet des bourgeons dont le développement reproduit les brins de Mousse, c'est-à-dire la plante feuillée.

III. Les Algues.

243. La plupart des *Algues* sont aquatiques. Les unes, comme les *Conferves*, habitent les eaux douces; les autres, comme les *Fucus* ou *Varechs*, vivent dans les eaux salées. Certaines algues ne sont formées que d'une seule cellule (*Diatomées*).

Les Algues sont des plantes à chlorophylle. Ces plantes sont remarquables par les mouvements variés qu'exécutent les spores au moment où elles s'échappent des sporanges, et qui les font ressembler à de véritables infusoires.

Les *Varechs* fournissent de la *soude*, du *brome* et de l'*iode*. La mer des *Sargasses* est ainsi nommée à cause de la présence d'amas considérables d'une algue flottante, le *Sargassum vulgare*. Certaines Algues en forme de ruban atteignent une longueur considérable.

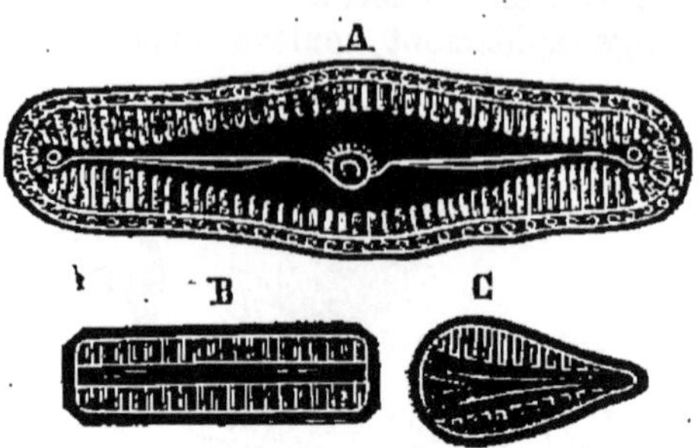

Fig. 140. — Exemples de Diatomées vues au microscope. — A, *Pinnularia vulgaris*. — B, *Diatoma vulgaris*. — C, *Rhipidophora paradoxa*. — Les lignes blanches représentent les sculptures de la carapace siliceuse.

Les *Diatomées* sont de petites algues microscopiques qui se recouvrent d'une couche siliceuse dont les débris forment, au fond des mers, des dépôts considérables qui jouent le même rôle que les débris de coquilles de foraminifères (*Géologie*, n° 131.)

Fig. 141. — Exemple d'une Algue marine à thalle très divisé, la *Coraline officinale* ou *Mousse de Corse*.

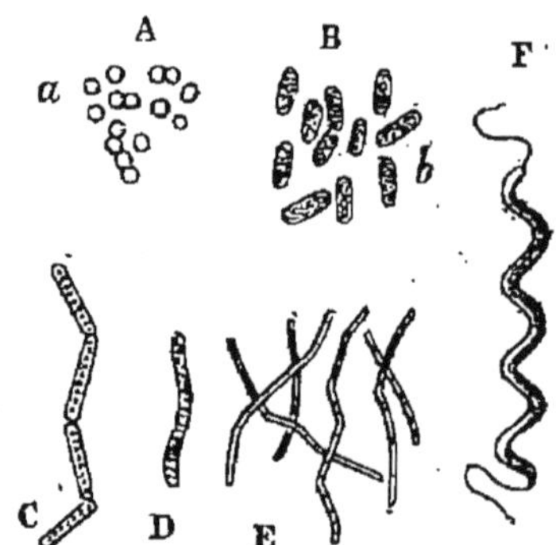

Fig. 142. — Quelques formes de Bactéries vues au microscope. — A, *Micrococcus prodigiosus*. — B, *Bacterium lineola*. — C, *Bacillus ulna*. — D, *Vibrio rugula*. — E, *Leptothrix buccalis*. — F, *Spirillum volutans*.

On range aussi dans la famille des algues les *Microbes* (fig. 142), organismes microscopiques ayant la forme de corpuscules isolés ou en chapelets, de petits filaments ou de bâtonnets souvent contournés en vrilles, ce qui les a fait aussi désigner sous les noms de *Bactéries*, de *Vibrions* ou de *Bacilles*.

Ces petits organismes jouent le rôle de ferments; les uns déterminent des décompositions, des fermentations; d'autres sont les agents des épidémies (choléra, peste, etc.).

Les brillants travaux de M. Pasteur (1884) ont montré que la rage, les affections charbonneuses, étaient dues au développement de microbes particuliers. De plus, M. Pasteur a prouvé qu'il était possible, par des moyens artificiels, de rendre l'organisme absolument réfractaire au développement de ces microbes, et de garantir par conséquent l'homme ou les animaux des funestes effets qui peuvent résulter de l'inoculation de ces virus, de la même façon que le vaccin nous préserve de la variole.

IV. Les Lichens.

244. Les *Lichens* vivent généralement sur l'écorce des arbres, sur la terre humide; souvent on les voit s'étaler sur les murs, les rochers, sous forme de croûtes sèches nommées *thalles*, de

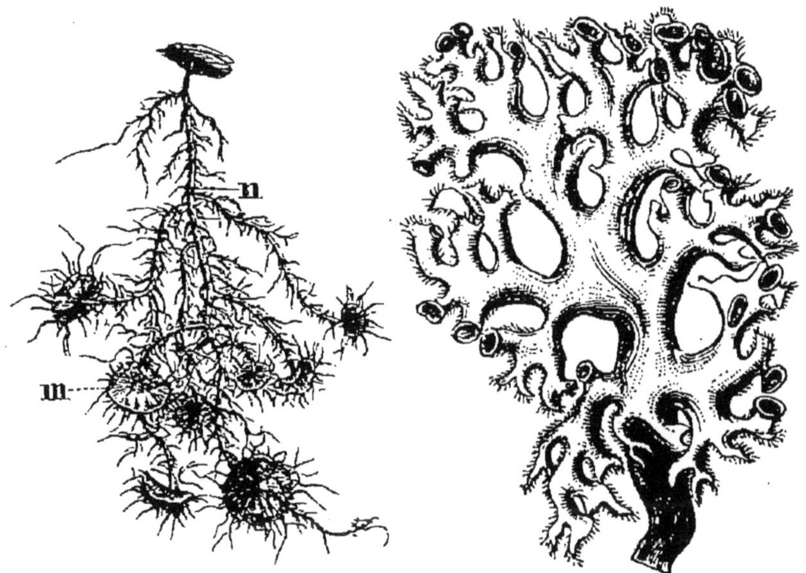

<table>
<tr><td>Fig. 143. — Exemple de Lichen.</td><td>Fig. 144. — Lichen d'Islande.</td></tr>
<tr><td>*Usnea.* — *n*, thalle; *m*, apothécie
à bords ciliés.</td><td>Les apothécies occupent les extrémités
des segments du thalle.</td></tr>
</table>

couleur verte, jaune, grise ou blanchâtre. Bien qu'ils ne vivent point aux dépens des végétaux sur lesquels ils se développent souvent, on les regarde comme nuisibles aux fonctions de l'écorce.

Les sporanges ou *thèques* ont ordinairement la forme de petits sacs allongés, groupés en amas nommés *apothécies*, qui forment de petites taches très visibles à la surface du thalle (fig. 144). On considère aujourd'hui les Lichens comme des champignons parasites de certaines algues.

Le *Lichen d'Islande* (fig. 144) sert d'aliment dans certains pays des régions glaciales; on en fait une tisane employée contre les maladies de poitrine. Le bleu de *Tournesol* et l'*Orseille* sont fournis par un Lichen.

V. Les Champignons.

245. Les *Champignons* sont des végétaux cellulaires de consistance spongieuse, dépourvus de chlorophylle.

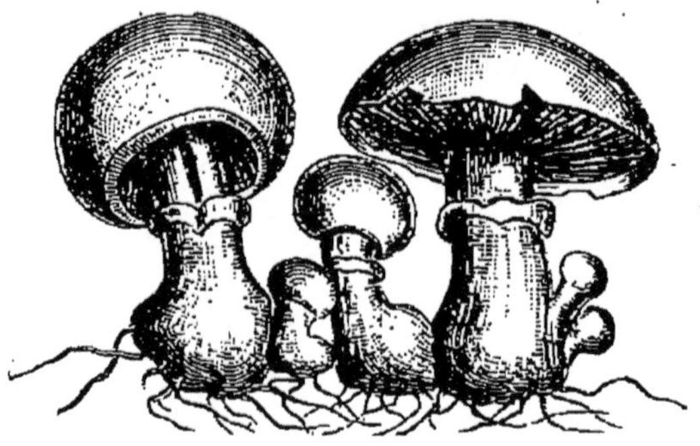

Fig. 145. — La Pratelle champêtre.

Les filaments que l'on voit à la base des stipes représentent le mycélium ou blanc de Champignon.

Les Champignons proviennent de spores qui, en germant, produisent des filaments qui s'enchevêtrent les uns dans les autres et forment ainsi un tissu chevelu, généralement blanc, auquel on donne le nom de *mycélium* (blanc de Champignon); c'est l'appareil végétatif de la plante.

Sur le mycélium se développe le *chapeau* ou réceptacle, formé de filaments ou de lames distinctes portant les spores à leur extrémité.

Les Champignons, ne contenant pas de chlorophylle, peuvent végéter dans l'obscurité; mais, étant par là même dans l'impossibilité d'assimiler le carbone, ils ne peuvent vivre qu'aux dépens d'autres organismes. C'est pourquoi ils remplissent surtout le rôle de destructeurs en se fixant sur les plantes et les animaux en décomposition. Ils peuvent aussi se développer sur les organismes vivants.

Certaines espèces de Champignons sont comestibles, d'autres sont très vénéneuses. Parmi les Champignons comestibles on peut citer l'*Agaric champêtre* ou *Champignon de couche*, la *Truffe*, le *Cèpe* ou *Bolet comestible*, la *Morille*, l'*Oronge vraie*.

Le *Bolet amadouvier* sert à la préparation de l'*amadou*.

L'Ergot du Seigle, la *Rouille du Blé*, l'*Oïdium de la Vigne*, sont des champignons parasites.

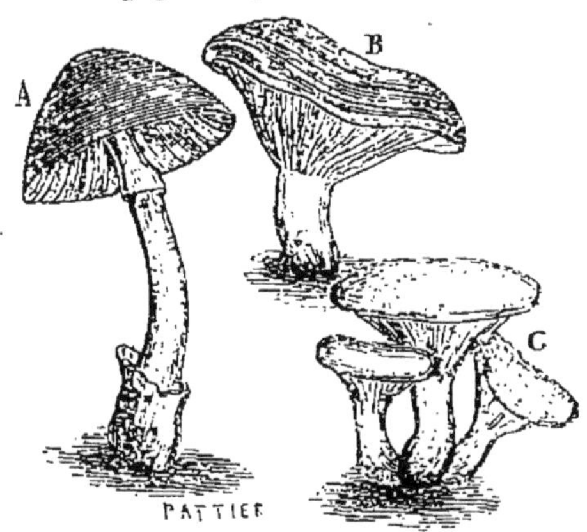

Fig. 146. — A, Agaric bulbeux. — B, Agaric meurtrier. — C. Agaric stiptique.

Fig. 147. — Agaric Chanterelle.
(Gaston BONNIER.)

On range également parmi les champignons certains ferments végé-

Fig. 148. — Épi de seigle portant plusieurs ergots *e*.

Fig. 149. — Feuille de Blé attaqué par la rouille.

Fig. 150. — M, feuille de Vigne attaquée par l'oïdium; *a, s*, spores très grossies.

taux dont les plus importants sont la *Levure de bière* et le *Micoderme du vinaigre*.

USAGE DES PLANTES

PLANTES ALIMENTAIRES
- CÉRÉALES : Blé, Seigle, Orge, Avoine, Millet, Riz, Maïs.
- TUBERCULES : Pomme de terre, Topinambour, Patate.
- RACINES : Rave, Navet, Betterave, Carotte, Panais, Salsifis.
- LÉGUMES
  - verts : Choux, Épinard, Oseille, Laitue, Chicorée, Mâche, Cresson, Oignon, Poireau, Artichaut, Asperge, Champignons, Truffe.
  - secs : Fèves, Pois, Lentilles, Haricots.
- CONDIMENTS : Ail, Oignon, Échalotte, Ciboule, Cerfeuil, Persil, Thym, Estragon.
- FRUITS : Courges, Concombres, Melon, Tomate, Aubergine.

PLANTES OLÉAGINEUSES : Olivier, Colza, Pavot, Ricin, Noyer, Arachide, Lin, Hêtre.
PLANTES TEXTILES : Lin, Chanvre, Coton, Alfa, Ramie.
PLANTES TINCTORIALES : Garance, Gaude, Pastel, Safran, bois de Campêche, Orcanette, Orseille.
PRODUITS AROMATIQUES : Anis, Cumin, Coriandre, Menthe, Citron.
ÉPICES : Poivre, Girofle, Vanille, Cannelle, Muscade.
PRODUITS DIVERS : Osiers, Liège, Soude, Canne à Sucre, Houblon, Tabac, Thé, Cacaoyer.
PLANTES FOURRAGÈRES : Trèfle, Luzerne, Sainfoin, Vesce, Ray-Grass, Paturins, Phléole, etc.

FRUITS DE TABLE
- FRUITS PULPEUX
  - *Baies :* Raisin, Groseille, Framboise.
  - *Fruits à pépins :* Pomme, Poire, Orange.
  - *Fruits à noyau :* Prune, Cerise, Pêche, Abricot.
- FRUITS NON PULPEUX
  - *Fruits oléagineux :* Olive, Amande, Noix, Noisette.
  - *Fruits farineux :* Marrons, Châtaignes.

BOIS DE CONSTRUCTION : Chêne, Hêtre, Orme, Frêne, Charme, Tilleul, Érable, Platane, Châtaignier, Aune, Peuplier.
BOIS D'ŒUVRE : Acajou, Palissandre, Ébène, Buis, Noyer.

PLANTES MÉDICINALES
- NARCOTIQUES : Pavot, Tabac, Jusquiame, Belladone.
- FÉBRIFUGES : Quinquina, Petite Centaurée, Camomille romaine.
- VOMITIVES ET PURGATIVES : Jalap, Ipécacuana, Rhubarbe, Casse, Ricin, Aloès.
- CALMANTES : Digitale pourprée, Pavot, Laurier-Cerise.
- AROMATIQUES : Menthe, Mélisse, Oranger.
- PECTORALES : Mauve, Guimauve, Bouillon-blanc, Lichen, Capillaire, Réglisse.
- AMÈRES : Gentiane, Houblon.

GÉOLOGIE

NOTIONS PRÉLIMINAIRES

1. Objet et subdivision de la Géologie. — La *Géologie* étudie
l'origine de la Terre, la superposition, le mode de déposition,
l'âge relatif et la classification des différents *terrains*, c'est-
à-dire des couches qui constituent l'écorce terrestre.

Elle comprend : 1° la *Géologie proprement dite*, qui s'occupe
des terrains et des agents qui peuvent les modifier; 2° la *Minéralogie*, qui étudie les caractères, la composition, les gisements
et les usages des substances minérales composant les couches
du globe; 3° la *Paléontologie*, qui comprend l'étude des fossiles,
c'est-à-dire des débris organiques, végétaux ou animaux, qui
sont enfouis dans le sol.

2. La Terre dans l'espace. — La terre est une *planète* faisant partie
du système solaire. Elle a la forme d'un globe d'environ 6366 kilomètres de rayon, un peu aplati vers les *pôles* et renflé suivant un
grand cercle qu'on appelle l'équateur, et dont le plan est perpendiculaire à la ligne qui joint les deux pôles; elle est enveloppée d'une
couche d'air qui est l'*atmosphère*.

La Terre est animée d'un mouvement de *rotation* sur elle-même
autour de la ligne des pôles, et d'un mouvement de *translation* ou de
révolution autour du soleil, dont elle reçoit la chaleur et la lumière.

Le mouvement de rotation de la Terre sur elle-même est uniforme;
il s'effectue en 24 heures. C'est lui qui détermine la succession des
jours et des *nuits*.

Dans son mouvement de translation, la Terre gravite autour du
soleil à une distance moyenne d'environ 36 millions de lieues. Ce mouvement de révolution n'est pas uniforme; il s'accomplit en 365 jours ¹/₄
environ, et fixe la durée de l'*année*. Dans ce mouvement, la Terre
entraîne avec elle son satellite, la *Lune*, qui tourne elle-même autour
de la Terre de manière à revenir au même méridien que le soleil au
bout de 29 jours environ (révolution synodique); l'attraction qu'elle
exerce sur les eaux de la mer est la principale cause du phénomène
des *marées*.

La trajectoire que parcourt la Terre dans son mouvement de révolution autour du soleil est appelée *écliptique*. Le plan de cette trajectoire est le *plan de l'écliptique*.

L'écliptique est ainsi nommé parce que les éclipses de soleil ou de
lune ne peuvent avoir lieu que lorsque la lune est dans son plan ou
dans le voisinage de ce plan.

L'axe de rotation de la Terre est incliné de 23° 27' sur le plan de l'écliptique (*obliquité de l'écliptique*). C'est cette obliquité qui détermine la succession des *saisons* et l'inégalité des *jours* et des *nuits*.

3. Stabilité apparente du relief du sol. — La surface de la Terre est très accidentée; on y observe des *plaines*, des *vallées*, des *plateaux*, des *collines*, de *hautes montagnes*, etc., dont la situation nous paraît tout à fait stable. Les paysages ne semblent subir d'autres changements que ceux qui sont dus à la culture et aux travaux de toutes sortes exécutés par les hommes. Cependant il existe des agents *mécaniques, physiques* et *chimiques* qui en modifient peu à peu l'aspect, et, si les modifications qu'ils produisent ne sont pas apparentes, c'est qu'elles se font avec une lenteur telle, qu'elles ne sont pas sensibles dans le courant d'une vie d'homme.

Parmi les agents qui modifient sans cesse le relief terrestre, les uns sont *extérieurs* à notre globe (vent, pluie, etc.), les autres ont leur siège dans les profondeurs de l'écorce terrestre encore à l'état de fusion ignée; ce sont les agents *intérieurs*.

4. Effets des agents extérieurs. — Les agents extérieurs ont leur cause immédiate dans la *chaleur solaire*, laquelle, vaporisant l'eau des océans, la fait passer à l'état de vapeur qui tombe ensuite en pluie sur la terre ferme et entraîne alors tous les matériaux qu'elle peut déplacer. C'est elle qui fait naître les vents et lance les vagues de la mer à l'assaut des rivages; c'est elle enfin qui permet l'accomplissement des réactions de toute nature par lesquelles la consistance et la composition de l'écorce superficielle sont sans cesse modifiées.

5. Effets des agents intérieurs. — L'action des agents intérieurs se partage toujours en périodes relativement courtes, mais violentes, séparées par des intervalles de repos absolu ou relatif.

L'activité des agents intérieurs tend vers un état d'équilibre définitif qui n'est troublé que lorsque des causes particulières viennent réveiller leur énergie.

6. Matériaux terrestres. — On appelle *roches* les matériaux solides dont le globe terrestre est formé, que ces matériaux soient durs, tendres ou pulvérulents.

Certaines roches sont disposées en couches parallèles, on dit qu'elles sont *stratifiées*; les autres se rencontrent disséminées sans ordre, ce sont les roches *non stratifiées*. Les premières ont été formées par l'action des *eaux*, et les secondes par celle du *feu*.

PREMIÈRE PARTIE
PHÉNOMÈNES GÉOLOGIQUES ACTUELS

AGENTS EXTÉRIEURS

CHAPITRE I

AGENTS ATMOSPHÉRIQUES

7. Mode d'action des agents atmosphériques. — Les principaux *agents atmosphériques* qui concourent à modifier la surface du globe sont de deux sortes : les uns, comme les *vents*, et par suite les *ouragans*, effectuent des transports de matériaux meubles à la surface de la terre, ou mettent en mouvement les vagues qui désagrègent peu à peu les rivages de la mer : ils produisent des *effets mécaniques*. Les autres, comme l'*air*, la *chaleur*, l'*humidité*, altèrent la nature des éléments superficiels de l'écorce, et y déterminent ainsi des *phénomènes chimiques* qui les modifient profondément.

8. Vents. — Les *vents* transportent les poussières de toutes sortes, les cendres des volcans, les sables des déserts, à des distances parfois très considérables. Les tempêtes, les ouragans agitent les flots de la mer, qui, venant battre avec violence les écueils et les falaises, en désagrègent peu à peu les matériaux, qui s'écroulent et couvrent la plage de leurs débris. Si le rivage est en pente douce, la vitesse des vagues se ralentit, et le flot de retour, ne pouvant reprendre que les matériaux légers, abandonne les plus gros fragments, qui s'amassent en *cordons littoraux*.

L'action mécanique des vents se manifeste aussi dans la formation des *dunes*.

9. Dunes. — On appelle *dunes* de petites collines de sable formées sous l'action des vents dans l'intérieur des terres meubles et sèches, ou sur les plages peu inclinées quand le vent souffle de la mer vers la terre (fig. 1).

12

Le sable qui se dépose à marée haute sur la plage, où il est laissé à découvert par le reflux, est saisi par le vent et poussé grain par grain vers la terre; il forme alors de petits remblais, parallèles au rivage, qui reculent peu à peu et se trouvent bientôt hors de l'atteinte des vagues de la haute mer.

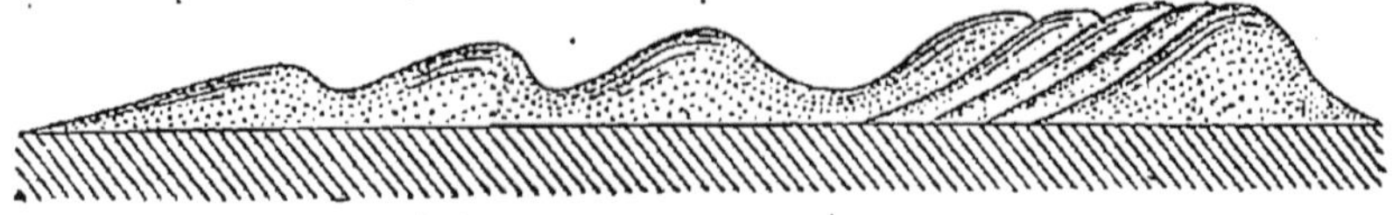

Fig. 1. — Aspect des dunes.

Les dunes, en envahissant les terres, en rendent la culture impossible et peuvent ensevelir les habitations. Leur accumulation au voisinage de l'embouchure des fleuves peut opposer un obstacle aux cours d'eau et produire des dérivations importantes. C'est ainsi que toute la région des Landes qui avoisine la mer se trouve transformée en un désert de sable parsemé d'étangs, et sillonné de cours d'eau qui sont obligés de décrire de longs et sinueux circuits avant d'arriver à la mer.

On oppose un obstacle à l'envahissement des terres par les sables, en bordant le littoral de plantations de Pins maritimes, qui brisent le vent et assurent l'immobilité du sol.

Fig. 2. — Colonnes de pierre isolées par l'action de l'atmosphère dans le voisinage de Poligny.

10. Action de la chaleur. — La chaleur, en produisant des contractions et des dilatations alternatives, désagrège peu à peu les roches, et prépare ainsi leur destruction prochaine par les autres agents atmosphériques.

11. Action chimique de l'air. — L'air humide agit sur les roches d'une façon énergique. Le granit, par exemple, malgré son extrême dureté, s'émiette peu à peu et se réduit en graviers. Sous l'action de l'air et des eaux pluviales, les blocs granitiques isolés s'arrondissent et finissent par chanceler sur leur base (rochers branlants, pierres qui virent, etc., fig. 2).

L'air attaque encore les métaux en les oxydant; les matières sulfureuses sont transformées en sulfates.

CHAPITRE II

ACTIONS MÉCANIQUES EXERCÉES PAR LES EAUX

12. La pluie. — Dans une même région, la *pluie* est d'autant plus abondante que les vents y sont plus chargés d'humidité et qu'ils y rencontrent des chaînes de montagnes qui leur barrent le passage et les obligent à s'élever jusque dans les régions froides de l'atmosphère, où ils se condensent et se résolvent en pluie.

Une partie de l'eau de pluie qui tombe sur le sol repasse à l'état gazeux par évaporation, le reste *s'infiltre* dans la terre si celle-ci est perméable, ou *ruisselle* à la surface si elle est imperméable ou si la pente est trop forte.

I. Eaux d'infiltration.

13. Sources. — Dans les terrains perméables (sables, graviers, grès fissurés), les eaux d'infiltration trouvent un écoulement naturel dans le fond des vallées et donnent naissance aux *ruisseaux*.

Si la couche perméable repose sur un lit d'argile qui s'oppose à l'infiltration, l'eau s'écoule sur les flancs des vallées aux endroits où affleure la couche argileuse (fig. 3), ou bien s'accumule dans les dépressions de cette couche en formant des *sources* souterraines. (Perforation des puits.)

Fig. 3. — Formation d'une source.
1, couche perméable ; 2, couche imperméable ; 3, eau infiltrée ;
4, source.

14. Sources jaillissantes. — Si l'eau d'infiltration s'introduit et s'accumule entre deux couches imperméables, elle y forme une nappe sans écoulement, dont l'eau peut être sous une pression considérable. Il suffira donc de percer la couche supérieure pour que l'eau jaillisse à la surface du sol. Tel est le principe sur lequel repose la perforation des *puits artésiens* (fig. 4).

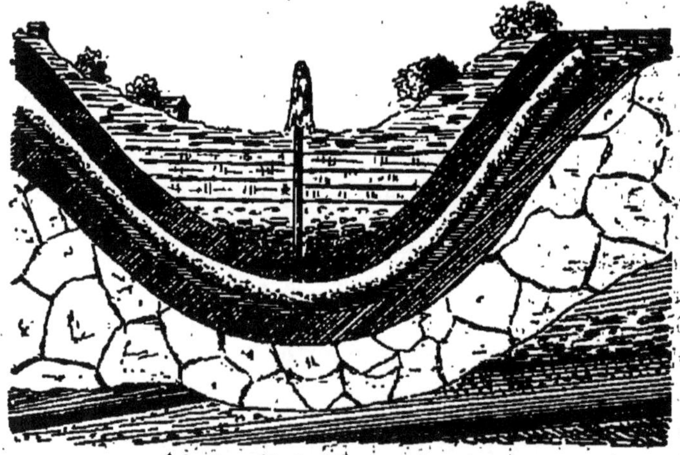

Fig. 4. — Coupe théorique d'un puits artésien.

Les puits artésiens de Grenelle et de Passy, à Paris, recueillent, à 5 ou 600 mètres de profondeur, les eaux tombées dans les Ardennes, la Champagne et la Bourgogne.

Il n'est pas absolument nécessaire que la couche liquide soit interposée entre deux couches imperméables ; il suffit, si la nappe d'eau est située à une assez grande profondeur, que la couche supérieure soit seule imperméable.

15. Formation des grottes. — Quand les eaux d'infiltration circulent à travers des fentes, elles les élargissent peu à peu et y déterminent à la longue des *grottes* et des *cavernes*. Si ces cavités deviennent trop larges pour que la voûte puisse supporter le poids des couches qui la surmontent, il se produit des *effondrements*.

16. Éboulements. — Quand, par suite d'infiltrations abondantes, certaines couches des terrains en pente sont détrempées et délayées, il peut arriver que les couches supérieures glissent en masse jusqu'au fond des vallées en y produisant les plus grands ravages. Ces éboulements peuvent changer la direction des cours d'eau.

En 1806, une partie du Rossberg (Suisse,) ayant ainsi glissé dans la vallée, couvrit cinq villages de ses débris.

Les éboulements peuvent encore se produire quand la base d'un talus a été minée par les eaux.

II. Eaux courantes.

17. Effet du ruissellement. — Dans son mouvement, l'eau entraîne les débris des roches que les agents atmosphériques ont préalablement désagrégées, ou élargit les rigoles dans lesquelles elle coule, et produit alors des découpures bizarres, des piliers isolés, des ponts naturels, etc.

Les dégradations produites par le ruissellement sont considérablement diminuées par la végétation, car chaque brin d'herbe amortit le choc des gouttes de pluie et favorise l'infiltration, tandis que les racines, formant un réseau serré, maintiennent la terre et s'opposent à sa dégradation.

18. Torrents. — Les *torrents* sont des cours d'eau coulant avec rapidité dans des ravins à pente rapide. Ils ne se forment que pendant les grandes pluies ou à la fonte des neiges, et n'ont pour cette raison qu'une durée temporaire.

Un torrent coule ordinairement au fond d'une *gorge* encaissée dont il ne cesse de dégrader les parois, entraînant les matériaux qui s'en détachent avec une force qui dépend de sa masse et de sa vitesse, c'est ce qu'on appelle l'*érosion*.

En débouchant dans la plaine, où la pente est très faible, sa vitesse diminue, et les eaux, subitement calmées, laissent déposer les débris qu'elles charriaient. Ces débris forment un entassement conique dont la pointe est tournée vers l'embouchure du torrent et qui porte le nom de *cône de déjection* (fig. 5).

Fig. 5. — Aspect d'un torrent et de son cône de déjection.

Les torrents détruisent donc dans les régions supérieures pour reconstruire dans les régions inférieures; en abaissant les montagnes, ils comblent les vallées et tendent à élever leur niveau.

19. Rivières et fleuves. — Les rivières sont des cours d'eau naturels recueillant les eaux de ruissellement; elles se jettent dans les fleuves, qui conduisent directement toutes ces eaux à la mer.

Les rivières sont toujours actives, mais leur débit est variable avec les conditions de leur alimentation.

Le Nil a presque atteint aujourd'hui une stabilité absolue, tandis que la Loire n'a pas encore fixé définitivement son cours.

20. Alluvionnement. — L'*alluvionnement* est le travail par lequel les eaux courantes laissent déposer les matériaux qu'elles entraînent. Les terrains d'alluvions sont abondants sur les rives et surtout à l'embouchure de certains fleuves.

Ces terrains sont sans cesse remaniés par l'irrégularité du débit. Les cailloux, roulant sans cesse les uns sur les autres, s'arrondissent et forment les *cailloux roulés*.

21. Creusement des vallées. — Les rivières coulent au fond des *vallées* qu'elles ont creusées, et qu'on appelle pour cette raison *vallées d'érosion*.

Si les pentes sont imperméables, le ruissellement amène constamment des matériaux vers les parties basses, le profil de la vallée est concave; si elles sont perméables, cet apport fait défaut, et le fond du lit primitif est plat.

22. Deltas. — En débouchant dans la mer, la vitesse des cours d'eau qui s'y jettent est assez ralentie pour que le sable fin et la vase se déposent. Si la couche d'eau est assez profonde et soumise à des courants sensibles, il se forme, en avant de l'embouchure, une digue mobile sans cesse remaniée par les courants marins.

Si, au contraire, l'embouchure est large, peu profonde, et les courants presque insensibles, les matériaux se déposent dans l'estuaire et en élèvent peu à peu le fond jusqu'au niveau de l'eau. Le fleuve franchit alors, par un ou plusieurs bras, ce dépôt émergent, et les alluvions, s'étendant ainsi progressivement vers la mer, s'étalent en un vaste éventail, et finissent par former un immense triangle dont la pointe est à l'embouchure du fleuve. Telle est l'origine des *deltas*, ainsi nommés à cause de leur forme, qui rappelle celle d'un delta grec Δ (fig. 6).

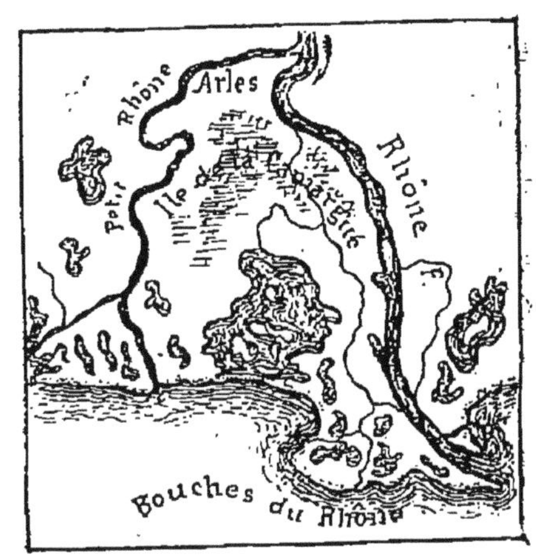

Fig. 6. — Delta du Rhône.

III. Eaux stagnantes. Eaux de la mer.

23. Marais. — Les *marais* sont des étendues plus ou moins vastes de terrains recouverts de flaques d'eau, à rives mal déterminées, dans lesquelles croissent de nombreuses plantes aquatiques. Ils peuvent être produits par l'eau pluviale s'accumulant dans les dépressions d'un sol argileux, par des sources ou des infiltrations de rivières ou de lacs.

24. Étangs, Lacs. — Les *étangs* sont des nappes d'eau plus ou moins profondes, à bords bien déterminés. Leurs eaux, ordinairement dépourvues de sels calcaires, sont chargées de matières organiques en décomposition; elles sont excellentes pour le blanchissage du linge, mais sont désagréables comme boisson.

Les *lacs* sont des nappes assez étendues d'eau douce ou salée, alimentée par des sources.

Les lacs peuvent disparaître ou être déplacés par des dépôts qui finissent par remplir leur bassin, par des éboulements de montagnes ou par la rupture de leurs digues. Les lacs formés dans les vallées par des éboulements ou des avalanches qui ont obstrué le passage des ruisseaux peuvent se conserver longtemps, comme le lac Lovitel, dans l'Oisans; mais il arrive souvent que les eaux s'infiltrent dans les fissures de leur digue, agrandissent peu à peu les ouvertures et finissent par entraîner l'obstacle qui les arrêtait.

25. Action de la vague. — L'eau de la mer, mise en mouvement par les vents et les marées, vient battre les rivages et ronge peu à peu les roches qui les constituent (fig. 7). Les matériaux les plus durs restent sur les rives, et, constamment roulés les uns sur les autres, arrondissent leurs angles et forment les *galets;* les menus fragments, emportés par le flot de retour, se déposent à une distance d'autant plus éloignée du rivage, qu'ils sont plus légers, c'est-à-dire plus fins, et forment les plages de sable et de graviers.

Fig. 7.

Ile du groupe des Orcades découpée par la tempête (d'après Lyell).

Cette puissance destructive de la vague est accrue par le choc répété des galets, qu'elle projette avec violence contre les rochers lorsqu'elle est agitée.

26. Destruction des côtes. — La destruction des côtes varie suivant l'intensité des vents régnants et surtout suivant la nature des roches qui forment le littoral. Ainsi les falaises de la Bretagne sont absolument fixes, tandis que celles qui forment le cap de la Hève, près du Havre, reculent annuellement de 25 à 30 centimètres en moyenne.

Cette destruction tend d'ailleurs à s'arrêter par la forme même que prend la côte sous l'action de l'érosion, forme qui la rend de moins en moins accessible à l'attaque des vagues. D'autre part, les cordons de galets qui se forment en avant de la rive ont pour effet de briser les lames et de diminuer ainsi leur puissance érosive. Il faut cependant ajouter que l'eau d'infiltration, la gelée, viennent sans cesse provoquer des éboulements et favoriser ainsi la destruction des côtes par les vagues.

L'eau de la mer ne fait que déplacer les matériaux qu'elle arrache au rivage; elle dépose les plus légers en couches stratifiées qui s'accumulent dans les dépressions, ensevelissant les dépouilles des animaux marins. Si le dépôt s'est formé tranquillement, les débris animaux qu'on y rencontre sont contemporains de la formation des couches qui les renferment.

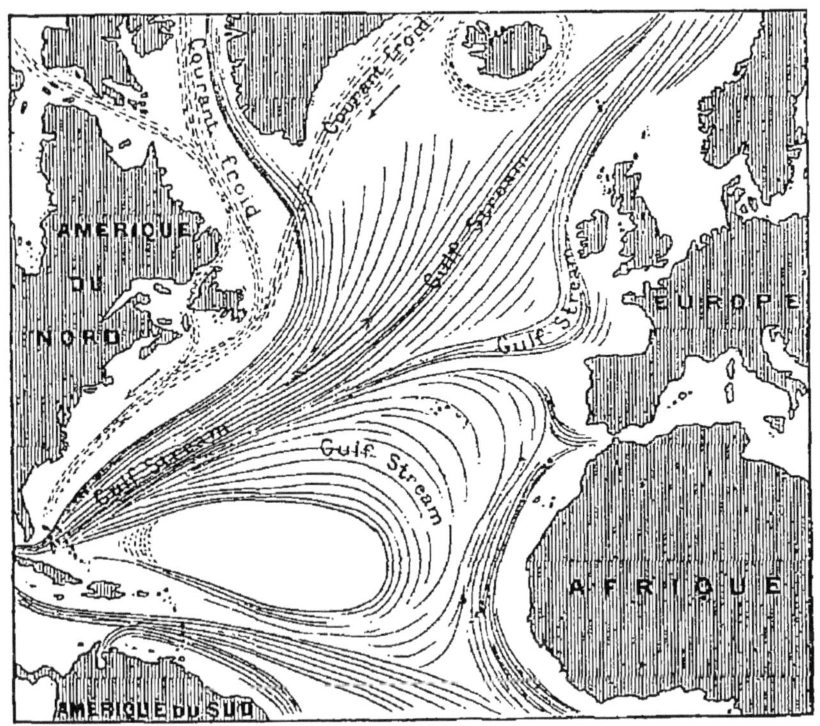

Fig. 8. — Aspect général des courants marins dans l'Atlantique.

27. Courants marins. — On appelle *courants marins* de véritables fleuves liquides qui circulent au milieu de l'Océan. Les causes qui peuvent les faire naître sont l'action du vent, celle de la chaleur solaire ou celle qui résulte de l'arrivée, à la mer, des eaux d'un grand fleuve à cours rapide. Ces courants sont très nombreux dans les régions équatoriales, où la direction des vents, constante pendant une grande partie de l'année, joint son action à celle du soleil. Celui-ci, échauffant considérablement les eaux de la mer, détermine des différences de densité qui nécessitent, pour le rétablissement de l'équilibre, le déplacement des couches liquides.

Le plus important de ces courants est le *Gulf-Stream* (fig. 8), qui prend naissance dans le golfe du Mexique, et vient longer les côtes de Norvège après avoir déterminé sur son parcours plusieurs courants secondaires.

Les matériaux entraînés par ces courants marins se déposent au fond des mers, d'autant plus loin qu'ils sont plus légers, et y forment alors des couches dont la nature est très variable. Les corps flottants viennent atterrir sur des rivages parfois très éloignés de ceux dont ils proviennent. C'est ainsi que le Gulf-Stream charrie jusque sur les côtes d'Islande des blocs de bois, des débris de toutes sortes, arrachés au continent américain.

CHAPITRE III

ACTION CHIMIQUE DES EAUX

28. Nature chimique des eaux. L'eau de mer est riche en substances minérales; par évaporation, elle donne successivement des *sulfates de chaux* et de *soude,* des *bromures* et des *chlorures de potassium* et de *magnésium,* du *chlorure de sodium;* par son action sur les roches, elle se charge de *carbonate de chaux* et de *silicates alcalins.* En régularisant l'évaporation des eaux marines, on peut isoler les principaux sels qu'elles renferment (*marais salants*).

Les eaux d'infiltration, renfermant presque toujours de l'*acide carbonique* provenant de l'air atmosphérique qu'elles ont, pour ainsi dire, lavé, dissolvent, dans leurs parcours souterrains, des substances minérales, surtout du carbonate de chaux, qu'elles laissent ensuite déposer peu à peu lorsqu'elles arrivent au grand air, où elles abandonnent l'acide carbonique qu'elles tiennent en dissolution (*stalactites* et *stalagmites,* fig. 9).

Les *fontaines incrustantes* sont des sources alimentées par des eaux chargées de carbonate de chaux, qu'elles laissent déposer en fines granulations sur les objets qu'on y plonge. L'une des plus connues est celle de Saint-Allyre, à Clermont-Ferrand.

29. Action chimique des eaux pluviales. — L'eau de pluie, toujours chargée d'oxygène, oxyde les roches, et surtout les roches ferrugineuses, qui prennent alors la couleur brune caractéristique de la rouille.

Les grès calcaires se réduisent en sable par la dissolution du ciment, qui agglutine les grains de quartz dont ces grès sont formés. Le granit lui-même n'échappe pas à l'action des eaux pluviales; formé de trois éléments : quartz, feldspath[1] et mica, sans ciment interposé, ses éléments sont bientôt désagrégés; l'eau s'empare des bases alcalines pour former des carbonates, et le silicate d'alumine (argile) insoluble reste intact sous forme de substance blanche nommée kaolin (*kaolinisation*).

Fig. 9. — Grotte avec stalactites et stalagmites.

Le *kaolin* est tendre, sans cohésion, de sorte que la roche s'égrène et se réduit en graviers composés de grains de quartz et de mica disséminés dans la poussière de kaolin; on donne le nom d'*arène* à ces sortes de graviers.

30. Action chimique des eaux de la mer. — Dans les contrées chaudes, il se dépose sur les rives, par suite de l'évaporation active des eaux de la mer, d'abondantes incrustations de carbonate de chaux qui forment de véritables pierres.

On appelle *poudingues* l'agglomération des galets empâtés de cette façon dans le ciment calcaire qui se dépose.

---

[1] Le feldspath est un silicate double d'alumine et de chaux, de potasse ou de soude.

CHAPITRE IV

ACTION DES ÊTRES VIVANTS

31. Dépôts marins. — Des débris organiques, végétaux ou animaux, peuvent, dans certains cas, former des amas considérables, et donner ainsi naissance à de véritables terrains.

Dans les parages très éloignés des côtes, et surtout dans les régions

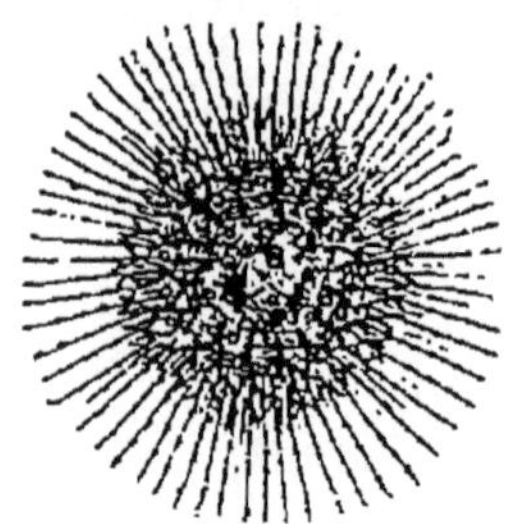

Fig. 10. — Globigérine.

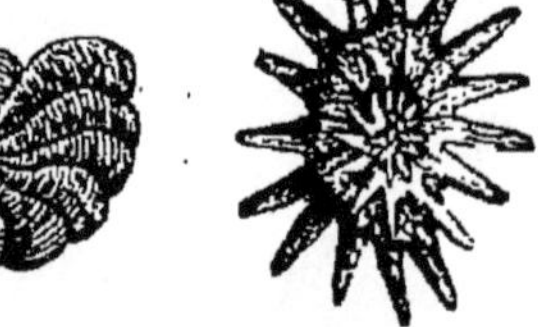

Fig. 11. — Foraminifères.

chaudes, les couches superficielles des eaux marines sont peuplées par des myriades de petits animaux microscopiques appelés *Foraminifères*.

Les Foraminifères comprennent un grand nombre d'espèces; les plus communes sont les *Globigérines* (fig. 10), dont le corps sphérique, entouré d'une enveloppe calcaire de la grosseur d'une tête d'épingle, porte de longues épines s'irradiant dans tous les sens.

Ces enveloppes, tombant constamment au fond des eaux, finissent bientôt par y former une couche blanchâtre composée presque exclusivement de carbonate de chaux.

Dans les grandes profondeurs des mers, les enveloppes si fragiles des Globigérines ne pourraient résister aux énormes pressions qui s'y exercent; mais elles sont remplacées dans ces régions inférieures par des foraminifères siliceux appelés *Radiolaires*.

Les eaux marines renferment aussi des quantités innombrables de petites algues, désignées sous le nom général de *Diatomées*, dont les débris forment au fond des mers une couche vaseuse de matière siliceuse, douce au toucher.

I. Formation des combustibles.

32. Tourbe. — La *tourbe* résulte de la décomposition sous l'eau de certains végétaux, comme les Joncs, les Mousses et surtout les Sphaignes. Si la température ne dépasse pas 8 à 10 degrés, et si l'eau est limpide, ces végétaux croissent avec vigueur, mais bientôt meurent du pied, tandis que la partie supérieure continue de vivre. Alors la partie submergée, se décomposant sous l'eau, c'est-à-dire à l'abri de l'air, donne pour produit final une matière combustible de couleur brune qui est la tourbe.

Lorsque la tourbe s'est accumulée sur une certaine épaisseur et que le sol est suffisamment exhaussé, les Bruyères prennent possession du terrain, et la formation de la tourbe est désormais arrêtée.

33. Autres combustibles minéraux. — La tourbe doit sa texture particulière à la nature des plantes qui l'ont formée et non à leur constitution chimique. D'autres végétaux, tels que des troncs d'arbres, des roseaux, peuvent être ensevelis sous les alluvions vaseuses des cours d'eau, à la suite de crues considérables, et donner naissance à des combustibles qui ne diffèrent de la tourbe que par l'aspect et non par leur composition chimique.

C'est ainsi que d'importants dépôts de combustibles se sont formés dans les deltas des grands fleuves, particulièrement à l'embouchure du Mississipi.

II. Formation des récifs madréporiques.

34. Travail des coraux. — Les *Polypes coralligènes* sont des Zoophytes vivant en société, tantôt sous forme arborescente, tantôt en masses sphéroïdales nommées *polypiers.*

Ces animaux sécrètent une matière calcaire qui les empâte et en fait une agglomération d'individus dont l'ensemble constitue une colonie qui s'accroît constamment par le sommet et la surface, tandis que la partie inférieure meurt et se détruit, ne laissant subsister que la partie inorganique, dont les interstices sont bientôt remplis par des débris provenant de la partie supérieure.

Pour que les polypiers puissent se développer, il faut que l'eau soit limpide, que sa profondeur ne dépasse pas 25 à 30 mètres, et que sa température ne puisse descendre au-dessous de 20 degrés.

35. Émersion des récifs. Les polypiers se développent naturellement au voisinage des côtes, et, bien que leur croissance se fasse avec une extrême lenteur (1 à 2 millim. par an), le sommet de la colonie finit cependant par atteindre le niveau des basses mers. A partir de ce moment l'accroissement en hauteur s'arrête, car ces

animaux ne peuvent résister à une émersion prolongée, et le récif
forme alors une ligne de brisants.

Les tempêtes, détachant de temps en temps les parties supérieures
du récif, souvent perforées par les mollusques, en rejettent les débris
à la surface, et les accumulent de manière à former bientôt une masse
qui émerge au-dessus des hautes mers; le vent et la mer y apportent
des graines, et la végétation en prend bientôt possession. Telle est
l'origine des *îles madréporiques*.

De menus fragments, roulés sur la plage, deviennent le noyau de
concrétions calcaires produites par la rapide évaporation des eaux
qui sont chargées d'acide carbonique, et forment des grains arrondis
nommés oolithes (du grec *oôn*, œuf; *lithos*, pierre), à cause de leur
ressemblance avec les œufs de poisson. Ces grains, agglutinés eux-
mêmes par du carbonate de chaux, constituent le *calcaire oolithique*.

36. Hauteur des récifs. — Bien que les récifs coralliens ne puissent se former dans des profondeurs supérieures à 30 mètres, il arrive
cependant très souvent que la distance du sommet du récif à sa base
dépasse de beaucoup cette limite. On explique ce fait de la manière
suivante. Les vagues, brisant constamment la crête du récif, en accumulent les débris au pied en gros blocs calcaires qui, se soudant les
uns aux autres, finissent par former une plate-forme assez haute pour
que les polypiers puissent se développer, de sorte que, à la longue,
le récif s'avance vers la mer, reposant sur des assises formées de ses
propres débris.

37. Atolls. — Les *atolls* sont des récifs coralliens ayant une forme
circulaire plus ou moins régulière, et circonscrivant un lac intérieur

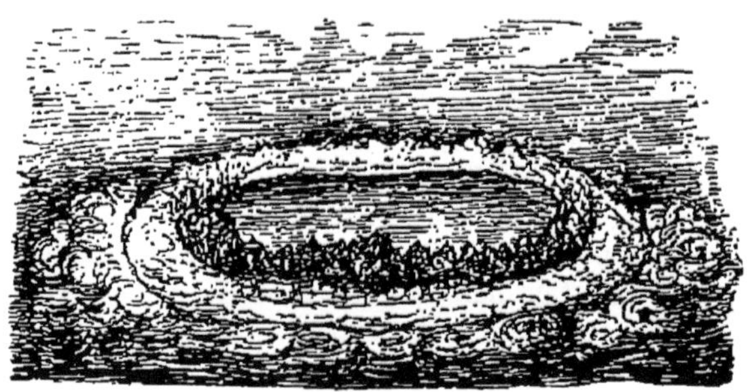

Fig. 12. — Atoll.

dont la tranquillité et la limpidité contrastent singulièrement avec
celles des flots qui l'entourent (fig. 12). Certains de ces anneaux
madréporiques atteignent 8 à 10 lieues de diamètre; les plus petits
n'ont pas 3 kilomètres.

38. Origine des atolls. — La formation des atolls s'explique par
la considération des affaissements lents qu'éprouvent certaines îles.

Supposons, en effet, une île en voie d'affaissement (fig. 13), et entourée d'une ceinture de polypiers. A mesure qu'elle s'enfonce, la base du polypier descend, et les coraux, pour se maintenir dans les conditions favorables à leur existence, sont obligés de s'élever en hauteur, c'est-à-dire de s'étager les uns sur les autres, de sorte que,

Fig. 13. — Mode de formation d'un atoll.

lorsque l'île aura disparu, il ne restera plus de visible, au-dessus des flots, que la ceinture de polypiers qui en formait primitivement le contour.

CHAPITRE V

LES GLACIERS

39. Formation des glaciers. — Les cristaux de neige tombant sur les hautes montagnes subissent, sous l'action des rayons solaires, un commencement de fusion qui les transforme en granules arrondis, dont l'ensemble forme une poussière blanche, sèche, mobile comme du sable. Ces grains, roulant les uns sur les autres, s'accumulent dans des réservoirs naturels plus ou moins encaissés, où ils commencent à s'agglomérer; l'eau qui provient de la fusion des couches superficielles se congèle dans les interstices, et transforme peu à peu la masse en un amas granuleux parsemé de bulles d'air : c'est le *névé*.

Les couches profondes du névé, soumises à une pression considérable exercée par le poids des couches supérieures, deviennent peu à peu compactes, translucides, et présentent l'aspect d'une masse fissurée et parfois azurée qui caractérise la glace des glaciers.

40. Mouvement des glaciers. — Les réservoirs dans lesquels la glace s'est accumulée présentent toujours un débouché à pente plus ou moins inclinée; la glace, sollicitée d'une part par son propre poids, d'autre part par la poussée qu'exercent les couches plus élevées, descend peu à peu vers les régions inférieures.

Comme la glace est peu plastique, elle se fendille dans une direction perpendiculaire à celle du déplacement; mais les crevasses sont remplies, à mesure de leur formation, par de nouvelle neige ou par de l'eau provenant de la fusion des couches

Fig. 14. — Vue d'un glacier avec moraine médiane et moraines latérales.

superficielles, de sorte que la continuité de la masse, un moment interrompue, est presque aussitôt rétablie par un phénomène de regel. Le glacier paraît donc descendre tout d'une pièce, comme un cours d'eau glacée dont la marche serait relativement lente.

41. Front du glacier. — On appelle *front du glacier* son extrémité inférieure.

Quand le front du glacier arrive dans des régions dont la température est supérieure à 0°, il entre en fusion et donne naissance à un torrent tumultueux, dont les eaux sont rendues noires et boueuses par les particules des roches que le glacier a désagrégées et entraînées dans sa descente.

42. Vitesse de déplacement. — La vitesse de translation des glaciers varie avec la température; elle est plus grande en été qu'en hiver et plus rapide à la surface qu'au fond, au milieu que sur les bords.

La vitesse moyenne de la Mer de glace du mont Blanc varie, suivant l'époque, la pente et l'encaissement des gorges, entre 30 centimètres et 1 m. 25 en 24 heures.

43. Effets de transports. Moraines. — Dans son mouvement, la glace emporte les débris de toutes sortes qu'elle détache des pentes abruptes entre lesquelles elle est encaissée. Ces débris forment de chaque côté deux traînées qu'on appelle *moraines latérales* (fig. 14).

Si deux glaciers se rencontrent dans leur descente de manière à n'en former plus qu'un, la moraine droite de l'un se joint à la moraine gauche de l'autre, et leur jonction forme, au milieu du nouveau glacier, une *moraine médiane* plus volumineuse que les moraines latérales.

En arrivant au front du glacier, tous les débris ainsi charriés se déposent sur le sol en demi-cercle et constituent la *moraine frontale*, plus épaisse aux extrémités qu'au centre.

Fig. 15. — Glaciers polaires.

44. Blocs erratiques. — Les *blocs erratiques* sont des pierres énormes que l'on rencontre isolément, aussi bien dans les plaines que sur les collines, et dont la nature est toute différente de celle du terrain sur lequel elles reposent. Ces blocs ont été transportés par d'anciens glaciers qui, en se retirant, les ont abandonnés à la place où nous les voyons aujourd'hui.

C'est par l'observation de blocs erratiques distribués entre le Valais et la Saône, et par la direction des stries qu'on y remarque, que l'on est arrivé à constater que le glacier du Saint-Gothard s'avançait autrefois jusqu'à Lyon.

45. Glaces polaires. — La limite des neiges perpétuelles s'abaissant à mesure que l'on s'avance vers les pôles, il arrive un moment où le voisinage des côtes, ayant une température presque toujours inférieure à 0, le continent lui-même disparaît sous la glace, et la région présente alors l'aspect d'un immense glacier.

Les glaciers polaires se déplacent en s'avançant vers l'équateur; leur front, après avoir flotté quelque temps, se fractionne et donne naissance aux *glaces flottantes* ou *ice-bergs*, qu'il ne faut pas confondre avec les *banquises*, qui proviennent de la congélation de l'eau de la mer au voisinage des côtes (fig. 15).

Dans les contrées du pôle Sud, l'été étant moins chaud que dans celles du pôle Nord, les banquises qui s'y forment atteignent quelquefois une épaisseur de 300 mètres.

Les glaces flottantes, s'en allant à la dérive, au gré des vents et des courants, entraînent avec elles les débris du sol sur lequel elles se sont formées, et les sèment au fond de la mer au moment de leur fusion.

AGENTS INTÉRIEURS

CHAPITRE VI

CHALEUR CENTRALE — VOLCANS

46. Augmentation de la température avec la profondeur. — C'est un fait d'expérience que la température s'accroît à mesure que l'on descend dans les profondeurs du sol. La température de certaines mines de houille atteint jusqu'à 50 degrés.

Cet accroissement de température, dans les limites où il a été étudié, est d'environ 1 degré par 30 mètres, et s'observe à l'équateur aussi bien qu'aux pôles; loin des volcans, comme dans leur voisinage.

47. Hypothèse d'un noyau terrestre fluide. — En admettant que l'accroissement de température soit parfaitement régulier et proportionnel à la profondeur, un calcul fort simple montre qu'à 3 000 mètres de profondeur la température doit être celle de l'eau bouillante;

à 50 kilomètres, elle atteint 1700°, et à une profondeur de 100 kilomètres, on peut être certain qu'aucune substance n'existe à l'état solide.

Il est cependant bien plus probable qu'à partir d'une certaine profondeur cette température devient constante. Quoi qu'il en soit, il est hors de doute qu'elle finit par atteindre un degré extrêmement élevé, et l'on est conduit à cette conclusion que l'épaisseur solide de la couche terrestre est relativement très faible, et que la masse centrale conserve une fluidité ignée, reste de son état primitif.

I. — Volcans.

48. Description. — Un *volcan* est un appareil naturel qui met en communication permanente ou intermittente les matières fluides, renfermées sous l'écorce terrestre, avec l'extérieur.

L'aspect des volcans est très varié ; le plus souvent ils se présentent sous la forme d'une montagne plus ou moins haute, dont le sommet tronqué offre une excavation en forme d'entonnoir qui est le *cratère*. Le cratère communique avec le *foyer* interne par une *cheminée*, ou canal d'ascension des matières vomies par le cratère.

49. Éruption volcanique. — En temps ordinaire, l'activité d'un volcan ne se traduit que par de faibles dégagements de fumée.

Les éruptions violentes sont toujours annoncées par des secousses, des tremblements de terre. Une formidable explosion se produit, lançant vers le ciel une colonne de vapeur d'eau pouvant atteindre 8 à 10,000 mètres de hauteur, et entraînant avec elle les débris de toutes sortes qui obstruaient la cheminée (fig. 16). A cette première explosion en succèdent d'autres ; après quoi un courant de lave s'échappe en jets brûlants, soit du cratère lui-même, soit par des fentes qui se produisent sur les flancs du cône.

50. Formes des volcans. — Les montagnes volcaniques doivent leurs formes variées à la nature des matériaux rejetés autour des orifices de sortie et aux conditions dans lesquelles ces produits se présentent à leur arrivée au contact de l'air.

A l'origine, le volcan n'est qu'une fracture du sol, et la lave qui s'en échappe, retombant autour de l'ouverture, y fait naître une montagne conique dont les pentes sont plus ou moins inclinées. Ces montagnes, formées par l'accumulation des laves, peuvent à la longue atteindre une hauteur considérable ; celle de l'Etna dépasse 3000 mètres.

Le cratère qui occupe le sommet du cône est une cavité à contour à peu près circulaire, primitivement remplie de laves. Ses parois, constamment ébranlées par les explosions, finissent bientôt par céder en quelque point, et la lave, s'échappant par la crevasse produite, vide le cratère, et forme sur un des côtés du cône primitif un talus plus ou moins étendu et à pente relativement faible.

A chaque éruption, la forme du cratère est remaniée, et il peut se former des *cônes secondaires* s'étageant sur le cône primitif.

51. Tufs volcaniques. — Les éruptions volcaniques sont toujours accompagnées de pluies abondantes, dont les eaux entraînent par

Fig. 16. — Aspect du Vésuve en éruption en 1822.

ruissellement des cendres et des graviers qui s'accumulent au pied de la montagne, et s'y déposent en formant des tufs volcaniques.

Les tufs peuvent se disposer avec une grande régularité quand les eaux de ruissellement amènent dans la mer ou dans les lacs les matériaux qu'elles charrient (*tufs sous-marins*), ou bien quand les poussières projetées retombent sur une eau tranquille.

II. Laves.

52. Composition des laves. — Les *laves*, de composition très variable, sont cependant toujours formées de silicates analogues

au laitier des hauts fourneaux et aux scories de forges; elles
donnent toutes par refroidissement des roches solides.

53. Structure des laves. — Certaines laves sont criblées de petites
cavités produites par les fluides gazeux qu'elles renfermaient au moment de leur refroidissement (*laves bulleuses*); d'autres sont compactes, analogues au verre à bouteilles (*laves lithoïdes*). Il en est qui
présentent des cristaux empâtés dans le reste amorphe de la masse.

Toutes les laves sont très fluides au moment de leur coulée; si
elles deviennent visqueuses en arrivant à l'air, elles se solidifient en
replis ondulés, contournés (*laves cordées*). Si la lave est peu fusible,
elle se recouvre rapidement de scories solides, qu'elle pousse devant
elle, et forme dans ce cas une masse raboteuse, incohérente, telle
qu'on l'observe dans les *cheires* d'Auvergne.

54. Température des laves. — La température des laves dépasse
certainement 1 000 degrés; mais, comme elles conduisent très mal la

Fig. 17. — Colonnes basaltiques de l'île de Staffa.

chaleur, celle qu'elles dégagent n'est pas aussi considérable qu'on
serait tenté de le croire.

La surface scoriacée protégeant le reste de la masse contre le refroidissement, la lave peut rester très longtemps en fusion. Dans certains cas, elle peut s'accumuler dans des dépressions du sol, et

atteindre une épaisseur de plus de 100 mètres. On conçoit alors que, par suite de la lenteur du refroidissement, elle se contracte, se fendille, et se débite en colonnes prismatiques assez régulières, placées verticalement les unes à côté des autres.

Cette division prismatique des laves est surtout fréquente dans les roches anciennes connues sous le nom de basaltes (fig. 17).

55. Dykes. — Lorsque la lave s'introduit dans les fissures du sol, elle s'y solidifie lentement et prend la structure des coulées épaisses, c'est-à-dire qu'elle se divise en prismes dont les axes sont perpendiculaires aux parois de la fente, qui sont les surfaces de refroidissement.

Si ces laves se solidifient ainsi dans un terrain meuble, facile à

Fig. 18. — Aspect du val del Bove avec cône éruptif au centre
et dykes sur le pourtour.

désagréger, les coulées de laves resteront en saillie après que l'érosion aura fait disparaître les matériaux au milieu desquels elles se sont refroidies, et formeront ce qu'on appelle des *dykes*, du mot anglais *dyke*, qui signifie mur, paroi (fig. 18).

III. Produits volcaniques secondaires.

56. Principaux produits volcaniques. — Outre les laves, il existe de nombreux produits volcaniques, dont les uns sont solides et les autres gazeux. Parmi les produits solides on peut citer les *cendres volcaniques*, les *ponces* et les *bombes volcaniques*. Les principaux produits gazeux sont les *fumerolles*, les *solfatares* et les *mofettes*.

57. Cendres volcaniques. — Les *cendres volcaniques* sont formées de petites esquilles vitreuses résultant de la solidification, dans les hautes régions, de la lave réduite en gouttelettes par la vapeur d'eau.

Les cendres forment des nuages épais qui sont emportés par les vents à des distances souvent considérables.

58. Ponces. — Les *ponces* sont des substances filandreuses, grisâtres, soyeuses, produites par la solidification de laves à base feldspathique.

59. Bombes volcaniques. — Les *bombes volcaniques* sont des masses de laves qui, lancées dans les airs, sont animées dans leur course aérienne d'un mouvement giratoire qui leur fait prendre une forme contournée.

60. Fumerolles. — On appelle *fumerolles* des fumées blanches qui s'échappent de la lave encore très chaude.

Les fumerolles sont d'abord formées de vapeurs de chlorure de sodium; plus tard, il se dégage des parois de la coulée de la vapeur d'eau rendue acide par de l'acide chlorhydrique et de l'acide sulfureux. Enfin il se produit des émanations alcalines toujours humides, et surtout du chlorhydrate d'ammoniaque.

61. Solfatares. — Les *solfatares* sont des fumerolles sulfureuses ayant la température de l'eau bouillante, et chargées surtout d'acide sulfhydrique, dont l'hydrogène, au contact de l'air, se combine avec l'oxygène pour former de l'eau; il en résulte par conséquent un dépôt de soufre.

Les solfatares ou *soufrières* sont exploitées surtout en Sicile pour l'extraction du soufre.

62. Mofettes. — Les *mofettes* sont les produits gazeux qui se dégagent de la lave lorsque sa température est descendue au-dessous de 100 degrés, et qui consistent surtout en vapeur d'eau et acide carbonique. L'acide carbonique, étant plus pesant que l'air, s'accumule dans les bas-fonds en y formant une atmosphère irrespirable (*Grotte du Chien*, près de Naples).

IV. Causes du volcanisme.

63. Hypothèses relatives aux causes du volcanisme. — La croûte terrestre, d'épaisseur inégale, presse plus ou moins sur la masse fluide interne, de sorte que celle-ci tend constamment à s'échapper à travers les fissures de l'écorce, fissures qui doivent naturellement être plus nombreuses dans les régions où les rides sont plus accentuées, c'est-à-dire dans le voisinage des côtes élevées bordant les mers profondes. Lorsque les gaz emprisonnés dans ces fissures ont atteint une tension suffisante, il se produit une violente explosion qui donne issue à la lave, et le volcan est formé.

Quelques auteurs prétendent que ces éruptions sont dues à l'infiltration des eaux de la mer dans les fissures du sol. Ces eaux, au contact des matières incandescentes, se réduisent subitement en vapeur, et font éclater l'écorce terrestre aux points les plus faibles.

Cette hypothèse paraît justifiée par l'énorme quantité de vapeur d'eau et de chlorure de sodium vomie par les volcans. Cependant il existe des volcans, aux îles Sandwich, par exemple, qui sont situés en plein Océan, et qui n'ont jamais produit d'explosion. La présence de l'eau ne serait donc pas d'après cela nécessaire à la formation des volcans.

64. Distribution géographique des volcans. — L'intérieur des continents *actuels* ne renferme aucun volcan en activité. Les volcans actifs sont alignés sur le trajet des grandes chaînes de montagnes qui bordent les océans, et dont ils couronnent presque tous les sommets. L'océan pacifique, par exemple, est entouré d'un véritable cercle de volcans en activité.

Il est à remarquer cependant que les volcans actifs ne s'observent point sur les rivages plats, ni au voisinage des mers peu profondes; ils sont tous établis sur les crêtes les plus saillantes du sol, c'est-à-dire sur les grandes lignes de dislocation de l'écorce terrestre.

Fig. 19. — Chaîne des puys d'Auvergne, vue du puy Chopine.

Il existe en France un grand nombre de volcans éteints. La *chaîne des Puys*, en Auvergne (fig. 19), est formée d'une soixantaine de cratères d'anciens volcans distribués sur une longueur de plusieurs lieues.

V. Phénomènes qui se rattachent aux volcans.

65. Geysers. — Les *geysers* sont des appareils analogues aux volcans, et qui lancent par intermittence des colonnes d'eau chaude qui peuvent s'élever à plus de 50 mètres.

Les geysers sont produits par des infiltrations qui amènent l'eau en contact avec les émanations très chaudes provenant d'un foyer vol-

canique; ce contact détermine la production d'un volume considérable
de vapeur, qui s'échappe avec force, chassant devant elle la colonne
d'eau qui la surmonte (fig. 20).

Leur intermittence s'explique par le temps qu'il faut à l'eau d'infiltration pour remplir le canal d'ascension, et atteindre la température

Fig. 20. — Aspect du grand geyser d'Islande en éruption.

nécessaire à sa réduction en vapeur. Cette température doit être assez
élevée, à cause de la grande pression qu'exercent les couches d'eau
supérieures sur celles qui sont directement soumises à l'échauffement.

Lorsque l'eau arrive à l'air, elle laisse déposer sur les bords de l'orifice d'abondantes masses concrétionnées de *silice hydratée* (opale
commune ou *geysérite*). Cette silice provient des silicates de potasse
et de soude que l'eau chaude a dissous, et qui, en présence de l'acide
chlorhydrique et de l'acide sulfureux fournis par les vapeurs volca-

12*

niques, se tranforment en chlorures et en sulfates, et donnent ainsi un dépôt de silice hydratée.

Si la roche encaissante est formée de carbonate de chaux, il se forme des dépôts calcaires appelés *travertins*.

66. Sources thermales. — Les *sources thermales* sont des sources d'eau chaude dont l'origine est volcanique, ainsi que le prouve leur présence au voisinage des volcans éteints. Elles doivent leur échauffement à la température des couches profondes qu'elles ont traversées, et dissolvent facilement dans leur parcours des matières minérales qui leur donnent une composition et des propriétés particulières.

Les principales sources thermales sont celles de Barèges (Hautes-Pyrénées), de Cauterets (Basses-Pyrénées), de Plombières (Vosges), d'Aix-la-Chapelle (Prusse rhénane).

67. Salzes. — Les *salzes* sont des volcans boueux qui vomissent constamment de la vase accompagnée d'hydrocarbures gazeux ou liquides. Leur nom vient de ce que les matières qu'ils rejettent contiennent une assez grande quantité de sel marin.

Les dépôts de salzes sont des cônes argileux imprégnés de sel, dont le sommet, ouvert comme un petit cratère, donne des jets d'eau, de boue ou de gaz. Quelquefois ces cônes se dessèchent pendant un grand nombre d'années, et recommencent leurs éruptions à la suite de légers tremblements de terre.

Les salzes les plus connues sont celles de Bakou, sur la mer Caspienne, et celles des Apennins, en Italie.

Lorsque les dégagements d'hydrogène carboné se produisent dans les eaux, on peut les recueillir et les utiliser pour le chauffage et l'éclairage; ces sources s'enflamment quelquefois (*fontaines ardentes*).

Les sources de naphte et de pétrole se rattachent aux salzes, et sont d'origine volcaniques; la distillation des combustibles tels que les houilles ou les lignites, à laquelle on les attribuait, ne suffirait pas à produire la quantité d'essences minérales que l'on rencontre dans le sol. On trouve dans l'Amérique du Nord, en creusant à une certaine profondeur, des nappes de pétrole comparables à des nappes d'eau par leur abondance. Une source de bitume visqueux émerge d'un rocher volcanique nommé le Puy de la Poix, près de Clermont-Ferrand; il en coule également des flancs du Puy de Crouël, et des fissures des tufs volcaniques de Pont-du-Château (Puy-de-Dôme).

68. Mouvement de l'écorce terrestre. — L'hypothèse d'un noyau intérieur liquide étant admise, on conçoit que la sortie des laves par les orifices volcaniques doit être suivie d'un affaissement de l'écorce terrestre en rapport avec le volume de lave sortie. En second lieu, par suite du refroidissement, lequel se fait évidemment avec une extrême lenteur, une partie des matières liquides, passant peu à peu à l'état solide, diminue de volume, et la contraction qui en résulte a pour effet de rider l'écorce du globe comme se ride la surface d'une pomme qui se dessèche par résorption de la partie charnue. Il doit donc en résulter, pour la croûte déjà solidifiée, des déformations lentes qui en modifient peu à peu la stabilité.

L'affaissement des côtes de Bretagne est démontré par l'envahissement de la mer, qui entoure maintenant le mont Saint-Michel, lequel, en 709, était à 10 lieues dans l'intérieur des terres. Une forêt s'étendait entre le mont, les îles Chausey et l'île Jersey.

69. Tremblements de terre. — Les *tremblements de terre* sont des ondulations ou plus souvent des secousses durant à peine quelques secondes, mais suffisantes pour ébranler les édifices et amener le crevassement du sol.

Ces ondulations (*ondes séismiques*) émanent toujours d'une région relativement restreinte, et se propagent avec une vitesse qui peut aller jusqu'à 800 mètres par seconde. On pense qu'elles sont dues à des explosions internes dans lesquelles les gaz dégagés s'introduisent violemment dans les fissures du sol et viennent briser leur effort contre les couches superficielles, qu'ils ébranlent sans pouvoir les traverser. On n'a jamais observé, en effet, de variation dans l'altitude des régions ébranlées par ces secousses.

DEUXIÈME PARTIE

NOTIONS GÉNÉRALES
SUR LA CONSTITUTION DE L'ÉCORCE TERRESTRE

CHAPITRE I

ORIGINE DE LA TERRE

70. Nébuleuse primitive. — L'opinion généralement admise par les astronomes modernes, relativement à l'origine de la Terre, est celle du mathématicien français *Laplace*.

D'après Laplace, tout notre système solaire, c'est-à-dire le Soleil, la Terre et les autres Planètes, formaient primitivement une nébuleuse immense, constituée par un amas considérable de matières gazeuses possédant une température excessive et animée d'un mouvement giratoire autour de son centre.

On sait que l'attraction exercée par toute la masse d'une sphère s'exerce comme si toute cette masse était réunie au centre; or les éléments de la nébuleuse primitive, étant soumis aux lois de l'attraction, étaient par conséquent attirés vers le point central de la masse, en même temps qu'ils se refroidissaient par suite de la chaleur qu'ils rayonnaient dans l'espace.

71. Formation des planètes. — La vitesse de rotation s'accélérant à mesure de la concentration des matières gazeuses, il arriva un moment où la force centrifuge fit équilibre à la force d'attraction, et des bandes, se détachant de la nébuleuse, l'entourèrent comme d'immenses anneaux. Ces anneaux, animés du même mouvement giratoire que le reste de la masse, se rompirent bientôt en fragments qui, se concentrant isolément en tournant sur eux-mêmes, formèrent les *planètes.*

Pendant ce temps la nébuleuse primitive, continuant son mouvement de concentration, constitua le Soleil, en se réduisant peu à peu aux dimensions sous lesquelles il existe aujourd'hui.

Les planètes ainsi formées, animées d'un mouvement propre de rotation sur elles-mêmes, et d'un mouvement de translation autour du soleil, reproduisirent sur une moins grande échelle les phénomènes par lesquels la nébuleuse primitive leur avait donné naissance, et furent bientôt entourées elles-mêmes de planètes secondaires, qui sont leurs *satellites*. C'est ainsi que la Lune a été formée aux dépens de la nébuleuse terrestre, et que la planète Saturne est encore actuellement enveloppée d'anneaux en voie de concentration.

72. Influence du refroidissement. — Les matières gazeuses constituant la nébuleuse terrestre, continuant de se refroidir, atteignirent bientôt une température à laquelle elles commencèrent à se condenser, et se superposèrent alors en couches concentriques suivant l'ordre de densité; les gaz et les vapeurs se portèrent vers l'extérieur, tandis que les métaux et les corps lourds se rapprochèrent du centre.

La solidification commença par les couches liquides extérieures. La croûte solide, d'abord très mince, s'épaissit peu à peu, isolant l'enveloppe encore gazeuse des matières fluides intérieures. C'est alors que la vapeur d'eau, soustraite à l'influence calorifique de la masse centrale, se refroidit rapidement et retomba en pluies torrentielles à la surface de la Terre, où elle forma l'*Océan*.

Des bouleversements considérables, produits par des soulèvements de la masse interne, remuaient sans cesse la mince pellicule solide déjà formée; des dislocations violentes se produisaient, et l'irruption des matières incandescentes à la surface du globe réduisait de nouveau en vapeur les masses d'eau condensée.

73. Formation des continents. — A cette époque géologique, l'océan était sans rivage. « La Terre, dit l'Écriture, était informe et nue; les ténèbres couvraient sa surface, et l'esprit de Dieu était porté sur les eaux. »

Le refroidissement des masses fluides centrales, amenant nécessairement des contractions, occasionna des rides profondes à la surface de la croûte terrestre, qui présenta bientôt des saillies et des dépressions considérables; les montagnes et les vallées se formèrent, les eaux se rassemblèrent dans les dépressions les plus basses, et les continents émergèrent au-dessus des flots.

Peu à peu l'activité des agents intérieurs, diminuant par suite de l'épaississement de l'écorce terrestre, la surface du globe prit une forme à peu près stable, et la Terre présenta l'aspect que nous lui voyons aujourd'hui.

74. Avenir probable de la terre d'après la géologie. — Il est certain que la Terre n'est pas arrivée au terme de son refroidissement. L'épaisseur de la croûte solide augmente constamment, et il est possible, sinon probable, que si les conditions géologiques ne changent pas, il arrivera une époque où le froid sera tel à la surface de la Terre, que la vie n'y sera plus possible.

Nous avons du reste, dans le Soleil, un exemple évident de ce qu'était la Terre à l'origine, et dans la Lune l'image d'un astre éteint et arrivé à l'état vers lequel tendent toutes les planètes par leur refroidissement continu.

CHAPITRE II

STRUCTURE DE L'ÉCORCE TERRESTRE

75. Roches éruptives et roches stratifiées. — Lorsqu'on fait une coupe dans l'écorce terrestre, on constate que les matériaux dont elle se compose affectent toujours deux modes particuliers de distribution; de là deux sortes de roches : les roches *éruptives* ou *plutoniennes*, et les roches *stratifiées* ou *neptuniennes* (fig. 21).

Les *roches éruptives* ou *plutoniennes* sont des roches mas-

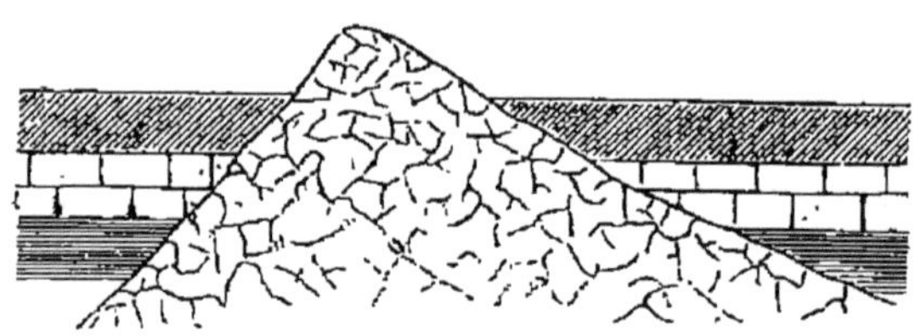

Fig. 21. — Roches éruptives et roches stratifiées.

sives, sans disposition régulière, souvent cristallines; leur structure et leur disposition indiquent évidemment une formation ignée.

Les *roches stratifiées* ou *neptuniennes* sont superposées en couches parallèles horizontales, inclinées ou ondulées exactement comme les dépôts qui se forment sur les rivages (*dépôt de sédiment*); leur origine aqueuse est donc incontestable.

76. Conséquence de la fluidité primitive de l'écorce. — La croûte terrestre, primitivement fluide, doit évidemment porter la trace de son origine, et présenter, comme première assise des terrains, une couche formée des substances les plus réfractaires à la fusion. On constate, en effet, que l'assise inférieure de l'écorce terrestre est constituée par des matériaux qui se sont solidifiés à une haute température; ils présentent naturellement un aspect cristallin, et ne renferment aucun élément sédimentaire.

Bien que cette assise primitive n'offre aucune trace de stratification, les éléments dont elle se compose affectent une disposition *stratiforme*, comme si la pesanteur les avait séparés en couches, d'après leur densité respective, au moment de la solidification.

I. Roches primitives.

77. Matériaux du terrain primitif. — Les principaux éléments du terrain primitif sont le *quartz*, les *feldspaths* et les *micas*.

Le *quartz* (SiO^2) est formé de silice pure, substance la moins fusible et n'ayant pour les autres corps qu'une affinité extrêmement faible. Le quartz a donc dû former la première écume flottante sur la masse liquide. On le rencontre souvent cristallisé en prismes hexagonaux, terminés par des pyramides, et dont les faces latérales sont sillonnées de stries transversales (fig. 22).

Les *feldspaths* sont des minéraux durs, brillants, à cassure vitreuse. Ils ont été formés par les métaux légers et facilement oxydables (Aluminium, Potassium, Calcium, Sodium), qui,

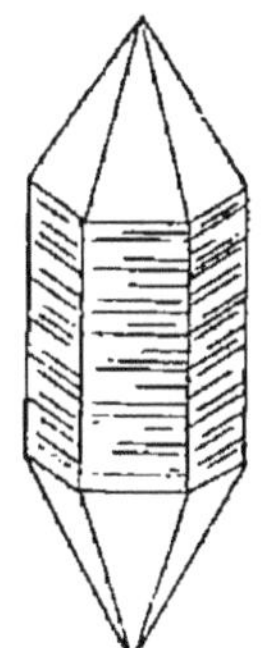

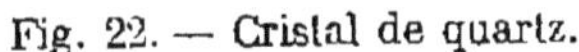

Fig. 22. — Cristal de quartz.

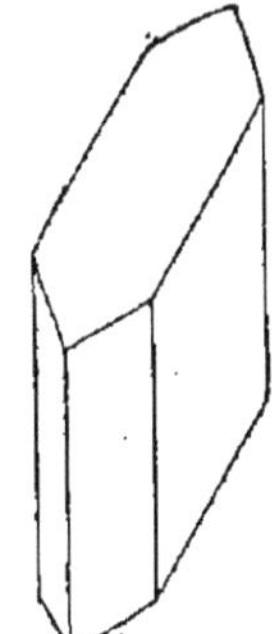

Fig. 23. — Cristal de feldspath orthose.

venant brûler à l'air, ont formé des oxydes, lesquels, se combinant avec une partie de la silice, ont constitué des silicates doubles d'alumine cristallisables, qui sont les feldspaths.

Les feldspaths forment tout un groupe de minéraux importants. Ils ont tous la forme de prismes aplatis, blancs ou rosés, tous clivables, rayant le verre et l'acier, mais rayés par le quartz. Ils se distinguent du quartz en ce qu'ils sont fusibles et facilement attaqués par l'air et l'eau de pluie (*kaolinisation*, nº 29).

Les principaux feldspaths sont l'*orthose* (silicate d'alumine et de potasse, fig. 23), l'*oligoclase* (silicate d'alumine et de soude), le *labrador* (silicate d'alumine et de chaux).

Les micas (du latin *micare*, briller) sont des minéraux brillants, lamelleux, pouvant se débiter en lames extrêmement minces, souples et élastiques; ils affectent une forme hexagonale, et sont tantôt blancs, à reflets argentés (micas potassiques); tantôt noirs, à reflets métalliques (micas ferro-magnésiens).

78. Roches constituant le terrain primitif. — La roche la plus caractéristique du terrain primitif est le *gneiss;* puis viennent les *micaschistes* et les *roches amphiboliques.*

Le *gneiss* est formé de quartz, de feldspath et de mica; ce dernier, le plus foncé des trois, est disposé en traînées qui donnent à la cassure un aspect rubané (fig. 24).

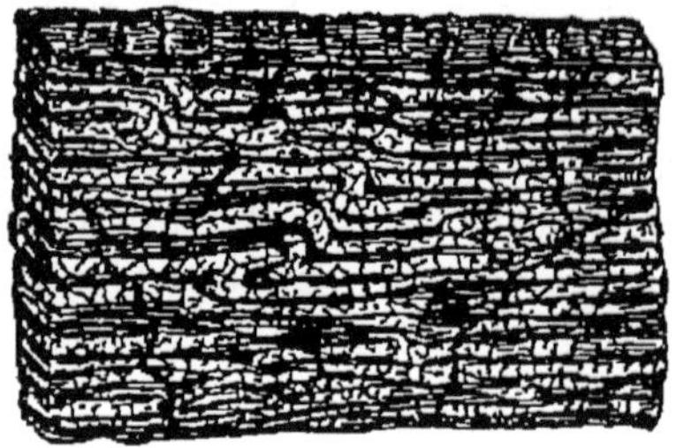

Fig. 24. — Gneiss.

Si le mica manque, la roche est la *leptynite;* si, au contraire, c'est le feldspath, on l'appelle *micaschiste.* Les micaschistes sont des roches feuilletées faciles à diviser, suivant les surfaces où les paillettes de mica se sont disposées.

Le gneiss occupe le plus souvent la base du terrain primitif, viennent ensuite les micaschistes et enfin les roches amphiboliques. Les couches supérieures sont formées de roches schisteuses, riches en cristaux diversement colorés, tels que la *staurotide,* le *disthène,* l'*andalousite* (silicate anhydre d'alumine), les *grenats* (silicates d'alumine et de fer).

79. Principales roches siliceuses. — Le *quartz,* ou *cristal de roche,* est employé en joaillerie pour imiter les brillants (diamants d'Alençon). On en fait des lentilles.

Les principales variétés de quartz sont le *quartz hyalin* (incolore), le *quartz enfumé* (noirâtre), l'*améthyste* (violet), l'*opale,* (silice hydratée), l'*agate,* à texture rubanée; l'*onyx,* sorte d'agate n'offrant presque pas de bandes rubanées, et dont on fabrique des médaillons sculptés qu'on appelle *camées.*

Le *silex* se présente en masses noduleuses, que l'on rencontre en cordons alignés ou en couches horizontales au milieu des roches; il est abondant dans les roches crayeuses de Meudon.

La *meulière* est du silex criblé de cavités, de forme irrégulière, mais extrêmement tenace. Elle est employée pour les constructions et la fabrication des meules de moulin.

Le gneiss fournit des moellons, des cailloux pour l'empierrage des routes.

II. Roches éruptives.

80. Origine des roches éruptives. — Les *roches éruptives* sont des roches provenant des parties profondes encore liquides, et qui se sont introduites dans les fractures des couches solides qui les recouvraient.

Au lieu donc de s'étendre en nappes, comme celles du terrain primitif, elles s'élèvent sous des inclinaisons très différentes, et se rencontrent souvent intercalées entre les couches stratifiées ou étalées à leur surface.

81. Principales roches éruptives. — Les principales roches éruptives sont le *granit* et les *roches granitoïdes : pegmatite, protogyne, syénite, diorite;* les *porphyres,* les *trachytes,* les *basaltes* et les *laves.*

82. Granit. — Le *granit* est la plus importante des roches éruptives. Il est formé des mêmes éléments que le gneiss, c'est-à-dire de quartz, de feldspath et de mica, dont les grains sont solidement agrégés par simple juxtaposition, sans interposition d'aucun ciment étranger. Le quartz y est disséminé en petits grains qui ressemblent à des cristaux de sel gris; le feldspath s'y montre sous la forme de petites masses anguleuses, à éclat gras, blanches ou rosées; le mica se présente sous l'aspect de paillettes brillantes, ordinairement noires et facilement clivables.

Le granit sert à faire des bordures de trottoirs, des piédestaux, etc.

83. Pegmatite. — La *pegmatite* est un granit dans lequel le mica s'est distribué en amas isolés, de sorte que la pâte est principalement formée de quartz et de feldspath. Parfois le quartz, se détachant en gris sur la cassure, simule des caractères hébraïques ou cunéiformes, qui ont fait donner à cette variété le nom de *pegmatite graphique.*

84. Protogyne. — La *protogyne* résulte d'un granit dans lequel le mica, au lieu de disparaître, s'est transformé en *chlorite,* substance qui se présente sous la forme de paillettes flexibles non élastiques, ressemblant au talc, et donnant à la roche une consistance friable et onctueuse au toucher.

85. Syénite. — La *syénite* est un granit dans lequel l'amphibole a remplacé le mica. Elle est facilement reconnaissable à ses cristaux noirs ou verdâtres, toujours striés et cannelés longitudinalement.

L'amphibole est un silicate de fer et de magnésie en cristaux fibreux, prismatiques, toujours très colorés en noir franc ou en vert sombre bronzé.

86. Diorite. — La *diorite* est composée de feldspath, d'amphibole et de grains de quartz très peu nombreux, disséminés dans la masse.

Le contraste des couleurs des cristaux élémentaires la fait facilement reconnaître.

87. Porphyre. — Le *porphyre* a la même composition que le granit, mais sa structure est toute différente ; les éléments du granit, au lieu d'être simplement juxtaposés, sont noyés dans une masse feldspathique qui joue le rôle de ciment. Le polissage du porphyre rend très apparente la présence des cristaux isolés, dont les teintes claires se détachent sur le fond ordinairement foncé dans les tons rouges ou violacés (fig. 25).

Les roches porphyriques se rencontrent plutôt en filons étroits qu'en nappes étendues.

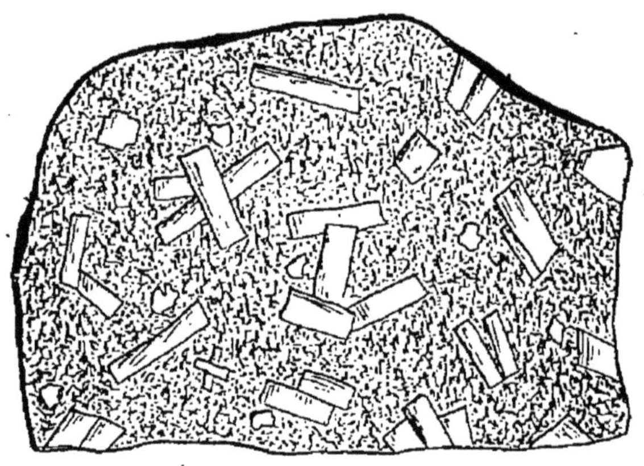

Fig. 25.

Porphyre vert antique.

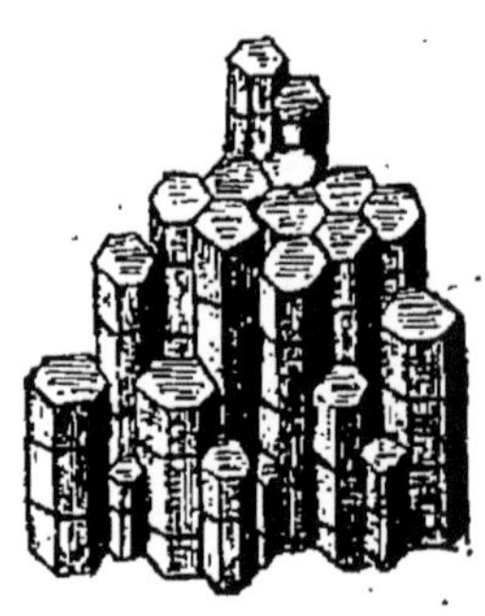

Fig. 26.

Prismes basaltiques.

88. Trachytes. — Les *trachytes* sont des roches de nature feldspathique, ordinairement grisâtres, rudes au toucher, ressemblant à la terre cuite, et renfermant souvent de gros cristaux de feldspath. On y trouve aussi, avec du mica noir, du *pyroxène*, minéral d'un noir brillant, en cristaux courts, aplatis, tronqués en biseau au sommet, à facettes polies, sans cannelures ni stries ; la variété la plus commune est l'*augite*.

Les trachytes sont abondants en Auvergne (*domite* du puy de Dôme).

89. Basaltes. — Le *basalte* est une sorte de lave plus compacte et plus dure que la lave ordinaire, ne présentant aucune structure cristalline, et colorée en noir par du fer oxydulé qui lui communique en même temps des propriétés magnétiques. Le *péridot* est l'élément caractéristique des basaltes, et c'est le seul qui soit visible à l'œil nu ; il se présente sous l'aspect de petits grains vitreux d'un jaune ambré ou vert olive (*olivine*) pouvant rayer le verre.

Les basaltes se rencontrent tantôt en masses isolées, tantôt en dykes (n° 55) ou en filons, et affectent parfois la division prismatique (fig. 26).

Laves (voir p. 416).

CHAPITRE III

ROCHES SÉDIMENTAIRES

90. Nature des roches sédimentaires. — Les éléments des *roches sédimentaires* proviennent évidemment de l'action destructive exercée par l'eau sur les roches précédentes, et par conséquent sont peu nombreuses; ce sont la *silice*, le plus souvent à l'état de sable, le *calcaire* et l'*argile*.

On peut donc diviser les roches sédimentaires en trois groupes : les *roches siliceuses,* les *roches calcaires* et les *roches argileuses.*

Les roches siliceuses se reconnaissent à leur dureté; elles rayent le verre, sont infusibles et inattaquables par les acides.

Les roches calcaires font effervescence avec les acides; leur calcination donne la *chaux* pour produit final.

Les roches argileuses sont tendres, durcissent au feu, et fournissent le plus souvent, lorsqu'elles sont délayées dans l'eau, une pâte onctueuse au toucher.

91. Métamorphisme. — On appelle *métamorphisme* le phénomène par lequel la structure et la composition des roches sédimentaires se trouvent modifiées sous l'influence des roches éruptives, ou par suite des compressions occasionnées par les mouvements brusques ou lents de l'écorce terrestre.

Ainsi, par exemple, il arrive fréquemment que la chaleur dégagée par les roches basaltiques au moment de leur éruption transforme les marnes et les calcaires tendres en calcaires compacts.

Sous l'effort de la compression, les argiles se débitent en feuillets minces facilement séparables (*ardoises*).

I. Roches siliceuses.

92. Sédiments arénacés. Sable. — Les *sables* sont formés de petits grains de silice indépendants les uns des autres. Ils peuvent être colorés en jaune, en rouge, par des oxydes métalliques ou des matières charbonneuses. Rendus fusibles par l'addition de potasse, de soude ou de chaux, ils constituent la matière fondamentale de la fabrication du *verre*.

93. Grès. — Les *grès* sont formés par des grains de sable agglomérés par un ciment calcaire ou siliceux; ils sont plus ou moins durs, et servent au pavage des rues.

On désigne sous le nom de *psammites* des grès à pâte argileuse dans laquelle sont noyées des paillettes de mica. Les *grauwackes* sont également des grès à pâte argileuse qui renferment un mélange de silice et de fragments schisteux.

On appelle *quartzites* des grès dont les grains de silice mélangés à une pâte siliceuse forment une masse cristallisée. On donne le nom d'*arkoses* aux quartzites impurs.

Les *galets* peuvent s'agglutiner de la même façon et donner naissance aux *conglomérats*, qui prennent le nom de *poudingues* quand les fragments sont arrondis, et celui de *brèches* quand ils sont anguleux.

II. Roches calcaires.

94. Marbre blanc. — Le *marbre blanc* est un calcaire cristallisé dont la principale variété est le *marbre statuaire*, employé par les sculpteurs; sa texture est saccharoïde, et sa couleur d'un blanc éclatant translucide. Les marbres de *Paros* (Grèce) et de *Carrare* (Italie) sont très estimés.

95. Marbres colorés. — Les *marbres colorés* sont des marbres tantôt micacés (*cipolin*), tantôt mélangés de noyaux argileux rouges (*marbre griotte*) ou verts (*marbre de Campan*). Les marbres noirs sont colorés par des matières charbonneuses; le plus renommé est le *Portor*, rehaussé par des veines d'un beau jaune doré. Les marbres rayés de noir et de blanc sont assez communs.

96. Calcaires compacts. — La *pierre lithographique* est un calcaire à texture homogène et serrée d'une finesse extrême. Le *calcaire oolithique* est formé de grains concrétionnés, entourés d'enveloppes concentriques de carbonate de chaux (n° 35).

Les *calcaires grossiers* sont communs dans le bassin de Paris. Leur structure est plus ou moins homogène; ils sont le plus souvent criblés de petites cavités que l'on reconnaît facilement être des empreintes de coquilles (*calcaire coquillier*), et sont très employés pour les constructions.

97. Craie. — La *craie* est un calcaire tendre très répandu dans la nature et formé par les débris de coquilles microscopiques (*Foraminifères*, fig. 27).

98. Calcaire siliceux et marneux. — Ces calcaires, mélangés d'argile, fournissent la *chaux hydraulique* et les *ciments*. Si l'argile y entre au moins dans la proportion d'un tiers, le calcaire prend le nom de *marne*.

Fig. 27. — Craie de Meudon vue au microscope.

Les marnes sont des roches friables, tendres, prenant souvent une structure feuilletée. Elles sont colorées en rouge, en jaune, en vert, par des oxydes ferrugineux. On les utilise comme amendements.

99. Dolomie. Gypse. — On peut ranger parmi les roches sédimentaires à base de chaux certaines roches accidentelles comme la *dolomie* (calcaire magnésien) et le *gypse* (sulfate de chaux).

La *dolomie* est un carbonate double de chaux et de magnésie formé primitivement de carbonate de chaux, et altéré peu à peu par des infiltrations d'eau chargée de sels magnésiens.

Le *gypse* ou *pierre à plâtre* existe en couches importantes que l'on exploite pour la fabrication du plâtre. Il est blanc ou jaunâtre, en cristaux distincts affectant la forme d'un fer de lance, ou en masses cristallines à facettes miroitantes, d'un clivage facile, enchevêtrées les unes dans les autres.

L'*albâtre* est une variété de gypse assez rare employée comme pierre d'ornement.

13

III. Roches argileuses.

100. Argile. — L'argile est une roche très tendre qui développe, sous l'insufflation, une odeur particulière dite *odeur argileuse*. Elle est délayable dans l'eau, avec laquelle elle forme une pâte imperméable, onctueuse, liante, qui peut être facilement façonnée (*argile plastique*) et qui durcit au feu. C'est l'argile qui constitue dans les mauvais chemins et dans les terres remuées la boue qui s'attache aux pieds ou qui s'accumule dans les ornières après la pluie. On lui donne vulgairement le nom de *terre glaise*.

On l'utilise, suivant sa couleur et sa pureté, pour la fabrication des briques, des tuiles, des tuyaux de drainage, etc.

101. Kaolin. — Le *kaolin* est une argile rugueuse au toucher, d'une blancheur éclatante quand il est pur, mais le plus souvent coloré par des matières étrangères. C'est un produit de décomposition de l'argile (n° 29); on l'emploie dans la fabrication des porcelaines.

102. Terre à foulon ou argile smectique. — La *terre à foulon*, ou *argile smectique*, ressemble, par sa coloration et son toucher, à l'argile plastique, mais s'en distingue en ce qu'au lieu de former une pâte liante et de se durcir au feu, elle reste en grumeaux dans l'eau et se réduit en poussière quand on la fait cuire.

L'argile smectique jouit de l'importante propriété d'absorber facilement les corps gras; aussi l'emploie-t-on pour le dégraissage des étoffes, surtout des étoffes de laine, comme les draps, par exemple.

On vend parfois sur la voie publique, sous le nom de *savon de soldat*, de petites pierres servant à enlever les taches, et qui ne sont autre chose que des morceaux d'argile smectique.

CHAPITRE IV

STRATIFICATION

103. Terrains sédimentaires. — Les *terrains sédimentaires* ont été formés par des matières en suspension dans les eaux et qui se sont déposées au fond en couches parallèles appelées *strates*. Leurs éléments proviennent de la destruction des roches par les eaux et les agents atmosphériques; ce sont surtout la *silice*, le *calcaire* et l'*argile*.

Les terrains stratifiés les plus anciens ont été généralement déposés par les eaux marines, ainsi que le prouve la nature des nombreux débris organiques qu'ils renferment; ce n'est que dans les couches de formation relativement récente que l'on rencontre des restes d'animaux terrestres ou de mollusques et de végétaux d'eau douce.

Il ne faudrait pas croire que les terrains sédimentaires enveloppent la terre de couches concentriques continues; les eaux, ayant été réparties, aux époques géologiques, dans des bassins inégalement distribués à la surface du globe et constamment remaniés par les bouleversements de l'écorce terrestre, ont laissé déposer les matériaux qu'elles charriaient en nappes parallèles plus ou moins étendues, mais sans continuité les unes avec les autres.

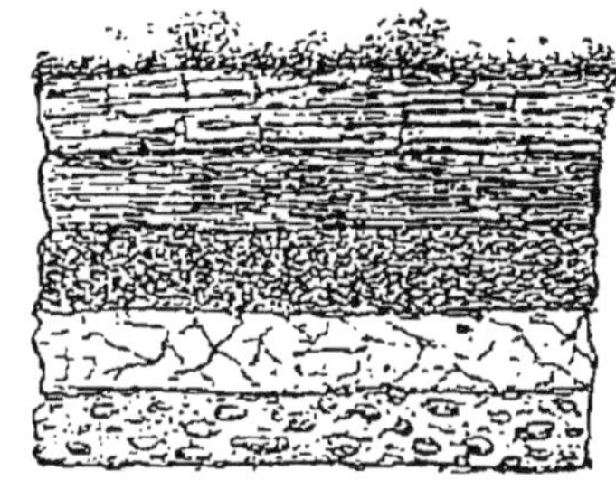

Fig. 28. — Stratification concordante.

104. Stratification concordante. — La stratification est dite *concordante* lorsque les couches superposées sont toutes parallèles entre elles, quelle que soit leur direction horizontale ou oblique (fig. 28).

Dans l'état normal, une couche de dépôt se forme toujours

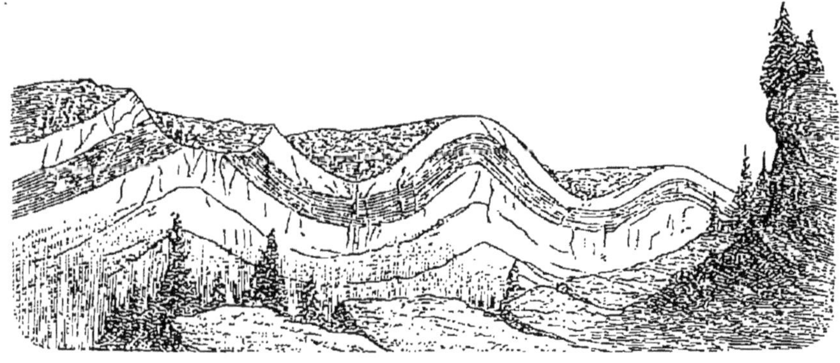

Fig. 29. — Plis du Jura montrant de quelle façon l'écorce terrestre a pu se plisser.

suivant une nappe étendue horizontalement, et les assises se superposent les unes aux autres en strates qui ne se distinguent que par la nature des matériaux qui les constituent. Les exhaus-

sements et les affaissements auxquels l'écorce terrestre a constamment été soumise ont, à certaines époques géologiques,
changé la distribution des mers et des continents, amené des
contractions, des plissements, de sorte que les couches sédimentaires, primitivement horizontales, ont été dérangées et ont
formé des strates *relevées, ondulées* (fig. 29), *inclinées*, tout
en conservant leur parallélisme respectif. La stratification est
encore concordante dans ce cas.

105. Stratification discordante. — La stratification est *discordante* lorsque les couches ne sont pas toutes parallèles entre
elles.

La discordance de stratification résulte de ce que les strates
déjà formées, ayant été soulevées et disposées dans une direction oblique, ont été ensuite recouvertes par les eaux, au sein
desquelles de nouvelles strates se sont déposées horizontalement,
de sorte que les strates récentes viennent, pour ainsi dire, buter
contre les strates anciennes qu'elles recouvrent (fig. 30).

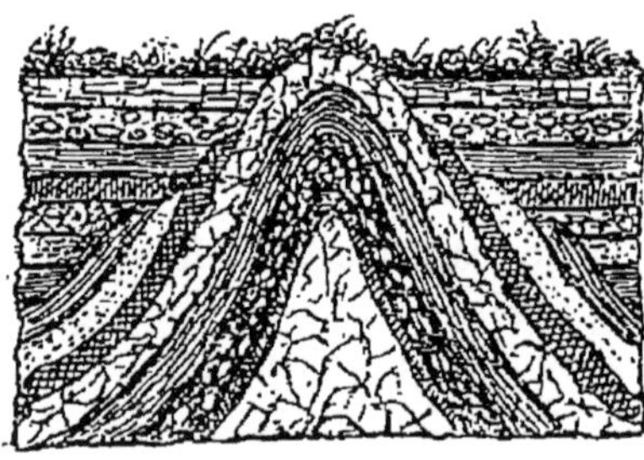

Fig. 30. — Stratification discordante.

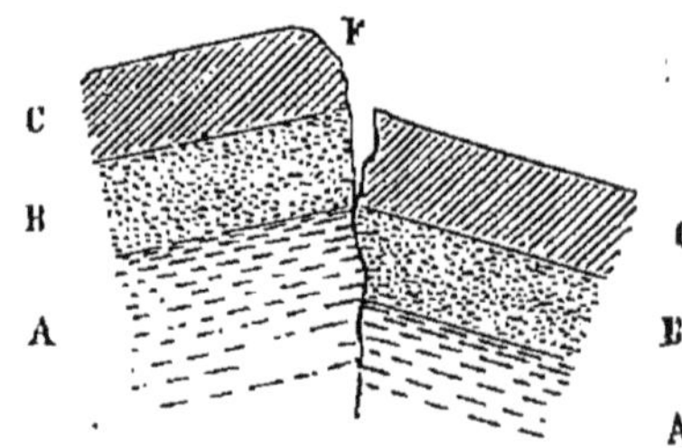

Fig. 31. — Fracture avec faille.

Les stratifications discordantes peuvent encore être produites
par des *failles*.

Les *failles* sont des affaissements brusques de terrains qui
ont brisé les couches sédimentaires formées, de manière que
les strates de même composition ne se correspondent plus
(fig. 31).

Les failles sont ordinairement groupées et disposées en éche-
lons les uns à côté des autres. Quelquefois les directions des
strates se coupent sous des angles très différents, et les couches
occupent des positions se rapprochant plus ou moins de la verticale (fig. 32).

106. Age relatif des couches sédimentaires. — Le mode de formation des couches sédimentaires étant admis, on doit nécessairement en conclure qu'une couche quelconque est de formation plus

récente que celle qu'elle recouvre, et plus ancienne que celles qui la
surmontent.

De plus, au moment de leur formation, ces couches ont enseveli
dans leur sein les débris des animaux et des plantes qui vivaient dans

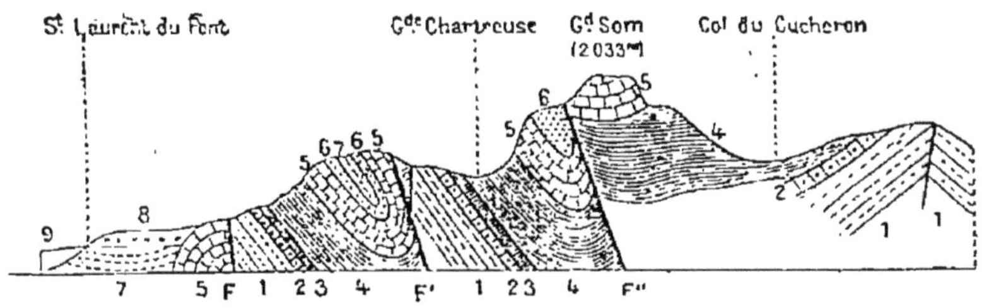

Fig. 32. — Failles et plissements de terrains dans les montagnes
de la Grande-Chartreuse, d'après M. Lory.

les eaux au fond desquelles elles se sont déposées, de sorte que l'examen de ces débris pourra donner d'utiles renseignements sur l'époque
où s'est formé le dépôt.

Enfin la composition et surtout la structure des terrains permettront de déterminer la nature des eaux qui ont contribué à former le
dépôt. Si les éléments sont fins, compacts, à grains serrés, on devra
en conclure que le dépôt s'est effectué dans une eau parfaitement
tranquille; si, au contraire, on y rencontre des cailloux roulés, des
bancs de sable, il faudra admettre que les dépôts se sont formés au
sein d'eaux mouvementées.

D'autre part, l'examen des restes animaux et végétaux indiquera
si les eaux étaient douces ou salées.

107. Filons. — Les *filons* sont des amas minéraux, en nappes plus

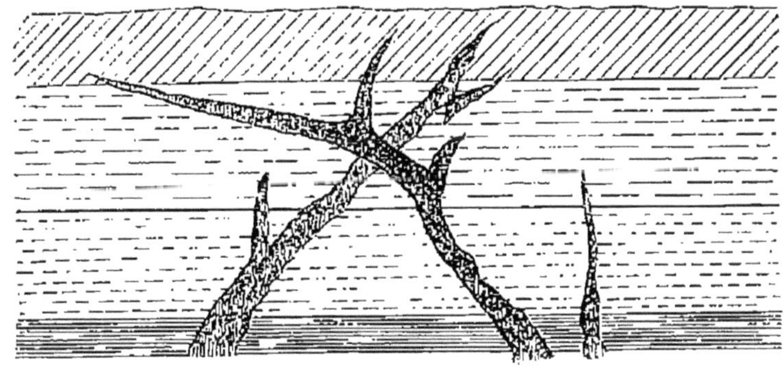

Fig. 33. — Filons.

ou moins étendues, sillonnant en tous sens les couches sédimentaires.
Ils peuvent provenir de causes très diverses.

Les uns sont formés de matières injectées dans les fissures du sol
à l'état de fusion ignée (fig. 33); ce sont des roches éruptives analogues

à celles que nous venons d'étudier. Les autres, plus nombreux, consistent en matières minérales disposées par bandes symétriques, et toujours accompagnées de minerais métalliques; ces derniers ont été produits par des substances arrivées dans les fissures à l'état de dissolution dans les eaux thermales, et qui ont ensuite cristallisé.

Les *minerais* sont des roches de composition variable, contenant des substances métalliques en quantité suffisante pour rendre leur extraction avantageuse. On appelle *gangue* la matière étrangère dont on se débarrasse pour obtenir le métal à l'état de pureté.

L'*or* et l'*argent* se rencontrent ordinairement à l'état natif; le *fer* et le *plomb* n'existent qu'à l'état de combinaison; on trouve le *cuivre* sous les deux états.

L'*or* se rencontre surtout en grains, nommés *pépites*, dans les filons de quartz (*quartz aurifères*) qu'il faut broyer à grande peine pour en séparer le métal au moyen de lavages. Quand les roches quartzeuses se sont désagrégées sous l'action des agents atmosphériques, on retrouve l'or dans les alluvions, les sables et les graviers des cours d'eau (*sables aurifères*). Les gisements aurifères les plus riches sont ceux de la Guyane française, de la Californie, de l'Oural et de l'Australie.

L'*argent* se trouve à l'état natif au Pérou et associé aux minerais de plomb et de cuivre au Mexique, dans le Chili, le Pérou, la Bolivie, dans la province de Constantine.

Les principaux minerais de fer exploités sont le *fer oxydulé* (Suède, France, Algérie), et la *pyrite* (sulfure de fer) abondante dans le Morvan. La pyrite est utilisée pour la fabrication de l'acide sulfurique.

Le plomb se retire en grande partie de la *galène* (sulfure de plomb). L'Angleterre, la France, l'Espagne, l'Algérie, en possèdent de nombreux gisements. Quelquefois l'argent accompagne la galène (*plomb argentifère*) et s'y trouve en assez grande quantité pour qu'il y ait avantage à l'en séparer (plomb argentifère de Pontgibaud, Puy-de-Dôme).

Les minerais de *cuivre* les plus communs sont des hydrocarbonates, dont l'un est vert (*malachite*) et l'autre bleu (*azurite*). Les exploitations les plus connues sont celles de Hongrie, de Saxe et de Suède.

CHAPITRE V

FOSSILES

108. Nature des fossiles. — Les *fossiles* sont des débris d'animaux ou de plantes que l'on trouve au milieu des dépôts sédimentaires, et qui sont évidemment contemporains des couches

dans lesquelles ils sont ensevelis ; ils peuvent donc servir à déterminer l'âge relatif des terrains sédimentaires.

Si leur ensevelissement s'est fait dans une couche imperméable, leur substance a pu se conserver intacte ; mais si, à la
suite d'infiltrations, les eaux ont dissous ces débris, il s'est
formé à leur place des cavités ou moules internes qui sont restés
vides ou qui se sont remplis de la matière même au milieu de
laquelle on les trouve aujourd'hui.

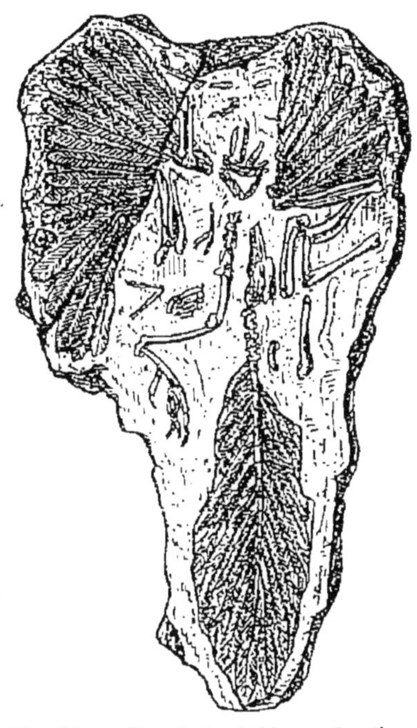

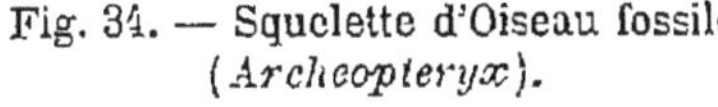

Fig. 34. — Squelette d'Oiseau fossile
(*Archeopteryx*).

Fig. 35. — Empreintes de pas
de *Cheirotherium*.

Il arrive quelquefois cependant que les tissus délicats des animaux ont disparu avant que ce travail de substitution ait été
terminé. Il reste alors dans l'intérieur une cavité sur les parois
de laquelle certaines substances contenues en dissolution dans
l'eau viennent cristalliser. On donne le nom de *géodes* à ces
cavités closes ainsi tapissées de cristaux.

On range aussi parmi les fossiles les *empreintes* produites
par les pieds des animaux (fig. 35), le clapotement des vagues,
et même celles qui résultent de la chute des gouttes de pluie
sur le sol. Ces empreintes, ayant été remplies par des matières
qui se sont ensuite durcies, ont ainsi conservé la forme du
moule.

La *paléontologie* est la science qui s'occupe de l'étude des fossiles.

Substances fossilisantes. — Quand un animal périt, les parties molles et charnues se détruisent rapidement, mais les organes durs, écailles, dents, os, coquilles, etc. subsistent et constituent les fossiles.

Dans certains cas, les parties solides sont conservées intactes; le plus souvent il se fait un remplacement, molécule par molécule, de la substance de ces débris par des calcaires cristallisables, de la silice, de l'oxyde de fer, etc. C'est ainsi que la silice se substitue fréquemment aux polypiers, aux oursins, que renferme la craie; elle remplace également la matière organique de certains bois, surtout des bois de Palmier, laissant subsister les détails les plus délicats de l'organisation végétale.

109. Faune et Flore. — On appelle *faune* l'ensemble des espèces animales appartenant à une même époque géologique, et *flore* la réunion des espèces végétales qui vivaient à la même époque.

Il est facile de constater que la plupart des fossiles que l'on rencontre dans les couches terrestres appartiennent à des espèces complètement disparues aujourd'hui, et que leur constitution s'éloigne d'autant plus des espèces actuellement vivantes, qu'elles appartiennent à des époques plus reculées; car les conditions d'existence étaient loin d'être à ces époques ce qu'elles sont aujourd'hui. L'examen des différents débris enfouis dans le sol permet donc de diviser ces temps lointains en périodes distinctes que l'on appelle *périodes géologiques*, et qui sont toutes caractérisées par une flore et une faune spéciales.

TROISIÈME PARTIE

CLASSIFICATION DES TERRAINS

CHAPITRE I

CLASSIFICATION GÉOLOGIQUE

110. Moyens de classification. — Le moyen le plus sûr qui puisse servir à la classification des terrains géologiques, c'est-à-dire à la détermination de leur âge relatif, est celui de la *superposition*. Il est évident, en effet, qu'une couche superposée à une autre est de formation plus récente. Malheureusement, ce principe élémentaire devient d'une application difficile; car en un même lieu on n'observe toujours qu'un nombre limité de terrains superposés, et encore sont-ils le plus souvent incomplets, de sorte qu'il n'est pas toujours facile de rapprocher des couches qui ont pu être formées en même temps, mais en des régions éloignées les unes des autres.

En second lieu, les bouleversements dont les agents intérieurs ont été la cause ont souvent amené, dans la situation respective des couches sédimentaires, des perturbations considérables qui mettent en défaut l'application du principe de la superposition.

L'examen des *fossiles* a fourni alors un moyen de suppléer à l'insuffisance des caractères physiques, et a permis de reconnaître, malgré les bouleversements, les interruptions, les lacunes, les sédiments formés à une même époque.

La *direction des strates*, la nature des matières étrangères qu'elles renferment, donnent aussi d'utiles renseignements. Les couches relevées ne sauraient être confondues avec les couches horizontales qui les couvrent, et sont par conséquent plus anciennes; une couche qui renferme un fragment provenant d'un autre terrain est évidemment de formation plus récente.

Toutes ces considérations, jointes à des observations multipliées, ont permis de comparer un nombre suffisant de coupes faites en des régions différentes et de combler les lacunes des unes par les renseignements fournis par les autres. On est ainsi arrivé à subdiviser les différentes couches qui constituent l'écorce terrestre en *terrains*, lequels se sectionnent eux-mêmes en *étages*, d'après l'ordre chronologique de leur apparition.

111. Terrrains. — On appelle *terrain* chaque groupe de couches formées à une même époque géologique.

Les terrains se subdivisent d'abord en trois catégories : les *terrains primitifs*, les *terrains sédimentaires* et les *terrains éruptifs*.

Les terrains primitifs et sédimentaires se succèdent à la surface du globe, superposés les uns aux autres, pour en constituer l'écorce ; mais les terrains éruptifs se rencontrent dans les deux précédents, et sont par conséquent de toutes les époques. On n'en tient donc pas compte dans la classification générale, mais on indique, dans chacun des terrains que l'on étudie, les roches éruptives qu'on y peut rencontrer.

Les terrains sédimentaires comprennent les terrains *primaires*, qui reposent immédiatement sur le terrain primitif ; puis les terrains *secondaires*, *tertiaires* et *quaternaires* ; leur formation correspond aux périodes géologiques de même nom.

CHAPITRE II

APERÇU GÉNÉRAL DES PÉRIODES GÉOLOGIQUES

112. Période primitive. — Dans la *période primitive*, la chaleur était trop intense pour que les êtres organisés pussent apparaître à la surface du globe, et d'ailleurs une atmosphère de vapeurs de toutes sortes, enveloppant la terre, interceptait les rayons lumineux du soleil, de sorte que d'épaisses ténèbres couvraient toute la surface du globe, et une nuit profonde s'étendait sur le sol encore brûlant.

Aucun être vivant ne pouvait donc exister dans ces conditions ; mais peu à peu, par suite du refroidissement continu, l'existence devint possible ; des pluies torrentielles purifièrent l'atmosphère, et ce ne fut que dans les périodes suivantes qu'un Dieu bienfaisant, dit Lavoisier, en apportant la lumière, répandit à la surface du globe l'organisation, le sentiment et la pensée.

113. Période primaire. — Toutes les assises formées dans la *période primaire* montrent, par l'identité de leur structure et des fossiles qu'elles renferment, qu'à cette époque toutes les mers communiquaient librement entre elles; mais de nombreux mouvements de l'écorce, exhaussant certaines régions pendant que d'autres s'affaissaient, déplaçaient continuellement les masses d'eau, changeant ainsi la distribution des continents émergés.

Vers la fin de cette période, les conditions climatériques furent profondément modifiées; les végétaux se développèrent avec une grande puissance sous toutes les latitudes, ce qui montre clairement que l'atmosphère était très humide, et la chaleur uniformément répandue à la surface du globe.

C'est l'abondante végétation de cette période qui a fourni les éléments de la *houille*.

114. Période secondaire. — Au commencement de la *période secondaire*, le refroidissement progressif du globe occasionna de fréquentes ruptures ; des éruptions de granit et de porphyre surgirent à travers d'immenses fissures; l'Europe fut de nouveau envahie par les eaux, mais ces commotions violentes furent locales, et peu à peu l'écorce terrestre reprit sa stabilité. Les pluies étant plus rares, la chaleur un peu moins intense, et les mouvements du sol considérablement ralentis, le relief terrestre ne subit plus que de faibles modifications. De nouvelles plages parurent, et c'est alors que se formèrent les importants dépôts des terrains secondaires (triasique, jurassique et crétacé), qui forment les assises inférieures sur lesquelles reposent les terrains parisiens.

La végétation perdit un peu de sa vigueur de la période primaire; les Cycadées et les Conifères de grande taille y sont prédominants, et les Palmiers commencent à paraître. Il existe des oiseaux et de petits mammifères appartenant à l'ordre des marsupiaux; les reptiles y sont très nombreux.

115. Période tertiaire. — La *période tertiaire* fut d'abord très mouvementée; les volcans vomirent des torrents de matières éruptives qui forment la presque totalité des roches éruptives récentes. Ce fut à cette époque que surgirent les grands massifs montagneux des Alpes et des Pyrénées. La mer, chassée violemment des bassins qu'elle occupait, remaniait sans cesse les sédiments formés, puis enfin se fixa définitivement, et la surface de la terre prit la forme que nous lui voyons.

L'influence de la chaleur centrale diminuant, les climats commencèrent à se différencier; certains végétaux abandonnèrent les régions des pôles et se localisèrent dans les régions équatoriales. Les dépôts d'eau douce commencèrent à se former, ainsi que le prouve la nature des fossiles qu'ils renferment. Les grands reptiles avaient disparu, mais les oiseaux et les mammifères étaient très nombreux. Les mers étaient peuplées d'une multitude d'espèces presque aussi variées que celles qu'on y trouve de nos jours.

116. Période quaternaire. — L'examen des dépôts de la *période quaternaire* montre qu'ils ont été formés, non au sein de grandes masses d'eau, mais qu'ils proviennent plutôt d'un transport rapide de matériaux sédimentaires par des eaux courantes. Ces eaux étaient sans doute produites par la fusion des immenses glaciers qui ont couvert à cette époque (période glaciaire) les montagnes et les plateaux,

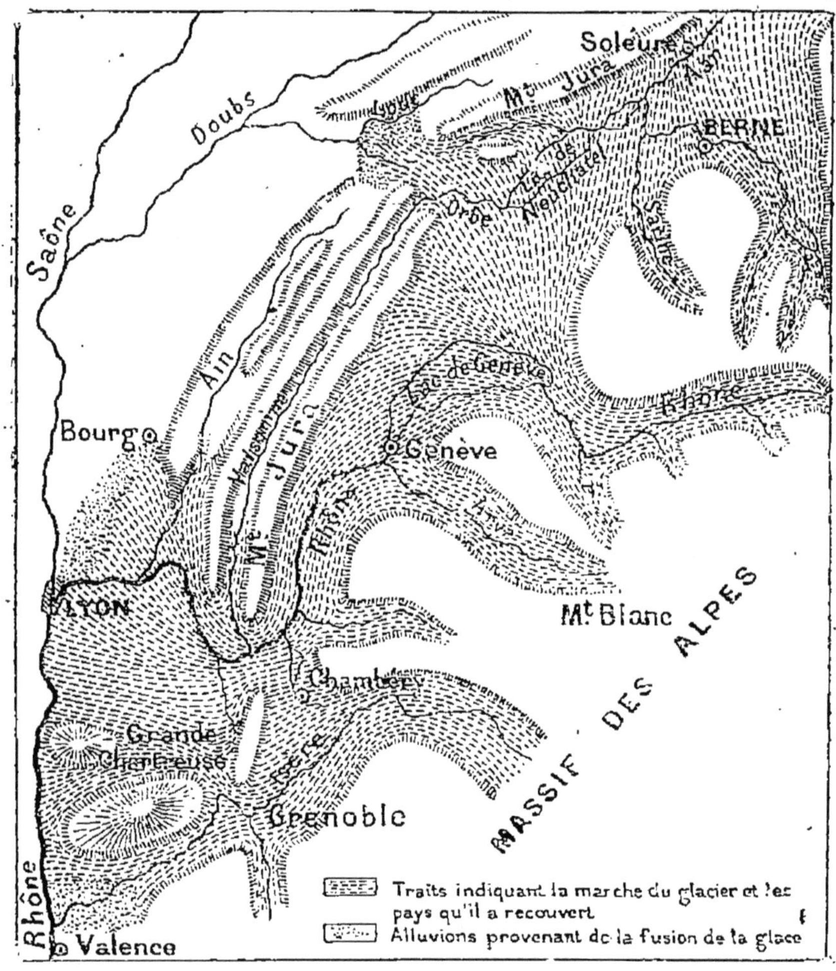

Fig. 36. — Carte de l'ancien glacier du Rhône.

et qui descendaient dans les plaines, où la chaleur les faisait fondre (fig. 36).

Ces alluvions renferment en quantité des ossements ayant appartenu à des espèces animales dont quelques-unes n'existent plus de nos jours; on y trouve pour la première fois des ossements humains, des débris de l'industrie des premiers âges, silex taillés, os sculptés, etc.

La faune et la flore de l'époque quaternaire sont à peu de chose près celles que nous avons actuellement sous les yeux. Mais le fait important qui domine cette époque, celui qui couronne toutes les œuvres sorties de la main de Dieu, c'est l'apparition de l'homme sur la terre : œuvre suprême du divin Créateur, qui devait dominer toute la nature et la soumettre à son empire.

CHAPITRE III

TERRAINS PRIMITIFS ET PRIMAIRES [1]

I. Terrains primitifs.

117. Caractères des roches primitives. — Nous avons vu (n° 78) que les principales roches constituant les terrains primitifs étaient le gneiss, les micaschistes, les roches amphiboliques. Ces terrains forment partout la base de l'écorce terrestre. L'assise primordiale est constituée par des masses granitiques sur lesquelles reposent les assises de gneiss, dont la disposition est analogue aux strates des terrains sédimentaires.

Ces roches ont dû former la première enveloppe solide sans aucune saillie extérieure, ainsi que le prouve l'absence complète, dans leur masse, de galets ou de fragments de roches préexistantes.

Les terrains primitifs ne renferment absolument aucune trace d'organismes végétaux ou animaux, et sont quelquefois pour cette raison désignés sous le nom de *terrains azoïques*.

On admet généralement que le granit est dû au refroidissement lent de la masse en fusion. La disposition feuilletée du gneiss s'explique plus difficilement. Certains géologues les considèrent comme provenant de roches sédimentaires modifiées postérieurement par métamorphisme (n° 91); d'autres les regardent comme ayant formé la pellicule primitive, de sorte que, la solidification s'étant effectuée de haut en bas, le granit est de formation postérieure.

118. Distribution géographique. — Les roches cristallines fondamentales forment la charpente de presque tous les massifs montagneux importants; elles constituent le Plateau central de la France, les massifs des Pyrénées et des Alpes, une grande partie des Vosges, presque toute la presqu'île scandinave.

---

[1] On trouvera à la fin de la *Géologie* un tableau général de la composition des terrains.

Les contrées où domine le terrain primitif sont généralement sauvages et incultes; les vallées y sont étroites et profondes, les sources nombreuses.

II. Constitution des terrains primaires.

119. Roches des terrains primaires. — Les roches des terrains primaires sont toujours compactes, à texture cristalline, surtout celles qui sont situées dans les régions inférieures. Ces roches ont évidemment une origine sédimentaire, comme le prouvent les fossiles qu'elles recèlent; leur structure cristalline s'explique par le voisinage des couches sous-jacentes qui ont, par un phénomène de métamorphisme, changé leur structure primitive.

Les principales roches qui constituent les terrains primaires sont les *schistes,* les *grès,* les *conglomérats,* les *roches calcaires* et la *houille.*

Les schistes sont des roches feuilletées qui ne présentent jamais de structure cristalline; les plus connus sont les *ardoises.*

Les terrains primaires renferment fréquemment des roches éruptives, dont les principales sont le *granit,* la *syénite,* la *diorite,* le *porphyre* et des *filons métallifères.* On y trouve également du *sel gemme,* du *gypse* et de la *dolomie.*

120. Faune et flore. — Il n'existe aucun vestige de mammifères ni d'oiseaux dans les terrains primaires. Les *poissons,* les *insectes,* les *crustacés,* y sont très nombreux.

Les crustacés les plus communs sont les *trilobites,* qui caractérisent l'époque primaire; leur nom vient de ce que leur corps, de forme ovale, est divisé en trois lobes, ou segments, par deux sillons longitudinaux (fig. 37).

Fig. 37. — Trilobite. (*Calymene Blumenbachi.*)

Les poissons de l'époque primaire sont des poissons cartilagineux, que l'échancrure dyssimétrique de leur queue a fait désigner sous le nom de *poissons hétérocerques.*

Le nombre des *Céphalopodes,* des *Échinodermes,* des *Polypiers,* est considérable.

À l'origine, la flore comprend très peu d'espèces; mais peu à peu la végétation se développe, et à la fin de la période, de nombreuses espèces végétales, appartenant presque toutes à l'embranchement des cryptogames (*Mousses, Fougères*), couvrent les continents émergés.

III. Subdivisions des terrains primaires.

Les terrains primaires se subdivisent en cinq autres terrains, qui sont le *cambrien*, le *silurien*, le *dévonien*, le *carbonifère* et le *permien*.

121. Terrain cambrien. — Le *terrain cambrien* est abondant dans le pays de Galles; on le rencontre en divers points du Plateau central, en Provence, dans les Vosges. Il est presque complètement dépourvu de restes organiques à sa base, tandis qu'on voit apparaître tout à coup, dans ses assises supérieures, une faune dont presque tous les représentants traverseront ensuite, sans altération, toute la durée des temps géologiques.

122. Terrain silurien. — Le *terrain silurien* doit son nom au pays des Silures (Angleterre), où il a été étudié pour la première fois. Il re-

Fig. 38.
Graptolithe.

Fig. 39.
Goniatile du dévonien.

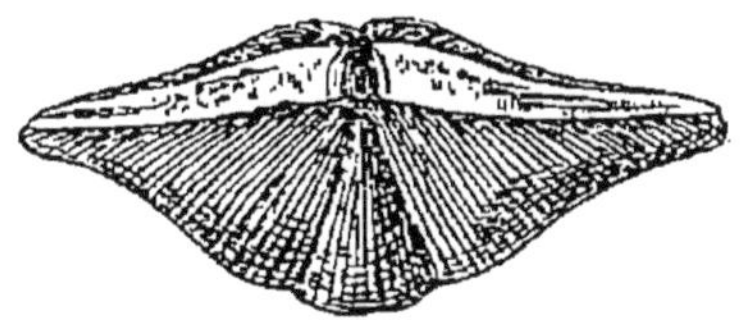

Fig. 40.
Spirifer Verneuilli.

pose immédiatement sur le terrain primitif, et se distingue du dévonien par des discordances de stratification et la nature des espèces qui constituent sa faune et sa flore.

Il renferme les vestiges d'un certain nombre d'espèces animales et végétales qui, pour la plupart, ne font que marquer leur passage éphémère sur le globe, et disparaissent rapidement. On y trouve quelques poissons, un nombre prodigieux de *Trilobites* et de *Graptolithes* (fig. 38).

La flore comprend des *Algues* et quelques *Lycopodiacées.*

A l'époque silurienne, il n'existait en France que deux îles émergées : l'une comprenant les terrains granitiques de la Bretagne et de la Vendée; l'autre, le massif du Plateau central.

123. Terrain dévonien. — Le *terrain dévonien* est ainsi nommé parce qu'il a été étudié pour la première fois dans le comté

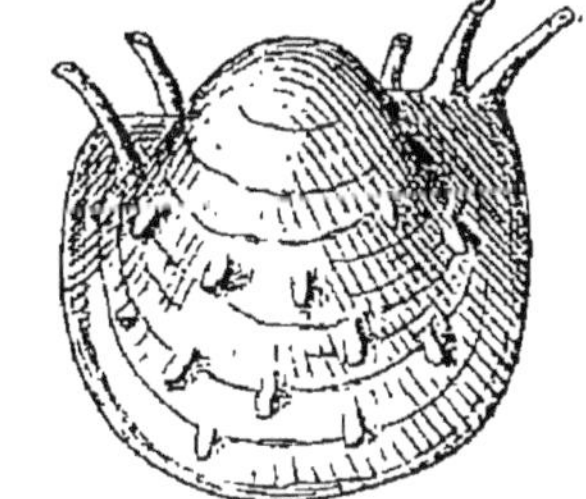

Fig. 41. — *Productus* de l'époque primaire.

de Devon (Angleterre) par les géologues anglais. La nature de ses roches et les caractères de ses fossiles le distinguent du carbonifère.

Les Graptolithes ont complètement disparu ; les Trilobites y sont en moins grand nombre ; les poissons se multiplient d'une façon extraordinaire. Certains céphalopodes, dont les plus remarquables sont les *Goniatites* (fig. 39) et les *Spirifers* (fig. 40), sont nombreux.

La flore comprend beaucoup de *Fucus;* les *Calamites*, à tige fistuleuse, cannelée, arborescente, annoncent déjà la période houillère, mais sont encore chétives et rabougries.

Le terrain dévonien est répandu en Russie, en Angleterre, en Écosse, en Bretagne, et sur les bords de la Meuse et du Rhin.

Fig. 42. — Principaux végétaux de l'époque houillère.

A, Calamites; B, Fougère arborescente; C, Fougère herbacée; D, Cordaïtes;
E, Sigillaire; F, Lépidodendron; G, Calamophyllites; H, Astérophyllites.

124. Terrain carbonifère. — Le *terrain carbonifère* renferme les mines de charbon, si abondantes dans certains bassins.

La période houillère voit apparaître les premiers reptiles, tandis que la disparition des Trilobites se complète. Des brachyopodes, du genre *productus* (fig. 41), caractérisent les formations de cette époque.

Le caractère fondamental de la période houillère est l'immense développement de la végétation qui couvrait la surface du globe, et qui consistait surtout en *Lépidodendrons, Calamites, Fougères, Sigillaires, Calamodendrons* (fig. 42).

La *houille* résulte de la décomposition de ces végétaux enfouis dans la vase, où ils ont subi, à l'abri du contact de l'air, une altération lente, analogue à celle qui produit la tourbe. Certaines houilles, soumises aux températures élevées des roches éruptives, ayant perdu par distillation une partie de leurs principes volatils, ont donné pour résultat l'*anthracite*.

Le terrain houiller est très répandu en Angleterre et en Belgique. La France possède les riches bassins du Nord et ceux de Saint-Étienne et de Rive-de-Gier. La Suède, la Russie et l'Italie ne possèdent que quelques dépôts d'anthracite.

Fig. 43. — *Paleoniscus Blainvillei.*

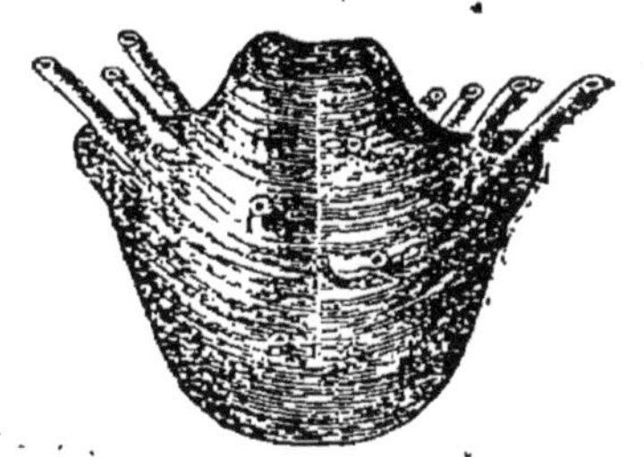

Fig. 44. — *Productus horridus* du permien.

125. Terrain permien. — Le *terrain permien*, très étendu dans le territoire de Perm (Russie), est quelquefois appelé *pénéen*, à cause de sa pauvreté en fossiles; il a généralement peu d'épaisseur.

Sa faune est pauvre, et comprend quelques reptiles et quelques poissons, dont le principal est le *Paleoniscus* (fig. 43).

Les formations permiennes sont caractérisées par la présence d'un mollusque, le *Productus horridus* (fig. 44).

Le règne végétal est formé de quelques calamites arborescentes, de sigillaires et de fougères rabougries.

Les *Walchia* (fig. 45), conifères voisins des araucarias actuels, y prédominent.

Le terrain permien a surtout

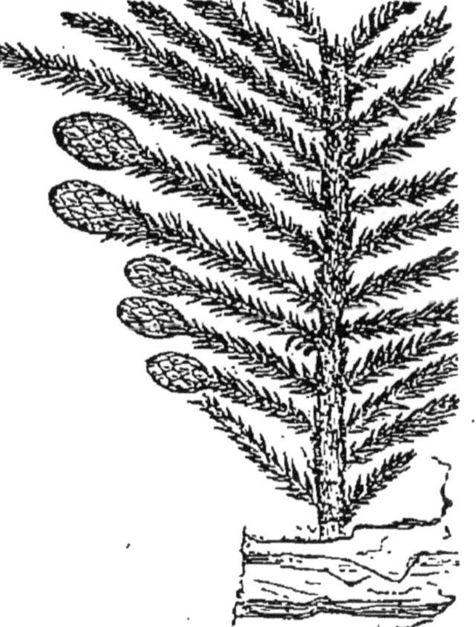

Fig. 45. — *Walchia piniformis* du permien.

été étudié en Allemagne; on le rencontre aussi en Russie, en Bohême et en France, dans les environs d'Autun et de Lodève.

CHAPITRE IV

TERRAINS SECONDAIRES

I. Constitution des terrains secondaires.

126. Roches des terrains secondaires. — Les roches des terrains secondaires sont en grande partie formées de sédiments ; les roches éruptives y sont très rares, ce qui montre que ces terrains se sont formés dans une période relativement calme.

Les principales roches qui le constituent sont le *calcaire*, la *marne*, la *dolomie* et le *grès*. On y rencontre fréquemment du *gypse*, du *sel gemme*, de la *limonite* (oxyde de fer hydraté) et des filons de *cuivre* et de *plomb*.

127. Faune et flore. — Les *reptiles* sont en grand nombre, ainsi que les *Ammonites* et les *Bélemnites*.

Les Ammonites (fig. 46) étaient des céphalopodes dont la coquille, contournée en spirale, était divi-

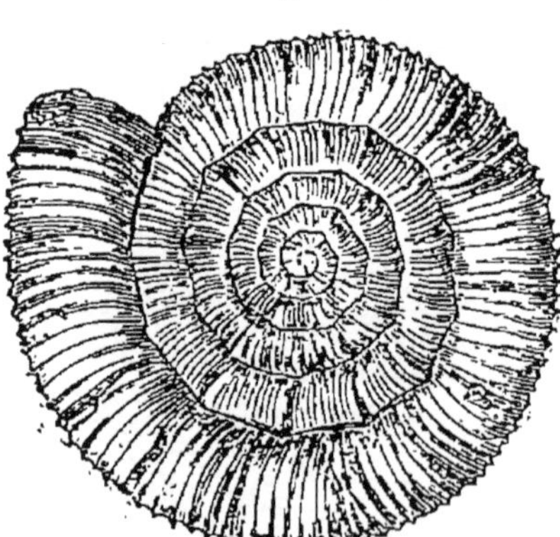

Fig. 46. — Ammonite.

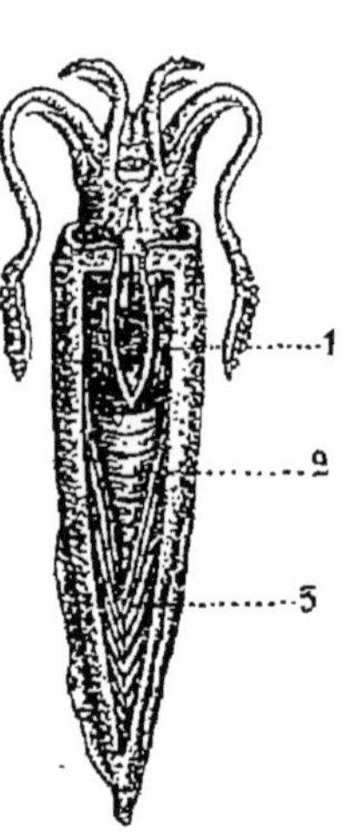

Fig 47.

Bélemnite restaurée.
1, poche à encre ;
2, partie cloisonnée ;
3, partie solide.

Fig. 48.

Rostre de Bélemnite ; seule partie conservée.

sée par des cloisons transversales en compartiments traversés par un siphon.

Les Bélemnites (fig. 47) étaient aussi des céphalopodes, analogues aux Seiches, et portant postérieurement une pointe cylindro-conique qui est la seule partie conservée que l'on retrouve (fig. 48).

Les poissons hétérocerques sont remplacés par des poissons à queue symétrique (*poissons homocerques*).

Les végétaux des terrains secondaires appartiennent à deux familles différentes, celle des cycadées et celle des conifères. On ne retrouve actuellement quelques représentants de la famille des cycadées que dans les régions équatoriales.

Quant aux conifères, ils comprenaient surtout les *Voltzia*.

128. Distribution géographique. — A l'époque secondaire, la France comprenait trois grands golfes : ceux de Paris ou du Nord, de la Méditerranée et de l'Aquitaine. D'abord en communication directe, ils ne s'isolèrent qu'à la fin de la période secondaire, de sorte que les couches des terrains secondaires se trouvent, en France, réparties dans ces trois régions.

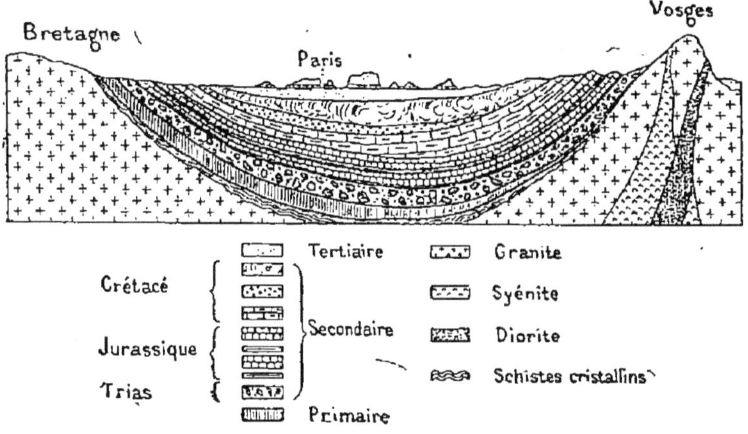

Fig. 49. — Coupe générale du bassin de Paris.

Dans le bassin de Paris (fig. 49), les couches sont en stratification concordantes; elles ont la forme de cuvettes emboîtées les unes dans les autres, les plus anciennes débordant les plus récentes, de manière qu'elles affleurent successivement en zones concentriques.

Elles sont toutes bouleversées dans le bassin de la Méditerranée, ainsi que dans la partie du bassin de l'Aquitaine voisine des Pyrénées.

II. Subdivisions des terrains secondaires.

129. Étages secondaires. — Les *terrains secondaires* se subdivisent en trois systèmes : 1° le terrain *triasique*, ou simplement *trias*, ainsi nommé parce qu'il se subdivise nettement en trois étages; 2° le terrain *jurassique*, très développé dans le Jura; 3° le terrain *crétacé*, formé d'immenses couches dans lesquelles dominent les roches crayeuses.

130. Terrain triasique. — Le *terrain triasique* renferme de nombreux reptiles, dont les principaux sont les *Labyrinthodontes;* le plus remarquable est le *Cheirotherium*. Parmi les mollusques on distingue surtout les *Cératites* (fig. 50), qui sont caractéristiques du trias.

La flore se compose de *fougères* arborescentes, de *Voltzia* et d'équisétacées, dont l'espèce la plus remarquable est le *Calamites arenaceus.*

Le trias se rencontre dans la Forêt-Noire et les Vosges, ainsi que sur les bords du Plateau central. Les trois étages qui le constituent sont, à la base,

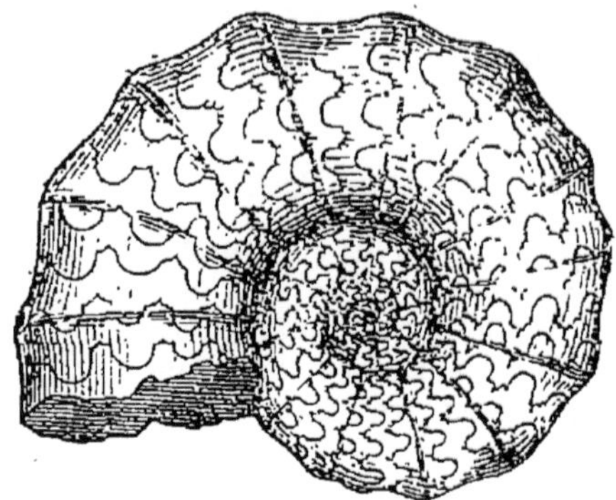

Fig. 50. — *Ceratites nodosus.*

l'étage du *grès bigarré,* au-dessus celui du *muschelkalk* ou *calcaire conchylien,* et enfin celui des *marnes irisées.* Le trias prend quelquefois le nom de *saliférien,* parce qu'on y trouve d'abondants dépôts de sel gemme.

131. Terrain jurassique. — Le *terrain jurassique* comprend deux systèmes : le *lias* à la base, et le *jurassique proprement dit* à la partie supérieure.

Lias. — C'est dans les couches du lias qu'apparaît, sous la forme d'un petit marsupial, le *Microlestes antiguus,* la première espèce de mammifères apparue sur la terre.

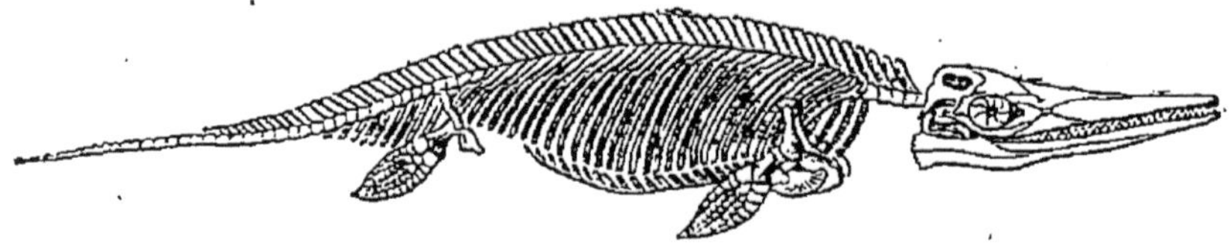

Fig. 51. — Squelette d'Ichthyosaure.

Les grands reptiles nageurs (*Ichthyosaures* (fig. 51), *Plésiosaures*) sont de cette époque. Les petits mammifères deviennent très nombreux, tout en conservant la taille d'un rat, ou tout au plus d'un hérisson. Il existe un grand nombre d'ammonites et de bélemmites.

Le lias se subdivise en quatre étages, qui sont, de bas en haut :

1° L'*infra-lias* ou *lias inférieur,* presque toujours formé de grès à la base et de calcaire au sommet, avec intercalation de marne. Il est caractérisé par un fossile, l'*Avicula contorta* (fig. 52).

2° Le *sinémurien,* formé de calcaires alternant avec de minces nappes de marnes. Ces calcaires sont exploités à Charleville pour la fabrication de la chaux hydraulique. Fossile caractéristique : *Gryphæa arcuata* (fig. 53).

3° Le *liasien* ordinairement formé de marnes schisteuses associées à des calcaires sableux. Fossile caractéristique : *Gryphæa cymbium.*

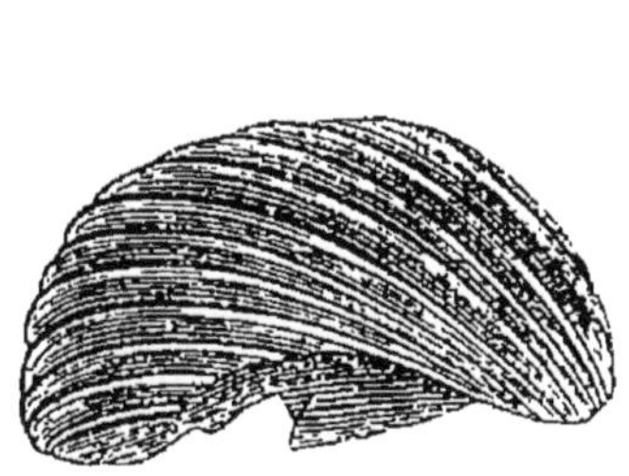

Fig. 52. — *Avicula contorta.*

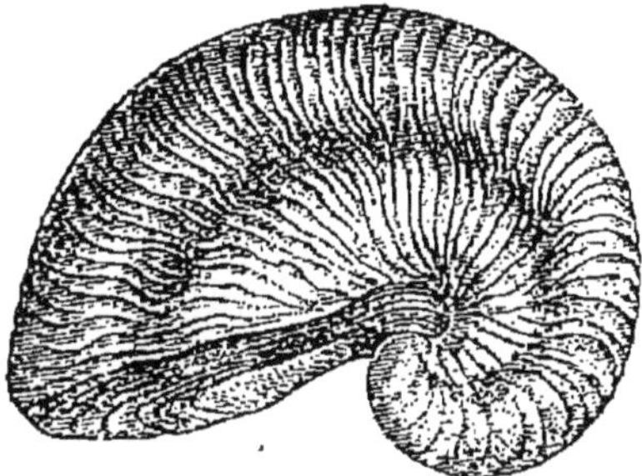

Fig. 53. — *Gryphæa arcuata.*

4° Le *toarcien* composé de marnes associées à des calcaires marneux quelquefois exploités comme pierre à ciment. Les ammonites qu'il renferme sont aplaties et sillonnées de stries flexueuses.

Terrain jurassique proprement dit. — Le jurassique proprement dit renferme, outre de nombreux marsupiaux de petite taille, un grand nombre de reptiles, dont le plus curieux est l'*Archæopterix.*

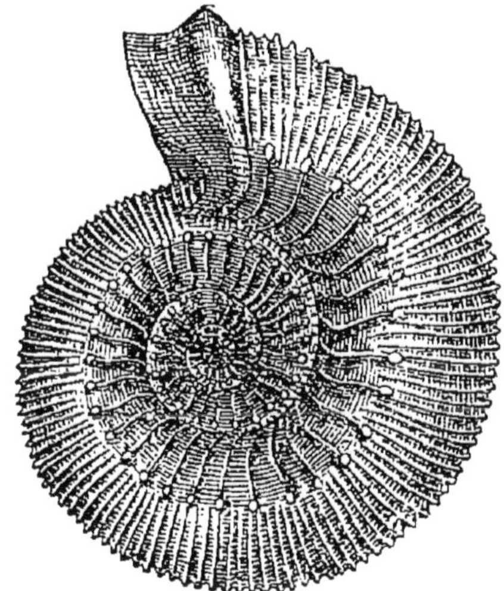

Fig. 54. — *Ammonites Humphriesianus.*

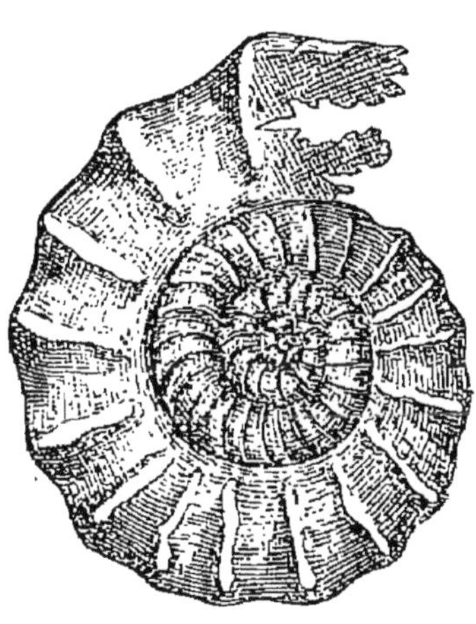

Fig. 55. — *Ammonites athleta.*

Le terrain jurassique proprement dit comprend sept étages, qui sont, de bas en haut :

1° Le *bajocien* ou *oolithe de Bayeux,* généralement formé d'un calcaire jaune ou blanchâtre, dans lequel sont disséminées de petites oolithes. Les principaux fossiles qu'il renferme sont les *ammonites Humphriesianus* (fig. 54) et *Murchisonæ.*

2° Le *bathonien* ou *grande oolithe* formé de deux assises; l'assise inférieure (terre à foulon), marneuse, est caractérisée par l'*Ostrea acuminata* (fig. 56), et la supérieure, calcaire, par la *Terebratula digona*.

3° L'*oxfordien* est entièrement marneux et presque partout de couleur gris-bleu. Il est très riche en fossiles : *Ammonites athleta* et *cordatus*.

4° Le *corallien*, calcaire blanc, renfermant de nombreux coraux. On y rencontre des *nérinées*, des *diceras*, des baguettes d'un oursin, le *Cidaris florigemma* (fig. 57).

5° Le *kimméridgien*, très développé en Normandie. Dans le bassin de Paris, il

Fig. 56.
Ostrea acuminata.

Fig. 57. — Baguette de *Cidaris florigemma.*

comprend de puissantes masses d'argile. Fossile caractéristique : l'*Ostrea virgula* (fig. 58).

6° Le *portlandien*, généralement calcaire, est exploité comme pierre à bâtir ou comme ciment hydraulique. Fossiles caractéristiques : *Ostrea*

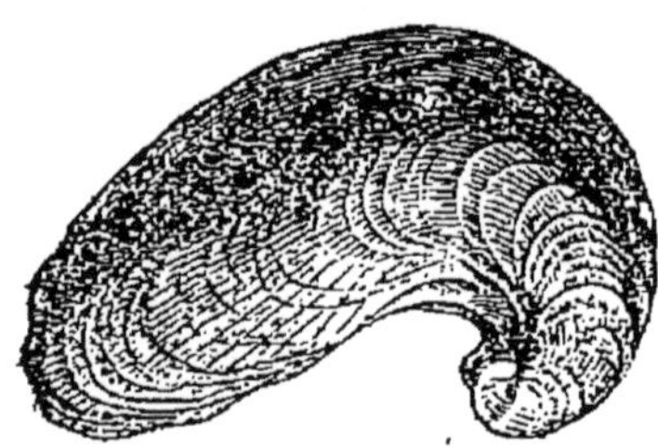

Fig. 58. — *Ostrea virgula.*

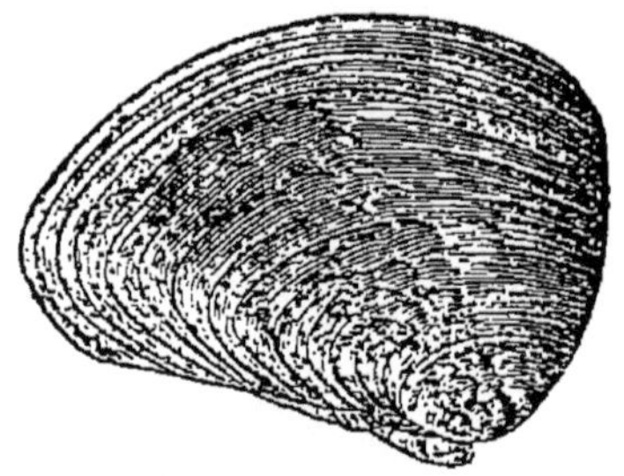

Fig. 59. — *Trigonia gibbosa.*

expansa et *Ammonites gigas*, à la base; *Trigonia gibbosa* (fig. 59) dans les couches supérieures.

7° Le *purbeckien*, dépôt d'eau douce formé de calcaires lacustres et de terres ligniteuses. Fossile caractéristique : *Physa wealdina.*

Remarque. — Le bajocien et le bathonien sont souvent désignés sous le nom de *lias inférieur;* l'oxfordien et le corallien sous celui de *lias moyen,* et les trois derniers sous celui de *lias supérieur.*

132. Terrain crétacé. — Le *terrain crétacé* se subdivise en deux systèmes : l'*infra-crétacé* et le *crétacé proprement dit.* Il occupe en général les plateaux élevés, où il forme le plus souvent des plaines arides (Champagne pouilleuse), et s'étale presque partout autour des bandes jurassiques.

Infra-crétacé. — L'*infra-crétacé* est caractérisé par la présence de gigantesques sauriens, dont le plus remarquable, l'*Iguanodon,* avait au moins 10 mètres de longueur. Ce terrain se subdivise en quatre étages.

1º Le *néocomien,* du nom de Neufchâtel, en Suisse, est formé de marnes dans le midi de la France ; de calcaires jaunâtres mélangés à

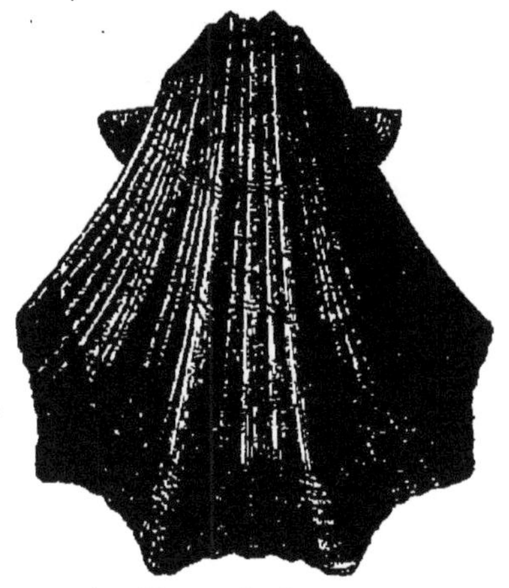

Fig. 60. — *Janira atava.*

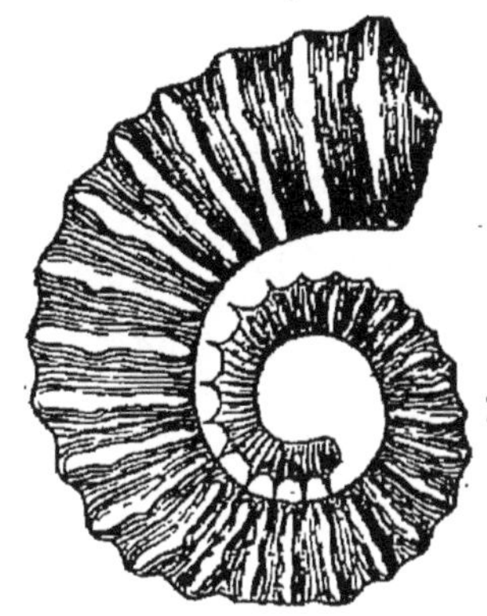

Fig. 61. — Coquille de Crioceras.

des marnes bleuâtres dans le Midi ; de sables et d'argiles dans le bassin de Paris. Fossiles caractéristiques : *Janira atava* (fig. 60), *Spatangus retusus.*

2º L'*urgonien,* du nom de la ville d'Orgon, près d'Arles, formé de

Fig. 62. — *Plicatula placunea.*

Fig. 63. — *Ostrea aquila.*

calcaires blancs et de marnes, dans lesquels se trouvent en abondance des ammonites déroulés (*Crioceras Duvalii,* fig. 61).

3º L'*aptien,* du nom d'Apt, en Provence, est presque partout formé d'argiles et de marnes, excepté en Provence, où la base est un peu calcaire. Fossiles caractéristiques : *Plicatula placunea* (fig. 62), *Ostrea aquila* (fig. 63).

4° L'*albien*, du nom du département de l'Aube, est parfois désigné sous le nom de *gault*. Il comprend des sables et des argiles exploités pour la fabrication des briques et des poteries, et des phosphates de

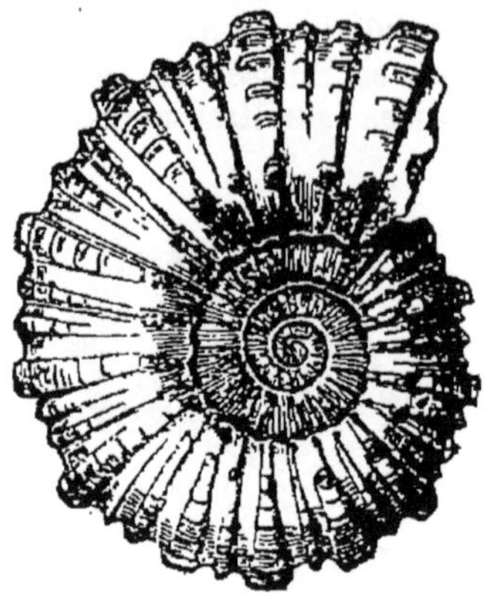

Fig. 64. — *Ammonites mamillaris*.

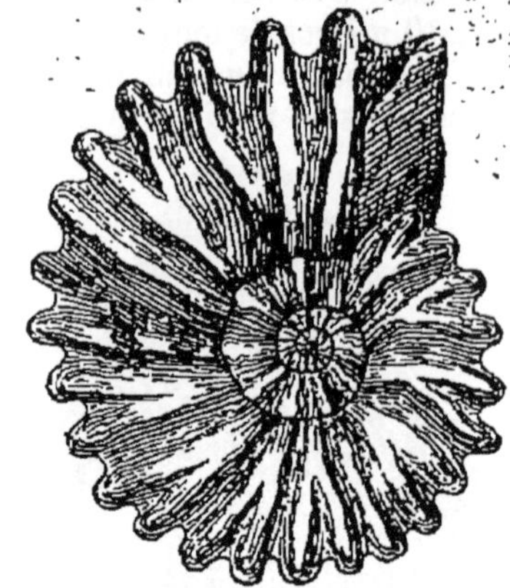

Fig. 65. — *Ammonites interruptus*.

chaux utilisés comme amendements. Fossiles caractéristiques : *Ammonites mamillaris* et *interruptus* (fig. 64 et 65).

Les couches de l'infra-crétacé se rencontrent dans le Jura et le long des Alpes et des Pyrénées ; quelques-unes affleurent dans la Haute-Marne et le pays de Bray.

Le crétacé proprement dit contient les vestiges de nombreux oiseaux. Les reptiles y sont surtout représentés par les *Ptérodactyles* ou rep-

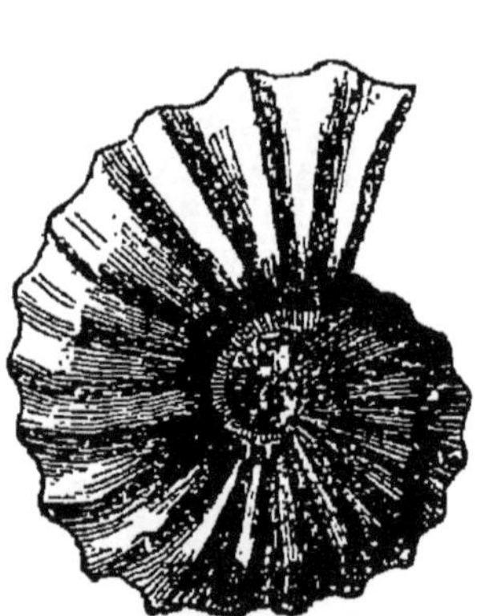

Fig. 66. — *Ammonites rothomagensis*.

Fig. 67. — *Turrilites costatus*.

tiles volants. Il s'y trouve peu de gastéropodes, mais beaucoup de lamellibranches.

Certains mollusques appartenant aux genres *Hippurites* et *Radiolites* y sont extrêmement nombreux. Quelques échinodermes et quelques oursins y sont représentés par les *Micraster* et les *Ananchytes* (fig. 70).

Les *Magnolias*, les *Platanes*, les *Saules*, les *Figuiers* s'associent aux végétaux de la période précédente.

Terrain crétacé proprement dit. — Le terrain crétacé proprement dit se divise, comme le précédent, en quatre étages.

1º Le *cénomanien*, ou *craie du Maine*, appelée aussi *craie glauconieuse*, parce qu'on y trouve en abondance de petits grains verts de

Fig. 68. — *Ostrea columba.*   Fig. 69. — *Inoceramus labiatus.*

silicates hydratés de fer et de potasse qu'on appelle *glauconies*. Il est formé d'une roche crayeuse verdâtre dans laquelle on trouve fréquemment des rognons de pyrite de fer. Fossiles caractéristiques : *Ammonites rothomagensis, Turrilites costatus, Ostrea columba* (fig. 66, 67 et 68).

2º Le *turonien*, ou *craie de Touraine*, est une craie jaunâtre, micacée, d'un grain très fin, employée dans les constructions. Fossile caractéristique : *Inoceramus labiatus* (fig. 69).

3º Le *sénonien*, ou *craie blanche de Sens*, constitue le sous-sol de toute la Champagne pouilleuse, et recouvre presque toutes les falaises de la Manche.

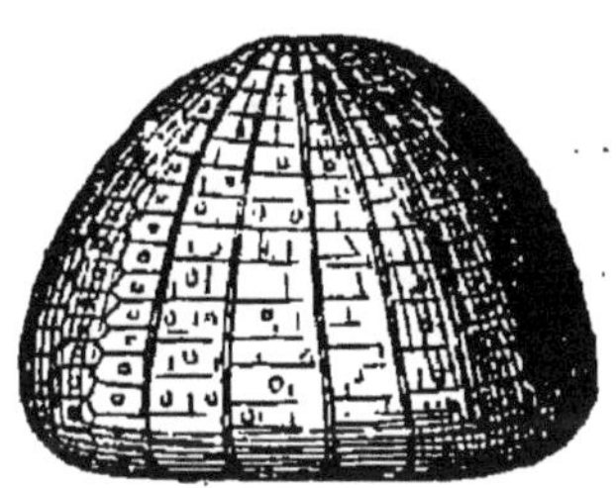

Fig. 70. — *Ananchytes ovata.*

Il renferme de nombreux rognons de silex pyromaque. Fossiles caractéristiques : nombreux *Micraster, Belemnites mucronatus, Ananchytes ovata* (fig. 70).

4º Le *danien* est représenté en Belgique par un calcaire jaunâtre, à texture grossière, et dans le bassin de Paris par un calcaire également jaunâtre, renfermant des granules arrondis, auquel on a donné le nom de *calcaire pisolithique*. On y trouve en quantité des bryozoaires et des bacculites.

13*

CHAPITRE V

TERRAINS TERTIAIRES

I. Constitution des terrains tertiaires.

133. Roches des terrains tertiaires. — Les roches des terrains tertiaires ont beaucoup moins de consistance que celles des terrains plus anciens; ce sont des *sables*, des *graviers*, des *calcaires* faciles à tailler et fournissant des matériaux de construction. Les couches de *lignites* y sont nombreuses.

Les principales roches éruptives qu'on y trouve sont les *trachytes*, les *basaltes*, les filons *aurifères* et le *fer pisolithique* (oxyde de fer en grains).

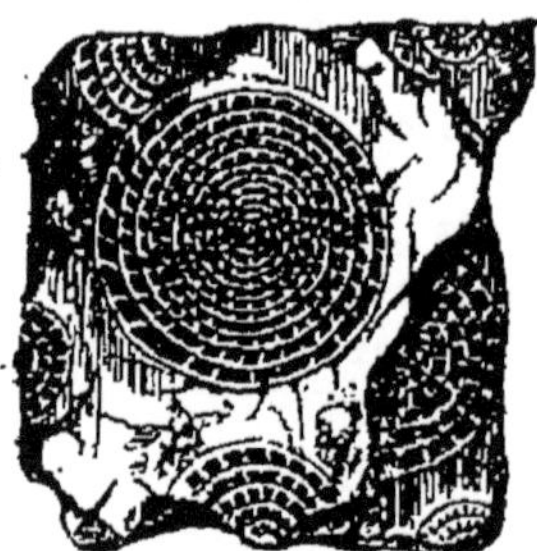

Fig. 71. — Nummulites.

134. Faune et flore. — La faune de l'époque tertiaire est caractérisée par un grand développement des *Mammifères*. Les *Oiseaux*, les *Reptiles*, les *Poissons* et les *Insectes* y sont en grand nombre.

Les Ammonites et les Bélemnites ont totalement disparu, mais les gastéropodes prennent un grand développement. Le nombre des polypiers diminue, tandis que les foraminifères, dont les plus importants sont les *Nummulites* (fig. 71), sont en si grand nombre, que les débris de leurs carapaces forment des dépôts qui constituent presque à eux seuls des assises tout entières.

Les *Palmiers* deviennent prédominants. Les laurinées, les rubiacées, les peupliers, les saules, se développent. Les assises des terrains tertiaires constituent presque toujours un sol très fertile; elles occupent surtout le voisinage des mers actuelles.

II. Subdivisions des terrains tertiaires.

Les terrains tertiaires se subdivisent en trois groupes : l'*éocène*, le *miocène* et le *pliocène*.

135. Éocène. — L'*éocène* comprend l'*aurore* de la faune et de la flore actuelles. Il est caractérisé par la présence des *Nummulites* et l'apparition de mammifères se rapprochant par leur organisation des

tapirs (*Paleotherium*, fig. 72) ét des porcinés (*Anoplotherium*). Le
Xiphodon est une espèce de cette époque, dont l'organisation se rapproche de celle des ruminants actuels.

L'éocène forme en grande partie le terrain parisien ; il comprend le
sable blanc de Rilly (Marne), les sables, les couches de lignites et

Fig. 72. — *Paleotherium*.

d'argile du Soissonnais, les conglomérats à ossements de Meudon, le
calcaire siliceux de Saint-Ouen, le gypse ou pierre à plâtre, qui forme
presque entièrement la butte Montmartre, à Paris.

136. Miocène. — Le *miocène* est riche en mammifères ongulés ; les
ruminants deviennent abondants. On y trouve les ossements d'un

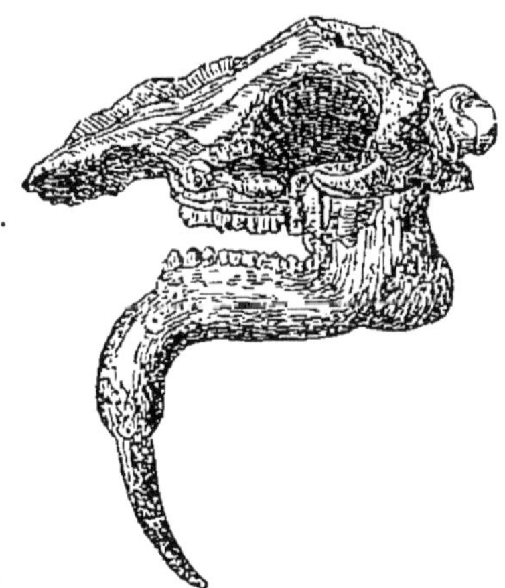

Fig. 73.
Crâne de *Dinotherium*.

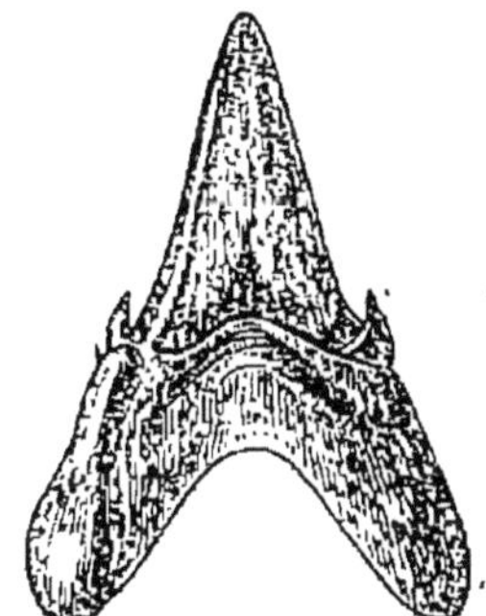

Fig. 74.
Dent du Squale du miocène.

pachyderme (*Dinotherium*, fig. 73) plus gros que nos éléphants actuels.
Les poissons y sont représentés par les *Squales*, et les mollusques
par les *Cérithes*, des *Natices*. On y rencontre également des *induses*

de Friganes, sortes d'étuis solides dans lesquels les Friganes (névroptères) abritaient leurs larves aquatiques (fig. 75).

La flore comprend surtout des fougères du genre *Osmunda*, quelques palmiers, des érables, des chênes, des charmes, des acacias.

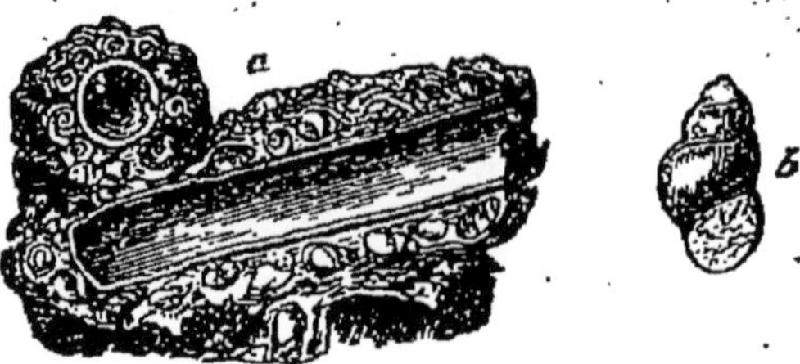

Fig. 75. — Tube de Frigane.

Les grès de Fontainebleau appartiennent au miocène, ainsi que ceux que l'on exploite aux environs de Palaiseau (Seine-et-Oise) pour le pavage des rues. On le rencontre en Touraine (faluns de Touraine), en Provence, en Languedoc.

137. Pliocène. — Le pliocène est caractérisé par un grand développement des proboscidiens : *Rhinocéros, Hippopotames, Éléphants,* et par l'apparition du genre *Cheval.* Les mollusques ressemblent beaucoup à ceux de l'époque actuelle.

Les palmiers quittent l'Europe, et sont définitivement remplacés par les arbres dicotylédones.

Le pliocène couvre les versants de l'Apennin. En France, on en rencontre quelques lambeaux dans le Languedoc et dans la Bretagne.

CHAPITRE VI

TERRAINS QUATERNAIRES

138. Roches des terrains quaternaires. — Les dépôts formés pendant la période quaternaire sont presque tous des dépôts d'*alluvions*, ce qui a fait donner à ces terrains le nom de terrains *diluviens*, sous lequel on les désigne quelquefois.

Les principaux éléments des terrains quaternaires sont les *sables* et les *graviers*, le *lœss*, le *limon*, les *tufs calcaires* et les *dépôts erratiques.*

Les dépôts de graviers ont été formés dans des eaux courantes, comme l'indique le poids relativement considérable des fragments qui ont été transportés avec les sables. Ainsi on trouve dans les allu-

,vions de la vallée de la Seine des fragments de granit et de porphyre
venant du Morvan, et, dans celle de la Marne, des silex qui proviennent des plateaux de la Champagne et du Jura.

Le *lœss* et le *limon* paraissent avoir été déposés dans des eaux plus
calmes; ce sont des produits argileux diversement colorés, transportés
par les cours d'eau résultant de la fonte des glaciers qui couvraient
alors une grande partie des continents (*période glaciaire*), et dont la

Fig. 76. — Mastodonte restauré.

formation fut peut-être due au refroidissement causé par un exhaus-
sement de certains continents. Ce soulèvement, suivi longtemps après
d'un affaissement correspondant, ramena la chaleur dans ces régions,
et détermina la fusion de la glace.

Les *tufs calcaires* sont abondants au bord des cours d'eau. Les
blocs erratiques (nº 44), très communs dans le nord de l'Europe, ont
été apportés dans les plaines et sur les plateaux, soit par les glaces
flottantes de la période glaciaire, soit par les glaciers qui descendaient
du flanc des montagnes.

139. Faune et flore de l'époque quaternaire. — La plus grande
partie des espèces animales et végétales de l'époque quaternaire sont
encore existantes aujourd'hui. Parmi les mammifères disparus, il faut
citer le *Mastodonte* (fig. 76) et le *Mammouth* (fig. 77) (proboscidiens),

le *Megatherium* (édenté), animaux plus gros que nos éléphants actuels, l'*Ours des cavernes*, dont on retrouve les ossements en abondance dans les grottes qui lui servaient de repaire.

Fig. 77. — Mammouth restauré.

140. Apparition de l'Homme. — C'est dans les terrains quaternaires seulement que l'on commence à trouver les premiers vestiges de l'existence de l'Homme sur la terre. Toutes les créatures attendaient un maître. Il manquait à l'univers un être capable de comprendre la splendeur de ces merveilles et d'admirer l'œuvre sublime sortie des mains du Créateur; il manquait une âme pour l'adorer et le remercier; c'est alors que Dieu dit : «Faisons l'Homme à notre image et à notre ressemblance, et qu'il commande aux poissons de la mer, aux oiseaux du ciel, aux bêtes, à toute la terre et à tous les reptiles qui se meuvent sur la terre,» et il créa l'Homme, à qui il donna une âme capable de le connaître et de l'aimer.

Toutes les traditions humaines s'accordent pour affirmer que l'Homme a été créé dans un état infiniment supérieur à celui dans lequel nous le voyons aujourd'hui. Moïse, en effet, nous en trace un portrait que les ravages de la chute originelle ne nous permettent plus de reconnaître maintenant.

141. L'Homme primitif. — L'*Homme primitif* habitait les cavernes, demandant à la chasse la nourriture de chaque jour. Ses armes, ses outils, consistaient en fragments d'os ou de silex

Fig. 78. — Caverne à ossements.

grossièrement façonnés (*âge de pierre*). Il avait à se défendre des animaux sauvages, de la rigueur des climats, des inondations diluviennes, et se retirait alors sur les hauteurs et dans

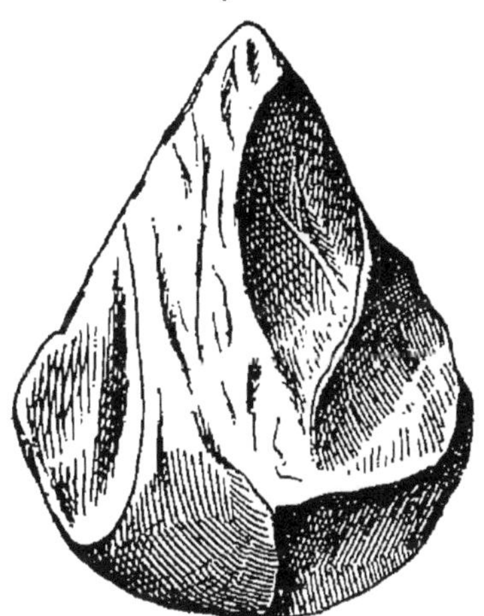

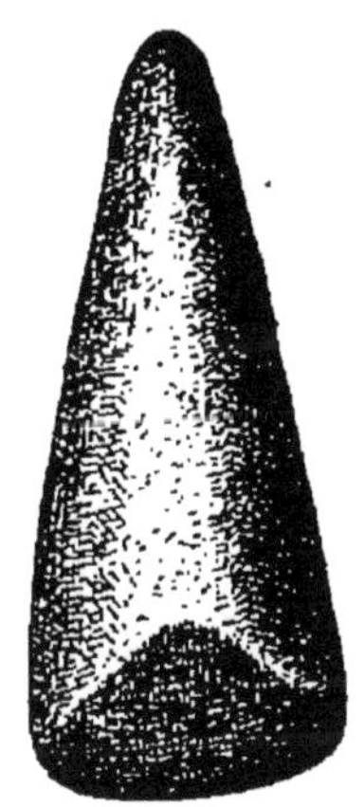

Fig. 79. — Silex taillé.   Fig. 80. — Hache polie.

les cavernes, où nous retrouvons ses ossements avec les débris des instruments dont il se servait (fig. 78).

Un peu plus tard il polit la pierre (*âge de la pierre polie*);

il descendit dans les vallées, confectionna des harpons, des radeaux; il creusa des troncs d'arbres pour en faire des canots, et devint pêcheur. Il se construisit des habitations en bois, qu'il installait sur des pilotis (*cités lacustres*, fig. 81), et se mettait ainsi à l'abri des surprises des animaux carnassiers. Il apprit bientôt à façonner l'argile et à faire des vases qu'il durcissait au feu, à filer les fibres textiles des végétaux; il asservit les animaux domestiques et commença à utiliser le bronze (*âge du bronze*) pour en faire des armes, des ustensiles et des ornements.

Fig. 81. — Habitation lacustre.

L'emploi du fer ne parut que longtemps après (*âge du fer*). C'est de cette époque que datent les *tumuli*, les *dolmens*, qui témoignent de son caractère religieux. L'histoire écrite, la tradition commencent alors à éclairer ces temps lointains, qui précèdent la période historique (*temps préhistoriques*).

Beaucoup d'espèces animales avaient déjà émigré les unes vers les pôles, comme le Renne, ou vers des climats plus chauds, comme l'Hippopotame. Parmi les autres espèces vivantes à cette époque, plusieurs, parmi lesquelles il faut citer le Bœuf urus (*Bos primigenius*), ont aujourd'hui complètement disparu.

142. Conclusion. — « Nous venons de voir que Dieu termina l'œuvre de la création par la formation et la création de l'espèce humaine.

« On n'introduit un roi dans son palais que lorsqu'il est entièrement bâti et que tout est en état de le recevoir; c'est ainsi que Dieu a disposé toutes choses avant de créer l'Homme, qui devait être le roi de l'univers et commander en maître à toute la nature. La Terre, en effet, par sa constitution géologique, par la composition minérale de son écorce solide, par la variété des accidents que présente sa surface, offre à l'Homme un vaste théâtre où il peut à son gré manifester les merveilles de son intelligente activité, et passer le plus heureusement possible le temps d'exil auquel il est soumis, avant de retrouver le Ciel, sa véritable patrie. »

CHAPITRE VII

NOTIONS SUR LA FORMATION GÉOLOGIQUE DE LA RÉGION FRANÇAISE

I. Formations successives des terrains.

143. Période primitive. — La région française ne présente au début de son apparition que quelques massifs de terrains primitifs dont l'origine remonte aux premiers temps de la solidification de la croûte terrestre. Le plus important de ces massifs occupe le centre de la région, et bien que dans les périodes suivantes de nombreuses transformations en modifieront l'aspect, il n'en restera pas moins le centre autour duquel viendront se grouper les formations plus récentes qui, chacune à leur tour, apporteront des matériaux qui finiront par constituer le sous-sol de la France tel qu'il existe aujourd'hui.

Ce massif, indépendamment des roches éruptives qui en recouvrent une partie, présente l'aspect d'un plateau de 5 à 600 mètres d'altitude moyenne, et comprend le Limousin, le Forez, le Velay, l'Auvergne et une partie du Bourbonnais. Sa situation géographique lui a valu, à juste titre, le nom de *Plateau central*.

Au Plateau central se rattachent le *Morvan*, les *Cévennes* et les *Montagnes noires*. Le Morvan n'en est isolé que par la dépression qui permet actuellement la communication fluviale des bassins de la Loire et du Rhône, et dans laquelle passe le canal du Centre. Les Cévennes et les Montagnes noires n'en sont séparées que par les vallées du Tarn et de l'Aveyron.

Deux autres massifs de moindre importance émergent à la même époque, l'un à l'ouest et l'autre à l'est; le premier forme les côtes de la *Vendée* et de la *Bretagne*, et le second comprend le massif des *Vosges*. Enfin un quatrième groupe apparaît au sud-est du Plateau central, et constitue les monts des *Maures* et de l'*Esterel*.

144. Période primaire. — Bientôt les dépôts siluriens, dévoniens, permiens et carbonifères, venant se former entre les deux bandes de terrain primitif formant les côtes de la Vendée et de la Bretagne, remplirent peu à peu l'intervalle qui les séparait, et le sol de la *Bretagne* émergea. Pendant ce temps, de semblables dépôts, se formant au nord-ouest des Vosges, firent apparaître le sol de l'*Ardenne* et du *Brabant*. Dès lors la Bretagne, la Vendée, le Plateau central, le Morvan, les Vosges et l'Ardenne forment comme une ceinture qui définit le *bassin de Paris* et l'isole ainsi, au point de vue géologique, de la France méridionale. Le rivage de celle-ci s'étend de l'ouest à l'est au sud du Plateau central, les eaux couvrant encore toute la région alpine et pyrénéenne.

Les assises des terrains formés à cette époque montrent clairement que la Manche, l'Atlantique et la Méditerranée communiquaient librement entre elles; car on constate que ces assises ont presque partout la même structure, et qu'elles renferment généralement les mêmes espèces fossiles.

145. Période secondaire. — Au commencement de la période liasique, tout le bassin de Paris est couvert par les eaux, et présente l'aspect d'une immense mer intérieure s'ouvrant largement sur la Manche, et communiquant librement avec la Méditerranée par un large détroit que combleront plus tard les dépôts du Jura, et avec l'Atlantique par un autre détroit moins important situé dans la région de Poitiers, entre le Plateau central et les massifs de la Vendée.

Au sud-ouest du Plateau central, la mer couvre encore toute la région des Pyrénées; au sud-est, le rivage, remontant le Lyonnais, va rejoindre le plateau du Morvan, et la ligne côtière de la France dessine ainsi trois immenses golfes, le golfe de *Paris*, le golfe de l'*Aquitaine* et celui de la *Méditerranée*.

Dans le bassin de Paris, la sédimentation exhaussant peu à peu le fond de la mer, les polypiers s'y développent pendant toute la période crétacée. Ces dépôts se forment tranquillement dans l'est du bassin, tandis qu'à l'ouest, les eaux, débordant les rivages déjà existants, viennent recouvrir les dépôts déjà formés, et abandonnent jusque sur le sol de la Bretagne et de la Vendée des matériaux qui témoignent de cet envahissement. Puis peu à peu le golfe se comble, et à la fin de la période crétacée il ne présente plus que des lacs isolés, dont le principal est celui de la *Brie*, et qui disparaîtront dans la période suivante.

146. Période tertiaire. — La sédimentation continuant son travail, d'importants dépôts caractérisés par les calcaires à nummulites se forment dans le Midi; bientôt les détroits se ferment, et la mer Parisienne n'a plus de communication directe avec la Méditerranée. Dans le bassin de Paris, la mer, remaniant sans cesse ses rivages, varie la nature des sédiments, et l'érosion finit par mettre à découvert le sol crayeux de la *Champagne*.

Le soulèvement des *Pyrénées* détermine la formation d'une mer dans le golfe de l'Aquitaine, puis le bassin de Paris s'isole de la Manche, et devient ainsi le grand lac de la *Beauce;* d'autres lacs moins importants occupent la *Limagne,* le *Cantal,* le *Languedoc* et une partie de la *Provence* et de la *Gascogne.*

Enfin surgissent les roches éruptives de l'*Auvergne* et l'important massif des *Alpes;* les eaux, rejetées violemment des bassins qu'elles occupaient, bouleversent une dernière fois des dépôts déjà formés, puis se fixent enfin et se confinent dans leurs limites actuelles. Le sol de la région française est définitivement installé, et la période quaternaire ne voit plus d'autres changements en modifier la distribution.

II. Distribution géographique des terrains.

147. Carte géologique de la France. — La distribution des différents terrains qui constituent actuellement le sol de la France est très variée. Les importants travaux de Cuvier, de Brongniard, de Cordier, d'Omalius d'Halloy, et plus particulièrement ceux de Dufrénoy, de Brochant de Villiers et d'Élie de Beaumont, qui ont étudié spécialement cette distribution, ont permis de relever la situation géographique des couches formées aux différentes époques géologiques, et de construire, au moyen de ces données, une carte géologique du sol français.

148. Terrains primitifs. — Ainsi que nous l'avons vu au n° 143, les terrains primitifs sont répartis en quatre groupes, qui sont : le *Plateau central* avec ses annexes, le Morvan, les Cévennes et les Montagnes noires, la *Bretagne* et la *Vendée,* les *Vosges* et les côtes de *Provence.*

Le Plateau central, malgré son apparente unité, comprend trois régions bien distinctes : le *Limousin* à l'ouest, l'*Auvergne* au centre, le *Forez,* le *Beaujolais* et les *Cévennes* à l'est.

A ces terrains primitifs, il faut ajouter les soulèvements importants des *Pyrénées* et des *Alpes,* qui ont fait leur apparition, le premier vers le milieu, et le second à la fin de la période tertiaire.

149. Terrains primaires. — Les terrains primaires occupent toute la partie intérieure de la *Bretagne* et le *Cotentin.* Ils constituent l'*Ardenne,* une grande partie des *Vosges,* le nord-ouest du Plateau central, et couvrent presque toute la chaîne des Pyrénées, de la Méditerranée à l'Atlantique.

150. Terrains secondaires. — De tous les terrains secondaires, le plus important est le terrain jurassique, dont les longues bandes divisent le pays en régions parfaitement définies. Une ceinture plus ou moins large de ce terrain enveloppe le Plateau central excepté vers l'est, dans la partie du cours du Rhône qui, longeant les bords du Plateau, s'étend de Lyon au confluent de l'Isère. Cette ceinture de terrain jurassique se prolonge à l'ouest jusqu'à la mer, et forme le sud de la *Vendée,* le *haut Poitou* et l'*Aunis.* De Poitiers, une longue bande s'en détache, monte directement au nord à travers l'Anjou, le Maine, la Normandie, et vient jusqu'à la Manche, où elle forme tout le littoral du *Calvados.* Cette longue bande n'est interrompue que dans l'Anjou, par une large coupure dans laquelle passe la Loire, après avoir reçu les eaux de presque tous ses nombreux affluents.

Au nord-est du Plateau central, une large bande de terrain jurassique, la plus considérable de la région française, s'étend du plateau du Morvan, qu'elle englobe presque en entier, jusqu'à Mézières et Luxembourg, et comprend le sud de la *Champagne* et la *Lorraine,* tandis qu'une seconde bande, séparant les vallées de la Saône et du Rhône, s'allonge de Lyon à Belfort, parallèlement à la précédente, à laquelle elle se rattache par une large soudure qui couvre tout le nord de la *Franche-Comté.*

Enfin un dernier massif jurassique comprend toute la région des Alpes jusqu'au golfe de Gênes.

L'orientation de ces bandes jurassiques divise donc la France en cinq régions bien définies : au centre, le Plateau central; au nord, le bassin de Paris; à l'ouest, la Bretagne et la Vendée; au sud-ouest, le bassin de la Gironde, et au sud-est les bassins de la Saône et du Rhône.

151. *Terrains crétacés.* — La ceinture jurassique qui forme le contour du bassin de Paris est bordée intérieurement d'une bande de terrain crétacé. A l'ouest, cette bande n'a que peu de largeur, et constitue une partie du *Maine* et de l'*Anjou,* tandis qu'à l'est elle couvre une grande partie de la *Champagne,* l'*Artois* et la *Picardie.*

Dans le bassin du Rhône, le terrain crétacé s'étend sur tout le versant occidental des Alpes, la *Savoie* et le *Dauphiné,* et s'étale en larges lambeaux dans toute la région inférieure du bassin.

Dans le bassin de la Gironde, ce même terrain se dispose en longue bordure sur tout le versant nord des Pyrénées, et vient affleurer, au nord, dans la *Saintonge,* le *Quercy* et le *Périgord.*

152. Terrains tertiaires. — Les terrains tertiaires sont naturellement concentrés dans l'intérieur des bassins précédents. Dans le bassin de Paris, ils s'étendent des plaines tertiaires du nord de la Belgique jusqu'au détroit jurassique de Poitiers avec un maximum de développement dans l'*Orléanais* et la *Touraine,* et se rattachent, vers le sud-est, aux riches plaines de la Limagne d'Auvergne, situées dans la profonde échancrure qui sépare l'Auvergne du Velay, et au fond de laquelle coule l'Allier.

Dans le bassin du Rhône, les dépôts tertiaires comblent les vallées de la Saône et du Rhône, couvrent en s'insinuant dans les couches jurassiques la *Bresse,* le *Languedoc,* la *Provence,* et viennent même s'adosser au versant est du Plateau central, au-dessous de Lyon.

Enfin, dans le bassin de la Gironde, ils s'étendent de la bordure jurassique des Pyrénées aux deux plateaux élevés formés des calcaires jurassiques du *Quercy* et du *haut Poitou.*

153. Terrains d'alluvions. — Les terrains d'alluvions reposent

indistinctement sur les terrains précédents, et contribuent pour la
plupart à la formation de la terre végétale, et par conséquent concourent d'une façon toute spéciale à la fertilité du pays. Ils forment

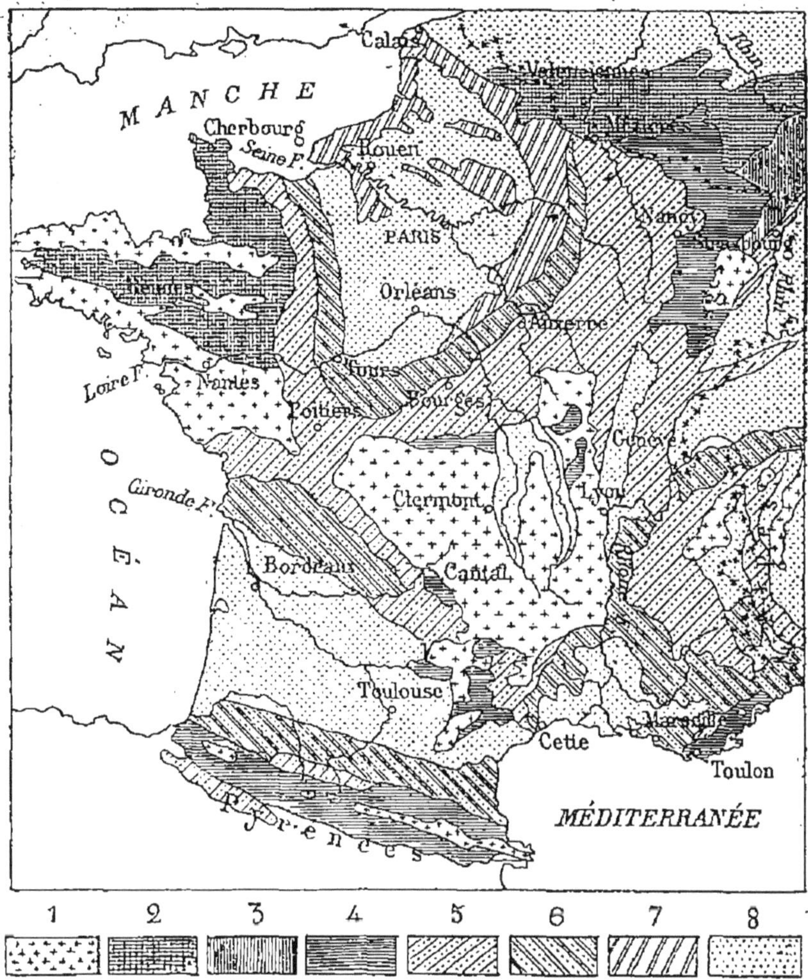

Fig. 82. — France géologique à la fin des terrains tertiaires.

1, T. primitif et granitique; 2, T. de transition; 3, T. permien; 4, T. triasique;
5, T. jurassique; 6, T. crétacé inférieur; 7, T. crétacé supérieur; 8, T. tertiaires.

des bancs de peu d'épaisseur, et occupent naturellement les parties
basses des vallées, c'est-à-dire les rives des fleuves et le voisinage de
leur embouchure. C'est ainsi, par exemple, qu'ils abondent sur le
littoral de la Méditerranée, des Pyrénées à l'embouchure du Rhône,
où ils forment toute la *basse Provence* et le *bas Languedoc*.

14

TABLEAU GÉNÉRAL DE LA COMPOSITION DES TERRAINS

Ensemble de gauche : **TERRAINS SÉDIMENTAIRES** (de T. TERTIAIRES à SILURIEN).

TERRAINS (groupe)	TERRAINS (étage)	ROCHES	FAUNE	FAUNE (règnes)	FLORE	ROCHES éruptives
T. TERTIAIRES	T. Quaternaire.	Alluvions. Iles madréporiques. Formation volcan.	Faune actuelle.		Flore actuelle.	Laves. Tufs.
	PLIOCÈNE	Sables. — Argiles, calcaires et marnes.	*Mammouth. Mastodonte.* — Proboscidiens actuels.	Nummulites. Mammifères nombreux.	Débris de végétaux dicotylédones.	Trachytes et basaltes.
	MIOCÈNE	Meulières. — Calcaire d'eau douce. — Sables et grès marins.	Mammifères ongulés. — Squales.		Fougères, Palmiers, Érables, Chênes, Acacias.	
	ÉOCÈNE	Calcaire gross. — Gypse. — Argile plastique.	Mammifères tapiridés et porcinés.		Palmiers. Laurinées. Quercinées.	
T. SECONDAIRES	CRÉTACÉ	Craie blanche. — Sables et grès verts. — Sables ferrugineux.	Sauriens gigantesques. — Oiseaux et Poissons.	Règne des grands reptiles et des grands batraciens. Bélemnites et Ammonites.	Fougères. Équisétacées. Cycadées. Conifères.	Période de repos. — Absence de roches éruptives.
T. JURASSIQUE — Jurassique proprem. dit.		Calcaires lithographiques. — Sables. — Minerais métalliques.	Petits Marsupiaux.		Magnolias. Platanes. Saules. Figuiers.	
T. JURASSIQUE — Lias.		Schistes et calcaires à *Gryphées.* — Grès grossiers.	Grands reptiles aquatiques. — 1er mammifère : *Microlestes antiquus.*		Apparition des premiers végétaux monocotylédones.	
	TRIAS	Gypse et sel gemme. — Marnes irisées. — Grès bigarré.	*Labyrinthodon.* — *Cheirotherium.*		Fougères arborescentes.	Fin des éruptions porphyriques.
T. PRIMAIRES	PERMIEN	Grès vosgien. — Calcaires compacts. — Grès rouge.	*Paleonicus.* — *Productus horridus.*	Poissons nombreux.	Fougères rabougries.	Éruptions porphyriques.
	CARBONIFÈRE	Schistes bitumineux. — Houille. — Marbres noirs. — Calcaires carbonifères.	Premiers reptiles. — *Productus.* — Derniers trilobites. — Insectes abondants.	Règne des Trilobites.	Cryptogames vasculaires nombreuses.	
	DÉVONIEN	Anthracite. — Filons métallifères.	Poissons hétérocerques. — Disparition des Graptolithes.		Fucus. Quelques Calamites.	Roches granitoïdes. Dioryte-Syénite-Granit.
	SILURIEN	Schistes argil. — Roches métamorphiques. — Filons métallifères.	*Graptolithes.* — *Trilobites.*		Prédomin. des Algues. Quelques Lycopodiacées.	
T. PRIMITIF		Micaschistes. — Gneiss.	Pas de faune.		Pas de flore.	

APPENDICE

NOTIONS GÉNÉRALES
SUR LA CULTURE DU SOL

CHAPITRE I

CONSTITUTION DU SOL

1. Le sol. — Le *sol végétal* est cette couche de terre meuble dans laquelle les plantes fixent leurs racines et puisent leur nourriture.

On appelle *couche arable* la partie qui est remuée par les instruments de labour, et *sous-sol* la partie la plus profonde.

Le sol bien émietté et poreux jouit d'un pouvoir absorbant considérable. Il s'empare non seulement des principes nutritifs des engrais, qu'il conserve au profit des plantes, mais il absorbe l'humidité du sous-sol, ainsi que la vapeur d'eau, l'ammoniaque et l'acide carbonique de l'air ambiant.

2. Composition du sol. — Le sol, comme les plantes, comprend une partie organique, qui est *l'humus*, résultant de la décomposition des végétaux; et une partie inorganique ou minérale, plus considérable, composée surtout de *sable*, d'*argile* et de *chaux*.

Les substances minérales du sol proviennent de la désagrégation des diverses roches de l'écorce terrestre. Elles servent non seulement d'appui aux plantes, mais de réservoir dans lequel se prépare et se conserve leur nourriture.

3. Classification des terrains. — Selon la prédominance des éléments du sol, on distingue les *terrains sablonneux, argileux, calcaires, limoneux* et *humeux*.

4. Terrains sablonneux. — Le *sable* ou *silice* à grain plus ou moins grossier est de la même nature que le *silex*, ou pierre à fusil; il forme la base solide de la plupart des sols, et leur donne un caractère de rudesse au toucher.

Les terrains siliceux ou sablonneux, renfermant plus de 70 pour 100 de sable en poids, sont légers, poreux, mouvants, sans consistance, retiennent peu l'humidité et les engrais, s'échauffent rapidement, se ressuient vite après la pluie, et se travaillent avec facilité par tous les temps. Ils sont d'une végétation hâtive, mais rapportent relativement peu; ils conviennent au seigle, au sarrasin, à l'avoine et surtout à la pomme de terre.

5. Terrains argileux. — L'*argile* ou *terre glaise*, dont la base est l'*alumine*, a des propriétés contraires à celles des sables; elle donne de la consistance au sol.

Les terrains argileux sont plastiques à l'état humide, se durcissent fortement en séchant, et sont d'un travail difficile. Ils retiennent l'humidité, ce qui les rend plus froids; mais ils conservent bien les engrais, et, lorsqu'ils sont convenablement amendés (nº 19), ils forment les meilleurs terrains, et conviennent surtout aux cultures d'orge, de froment, de trèfle, et constituent les prairies grasses.

6. Terrains calcaires. — La *chaux* a surtout pour propriété essentielle de diviser le sol, de le réchauffer et d'activer l'action des engrais.

Les sols calcaires qui renferment une grande proportion de chaux (10 pour 100 environ) sont de couleur blanche, peu tenaces, généralement secs et arides, boueux après la pluie, mais prompts à se ressuyer. Ils sont surtout favorables aux céréales et aux plantes fourragères, trèfle, luzerne, etc.

7. Terrains limoneux. — Rarement les terrains sont exclusivement siliceux, argileux ou calcaires; ils participent plus ou moins de la nature complexe des limons. On appelle *limons* ou *alluvions* les terres déposées dans les parties basses des continents, plaines et vallées, par les eaux marines ou fluviales, soit dans les temps géologiques, soit dans les temps actuels. — Les limons sont généralement d'une composition très variée, et forment, selon la nature de leurs éléments, les *terrains sablo-argileux, sablo-calcaires, argilo-calcaires, sablo-argilo-calcaires, sablo-limoneux*, etc.

Par leur nature complexe, les limons sont généralement fertiles et d'une culture avantageuse; leurs qualités, leurs défauts et les moyens de les amender, dérivent nécessairement des caractères propres de leurs éléments dominants.

8. Terrains humeux. — L'*humus naturel* est une substance noirâtre, légère et spongieuse, résultant de la décomposition sur place des plantes et des feuilles d'arbres; composé de substances seulement hydrocarbonées, il est peu fertile.

L'humus formé dans les sols cultivés par la décomposition des engrais est riche en principes azotés et minéraux, dont il favorise la solubilité; c'est la partie nutritive du sol arable.

Les terrains humeux, renfermant plus de 5 pour 100 d'humus, sont légers, meubles, d'un accès facile à l'air, aux racines des plantes et aux instruments de labour; ils retiennent bien l'humidité et les engrais, mais se soulèvent par les gelées, ce qui expose les plantes au déchaussement. Ils conviennent à toutes espèces de récoltes, et surtout au jardinage.

9. Du sous-sol. — Le *sous-sol* est la couche de terre, de sable, de pierres, qui se trouve immédiatement au-dessous du sol labouré. Il est généralement de même nature que le sol lui-même. Les sous-sols deviennent très utiles quand ils peuvent corriger le sol par des propriétés contraires aux siennes. Ainsi un sous-sol trop poreux, soit sablonneux, soit tourbeux, soit schisteux, corrigera l'excès d'humidité d'un sol trop argileux, et réciproquement. Les plus mauvais sous-sols sont les roches non désagrégées, les argiles imperméables, les sous-sols ferrugineux, graveleux, etc.

10. Défoncement. — Le *défoncement* est un labour très profond fait à la charrue ordinaire ou à la charrue fouilleuse, à la bêche ou à la pioche, dans le but d'augmenter l'épaisseur de la couche arable et d'améliorer le sous-sol. Plus un sol est profond, plus il gagne en puissance nutritive.

L'opération du défoncement ne doit se faire que petit à petit, d'année en année, et en faisant avant l'hiver les labours par lesquels on ramène la terre neuve à la surface. Cette terre neuve sera ainsi améliorée par l'action de l'air, de la chaleur, de la lumière du soleil; par les pluies, les gelées, et enfin par le mélange avec la terre arable.

CHAPITRE II

AMENDEMENTS ET ENGRAIS

11. Nécessité des amendements et des engrais. — Le sol, pour être bon, doit être composé d'un mélange intime d'humus, de sable, d'argile, de calcaire et autres substances dans certaines proportions. Ce mélange n'étant pas toujours l'œuvre de la nature, l'homme y supplée au moyen d'*amendements* et d'*engrais*.

L'amendement prépare *physiquement* le sol à produire, et l'engrais le dispose *chimiquement* à nourrir la plante.

I. Amendements.

12. Amendements minéraux. — Les *amendements* sont ordinairement des substances minérales, telles que la *chaux*, la *marne*, le *plâtre*, la *boue*, que l'on ajoute au sol, non pas précisément pour nourrir la plante, mais dans le but d'améliorer ou de changer la constitution physique du sol, soit en donnant du corps aux terres trop légères, soit en ameublissant celles qui sont trop fortes, soit en neutralisant des principes acides qui nuisent à la végétation, soit enfin en provoquant la solubilité des engrais.

On peut aussi considérer comme moyens d'amender le sol les opérations de culture : labourage, drainage, irrigation, ainsi que l'action des agents naturels : l'air, l'eau, la chaleur, la lumière, les gelées, qui concourent à modifier les caractères physiques des terres.

13. La chaux. — La *chaux* est la pierre calcaire rendue soluble et débarrassée par la cuisson de l'acide carbonique et de l'eau qu'elle contenait.

La chaux agit à la fois comme engrais, comme amendement et comme stimulant.

Comme *engrais*, la chaux nourrit les plantes; comme *amendement*, elle modifie la texture du sol, divise et ameublit les terrains argileux, assèche et réchauffe les terrains humides et froids, neutralise les principes aigres des sols tourbeux, des terres de bois et de bruyères. Elle convient généralement à tous les sols non calcaires; mais elle exige un terrain suffisamment égoutté et pourvu d'humus ou d'engrais en abondance.

Comme *stimulant*, la chaux réagit sur les principes utiles de l'argile et de l'humus; elle décompose les substances animales et végétales les plus inertes, pour les rendre solubles et assimilables; elle détruit les insectes, les mousses et les substances nuisibles à la végétation.

14. La marne. — La *marne* est un carbonate de chaux à l'état terreux, mélangé avec de l'argile ou du sable en proportions très variables.

Agissant surtout en raison de la chaux qu'elle contient, la marne ameublit le terrain argileux, rend soluble l'ancien humus, neutralise les principes acides du sol et contribue à l'extirpation des mauvaises herbes. Le *marnage* s'opère surtout pendant l'hiver.

15. Le plâtre. — Le *plâtre* ou *sulfate de chaux* agit à la fois comme engrais et comme amendement; il convient surtout aux plantes légumineuses.

16. Matières diverses. — Beaucoup d'autres substances amendent le sol et agissent non seulement comme stimulants, mais aussi comme engrais, à cause des éléments assimilables qu'ils renferment plus ou moins. Nous citerons la *tourbe* et la *vase* des étangs, qui contiennent beaucoup d'humus; les terres de fossés et de route, la boue des rues, les plâtras de démolition, le gazon séché ou brûlé par la pratique de l'*écobuage*, les cendres de bois.

17. Écobuage. — L'*écobuage* consiste à enlever le gazon, les mauvaises herbes, d'une terre inculte depuis quelque temps, pour les faire sécher, les brûler, et en répandre ensuite les *cendres* sur place.

18. Amendements des terrains sablonneux. — Les défauts d'un sol trop sablonneux se corrigent par des amendements argileux, les fumures grasses souvent répétées, des labours pratiqués en temps humide, un tassement énergique au rouleau et des arrosements abondants.

19. Amendements des terrains argileux. — On corrige les terrains argileux trop tenaces par l'emploi de chaux vive, de plâtras de démolition, par des labours profonds et fréquents, pratiqués surtout avant les gelées, qui émiettent la terre, par le drainage et l'écobuage.

20. Amendements des terrains calcaires. — Les terrains calcaires exigent des amendements argileux, des fumiers gras, non pailleux, des labours profonds et un roulage énergique.

21. Amendements des terrains humeux. — On amende les terres humeuses trop légères par l'addition d'argile, de sable grossier et de marne argileuse; par des engrais gras et courts, un tassement répété au rouleau. Si l'humus est acide, aigre, comme celui qui se forme dans les endroits humides, dans les bois, les tourbières, il exige l'usage de la chaux vive, des cendres de foyer, l'exposition à l'air et aux gelées, le drainage.

II. Engrais.

22. Loi de la restitution. — Pour que le sol conserve sa fertilité, il est de rigueur de lui restituer sous une forme quelconque les substances que les récoltes lui ont enlevées. Si cette restitution est incomplète, le sol s'appauvrit; si elle est plus que suffisante, il s'enrichit. Telle est *la loi de la restitution*, sur laquelle est basée la théorie des engrais.

23. Engrais. — On désigne sous le nom d'*engrais* tous les débris animaux ou végétaux propres à restituer au sol les substances enlevées par les récoltes, et nécessaires à la production de plantes nouvelles.

Les engrais, en se décomposant, dégagent de la chaleur, et forment de leurs éléments divers composés que les végétaux s'approprient par leurs racines.

24. Valeur relative des engrais. — Les meilleurs engrais sont ceux qui renferment, proportionnellement au poids, le plus d'*azote,* de *phosphore* et de *potasse,* diversement combinés et *solubles.*

Tels sont les *engrais chimiques* et les *guanos,* fournis par le commerce, les *cendres* végétales, et généralement toutes les *substances animales :* chiffons de laine, corne, poils, plumes, os calcinés et broyés, noir animal, matières fécales, etc.

25. Classification des engrais. — On peut distinguer quatre catégories d'engrais, suivant leur origine :

1º Les *engrais végétaux;* 2º les *engrais* purement *animaux;* 3º le *fumier de ferme* ou engrais mixte organique; 4º les *engrais du commerce* ou chimiques, formés surtout de substances minérales.

26. Engrais végétaux. — Les *cendres de bois,* qui renferment beaucoup de potasse, les germes d'orge, la suie, les *tourteaux* de colza, sont d'excellents engrais.

Les pailles quelconques, les débris de jardinage, les mousses, les fougères, les fucus ou varechs, les tourbes, doivent être utilisés comme engrais, soit directement, soit dans la formation des litières, des fumiers.

27. Engrais animaux. — Le *fumier* de ferme est l'engrais le plus important et le plus généralement employé.

En raison de son abondance, de sa richesse en principes

azotés et des nombreux éléments minéraux, nitrates et phosphates, qu'il contient, le fumier de ferme est la source principale de l'humus du sol cultivé.

La *colombine*, ou excréments de volaille, et le *guano* d'Amérique, sont les plus riches de tous les fumiers naturels; séchés et pulvérisés, on les répand au printemps, et par un temps humide, sur les prairies et les semis.

Les *matières fécales*, ou excréments humains, sont des engrais très énergiques, qui agissent puissamment sur les plantes potagères à croissance rapide. Ce fumier, employé avec l'urine ou étendu d'eau, s'appelle *gadoue*; mélangé avec de la terre, de la cendre, du charbon, et bien desséché, il prend le nom de *poudrette*; absorbé dans la chaux vive, il forme la *chaux animalisée*.

Les *urines*, riches en ammoniaque et en sels dissous; le *purin*, ou jus de fumier, recueilli en citerne, s'utilisent purs ou étendus d'eau, surtout pour les arrosements des jardins et des prairies.

Les engrais animaux proprement dits sont les *chiffons de laine*, la *corne*, les *poils*, les *plumes*, les *os broyés* et rendus solubles par l'acide sulfurique; le *noir animal*, ayant servi au raffinage du sucre; le *sang* et les *issues* de boucheries.

Étant d'origine exclusivement animale. ces engrais sont par là même les meilleurs de tous, les plus riches en azote et en sels minéraux. Aussi les emploie-t-on dans la fabrication des engrais chimiques.

28. Engrais chimiques. — Les *engrais chimiques* fournis par le commerce ont pour base essentielle un ou plusieurs des trois éléments suivants : l'*azote*, l'*acide phosphorique*, la *potasse*, dont l'emploi est souvent nécessaire comme complément ou auxiliaire du fumier de ferme.

Les débris animaux : poils, cornes, etc., sont des matières fortement azotées (8 à 15 %), mais souvent peu solubles. En les traitant par les acides, on les rend solubles et on les fait entrer dans la composition des engrais du commerce.

Les phosphates de chaux considérés comme engrais sont :

1o Les *os* des animaux, formés de phosphate et de carbonate de chaux mêlés à de la gélatine; à l'état naturel, ils sont très peu solubles;

2o Le *noir animal*, qui est de la *poudre d'os* calcinés au four et ayant servi à décolorer le sucre; il est plus soluble que les précédents;

3º Les *phosphates fossiles*, nommés autrefois coprolithes ou excréments pétrifiés, que l'on exploite dans certaines carrières;

4º Le *superphosphate* ou *phosphate acide de chaux*, beaucoup plus riche que les précédents en acide phosphorique (16%). On l'obtient en traitant les os ou les phosphates fossiles par l'acide sulfurique. Celui-ci rend le phosphate plus soluble et en fait passer une partie à l'état de sulfate de chaux.

CHAPITRE III

IRRIGATION ET DRAINAGE

29. Influence de l'eau. — Une eau suffisante, bien aérée, souvent renouvelée sur un terrain, nourrit les végétaux par l'oxygène et l'hydrogène qu'elle leur fournit, rafraîchit leurs organes et facilite la circulation de la sève, dissout les engrais pour les rendre absorbables, apporte au sol des matières salines, organiques et gazeuses, notamment l'azote de l'air, et entraîne ou neutralise les substances aigres et nuisibles.

L'eau est amenée sur les terrains soit *naturellement* par la pluie, soit *artificiellement* par l'irrigation ou par les arrosements.

30. Irrigation. — L'*irrigation* consiste à se rendre maître d'une eau courante, à la conduire par des rigoles de manière qu'elle se répande sur le terrain à irriguer, l'arrose en tout ou en partie, et puisse être retirée à volonté.

L'irrigation n'est guère applicable qu'aux prairies ou aux fortes plantes potagères, telles que les choux et les artichauts.

31. Assainissement. — L'assainissement d'un terrain est une opération par laquelle on le débarrasse des eaux courantes ou stagnantes, en creusant des fossés et des rigoles qui en facilitent l'écoulement. On appelle *drainage* l'assainissement au moyen de fossés couverts ou drains.

On fait de simples fossés ouverts quand il faut agir sur de grandes masses d'eau ou lorsque les terrains ont trop peu de pente. Ils ne donnent qu'un assainissement superficiel et imparfait.

32. Mauvais effet des eaux stagnantes. — Les eaux stagnantes ont pour effets nuisibles : 1° de refroidir considérablement le sol et les plantes ; 2° de rendre difficile le travail mécanique du sol par les labours ; 3° d'empêcher l'accès de l'air et de ses agents, dont l'influence est indispensable tant à l'amélioration physique du sol qu'à la décomposition des engrais ; 4° de n'offrir aux plantes qu'une nourriture trop fortement délayée et chargée d'un excès de principes acides et salins.

33. Avantages du drainage. — Les *drains* présentent sur les fossés ouverts plusieurs avantages : 1° les conduites, pouvant être placées à une profondeur plus ou moins grande, agissent sur un plus grand volume de terrain, et enlèvent non seulement l'eau de la surface, mais encore celle de l'intérieur ; 2° ils offrent à l'air et à l'eau une circulation facile ; ils n'entravent pas les labours et ne font rien perdre de la surface du terrain.

34. Disposition des drains. — Dans la pratique du drainage il faut considérer la *direction* à donner aux drains, leur *profondeur*, leur *espacement*, leur *longueur*, la *forme* des conduits, la *pente* et la *dimension* de ces conduits.

On commence par creuser le drain collecteur, s'il y a lieu, et ensuite les drains ordinaires qui y aboutissent, en procédant toujours de la partie la plus basse vers la plus élevée, afin de ménager constamment aux eaux un écoulement facile. Les tranchées creusées pour la pose des tuyaux peuvent n'avoir que $0^m 40$ de large au sommet sur $0^m 10$ à $0^m 12$ au fond.

Sur ce fond bien égalisé on trace un sillon qui reçoit exactement les tuyaux, et l'on pose ceux-ci bout à bout, en les ajustant le plus près possible pour que la terre n'y pénètre pas avec l'eau.

Les tuyaux étant posés, on les charge, si l'on veut, d'une couche de pierrailles, ou bien on les recouvre d'un peu de paille de seigle, et on remplit la tranchée en ayant soin de conserver la meilleure terre pour la surface.

CHAPITRE IV

PRINCIPALES OPÉRATIONS DE CULTURE

I. Grande culture.

35. Labours, leur raison d'être. — Les *labours, en général,* consistent en une série d'opérations mécaniques ayant pour but la préparation du sol.

Pour que le sol soit fertile, il ne suffit pas qu'il renferme des éléments nutritifs, il faut que ces éléments soient solubles, et cette solubilité dépend de l'accès de l'air et de ses agents jusqu'à la moindre particule terreuse; il faut aussi que les fibrilles radiculaires de la plante puissent y parvenir.

36. Instruments aratoires. — Les divers modes de labour emploient quatre genres d'instruments, appropriés soit au jardinage, soit à la grande culture : la *charrue,* la *herse,* le *rouleau* et la *bêche* ou la *houe.*

La *charrue,* pour les champs, et la *bêche,* pour le jardin, coupent par tranches la couche arable du sol, la retournent ou la déplacent en la brisant le mieux possible, en même temps qu'elles enfouissent les engrais.

37. Profondeur du labour. — La profondeur moyenne d'un bon labour est de 20 centimètres environ. Elle ne peut être moindre que pour un sol très léger, à sous-sol très sablonneux ou imperméable. Dans les cas ordinaires, les labours profonds de 20 à 30 centimètres augmentent la masse de terre nutritive. Souvent même, par le *défoncement,* on pénètre à 40 centimètres au moyen d'une *charrue fouilleuse,* qui suit une charrue ordinaire pour remuer le fond du sillon; elle laisse le sous-sol en place s'il est d'une nature infertile, ou bien en relève une partie dans la masse labourée.

38. Herse. — La *herse* se compose d'un châssis triangulaire ou carré dans les pièces duquel sont implantées de fortes *dents en fer* ou *en bois de chêne.* Ces dents pointues, dirigées en dessous et inclinées en avant, déchirent le sol déjà labouré et en achèvent l'ameublissement en émiettant les mottes de terre. Le hersage rabat les arêtes des sillons, nivelle le terrain pour recevoir la semence, qu'il recouvre ensuite. Son emploi alterne avec celui du rouleau. Il sert aussi à ramasser les chaumes et les mauvaises herbes.

39. Rouleau. — Le *rouleau* est un cylindre en bois, en pierre ou en fer, muni de deux tourillons et d'un châssis d'attache pour la traction. En général, le *rouleau en bois* est trop léger, celui *en pierre* est souvent d'un diamètre trop faible; le *rouleau en fer* est préférable non seulement pour sa solidité, mais surtout parce qu'on peut lui donner un poids convenable sous un diamètre assez gros pour faciliter le travail.

Le *rouleau* écrase les mottes dures, resserre le sol trop léger ou soulevé par les gelées, et rechausse les plantes.

II. Petite culture.

40. Horticulture. — L'horticulture est l'art de cultiver les jardins potagers. On l'appelle aussi *culture maraîchère*, parce qu'autrefois les environs de Paris étaient des marais que le travail a convertis en riches potagers. L'art du jardinage s'appelle encore *culture potagère*.

Le jardin est une pièce de terre, ordinairement attenante à chaque maison d'habitation, et dans laquelle on cultive les légumes et les fruits alimentaires.

41. Bêchage. — Le *bêchage*, ou labour à la *bêche*, le meilleur pour un jardin, se pratique pendant toute l'année, aussitôt qu'une récolte est enlevée, et aussi profondément que possible. Le bêchage d'automne produit surtout de bons effets. Tout terrain qui n'est pas à cette époque planté de légumes doit recevoir un bêchage ordinaire, ou mieux être mis en billons ou ados, surtout si la nature du sol est argileuse, afin d'en obtenir une parfaite désagrégation par l'action de la gelée.

42. Binage. — Le *binage*, ou labour à la *binette*, à la *houe*, consiste à ameublir la superficie d'un terrain déjà planté ou semé en lignes, afin de le rendre perméable aux gaz atmosphériques, et en même temps lui conserver sa fraîcheur.

43. Sarclage. — Le *sarclage* consiste à faire disparaître les mauvaises herbes qui croissent parmi les jeunes plantes et à leurs dépens. On sarcle *à la main*, au *sarcloir* ou à la *binette.*

Ratisser une allée, c'est la nettoyer ou la sarcler avec la *ratissoire*.

44. Buttage. — *Butter*, c'est amonceler de la terre autour du pied des plantes, soit pour les mettre à l'abri de la gelée, soit pour favoriser l'émission de nouvelles racines, soit pour blanchir ou étioler les feuilles.

45. Semis. — Les *semis* demandent une terre bien préparée, meuble, fraîche, mais non humide. Une terre labourée de quelques jours vaut mieux qu'une terre récemment remuée, surtout si elle est légère.

La plupart des plantes de jardin se sèment au printemps, lorsque l'état de l'atmosphère le permet. Les graines sont enterrées à une profondeur variable, suivant leur espèce et suivant la nature compacte ou légère du terrain.

46. Repiquage. — Le repiquage consiste à transplanter à demeure des jeunes plantes qui ont été semées de bonne heure sur couche ou même en pleine terre. Certaines espèces, comme les choux, les poireaux, les salades, gagnent à être repiquées.

47. Abris. — On entend par *abri* tout ce qui peut préserver les plantes des vents froids, des pluies battantes, des gelées ou des effets d'un soleil trop ardent. Tels sont les murs, les haies, les brise-vents formés de rangées d'arbres, les paillassons, les couvertures.

48. Ados. — Les *ados* ou côtières sont des plates-bandes dont la surface est inclinée vers le soleil, adossée à un mur ou protégée par divers abris.

49. Cloches. — Les *cloches* servent à abriter de jeunes plantes qui craignent les variations de la température, surtout au printemps. Ordinairement les cloches sont des vases de verre blanc. On en fait avec une charpente en bois ou en osier. Les cloches *obscures* sont des pots de terre, des paniers en joncs, etc.

50. Couches. — Les *couches* sont des lits de fumier recouverts de terreau et servant au semis. Leur formation repose sur ce fait que la fermentation des substances animales et végétales produit une chaleur douce et de longue durée, en même temps qu'elle exhale une certaine humidité.

Coffres et châssis. — Sur les couches chaudes on pose souvent un châssis en bois, espèce de coffre sans fond, supportant un panneau vitré qui s'ouvre et se ferme à volonté. Ce panneau est incliné vers le soleil. On observe la chaleur des couches en enfonçant un thermomètre ou la main dans le terreau. On ne doit semer ou planter que si cette chaleur est inférieure à 20 ou 30 degrés centigrades.

51. Bâches. — Les *bâches* tiennent le milieu entre les couches et les serres. Ce sont de grandes couches dont le châssis vitré a des dimensions telles, qu'un homme peut circuler debout dans la partie la plus élevée. Elles sont en outre chauffées par des calorifères construits d'après le système de circulation d'air chaud, de vapeur d'eau ou d'eau chaude (*thermosiphon*). Les bâches peuvent être enfoncées dans le sol presque jusqu'à la hauteur du petit mur d'appui.

52. Serres. — Les *serres* sont des bâtiments à murailles peu élevées, surmontées d'une toiture en fer vitrée, inclinée et exposée de manière à recevoir les rayons du soleil pendant la plus grande partie de la journée. Les serres sont destinées à entretenir chez les plantes une végétation continuelle, même pendant l'hiver. La chaleur y est produite par le rayonnement solaire ou par des calorifères. Pendant les grands froids, comme pendant les fortes chaleurs, le vitrage se recouvre de paillassons, de toiles, etc.

Selon le degré de température, on distingue les *serres chaudes* (20 à 30° centigrades) pour les plantes tropicales, les *serres tempérées* (15° à 20°) pour la plupart de nos plantes cultivées, et les *serres froides*, comme les orangeries, qui servent seulement à garantir les plantes contre les gelées.

FIN

TABLE ANALYTIQUE DES MATIÈRES

NOTIONS PRÉLIMINAIRES

ZOOLOGIE

PREMIÈRE PARTIE

ANATOMIE ET PHYSIOLOGIE

CHAPITRE I
Digestion.

CHAPITRE II
Absorption.

CHAPITRE III
Circulation.

CHAPITRE IV
Respiration.

DEUXIÈME PARTIE
ZOOLOGIE DESCRIPTIVE

TROISIÈME PARTIE
ZOOLOGIE APPLIQUÉE

BOTANIQUE

PREMIÈRE PARTIE

ORGANOGRAPHIE ET PHYSIOLOGIE

GÉOLOGIE

NOTIONS PRÉLIMINAIRES

PREMIÈRE PARTIE
PHÉNOMÈNES GÉOLOGIQUES ACTUELS

CHAPITRE I
Agents atmosphériques.

CHAPITRE II
Action mécanique exercée par les eaux.

CHAPITRE III
Action chimique des eaux.

CHAPITRE IV
Action des êtres vivants.

CHAPITRE V
Les Glaciers.

CHAPITRE VI
Chaleur centrale. — Volcans.

CHAPITRE VII
Phénomènes qui se rattachent aux volcans.

DEUXIÈME PARTIE
NOTIONS GÉNÉRALES SUR LA CONSTITUTION DE L'ÉCORCE TERRESTRE

CHAPITRE I
Origine de la Terre.

CHAPITRE II
Structure de l'écorce terrestre.

CHAPITRE III
Roches sédimentaires.

23511. — Tours, impr. Mame.